循环流化床锅炉优化改造技术

OPTIMIZATION TECHNOLOGIES
OF CIRCULATING FLUIDIZED BED BOILER

黄 中 编著

内 容 提 要

本书系统介绍了循环流化床锅炉优化改造技术，广泛吸收了已有研究成果，总结了我国在该技术领域的工程经验，为循环流化床锅炉优化改造提供了理论支撑和实践依据，便于技术人员参考借鉴。

本书主要内容包括：循环流化床锅炉技术发展概况、炉内防磨技术与应用、炉膛受热面及风口结构改进、布风装置优化改造、旋风分离器性能与结构优化、返料器运行事故分析与改造、排烟温度控制与烟气余热利用、膨胀系统改造及支吊架调整、测量系统优化改造、燃料制备及输送系统选型与优化、冷渣设备选型与改造、飞灰再循环及物料添加排放系统应用、节油启动技术与油枪改造等章节。

本书结合作者参与国家863计划、国家科技支撑计划、国家重大装备研制计划、电力行业标准制（修）订计划及现场工程改造、技术咨询工作成果，重点阐述了循环流化床锅炉优化改造的技术和方法，在翔实准确的基础上增加可读性。

本书可供国内外从事循环流化床锅炉设计、制造、运行和维护工作的工程技术人员学习参考。

图书在版编目（CIP）数据

循环流化床锅炉优化改造技术 / 黄中编著 .—北京：中国电力出版社，2019.3（2019.9重印）
ISBN 978-7-5198-1066-5

Ⅰ.①循… Ⅱ.①黄… Ⅲ.①循环流化床锅炉－锅炉改造 Ⅳ.① TK229.6

中国版本图书馆CIP数据核字（2019）第041438号

出版发行：中国电力出版社
地　　址：北京市东城区北京站西街19号（邮政编码100005）
网　　址：http：//www.cepp.sgcc.com.cn
责任编辑：宋红梅（010-63412383）
责任校对：黄　蓓　朱丽芳
装帧设计：郝晓燕
责任印制：吴　迪

印　　刷：北京天宇星印刷厂
版　　次：2019年4月第一版
印　　次：2019年9月北京第二次印刷
开　　本：787毫米 ×1092毫米　16开本
印　　张：28
字　　数：651千字
印　　数：2501—4000册
定　　价：120.00元

序

循环流化床燃烧技术是20世纪70年代出现的一种清洁煤技术，其煤种适应性强，并可在燃烧过程中低成本控制二氧化硫和氮氧化物生成，对我国一次能源以煤为主的国情具有重要价值。因此我国自20世纪80年代起，在循环流化床燃烧技术开发上投入了大量人力物力，并最终形成了独立的循环流化床燃烧理论体系和设计制造体系，培养造就了一大批循环流化床锅炉设计、制造、运行和调试专家，先后投产了400多台大型循环流化床锅炉，占据了循环流化床燃烧技术研发和应用的世界领先地位。

本书作者长期从事循环流化床锅炉技术研究工作，在循环流化床锅炉优化改造方面积累了丰富经验，这些经验能够为国内外循环流化床锅炉诊断分析、性能改进提供借鉴，也可为一线人员深刻理解循环流化床燃烧过程及其内在机理提供便利。值此《循环流化床锅炉优化改造技术》出版之际，我代表中国循环流化床燃烧领域工作者对作者表示祝贺，期望未来他能够持续深入开展这项工作，为中国循环流化床锅炉技术的蓬勃发展多做贡献。

岳光溪

清华大学能源与动力工程系教授

中国工程院院士

2019年3月

前　言

循环流化床（Circulating Fluidized Bed，CFB）锅炉技术因卓越的环保特性、良好的燃料适应性和运行性能，在世界范围得以迅速发展。我国自20世纪80年代开始从事循环流化床锅炉技术开发工作，随着设计经验的积累、制造水平的提高以及国家环保标准的日趋严格，循环流化床锅炉技术在我国得到了广泛应用并进入大型化阶段。在国内科研院所、高等院校和制造企业的努力下，我国研究人员结合中国国情进行了一系列自主创新，有利推动了循环流化床锅炉技术的发展。截至2017年底，我国投运410t/h以上等级循环流化床锅炉410多台，总装机容量超过7700万kW，自主知识产权的超临界循环流化床锅炉机组累计投运16台。经过二十多年的消化吸收和自主研究，中国已经完成了从高压、超高压、亚临界到超临界的跨越，正在开展660MW超超临界循环流化床锅炉技术研发，我国在大型循环流化床锅炉技术领域已处于世界领先水平。

目前，中国已经完全掌握了循环流化床锅炉的核心技术，大型锅炉制造企业均已形成自主设计制造能力，自主技术几乎占据了全部的国内市场并积极向海外拓展，中国企业海外供货的大型循环流化床锅炉已达60多台，总装机容量超过900万kW。国内主要的电力集团、煤矿企业均安装有循环流化床发电机组，应用涵盖电力生产、矸石消纳、石油石化、氯碱化工、有色冶金和造纸纺织等领域。由于循环流化床锅炉在中国主要燃用的是劣质燃料，加之其自身流动特性及燃烧传热过程的复杂性，因此在工程应用中出现了一些问题，循环流化床锅炉长久以来应用超前于理论研究，一些好的设计理念、实践经验没有及时总结和推广。笔者和同事长期从事循环流化床锅炉技术开发及应用研究，在工程实践过程中探索出了许多适合中国国情的优化改造技术，及时总结这些设计、运行、检修和维护经验，提高中国循环流化床锅炉运行的安全性、环保性和经济性是编写本书的主要目的。全书共十三章，系统分析了循环流化床锅炉主要部件及系统存在的问题、技术改造方法和改造案例，并进行了细致的讨论，所举改造案例均经过了现场实践检验。

本书编写过程中得到了中共北京市委组织部“北京市优秀人才培养资助计划”、北京市科学技术委员会“北京市科技新星计划”的支持，得到了笔者在西安热工研究院和华能清洁能源研究院工作期间同事们的大力帮助。现场工作期间，神华亿利电厂、萨拉齐电厂、米东热电厂、上湾热电厂、河曲发电厂、四川白马电厂、宁东电厂、乌海西来峰发电厂、秦皇岛秦热发电厂，华能苏州热电厂、洛阳阳光热电厂、蒙西发电厂、济宁运河发电厂、东海拉尔发电厂，国电投山西铝业、江西分宜发电厂、大连泰山热电厂，华电乌达热电厂、大同第一热电厂、淄博热电厂、永安发电厂，国电四川岷江发电厂、豫源发电厂，大唐武安发电厂、鸡西第二热电厂、红河发电厂，淮南矿业潘三电厂、顾桥电厂、新庄孜电厂，京海煤矸石发电厂、京能吕临发电厂、京泰发电厂、京玉发电厂，粤电云河发电厂，黄陵煤矸石发电厂，山西国金电力，中煤平朔电厂，山西兆丰铝业，江苏徐矿发电厂、华美热电厂，临涣中利发电厂，辽宁调兵山发电厂，南票煤电，开滦东方发电厂、协鑫发电厂，中石油独山子分公司，中石化北京燕山石化，中化泉州石化，内蒙古君正能源，中盐吉兰泰氯碱化工，广东宝丽华荷树园电厂，宁夏宝丰能源等单位的领导和技术人员对笔者给予了充分信任和大力支持，笔者怀念与他们在现场一起度过的那一个个难忘的日夜。

重庆大学、浙江大学、东南大学、华北电力大学、中国科学院工程热物理研究所、中国电力工程顾问集团西北电力设计院有限公司、辽宁省电力有限公司电力科学研究院、华北电力科学研究院有限责任公司、神华国华（北京）电力研究院有限公司、东方电气集团东方锅炉股份有限公司、哈尔滨锅炉厂有限责任公司、上海锅炉厂有限公司、无锡华光锅炉股份有限公司、济南锅炉集团有限公司、太原锅炉集团有限公司、华西能源工业股份有限公司、山西国际能源集团有限公司、晋能电力集团有限公司、神华集团循环流化床技术研发中心，中国电力企业联合会科技开发服务中心、可靠性管理中心、标准化管理中心，中国电机工程学会在本书编写过程中提供了大量技术资料，全国电力行业 CFB 机组技术交流服务协作网及专家委员会的各位专家、中国电力出版社的编辑也为本书编著增色不少，在此一并感谢。

本书由中国华能集团首席专家孙献斌研究员主审，他是笔者循环流化床锅炉技术的授业恩师，系统指导笔者从事领域内的研究工作，并在本书编写过程中提出了诸多宝贵意见。清华大学能源与动力工程系岳光溪院士在百忙之中为本书题写了序言。能够得到学术前辈的肯定，是笔者莫大的荣幸。西安交通大学能源与动力工程学院车得福教授是笔者的博士生导师，也是笔者本科课程《锅炉原理》的讲授人，受他影响笔者选择并从事了热能工程技术研究工作，漫漫科研路、难忘是初心。

由于笔者水平有限，书中不足之处在所难免，欢迎广大读者批评指正并利用“循环流化床发电”微信公众号（订阅名称：xhlhcfd）互动交流。受篇幅和其他条件所限，本书的一些内容没有进行更为深入的探讨，如果读者在这方面有所需求，或是在工作中需要在改造方案设计、优化、评价等方面提供帮助，也可向 xhlhcfd@163.com 致信咨询。

希望本书能为读者诸君抛砖引玉，盼望循环流化床锅炉技术蓬勃发展，期望我们所从事的事业基业长青！

作者
2018 年 5 月 30 日于北京

目　录

序
前　言

第一章　循环流化床锅炉技术发展概况……1
第一节　发展历程回顾……1
第二节　循环流化床锅炉技术在中国的应用……7
第三节　未来发展的若干问题……38

第二章　炉内防磨技术与应用……42
第一节　炉内过程与磨损机理……42
第二节　典型防磨技术……53
第三节　防磨技术应用……60

第三章　炉膛受热面及风口结构改进……72
第一节　水冷受热面改造……72
第二节　屏式受热面改造……78
第三节　炉膛孔口改造……95

第四章　布风装置优化改造……110
第一节　概述……110
第二节　布风装置常见问题……115
第三节　风帽结构优化设计及应用……120
第四节　风室优化改造……133

第五章　旋风分离器性能与结构优化……137
第一节　概述……137
第二节　分离器设计优化……148
第三节　常见问题及改进……152
第四节　分离器改造应用……164

第六章　返料器运行事故分析与改造……178
第一节　概述……178
第二节　运行事故防范……182
第三节　燃料掺烧的应对措施……188
第四节　返料器改造……191

第七章　排烟温度控制与烟气余热利用……197
第一节　概述……197
第二节　吹灰器使用与改造……200
第三节　三维内外肋管技术……206
第四节　螺旋槽管技术……210
第五节　低压省煤器技术……212
第六节　相变换热器技术……223
第七节　吸收式热泵技术……228

第八章　膨胀系统改造及支吊架调整……232
第一节　概述……232
第二节　膨胀节的设置……236
第三节　膨胀节改造……240
第四节　支吊架调整……248

第九章　测量系统优化改造……255
第一节　概述……255
第二节　温度测点……260
第三节　压力测点……265
第四节　风量测点……270
第五节　煤质在线监测……278

第十章　燃料制备及输送系统选型与优化……286
第一节　入炉煤破碎筛分系统选型及改造……286
第二节　给煤系统优化改造……306
第三节　煤仓堵煤及改造……311
第四节　落煤管优化改造……324

第十一章　冷渣设备选型与改造……331
第一节　概述……331

第二节 流化床式冷渣器 …… 338
第三节 滚筒冷渣机 …… 350
第四节 排渣管改造 …… 360

第十二章 飞灰再循环及物料添加排放系统应用 …… 371
第一节 灰平衡与可燃质循环倍率 …… 371
第二节 飞灰再循环系统 …… 376
第三节 床料添加及补充系统 …… 383
第四节 循环灰冷却排放系统 …… 389

第十三章 节油启动技术与油枪改造 …… 392
第一节 概述 …… 392
第二节 节油启动技术 …… 402
第三节 油枪改造技术 …… 414
第四节 其他节油改造技术 …… 420
第五节 启动事故防范与处理 …… 426

参考文献 …… 431

第一章　循环流化床锅炉技术发展概况

第一节　发展历程回顾

一、国外发展

循环流化床（Circulating Fluidized Bed，CFB）锅炉是一种燃料适应性广、负荷调节比宽、燃烧效率高的洁净煤技术。自20世纪80年代世界首台100MW循环流化床锅炉在美国Nucla电站投运，到世界首台超临界循环流化床锅炉在波兰Łagisza电站投产，循环流化床锅炉的大型化高参数发展不过二十多年时间。在循环流化床锅炉技术发展过程中产生了许多流派，各种技术相互融合渗透、竞争激烈。大型循环流化床锅炉的制造商法国Alstom公司先后收购了德国EVT公司（Lurgi型）、法国Stein公司和美国ABB-CE公司，美国Foster Wheeler公司（FW型）则兼并了芬兰Ahlstrom公司（Pyroflow型），这也是目前国际上主要的循环流化床锅炉技术源流（见图1-1）。

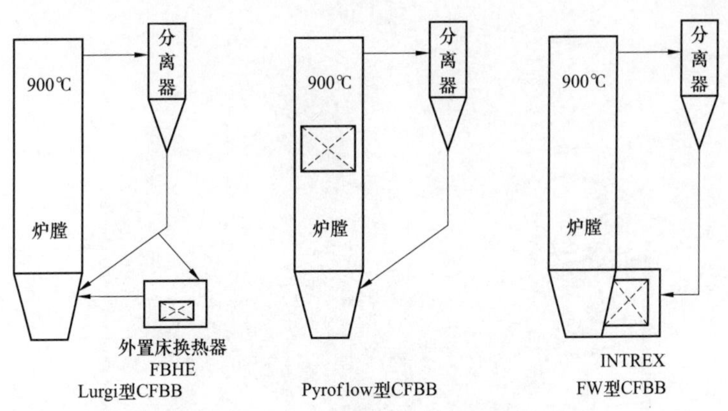

图1-1　循环流化床锅炉技术源流及特点

1979年，世界首台20t/h循环流化床锅炉在芬兰Pihlava投运，该锅炉由芬兰Ahlstrom公司设计制造，是将一台燃油锅炉转化成循环流化床锅炉，主要燃用木材废料。1986年，世界首台100MW循环流化床锅炉在德国Duisburg投运（见图1-2）。

1995年，世界首台250MW循环流化床锅炉在法国Gardanne电站投运（见图1-3）。该锅炉设计燃烧当地高硫煤和混煤，也可以掺烧50%油渣，炉膛高37m、宽11.5m、深14.8m，下部采用创新性的“裤衩腿”（Pant-Leg）结构，可以保证大型化后二次风的有效深入和混合。锅炉 4 个内径 7.4m 的高温旋风分离器布置在两侧，每个分离器下对应布置 1 台外置换热器，由机械式锥形阀控制进入外置换热器的灰量。炉膛温度由两个布置中温过热器的外置换热器控制调节，再热蒸汽温度由两个布置高温再热器的外置换热器控制调节。该循环流化床锅炉展示了良好的运行性能，锅炉主要运行参数均达到或超过了设计值，在业界产生了重要影响。

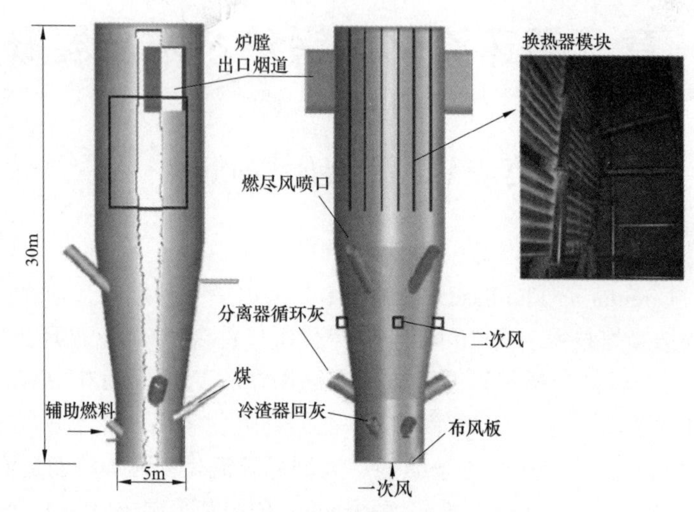

图 1-2　德国 Duisburg 电站 100MW 循环流化床锅炉

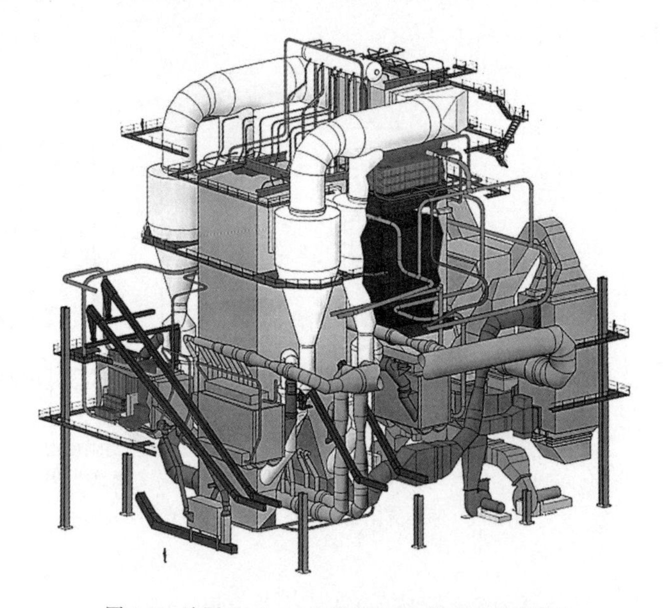

图 1-3　法国 Gardanne 电站 250MW 循环流化床锅炉

2002 年底，美国 JEA 电站 2×300MW 循环流化床锅炉投运（见图 1-4）。作为当时国际范围内在运的最大容量循环流化床锅炉，入炉燃料为优质烟煤或石油焦，其特点是采用 FW 型循环流化床锅炉的 INTREX 换热器和汽冷旋风分离器，床下点火，尾部双烟道结构。为了保证脱硫效率，在空气预热器后还增设了喷雾脱硫塔，除尘器采用布袋除尘器。此外，

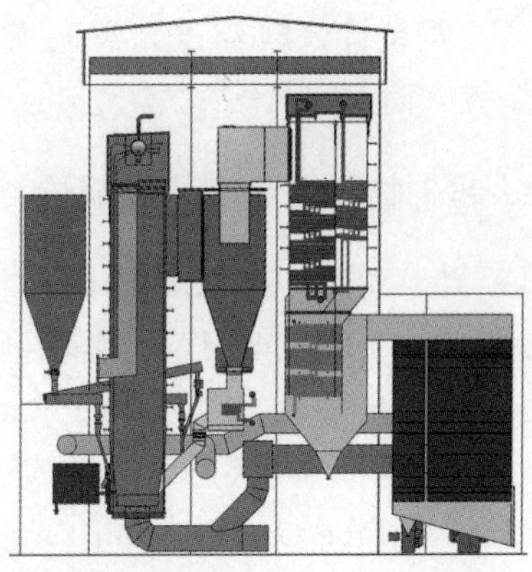

图 1-4　美国 JEA 电站 2×300MW 循环流化床锅炉

该项目还采用 SNCR（Selective Non-Catalytic Reduction，SNCR）脱硝系统将 NO_x 排放浓度削减至 130mg/m^3 以内。

循环流化床锅炉炉膛温度分布非常均匀，汽水系统热偏差小，汽水侧流动安全性高，采用超临界参数较之煤粉锅炉更有技术优势。2003 年 2 月，波兰 PKE 公司计划在其 Łagisza 电站建设一台 460MW 超临界循环流化床锅炉机组，锅炉主蒸汽压力 27.5MPa，主蒸汽和再热蒸汽温度分别达到 560℃和 580℃，汽水系统采用西门子本生型垂直管（Beson Vertical Tube）低流速直流锅炉（Once-through Utility，OTU）技术。业主与 Foster Wheeler 公司于 2002 年 12 月签订合同，2005 年 12 月完成设计，2006 年 1 月开工建造，2009 年 6 月投入商业运行（见图 1-5）。该锅炉作为世界上第一台超临界循环流化床锅炉，用实践证明了超临界循环流化床锅炉性能良好、运行稳定，对降低污染及改善环境非常有效，完全满足欧洲严格的环保标准。

其他大容量循环流化床锅炉还包括 1996 年起先后投运的波兰 Turow 电站一期 3×235MW 循环流化床锅炉，Turow 电站二期 3×260MW 循环流化床锅炉，1998 年投运的韩国 Tonghae 电厂 220MW 循环流化床锅炉和 2002 年投运的美国 Red Hill 电厂 250MW 循环

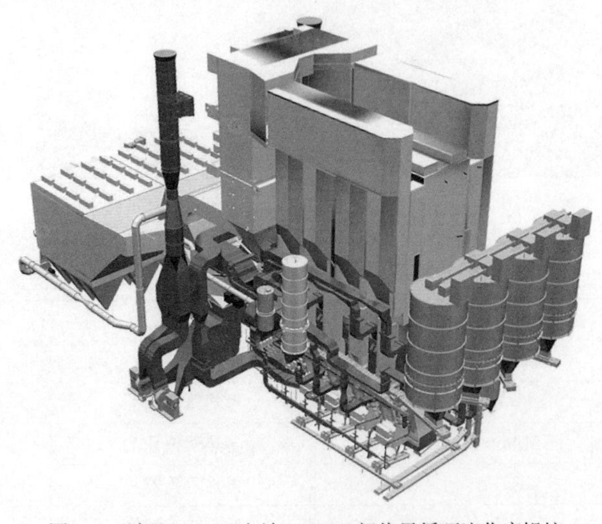

图 1-5　波兰 Łagisza 电站 460MW 超临界循环流化床锅炉

流化床锅炉等。据统计，截至2017年底除中国外共有200多台100MW以上容量等级的循环流化床锅炉投入商业运行。

二、超（超）临界循环流化床锅炉

1. 460MW超临界循环流化床锅炉

波兰Łagisza电站的460MW超临界循环流化床锅炉，在已有工程经验基础上进行了合理放大（图1-6），应用了Foster Wheeler公司的一体式汽冷分离器、INTREX换热器（见图1-7和表1-1）。实际运行效果显示，其比煤粉锅炉+SCR（Selective Catalytic Reduction）+FGD（Flue Gas Desulfurization）的投资低15%，净效率高0.3%，同时具有非常良好的燃料适应性。

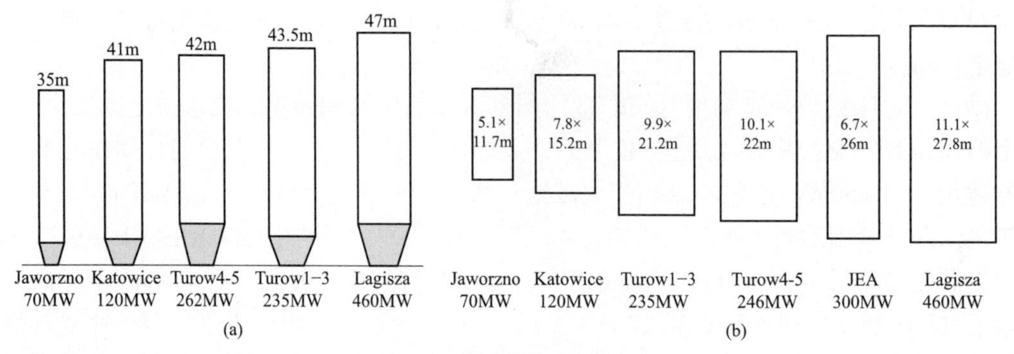

图1-6　锅炉设计参数放大比较

（a）炉膛高度；（b）炉膛截面积

图1-7　460MW超临界循环流化床锅炉外观图

表1-1　460MW超临界循环流化床锅炉设计参数

项目	单位	设计值	项目	单位	设计值
发电功率	MW	460	净效率	%	43.3
过热蒸汽流量	t/h	1300	再热蒸汽流量	t/h	1100
过热蒸汽压力	MPa	27.5	再热蒸汽压力	MPa	5.5
过热蒸汽温度	℃	560	再热蒸汽温度	℃	580
SO_2排放浓度	mg/m^3	200	NO_x排放浓度	mg/m^3	200

2. 330MW 超临界循环流化床锅炉

2007 年，Foster Wheeler 公司与俄罗斯 EMAlliance 公司签订了关于 Novocherkasskaya 电站 330MW 超临界循环流化床锅炉订单，该炉设计基本沿用 Łagisza 锅炉的设计方案，设计煤种为无烟煤和烟煤，同时最多可以掺入 30% 的煤泥（见图 1–8 和表 1–2）。

图 1–8　俄罗斯 Novocherkasskaya 电站 330MW 超临界循环流化床锅炉

表 1–2　330MW 超临界循环流化床锅炉设计参数

项目	单位	设计值	项目	单位	设计值
发电功率	MW	330	净效率	%	41.5
过热蒸汽流量	t/h	1000	再热蒸汽流量	t/h	817
过热蒸汽压力	MPa	24.7	再热蒸汽压力	MPa	3.7
过热蒸汽温度	℃	565	再热蒸汽温度	℃	565

3. 550MW 超超临界循环流化床锅炉

2011 年，Foster Wheeler 公司与韩国 Smacheok 绿色电力公司签订了项目订单，该项目计划建造 4 台 550MW 超超临界本生垂直管直流锅炉，2 台锅炉配 1 台 1100MW 汽轮机（见表 1–3 和图 1–9）。Smacheok 电站锅炉结构与 Łagisza 项目相似，仅仅是容量尺寸上进行了简单放大，同时将主蒸汽温度和再热蒸汽温度提高到 603℃，但主蒸汽压力不提高，其再热器末端材料采用 T24 钢，耐受温度提升至 620℃。

表 1–3　550MW 超超临界循环流化床锅炉设计参数

项目	单位	设计值	项目	单位	设计值
过热蒸汽流量	t/h	1576	再热蒸汽流量	kg/s	1283
过热蒸汽压力	MPa	25.7	再热蒸汽压力	MPa	5.3
过热蒸汽温度	℃	603	再热蒸汽温度	℃	603
给水温度	℃	297	粉尘排放浓度	mg/m^3	20
SO_2 排放浓度	mg/m^3	143（最大）	NO_x 排放浓度	mg/m^3	103（最大）

图 1-9 韩国 Smacheok 电站 550MW 超超临界循环流化床锅炉

项目设计燃料为次烟煤，并可掺烧木屑颗粒。Smacheok 电站基于低位发热量的机组供电效率为 42.4%。该项目放弃了炉内脱硫和 SNCR，采用炉外脱硫和 SCR 脱硝控制污染物排放浓度。

4. 660MW 超超临界循环流化床锅炉

2013 年 10 月，Alstom 公司在亚洲国际电力展览会上推出了 660MW 超超临界循环流化床锅炉设计方案（见图 1-10），该锅炉主蒸汽流量 1820t/h，主蒸汽压力 27MPa，主蒸汽温度和再热蒸汽温度分别达到 600℃和 620℃。相比于同等规模传统电站，能够减少 6% 的燃料消耗和 CO_2 排放，同时确保燃料的灵活性和可靠性。该方案比基于亚临界蒸汽压力和较低蒸汽温度的传统技术电站整体净效率要高出 3%。Alstom 公司认为，循环流化床燃烧技术能够广泛的使用褐煤和无烟煤等低品位燃料，能够高效燃烧且排放较低，减少额外的环

图 1-10 Alstom 公司 660MW 超超临界循环流化床锅炉设计图

保措施。循环流化床锅炉还能够使用生物质和油页岩等更多类型的燃料。因此，这一超超临界循环流化床锅炉产品最佳部署市场是那些拥有更低质量燃料的地区，如越南、土耳其、印度和东欧的褐煤产区等。

Alstom 公司采用的模块化基础平台可以适应不同输出要求和燃料，锅炉热效率大于 90%，燃料消耗量 605t/h，石灰石消耗量 75t/h，控制点 60%BMCR（Boiler Maximum Continuous Rating，BMCR）时通过 SNCR 和 NID（New Integrated Desuifurization，NID）方法可以保证 NO_x 和 SO_2 排放浓度小于 150mg/m^3 和 200mg/m^3。对于水分高达 60% 和灰分 40% 的煤同样适用。

第二节　循环流化床锅炉技术在中国的应用

一、基本国情

中国煤炭资源储量丰富，作为开采和使用的大国，火力发电一直是我国发电装机的主体。如图 1–11 所示，截至 2017 年底，全国发电装机容量 17.7708 亿 kW，其中火电装机容量 11.0495 亿 kW（煤电装机 9.813 亿 kW），全国发电量 64171 亿 kWh，其中火电机组发电量 45558 亿 kWh（煤电机组发电量 41498 亿 kWh），全国发电设备利用时间 3790h，其中火电设备利用时间 4219h。中国一次能源生产总量已经达到 35.9 亿 t 标准煤，其中原煤产量 35.2 亿 t。

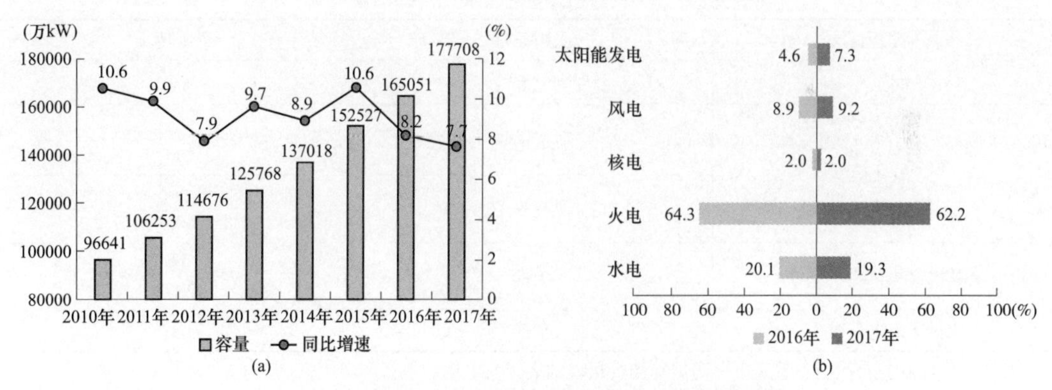

图 1–11　全国发电装机容量、增速及发电装机结构变化

(a) 发电装机容量、增速变化；(b) 发电装机结构变化

2017 年全国新增装机 4453 万 kW（其中新增煤电 3504 万 kW），火电及煤电新增规模连续三年缩小。全国 1000MW 级火电机组达到 103 台，占比提高最快，600MW 及以上火电机组容量所占比重已达 44.7%（见图 1–12），在华东、华中和南方区域比重已超过 50%。

为了改善生态环境，我国已先后五次颁布实施有关火电厂大气污染物的排放标准，分别为：《工业企业“三废”排放试行标准》（GBJ 4—1973）、《燃煤电厂大气污染物排放标准》（GB 13223—1991）、《火电厂大气污染物排放标准》（GB 13223—1996）、《火电厂大气污染物排放标准》（GB 13223—2003）、《火电厂大气污染物排放标准》（GB 13223—2011），随着国家及地方标准的几度收紧，电力企业已经进行了多轮大规模环保设施改造。在《火电厂

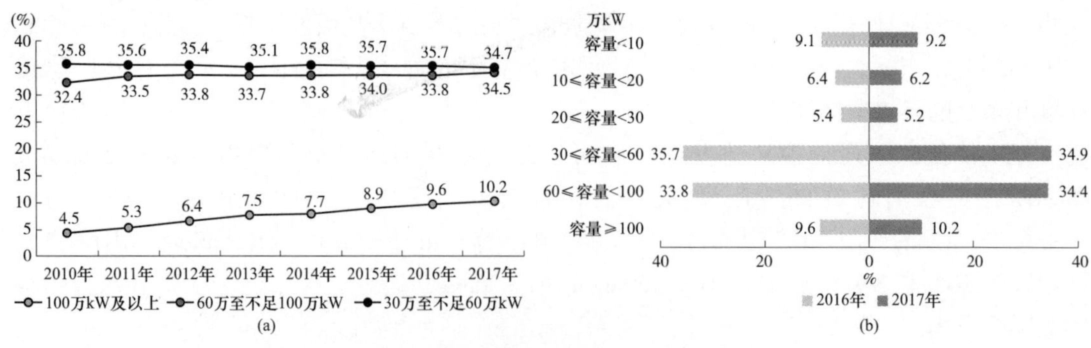

图 1-12 火电机组应用趋势及容量等级占比

(a) 300MW 及以上等级火电机组应用趋势；(b) 火电机组容量等级占比

大气污染物排放标准》(GB 13223—2011) 中设置了烟尘、二氧化硫、氮氧化物和汞四种污染物的排放限值（见表 1-4）。其中，自 2014 年 7 月 1 日起，现有火力发电锅炉及燃气轮机组必须执行新规定的烟尘、二氧化硫、氮氧化物和烟气黑度排放限值；自 2012 年 1 月 1 日起，新建火力发电锅炉及燃气轮机组必须执行新规定的烟尘、二氧化硫、氮氧化物和烟气黑度排放限值；自 2015 年 1 月 1 日起，燃煤锅炉必须执行新规定的汞及其化合物污染物排放限值。从标准要求来看，新建机组 100mg/m^3 的排放限值超过了欧洲和美国限值。

表 1-4 燃煤锅炉污染物最高允许排放浓度（mg/m^3）

污染物项目	适用条件	限值
烟尘	全部	30
二氧化硫	新建锅炉	100 200①
	现有锅炉	200 400①
氮氧化物（以 NO_2 计）	全部	100 200②
汞及其化合物	全部	0.03

① 位于广西壮族自治区、重庆市、四川省和贵州省的火力发电锅炉执行该限值；

② 采用 W 形火焰炉膛的火力发电锅炉，现有循环流化床火力发电锅炉，以及 2003 年 12 月 31 日前建成投产或通过建设项目环境影响报告书审批的火力发电锅炉执行该限值。

对于京津冀、长三角、珠三角等“三区十群”19 个省（区、市）47 个地级及以上城市重点地区的火力发电锅炉，还需要执行更为严格的大气污染物特别排放限值（表 1-5），二氧化硫的排放浓度要求为 50mg/m^3（标况），氮氧化物的排放浓度要求为 100mg/m^3（标况）。

表 1-5 大气污染物特别排放限值（mg/m^3）

污染物项目	限值	污染物项目	限值
烟尘	20	二氧化硫	50
氮氧化物（以 NO_2 计）	100	汞及其化合物	0.03

2014 年 9 月 12 日，国家发改委、环保部、能源局印发了《煤电节能减排升级与改造行动计划》（2014—2020 年），要求东部地区新建燃煤发电机组大气污染物排放浓度应基本达到燃气轮机组排放限值（即在基准氧含量 6% 条件下，烟尘、二氧化硫、氮氧化物排放浓度分别不高于 10、35、50mg/m^3），中部地区新建机组原则上应接近或达到燃气轮机组排放限值。2020 年，东部地区现役 300MW 及以上公用燃煤发电机组、100MW 及以上自备燃煤发电机组以及其他有条件的燃煤发电机组，改造后大气污染物排放浓度应基本达到燃气轮机组排放限值。

由于中国煤炭资源的分布和质量差异随地区不同变化极大，加之供应市场价格波动，电厂有时需要使用偏离设计煤种的劣质煤、高硫煤保证机组运行。随着原煤洗选比例的提高，煤矸石、煤泥和洗中煤产量会达到原煤产量的 15%，每年都有大量低热值燃料及劣质燃料需要合理利用，这些为循环流化床锅炉技术发展提供了机遇。作为国际上公认商业化程度最好的洁净煤技术，循环流化床锅炉非常适合中国以煤为主的能源结构和煤种多样、煤质复杂多变以及高硫煤、劣质煤和煤矸石多的特点。总体说来循环流化床锅炉具有以下几方面的突出优势：

（1）循环流化床锅炉具有广泛的燃料适应性，可用燃料涵盖优质烟煤、难燃无烟煤、石油焦、低热值及劣质的矸石、煤泥、洗中煤、生物质、垃圾废弃物等（见图 1-13），设计入炉燃料较少受到发热量、水分、硫含量的限制。

（2）循环流化床锅炉具有良好的运行调节性，负荷调节比宽，不投油稳燃负荷可以低至 25% 以下，由于新入炉燃料在床料中所占比例很低，基本不会发生燃料波动造成的灭火停炉事故。

（3）循环流化床锅炉具有优越的环保特性，由于其燃烧温度不高，NO_x 排放量远低于煤粉锅炉，投用石灰石后又可以方便的对 SO_2 排放量加以控制，在设备投资和运行成本上仍具有一定的优势。

（4）循环流化床锅炉燃烧产生的固硫灰渣综合利用特性较好，不仅二次污染小，还能产生可观的经济效益。

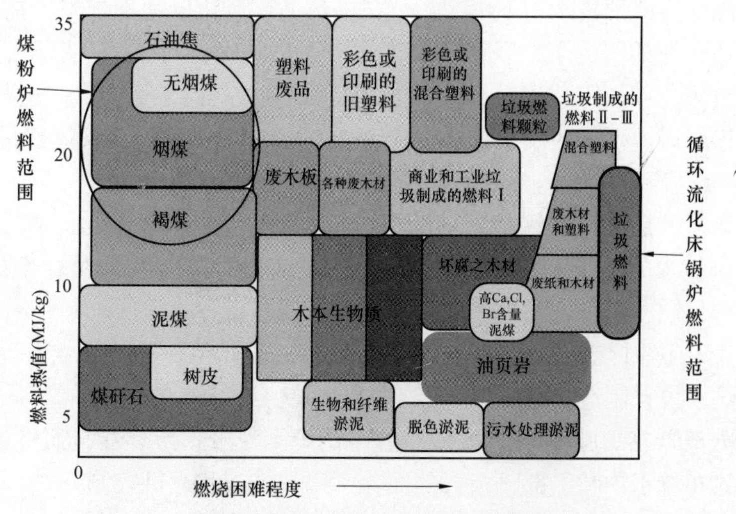

图 1-13　循环流化床锅炉与煤粉锅炉的可用燃料范围比较

二、研发与应用

中国自 20 世纪 60 年代起开始研发鼓泡流化床锅炉（俗称“沸腾炉”），通过 20 年的开发，形成了自己的鼓泡床燃烧及锅炉设计理论。到 70 年代末，国内已有 3000 台沸腾炉运行，最大容量为 130t/h。进入 80 年代后，中国与世界同步开始循环流化床燃烧技术的研究。在设计体系建立与完善发展过程中，开发了各种容量的自然循环蒸汽锅炉和用于供暖的热水锅炉（见图 1-14）。

图 1-14　中国投产的首台 10t/h 循环流化床锅炉及 35t/h 循环流化床锅炉

1996 年，我国从芬兰 Ahlstrom 公司购买的 410t/h 循环流化床锅炉在内江发电总厂高坝电厂投运，对我国大型循环流化床锅炉的工程应用起到了积极的推动作用。随着设计经验的积累、制造水平的不断提高以及国家环保标准的日趋严格，循环流化床锅炉技术在我国得到了迅速发展。一方面，东方、哈尔滨、上海为代表的三大锅炉厂先后引进了美国 Foster Wheeler 公司 50~100MW 汽冷旋风分离器循环流化床锅炉技术、德国 EVT 公司 150MW 以下容量再热循环流化床锅炉技术、ABB-CE 公司再热循环流化床锅炉技术。在国内科研院所、大专院校和制造企业的努力下，我国研究人员对引进技术进行了消化吸收，结合中国国情进行了一系列自主创新，形成了具有中国特色的设计方案和专利技术，这些工作显著推动了中国循环流化床锅炉技术的发展。2003 年，我国的三大锅炉厂又共同引进了 Alstom 公司 200~350MW 等级循环流化床锅炉技术。2006 年 4 月，四川白马电厂 300MW 循环流化床锅炉示范工程投运。此后，三大锅炉厂陆续投运了一批该型 300MW 亚临界循环流化床锅炉，在消化吸收引进技术的基础上开展了大型循环流化床锅炉的自主研发，开发了自主知识产权的 300MW 循环流化床锅炉系列炉型。

2008 年 6 月，国内首台自主开发 300MW 循环流化床锅炉在广东宝丽华电厂投运。该锅炉由东方锅炉厂设计制造，锅炉设计蒸汽参数为 17.45MPa/540℃ /540℃，采用单炉膛结构，三只汽冷旋风分离器在炉膛一侧呈 M 型布置，锅炉无外置式换热器，而将过热器和再热器以悬吊屏的形式布置于炉膛上部，极大的简化了锅炉结构和运行控制方式。

2009 年 1 月，由西安热工研究院和哈尔滨锅炉厂联合开发的 330MW 循环流化床锅炉在江西分宜电厂投运。该锅炉采用单炉膛结构，4只高温绝热旋风分离器在锅炉两侧呈H型布置，每只分离器立管下端装有一台紧凑式分流回灰换热器（Compact ash-flow splitting Heat Exchanger，CHE），紧凑式分流回灰换热器内布置了一部分受热面，对于优化锅炉运行性能具有重要作用。此外，哈尔滨锅炉厂、上海锅炉厂在综合考虑我国电站实际运行情况以及不同炉型锅炉性能的基础上，于2010年6月和2010年9月也分别成功投运了其自主研发的300MW循环流化床锅炉。

2013年4月14日，中国自主知识产权的世界首台600MW超临界循环流化床锅炉在四川白马电厂通过了168h试运行。该机组的顺利投运，标志着我国已成功掌握了大型超临界循环流化床锅炉的设计、制造、安装、调试、运行等各方面技术。我国采用低能耗、低成本污染控制的大型循环流化床燃烧技术从此达到世界领先水平，在世界循环流化床锅炉发展史上具有里程碑的意义。

2015年9月18日，中国自主知识产权的世界首台350MW超临界循环流化床锅炉在山西国金电厂成功投运，这是中国循环流化床锅炉技术取得的又一新突破。目前我国已经完成了从高压、超高压、亚临界到超临界循环流化床锅炉技术的发展。截至2017年底，全国除西藏、湖南外均有大型循环流化床锅炉分布，105个城市拥有100MW以上等级循环流化床机组410多台，在役超临界循环流化床机组的总装机容量585万kW，取得了良好的示范效果，600MW超超临界及1000MW超临界、超超临界循环流化床锅炉技术已列入《中国制造2025》，正在进行技术开发研究工作。

经统计，全国100MW等级以上循环流化床锅炉总装机容量已达7740万kW。内蒙古、山西、广东、山东、辽宁占据国内循环流化床锅炉装机容量的前五位（见图1–15）。

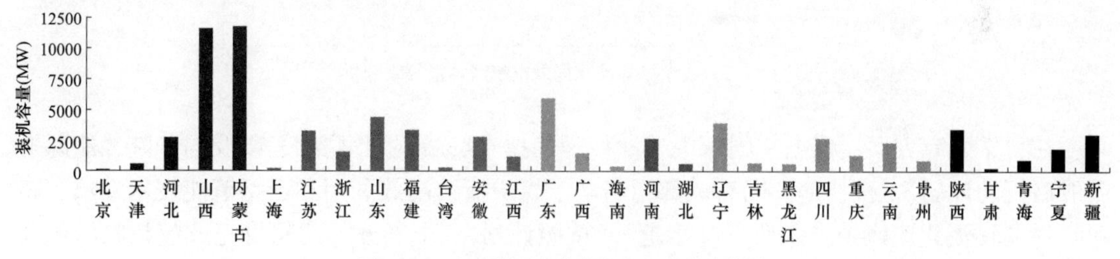

图1–15　大型循环流化床发电机组分省统计

循环流化床锅炉与常规煤粉炉相比，在资源综合利用方面发挥了重要作用，起到了对煤粉锅炉“填平补齐”的有益补充。国内主要的电力集团、煤矿企业均有循环流化床发电机组，应用涵盖电力生产、矸石消纳、石油石化、氯碱化工、有色冶金和造纸纺织等领域（见图1–16）。

虽然当前大型循环流化床锅炉的主力机型是135MW等级和300MW等级，但超临界机组占比已超过7%（见图1–17），未来随着大批超临界循环流化床机组的相继投产，其有望成为新的主力机型。我国已经完全掌握了循环流化床锅炉的核心技术，主要锅炉制造企业均已形成设计制造能力，自主研发技术几乎占据了全部的国内市场并积极向海外拓展。中国动力装备制造企业已向海外提供大型循环流化床锅炉60余台，总装机容量900多万kW。

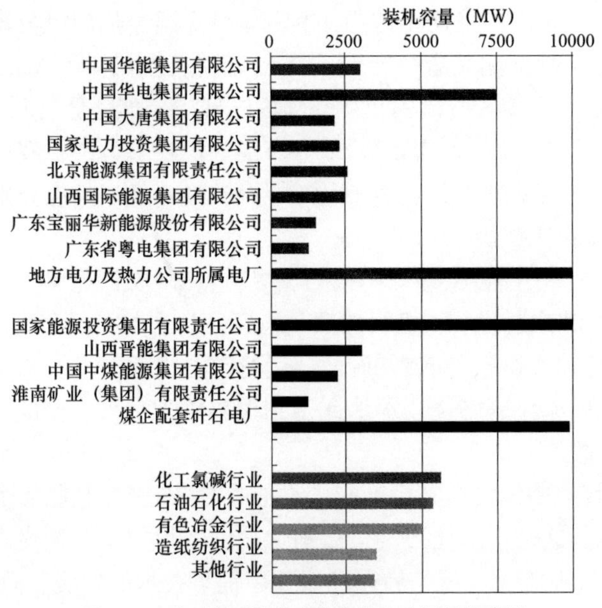

图 1–16　大型循环流化床发电机组应用领域分析

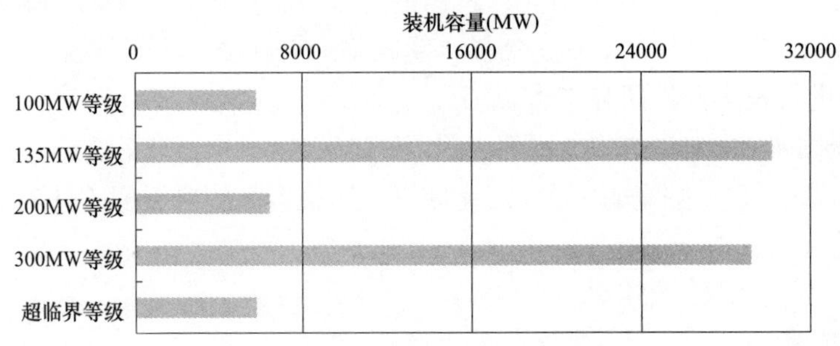

图 1–17　大型循环流化床发电机组容量等级分析

在科学研究方面，根据《国家中长期科学和技术发展规划纲要》，以及国务院《能源发展战略行动计划》，科技部会同有关部门启动了煤炭清洁高效利用和新型节能技术专项“超超临界循环流化床锅炉技术研发与示范”。按照计划，“十三五”期间将完成超超临界循环流化床锅炉本体设计及研制，建设 660MW 等级超超临界循环流化床锅炉机组示范工程。

三、标志性锅炉与炉型

（一）引进技术 100MW 等级循环流化床锅炉

为了加快我国循环流化床锅炉的应用步伐，吸收借鉴国外先进技术和成功经验，1992 年 5 月四川省电力局向芬兰 Ahlstrom 公司购买了一台 100MW 循环流化床锅炉，并安装于在四川内江发电总厂高坝电厂（见图 1–18）。锅炉设计煤种为四川南川煤，收到基低位发热量为 22.56MJ/kg、硫含量为 3.12%。锅炉锅筒中心标高为 42.7m，稀相区截面积为 100m^2、布风板面积为 56.5m^2，后墙水冷壁垂直布置 6 片翼墙式水冷壁，距布风板 14.3m 处布置 12 片（6 组）Ω 管屏式二级过热器。工程自 1994 年开工建设，1996 年 6 月通过 72h 试运行，经过多次技改后于 1998 年通过性能考核试验（见表 1–6）。

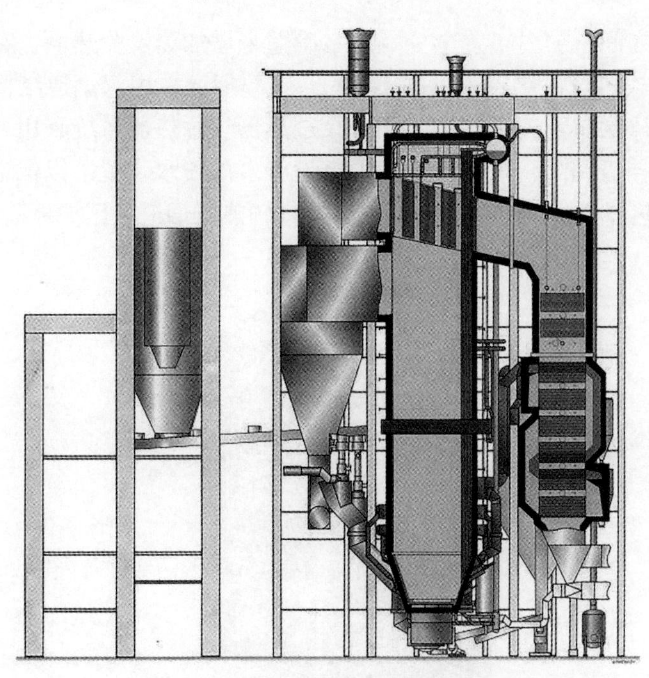

图 1–18　高坝电厂 100MW 循环流化床锅炉

表 1–6　　高坝电厂 100MW 循环流化床锅炉考核试验结果与设计值

项目	单位	设计值	考核值
锅炉热效率	%	90.70	90.79
最大连续出力	kg/s	113.9 ± 5.2	110.9
最小连续出力	kg/s	35	34
过热蒸汽温度	℃	540	537.5
过热蒸汽压力	MPa	9.8	9.18
煤含硫量	%	3.12	3.68
SO_2 排放浓度	mg/m^3	700	684
NO_x 排放浓度	mg/m^3	200	78
CO 排放浓度	mg/m^3	250	211
钙硫摩尔比	—	2.2	2.2

尽管该锅炉在冷渣器、高压风机等方面存在一些技术问题，但运行整体比较成功。在此后相当长一段时间内，该锅炉都是国内容量最大的循环流化床锅炉，以西安热工研究院为主的国内研究机构对该锅炉进行了较为细致的消化吸收，取得的数据和经验为国产 100MW 及更大容量循环流化床锅炉的研制提供了很大的帮助。

（二）引进技术 135MW 等级循环流化床锅炉

1. 东方锅炉厂

东方锅炉厂 135MW 级循环流化床锅炉是在引进美国 Foster Wheeler 公司 50~100MW 循环流化床锅炉技术基础上开发而成的。锅炉采用 M 型布置，2 台汽冷旋风分离器并联布置在炉膛和尾部烟道之间，炉内布置全分隔墙水冷壁来增加蒸发受热面，在炉内还布置有屏式二级过热器和屏式热段再热器（见图 1-19）。尾部烟道采用双烟道结构，在前烟道布置再热器，在后烟道依次布置三级过热器和一级过热器。过热器系统采用两级喷水调温，再热器系统采用烟气挡板调温，再热器进口管道设有事故喷水装置，以保证安全运行。尾部烟道采用的包墙过热器为膜式结构，省煤器、空气预热器烟道采用护板结构。

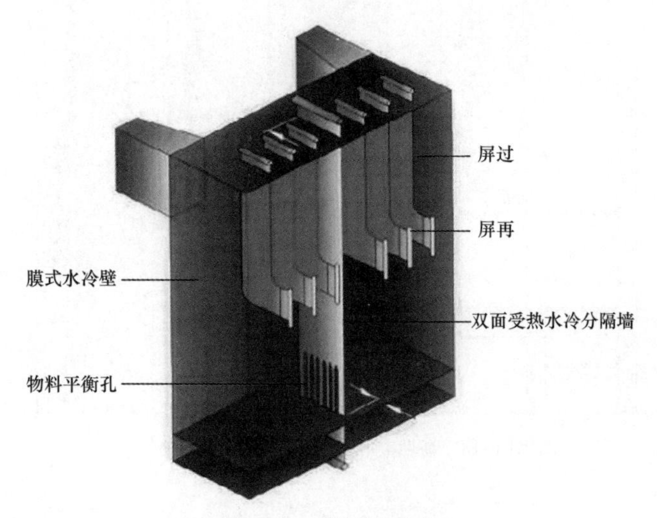

图 1-19　炉膛结构特点

该锅炉主要技术特点包括：①全膜式壁单炉膛结构，炉内布置全分隔墙水冷壁（Full-height Division Wall）、屏式二级过热器和屏式热段再热器；②定向风帽（见图 1-20，由于磨损严重，后期生产的该型锅炉改用钟罩形风帽）；③汽冷旋风分离器；④床下点火启动；⑤再热器采用平行双烟道挡板调温。

图 1-20　炉内定向风帽布置图

以采用该锅炉的江苏大屯电厂为例（图 1-21），锅炉水冷壁管规格为 $\phi60\times5$mm、节距为 80mm，上部稀相区截面积为 102m^2。炉膛内布置有 6 片屏式过热器、4 片屏式再热器和 1 片双面受热水冷分隔墙。风室底部由前墙管拉稀形成，布风板由 $\phi82.55$mm 的内螺纹管

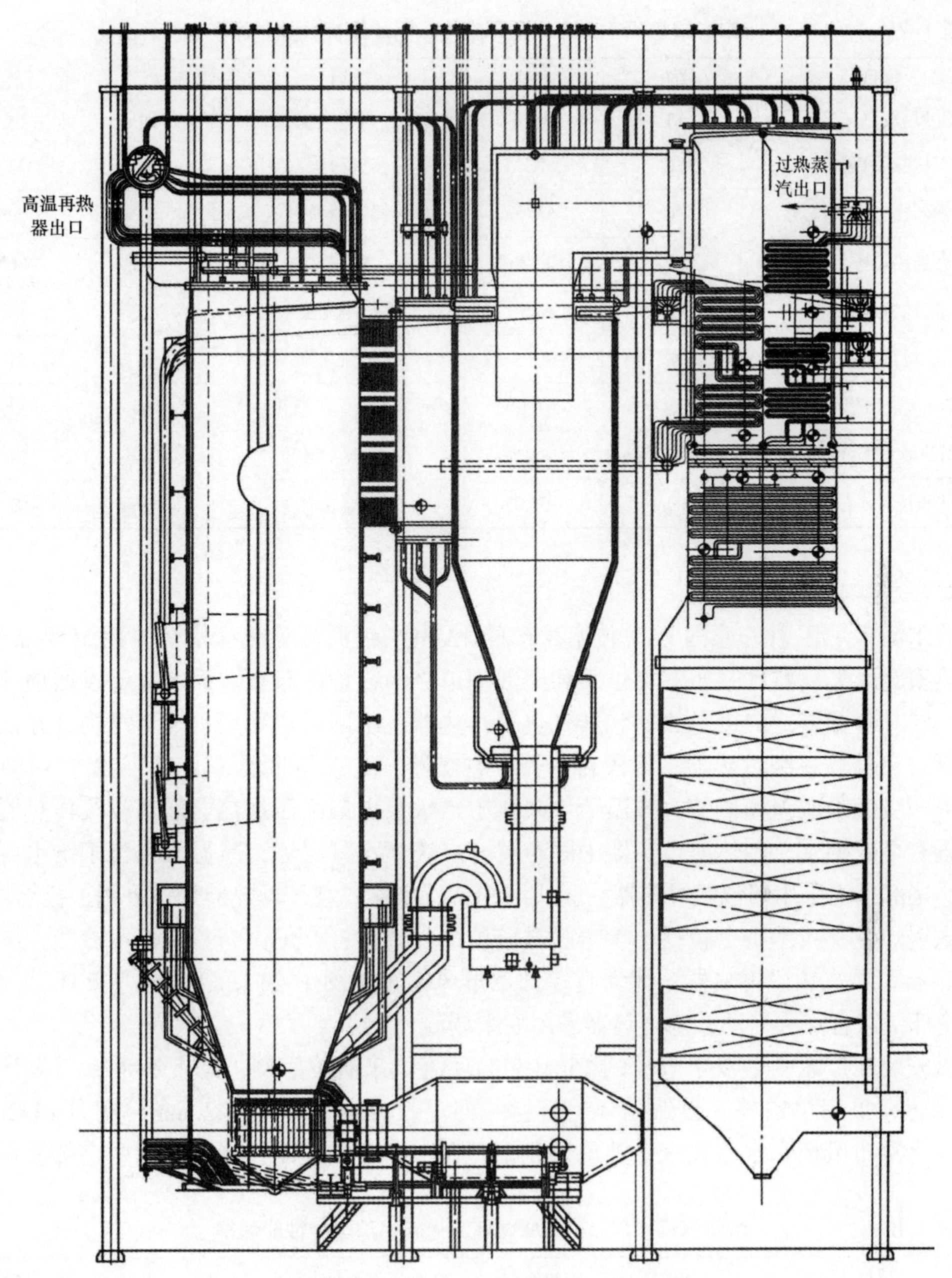

图 1–21　东方锅炉厂 135MW 循环流化床锅炉

加扁钢焊接而成，扁钢上设置定向风帽。炉膛与尾部竖井之间布置有 2 台汽冷旋风分离器，其下部各布置 1 台返料器。旋风分离器由 200 根 ϕ42mm 的管子组成。尾部由包墙分隔，在锅炉深度方向形成双烟道结构，前烟道布置两组低温再热器，后烟道从上到下依次布置高温过热器、低温过热器，向下前后烟道合成一个，其中布置螺旋鳍片管式省煤器和卧式空气预热器，空气预热器采用光管式，沿炉宽方向双进双出。炉膛水冷风室下一次风道内布置有两台床下风道点火燃烧器，按 15%BMCR 的总输入热量设计。该锅炉投产初期的主要问题是冷渣器故障率高、风帽磨损严重、风室漏灰，后经改造基本解决（见表 1–7）。

表 1-7　　东方锅炉厂 135MW 循环流化床锅炉运行性能数据

项目	单位	数值	项目	单位	数值
过热蒸汽流量	t/h	442.1	过热蒸汽压力	MPa	13.17
过热蒸汽温度	℃	533.7	再热器进口蒸汽温度	℃	338.2
再热器出口蒸汽温度	℃	535.6	再热器进口蒸汽压力	MPa	2.603
再热器出口蒸汽压力	MPa	2.526	床温度	℃	865.9
风室压力	kPa	13.68	排烟温度	℃	134.3
运行氧量	%	4.13	炉渣比率	%	51.88
飞灰 / 底渣可燃物含量	%	7.61/1.57	锅炉热效率（修正后）	%	91.14
锅炉最大降负荷率	%BMCR/min	5.31	NO_x 排放浓度	mg/m^3	51.51
SO_2 排放浓度（Ca/S=2.2）	mg/m^3	307.07	CO 排放浓度	mg/m^3	92.97

2. 哈尔滨锅炉厂

哈尔滨锅炉厂引进德国 EVT 技术生产的 135MW 级循环流化床锅炉采用 M 型布置，2 个绝热型旋风分离器并联布置在炉膛和尾部烟道之间，炉内布置双面水冷壁以增加蒸发受热面，同时布置屏式二级过热器和屏式热段再热器。尾部烟道采用单烟道结构，并依次布置三级过热器、一级过热器、冷段再热器、省煤器、空气预热器（见图 1-22）。过热蒸汽温度由两级喷水减温器调节，减温喷水来自于给水泵出口高压加热器前。冷段再热器的入口布置有事故喷水，冷热段再热器中间布置有一级喷水减温器，减温水来自于给水泵中间抽头。尾部烟道采用的包墙过热器为膜式结构，省煤器、空气预热器烟道采用护板结构。

该锅炉主要技术特点包括：①全膜式壁单炉膛结构；②炉内布置双面水冷壁、屏式二级过热器和屏式热段再热器；③大直径钟罩形风帽（见图 1-23）；④绝热型旋风分离器；⑤床上床下联合点火启动；⑥再热器采用喷水调温。

以安装在广东新会双水电厂的 150MW 循环流化床锅炉为例（见表 1-8），其设计煤种为无烟煤，采用单锅筒、自然循环。炉膛断面呈长方形，深为 7220mm、宽为 15320mm，底部为水冷布风板和水冷风室，钟罩形风帽焊在水冷布风板鳍片上。炉膛中上部贯穿炉膛

表 1-8　　哈尔滨锅炉厂 150MW 循环流化床锅炉运行性能数据

项目	单位	数值	项目	单位	数值
过热蒸汽流量	t/h	466.7	过热蒸汽压力	MPa	13.26
过热蒸汽温度	℃	539.6	再热器蒸气流量	t/h	418.6
再热器进口蒸汽温度	℃	336.5	再热器出口蒸汽温度	℃	535.1
再热器进口蒸汽压力	MPa	2.81	再热器出口蒸汽压力	MPa	2.56
密相区平均床温	℃	925.5	密相区平均床压力	kPa	7.26
排烟温度	℃	148.0	锅炉热效率（修正后）	%	90.09
SO_2 排放浓度（Ca/S=1.68）	mg/m^3	381.7	NO_x 排放浓度	mg/m^3	103
CO 排放浓度	mg/m^3	153.7	锅炉最大降负荷率	%BMCR/min	1.60

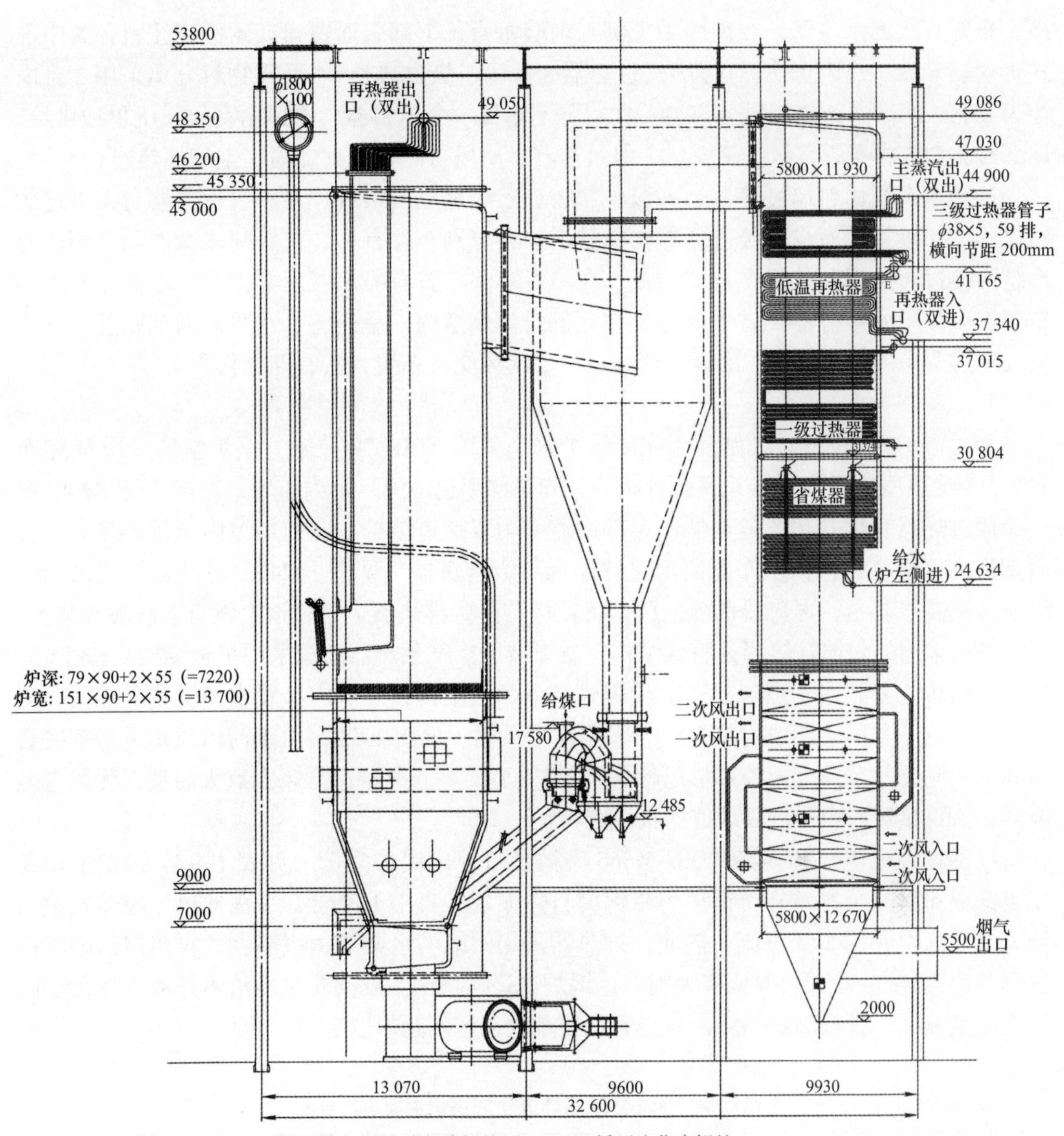

图 1–22　哈尔滨锅炉厂 135MW 循环流化床锅炉

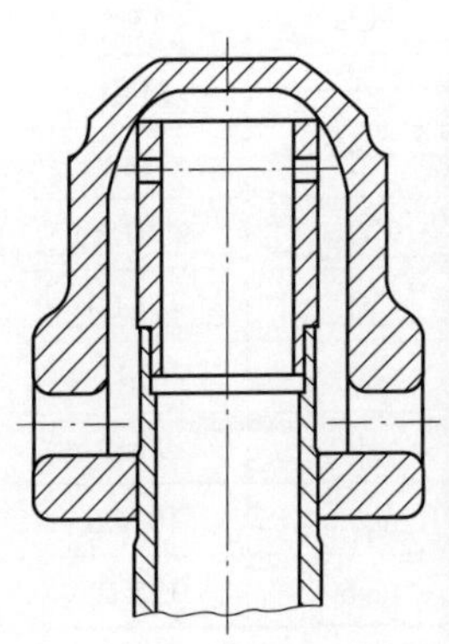

图 1–23　大直径钟罩形风帽外形及布置

深度布置有双面水冷壁，在炉膛中上部与前墙垂直，下部表面覆盖有耐磨浇注料，其中屏式再热器6片（热段再热器）、屏式过热器8片（二级过热器）。循环物料分离采用2台内径为8.08m的高温绝热旋风分离器，回料腿下布置一个返料器，用风由高压风机单独供给。尾部对流烟道中布置三级过热器、一级过热器、冷段再热器、省煤器、空气预热器。

过热器系统由包墙过热器、一级、二级、三级过热器组成，在一级过热器与二级过热器之间、二级过热器与三级过热器之间管道上，分别布置有一、二级喷水减温器。再热器系统由冷段再热器和热段再热器组成，在二者之间布置有喷水减温器，在冷段再热器入口布置有事故喷水减温器。省煤器布置在尾部对流烟道内，呈逆流、水平、顺列布置。管式空气预热器采用卧式布置，沿烟气流程一、二次风交叉布置，共有四个行程。

3. 上海锅炉厂

上海锅炉厂135MW级循环流化床锅炉采用美国ABB–CE技术。锅炉整体采用M型布置，2个绝热型旋风分离器并联布置在炉膛和尾部烟道之间，炉内布置水冷屏式受热面、屏式冷段过热器和屏式热段过热器。尾部烟道采用双烟道结构，在前烟道内布置再热器，在后烟道内按烟气流向依次布置高温过热器和二级省煤器（见图1–24）。过热器系统采用二级喷水减温器调温。再热器系统采用烟气挡板调温。再热器进口管道上设有事故喷水装置。尾部烟道采用的包墙过热器为膜式结构，省煤器、空气预热器烟道采用护板结构。

该锅炉主要技术特点包括：①全膜式壁单炉膛结构；②炉内布置水冷屏式受热面、屏式冷段过热器和屏式热段过热器；③采用箭形风帽（见图1–25，由于箭形风帽无法解决磨损和漏渣问题，后期改用钟罩形风帽）；④绝热型旋风分离器；⑤床上点火启动，无风道燃烧器；⑥再热器采用平行双烟道挡板调温。

以河南豫联电厂SG–440/13.6–M565型循环流化床锅炉为例（见表1–9）。锅炉采用岛式半露天布置、全钢结构，锅炉为单锅筒自然循环、集中下降管、平衡通风、绝热式旋风分离器，后烟井内布置对流受热面，过热器采用两级喷水调节蒸汽温度，再热器以烟气挡板调节为主、事故喷水装置调节为辅。该锅炉试运初期的主要问题是冷渣器排渣不畅，此外，炉膛温度偏低，影响锅炉燃烧，后经大量技术改造，问题得以解决。

表1–9　　上海锅炉厂135MW循环流化床锅炉主要运行参数

项目	单位	数值	项目	单位	数值
过热蒸汽流量	t/h	407.1	过热蒸汽压力	MPa	13.6
过热蒸汽温度	℃	537.9	再热器蒸汽流量	t/h	344.1
再热器出口蒸汽压力	MPa	2.4	再热器入口蒸汽温度	℃	318.9
再热器出口蒸汽温度	℃	534.8	床温	℃	807.0
料层差压	kPa	13.0	排烟温度	℃	154.00
飞灰/底渣可燃物含量	%	10.87/1.54	含氧量	%	5.1
底渣份额	%	46.47	锅炉热效率（修正后）	%	90.19
CO排放浓度	mg/m^3	333.5	SO_2排放浓度	mg/m^3	1978.6
锅炉最大降负荷率	MW/min	5	NO_x排放浓度	mg/m^3	125.12

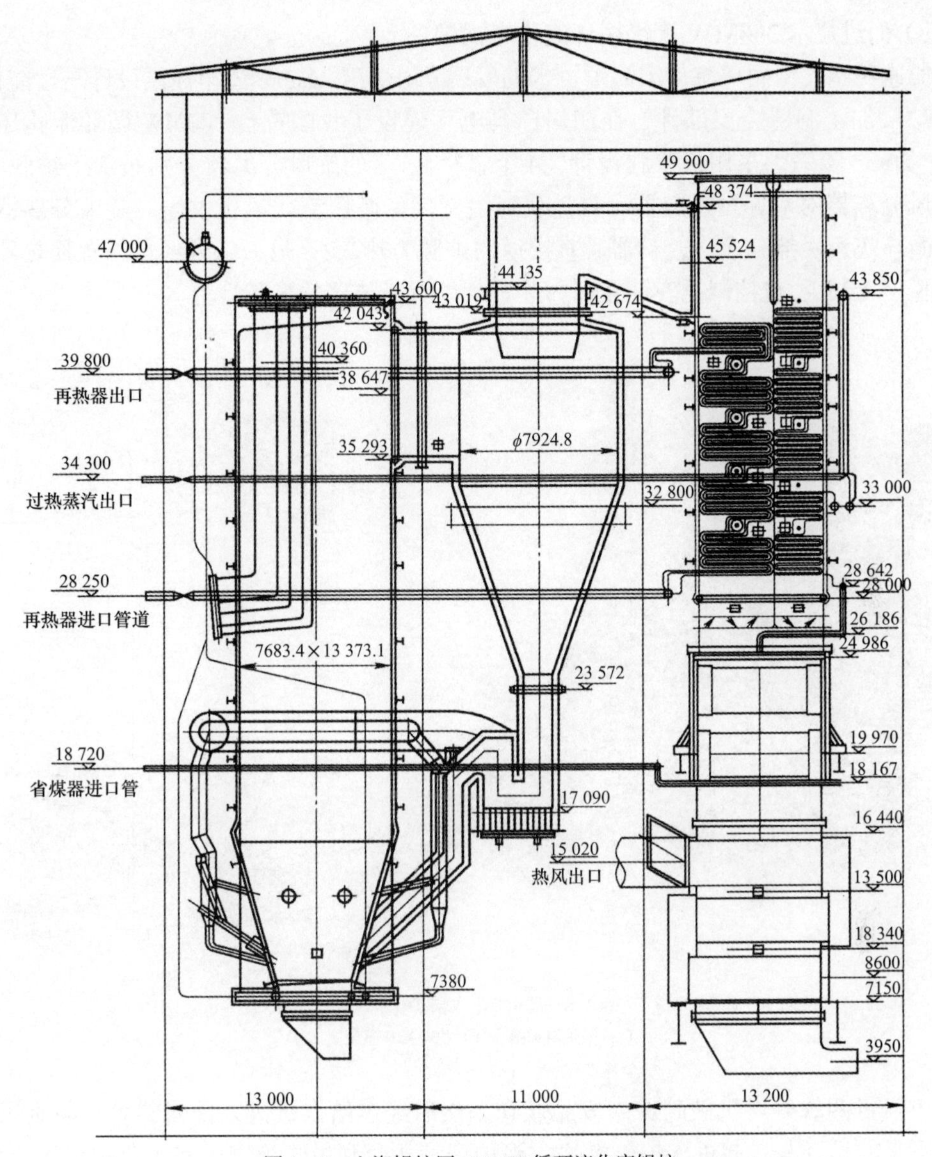

图 1-24　上海锅炉厂 135MW 循环流化床锅炉

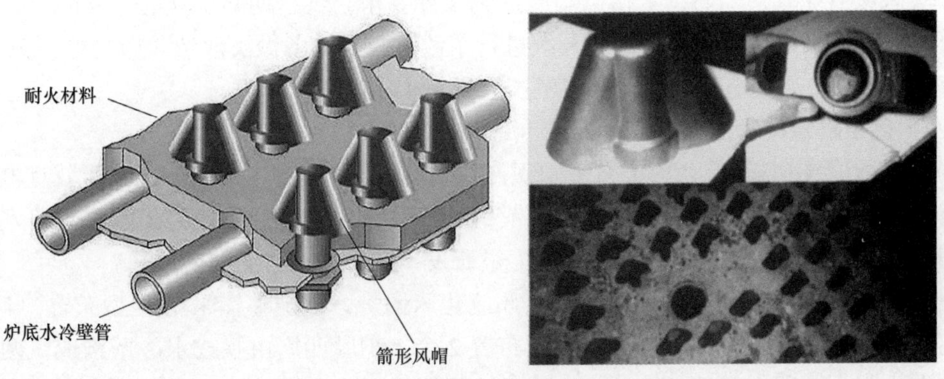

图 1-25　箭形风帽结构及布置示意图

（三）引进技术 300MW 等级循环流化床锅炉

为加速我国大型循环流化床锅炉技术的发展，由法国 Alstom 公司提供设计与性能保障，东方锅炉厂加工制造主要部件，在四川白马电厂建设了我国首台 300MW 循环流化床锅炉（见图 1–26）。该锅炉采用裤衩腿设计，4 个直径 8.7m 的旋风分离器分别布置于炉膛两侧。每个旋风分离器对应一台返料器，其流化风由专门的高压流化风机供给。旋风分离器分离下来的循环灰，一部分通过返料器后直接返回炉膛（热灰），另一部分经过外置换热器后再返回炉膛（冷灰），灰控制阀安装在回料装置到外置换热器的热灰管上。

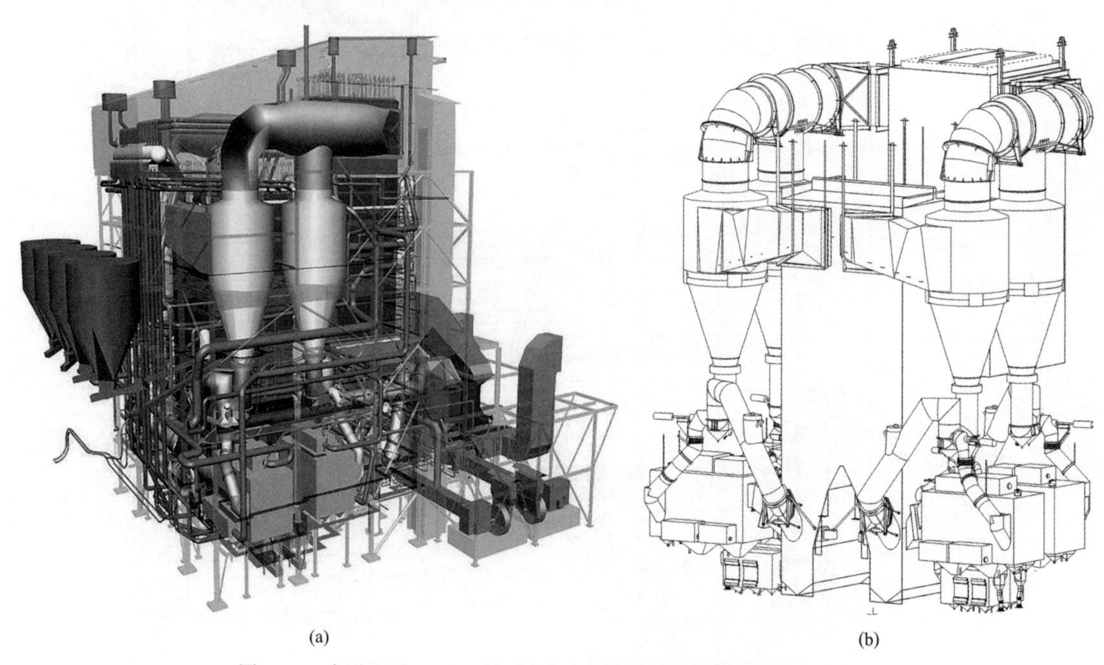

(a) (b)

图 1–26 白马电厂 300MW 循环流化床锅炉结构及物料循环系统示意图

（a）锅炉结构图；（b）物料循环系统图

原煤经过两级碎煤机破碎进入成品煤仓，然后经过给煤机进入回料斜管，与旋风分离器分离下来的循环灰一起进入炉膛燃烧。锅炉配有 4 台刮板式给煤机和 4 台称重式给煤机，每台设计出力 60t/h。该机组于 2005 年 12 月 30 日首次并网发电，2006 年 3 月通过 168h 试运行。从运行情况看，主要技术指标均能达到设计要求，试运期间出现的主要问题是翻床和冷渣器出力不足，后期对自动控制系统进行了改进并对设备做了改造。白马电厂 300MW 循环流化床锅炉主要性能参数保证值与考核值见表 1–10。

（四）自主研发技术 100MW 等级循环流化床锅炉

2003 年 6 月 19 日，首台国产自主知识产权 100MW 循环流化床锅炉在江西分宜电厂投入运行，该锅炉由西安热工研究院和哈尔滨锅炉厂联合开发设计，作为我国自主研发的首台大型循环流化床锅炉，它为我国积累了大量研发、建设和运行经验。

图 1–27 所示为分宜发电厂 100MW 循环流化床锅炉，锅炉整体采用 H 型布置，4 个旋风分离器分两组布置在炉膛两侧，每侧各布置 2 个。炉膛四周由膜式水冷壁构成，两侧墙水冷壁在炉膛下部距布风板 6000mm 高处开始收缩，形成锥段结构。耐火防磨层与水冷壁

表 1–10　　白马电厂 300MW 循环流化床锅炉主要性能参数保证值与考核值

项　目	单位	保证值	实测值
锅炉热效率	%	91.9	93.29
SO_2 排放浓度	mg/m^3	≤ 600	550
NO_x 排放浓度	mg/m^3	≤ 250	90
钙硫摩尔比	—	≤ 1.8	1.69
锅炉最大连续出力	t/h	1025	1031.6
过热蒸汽温度	℃	540 ± 5	538.7
再热蒸汽温度	℃	540 ± 5	541.4
锅炉不投油最低稳燃负荷	%BMCR	35 ± 5	34.4

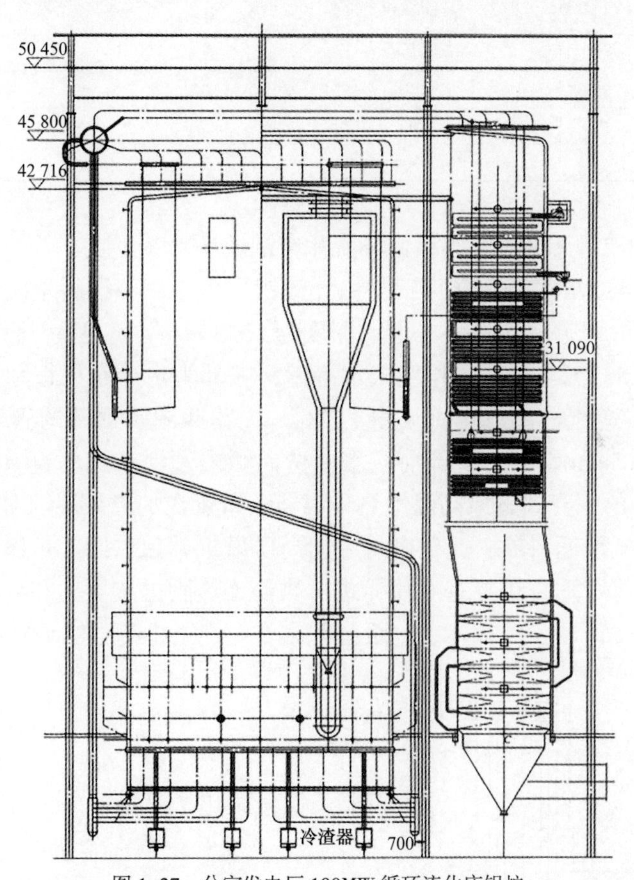

图 1–27　分宜发电厂 100MW 循环流化床锅炉

交接面处的水冷壁采用特殊的防磨结构，以避免贴壁回流物料在转向时对水冷壁的磨损。炉底为水冷布风板和风室，布风板的鳍片上装有迴流式风帽。炉膛上部布置有翼墙式二级过热器及水冷屏式受热面。旋风分离器内径为 5200mm，钢壳内砌有耐高温的防磨隔热衬里。

该锅炉煤质适应范围较广，燃用收到基低位发热量为 12~21MJ/kg，空气干燥基挥发分为 3%~18% 范围内的各种煤质，在锅炉内均能稳定正常运行，飞灰含碳量在 7%~14% 之间（见表 1–11），锅炉热效率在 84%~89% 之间，投用石灰石（Ca/S=2.5）时，测得 SO_2 排放浓度为 250~300mg/m³，NO_x 排放浓度为 150mg/m³，锅炉不投油最低稳燃负荷为 30MW。满负荷运行时，锅炉床温基本控制在 920~950℃之间，炉膛出口温度维持在 940~960℃之间。锅炉性能考核试验表明，锅炉热效率为 90.76%（设计热效率为 89.08%）。

表 1-11　　　　分宜电厂 100MW 循环流化床锅炉主要运行参数

名称	单位	设计值	实际运行值
过热蒸汽流量	t/h	410	375
过热蒸汽温度	℃	540	534~540
过热蒸汽压力	MPa	9.8	9.8
床温	℃	920~950	920~950
床压	kPa	6	5.5~6.5
给水温度	℃	215	228
减温水流量	t/h	20.5	28~38
排烟温度	℃	135	150
飞灰可燃物含量	%	8	7~14
底渣可燃物含量	%	2	0.8~1.8

（五）自主研发技术 150MW 等级循环流化床锅炉

华电乌达电厂 480t/h 循环流化床锅炉由无锡锅炉厂采用中国科学院工程热物理研究所技术设计制造。锅炉炉膛断面呈长方形，深度为 15330mm、宽度为 7410mm，额定负荷下炉膛内燃烧温度为 885℃。炉膛采用膜式水冷壁，底部为水冷布风板和水冷风室，布风板上布置 2160 只内嵌逆流柱型风帽（见图 1-28）。炉膛四周及顶部的管子节距均为 80mm。水冷壁采用 $\phi60\times6.5$mm 管子，下部前后水冷壁向炉内倾斜，与垂直方向成 14° 角。锅炉采用 2 个内径 7.1m 的蜗壳式进风高温绝热分离器，布置在炉膛与尾部对流烟道之间。分离器下布置一个非机械型返料器，流化密封风用高压风机单独供给。炉膛中上部布置有 3 片水冷屏式受热面，前墙垂直布置有 6 片屏式再热器（热段再热器）和 8 片屏式过热器（二级过热器）。一级过热器位于尾部烟道中，管子直径 $\phi38\times5$mm，根据管子壁温，冷段采用 20G 材料，热段采用 15CrMoG 材料。三级过热器位于尾部烟道上部，管子直径 $\phi38\times6$mm，冷段采用 12Cr1MoVG 材料，热段采用 T91 材料。

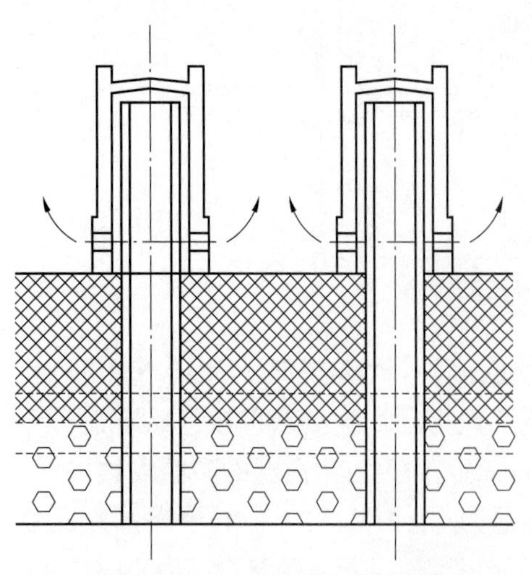

图 1-28　内嵌逆流柱型风帽示意图

启动燃烧器总点火容量约为 32%BMCR，设有 4 只床下启动燃烧器和 4 只床上启动燃烧器。4 只床下启动燃烧器布置在水冷风室下部，其点火热容量约为 12%BMCR，每只油枪出力为 1100kg/h；4 只床上启动燃烧器布置于布风板上 3m 处，其点火热容量约为 20%BMCR，每只油枪出力为 1000kg/h。无锡锅炉厂 150MW 循环流化床锅炉主要运行性能参数见表 1-12。

表 1-12　　无锡锅炉厂 150MW 循环流化床锅炉主要运行性能参数

项目	单位	数值	项目	单位	数值
过热蒸汽流量	t/h	485.2	过热蒸汽压力	MPa	13.83
过热蒸汽温度	℃	536.9	再热器进口蒸汽温度	℃	337.1
再热器出口蒸汽温度	℃	537.5	再热器出口蒸汽压力	MPa	2.76
风室压力	kPa	10~11	密相区平均床温度	℃	900~940
旋风分离器进口烟温	℃	900~950	排烟温度	℃	157
锅炉热效率（修正后）	%	90.39	锅炉不投油最低负荷	%BMCR	46

（六）自主研发技术 210MW 等级循环流化床锅炉

1. 哈尔滨锅炉厂

鉴于首台国产 100MW 循环流化床锅炉的成功投运，江西分宜电厂又建设了中国首台自主知识产权 210MW 循环流化床锅炉，该锅炉同样由西安热工研究院开发设计，哈尔滨锅炉厂生产制造，2006 年 7 月 7 日正式通过 96h 试运行（见图 1-29）。锅炉为单锅筒、

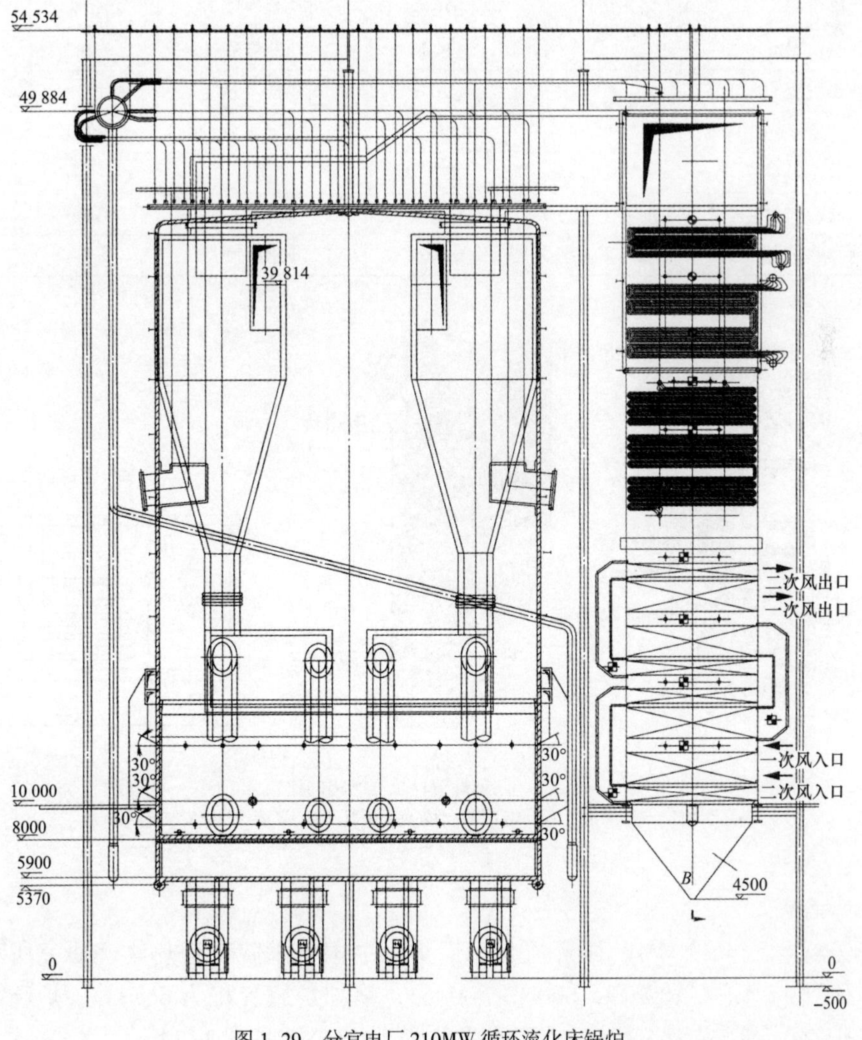

图 1-29　分宜电厂 210MW 循环流化床锅炉

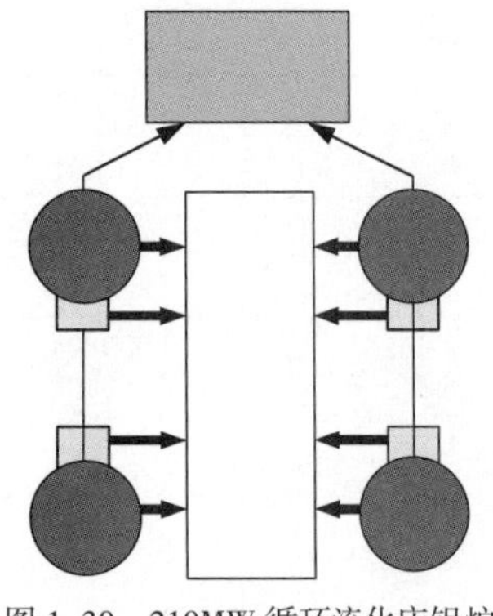

图 1-30　210MW 循环流化床锅炉 H 型整体布置

自然循环、采用高温绝热型旋风分离器，4 个直径为 6.26m 的旋风分离器布置在炉膛两侧（见图 1-30）。

分宜电厂 210MW 循环流化床锅炉主要运行参数见表 1-13。运行数据显示，锅炉主要性能技术指标均达到设计要求，其核心部件紧凑式分流回灰换热器运行性能十分稳定可靠。其采用“气动控制为主、机械控制为辅”的方式控制循环物料的分流量，调节方式简单可靠，与引进技术相比便于布置（见图 1-31），同时兼有循环灰的分流、冷却和回送功能。锅炉共布置 4 台分流回灰换热器，在分流回灰换热器内布置有再热器和中温过热器。

表 1-13　分宜电厂 210MW 循环流化床锅炉主要运行参数

工况名称	单位	数值	工况名称	单位	数值
机组负荷	MW	201.1	过热蒸汽压力	MPa	13.0
过热蒸汽温度	℃	534.4	过热蒸汽流量	t/h	616.0
再热蒸汽压力	MPa	2.0	再热蒸汽温度	℃	537.2
空气预热器入口氧量（左/右）	%	4.0/3.5	风室压力	kPa	17.1
二次总冷风量	m^3/s（标态）	57.4	床温度	℃	863.2
一次总冷风量	m^3/s（标态）	113.9	床压力	kPa	4.6
一次总热风量	m^3/s（标态）	119.6	排烟温度	℃	133.4

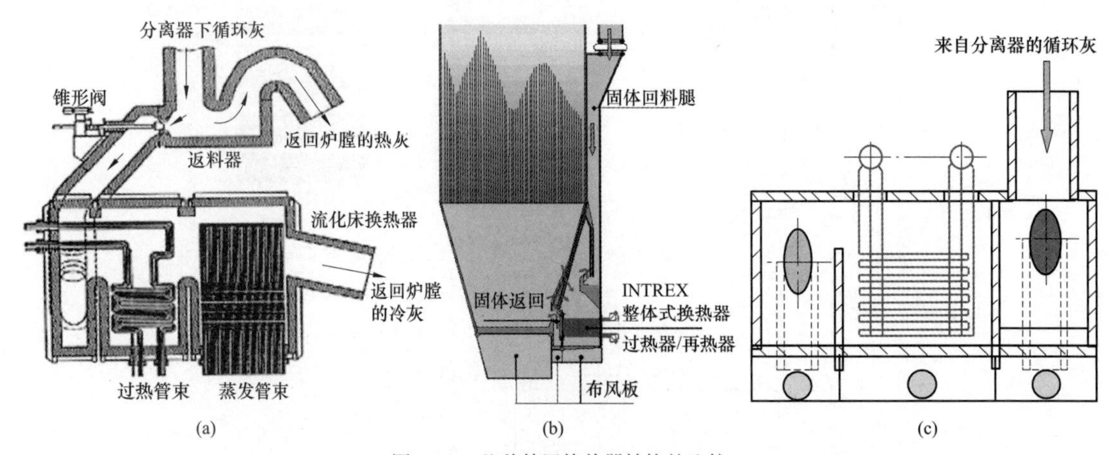

图 1-31　几种外置换热器结构的比较

(a) 锥形阀外置换热器；(b) INTREX 型外置换热器；(c) 紧凑式分流回灰换热器

2. 上海锅炉厂

神华亿利电厂 4×200MW 循环流化床锅炉由中国科学院工程热物理研究所和上海锅炉厂合作研制，锅炉型号为 SG-690/13.7-M451，锅炉炉膛容积为 6673m^3，炉膛截面积为 178.6m^2。炉膛设计气速为 5.3m/s，炉膛深宽比为 1∶2.88（见图 1-32）。

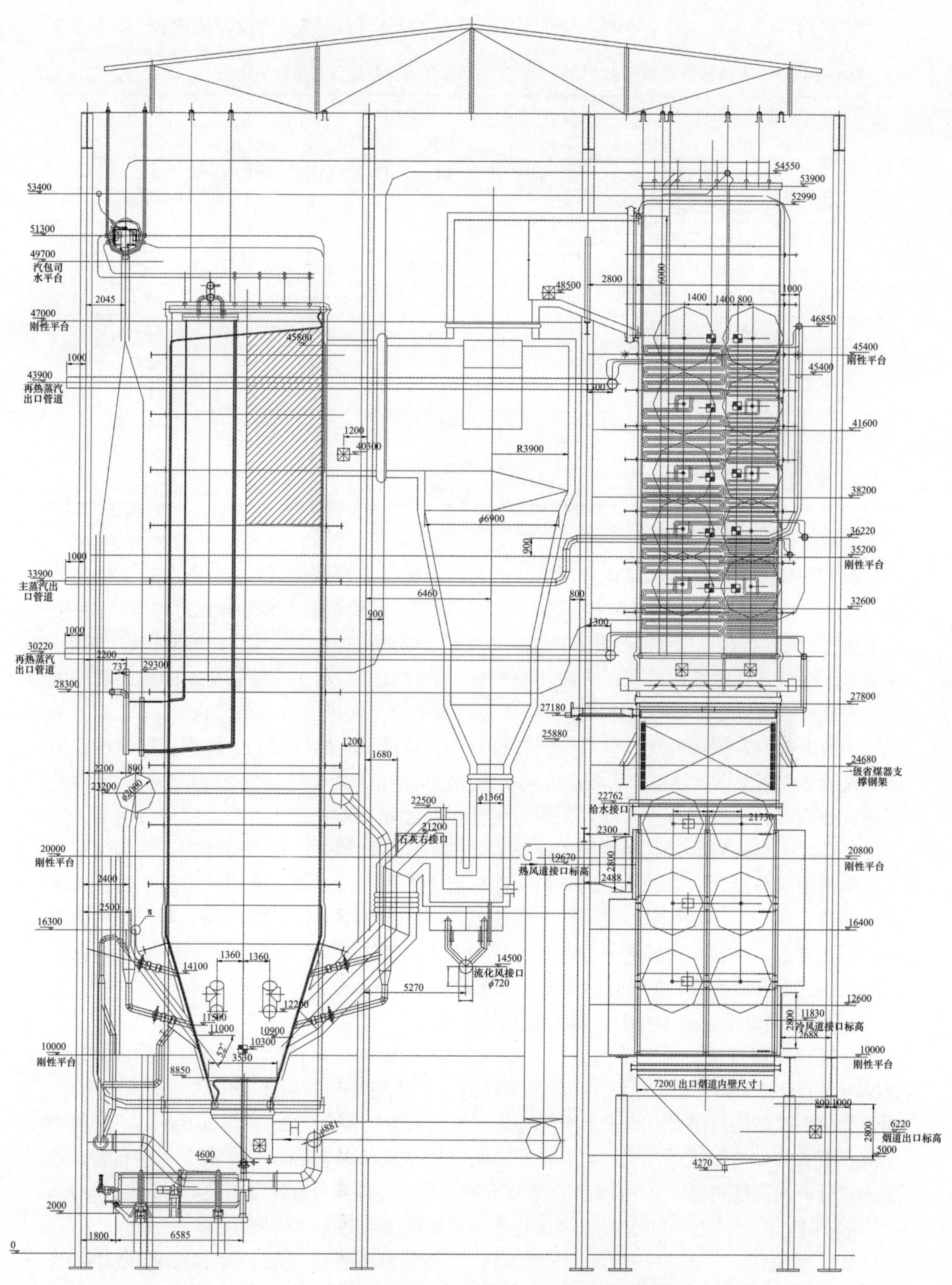

图 1-32　上海锅炉厂 200MW 循环流化床锅炉总图

表 1-14 为上海锅炉厂 200MW 循环流化床锅炉主要运行参数值与设计值比较。

表 1-14　　上海锅炉厂 200MW 循环流化床锅炉主要运行参数值与设计值比较

项目	单位	设计值	运行值
机组发电功率	MW	200	202
过热蒸汽压力	MPa	13.73	12.20
过热蒸汽温度	℃	540	536.8
过热蒸汽流量	t/h	602.9	639.3
再热蒸汽压力	MPa	2.22	2.37
再热蒸汽温度	℃	540	529.1
一级过热器减温水量	t/h	25.97	17.9
二级过热器减温水量	t/h	10.60	22.4
再热器减温水量	t/h		14.7
炉膛温度（下部 / 中部 / 上部）	℃	880	938/890/860
排烟温度	℃	135.3	138.6
氧量	%	3.8	4.17

3. 东方锅炉厂

东方锅炉厂 720t/h 循环流化床锅炉主要由一个膜式水冷壁炉膛、3 台汽冷旋风分离器和一个由汽冷包墙包覆的尾部竖井三部分组成。炉膛内前墙布置有 8 片屏式过热器、6 片屏式再热器，后墙布置 2 片水冷蒸发屏（见图 1-33）。锅炉共有 8 个给煤口，全部布置于炉前，在前墙水冷壁下部收缩段沿宽度方向均匀布置。炉膛底部是由水冷壁管弯制围成的水冷风室，水冷风室两侧布置有一次热风道，空气预热器一、二次风出口均在两侧。

炉膛下部左右侧的一次风道内分别布置有一台风道点火燃烧器，炉膛密相区水冷壁前墙上设置 2 支床上点火油枪，后墙设置 4 支床上点火油枪。6 个排渣口布置在炉膛后水冷壁下部，分别对应 6 台滚筒冷渣器。炉膛与尾部竖井之间，布置有 3 台汽冷旋风分离器，其下部各布置一台返料器，返料器采用一分为二的结构，尾部采用双烟道结构，前烟道布置了三组低温再热器，后烟道从上到下依次布置有一组高温过热器、两组低温过热器，向下前后烟道合成一个，在其中布置有两组螺旋鳍片管式省煤器和卧式空气预热器。空气预热器采用光管式，一、二次风道分开布置，从炉宽方向双进双出。过热器系统中设有两级喷水减温器，再热器系统中布置有事故喷水减温器。

（七）自主研发技术 300MW 循环流化床锅炉

西安热工研究院与哈尔滨锅炉厂联合开发的 330MW 循环流化床锅炉沿用 100MW 和 210MW 的 H 型布置方案（见图 1-34），单锅筒、自然循环，采用高温绝热型旋风分离器。锅炉为单炉膛结构，四周由膜式水冷壁构成。炉膛截面尺寸为 7920mm × 26190mm。炉膛中上部布置 6 片水冷屏式受热面。4 个高温旋风分离器直径为 7.7m，分离器下对应布置 4 台紧凑式分流回灰换热器（见图 1-35），在分流回灰换热器内布置有高温再热器、低温过热器。

表 1-15 为分宜电厂 330MW 循环流化床锅炉性能参数与测试结果。

哈尔滨锅炉厂、东方锅炉厂、上海锅炉厂还分别开发了不带外置换热器的 300MW 循环流化床锅炉。东方锅炉厂自主开发的 300MW 循环流化床锅炉采用 M 型布置方式

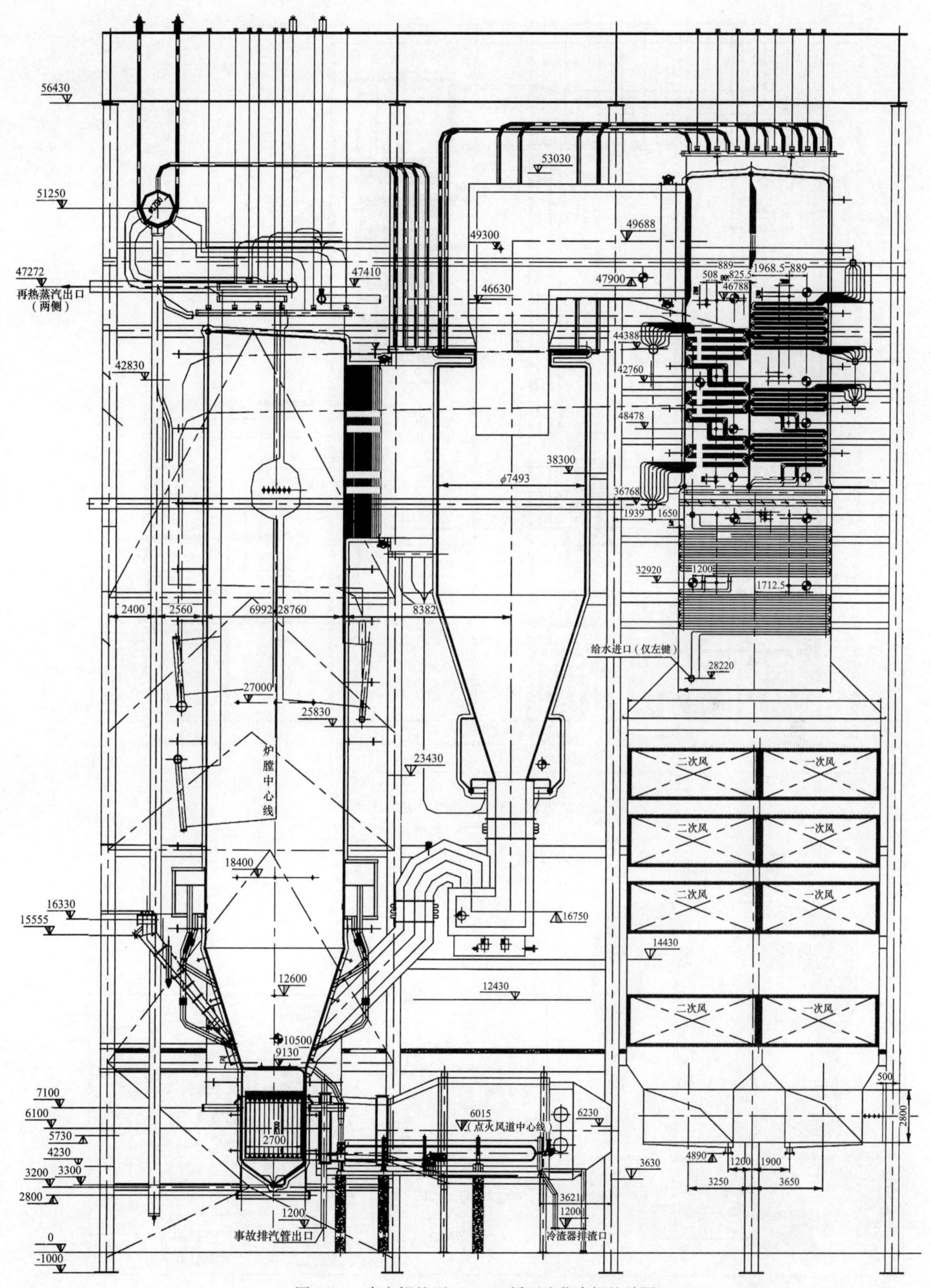

图 1-33　东方锅炉厂 200MW 循环流化床锅炉总图

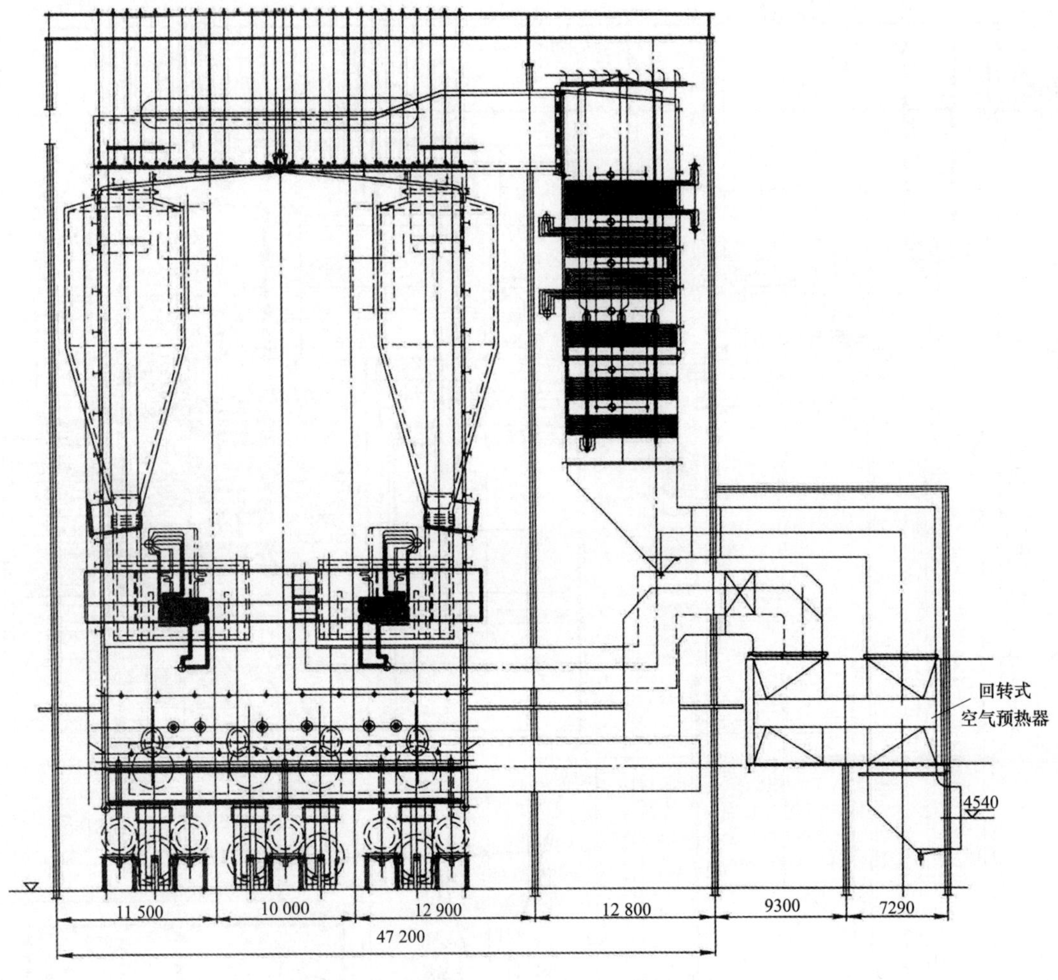

图 1-34　分宜电厂 330MW 循环流化床锅炉

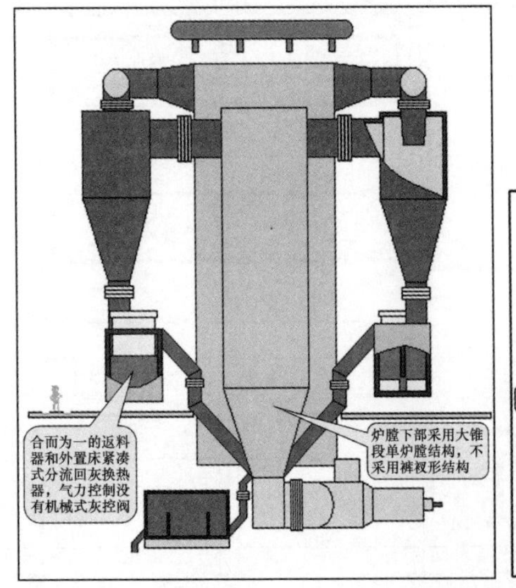

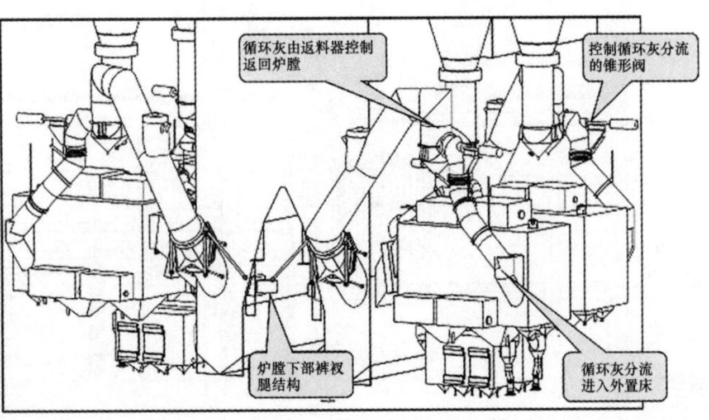

图 1-35　紧凑式分流回灰换热器与引进技术外置换热器的比较

表 1–15　　　分宜电厂 330MW 循环流化床锅炉性能参数与测试结果

项目	单位	设计值	测试值
收到基低位发热量	MJ/kg	14.95	17.65
收到基含硫量	%	0.62	1.28
干燥无灰基挥发分	%	16.08	10.79
锅炉蒸发量	t/h	1025	1025
过热蒸汽压力	MPa	18.6	18.6
过热蒸汽温度	℃	543	543
再热蒸汽流量	t/h	929	929
再热器进 / 出口蒸汽压力	MPa	4.49/4.26	4.35/4.12
再热器进 / 出口蒸汽温度	℃	340/543	332/543
给水温度	℃	259	256
锅炉热效率	%	89.03	90.3
SO_2 排放浓度	mg/m^3	390	380
NO_x 排放浓度	mg/m^3	235	200
Ca/S 摩尔比	—	2.3	2
脱硫效率	%	81.4	83.72
最低不投油稳燃负荷	%BMCR	35	30

（见图 1–36），该型锅炉最早在广东宝丽华电厂投运，采用单布风板炉膛结构，炉膛与尾部烟道之间布置 3 台汽冷旋风分离器，分离器下不带外置换热器，尾部烟道采用双烟道挡板调温，空气预热器采用管式。炉膛为 39.9m × 28.28m × 8.44m，炉膛内布置有屏式过热器、屏式再热器和水冷屏式受热面。锅炉采用炉前给煤，锅炉前墙共设有 8 台给煤装置，后墙布置有 6 个回料点；在锅炉前墙二次风口内设有 4 个石灰石给料口，在前墙水冷壁下部收缩段沿宽度方向均匀布置。炉膛与尾部竖井之间布置有 3 台汽冷旋风分离器，内径为 8.5m。旋风分离器下各布置 1 台返料器，返料器采用一分为二的形式，将旋风分离器分离下来的物料经返料器直接返回炉膛。

表 1–16 为东方锅炉厂 300MW 循环流化床锅炉首次满负荷运行参数。

表 1–16　　　东方锅炉厂 300MW 循环流化床锅炉首次满负荷运行参数

项目	单位	数值	项目	单位	数值
机组负荷	MW	300	给水温度	℃	279
过热蒸汽流量	t/h	1020	床温	℃	899/915
总燃煤量	t/h	154.6	床压	kPa	8.76/8.97
总风量	m^3/h（标态）	1011000	氧量	%	3.57/3.18
过热蒸汽压力	MPa	16.5	排烟温度	℃	143/139
过热蒸汽温度	℃	523/526	再热器进口蒸汽压力	MPa	3.36/3.36
一级减温水量	t/h	14.0/14.0	再热器出口蒸汽压力	MPa	3.25/3.25
二级减温水量	t/h	0.25/0.25	再热器进口蒸汽温度	℃	304/304
总一次风量	m^3/h（标态）	478200	再热器出口蒸汽温度	℃	523/524
总流化风量	m^3/h（标态）	407800	空气预热器入口烟温	℃	303/308
总二次风量	m^3/h（标态）	512200	返料器料位 A/B/C	kPa	10.93/11.71/10.66

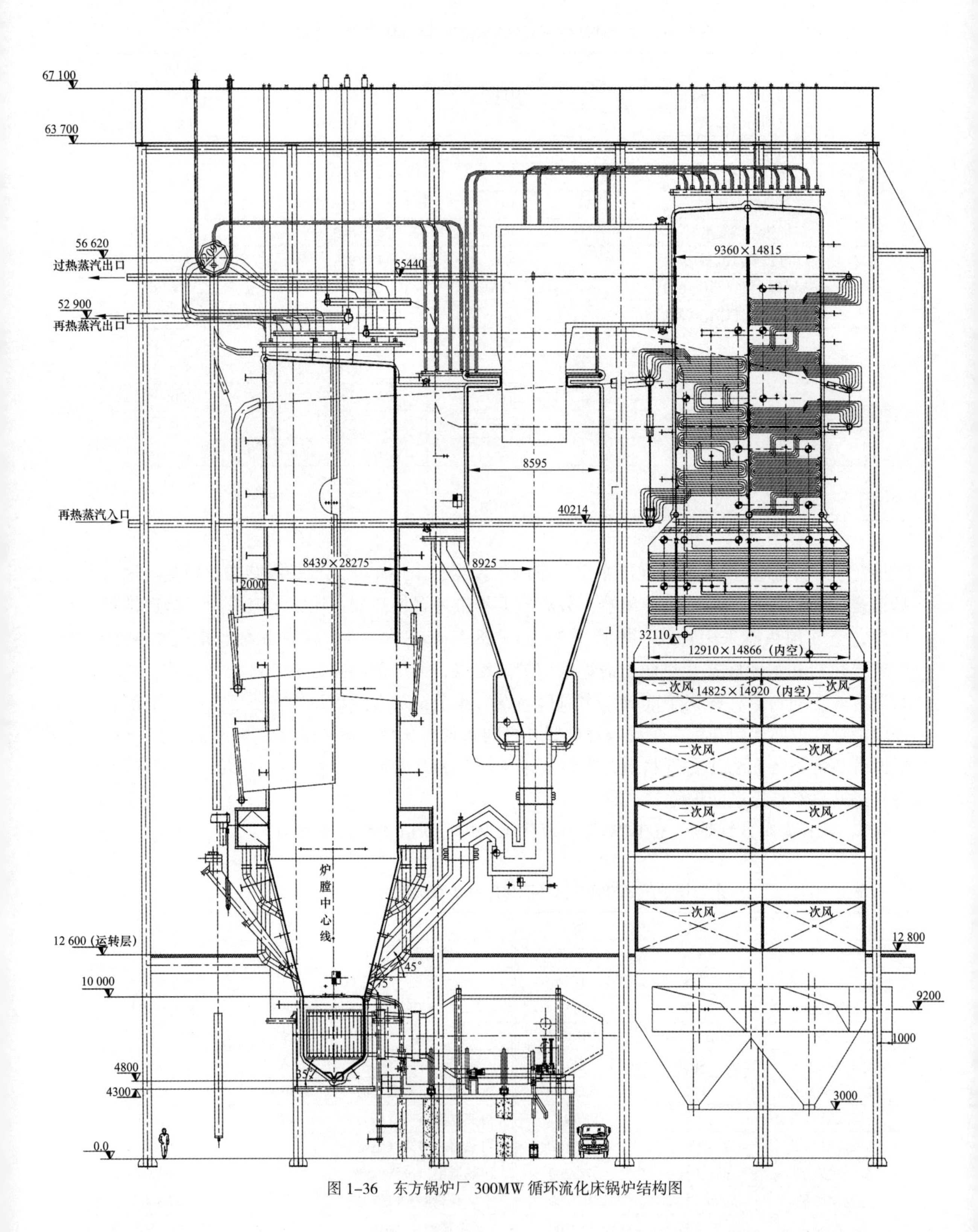

图 1-36　东方锅炉厂 300MW 循环流化床锅炉结构图

哈尔滨锅炉厂自主开发的300MW循环流化床锅炉采用单炉膛双布风板结构但不带外置换热器，下部裤衩腿形式包括两个风室和两个布风板，炉膛采用膜式水冷壁，悬吊结构。主要尺寸为15051mm×16269mm×39500mm，密相区高度为8.9m。4个高温绝热分离器布置在炉膛的两侧，外壁由钢板制成，内衬耐磨耐火材料，分离器内径为8.2m。每个分离器回料腿下布置一个非机械型返料器，返料器采用一分为二的回料方式将高温循环灰直接返回炉膛。尾部采用双烟道结构，上部被中隔墙过热器分为前烟道和后烟道，前烟道中布置有低温再热器，后烟道中布置有高温过热器及低温过热器，下部为单烟道，自上而下依次布置有省煤器及空气预热器，省煤器采用H型省煤器顺列布置，空气预热器采用回转式。哈尔滨锅炉厂300MW循环流化床锅炉如图1–37所示。

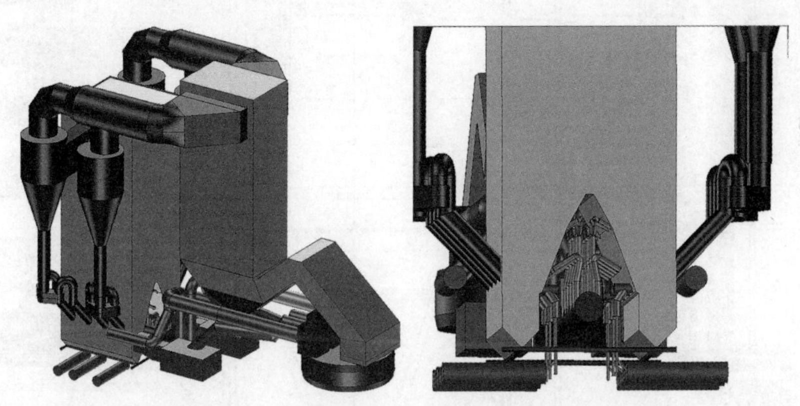

图1–37　哈尔滨锅炉厂300MW循环流化床锅炉

上海锅炉厂自主开发的300MW循环流化床锅炉（见图1–38），整体结构类似200MW循环流化床锅炉，即采用单炉膛、单布风板结构，M型布置，尾部采用双烟道调节再热蒸汽温度，空气预热器采用回转式。炉膛和尾部烟道之间布置3个绝热旋风分离器。除了与东方锅炉厂M型布置分离器采用汽冷旋风分离器的差别外，上海锅炉厂分离器进口方式为内侧进气。为了保证炉底一次风室的进风均匀性，从空气预热器引出的热一次风进入风室前一分为二，共设置4根二级热一次风道（见图1–39）。由于一次风室进风口沿炉膛宽度均匀布置，减少了后墙的涡流区，使得配风均匀性更好。

（八）自主研发技术600MW超临界循环流化床锅炉

四川白马电厂安装的600MW超临界循环流化床锅炉是世界最大容量的循环流化床锅炉（见图1–40），设计煤种为高灰高硫低热值贫煤，灰分达到43.82%，发热量为15173kJ/kg，硫分为3.3%。锅炉采用双炉膛结构，H型方式布置方式，6个直径为8.6m的汽冷旋风分离器，双炉膛之间设置非连续双面受热水冷壁保持双炉膛压力平衡。6个外置换热器中，2个布置再热器，4个布置二级过热器。锅炉设计炉膛尺寸为15.03m×27.9m×55m。炉膛底部设置6台水冷滚筒冷渣机。水冷壁采用725kg/（s·m^2）的低质量流速，以充分利用垂直管圈的正向自补偿能力。白马电厂600MW超临界循环流化床锅炉设计参数如表1–17所示。白马电厂600MW超临界循环流化床锅炉汽水流程见图1–41。

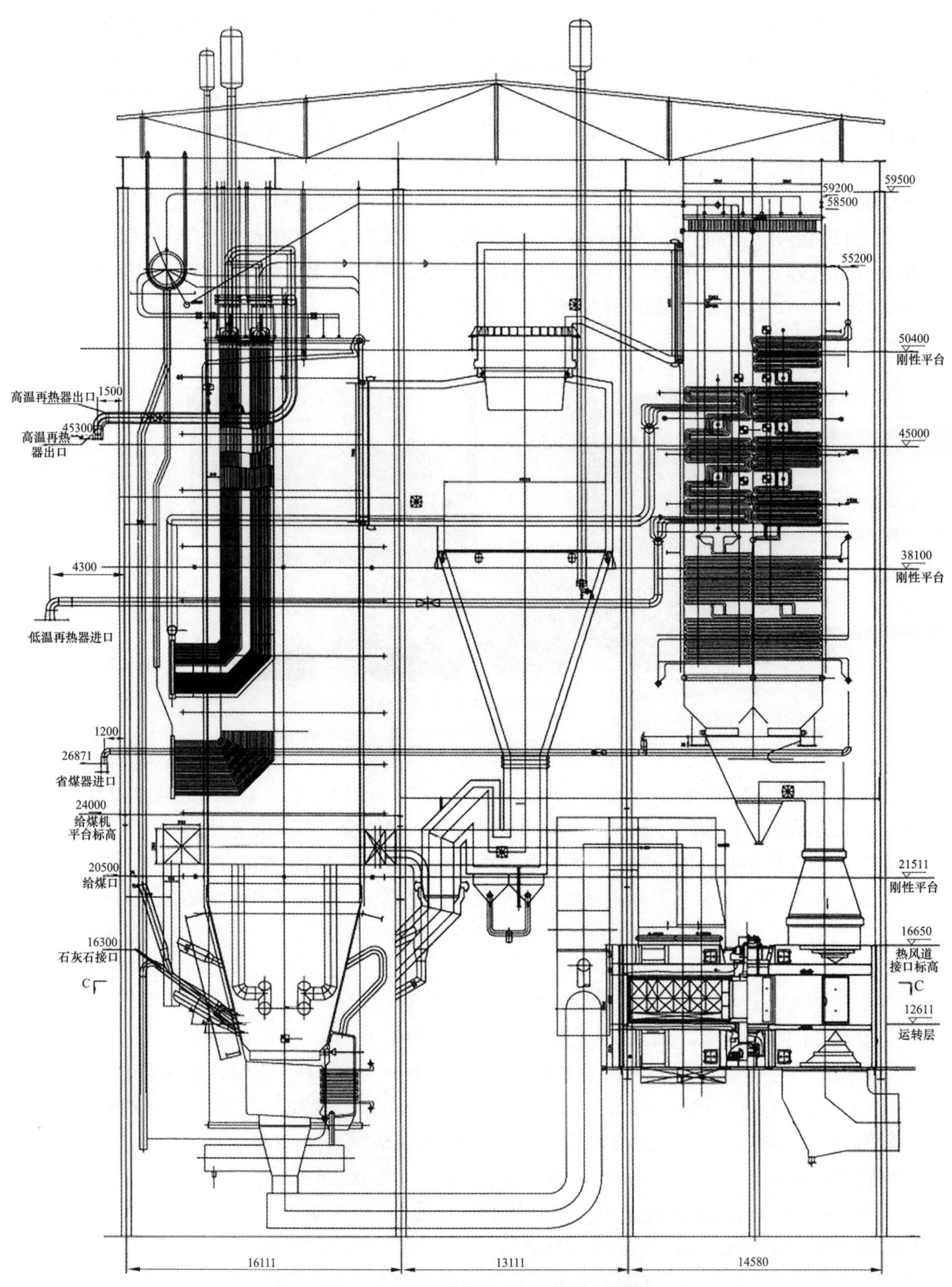

图 1–38　上海锅炉厂 300MW 循环流化床锅炉

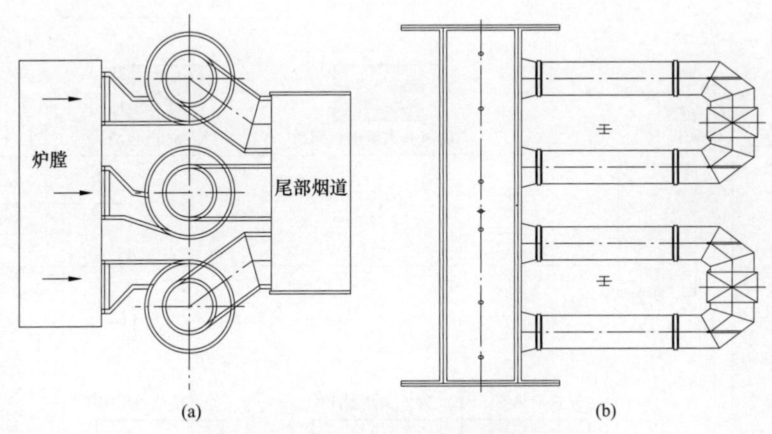

图 1-39　旋风分离器和一次风道布置方式
(a) 旋风分离器布置方式；(b) 一次风道布置方式

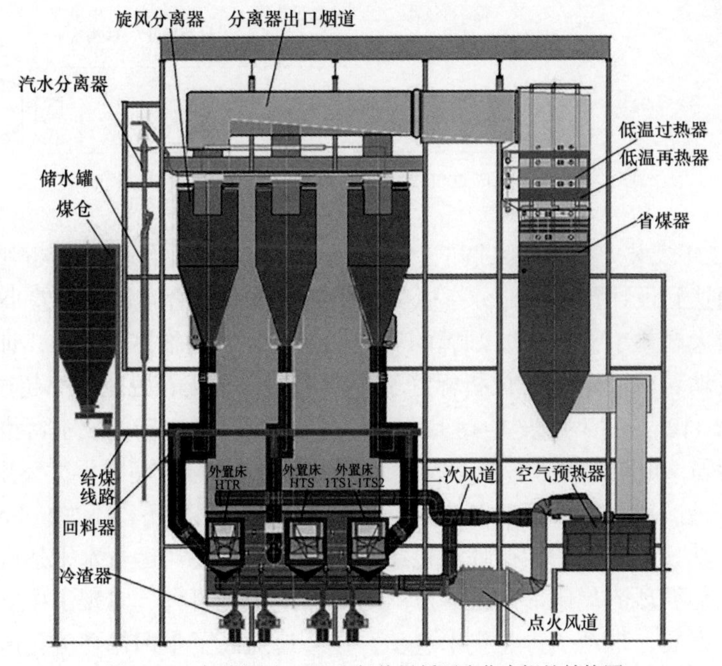

图 1-40　白马电厂 600MW 超临界循环流化床锅炉结构图

表 1-17　　白马电厂 600MW 超临界循环流化床锅炉设计参数

项目	单位	设计值	项目	单位	设计值
过热蒸汽流量	t/h	1900	过热蒸汽压力	MPa	25.5
过热蒸汽温度	℃	571	再热蒸汽流量	t/h	1568.2
再热器进口蒸汽压力	MPa	4.592	炉膛平均温度	℃	890
再热器出口蒸汽压力	MPa	4.352	排烟温度	℃	129
再热器进口蒸汽温度	℃	317	SO_2 排放浓度（Ca/S=2.1）	mg/m^3	<380
再热器出口蒸汽温度	℃	569	NO_x 排放浓度	mg/m^3	<200

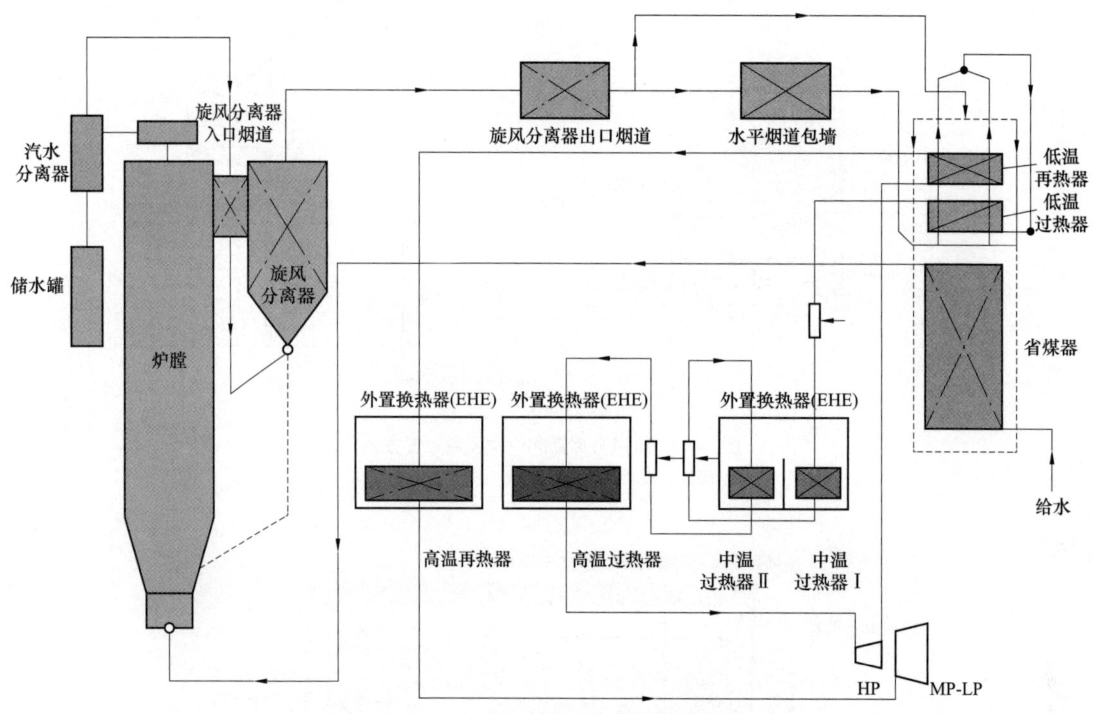

图 1-41　白马电厂 600MW 超临界循环流化床锅炉汽水流程图

该锅炉 2012 年安装完成并进入调试，2013 年 4 月 14 日一次通过 168h 满负荷运行，性能测试结果全面达到设计预期，部分指标高于预期。膜式壁管间最大温差小于 17℃，双面曝光吊屏管间最大温差小于 28℃，炉膛的安全性指标优于超临界煤粉炉，证实低质量流率水动力设计的成功。NO_x、SO_2 排放指标好于预期，炉内石灰石脱硫效率超过 97%，NO_x 原始排放浓度仅为 112mg/m^3（见表 1-18），充分发挥了循环流化床低成本污染控制潜力。锅炉受热面设计精确，炉膛温度设计与运行一致，而国外 460MW 超临界循环流化床设计运行温度偏差 39℃，造成 NO_x 排放超过设计值，达 300mg/m^3，因此不得不加装 SNCR 脱硝系统。该示范工程的成功投运表明中国循环流化床锅炉研发、制造、运行水平达到世界领先，被国际能源署确定为循环流化床锅炉技术发展历史的里程碑事件，实现了中国循环流化床燃烧技术的跨越式发展，带动了行业技术进步，显著地提高了中国循环流化床锅炉的国际竞争力。

（九）自主研发技术 350MW 超临界循环流化床锅炉

2015 年 9 月 18 日，山西国金电厂 350MW 超临界循环流化床锅炉投产。此后，山西神华河曲电厂、山西格盟国际河坡电厂、江苏徐州华美热电等一批 350MW 超临界循环流化床机组陆续投产（见图 1-42~ 图 1-44）。该系列 350MW 超临界循环流化床锅炉由东方锅炉厂设计制造，采用单炉膛 M 型布置，一次中间再热（见图 1-45）。炉膛内布置有 14 片屏式过热器和 6 片屏式再热器。在炉膛和尾部对流竖井之间布置有 3 台汽冷旋风分离器，每台分离器下设置一个返料器，无外置换热器，分离物料经 2 个料腿直接返回炉膛。尾部对流竖井上部采用双烟道，前烟道布置低温再热器，后烟道布置中温过热器和低温过热器，省煤器和空气预热器布置在前后烟道合并后的竖井区域（见图 1-46）。

表 1–18　　　　　白马电厂 600MW 超临界循环流化床性能测试结果

项目	单位	设计值	测试值
机组负荷	MW	600	620
过热蒸汽流量	t/h	1819.1	1823.0
过热蒸汽压力	MPa	25.39	24.64
过热蒸汽温度	℃	571	570
再热蒸汽压力	MPa	4.149	3.98
再热蒸汽温度	℃	569	567.6
减温水总量	t/h	284	109
排烟温度	℃	142	129
床温	℃	平均 890	密相区 854/ 炉顶 890
排烟温度	℃	128	141.5
SO_2 排放浓度（Ca/S=2.1）	mg/m^3	<380	<192
炉内脱硫效率	%	96.7	97.1
NO_x 排放浓度	mg/m^3	<200	112
粉尘排放浓度	mg/m^3	<30	9

图 1–42　国金电厂 350MW 超临界循环流化床锅炉

图 1–43　河坡电厂 350MW 超临界循环流化床锅炉

图 1-44　河曲电厂 350MW 超临界循环流化床锅炉

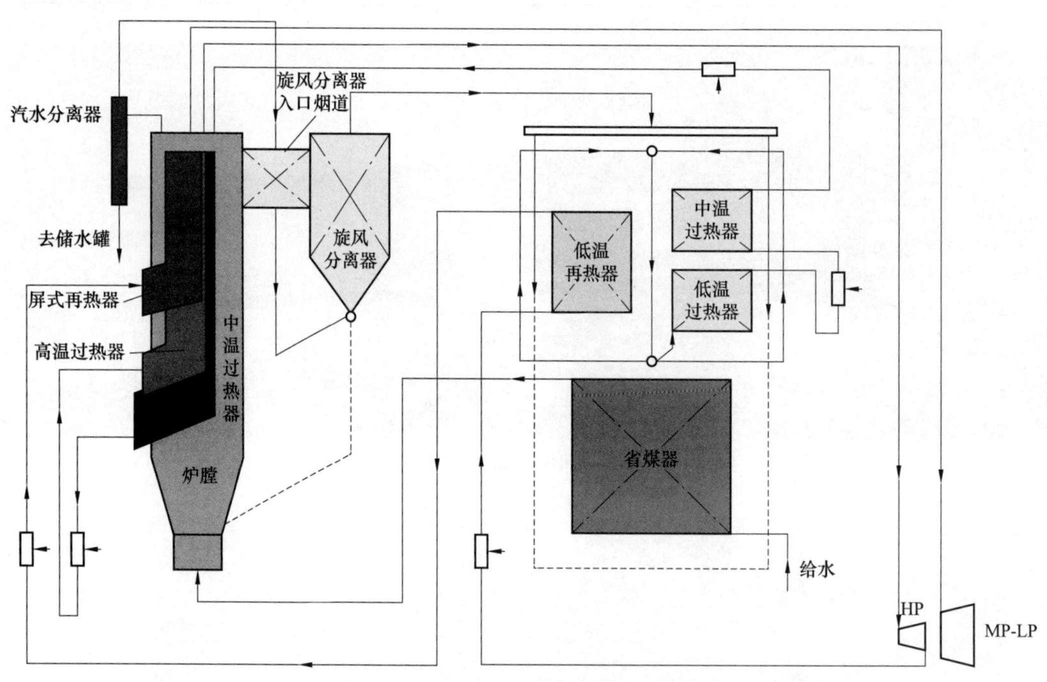

图 1-45　东方锅炉厂 350MW 超临界循环流化床锅炉汽水流程图

上海锅炉厂在华电朔州热电厂也投产了自行设计的 350MW 超临界循环流化床锅炉（见图 1-47），炉膛尺寸为 9.6m × 32m × 48m，3 个汽冷旋风分离器直径为 10m，采用炉前 6 点、炉后返料器 4 点联合给煤方式。尾部对流双烟道为 9.2m × 22m，再热器侧深为 5.2m，过热器侧深为 4m。空气预热器为四分仓回转式空气预热器，采用简单疏水扩容式启动系统（见图 1-48）。

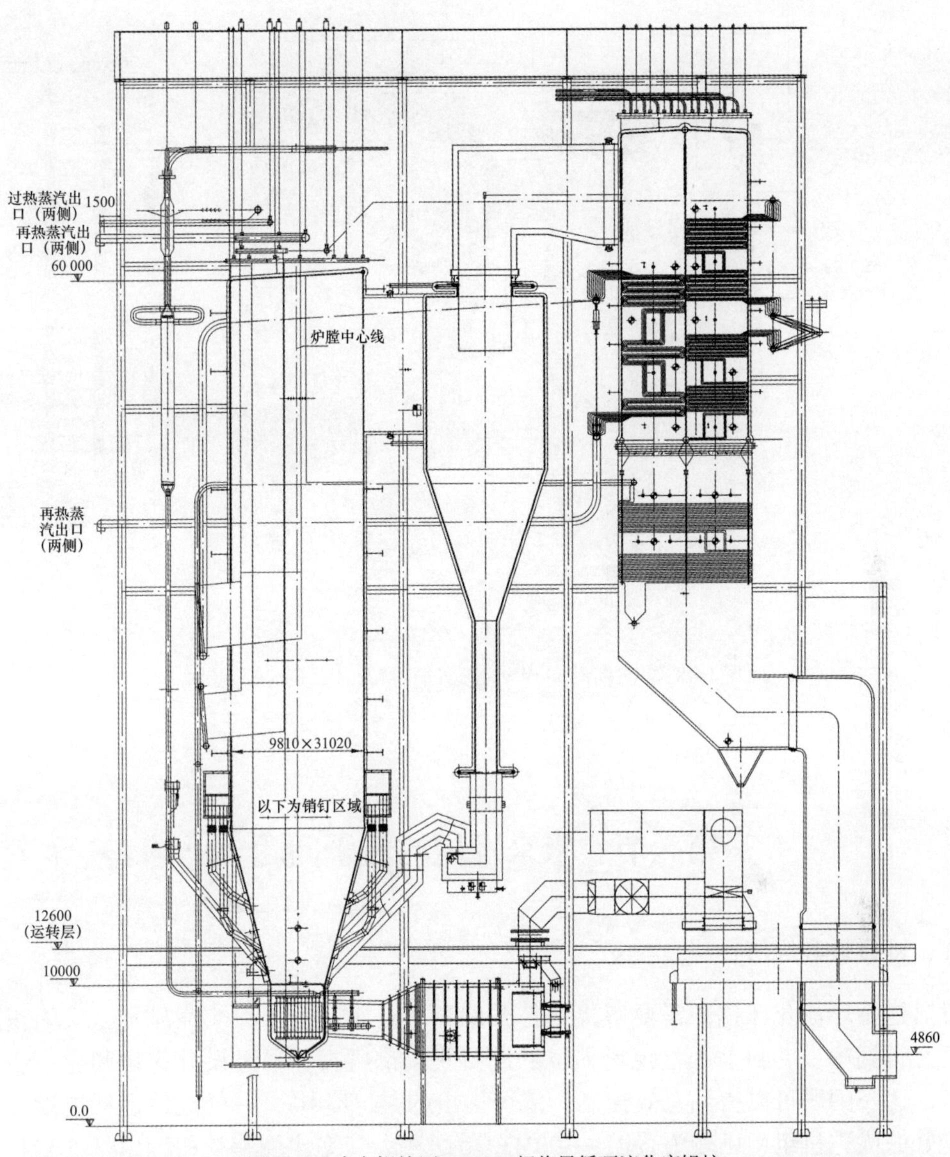

图 1–46　东方锅炉厂 350MW 超临界循环流化床锅炉

图 1–47　华电朔州 350MW 超临界循环流化床锅炉

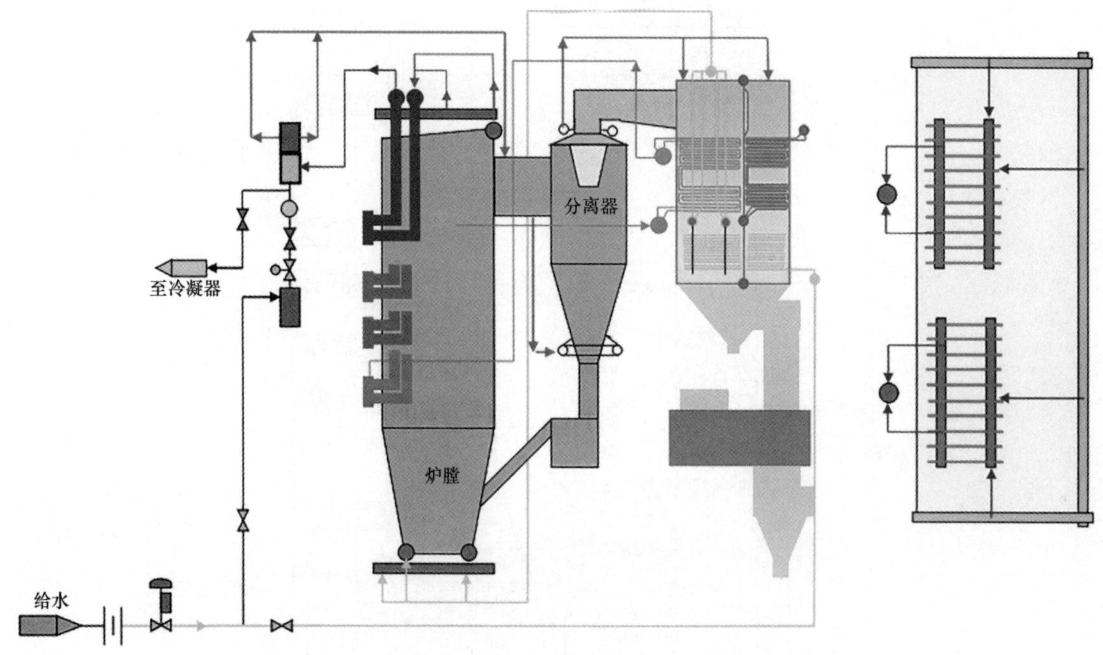

图 1-48　华电朔州 350MW 超临界循环流化床锅炉汽水系统图

第三节　未来发展的若干问题

一、可靠性和经济性

磨损是循环流化床锅炉需要解决的首要问题。近年来的工程实践显示，大面积磨损问题已经得到解决，目前困扰现场人员的主要是局部磨损，通过设计优化和应用新型防磨技术，这一问题可以得到有效控制。值得指出的是，8~10 个月的连续运行周期在业内管理良好的优秀机组中已较为普遍，300MW 等级中，广东宝丽华荷树园电厂 5 号机组连续运行 434 天；200MW 等级中，神华亿利电厂 1 号机组连续运行 341 天；135MW 等级中，淮南矿业集团潘三电厂 1 号机组连续运行 311 天，神华神东电力上湾热电厂 1 号机组连续运行 384 天。

国内在役的循环流化床锅炉很多燃用劣质燃料，相应的灰渣物理热损失和机械不完全燃烧热损失较大，使得循环流化床锅炉整体效率低于煤粉锅炉。而布风板阻力过高、风烟系统设计复杂、风机选型偏大，运行方式不合理等因素，也使得大多数循环流化床锅炉厂用电率高出同等级煤粉锅炉不少。如果循环流化床锅炉设计合理，运行参数控制良好，其飞灰底渣含碳量通常较低。但近年来开展环保改造后，特别是采取二次风口抬高、密相区深度欠氧等方式抑制 NO_x 生成后，部分循环流化床锅炉飞灰含碳量大幅增加。此外，部分锅炉改造后还存在达不到出力或蒸汽温度、蒸汽压力偏低问题，这与改造方案设计时对锅炉整体状况把握不全面有关。

二、环保性

传统观点认为循环流化床锅炉具备污染物排放低的优势，但是随着环保标准的日益严格，特别是《火电厂大气污染物排放标准》（GB 13223—2011）和《煤电节能减排升级与改造行动计划（2014—2020年）》实施后，如何在避免高昂设备投资和运行费用的前提下将循环流化床锅炉环保特性充分发挥、满足最新环保标准的要求，成为了循环流化床锅炉发展的重要课题。有技术人员指出，循环流化床锅炉应停止炉内脱硫、增设炉外烟气脱硫系统并采用SCR脱硝方式，但这种技术路线无法完全发挥循环流化床锅炉的优势。我们应该清楚的认识到，针对不同煤种循环流化床锅炉有着比煤粉锅炉更多、更经济也更合理的可选技术路线。在具有良好的石灰石品质（包括反应能力、纯度和粒度分布），较高的分离器效率以及稳定可靠的石灰石输送系统情况下，配合运行中的配风、氧量、床温优化，炉内脱硫仍有较大的发挥空间。脱硝方面，锅炉设计结构和运行方式对NO_x排放的影响较为明显，由于国内投产的循环流化床锅炉为降低运行成本一般不设置外置换热器，床温调节手段有限，部分电厂为了降低飞灰底渣含碳量，更是人为选择了较高的密相区温度，这就使得循环流化床锅炉的低温燃烧和分级燃烧特性受到了限制。对于这些排放浓度较高的机组首先应考虑燃烧优化调整和锅炉本体改造，并辅以SNCR脱硝，这种方式投入成本低，可以取得显著效果。对于一些特定煤种和炉型，目前已经可以在新建及改造项目中实现无氨抑氮，即在不使用脱硝还原剂的情况下将NO_x排放浓度降低至50mg/m^{3}以下，这对于继续发挥循环流化床锅炉的优势具有重要意义。

三、参数进一步提高

超（超）临界大型化是循环流化床锅炉发展的一个方向，大型化发展过程中有很多需要研究的问题。例如，在"十三五"国家重点研发计划"超超临界循环流化床锅炉技术研发与示范"就提出了低质量流率垂直管圈超超临界水传热与流动、炉内气固流动与传热、超超临界水循环安全性等关键技术研究目标，并计划开发循环流化床锅炉污染物超低排放关键技术，研究超超临界循环流化床发电机组的超低能耗关键技术，包括开发分离器、换热床等关键部件和热力计算软件、设计导则等一系列任务。结合660MW超超临界循环流化床锅炉示范工程建设，将揭示超超临界循环流化床锅炉工作原理、NO_x低排放技术原理和锅炉低能耗技术原理，工程项目预计锅炉热效率大于93.5%，供电煤耗小于290g/kWh，SO_2排放浓度小于35mg/m^3，NO_x排放浓度小于50mg/m^3，粉尘排放浓度小于5mg/m^3，机组建成后将成为世界上排放和能耗最低、容量最大、效率最高的循环流化床发电机组。

四、煤种适应性

正确认识煤炭的能源和资源双重属性，综合利用煤矸石、煤泥等劣质燃料已被提升至国家能源战略的重要地位，预测2020年我国煤炭产量将达到42亿t左右。循环流化床锅炉燃用低热值燃料发电具有良好的经济效益，以2×300MW循环流化床锅炉机组为例（见表1-19），其在燃用3500kcal/kg（14644kJ/kg）低热值煤时，较燃用5000kcal/kg（20920kJ/kg）动力煤年节省燃料采购成本可达6000万元。

表 1–19　　某 300MW 循环流化床锅炉煤种对运行成本的影响

入炉煤热值（kcal/kg）	入炉煤热值（kJ/kg）	耗煤量（t/h）	年煤耗量（万t）	入炉煤价（元/t）	燃料年成本（万元）
2024	8468	387.4	174.3	90	15690
2967	12414	250.6	112.8	160	18043
3765	15753	192.3	86.5	250	21634
3994	16711	180.3	81.1	300	24341
4699	19661	150.2	67.6	400	27036
5939	24849	116.7	52.5	550	28883

由于采用高参数煤粉锅炉在燃用我国大部分动力煤时，经济性、可靠性、安全性优于循环流化床锅炉，循环流化床锅炉一直定位于特定条件下发挥作用，对传统煤粉锅炉无法利用或利用效果不佳的煤种发挥填平补齐效果。未来在低热值燃料、难燃无烟煤、高水分褐煤、准东高钠煤等领域循环流化床锅炉还将有广阔的应用前景。

高温循环流化床锅炉是燃用难燃煤种的主要解决方案，能够克服引进技术 W 火焰锅炉存在的飞灰含碳量高、达不到设计出力、NO_x 达标排放难等问题。由于其脱硫可在尾部进行，污染物处理也较为容易，灰渣综合利用价值高，可使循环流化床锅炉成为煤粉锅炉燃烧方式的有益补充，在云贵川渝等地区支撑电源点建设方面发挥作用。

随着原煤入洗率的提高，产生了大量的泥煤，采用循环流化床锅炉对其进行燃烧利用是现实又经济的选择。从目前国内相关技术的应用情况来看，一般可以实现 30% 的煤泥掺烧比例，针对煤泥特点开发大比例掺烧的循环流化床锅炉，可进一步提高煤泥的利用率和系统稳定性。

蒙东地区储藏有大量褐煤，水分和挥发分较高，煤粉锅炉炉膛易结渣、干燥系统出力不足、制粉系统爆炸和过热器堵灰等问题时有发生，循环流化床锅炉则无上述问题。在蒙东地区开发燃用褐煤的循环流化床锅炉，特别是高参数大容量循环流化床锅炉意义重大。

新疆准东地区煤资源储量丰富，开采成本低，煤易于燃尽，但煤中碱金属含量较高，燃烧过程中易造成受热面沾污。目前主要采用掺烧低钠井工煤的方式利用，投产一批燃用高钠煤的循环流化床锅炉对于促进准东煤开发利用具有重要的现实意义和经济价值。

五、灰渣综合利用

循环流化床锅炉灰渣利用技术尚不成熟，炉内脱硫生成的 $CaSO_3$ 及 CaO 等不稳定成分使得固硫灰渣利用变得较为困难。同时，循环流化床锅炉炉内脱硫所需的钙硫摩尔比超过煤粉炉尾部湿法烟气脱硫 1~2 倍，也使需要处理的固体废弃物明显增加。由于循环流化床锅炉固硫灰渣与普通煤粉炉粉煤灰组成和结构具有明显差异，业内对其认识也存在误区，习惯于用煤粉炉粉煤灰的标准对其进行衡量，而且认为循环流化床锅炉固硫灰渣高硫、高钙，稳定性不良，不可利用，导致大多数灰渣处于堆存状态。事实上，随着循环流化床锅炉燃烧技术的不断进步，灰渣稳定性已经得到改善，大部分固硫灰渣经过适当处理可在水泥建材等行业综合利用。考虑到国家标准《用于水泥和混凝土中的粉煤灰》(GB/T 1596—2017)明确指出不包含循环流化床锅炉燃烧收集的粉末,因此急需行业统筹、标准创新和协同推进,制订针对循环流化床锅炉固硫灰渣的相关标准,加以规范引导使用。

六、灵活性改造

循环流化床锅炉内有大量的床料,蓄热量大,有利于煤的稳定着火燃烧,使其对煤种的适应性以及低负荷运行能力较好。循环流化床机组负荷响应具有大延迟、大惯性的特点,由于大量高温床料的存在,使得低负荷下煤的稳定着火燃烧得以保障。大部分循环流化床机组可以做到25%负荷不投油稳定运行。与大型煤粉炉机组相比,虽然负荷响应速度慢但调节范围宽,可压火热备用,温态启动油耗很小,热态启动甚至无需投油。如果大型循环流化床机组采用两班制运行方式参与电网调峰,在晚高峰过后减负荷并进入压火运行状态,在压火运行6~8h后、早高峰前2h开始启动,至早高峰时机组可以带满负荷,其在压火后再启动的过程中不需要投油助燃,可以直接投煤启动运行,具有很好的经济性。我国对调峰机组的需要正在增加。根据国家能源局规划,"十三五"期间将优先提升300MW级煤电机组的深度调峰能力,适度积累煤电机组的快速增减负荷以及快速启停改造运行经验。到2020年,全国范围内将有2.2亿kW煤电机组获得灵活性提升,这也是未来的一个发展方向,大型循环流化床锅炉结合灵活性改造也将有更多的用武之地。

七、生物质耦合发电

根据国家政策规划,"十三五"将启动一批生物质耦合发电示范项目,依托现役燃煤电厂建设燃煤与农林废弃残余物耦合发电项目、燃煤与污泥耦合发电项目。在具备条件的地区,优先利用生物质耦合发电项目大幅减少露天焚烧农林废弃残余物和直接填埋处置污泥的比例。到2020年,使利用秸秆量占全国废弃及焚烧秸秆量的比重达到10%左右,处置污泥量占全国污泥产量的比重达到20%以上。

一般说来火电厂实现混烧生物质主要有以下几种:①直接混合燃烧,即在燃烧侧实现混烧,将生物质燃料处理成可以和煤粉混烧的形态直接送入炉膛;②间接混合燃烧,即生物质先在气化炉中气化,气化产生的生物质煤气喷入炉膛中实现混烧;③并联燃烧,在蒸汽侧实现"混烧",即使用单独的生物质锅炉燃烧生物质,但蒸汽参数和燃煤锅炉一样,将生物质锅炉产生的蒸汽并入蒸汽管网,共用汽轮机发电。循环流化床锅炉燃料适应性广,特别适合发展生物质直燃/气化/混烧,可以充分发挥这方面的优势。

几种燃煤耦合生物质发电技术路线如图1–49所示。污泥耦合发电项目可以采用串联工艺方案,充分挖掘烟气、蒸汽利用潜力,对入厂污泥全程密闭、干化焚烧,可以降低其对机组安全、运行效率、负荷调节和经济性的影响。循环流化床锅炉也可不对入厂污泥干化直接添加焚烧,这样有助于简化系统。

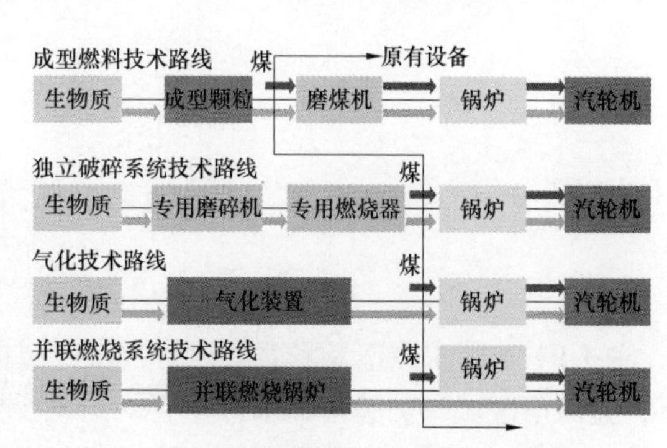

图1–49 几种燃煤耦合生物质发电技术路线

第二章　炉内防磨技术与应用

第一节　炉内过程与磨损机理

一、磨损危害

磨损在循环流化床锅炉普遍存在，随着运行时间的增加，其危害会逐步显露，不采取措施或措施采用不当时，锅炉频繁爆管难以避免。尤其是燃用劣质煤或矸石等高灰分燃料时，磨损问题更为突出，会给电厂造成巨大的经济损失。

某厂3台135MW循环流化床锅炉投产11年时间里总计停机125次，其中计划停机38次、故障停机87次，水冷壁泄漏停机达66次，占故障次数的75.8%。磨损产生有着复杂的原因，不仅同物料浓度、烟气速度、颗粒特性有关，还受锅炉结构设计、耐磨耐火材料品质、施工养护工艺、日常运行维护等多方面因素的影响。从目前国内电厂的运行情况来看，主要磨损区域如图2–1所示。

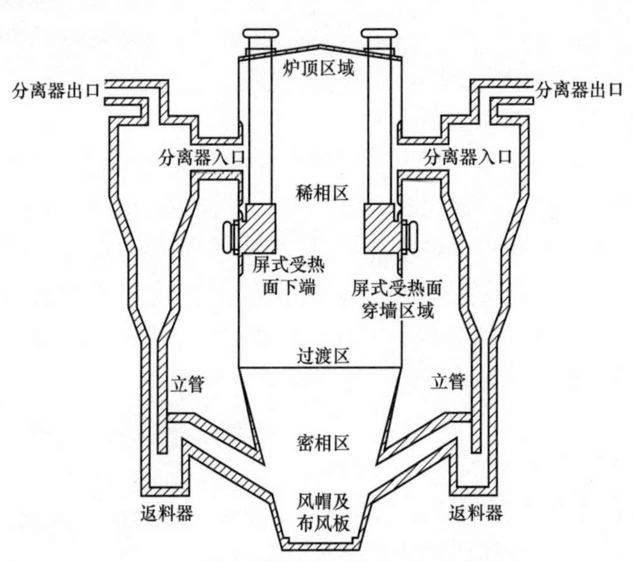

图2–1　循环流化床锅炉重点防磨部位示意图

（1）炉膛水冷壁及耐磨耐火材料层，包括密相区、密相区与水冷壁管交界处的过渡区、炉膛四角区域、炉膛中部水冷壁管、炉顶受热面、屏式受热面穿墙区域及温度、压力测点等不规则区域、门孔区域等（见图2–2~图2–6）。

图 2-2　过渡区的磨损

图 2-3　过渡区护瓦的磨损

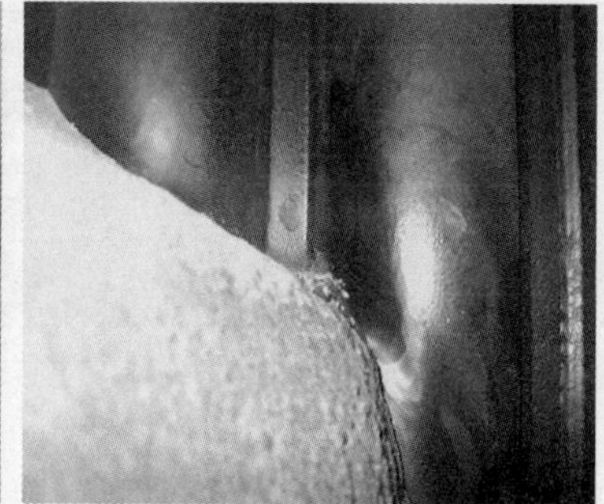

图 2-4　四角区域及耐磨耐火材料施工不当引起的磨损

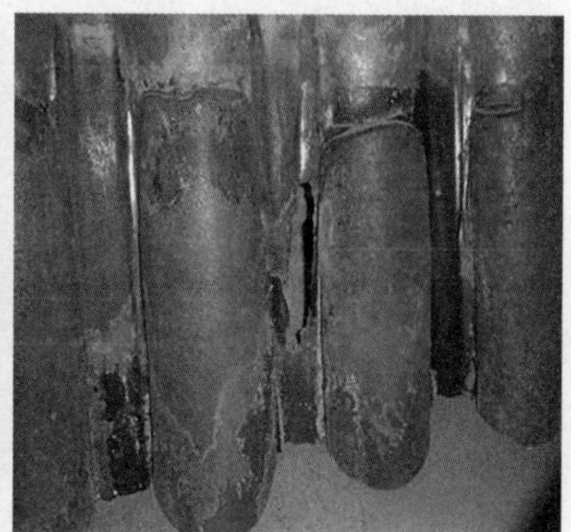

图 2-5　局部结构不合理引起的鳍片磨损

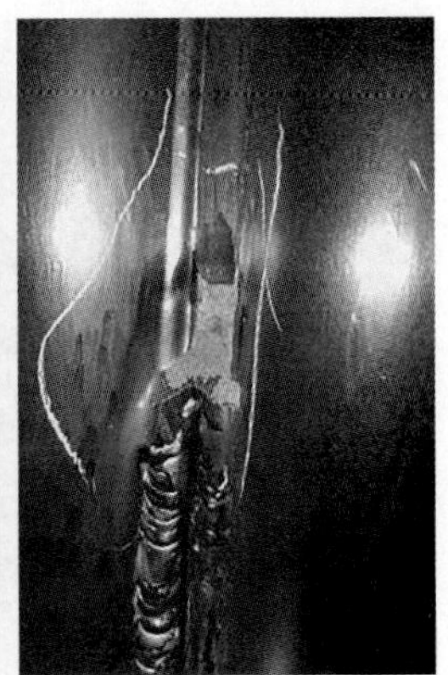

图 2-6　局部突起及焊缝未打磨引起的磨损

（2）炉膛内布置的水冷屏式受热面、屏式过热器、屏式再热器下端（图 2-7）。

（3）给煤口、返料口、二次风口、床上燃烧器区域（图 2-8）。

图 2-7　屏式受热面变形磨损及耐磨耐火材料脱落引起的磨损

图 2-8　给煤口区域磨损

（4）风帽及布风板、落渣管。

（5）炉膛出口烟窗区域、旋风分离器及其进出口烟道内表面。

（6）立管及返料装置内表面。

（7）尾部对流烟道。

除第七项与常规煤粉锅炉基本一致外，其他需要结合循环流化床锅炉炉内流动特点，通过设计优化、合理选择防磨措施加以避免。例如适当控制入炉煤粒径，降低流化风量减少磨损，合理使用耐磨耐火材料，优化受热面选材及布置等。本章主要讨论对第一项及第二项磨损的防治措施。

二、炉内流动特性

1. 整体流动

尽管对循环流化床锅炉炉内气固流动结构和混合特性深入研究较为困难，但在炉内基本的气固流动方面已经形成了一些共识性的结论：循环流态化气固流动的基本特征主要表现为局部结构上的颗粒团聚现象及整体结构上颗粒浓度和速度的不均匀分布。循环流化床锅炉内存在中心区域颗粒浓度低且总体向上运动、边壁区域颗粒浓度高且总体向下运动的“环－核”流动结构（图 2–9），这种局部和整体不均匀性相互关联影响，是循环流态化气固两相流动的重要特征（表 2–1）。

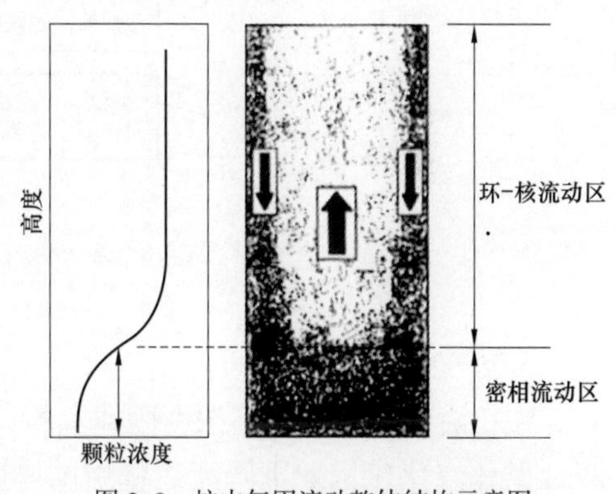

图 2–9　炉内气固流动整体结构示意图

表 2–1　　循环流化床锅炉各区域物料浓度与烟气流速比较

锅炉区域	固体物料浓度（kg/m^3）	烟气流速（m/s）
循环流化床密相区	100~1000	4~6
循环流化床稀相区	5~50	3~6
尾部对流烟道	<4	10~16
鼓泡流化床密相区	200~1000	1~3.5
煤粉炉尾部对流烟道	<2	20~25
燃气炉尾部对流烟道	≈ 0	>30

2. 内循环与外循环

循环流化床内可观察到边壁固体颗粒向下流动，而向下流动的边壁流总是会和床中心区域向上运动的固体颗粒发生质量和动量的交换，这就是颗粒的内循环。固体颗粒被分离器分离后由返料器重新送回床内而建立起来的循环称为外循环。大量测算结果显示，内循环量约为外循环量的 3~5 倍。以某 250MW 循环流化床锅炉为例（见图 2–10），在不添加石灰石的情况下，尽管其入炉煤量仅有 140t/h，但其计算外循环量达到 10000t/h，计算内循环量接近 30000t/h。

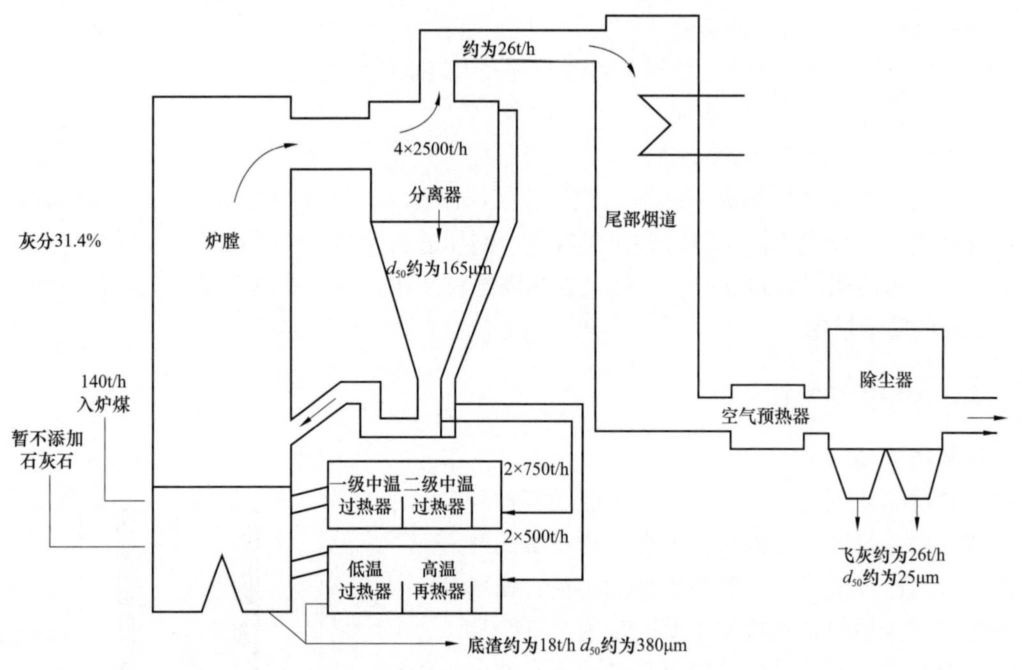

图 2-10 某 250MW 循环流化床锅炉循环量计算结果

3. 边壁层与下降流

颗粒沿壁面下落的高浓度固体颗粒，其厚度从床顶部到底部逐渐变厚，图 2-11 给出了两台循环流化床锅炉下降流边壁层的厚度测定结果，图中 s 即为下降流边壁层的厚度，该厚度通常定义为净颗粒流率为零的点距边壁的距离。G_s 为固体颗粒流率，G_{sd} 为向下流动的固体颗粒流率，G_{su} 为向上流动的固体颗粒流率。实炉测试结果表明，边壁层因颗粒的下降流而普遍存在，锅炉四周及不同高度处，边壁层厚度的变化范围为 100~400mm。

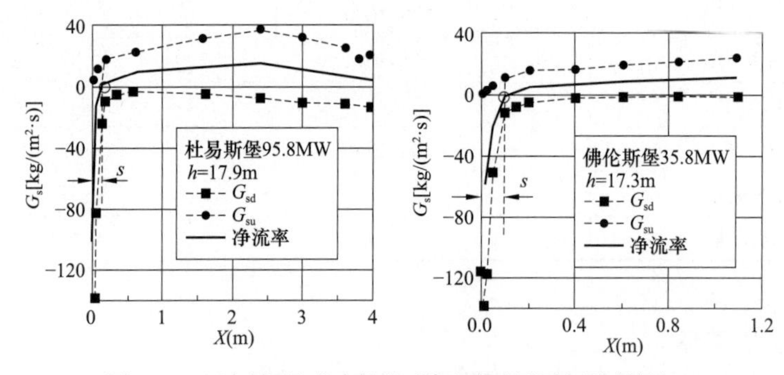

图 2-11 两台循环流化床锅炉下降流边壁层厚度测试结果

不同炉膛高度处，边壁层内颗粒下降流的流速不同，越远离炉顶，边壁层内颗粒的下降流流速越大。图 2-12 为四台不同锅炉的边壁层内颗粒下降流流速曲线，可以看出，炉顶处边壁层下降流速度仅 -2m/s，而在距离炉顶 30m 处，边壁层内颗粒下降流速度高达 -8m/s。

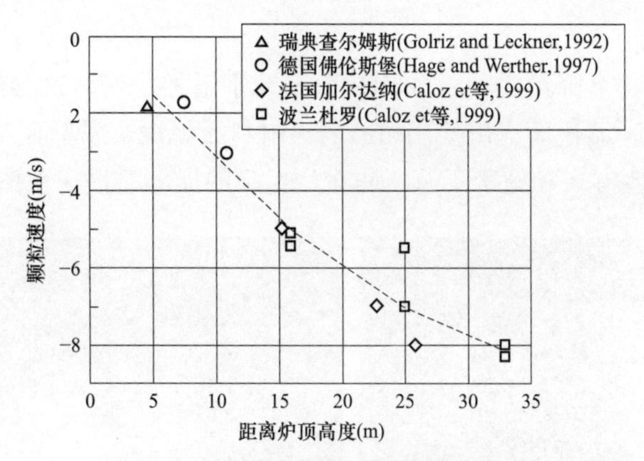

图 2–12　不同高度边壁层内颗粒的下降流速

三、主要磨损区域

1. 炉膛过渡区

内循环和边壁流的存在虽然强化了炉内传热和传质过程，延长了固体物料的停留时间，保证了炉内温度场的均匀，但却加剧了水冷壁表面的磨损，尤其是那些伴有凸起或凹进的不规则水冷壁管（见图 2–13）。过渡区常见磨损方式有两种：一是过渡区域内壁面向下流动的固体颗粒与炉内向上运动的固体颗粒方向相反，在局部产生涡流磨损；二是沿炉膛壁面向下流动的固体颗粒在交界区域产生流动方向的改变，对水冷壁管产生冲刷磨损。

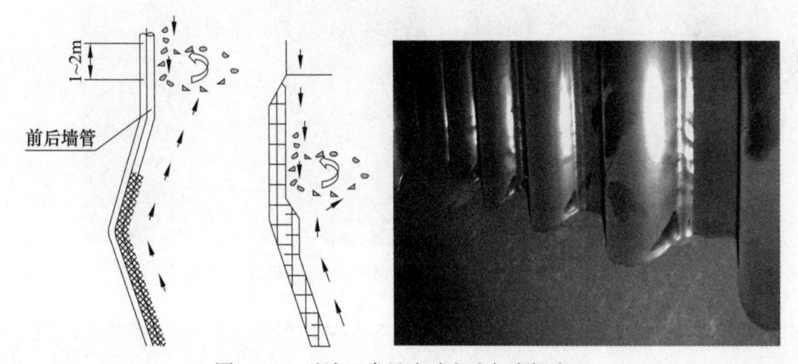

图 2–13　过渡区常见流动方式与磨损表现

此外，炉膛前后墙下部将原先垂直的下降流颗粒抛向炉内，与来自布风板且斜向扩散的上升气流碰撞，在前后墙形成碰撞带，这也会带来磨损。碰撞区范围的上下限受负荷高低影响。边壁流分布受布风板的流化状态和加入物料影响，沿炉膛高度自下向上的上升气流中，不断有内循环固体颗粒脱离主流加入边壁流中，在向上速度衰减停止后，由于重力的作用获得向下的加速度，随着颗粒的速度逐渐增加，边壁流的厚度、浓度自上向下不断增加。在向下流动的边壁流中，颗粒的主要流动方向向下，水冷壁管、鳍片等部位如果存在不平滑连接，凸出物将改变向下流动固体颗粒的运动方向，形成局部涡流，导致颗粒与水冷壁管发生碰撞，改变边壁流方向，对部件造成磨损。

2. 炉膛四角区域

炉膛四角由于相邻下降流的叠加作用，浓度几乎增加一倍，这会加重四角磨损（见图2–14）。目前大多数循环流化床锅炉使用耐磨耐火材料或使用金属护瓦对四角进行整体覆盖，但应注意交界面的过渡方式和施工工艺，防止产生新的局部磨损（见图2–15和图2–16）。

图2–14　四角区域磨损示意图

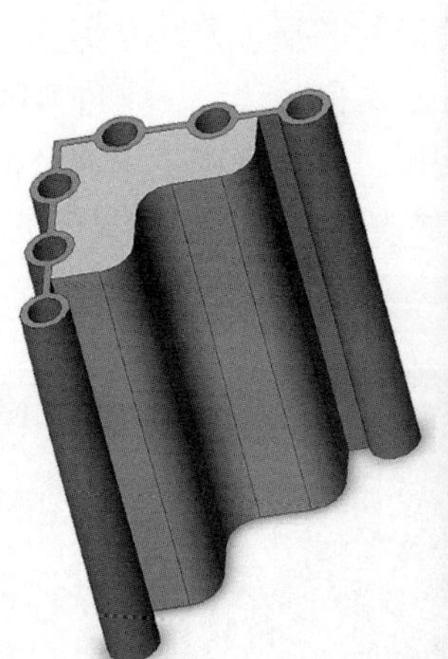

图2–15　使用耐磨耐火材料覆盖四角的防磨措施

图2–16　使用金属护瓦覆盖四角的防磨措施

3. 炉膛顶部及出口

炉膛顶部磨损主要是由于烟气转入炉膛出口时，大量颗粒被甩向炉顶所致。相对而言，采用图 2-17（a）所示的从前墙到后墙向下倾斜的炉顶结构磨损更为严重。锅炉炉膛出口由于存在物料和烟气的变向和速度增大，易出现磨损，因此应对炉膛出口进行防磨保护，一般采用在炉膛出口四周敷设耐磨耐火材料的技术方案（见图 2-18）。

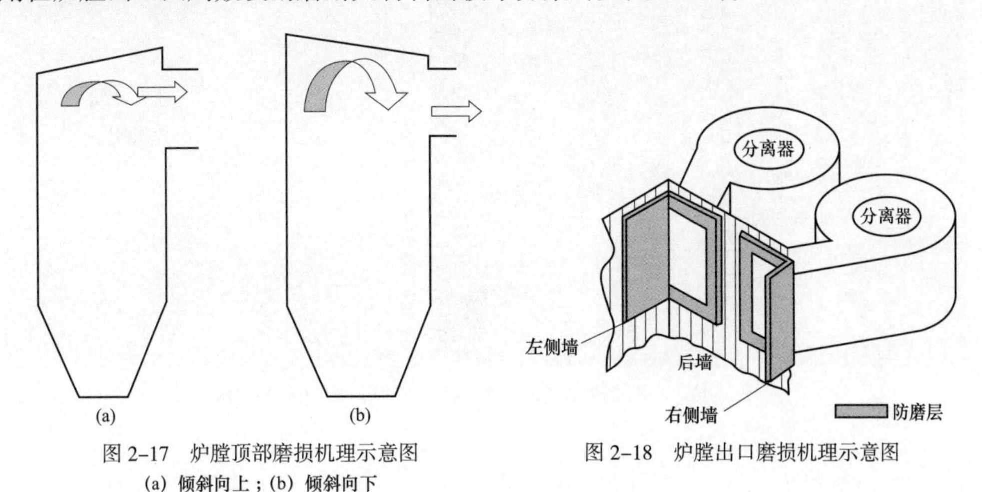

图 2-17　炉膛顶部磨损机理示意图

(a) 倾斜向上；(b) 倾斜向下

图 2-18　炉膛出口磨损机理示意图

4. 屏式受热面

屏式受热面下端直接受到气流冲刷，存在严重的磨损隐患，其穿墙区域由于流动形式发生变化，必须采取合理的防磨措施，一般在屏下部及水冷壁穿墙处敷设耐磨耐火材料，并采取措施防止其脱落（见图 2-19 和图 2-20）。屏式受热面变形也是引起磨损的原因，合理设计屏进出口集箱引入引出形式，减小水力偏差，改善启动和日常操作方式，可以防止屏超温变形，减少磨损爆管的可能性。

5. 开孔区域

炉膛密相区存在着大量的开孔结构，包括人孔门、温度压力测点、给煤口、返料口、床上燃烧器风口及二次风口等。为防止这些区域磨损；开孔周围区域均被耐磨耐火材料覆盖，运行中发现开孔处若密封不严会造成漏风，局部流动不良或形成涡流也会造成磨损（见图 2-21），这需要引起足够的重视。

图 2-19　双面水冷壁耐磨浇注料脱落

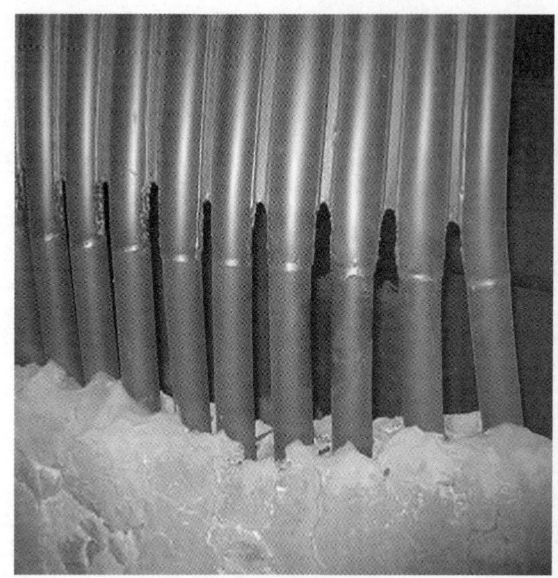

图 2–20　屏式受热面的变形与拉裂造成的耐磨耐火材料脱落

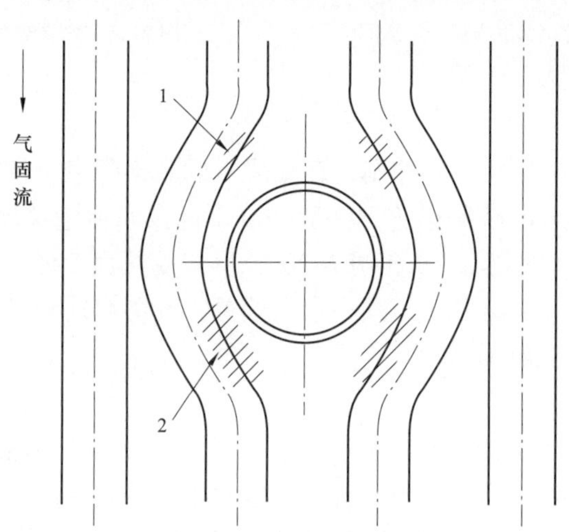

图 2–21　开孔区域磨损示意图
1—涡流磨损上沿；2—涡流磨损下沿

四、磨损机理与影响因素

循环流化床锅炉炉内水冷壁磨损总的机理可以分为两类：一类是在碰撞过程中由于材料反复变形而引起的疲劳磨损；另一类是材料在颗粒的切削作用下引起的破坏，称为凿削式磨损。磨损程度与颗粒的冲击角度有很大关系，冲击角为 90° 没有凿削式磨损，仅是疲劳磨损，磨损很轻微，当冲击角度为 20°~30° 时磨损最严重（见图 2–22），循环流化床锅炉受到的主要是凿削式磨损。从具体的磨损方式来说，磨损又分为双体磨损和三体磨损两种。双体磨损是由于固体物料与水冷壁相接触，水冷壁直接受到物料流动冲刷。三体磨损是沿炉膛运动的固体物料受到颗粒团的碰撞，利用贴壁的固体颗粒作为磨损介质使水冷壁受到磨损，循环流化床锅炉水冷壁的磨损主要是三体磨损（见图 2–23）。

影响炉内磨损的因素很多，主要有燃料特性、床料特性、烟气速度、温度及烟气成分、受热面材质、物料循环方式、冲刷角度、磨损时间等，同时还与受热面结构、布置方式、锅炉日常运行维护等因素有关，大量实炉运行经验显示，防磨措施不当也会引起局部磨损的加剧（例如金属喷涂效果不佳引起的磨损）。

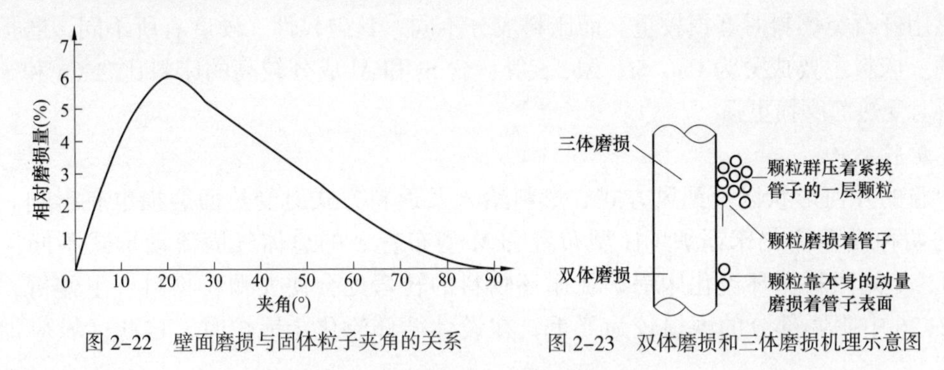

图 2–22　壁面磨损与固体粒子夹角的关系　　图 2–23　双体磨损和三体磨损机理示意图

1. 烟气速度

烟气速度对循环流化床锅炉磨损影响很大，烟气速度取决于布风板送入的流化风、炉膛下部分层送入的二次风、燃料给入时的播煤风以及使循环物料回到炉膛的返料风，研究表明，炉内磨损程度与烟气速度之间存在式（2–1）所述的定性关系，其中磨损量与烟气流速的 3 次方成正比，因此国内现行的设计方案大多倾向采用低的炉膛截面速度（见图 2–24），对于已经投入运行的循环流化床锅炉通过合理组织配风，也能在一定程度上降低磨损。

$$E = k u^3 d^2 \mu \qquad (2\text{–}1)$$

式中　E——磨损速率，$\times 10^{-5}$mm/h；

k——灰特性系数，一般可取 10^{-3}；

u——物料流速，m/s；

d——物料颗粒直径，mm；

μ——物料颗粒浓度，kg/m^3。

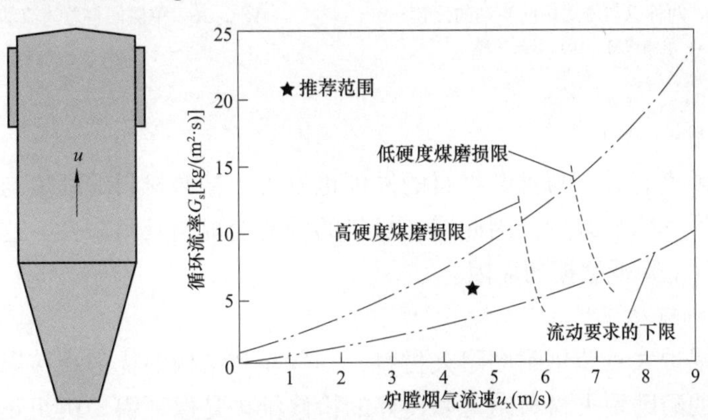

图 2–24　炉膛烟气流速与磨损的关系

某 300MW 循环流化床锅炉投运 1 年后，连续出现 3 次炉内水冷壁磨损爆管，炉内部分管壁厚度减小至 4.5mm 以下，计算发现该锅炉炉内烟速高达 6.1m/s，这是造成磨损严重的主要原因。

2. 煤质及床料特性

循环流化床锅炉燃料适应性广，不同种类的燃料对受热面、耐磨耐火材料的磨损各不相同。当颗粒硬度比被磨材料的硬度低时，磨损率较低；当颗粒硬度接近或高于被磨材料的硬度时，磨损率迅速增大，燃用一些热值较高的煤或偏软的褐煤时，成灰性好，磨损较轻。相反燃用矸石类燃料时磨损较重。而床料成分不同，其破碎性、硬度有所不同，磨损特性也不同。床料主要成分为 Ca、Si、Al、S 等，含 Si 和 Al 成分较高的床料比含 Ca 和 S 较高的床料对受热面磨损更强。

3. 炉膛结构

炉膛的几何形状以及配风方式、燃料给入及返料方式对受热面磨损也有影响。目前常见的两种循环流化床锅炉（H 型布置和 M 型布置）的总体气固流动形式不同（见图 2-25）。单侧回料循环流化床锅炉在循环物料的转弯处会使大颗粒物料产生偏析，因而使图 2-26 中阴影部分的磨损较为严重，在设计循环流化床锅炉时，这些区域应加强防磨措施。

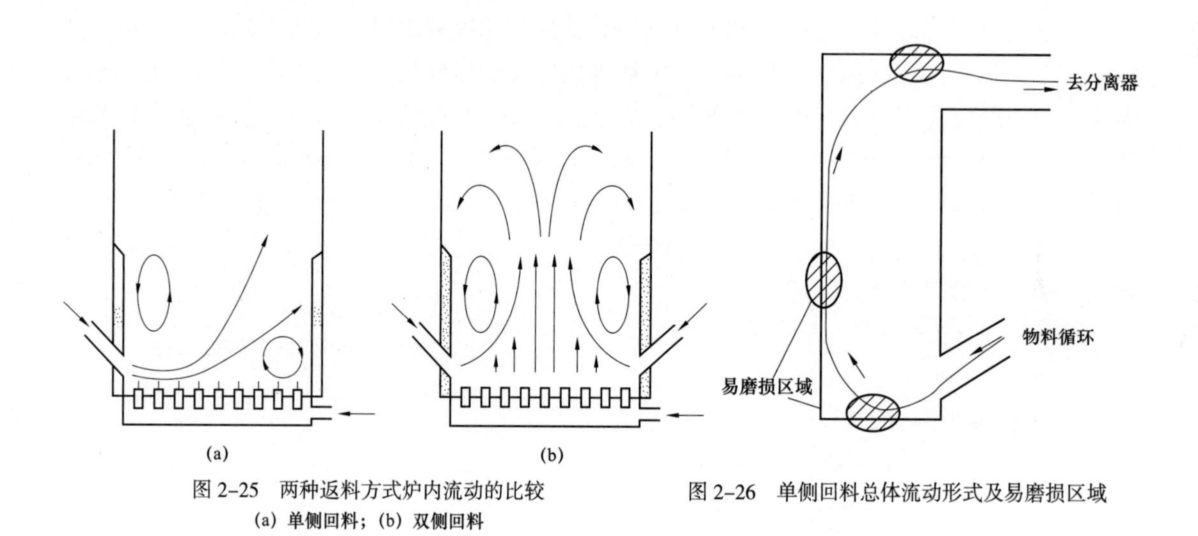

图 2-25　两种返料方式炉内流动的比较
(a) 单侧回料；(b) 双侧回料

图 2-26　单侧回料总体流动形式及易磨损区域

4. 受热面材质

磨损与颗粒硬度有关，与被磨材料的硬度也有关，被磨材料的硬度与磨损介质的硬度之比增大时，磨损率明显减少，因此增加材料的硬度会提高其耐磨性，这也是采用金属喷涂能够在一定程度上降低磨损的原因。

5. 耐磨耐火材料施工

循环流化床锅炉大量使用耐磨耐火材料，其性能和结构的优劣直接影响锅炉的稳定性和安全性，合理的耐磨耐火材料结构和良好的检修维护是保证锅炉机组正常运行的必要条件。实践中发现，部分锅炉施工措施不当，炉墙、分离器、布风板使用耐磨耐火材料较多的部位容易出现开裂及脱落现象（见图 2-27）。

耐磨耐火材料的养护与烘炉直接影响其使用性能，施工后材料内含有大量水分，升温过程中蒸汽不断析出并积累，若烘炉温度和时长不足，水分残留多，那么析出的蒸汽就会使耐磨耐火材料层产生鼓包、裂缝甚至脱落。因此，耐磨耐火材料施工结束后必须按照烘炉曲线严格执行。

图 2-27　施工不当造成的耐磨耐火材料脱落

第二节　典型防磨技术

防磨技术按照原理可分为两类：一类是通过结构优化、增加易磨损部位管壁厚度或加设护瓦、进行金属喷涂等被动防磨技术，另一类是通过改变流场或是破坏涡流的主动防磨技术。根据磨损部位的不同，两种技术有时也可结合使用。循环流化床锅炉防磨的重点是密相区耐磨耐火材料与光管水冷壁之间的交界面，这一区域一般采用凸台防磨、让管防磨和热喷涂防磨等防磨技术。

一、凸台（软着陆）技术

过渡区中存在一个耐磨耐火材料层过渡到水冷壁的部位，这一区域的磨损同设计密切相关，凸台（软着陆）技术通过在鳍片焊接销钉固定耐磨耐火材料，并在耐磨耐火材料终止线处人为设置一个凸台结构（图 2-28）。

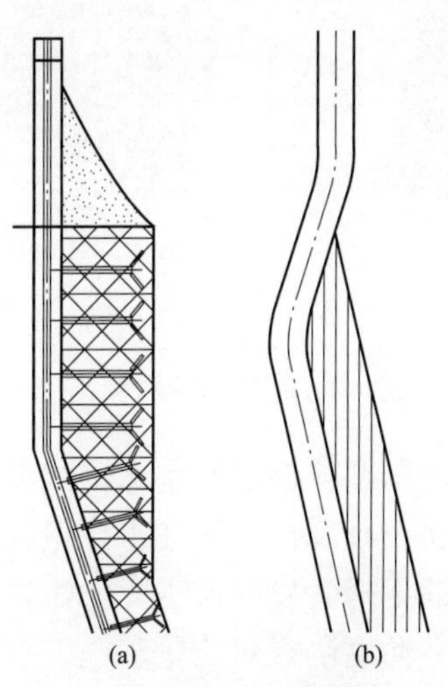

图 2-28　凸台与让管防磨设计
(a) 凸台；(b) 让管

锅炉运行时灰会自然堆积在该处，产生了一个“灰垫”。“灰垫”可以承受下降流的冲刷，实现固体颗粒软着陆，对此处水冷壁管及耐磨耐火材料进行保护。该技术的问题是会引起磨损点上移，即便加装金属护瓦效果也十分有限（图 2-29），应用中很难达到设计目的。因此国内只在早期项目有所采用，后期大多数工程改用让管技术。

图 2-29 金属护瓦使用前后的比较

二、让管技术

让管是将垂直段的耐磨耐火材料与垂直段的管子设计平齐，使旋涡形成于耐磨耐火材料区域而不磨损水冷壁，沿着收缩段耐磨耐火材料的上升气流决定了旋涡的大小，因此需要结合气流流速和方向进行设计，并以此来确定让管结构。实践表明，让管的使用效果与设计有关，合理的让管结构具有较好的防磨效果（见图 2-30）。但部分项目中让管会使得耐磨耐火材料上部平齐处应力过于集中，不易固定，脱落后反而会加剧磨损。

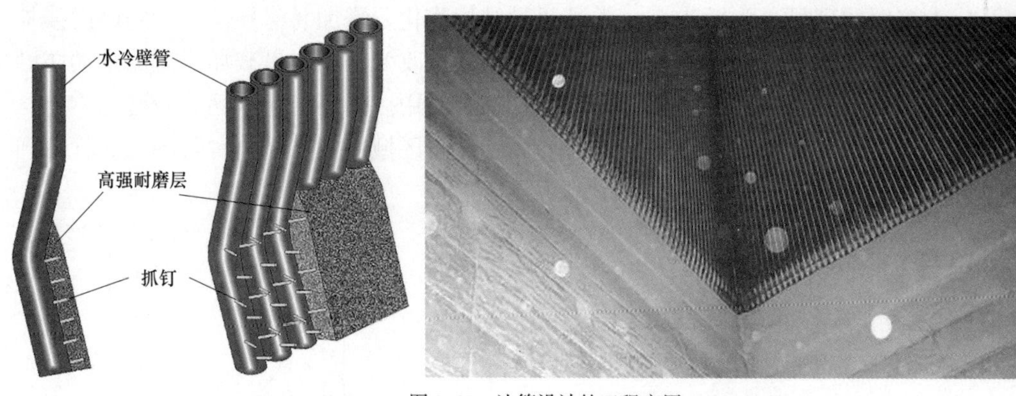

图 2-30 让管设计的工程应用

三、防磨隔板技术

防磨隔板也称导流板、梳型板，一般采用横板平放形式，利用弧度卡在水冷壁管子上，并将凸出部位点焊在水冷壁鳍片上。防磨隔板大多采用耐高温、耐磨合金铸造成型，通过阻断下降流减少固体颗粒对水冷壁管的磨损（见图 2-31）。

防磨隔板对质量和施工有着较高要求，安装时需要充分考虑其与水冷壁管之间的膨胀间隙，以及自身的间隙。防磨隔板焊接作业施工量大（见图 2-32），如果发生变形脱落往往会加大局部磨损。

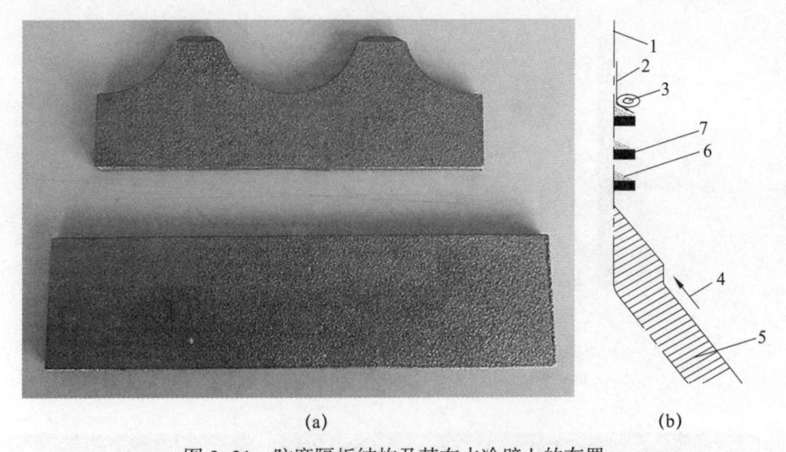

图 2-31　防磨隔板结构及其在水冷壁上的布置

（a）防磨隔板的结构；（b）防磨隔板的布置

1—水冷壁；2—颗粒流；3—旋涡；4—上升气流；5—耐磨耐火材料；6—积灰；7—防磨隔板

图 2-32　安装后的防磨隔板

四、金属喷涂技术

金属喷涂也是缓解受热面磨损的方法之一，目前应用较多的是超音速电弧喷涂和超音速火焰喷涂（见图 2-33）。超音速电弧喷涂先用高铬镍基钛合金材料打底形成过渡涂层，在打底层上面再喷涂一层高耐磨的金属陶瓷涂层，之后均匀喷涂使涂层厚度达到 0.5~0.8mm，涂层边沿平滑过渡。喷涂速度高、涂层化学成分含量易调整、沉积效率高，适宜于现场的大面积施工。超音速火焰喷涂利用丙烷、丙烯等碳氢系燃气或氢气与高压氧气在特制的燃烧室（喷嘴）内燃烧产生高温高速焰流进行喷涂，将粉末沿轴向或侧向送进焰流中，粉末粒子被加热至熔化或半熔化状态的同时，可被加速到 300~650m/s，撞击基体后可以形成高强度致密涂层。

需要注意的是，由于施工单位和施工质量参差不齐，金属喷涂不当造成锅炉水冷壁大面积出现裂纹的事故时有发生（见图 2-34 和图 2-35），如山西某厂小修期间采取了“打磨—堆焊—喷涂”处理的方法，由于未打磨干净即进行了堆焊，造成水冷壁出现裂纹并发生泄漏事故。河南某厂在停炉检修期间同样采取“打磨—堆焊—喷涂”处理的方法，由于没有将镍基喷涂材料打磨干净，造成运行期间水冷壁管大面积破裂，给电厂带来了巨大的经济损失。

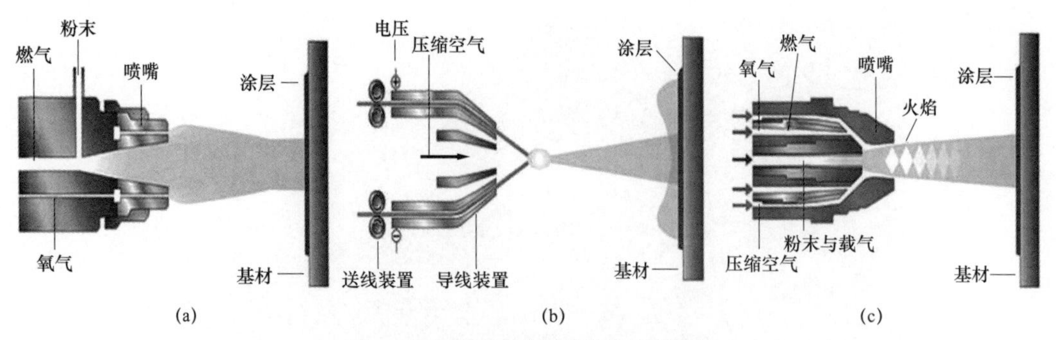

图 2-33　三种常见金属喷涂技术的比较
(a) 火焰喷涂；(b) 电弧喷涂；(c) 超音速喷涂

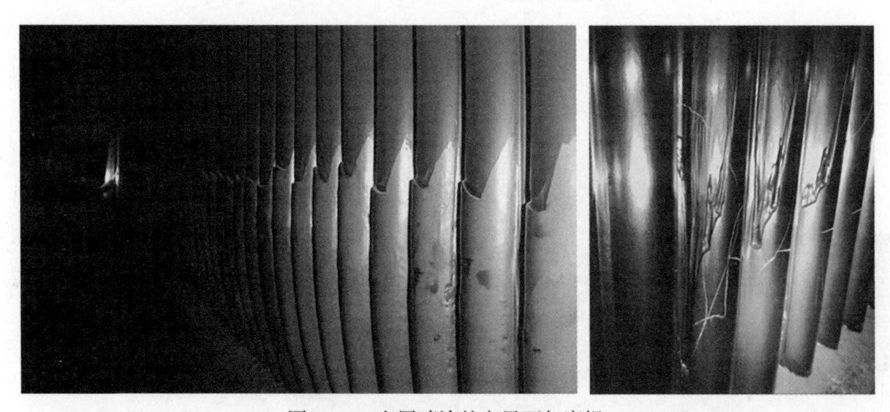

图 2-34　金属喷涂的交界面与磨损

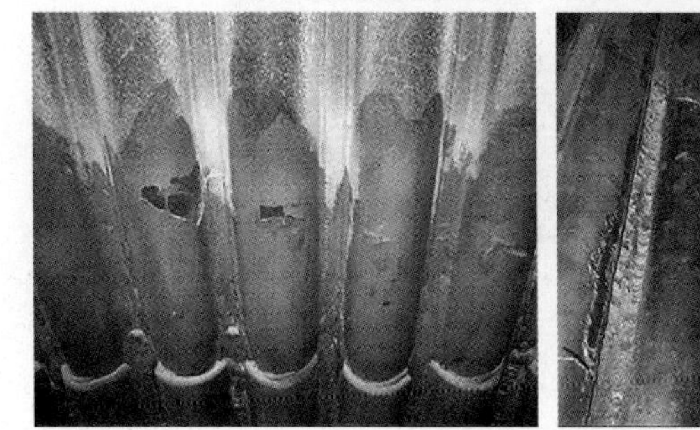

图 2-35　运行中喷涂材料褶皱翘起、脱落及大面积磨损

五、多阶防磨梁技术

由前文分析可知，边壁层下降流速度高、浓度大是造成水冷壁磨损严重的主要原因。为此国内大批循环流化床锅炉采用多阶防磨梁进行水冷壁管的防护，该技术用耐磨耐火材料制作凸台，并通过销钉将凸台固定在水冷壁上，凸台沿水冷壁高度方向以一定间距多阶布置（见图 2-36），该技术的优点在于：

（1）显著降低了炉膛边壁层下降流的速度和浓度，消除了造成水冷壁磨损的根源；

（2）安装简单方便，不需要对水冷壁进行大的改造；

（3）施工周期短，现场易于实施；

（4）运行可靠，使用寿命长，免于维护。

多阶防磨梁结构及布置图如图 2-36 所示，多阶防磨梁使用前应进行设计计算，避免影响锅炉出力。设计良好的多阶防磨梁对炉内传热影响很低，以某厂 135MW 循环流化床锅炉为例，水冷壁受热面积约 1365m^2，双面水冷壁受热面积约 366m^2，炉内总受热面积约 1731m^2，多阶防磨梁减少的传热面积小于 3%，通过对国内一百多台循环流化床锅炉的实炉运行验证，改装前后锅炉运行状况基本相当，床温增加幅度一般为 5~10℃。

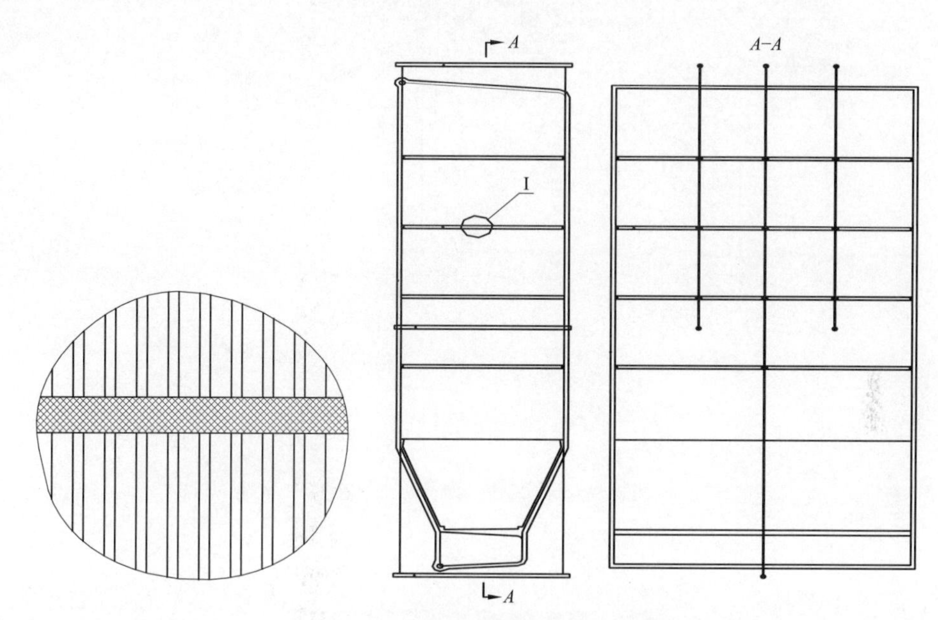

图 2-36　多阶防磨梁局部结构及布置示意图

图 2-37　多阶防磨梁现场安装图

多阶防磨梁应用效果良好，以河南某厂 2×135MW 循环流化床锅炉为例（图 2-37），其实际入炉煤低位发热量 3600kcal/kg（15062kJ/kg）、收到基灰分 45%，锅炉基建期间即安装了多阶防磨梁且未使用喷涂，机组投产十年时间里未发生过磨损爆管事故。新疆某厂 2×300MW 机组受调试时间限制，仅对一台锅炉加装了多阶防磨梁，在此后一年时间里，未加装多阶防磨梁的锅炉因磨损爆管非停 3 次，而加装多阶防磨梁的锅炉实测平均磨损量仅为 0.11mm、最大磨损量仅为 0.23mm。根据大部分工程项目使用情况，安装多阶防磨梁后锅炉无爆管运行周期可以达到 5000h 以上。

六、堆焊技术

在需要防磨的金属材料表面堆焊一定厚度的熔焊金属，可以使母材具有较高的抗磨损性能，部分循环流化床锅炉在耐磨耐火材料保护区与非保护区之间的过渡部位使用堆焊进行防磨。例如，在屏式受热面下部实施的防磨处理（图 2-38）。堆焊也可用于抢修作业，大面积应用则存在着成本高、热应力大、表面不平滑、与受热面管子母材过渡处存在着台阶等不足。

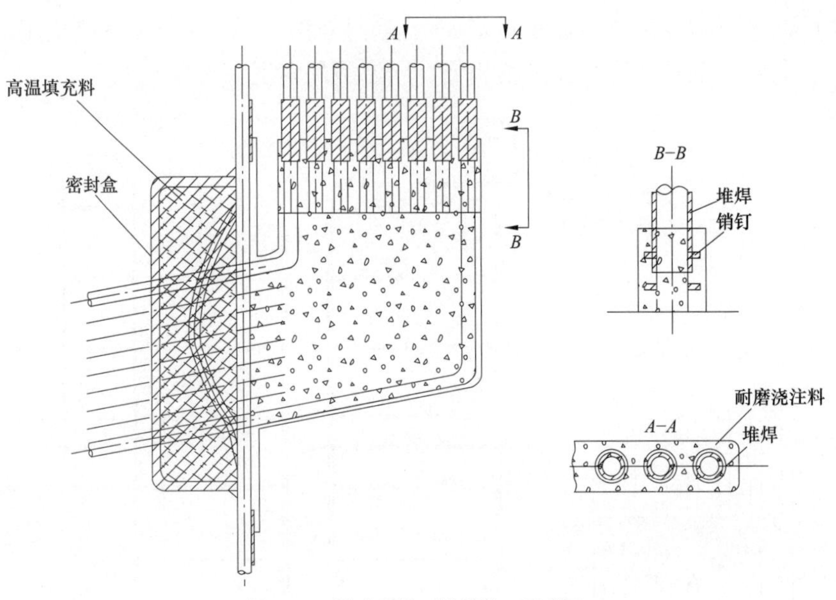

图 2-38　屏式受热面堆焊施工示意图

七、激光熔覆技术

激光熔覆是 20 世纪 90 年代快速发展起来的一种新技术，通过落粉管将不同的填料以一定速率在被涂覆基体表面上均匀放置，经大功率高能激光束照射使之和基体表面薄层同时熔化，并通过冷却器快速凝固后形成稀释度极低并与基体材料成冶金结合的表面涂层，从而改善基体材料表面的耐磨、耐蚀、耐热、抗氧化能力。从结合特性上讲，热喷涂、等离子喷涂为机械咬合，结合力差；堆焊基体为过度稀释涂层，性能较差；激光熔覆稀释率低，冶金结合好，性能稳定（图 2-39）。从硬度上讲，热喷涂法所制备涂层的硬度一般为 600~900HV，利用堆焊法制备耐磨层硬度一般为 500~650HV，而激光熔覆层的硬度一般为 1000~1600HV，其耐磨性较强。但是由于现场施工难度大和成本高，激光熔敷多采用工厂加工现场替换的方式加以应用（图 2-40）。

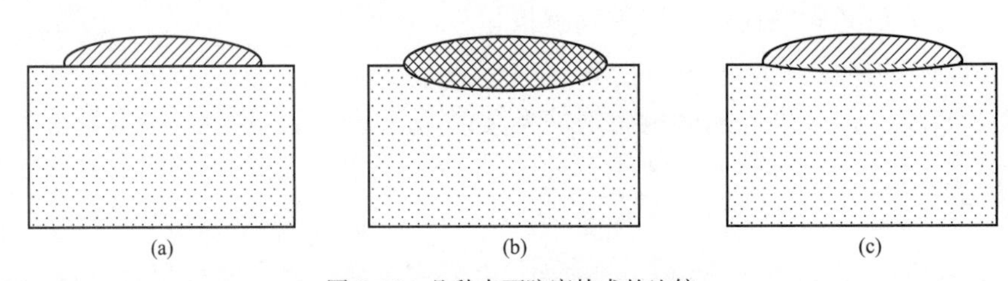

图 2-39　几种表面防磨技术的比较

(a) 热喷涂、等离子喷涂；(b) 堆焊；(c) 激光熔覆

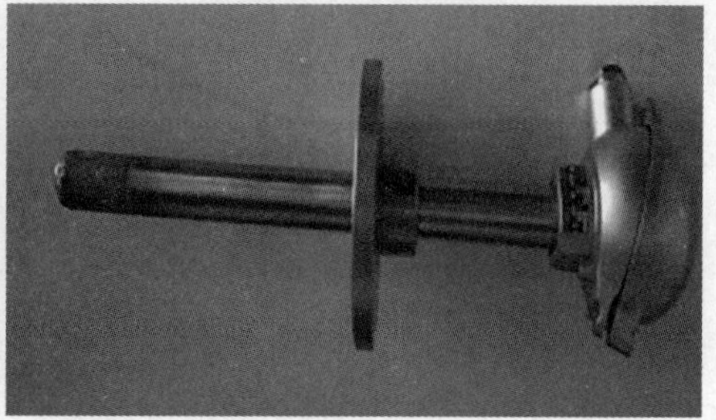

图 2-40　使用熔覆技术制作的耐磨水冷壁管和耐磨热电偶

八、熔敷技术

熔敷技术利用熔敷热源将具有一定性能的材料熔敷在基体表面并形成冶金结合，熔敷在基体表面的金属层耐磨性能极佳。熔敷通常使用等离子电弧熔滴作业，该技术以被熔敷基体为阳极，以金属熔丝为阴极，利用阳极和阴极之间产生的等离子弧作为热源，将金属熔丝熔化，产生金属熔滴，再通过熔敷机器人的甩滴功能将熔融的金属熔滴甩附在基体上（见图 2-41）。

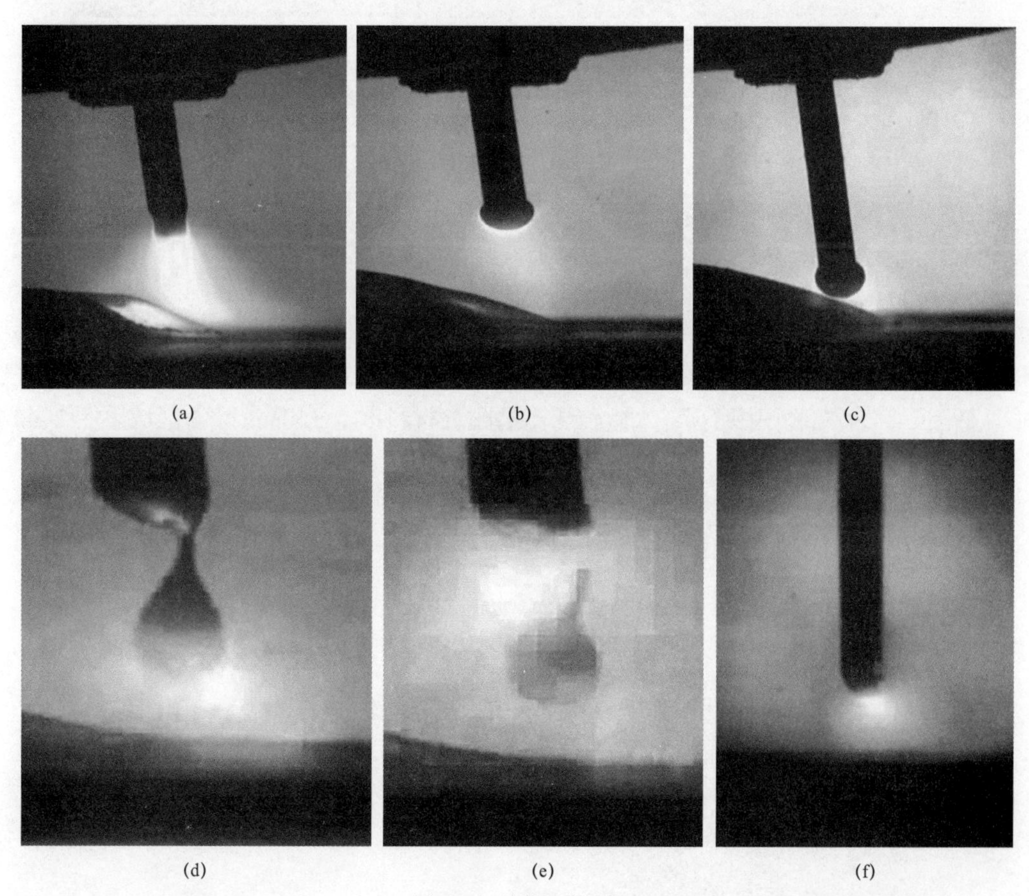

图 2-41　熔敷工作原理

（a）电源作用产生等离子弧；（b）等离子弧作用产生熔滴；（c）甩附机构推动熔丝和熔滴接近工件；（d）熔滴接触工件后熔丝快速反向；（e）熔滴脱离并附着工件；（f）熔丝反向至正常位开始再次熔滴

熔敷技术具有以下特点：

（1）熔敷层与基体为冶金结合，结合强度高；

（2）母材在熔敷过程中仅表面微熔，母材热影响区小；

（3）熔敷过程中母材温升不超过 80℃，母材基本无热变形；

（4）熔敷层与母材浸润性好，表面合金层耐磨性强。

熔敷技术已在一些循环流化床锅炉上得到应用，较好的解决了部分锅炉水冷壁局部磨损严重的问题。使用熔敷机器人可以在现场施工，也可以在较薄的材料上进行熔敷再造修补，减少换管数量。熔敷形成的冶金结合层厚度可控，可根据各部位防磨要求进行多层加厚处理，耐磨寿命优于传统金属喷涂（见图 2-42）。

(a) (b)

图 2-42 水冷壁熔敷效果图

(a) 熔敷后表面外观；(b) 熔敷后截面剖视图

第三节 防磨技术应用

一、炉膛让管改造

某厂 300MW 循环流化床锅炉采用裤衩腿结构，在标高 16.1m 以下部分全部敷设耐磨耐火材料。由于燃用的是灰分 48%~55% 的劣质煤，致使水冷壁磨损严重。检查发现磨损区域基本呈椭圆形，为局部集中磨损，大致位于耐磨耐火材料以上 150mm 左右区域（图 2-43）。

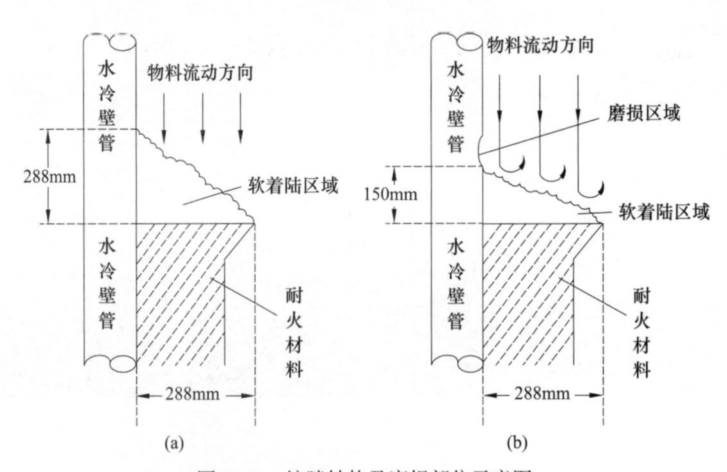

图 2-43 炉膛结构及磨损部位示意图

(a) 设计预期；(b) 实际效果

根据 Alstom 公司的设计初衷，对锅炉 16.1m 标高处的耐磨耐火材料进行了特殊设计，采用 250mm 宽台阶在耐磨耐火材料交界处堆积一定厚度的床料，以对炉膛四周的贴壁流进行缓冲，从而降低其对水冷壁的磨损。但实际运行中发现，锅炉停运后缓冲台阶上物料堆积高度为 170mm，管道磨损区域中心高度在 130mm 左右。

运行期间，缓冲台阶上的物料温度接近 950℃，其堆积高度应低于常温下的堆积高度；同时，炉膛的贴壁流在下行到缓冲台阶时流速很大，冲击堆积在缓冲台阶上的床料使堆积高度下降，这一个过程中流动方向会发生改变，造成涡流，同时贴壁流高速冲击缓冲床料发生飞溅也会造成水冷壁磨损。后期分别进行防磨喷涂和堆焊处理，但无明显改善。为此，决定采用让管方式进行改造，并将磨损区域用性能更好的耐磨耐火材料代替（见图 2-44）。

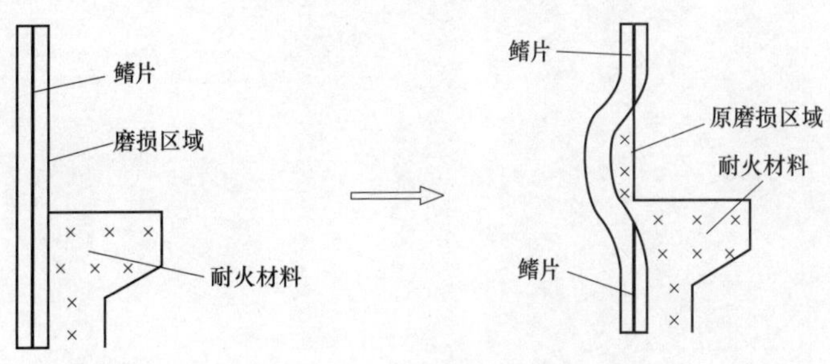

图 2-44　让管结构示意图

考虑到耐磨耐火材料加上管道质量近 1000t，为尽可能地减少让管改造后对锅炉承载的影响，对让管所使用的弯管进行特殊设计，采用厚壁管及小弯曲角度以增加强度。同时，为确保更换后的所有弯管受力均匀，在拆除现有管道前，首先在炉膛四周安装临时吊挂，以承担炉膛下部的载荷，再将炉膛四周的管道分两批更换。改造工作更换管道近 600 根、成本较高，但锅炉运行的安全性、可靠性大幅提高，磨损问题得到了有效控制（见图 2-45）。

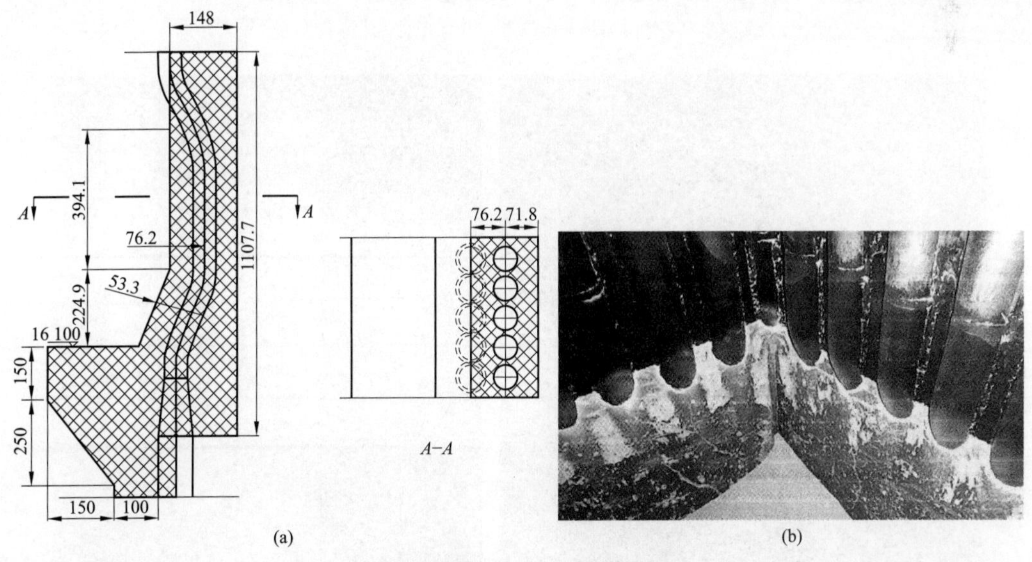

图 2-45　让管施工尺寸及实施效果图

(a) 让管施工尺寸；(b) 让管实施效果

二、侧磨治理

炉膛上部磨损大多数情况下表现为单侧磨损，即烟气裹挟颗粒侧向冲刷水冷壁管，造成迎风侧管壁磨损减薄（见图 2-46）。几乎所有的循环流化床锅炉都存在上部磨损，约有一半以上的循环流化床锅炉需在每次停炉时对上部磨损区域进行喷涂修补。由于炉膛上部区域施工检修困难，一些电厂使用耐磨耐火材料对磨损区域进行整体覆盖，但这种处理方式会减少循环流化床锅炉的有效吸热面积，影响锅炉出力。

图 2-46　水冷壁上部侧磨

炉膛上部磨损主要是气流在炉膛出口区域剧烈转向所引起。国内绝大多数循环流化床锅炉采用M型布置，分离器设置在炉膛和尾部烟道之间，炉膛出口设置在后墙上(见图2-47)。因此，越靠近炉膛两侧墙，向上流动的高浓度气流越会在离心力的作用下将大量灰颗粒甩向壁面，造成两侧墙水冷壁管的冲击磨损（见图 2-48）。由于炉膛上部磨损是烟气携带大量灰颗粒撞击产生的，因此不能通过降低边壁层流速和浓度来避免。

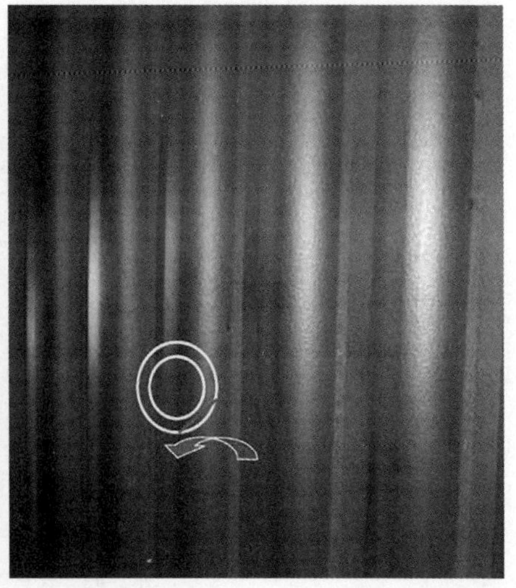

图 2-47　转向气流冲刷水冷壁原理示意图

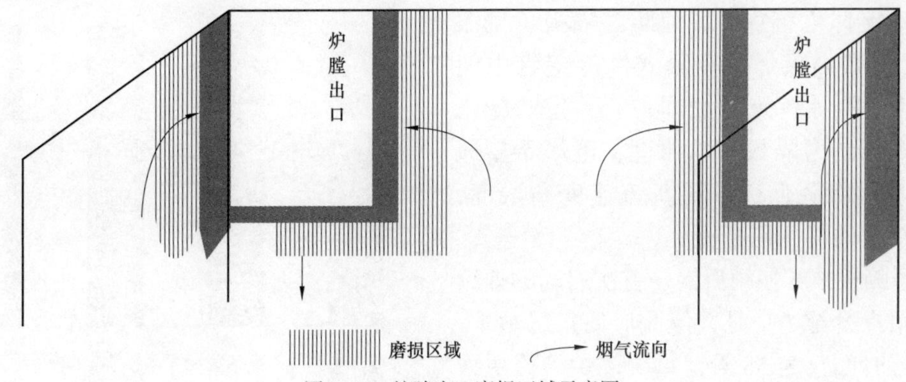

图 2–48　炉膛出口磨损区域示意图

加装防磨挡板是解决炉膛上部磨损的有效技术措施。该技术原理如图 2–49 所示，当防磨挡板存在时，炉膛烟气中的颗粒不会冲刷撞击到水冷壁管，而是通过改变烟气流动方向近似横掠过水冷壁管，这就避免了单侧磨损的发生。加装防磨挡板的主要技术难点在于,如何对上部磨损区域进行预测和有效覆盖。如果防磨挡板结构形式及布置方式不当，不仅不能解决炉膛上部磨损，还会引起炉内流场的剧烈扰动，影响锅炉正常运行。此外，如果运行期间出现脱落，会增加施工维护工作量，因此防磨挡板施工工艺必须要予以高度重视。

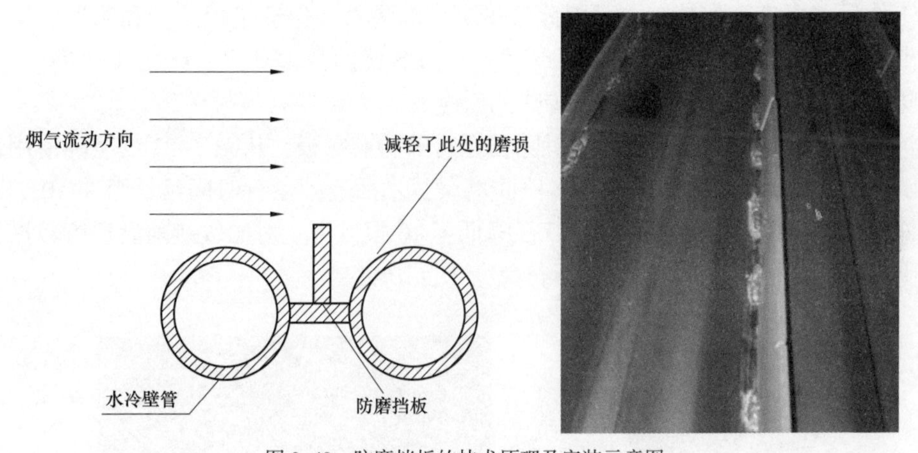

图 2–49　防磨挡板的技术原理及安装示意图

某厂 100MW 循环流化床锅炉长期存在炉膛上部侧磨，利用停炉检修机会加装了 1200 片防磨挡板。改造实施后炉膛上部水冷壁管最大磨损量为 0.12mm/ 年，相比改造前 0.93mm/ 年的最大磨损量大幅度降低，避免了爆管停炉风险，锅炉连续运行时间达到 300 天以上，安全性得到了显著提高。

三、防磨隔板与多阶防磨梁技术比较

某电厂 8 台 240t/h 循环流化床锅炉受热面磨损严重，锅炉连续运行时间仅为 3~4 个月，为降低锅炉磨损，电厂首先选取防磨隔板技术进行了改造，在炉膛四周沿高度方向呈一定仰角布置了5道防磨隔板（见图2–50），防磨隔板焊接在膜式水冷壁管中间的鳍片上，与水冷壁管之间留有一定的膨胀间隙。根据防磨隔板技术原理，电厂希望通过此技术逐级降低边壁层灰流速度和浓度，延长水冷壁的使用周期。

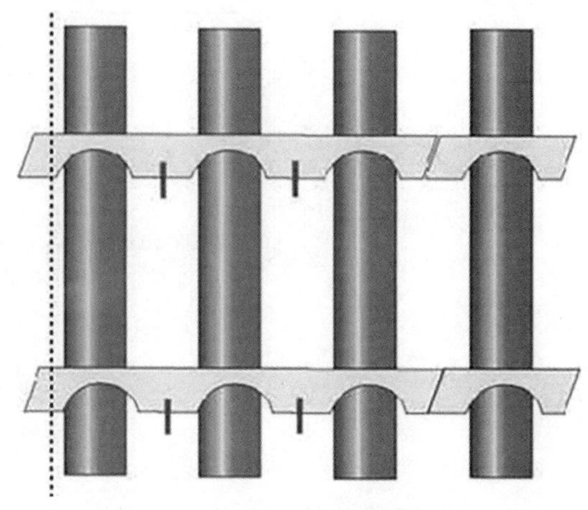

图2–50　防磨隔板安装示意图

防磨隔板技术使用后锅炉首次启动的连续运行时间提升至5个月，但此后便每况愈下，最短运行时间仅为58天，每次停炉检修更换的水冷壁管数量也有较大增加，严重影响现场生产。经停炉期间入炉观察，防磨隔板有不规则的变形及松动脱落，防磨隔板脱落后对应区域的磨损较其他区域明显增加。测厚记录显示，防磨隔板脱落部位累计运行90天后的局部磨损量就已超过1.5mm，而在第5道防磨隔板上部约1m处也出现了磨损痕迹，发生了磨损上移。另外，由于结构和设计不合理，贴壁灰流速度和浓度不合理下降后使得传热系数降低，锅炉床温增加了15℃，影响了带负荷能力。由于防磨保护时间较短，防磨隔板未能达到预期效果。

多阶防磨梁技术主体是耐磨耐火可塑料，而且防磨梁是一次成型、本体坚固牢靠，由于焊接工作量主要集中在销钉上，因此改造更为容易。为保证工程质量和防磨效果，电厂委托专业单位进行了设计和施工，重点对多阶防磨梁的敷设高度、结构尺寸进行了核算，在保证防磨效果的同时减少了对锅炉传热的影响。

锅炉应用多阶防磨梁技术时同步拆除了原有的防磨隔板，从图2–51的实际使用情况来看，8台240t/h循环流化床锅炉采用多阶防磨梁技术后连续运行时间延长至8~10个月，且停炉检修水冷壁更换量由之前的60~80根降低至10根以下。对比改造前后运行数据，在相同工况下床温增加幅度约5℃，锅炉运行负荷未受影响。

图2–51　多阶防磨梁结构及炉内布置

四、炉膛过度覆盖整改

某厂采用东方锅炉厂引进 Foster Wheeler 技术制造的 470t/h 循环流化床锅炉，为保证锅炉长周期运行，采取了多种防磨措施减轻水冷壁磨损，具体包括：

（1）增加水冷壁防磨装置；

（2）在磨损严重区域采用耐磨耐火材料覆盖受热面，在磨损较轻区域采用金属喷涂；

（3）炉膛四角水冷壁覆盖耐磨耐火材料。

另外，在运行方面将锅炉负荷降低到 370t/h 以下，以此保证锅炉供暖期内不发生磨损爆管。

分析发现锅炉下部布置有 3 层防磨梁，前墙水冷壁在 3 层防磨梁的上方又增加了 1 层防磨梁，这些措施对于防止炉膛下部水冷壁磨损发挥了一定的作用。但由于该防磨装置为电厂自行安装，未经优化设计，结构尺寸不合理，对床温影响较大。锅炉两侧墙水冷壁、前墙水冷壁、后墙水冷壁和炉顶水冷壁覆盖了约 240m^2 的受热面，造成炉膛吸热量减少。锅炉大多数时间运行负荷在 330t/h 左右，远低于设计值（见图 2-52）。

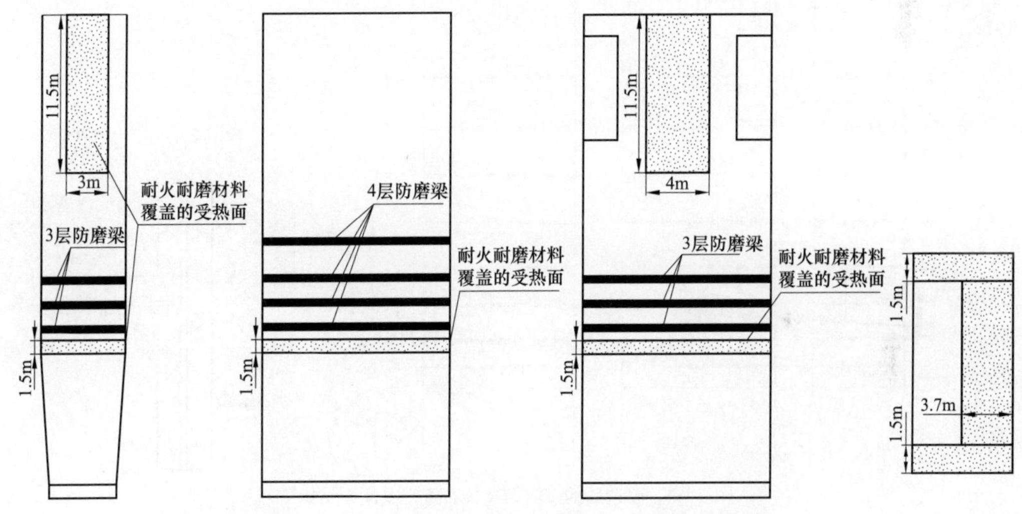

图 2-52　侧墙、前墙、后墙及炉顶水冷壁防磨装置布置图

为解决受热面过度覆盖问题，对现有防磨设计进行了改造。具体措施包括：

（1）四角防磨部分，每个角按照覆盖 4 根管计算，去除高度 20m 左右的耐磨耐火材料，释放受热面积 24m^2；

（2）上部侧磨部分，增加防磨挡板，将耐磨耐火材料宽度从 3m 缩小至 1.5m，释放受热面积 35m^2（见图 2-53）；

（3）防磨梁部分，原防磨梁宽度过大，属于设计不当，针对其缺陷重新设计，减少宽度、优化层间距（见图 2-54）。

采取上述措施后锅炉负荷稳定增加至 370t/h 以上，同时床温有所下降。

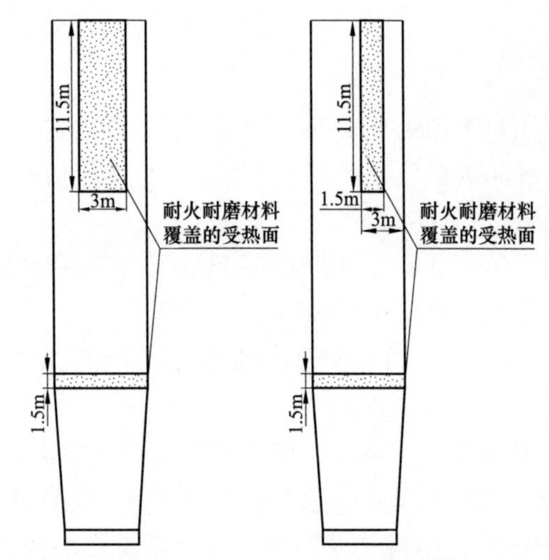

图 2-53　改造前后侧墙水冷壁耐磨耐火材料覆盖区域对比

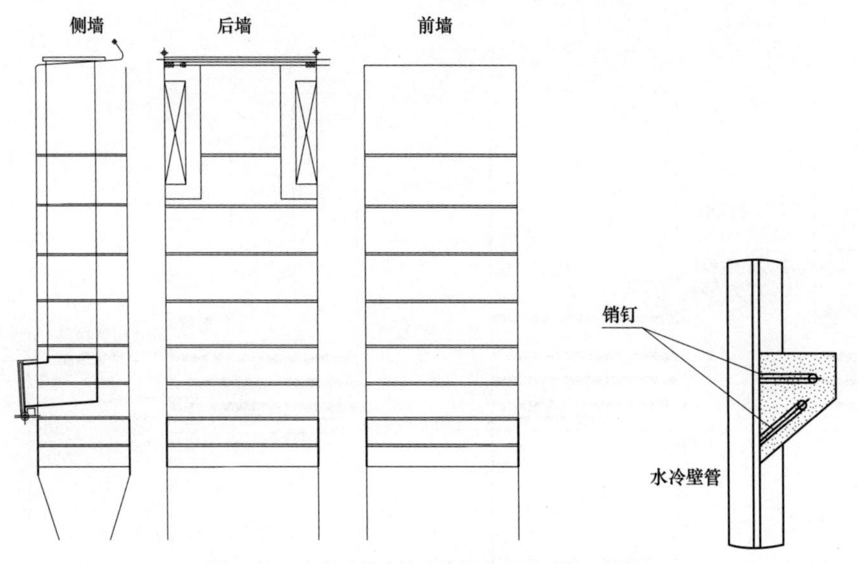

图 2-54　改造后的多阶防磨梁布置图及断面结构

五、喷涂技术在顶棚防磨的应用

某厂 SG-690/13.7-M451 型循环流化床锅炉，炉膛尺寸为 37500mm × 22740mm × 7845mm，采用 SA-210C 材质的 $\phi60\times6.5$mm 光管加扁钢组成膜式水冷壁，管子节距为 85mm，前后墙水冷壁管各布置 267 根，左右侧墙水冷壁管各布置 92 根。运行期间先后两次出现顶棚爆管。第一次顶棚爆管位置在炉右水冷壁侧墙与第一片水冷屏式受热面中间，爆管位置距离前墙水冷壁弯曲部位 2600mm，爆管长度为 320mm。第二次顶棚爆管处位于炉左侧墙水冷壁与第一片水冷屏式受热面中间距离前墙水冷壁弯曲部位 900mm，爆管长度为 125mm，两次爆管均为磨损爆管（见图 2-55）。

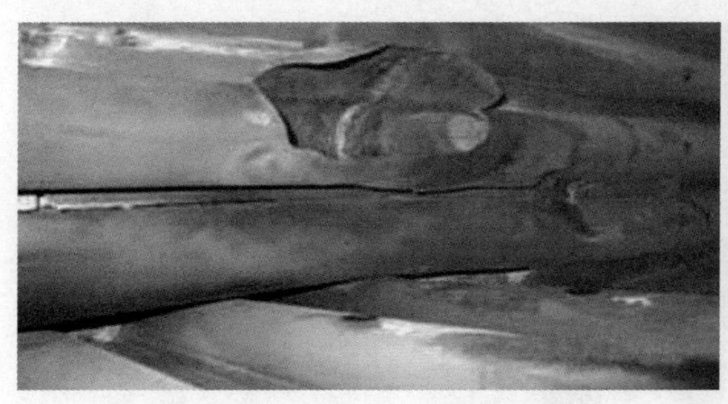
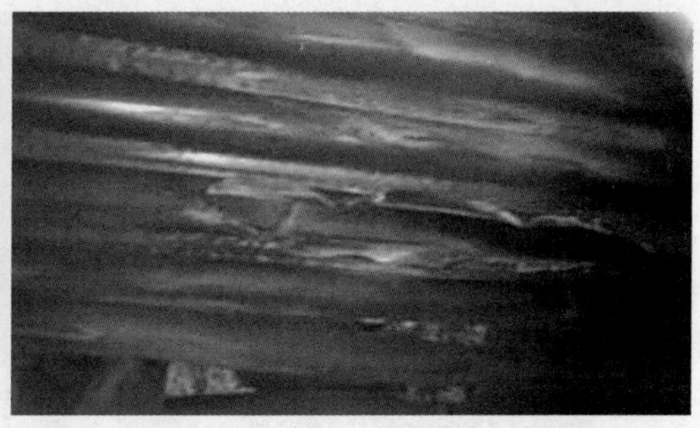

图 2-55　顶棚爆管示意图

从两次爆管和换管情况来看，爆管和磨损集中在右水冷壁侧墙与第一片水冷屏式受热面中间，磨损区域位于左右侧炉膛出口烟道上方，磨损位置沿屏式过热器与侧墙水冷壁夹道向烟气出口方向分布。由于运行风量偏大，顶棚水冷壁受烟气冲刷，加之气流在炉膛顶部区域转弯，在离心力作用下将大颗粒物料急速甩向顶部冲击水冷壁管。对比燃烧用风及给煤量，发现一次风量大且左右两侧风量不均，两侧给煤量也有较大差异，右侧磨损量大，比左侧更易发生磨损爆管。

由于顶棚管所处位置特殊，无论是搭设脚手架还是使用炉内升降平台，都要花费大量的人力物力，焊接难度较大，影响检修质量。为此，在检修换管后采用电弧喷涂进行防磨处理（见图 2-56）。喷涂层的硬度较基层硬度更大，且在高温下会生成致密、坚硬和稳定性更好地氧化层。此方法有效地解决了炉膛顶棚管冲刷磨损，为机组长周期运行奠定了基础。

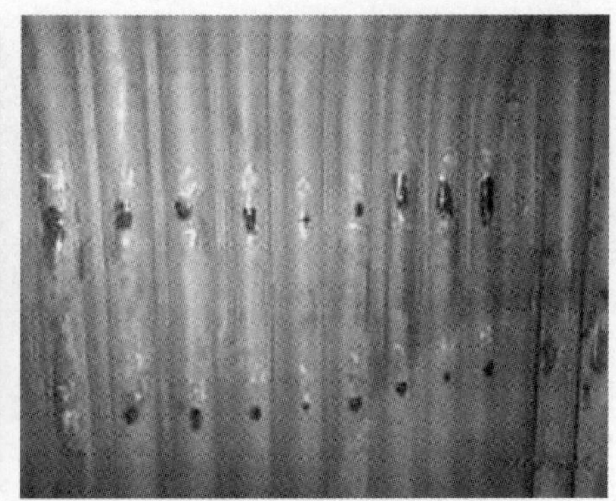

图 2-56　预防顶棚爆管的防磨喷涂措施

六、熔敷技术应用

某厂 490t/h 循环流化床锅炉自投入运行以来一直存在局部磨损。采用覆盖耐磨耐火材料、加装防磨梁、金属喷涂等措施后，部分区域磨损问题有所缓解，但也带来了床温和排烟温度升高的负面影响。水冷壁测厚发现密相区耐磨耐火材料交界面上部、炉膛中部水冷壁、炉膛上部侧墙、炉膛后墙出口烟窗下部的部分水冷壁已经由 6mm 减薄至 3mm（见图 2-57）。

图 2–57　侧磨情况示意图

早期采用的防磨措施包括：

（1）在锅炉水冷壁与耐磨耐火材料交界区采用让管技术，增强过渡区的防磨性能，一定程度上减轻了水冷壁的磨损；

（2）大面积采用超音速喷涂，耐磨涂层厚度 0.5mm，但涂层频繁脱落，磨损严重部位喷涂层寿命为 3~6 月，仅能在磨损较轻部位起到防护效果（见图 2–58）；

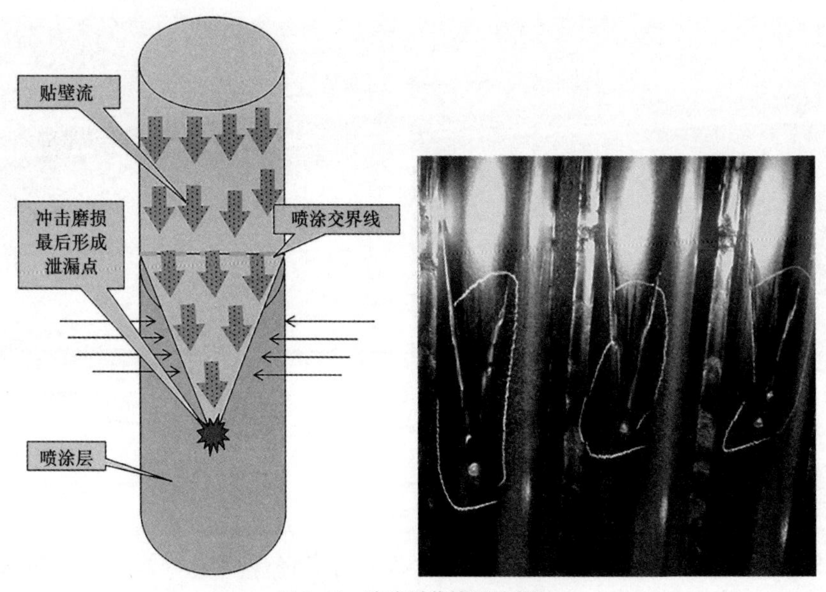

图 2–58　喷涂脱落情况示意图

（3）在喷涂基础上自行加装了 6 道防磨梁，但由于设计及施工不当，防磨梁错列布置且有局部脱落现象，存在根部磨损（见图 2–59）；

图 2-59　防磨梁设计不当引起的根部磨损

（4）在炉膛四角及炉膛顶部磨损严重部位覆盖耐磨耐火材料，磨损最严重的前墙上部覆盖面积超过 100m^2。但即使采取了以上措施，锅炉上部侧墙以及局部水冷壁磨损仍较为严重，影响锅炉安全运行。

为次，采用熔敷技术进行了锅炉防磨改造（图 2-60）：

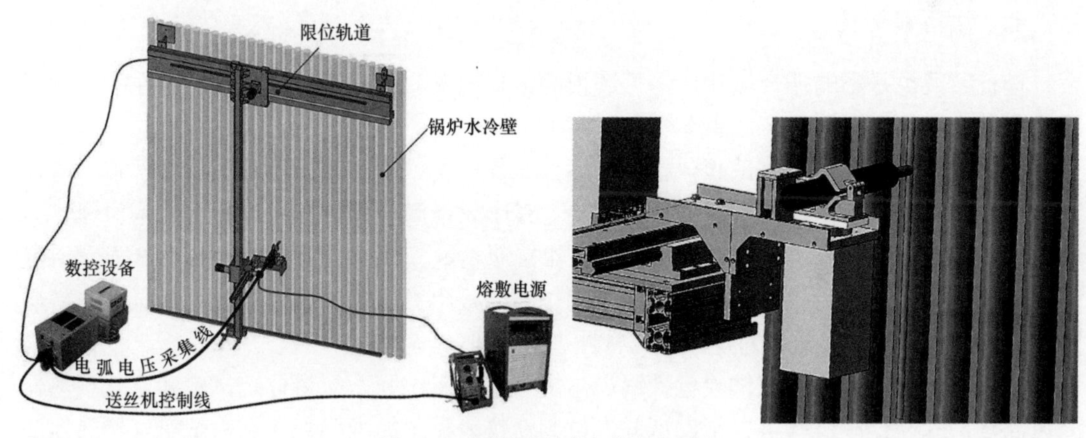

图 2-60　熔敷机器人施工作业示意图

（1）对过渡区耐磨耐火材料上沿以上 5m 区域壁厚小于 5mm 的水冷壁管进行再造熔敷，再对该区域剩余水冷壁管进行防磨熔敷，其中最下部 0.5m 区域熔敷时适当加厚，熔敷区域上部与光管区域水冷壁管采用平滑过渡。

（2）对炉膛四角结合不严密的耐磨耐火材料进行清除，对边界区域进行修补。

（3）对炉膛中上部发生侧磨及覆盖耐磨耐火材料区域内壁厚小于 5mm 的水冷壁管进行再造熔敷，再对该区域剩余水冷壁管进行防磨熔敷，侧磨区域熔敷时适当加厚，熔敷区域上下部与光管区域的水冷壁管采用平滑过渡。

（4）对于炉膛内部水冷壁凸出变形及换管区域，采用防磨熔敷方法加厚处理。

对比表 2-2 锅炉熔敷改造前后运行数据可以看出，风机电流大幅下降，一次风量有所

表 2–2　　改造前后锅炉运行数据比较

项目	单位	改造前	改造后
过热蒸汽流量	t/h	400	398
过热蒸汽温度	℃	535	537
过热蒸汽压力	MPa	11.1	13.1
给煤量	t/h	98	101
入炉煤收到基低位发热量	MJ/kg	15.5	15.0
左 / 右侧一次风机电流	A	145/145	128/125
一次风风量	m^3/h（标态）	234000	229000
一次风风压	kPa	12.0	12.7
左 / 右侧二次风机电流	A	66/61	65/68
二次风风量	m^3/h（标态）	130000	170000
二次风风压	kPa	11.1	9.3

下降，二次风量增加，锅炉热效率提高后煤耗降低。原磨损严重区域运行一年后没有明显磨损迹象，施工时的凹凸面基本保持完整。

七、运行参数优化

运行参数也是影响循环流化床锅炉磨损的重要因素，为此可以针对锅炉存在的问题开展冷态试验与燃烧优化调整，具体工作包括以下部分：

（1）锅炉冷态试验。该试验包括风量测量元件标定试验、布风板阻力试验、临界流化风量试验、料层阻力试验及布风均匀性试验。其中风量测量元件标定试验主要是对锅炉一次热风风量、二次热风风量、播煤风、返料器松动风量、返料器返料风量的 DCS 显示流量与实际流量的关系进行校核和修正。通过锅炉布风板阻力试验、临界流化风量试验、料层阻力试验及布风均匀性试验对炉内流化特性进行考量。

（2）锅炉热态试验。该试验包括锅炉排烟温度测定试验、氧量标定试验和空气预热器漏风测定试验，这些试验可以帮助试验人员判断仪表显示的准确程度和锅炉空气预热器漏风系数的大小。

（3）锅炉运行优化调整试验。该试验主要通过改变锅炉运行操作参数（总风量、一二次风配比、床压等）对锅炉的燃烧进行优化调整，为现场运行人员提供技术指导和运行操作卡片，提高锅炉运行的经济性和安全性。

（4）锅炉效率核算。该部分工作可以更为细致的比较运行优化调整试验前后的锅炉效率，为管理人员考核和掌握锅炉性能提供帮助。

某厂 480t/h 循环流化床锅炉运行期间存在受热面磨损严重、运行方式不合理等问题，造成锅炉的连续运行时间短、运行经济性差。现场试验结果显示，锅炉两侧一次热风、二次热风 DCS 显示风量明显偏低，偏低幅度在 15%~34% 之间，造成实际运行风量高于设计值，加剧了磨损。锅炉后墙二次风支管内流量不均匀，其与前墙二次风支管存在较大偏差，影响了燃烧效率。锅炉空气预热器前实测氧量值为 4.18%，而左侧氧量显示值为 3.10%、右侧氧量显示值为 3.22%，显著偏低，空气预热器漏风率为 13.3%，存在较大的漏风。

结合锅炉设计参数和燃烧优化调整试验结果，提出了表 2–3 所示的锅炉运行控制参数，该参数条件下锅炉运行平稳，锅炉热效率从调整前的 91.6% 提高到 92.2%，在未进行任何设备改造的情况下，锅炉连续运行周期从调整前的 3 个月增加至 6 个月以上。

表 2–3　　试验推荐的锅炉运行控制参数

控制参数	单位	满负荷推荐值
流化风量	m^3/h（标态）	177000~187000
风室压力	kPa	10~11
二次风量	m^3/h（标态）	2×（87000~94000）
床温	℃	900~940
炉膛出口温度	℃	900~950
氧量	%	3.2~3.6

第三章　炉膛受热面及风口结构改进

第一节　水冷受热面改造

一、水冷壁结构形式

水冷壁管子的结构尺寸主要根据锅炉的参数、容量和受热面热负荷以及防磨要求选用，既要保证管子的强度和水循环的安全，又要减少金属耗量，一般通过其上集箱悬吊在炉顶钢梁上，受热时向下膨胀。水冷壁的主要结构形式有光管式、销钉式、膜式和内螺纹管式。由于循环流化床锅炉炉膛压力较高，因此不采用光管式水冷壁，而是采用膜式水冷壁。

（1）膜式水冷壁。膜式水冷壁是将整个水冷壁管连成一体，使炉膛空间四周被水冷壁严密地包围起来，因此称为膜式水冷壁。膜式水冷壁由管子和鳍片焊成气密式结构，优点是炉膛漏风少，钢结构荷载轻，降低锅炉成本，便于采用悬吊结构且改善热膨胀，适合大型机械化生产，组装效率高，蓄热能力小，缩短启、停炉时间，缺点是制造工艺较复杂。

循环流化床锅炉膜式水冷壁如图 3–1 所示有常见的两种结构形式，一种是光管之间加焊扁钢，另一种采用轧制的鳍片管焊接而成，这种结构是把一根根鳍片管沿纵向相互焊接在一起，并按水循环回路的要求焊制成若干个膜式壁组件，安装时再将各组件焊接起来，组成整块的水冷壁受热面。采用膜式水冷壁时，要求相邻管子间的热偏差尽可能小；若相邻管间温差过大，易因膨胀不均、热应力过大易导致管子损坏。

（2）销钉膜式水冷壁。循环流化床锅炉炉膛下部敷设有耐磨耐火层，需要在膜式水冷壁管上密焊若干销钉，形成销钉膜式水冷壁（见图 3–2）。销钉用以固定耐磨耐火层，同时

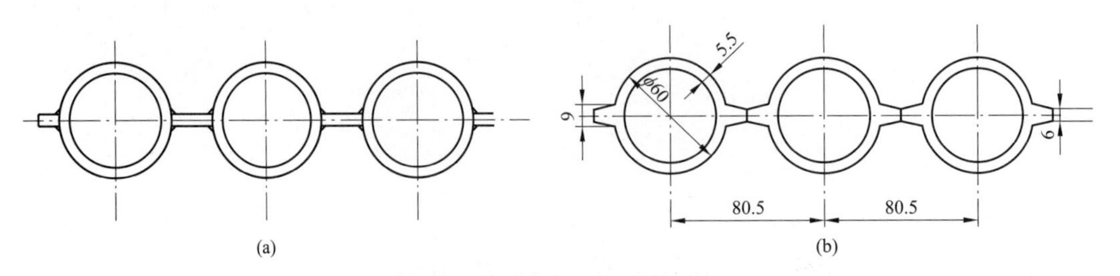

图 3–1　典型膜式水冷壁结构形式

(a) 光管加焊扁钢结构；(b) 鳍片管焊接结构

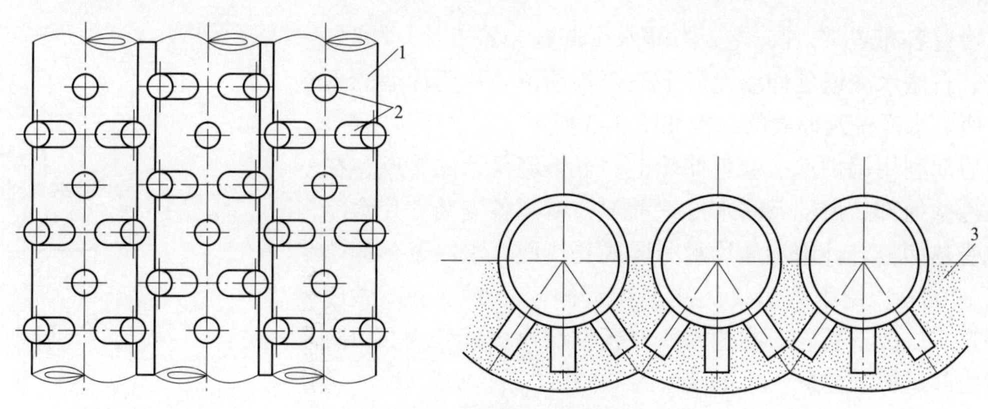

图 3-2 销钉膜式水冷壁
1—水冷壁管；2—销钉；3—耐磨耐火材料

利用销钉传热冷却耐磨耐火材料。为利于膨胀，销钉材料一般与管子相同。循环流化床锅炉中，销钉膜式水冷壁上的销钉密度要比煤粉锅炉大得多。除此之外，销钉膜式水冷壁还用于循环流化床锅炉的汽（水）冷旋风分离器内。

（3）双面膜式水冷壁。布置在炉膛中间的膜式水冷壁，其管子两面都可吸热，称为双面膜式水冷壁。管屏尺寸较小的，称为翼墙管屏；管屏穿过整个炉膛的，称为水冷分隔墙。双面水冷壁与锅炉容量密切相关，当锅炉容量增大时，炉膛内水冷壁面积的增长速度小于锅炉容量的增长速度。为了不增大炉膛尺寸，在炉膛中间布置一部分水冷壁管可增加水冷壁的吸热面积，以充分冷却烟气，降低炉膛出口烟温。

水冷分隔墙通常沿炉膛深度方向布置在炉膛中间，将炉膛一分为二，即形成双炉膛结构。国产 135~150MW 级超高压循环流化床锅炉很多就带有水冷分隔墙，这种水冷分隔墙管子尺寸及管子材质通常与所用膜式水冷壁管子尺寸及材质相同。M 型布置的 200~350MW 循环流化床锅炉炉膛后墙一般布置有尺寸较大的 2 个翼墙管屏形式的双面水冷壁。通过设置双面水冷壁，除降低炉膛高度外，还可均衡 3 个分离器的烟气量。

（4）内螺纹膜式水冷壁。内螺纹膜式水冷壁管在管子内壁开有单头或多头螺旋形槽道。内螺纹管具有非常好的传热性能，特别是在蒸发段，水滴随蒸汽旋转流动，在离心力的作用下被甩向管壁，并在管壁形成了一层水膜，强化了管壁和水的换热，使管子能得到较好的冷却，壁温得以降低。

运行实践表明，采用内螺纹管水冷壁对改善传热工况、降低管壁温度、防止发生传热恶化（或推移发生传热恶化点，使之远离炉膛高热负荷区）有着明显的效果。大型循环流化床锅炉的水冷布风板往往采用大直径的内螺纹膜式水冷壁管，以降低管壁温度，防止风道燃烧器点火时产生的高温烟气将水冷布风板烧坏。

二、增设水冷壁延伸墙

某厂使用 HG-1025/17.5-L.HM37 型亚临界循环流化床锅炉，设计燃用云南小龙潭褐煤。锅炉排烟温度设计值为 149℃，锅炉热效率设计值为 93.4%，实际运行排烟温度平均值为 163℃，比设计值高 14℃。锅炉原设计在炉膛内部布置 36 片水冷壁延伸墙，其中在前、后墙水冷壁各布置 12 片，左、右墙水冷壁各布置 6 片。同时，在左、右侧水冷壁延伸墙上、下集箱各预留 4 片延伸墙的扩展管座。水冷壁延伸墙的结构如图 3–3 所示。

后期利用锅炉水冷壁延伸墙上、下集箱预留的管座，在左水冷壁前部、后部及右水冷壁前部、后部各安装 2 片水冷屏式受热面，合计增加 8 片水冷屏式受热面。水冷壁延伸墙间距 870mm，用耐磨耐火浇注料在延伸墙上部及下部做成防磨弯头，改造后左、右侧水冷壁延伸墙总数量变为 20 片，炉膛内部延伸墙数量变为 44 片。

相关改造提高了炉膛内部受热面的吸热量，降低了炉膛出口烟气温度，减小了省煤器温升，保证了高温省煤器出口水温未达到饱和状态，同时降低了锅炉排烟温度、提高了锅炉热效率，经对比分析，相同条件下排烟温度降低约 4℃。

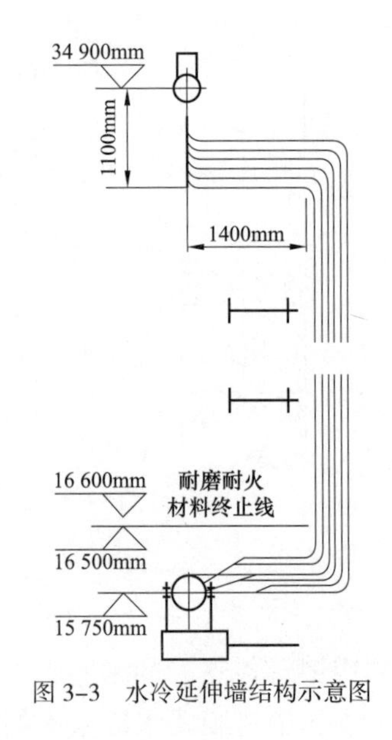

图 3–3　水冷延伸墙结构示意图

三、增设水冷屏式受热面

某厂采用 300MW 循环流化床锅炉，炉前布置 8 片中温一级过热器和左右各 4 片水冷屏式受热面。锅炉设计床温为 890~920℃，但自投产以来床温一直偏高，满负荷运行工况下超过 980℃，排烟温度高于设计值 10℃，钙硫摩尔比在 5 以上，运行一次风量偏大。炉内中温一级、二级过热器运行中金属壁温经常超温，投产后由于过热器超温发生过两次爆管。

分析发现电厂设计煤种为 2952kcal/kg（12351kJ/kg）的烟煤，但在实际运行中煤的发热量为 3500kcal/kg（14644kJ/kg）且硬度较大、成灰特性较差，不能形成有效循环灰，炉膛上部差压值仅为 1000Pa（设计值为 1500Pa）。另外锅炉蒸发受热面布置偏少，炉前布置的 8 片水冷屏式受热面下集箱位置偏高（见图 3–4）。

经论证计划在炉内增加水冷受热面以降低床温，主要增加水冷蒸发受热面，将炉内水冷屏式受热面下移增加吸热份额。具体改造方案如下：

（1）如图 3–5 所示，原水冷屏式受热面直段不动，向下延长 5m 并在外侧增加 5 根管，屏变宽变长，下部的销钉管组件全部更换（每屏 28 根管，$\phi 63.5 \times 7$mm，材质 SA210C）；

（2）锅炉左右两侧各增加 1 片屏，水冷屏式受热面由 8 片变为 10 片，所有屏的宽度、长度相同；

（3）增加 2 个混合集箱，新增屏的引出管与原屏的引出管汇集到混合集箱，再引入锅筒，锅筒不增加管接头；

（4）原水冷屏式受热面汇集集箱下移 5m，水冷屏式受热面下降管也随之加长 5m，同时汇集集箱两端各接长约 2.2m，下降管的吊架由 2 个改为 4 个；

（5）原水冷屏式受热面下部在水冷壁上穿墙开孔恢复水冷壁，用直管和扁钢密封，因水冷屏式受热面的加长和加宽，水冷壁顶棚及前墙重新开孔。

通过以上改造共增加水冷受热面积 540m^2，使炉内热负荷分配更加合理。改造后不同

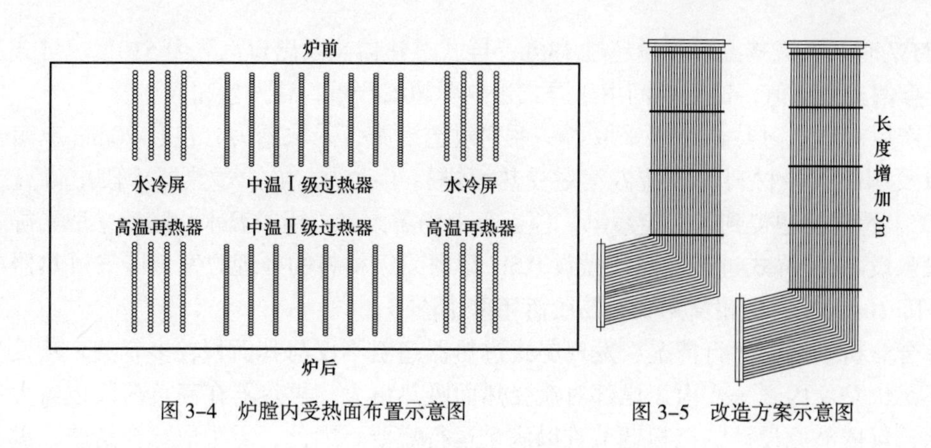

图 3-4　炉膛内受热面布置示意图　　图 3-5　改造方案示意图

负荷下锅炉床温下降 25~40℃，一次风量及总风量减小，过热器金属壁温更容易控制，过热器减温水减少 10~20t/h，再热器减温水不再使用，提高了机组的安全性及经济性。

锅炉床温下降后提高了炉内脱硫效率，钙硫摩尔比降至 3.5 左右，SO_2 排放浓度也降低 $20mg/m^3$ 左右。受热面改造后锅炉排烟温度降低、锅炉效率提高，但主蒸汽、再热蒸汽温度在负荷低于 70% 时，较设计值偏低 5~10℃。

四、屏式过热器变更为水冷屏式受热面

1. 主要问题

某厂 SG-475/13.7-M567 型循环流化床锅炉在炉膛上部沿宽度方向均匀布置水冷屏式受热面和屏式过热器，中间布置 16 片屏式过热器（冷段、热段各 8 屏，冷段布置在炉右侧，热段布置在炉左侧），左右二侧各布置 2 片水冷屏式受热面。在屏式过热器冷热段之间设置一级喷水减温器，在屏式过热器热段和高温过热器之间布置二级喷水减温器。锅筒引出 4 根 $\phi356\times32$mm 的集中下降管向炉膛水冷壁供水，另有 4 根 $\phi219\times22$mm 的下降管向炉膛上部 4 片水冷屏式受热面供水。汽水混合物由 40 根 $\phi168\times16$mm、材质为 SA-106B 的管子从水冷壁和水冷屏式受热面出口上集箱引入锅筒。屏式过热器主要设计参数如表 3-1 所示，其中冷段材质为 15CrMoG，热段材质为 12Cr1MoVG。

表 3-1　屏式过热器主要设计参数

项目	设计煤种					校核煤种
	BMCR	75%BMCR	50%BMCR	30%BMCR	切除高压加热器	BMCR
屏式过热器冷段进口 / 出口蒸汽温度（℃）	354.4/ 418.5	354.4/ 430.6	354.1/ 430.2	351.8/ 431.9	355.8/ 436.7	354.7/ 418.0
屏式过热器热段进口 / 出口蒸汽温度（℃）	403.8/ 487.6	415.4/ 511.7	422.2/ 515.4	431.9/ 504.9	403.1/ 500.6	403.9/ 486.6

启停炉期间，在 40MW 左右负荷时屏式过热器冷段出口汽温一般为 500℃，最高达 530℃。在 70MW 左右负荷时，屏式过热器冷段出口汽温一般为 500℃，最高达 520℃。负荷升至 50MW 时，屏式过热器热段出口汽温超温，需提高一级减温水流量至 8t/h 左右。负

荷 150MW 时，一级减温水流量超过 18t/h，屏式过热器热段出口汽温为 510℃。屏式过热器汽温严重偏离设计值，试运期间由于屏式过热器超温严重，曾发生超温爆管。

投产后对屏式过热器超温采取了一系列改造措施，采取悬吊管包敷 20mm 厚耐磨耐火材料以及刷涂隔热材料的改造方案对受热面进行了改造，屏式过热器冷段出口温度降低 10~20℃，超温问题得到了一定缓解，但运行中仍需大量投用减温水。随后采取了屏式过热器冷段敷设 1m、屏式过热器热段敷设 0.5m 耐磨耐火材料的处理方案，屏式过热器冷热段温度下降 10~20℃，但耐磨耐火料易脱落堵塞排渣口。

综合分析该锅炉运行情况，发现屏式过热器超温不仅与其面积较多有关，蒸发受热面面积不足也是原因之一。由于尾部对流受热面吸热量大，再热器在高负荷段也需大量投用减温水，仅依靠原设计的挡板调节难以满足运行需要。因此，需采取综合措施，重新分配炉膛热负荷，增加蒸发受热面减少屏式过热器受热面。

2. 改造措施

改造时将一片冷段屏式过热器改造成水冷屏式受热面（见图 3–6），在锅炉热负荷不变的条件下，减少了屏式过热器受热面吸热量，增加了蒸发受热面吸热，从而将屏式过热器出口温度控制在合理范围内。

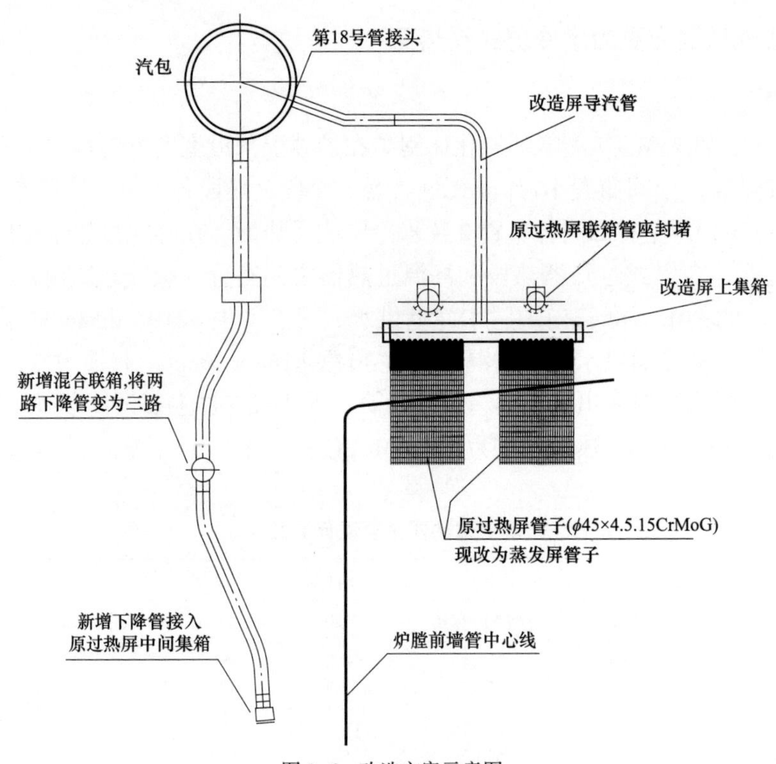

图 3–6　改造方案示意图

减少 1 片屏式过热器后，冷段过热器的总体流通面积将减小、阻力将增大，从热力计算结果来看，能够满足安全运行需要。屏式过热器冷段材质为 15CrMoG，应用于水介质，其强度也能满足要求。该方案的技术难点在于：不在锅筒上重新开孔的同时将炉水引入和汽水混合物引出，为此利用右侧 2 根水冷屏式受热面下降管加装混合集箱，混合集箱上引出 3 路分别进入原来的二片水冷屏式受热面和本次改造而成的水冷屏式受热面，改造屏上部出口增加上集箱，利用后墙水冷壁上集箱至锅筒的 1 根导汽管将汽水混合物引入锅筒，建立水循环回路。计算结果表明，3 片水冷屏式受热面并列能建立起安全的水循环，后墙水冷壁上集箱导汽管（共 20 根）取消 1 根后阻力增加较小，能满足安全运行要求。

3. 实施效果

改造后实施效果良好，解决了屏式过热器超温问题，可适应煤质变化及低负荷工况运行，屏式过热器金属材料在许用温度范围内，减温水用量减少，提高了机组经济性。改造前启动期间由于蒸汽流量小，燃烧工况变化大，屏式过热器冷段、热段出口汽温难以有效控制，特别是在投煤之后（负荷在 40~80MW 之间）容易超温，改造后上述情况得到极大缓解，正常情况下启动全程屏式过热器冷段出口汽温均不会超过 500℃，见表 3–2 所示。

表 3–2　　启动期间运行参数比较

项目	单位	改造前	改造后	前后变化
屏式过热器冷段出口温度	℃	513.4	493.3	–20.1
屏式过热器热段出口温度（左侧）	℃	475.4	418	–57.4
屏式过热器热段出口温度（右侧）	℃	493.1	464	–29.1
给水泵电流	A	272.3	202	–70.3
节流压差	MPa	2.05	1.74	–0.31

稳定运行时，在煤质基本相似的情况下，改造后的屏式过热器冷段出口温度较改造前平均下降 15.5℃，一级减温水流量较改造前平均下降 3.1t/h，屏式过热器热段出口左右两侧温度较改造前平均下降 2.7℃及 8.3℃。由于所需减温水量减少，主给水不需要大幅节流，给水调整门前后压差减少 0.7MPa，给水泵电流下降 25.1A（见表 3–3）。

表 3–3　　正常运行期间主要参数比较

项目	单位	改造前					改造后			
负荷	MW	105	117	124	140	151	109	117	126	149
屏式过热器冷段出口温度	℃	467	462	459	452	450	443	452	442	433
屏式过热器热段出口温度左侧	℃	507	499	500	497	498	502	502	498	488
屏式过热器热段出口温度右侧	℃	514	508	516	513	509	504	511	505	495
给水泵电流	A	274	299	309	349	358	283	273	285	330
给水调门前后压差	MPa	1.1	1.7	1.8	1.8	1.7	0.7	1.3	0.7	0.9
一级减温水流量	t/h	15.1	17.1	16.6	18	18	11.8	17.3	12.9	13.5
二级减温水流量	t/h	0	0	3.4	0	0	0	0	0	0
		1.8	1.7	6	1.69	3.2	0	0	0	0

第二节 屏式受热面改造

一、屏式受热面的作用

随着锅炉容量的增加，炉膛四周水冷壁受热面积与炉膛容积之比将减小，当循环流化床锅炉的容量超过220t/h时，单靠炉膛水冷壁已无法保证合理的床温和炉膛出口温度。另外，随着锅炉压力升高，蒸发吸热份额下降，为保证合理的床温和炉膛出口温度，必须在主循环回路布置过热受热面（见图3–7）。

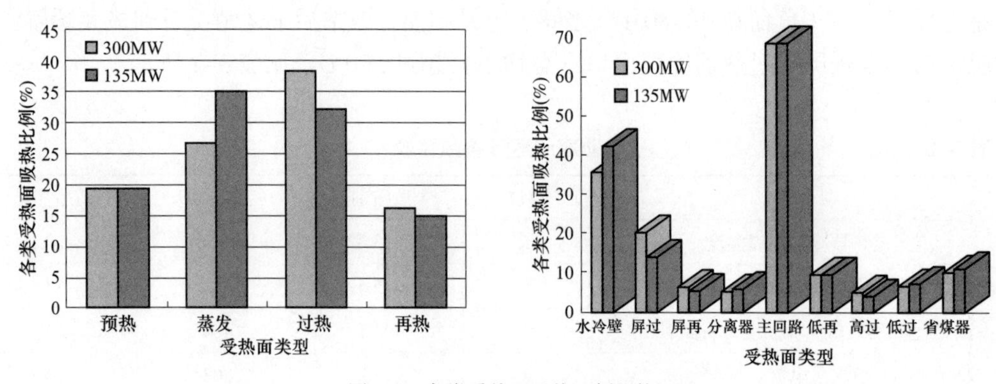

图3–7 各类受热面吸热比例比较

对此，Lurgi型锅炉的做法是：在主循环回路的返料器与炉膛并联外置换热器（Fluidized Bed Heat Exchanger，FBHE），将部分过热器受热面布置于外置换热器内，使部分循环物料向其传热降低温度，以此来保证合理的床温和炉膛出口温度，平衡蒸发吸热与过热吸热的配比。外置换热器是运行中调节床温的有效手段，但采用外置换热器增加了锅炉的制造成本。

原芬兰奥斯龙（Ahlstrom）公司的Pyroflow炉型采用在炉膛内布置横置式异型受热面管（即Ω管屏）过热器来解决以上问题（见图3–8）。它的优点是这部分过热器布置于炉膛内，在低负荷炉膛水冷壁吸热份额增加的同时过热器的吸热份额也增加，从而大大改善了过热器的汽温特性，与Lurgi型锅炉相比Pyroflow型锅炉的成本低得多。Ω管屏具有较好的抗磨损性能，但制造工艺复杂，且由于其形状不规则，壁厚不均匀，运行时壁温相差较大，容易开裂。20世纪90年代中期，随着Ahlstrom公司被美国Foster Wheeler公司收购，Pyroflow型锅炉逐步退出了循环流化床锅炉的商业市场。

20世纪90年代初，美国Foster Wheeler公司和原ABB–CE公司（现Alstom公司美国部）先后采用了屏式过热器的设计方法（见图3–9）。一方面，屏式过热器保留了Ω管屏过热器的各种优点，又降低了制造成本；另一方面，通过对膨胀、密封、防磨等方面的改进设计，大大提高了机组可用率。目前，屏式过热器已是被众多循环流化床锅炉所采用的经典设计模式。

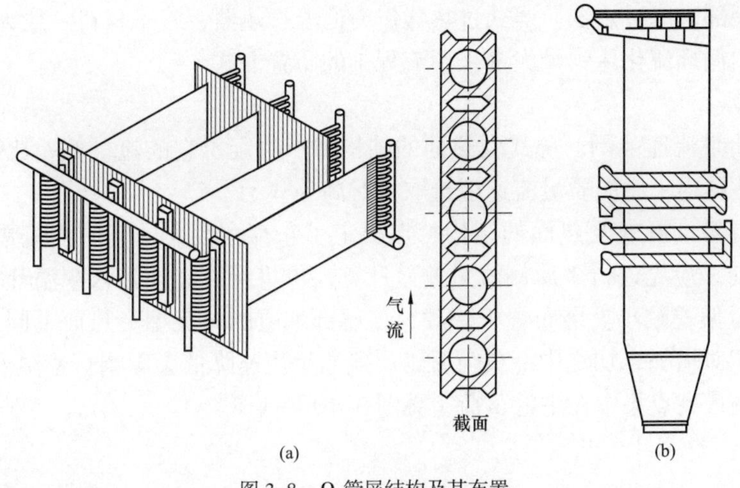

图 3-8　Ω 管屏结构及其布置

（a）结构图；（b）炉膛布置位置示意图

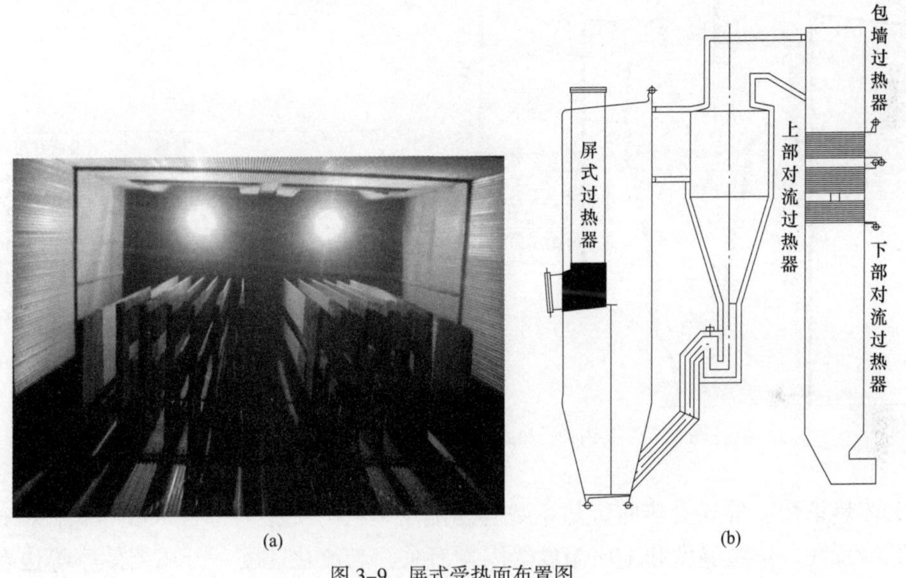

图 3-9　屏式受热面布置图

（a）炉膛仰视图；（b）炉膛布置位置示意图

以 135MW 循环流化床锅炉过热流程为例，过热器系统一般为三级布置，两级喷水减温。三级中两级为布置于尾部烟道的对流过热器，一级为布置于炉膛的屏式过热器。过热器系统流程有以下 3 种：

流程 1：锅筒→包墙过热器→下部对流过热器→一级喷水减温器→屏式过热器→二级喷水减温器→上部对流过热器。屏式过热器作为中温过热器，管子材料一般为 12Cr1MoVG。

流程 2：锅筒→包墙过热器→下部对流过热器→一级喷水减温器→上部对流过热器→二级喷水减温器→屏式过热器。屏式过热器作为高温过热器，管子材料一般为 T91 或 TP304H。

流程 3：锅筒→屏式过热器→包墙过热器→一级喷水减温器→下部对流过热器→二级

喷水减温器→上部对流过热器。屏式过热器作为低温过热器，管子材料一般为 20G。

目前，国内循环流化床锅炉大多采用流程 1 的布置方式。

1. 设计原则

（1）设计质量流速范围。屏式受热面的结构特点决定了它的流量偏差比尾部烟道对流受热面大，因此屏内工质的质量流速应选取相对高一些。

（2）壁温计算。屏式受热面的结构特点决定了它存在较大的工质侧流量偏差，因此，在壁温计算之前，应先进行工质侧流量偏差计算，再将计算结果带入壁温计算中。屏式受热面烟气侧流量偏差较小。屏布置于炉膛，与尾部烟道的对流型受热面不同，在中低负荷时屏的吸热量相对增加，加之中低负荷时工质侧质量流速降低会影响管壁温度。计算发现，屏式过热器壁温最高点集中在中低负荷（见图 3-10）。

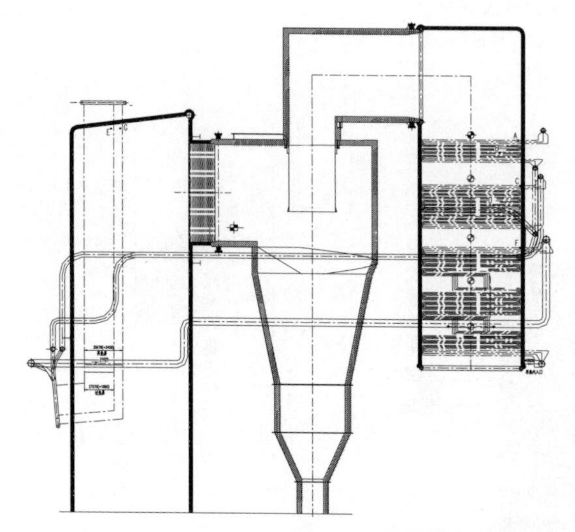

位置	材料	最高许用温度(℃)
高温过热器出口点	SAT213-91	640
不同材料交接点	12Cr1MoVG	580
低温过热器出口点	15CrMoG	560
不同材料交接点	20G/GB5310	480
屏式过热器出口点	12Cr1MoVG	580
低温再热器出口点	15CrMoG	560
屏式再热器出口点	SAT213-TP304H	700

图 3-10　某锅炉受热面典型材料及其最高许用温度比较

（3）传热系数。屏式受热面传热系数容易测定，其与炉膛内颗粒浓度、颗粒粒径分布、燃料的燃烧特性、炉膛温度和工质温度等因素有关，与流化速度、分离器效率等也有关系。

（4）屏式受热面在炉膛的相对位置。屏在炉膛的相对位置受磨损情况、检修位置和炉内气流流动特性影响。越靠近炉膛底部，灰浓度越高，为减少屏底部磨损，从屏底部到布风板的距离至少应在 15m 以上。屏与屏之间的距离以及屏的前排管子与前墙水冷壁的距离应留有检修空间（一般大于 600mm）。因炉膛出口位于后墙，所以炉膛上部接近后墙区域的烟气和颗粒会出现较大的扰动，屏的布置应避开这一区域，一般情况下，屏不应超过炉膛中心线。

（5）屏式受热面的布置形式。屏式受热面有两种主要布置形式。第一种布置形式如图 3-11（a）所示，其优点是引入、引出的连接管道均位于炉顶，且连接管道的数量比较自由，因此连接管道的布置比较方便，且有利于提高管内的质量流速，缺点是工质侧流量偏差较大。第二种布置形式如图 3-11（b）所示，其优点是工质侧流量偏差相对较小，缺点是每片屏都需要独立的引入、引出管，且引出管的一端位于炉前中部，管道走向复杂，支吊困难，与锅炉钢结构及平台扶梯的关系较难处理。

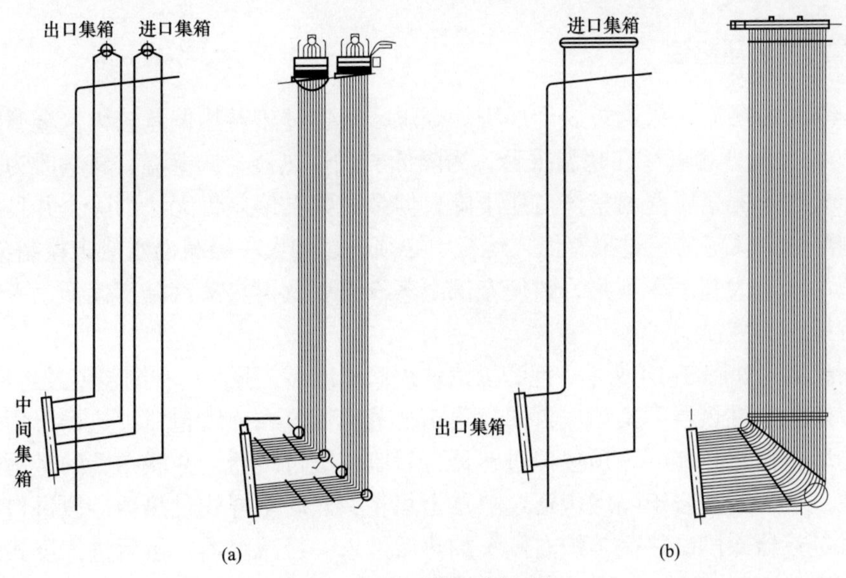

图 3-11　屏式受热面的布置形式
(a) 布置方式一；(b) 布置方式二

2. 膨胀密封与防磨

屏磨损主要发生于屏底部受颗粒流横向冲刷的横置式受热面，屏式受热面下部以及穿墙区必须进行防磨处理，即在屏式受热面的穿墙区敷设耐磨耐火材料。由于该处使用的耐磨浇注料不易固定，因此需要增加销钉密度，一般以 1000 只 /m^2 为宜（见图 3-12）。对于已经发生变形的屏式受热面，在变形区域也应采取适当的防磨措施。

与水冷屏式受热面不同，屏式过热器和再热器的工质侧温度有较大差异，在屏的密封设计中需要考虑这方面的因素。由于屏下部与前墙水冷壁的穿墙密封采用固定结构，屏上部与炉顶水冷壁的穿墙密封设计需要考虑屏与水冷壁的膨胀差。因屏的膨胀量大于水冷壁的膨胀量，在炉顶穿墙部分需增设膨胀节，解决膨胀与密封的问题（见图 3-13）。

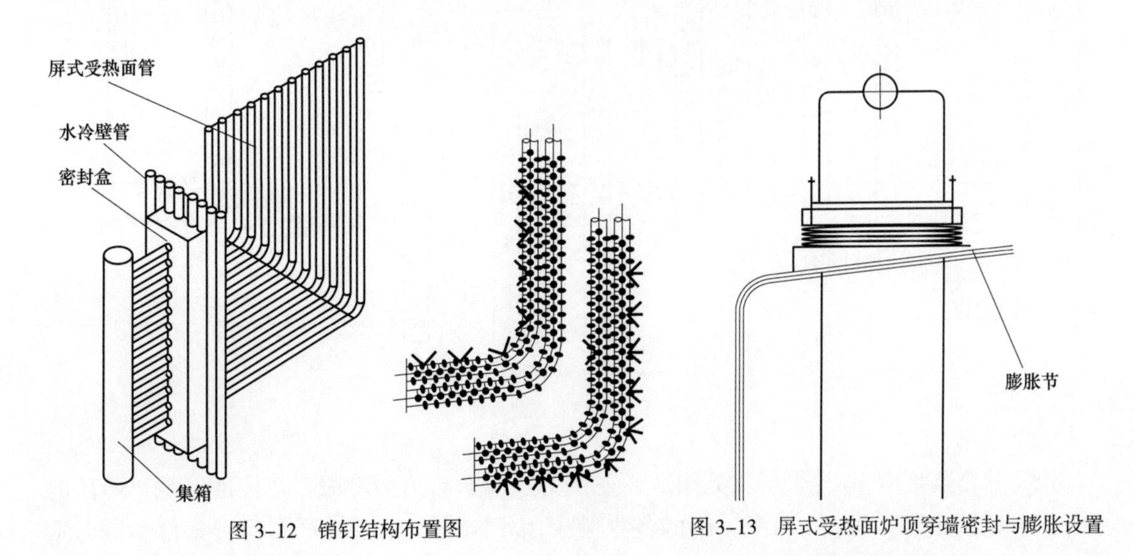

图 3-12　销钉结构布置图　　图 3-13　屏式受热面炉顶穿墙密封与膨胀设置

二、屏式过热器超温

某厂 440t/h 循环流化床锅炉设计燃用无烟煤，锅炉过热器热偏差较大，金属壁温偏差最大达 50℃，大部分测点存在超温报警，为降低屏式过热器金属壁温，将其改为水冷屏式受热面。屏式过热器金属壁温整体有所下降，但金属壁温偏差仍无法消除，并且屏式过热器热段右侧部分金属壁温超过报警值，运行中必须通过加大一级减温水量来控制金属壁温，这就造成减温水量大和水压不足，致使左侧主蒸汽温度及再热蒸汽温度偏低，影响机组的安全经济运行。

锅炉蒸汽流程如图 3–14 所示，饱和蒸汽从锅筒引出后，引入左右侧包覆过热器上集箱，下行至左右侧包覆过热器下集箱，再通过集箱把蒸汽汇合在前墙包覆过热器下集箱，蒸汽依次流经前墙包覆过热器、炉顶包覆过热器、后墙包覆过热器、并联布置的悬吊管过热器和隔墙包覆过热器，汇合于隔墙包覆过热器上集箱，然后至屏式过热器冷段进口集箱，蒸汽流经屏式过热器冷段受热面（炉右侧）加热后进入一级减温器，然后进入屏式过热器热段受热面（炉左侧），受热后的过热蒸汽经过布置在左右侧管道上的喷水减温器进行二级减温，再送至高温过热器加热，从高温过热器出口集箱两侧引出，进入汽轮机高压缸，做功后的蒸汽再返回锅炉再热器加热，最后送至汽轮机中低压缸。

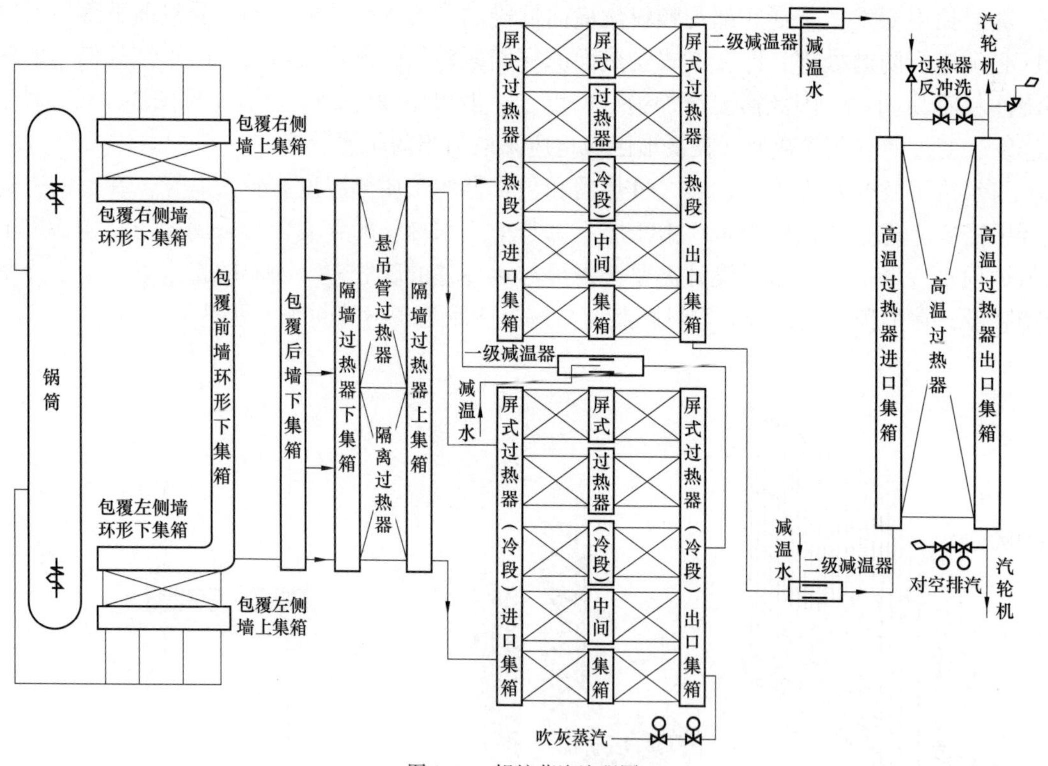

图 3–14　锅炉蒸汽流程图

屏式过热器是由 10 排管屏并列组成，左边为热段、右边为冷段，热段的右侧、冷段的左侧位于炉膛中部（见图 3–15）。屏的各根管子由于结构、相对位置和运行条件不同，造成蒸汽焓增量不同，管内工质温度和管壁温度存在差异。当热负荷不均匀时还会引起蒸汽流量偏差。热负荷高的管子吸热多，蒸汽温度高、密度小，蒸汽流动阻力增加，使流量减少，进一步加大了热偏差程度。在锅炉运行调整中，需保持炉膛两侧燃烧工况、温度和烟气流量分布均匀。由于锅炉屏式过热器壁温差超过 50℃，为避免超温，一级减温水用量达 17t/h。

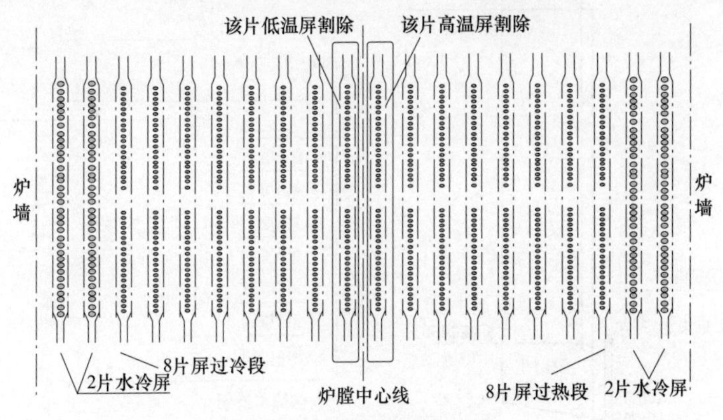

图 3–15　屏式受热面布置图

考虑到主蒸汽减温水用量大，再热蒸汽温度有时达不到设计值，因此将原锅炉屏式过热器热段右侧 1 号屏进口、出口管屏段下弯头部位的耐磨耐火可塑料向上加高 3m，同时在原锅炉屏式过热器右侧 20 号屏进口、出口管屏段下弯头部位的耐磨耐火可塑料向上加高 1m。在管屏外部用网格形式焊接销钉（ϕ10mm，1Cr18Ni9Ti 材质圆钢制作），然后在网格上敷设铬钢玉可塑料，敷设厚度 60mm。以此减少局部屏式过热器受热面积，在蒸汽流量不变的条件下减少热偏差。

改造后给水调整门全开，减温水能满足汽温调整需求，减少节流损失，给水泵用电量明显降低。屏式过热器热段壁温未出现超温报警，壁温偏差减少 30℃左右，汽温偏差减少 15℃，减温水用量明显减少。改造避免了因屏式过热器超温影响锅炉升温升压速度，缩短了机组启停时间 30min，减少了启动燃油消耗。

三、屏式过热器爆管

1. 设备状况

某厂采用 HG–465/13.7–L.PM7 型循环流化床锅炉，过热器系统按照蒸汽流程可以分为顶棚及包墙过热器、低温过热器、屏式过热器和高温过热器。8 片屏式过热器和 6 片屏式高温再热器垂直于锅炉前墙，沿炉宽均匀间隔布置于炉膛前部，左右对称。屏式过热器分为 4 片上升屏和 4 片下降屏，每屏由 26 根 $\phi51\times5.5$mm 的管子组成，管子材质为 12Cr1MoV。过热蒸汽从屏式过热器分配集箱两端引入，分配进入 4 片上升屏，经过上升屏出口的中间集箱进入 4 个下降屏中间集箱，再从下降屏出口集箱汇入屏式过热器汇集集箱（见图 3–16）。

过热器系统采用两级喷水减温控制方式，第一级减温器布置在屏式过热器入口端，用来保护屏式过热器；第二级减温器布置在高温过热器入口端，用来调节主蒸汽温度。锅炉投产后，运行 6 个月即发生了屏式过热器爆管事故。爆管位于左侧 2 号下降屏前 26 号管（最外侧管）向火面靠近耐磨耐火材料的位置，爆口沿管子纵向开裂，爆口边缘粗糙，呈脆性断口形貌，爆口附近管子内外壁均有较厚的氧化皮，属于长期超温运行爆口。历史数据显示，2 号下降屏外侧管的出口汽温在锅炉高负荷运行时达到 560℃，低负荷运行时超过 580℃，均高于 550℃的超温报警值。

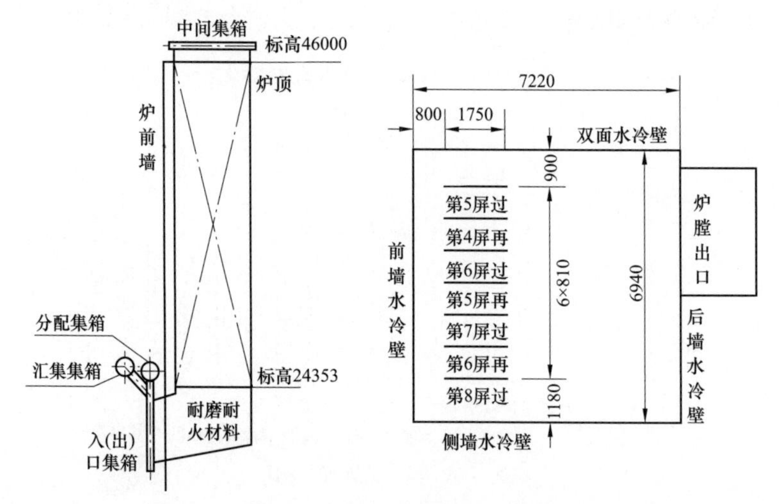

图 3-16　屏式过热器结构示意图

2. 原因分析

屏式受热面超温与屏内蒸汽流量偏差、炉膛热负荷偏差、受热面吸热量偏差及运行方式均有可能造成爆管，具体分析如下：

（1）蒸汽侧流量分配不均匀。根据屏式过热器的蒸汽流程，可将其划分为 4 个并联回路的双进双出系统，根据进、出口集箱静压分布特点进行水动力计算，可以得到 4 片下降屏沿炉膛宽度方向的流量分配偏差系数。管屏流量沿炉膛宽度方向左右对称，屏间流量偏差不大。中间屏的流量偏小，流量偏差系数为 0.98，两边屏的流量较大，流量偏差系数为 1.02。

对于每个回路中的下降屏，26 号管的进出口集箱静压差最小，流量最小，且管距最长，沿程阻力系数最大（见图 3-17）。同屏各管流量偏差系数计算结果显示，管间流量偏差系数从炉前到炉后方向单调递减，26 号管流量最小，流量偏差系数仅为 0.67。显然，中间屏的最外侧 26 号管流量最小、管出口汽温最高、冷却条件最差，最易发生超温爆管，蒸汽侧流量分配不均匀主要是同屏管间流量偏差造成的。

（2）烟气侧热负荷分布不均匀。在锅炉 390t/h 工况下，对比 4 片下降屏式过热器外侧管出口蒸汽温度，中间下降屏出口汽温明显高于两侧（见图 3-18）。由于屏间的流量偏差很小，因此可知屏间的热负荷偏差较大。炉膛内靠近四周水冷壁的物料浓度较高、传热较好，中心部分物料浓度较稀、传热较差，中间下降屏及与之相连的上升屏为 4 号、5 号、1 号和 8 号屏式过热器，靠近水冷壁，物料浓度较大、传热较强，同时屏与水冷壁之间的通道宽度大于屏与屏之间的通道宽度，使烟气流量较大，烟温较高，传热温差较大，造成与水冷壁相邻的下降屏吸热较多，出口汽温偏高。此外，同一管屏各管之间的吸热量也存在较大偏差，由于同屏各管接受炉膛烟气辐射的角系数不同，外侧管吸收炉膛的辐射热量比其余管多、出口汽温偏高。尽管循环流化床锅炉炉膛没有高温火焰中心，炉膛辐射热负荷较低，但是同屏各管之间吸收辐射热量的偏差不能忽略。

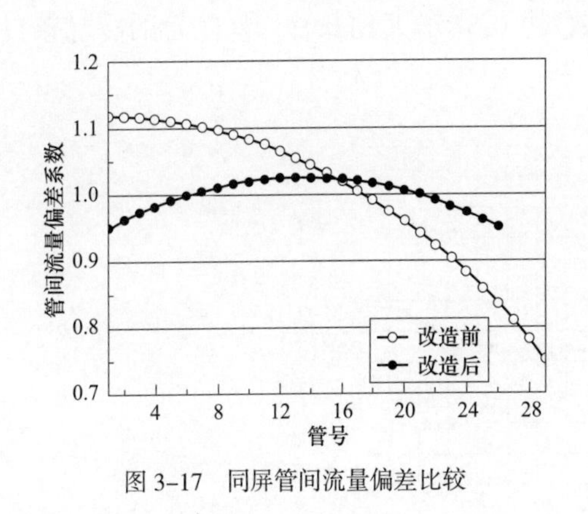

图 3-17　同屏管间流量偏差比较

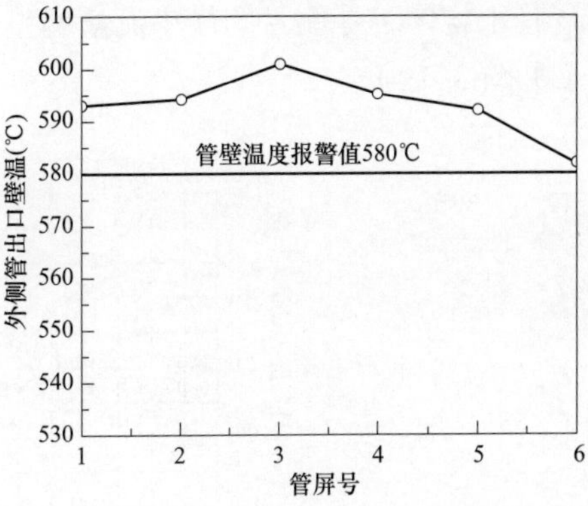

图 3-18　下降屏外侧管出口汽温沿炉膛宽度方向分布

（3）屏式过热器吸热量偏大。从表 3-4 中可以看出屏式过热器的实际吸热量比设计值要大 12%，在其入口汽温与设计值相差不大的情况下，出口汽温平均值比设计值高 18℃左右，致使屏式过热器整体超温。另外，热偏差系数等于偏差管焓增与平均管焓增之比，在热偏差系数不变的情况下，屏式过热器整体焓增增大，偏差管出口汽温增高，更容易发生超温。

表 3-4　　锅炉运行工况与设计工况参数对比

项目	单位	BMCR设计值	75%THA设计值	实际运行工况
过热蒸汽流量	t/h	465	324	390
炉膛出口烟温	℃	885	847	903
一级过热器出口汽温	℃	415	424	417
屏式过热器入口汽温	℃	397	394	399
屏式过热器出口汽温	℃	489	494	509
蒸汽焓增	kJ/kg	286	311	335
一级减温器喷水量	t/h	12.3	14.5	12.4
二级减温器喷水量	t/h	8.2	9.7	14.4

（4）减温水使用不当。运行人员往往只考虑主蒸汽温度的调整（若主蒸汽温度超温则加大二级减温水调节），忽视了一级减温水对于屏式过热器的保护作用，在屏式过热器实际吸热量偏大且出口汽温超温时仅仅维持一级减温水量为设计值，没有根据实际运行情况增大一级减温水量降低屏式过热器出口汽温。

3. 解决措施

根据超温原因，可以采取以下措施：

（1）在维持主蒸汽温度的同时，增大一级减温水量，尽量维持屏式过热器出口蒸汽温度不超过设计温度。试验表明，在 70% 以上负荷情况下将一级减温水量增大到 20t/h 后，可以将屏式过热器的最高壁温控制在 550℃以下，仅在点火过程中和低负荷运行时最高壁温达到 570℃；

（2）改进蒸汽引出方式，在下降屏出口集箱的远端加装分流管将蒸汽直接引到屏式过热器的汇流集箱上，减小出口集箱的静压力变化，降低下降屏的流量偏差。加装分流管后使同屏流量趋于均匀，外侧管的最小流量偏差系数由 0.67 增大到 0.93，外侧管的冷却条件明显改善（见图 3-19）。

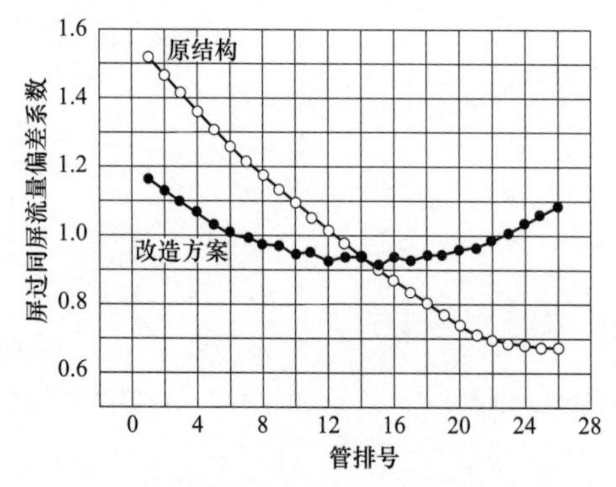

图 3-19　改造方案与原设计的管间流量偏差对比

（3）在下降屏最外侧的 22~26 号管的出口部分焊接销钉，敷设一定厚度的耐磨耐火材料。在不增加蒸汽侧流动阻力的情况下可以减小偏差管的吸热量，改善工作条件，同时也减少了屏式过热器的整体吸热量，减轻其超温情况。

采用上述措施后，基本消除了屏式过热器的超温现象。

四、屏式过热器结构改造

某厂采用的 300MW 循环流化床锅炉屏式过热器为中温过热器，共分两级布置，炉膛前侧为 8 片一级屏式中温过热器，炉膛后侧为 8 片二级屏式中温过热器，两级受热面采用串联布置，对称布置于炉膛前后墙，一级屏式中温过热器为 C 型布置（图 3-20）。

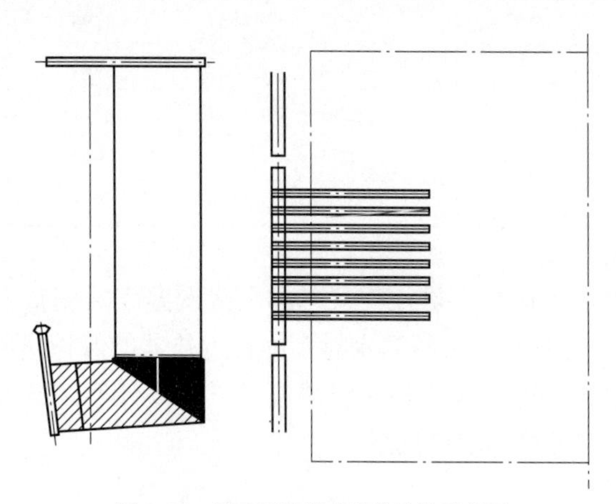

图 3-20　屏式过热器改造前结构示意图

运行过程中先后两次发生爆管事故，全部发生在一级屏式中温过热器上。第一次爆管停炉检查后发现 4 号、5 号屏在标高 33m 处爆管，5 号屏爆管然后吹爆 4 号屏，同时 8 片屏有不同程度的胀粗。爆口呈喇叭形，爆口边缘有明显的减薄现象，具备短时过热爆管特征，即形成过程超温幅度大、持续时间相对较短。

屏式过热器最外圈 37 号管胀粗测量数据见表 3-5 所示，第一次爆管发生后割除一级屏式中温过热器 8 片管屏最外圈的 3 根管（即 35、36 号和 37 号管）以提高质量流速，并在 32~34 号管敷设 17m 高的耐磨耐火材料，以减少最外圈管子的吸热，但后期又发生了第二次爆管（见图 3–21）。

表 3–5　　　　　　屏式过热器最外圈 37 号管胀粗测量数据表

标高（m）	单位	1号屏	2号屏	3号屏	4号屏	5号屏	6号屏	7号屏	8号屏
32.9	mm	51.2	52.2	51.7	51.6	53.7	51.7	52.6	51.9
33.5	mm	57	52.1	52.2			53.6		52.3
33.6	mm	54	52.2	52.2	52.4	53.2	53.3	52.3	52.2
34.1	mm	53.2	52.4	52.2	52.4	53.1	53.9	52.4	52.3
34.6	mm	52.9	51.9	51.9	52.2	53.0	53.5	52.3	52.3
35.1	mm	52.6	51.6	51.9	52.0	52.7	53.3	52.4	52.4
35.6	mm	52.5				52.9	53.3	52.7	52.2
36.1	mm	52.1				52.6	52.9	52.2	52.3

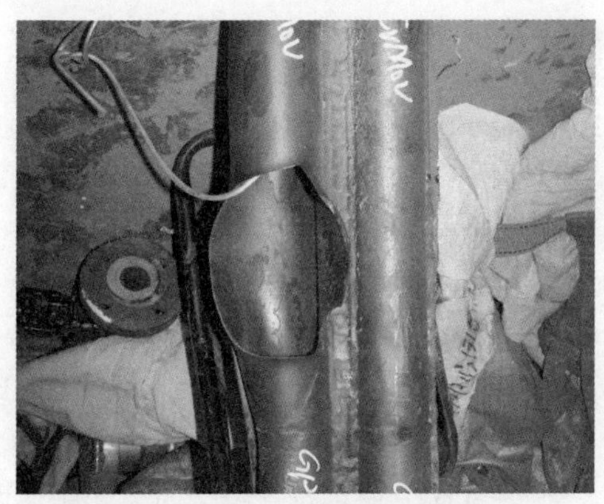

图 3–21　屏式过热器破口宏观照片

第二次爆管部位在 1 号屏标高 41m 处。从锅炉爆口情况看，爆口呈不规则长方形，爆口边缘减薄程度较小，管子有明显胀粗情况。分析认为屏式过热器汽水流程设计形式为 C 型，C 型流程可以保证机组在中、高负荷时流量偏差较小，但低负荷时流量偏差急剧增大，最终导致爆管。受电网负荷限制，锅炉长期在低负荷下运行，管内质量流速下降较多，管内壁与工质传热系数迅速下降会导致管壁温度迅速升高，加剧了管子之间的工质流量偏差，使偏差管内的质量流量进一步降低，管内传热恶化（表 3–6）。

表 3–6　　　　　　质量流量与管壁传热系数的关系

运行工况	管内传热系数[W/（m^2·s）]	平均质量流量[kg/（m^2·s）]
额定负荷	4508	918
75% 负荷	2993	687
85MW 负荷	1046	235
35MW 负荷	635	118

为此，将原先设计的C型布置，改为Z型布置，割去32~34号管（图3-22）。改造后锅炉屏式过热器运行情况良好，未再出现胀粗、爆管等情况。

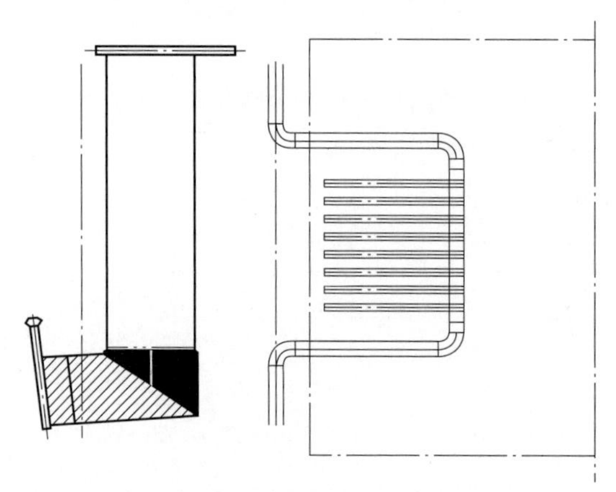

图3-22 屏式过热器改造后结构示意图

五、屏式过热器管屏改造

某厂DG-1065/17.5-II19型锅炉受热面采用全悬吊方式，炉膛后墙布置有2片水冷蒸发屏，炉膛前墙上部沿宽度方向布置有12片屏式过热器和6片屏式再热器。炉膛截面深度8.439m、屏式过热器管屏宽3.556m、屏式再热器管屏宽3.738m、水冷屏式受热面宽3.74m。锅炉自投产后，屏式过热器管屏间固定鳍片处多次泄漏，严重影响机组安全稳定运行。

屏式过热器垂直段管子以鳍片相连，下方水平段管子与固定块相连，使得屏式过热器受热面成为一个整体，相互之间不能自由膨胀，产生了较大的应力。由于上方屏式过热器集箱由刚性吊架悬吊。在启停炉过程中垂直段管子会向下膨胀，而水平段管子穿墙处与水冷壁前墙浇注固定。水平段管子相对水冷壁前墙会向炉后膨胀，考虑到垂直段比较长，因此向下膨胀量较大。

外圈管相对于内圈管长度大，如果每根管均能自由膨胀，管子之间会出现相对位移，而管子由鳍片或定位块固定后不能相对位移，必然会对定位块产生向下和向后的拉伸应力并传递到内圈管上。外圈1号管的相对膨胀应力传递到外圈2号管上，并与2号管相对于3号管的膨胀应力叠加再传到3号管上，依次类推，在传递到最内圈管时将出现很大的膨胀应力，单根管上的相对膨胀应力较小，但所有管的相对膨胀应力叠加到内圈管后就会在固定块角焊缝处形成很大的附加弯曲和拉伸应力（图3-23）。为减小应力集中情况，停炉期间对锅炉12片屏式过热器进行了改造：

（1）将屏式过热器管屏水平段部分鳍片切除，为防止运行中管屏错位损坏浇注料，将每个管屏分为四个区域，将每片屏式过热器管屏L段从上向下数8号管与9号管、16号管与17号管、32号管与33号管之间的固定鳍片割除，以消除应力集中避免发生撕裂；

（2）对屏式过热器水平管段上半部分屏式过热器固定鳍片角焊处进行全面检查，发现裂纹及时补焊消除，角焊缝处采用圆滑过渡；

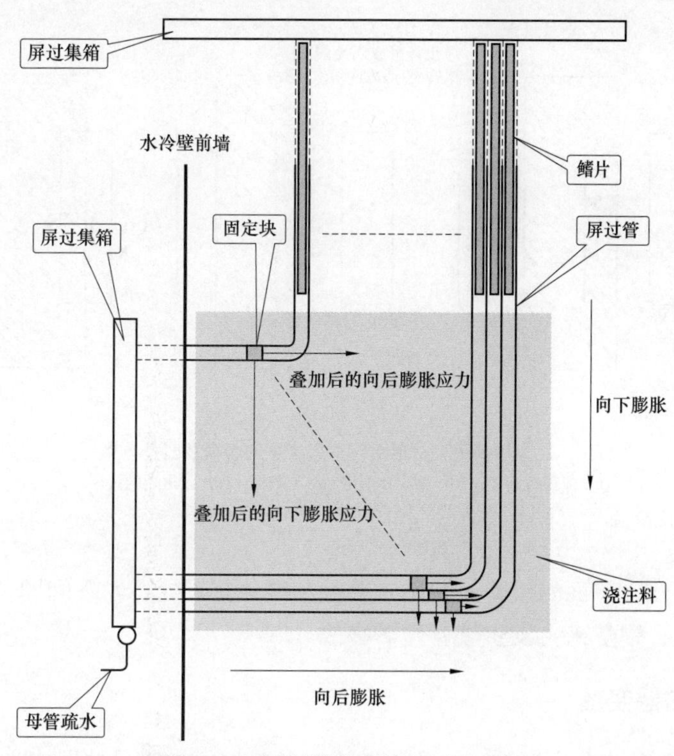

图 3-23　屏式过热器结构及受力示意图

（3）对需割开的屏式过热器固定块处焊缝进行检查并补焊。

屏式过热器管屏改造后，未再发生固定鳍片引起的撕裂事件。建议处理同类问题时注意以下几方面：

（1）设计时优化管排固定装置结构，避免内圈管排膨胀应力过大；

（2）严格控制焊接质量，避免咬边等应力集中缺陷，合理控制焊接工艺避免产生焊缝冷裂纹；

（3）在启停炉过程中控制升降温速度，防止过大的热应力造成裂纹扩展；

（4）停炉检修过程中加强角焊缝处的检查，在裂纹穿透管壁前及时更换，避免造成损失。

六、屏式受热面耐磨耐火材料敷设方式改进

某厂 300MW 循环流化床锅炉运行两月左右后在屏式过热器、屏式再热器进口浇注料和管排交界处发现磨损，浇注料和管排结合部位部分点的磨损超过 4mm。分析发现：设计的浇注料收口位于管子正中，虽然此处在稀相区，物料贴壁向下流动时对管壁磨损较轻，但收口处浇注料破损后，或在修补浇注料时收口施工质量较差时，在缺陷处会产生冲刷磨损，物料在凹凸处改变流向，形成涡流使管壁磨损加大（图 3-24）。为保证锅炉的安全平稳运行，采取了以下方法进行处理：

（1）将原有耐火耐磨材料层打掉，对磨损超过 2mm 的受热面进行补焊并打磨；

（2）在磨损管外侧鳍片上加焊销钉，销钉应靠近磨损管并重填耐磨耐火材料，收口设置在鳍片上，同时加工一个光滑的过渡坡，以减少物料对耐磨耐火材料的冲刷；

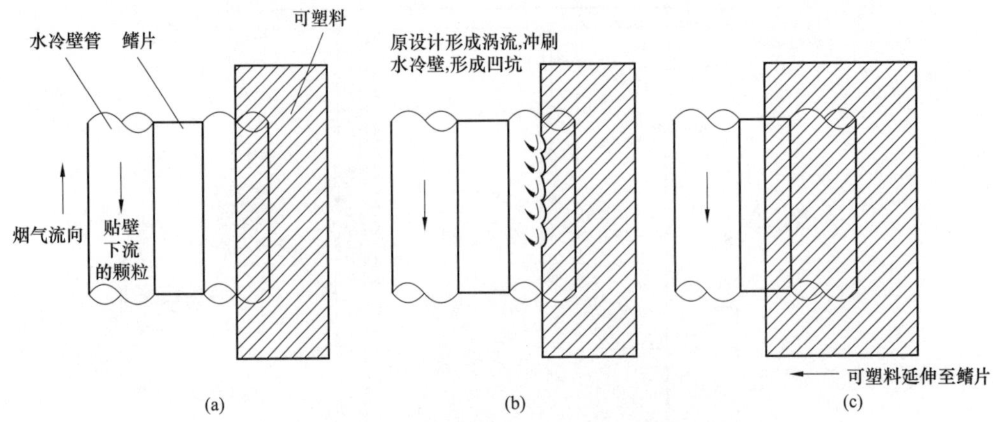

图 3-24　耐磨耐火材料敷设方式产生的磨损及改造方案

(a) 原设计施工；(b) 原设计形成的涡流磨损；(c) 改进后的设计

（3）加大对屏式受热面的检查，特别是管壁和鳍片交界处，发现问题及时处理。

通过以上措施，锅炉未再发生爆管停炉事故。

七、屏式再热器变形

某厂 135MW 循环流化床锅炉型号为 UG-480/13.7-M，炉膛吊挂屏式过热器、屏式再热器和水冷屏式受热面。锅炉投产运行后屏式再热器变形严重，经改造炉内屏式再热器由 6 片减为 4 片，管屏管由 ϕ51mm 改为 ϕ60mm，材质由 TP304H 改为 TP347H，尽管在抗变形强度及使用温度方面有所提高，但是改造后变形依然严重，特别是靠近炉膛中心的 2 号、3 号屏（图 3-25），给锅炉长周期运行带来极大的安全隐患。

图 3-25　管屏变形情况

干烧、膨胀受阻、工质流通不均、管排热偏差等因素都会引起屏式再热器变形，为防止干烧采用了 TP347H 材料，其允许使用温度为 680℃。经计算炉内屏式再热器有效高度 21.6m，TP347H 的膨胀差对比如表 3–7 所示（对应负荷 96MW、床温 890℃，计算温度为测点温度 +55℃）。

表 3–7　屏式再热器各测点温度及胀差计算对比表

<table>
<tr><th></th><th>管子编号</th><th>测点温度（℃）</th><th>计算温度（℃）</th><th>膨胀量（mm）</th><th>相邻胀差（mm）</th><th>最大胀差（mm）</th></tr>
<tr><td rowspan="4">1 号屏</td><td>1</td><td>568</td><td>623</td><td>242.3</td><td rowspan="2">15.8</td><td rowspan="4">36.5</td></tr>
<tr><td>5</td><td>527</td><td>582</td><td>227.5</td></tr>
<tr><td>19</td><td>500</td><td>555</td><td>216.0</td><td rowspan="2">10.2</td></tr>
<tr><td>31</td><td>474</td><td>529</td><td>205.8</td></tr>
<tr><td rowspan="4">2 号屏</td><td>1</td><td>541</td><td>596</td><td>232.1</td><td rowspan="2">5.3</td><td rowspan="4">28.4</td></tr>
<tr><td>5</td><td>528</td><td>583</td><td>226.8</td></tr>
<tr><td>19</td><td>474</td><td>529</td><td>206.0</td><td rowspan="2">2.3</td></tr>
<tr><td>31</td><td>468</td><td>523</td><td>203.7</td></tr>
<tr><td rowspan="4">3 号屏</td><td>1</td><td>551</td><td>606</td><td>235.8</td><td rowspan="2">30.7</td><td rowspan="4">30.7</td></tr>
<tr><td>5</td><td>472</td><td>527</td><td>205.1</td></tr>
<tr><td>19</td><td>483</td><td>538</td><td>209.3</td><td rowspan="2">4.2</td></tr>
<tr><td>31</td><td>472</td><td>527</td><td>205.1</td></tr>
<tr><td rowspan="4">4 号屏</td><td>1</td><td>574</td><td>629</td><td>244.7</td><td rowspan="2">20.0</td><td rowspan="4">31.8</td></tr>
<tr><td>5</td><td>522</td><td>577</td><td>224.7</td></tr>
<tr><td>19</td><td>492</td><td>547</td><td>212.9</td><td rowspan="2">0.3</td></tr>
<tr><td>31</td><td>493</td><td>548</td><td>213.2</td></tr>
</table>

从表 3–7 中可以看出，同一管屏相邻管排膨胀量偏差较大，特别是向火侧 1~5 号管与 5~10 号管温度偏差最为明显，变形最严重的 3 号屏式再热器，1~5 号管胀差达到 30.7mm，这是导致屏式再热器变形的重要原因。为此，在不影响再热蒸汽温度的情况下，应尽量减少炉内热辐射集中区域屏式再热器管排热负荷，可通过覆盖耐磨耐火材料避免管排管壁温度过高，减少因同屏热偏差过大造成的变形。具体措施是将 1~4 号屏式再热器管排从后至前 1~4 号管耐磨耐火材料在原有基础上再向上敷设 3m，保留 5~36 号管原有耐磨耐火材料高度不变（图 3–26）。

改造后减温水流量由原来的 5.8t/h 降低至 4.7t/h，2、3 号屏式再热器的 1 号管壁温分别下降了 66.8℃、50.8℃，5 号管壁温分别下降了 49.4、70.6℃，同时 2 号屏式再热器的 1 号管和 15 号管偏差值较改造前减小了 17.4℃。改造后管排壁温整体趋势一致呈下降趋势，屏式再热器运行管壁温差也大幅降低，有效的降低了温差大、胀差大所带来的管屏变形问题，延长了屏式再热器使用寿命。通过计算热负荷集中区域的 2、3 号屏式再热器向火侧 1 号与 5 号管热胀差较改造前分别减小了 23.0mm 和 18.2mm，改造后屏式再热器出口汽温基本保持在 530~538℃。

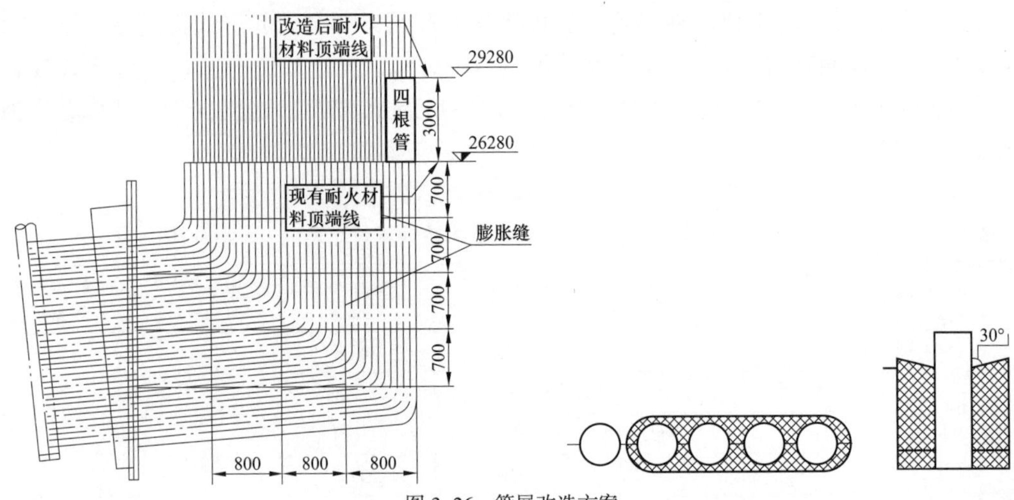

图 3–26　管屏改造方案

某厂锅炉为 UG–480/13.7–M 型循环流化床锅炉，炉膛内靠近前墙沿宽度方向布置 3 片水冷屏式受热面、8 片屏式过热器、6 片屏式再热器。屏式再热器与前墙水冷壁垂直布置，屏下端与前墙水冷壁固定在一起，为屏的蒸汽入口端，在屏的上部穿墙密封盒处装有非金属膨胀节。屏式再热器上端在炉外通过恒力弹簧吊架悬吊在锅炉顶上。管屏高度为 21.2m，每片屏式再热器有 36 根管，管子规格为 $\phi51\times5$mm，管子材质炉内为 TP304H，炉外为 12Cr1MoVG；鳍片材质炉内为 1Cr18Ni9Ti，炉外为 12Cr1MoV，屏式再热器管线膨胀系数为 18.9×10^{-6}m/（m・℃），水冷壁管（20G）线膨胀系数为 13.83×10^{-6}m/（m・℃），使用膨胀节消除膨胀差。

投产后由于屏式再热器严重弯曲变形，多次造成爆管，炉内 6 片屏式再热器均发生了不同程度的变形，其中 5 号屏式再热器最严重，该屏从浇注料终止线向上 300mm 处即开始发生弯曲，形状大致呈 S 形，变形长度约为 7000mm，与相邻屏式过热器最小距离不到 30mm。4 号屏式再热器弯曲部位的管子与鳍片撕裂。此外，4 号和 5 号屏式再热器的最底部及外圈管子外侧浇注料部分脱落（见图 3–27）。

图 3–27　屏式再热器结构及变形情况

分析发现，屏式再热器炉顶穿墙管膨胀节处设计和施工存在缺陷。屏式再热器为悬吊结构，下部与水冷壁固定，上部由恒力弹簧吊架悬吊在炉顶上，屏中间无固定、限位装置。当屏式再热器受热时，屏式再热器向上膨胀。检查后发现，炉顶部非金属膨胀节中的梳形板与屏式再热器管子以点焊的形式焊接在一起。施工时膨胀节中的浇注料与管子之间的沥青也没有按照设计填加，浇注料与穿墙管间隙太小，当屏式再热器受热后，膨胀量无法被悬吊再热器的恒力弹簧吊架吸收，管子无法承受因膨胀受阻而产生的应力，最终引起弯曲变形。特别是当锅炉启停、升降负荷时，屏式再热器内蒸汽流量小，换热效果差，炉膛内温度变化快，使变形情况更加严重。

此外，悬吊屏式再热器的恒力弹簧吊架预紧力不足。锅炉冷态检查时发现，恒力弹簧吊架指示器指示位置在 20%~40% 之间，即使屏式再热器的膨胀量完全通过炉顶体现出来，也不能被恒力弹簧吊架全部吸收。屏式再热器出口集箱未安装导向装置，当屏式再热器受热膨胀后，其出口集箱的位移为三维，其中径向位移会导致屏式再热器发生倾斜，使屏式再热器的管子与浇注料之间卡涩更加严重。此外，屏式再热器壁温监视测点位于炉外穿墙管处，在锅炉启停、甩负荷、低负荷运行时，屏式再热器平均壁温在 570℃左右，最高点曾达到 623℃。5 号屏式再热器壁温最高时，个别管壁温接近 700℃，这使得管子局部金相组织发生变化，管屏抗弯强度大大降低。

针对上述问题进行如下改造：

（1）重新制作了穿墙密封盒处膨胀节。屏式再热器位于炉膛中上部，屏的上部穿墙密封盒处膨胀节的内侧壳板围成一个空心的长方体，在长方体内有约 80mm 厚的浇注料，屏式再热器管子通过浇注料穿出炉顶。改造时，清除原有浇注料，在浇注料与管子外壁的接触部分用两层油毡包裹，油毡厚度约为 5mm，然后再重新浇注（见图 3-28）。当锅炉启动后，油毡会自行烧毁，屏式再热器管子与浇注料之间会出现 5mm 的间隙，从而保证管子能顺利向上膨胀，恒力弹簧吊架也能顺利吸收膨胀量。另外，将浇注料上的梳形板与管子之间的焊点清除，以保证屏式再热器管子能自由膨胀。改造时将膨胀节蒙皮由原来的 400mm 增至 600mm 并预压至 240mm，这样可以保证顶部穿墙处非金属膨胀节有足够的膨胀量。计算最大膨胀量约为 150mm，高于设计膨胀量 113mm，满足运行要求。

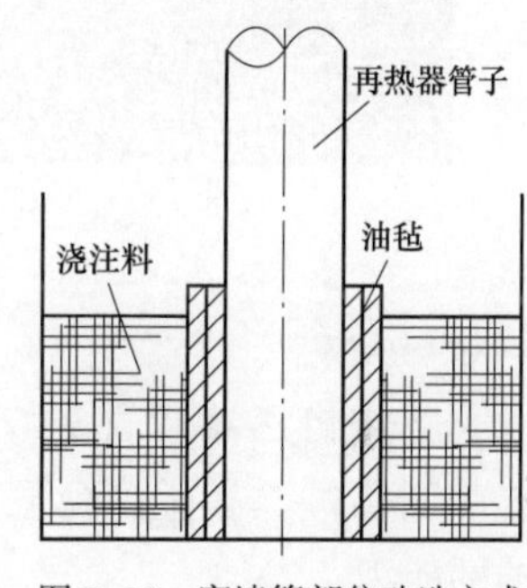

图 3-28　穿墙管部位改造方式

（2）使用出口集箱导向装置限制屏式再热器出口集箱只能沿管子的轴向膨胀（见图 3-29），计算其沿蒸汽流出方向的最大膨胀量为 107mm，沿蒸汽流出反方向的最大膨胀量为 2mm。

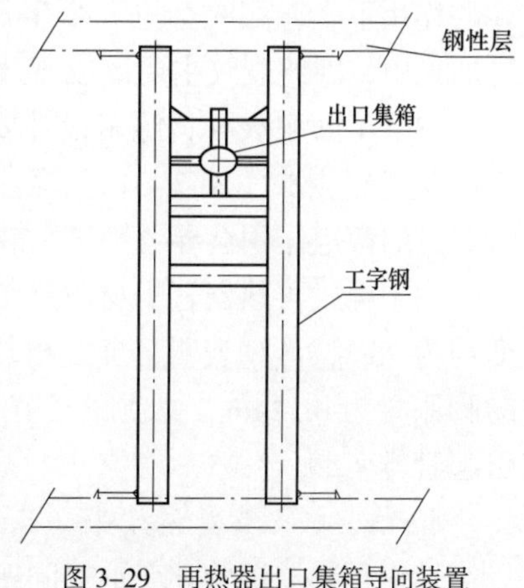

图 3-29　再热器出口集箱导向装置

（3）调整恒力弹簧吊架预紧力。顺时针旋转每个屏式再热器恒力弹簧上的平衡螺母，每个螺母旋转 1 圈，以增加恒力弹簧的预紧力。同时，根据恒力弹簧吊架上指示器的读数，对吊架顶部螺母也进行调整，增加恒力弹簧吊架吸收膨胀量的范围，调整后指示器指示位置基本在 0 刻度附近。

上述改造实施后，一定程度上解决了屏式再热器的变形问题，延长了屏式再热器的使用寿命，降低了检修成本，屏式再热器未再发生过爆管泄漏。

八、屏式再热器裂纹

1. 设备概述

某厂 UG–480/13.7–M 型循环流化床锅炉运行一段时间后在屏式再热器弯管处发现大量裂纹，金相分析发现弯管裂纹的宏观形貌大多沿周向开裂，部分从销钉角焊缝处延伸。带销钉管和不带销钉管的内外壁基本没有氧化皮，也未见其他缺陷，亦无胀粗及鼓包等超温迹象，基本排除因为过热产生裂纹的可能（图 3–30）。

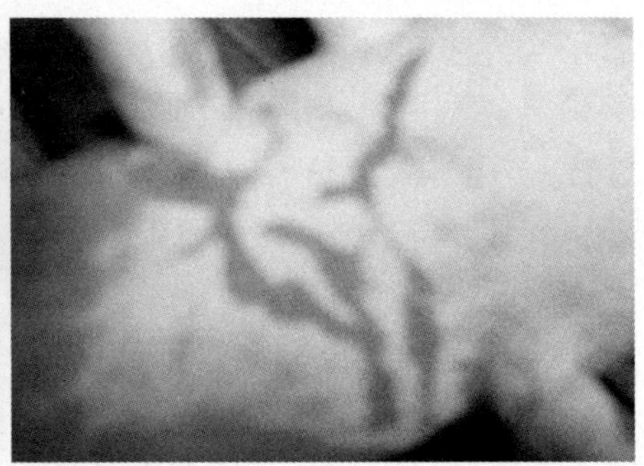

图 3–30　屏式再热器变形及裂纹情况

2. 原因分析

（1）屏式再热器弯管裂纹在同型锅炉已多次出现，主要表现为晶间腐蚀产生的裂纹。为防止晶间腐蚀，在生产弯管时焊接销钉和鳍片后要进行固溶处理，消除残余应力，提高抗腐蚀的能力。

（2）由于屏式再热器采用的是奥氏体不锈钢 TP304H，如果出厂前的固溶处理工艺没有达到要求，就会产生晶间腐蚀及微裂纹。在管屏自身重力、运行时热应力以及管屏变形力等的作用下，微裂纹会进一步生长扩大。由于上述应力在屏式再热器下部耐磨耐火材料处更加集中，因此裂纹主要形成于此处。

（3）耐磨耐火材料施工设计要求在屏式再热器下部管子销钉表面涂 1.5~2mm 厚的沥青或设置塑料帽头（图 3–31），浇注后运行升温可使沥青融化，留下间隙，缺少此步骤运行时销钉的弯矩作用会导致管子微裂纹扩大。

（4）屏式再热器管子材质是 TP304H，其线膨胀系数比一般金属大，屏式再热器炉内长度约为 25m，计算表明，屏式再热器在高度方向上的膨胀量为 0.248m，而同样长度水冷壁的膨胀量为 0.124m。炉顶膨胀节和恒力弹簧吊架补偿和吸收不足时，容易造成膨胀受阻，引起管排变形。

3. 改造方案及实施效果

针对再热器爆管和变形等问题，具体改造方案包括：

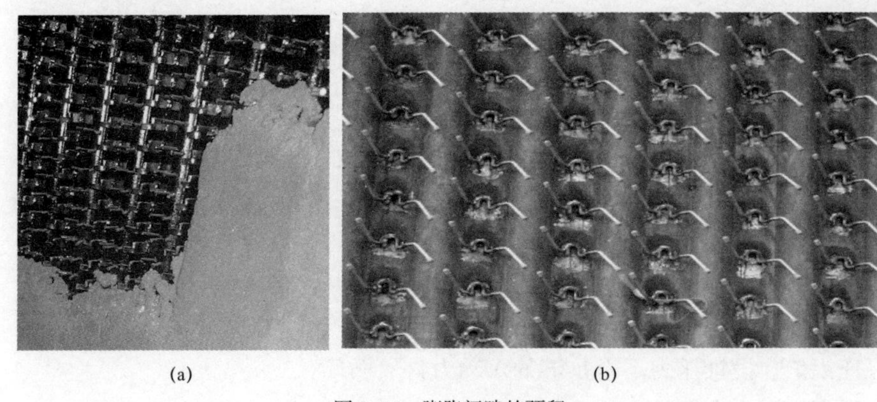

(a)　　　　　　　　　　　　　　　　　(b)

图 3-31　膨胀间隙的预留
(a) 涂抹沥青；(b) 设置塑料帽头

（1）改进再热器管屏穿顶棚结构；

（2）将密封盒金属膨胀节更换为非金属膨胀节或更多波纹数量的金属膨胀节；

（3）校核再热器管屏恒力弹簧吊架载荷和膨胀量，进行调整或更换；

（4）将屏式再热器位于炉内的管子材质由 TP304H 改为 T91，管径仍为 $\phi57\times5$mm。

该方案的优点是：

（1）再热器管屏穿顶棚改造后，管子留下了与耐磨耐火材料的间隙，保证恒力弹簧吊架能顺利向上牵引。浇注料上的梳形板与管子之间不焊接，保证屏式再热器能自由膨胀；

（2）原设计采用的金属膨胀节并未很好的吸收膨胀。现有金属膨胀节压缩所需的轴向力过大有可能妨碍管屏膨胀导致管屏变弯，因此可以更换为非金属膨胀节。非金属膨胀节由绝热陶瓷纤维、聚四氟乙烯板以及橡胶蒙皮构成，不存在压缩轴向力问题，可使管屏顺利膨胀。若仍然采用金属膨胀节，应适当增加膨胀节的波纹数，将原有的 5 波纹增加到 10 波纹，以保证对膨胀的有效吸收；

（3）校核再热器管屏恒力弹簧吊架载荷和膨胀量，进行调整或更换。可通过调整恒力弹簧上的螺母来增加恒力弹簧的预紧力，或改用载荷能力更强、允许位移值更大的恒力弹簧吊架，以保证屏式再热器的自由膨胀。

此外，改造方案将屏式再热器的管子材质改为 T91，其优势在于：T91 钢是马氏体钢，不存在晶间腐蚀，且线膨胀系数与水冷壁材质 20G 差异较小，可有效避免管子的弯曲变形。计算表明，采用 T91 时屏式再热器的膨胀量为 0.180m，与同样高度水冷壁的胀差为 0.056m，而采用 TP347H 时的胀差为 0.124m，是采用 T91 的两倍多。改造方案实施后，电厂存在的问题基本解决。

第三节　炉膛孔口改造

一、炉膛的作用

炉膛是整个循环流化床锅炉完成热量交换的主要区域，循环流化床锅炉的炉膛结构参数包括以下几个方面：

（1）炉膛的截面尺寸、炉膛高度；

（2）炉膛内受热面的布置；

（3）炉膛内各开孔的结构及位置等。

确定炉膛长、宽、高时，主要考虑各受热面的布置及分离器的位置，此外还必须防止炉膛深度过大影响二次风的穿透能力，保证燃烧具备足够的氧量。

循环流化床锅炉的炉膛高度应能满足以下条件：

（1）保证分离器不能捕集的细颗粒在一次通过炉膛时尽可能燃尽；

（2）容纳全部或大部分蒸发受热面或过热受热面；

（3）保证返料器料腿一侧有足够的静压头，使返料连续均匀；

（4）保证锅炉在设计压力下有足够的水动力自然循环；

（5）和尾部烟道内布置的对流受热面匹配；

（6）保证脱硫所需最短气体停留时间。

整个炉膛按结构可分为上下两部分，下部纵向剖面由于前后墙水冷壁与水平面相交而成为梯形。燃烧主要发生在炉膛下部，这里床料最浓密、运动最激烈、燃烧所需的全部风和燃料都由该部分送入。二次风口可将床层分为密相床层和稀相床层，二次风口的位置决定了密相区的高度。密相区的作用是使燃料部分燃烧及气化。密相区越高，床层燃烧的稳定性越好，但若密相区过高会增加一次风机的电耗。炉膛下部布置有排渣口，如果采用的是流化床式冷渣器还布置有冷渣器回风口。炉膛还设置给煤口、石灰石给料口及床料温度和压力的测点，来自分离器的循环物床料通过返料器回到炉膛底部。

二、炉膛孔口设计

循环流化床锅炉炉膛中需要送入燃料、脱硫剂、空气、循环物料，排出灰渣、烟气以及测量温度、压力等，这些都要通过炉膛开孔来实现。循环流化床锅炉炉膛一般设置如下的孔口：①流化风进口；②给煤口；③石灰石给料口；④二次风进口；⑤排渣口；⑥循环物料进口；⑦炉膛出口；⑧启动燃烧器和点火油枪口；⑨人孔门、测点等。在炉墙上开设这些孔口时，都需要进行让管处理。炉膛孔口示意图如图 3-32 所示。

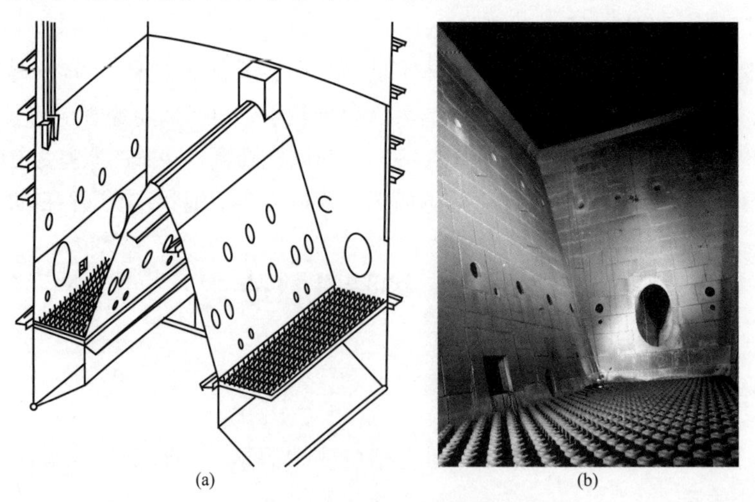

(a)　　(b)

图 3-32　炉膛孔口示意图

(a) 裤衩腿结构锅炉的炉膛孔口位置；(b) 完成施工后的炉膛孔口

1. 给煤口

循环流化床锅炉的给煤口，既可单独设置在炉墙上，也可设置在返料器上。当单独设置在炉墙上时，燃料通过重力给入炉膛内，为了防止高温烟气从炉内通过给煤口反窜，要求给煤口压力高于炉膛压力，通常是将进料口和上部的给煤装置密封，或通入播煤风。给煤点一般布置在敷设有耐磨耐火材料的炉膛下部还原区，由于循环流化床的横向混合比鼓泡流化床强烈，所以其给煤点比鼓泡流化床锅炉要少。如果燃料的反应活性高，挥发分高，则可以布置较少的给煤口，反之应布置较多的给煤口。

2. 石灰石给料口

石灰石由于其反应速率比煤燃烧速率低得多，而且石灰石给料量少，粒径又较小，所以其给料点的位置及个数要求较为宽泛。石灰石可以采用气力输送单独送入炉膛内，也可以将其从循环物料进口、给煤口或二次风口送入，也可在二次风口内单独设置一根石灰石喷管。

3. 循环物料进口

为了增加未燃尽碳和未反应脱硫剂在炉内的停留时间，返料口一般布置在二次风口以下的密相区内，这一区域的固体颗粒浓度比较高，设计时必须考虑返料系统与炉膛循环物料入口点处的压力平衡关系。此外，大量高温循环灰较为集中地进入炉膛下部，虽然有利于炉膛热量和物质交换，也有利于调节床温，但可能会使循环物料进口处产生磨损。

全部或部分燃煤和石灰石通过返料器加入炉内时，还应考虑由于煤粒被炽热循环灰在缺氧状态下加热后，所逸出的腐蚀性气体对返料器内耐磨耐火材料的腐蚀，以及煤过早燃烧可能产生的结焦问题。当锅炉带有外置换热器时，外置换热器的返料也属于循环物料的一部分，有时称之为低温循环物料，也需要在炉内开设循环物料进口。

4. 二次风口

二次风口高度是一个重要参数。风口位置过高，会使炉内氧化区域的行程缩短，使飞灰含碳量增加。二次风口到炉膛出口的距离越大，对飞灰燃尽越有利。二次风口高度过低，就需要采用压头更高的二次风机，否则运行时二次风量很难满足设计要求。二次风口面积及速度决定了二次风喷入的动能，是影响二次风穿透性能的重要因素。由于不同锅炉制造商设计循环流化床锅炉时，在给煤粒径、石灰石粒径、分离器效率等设计上相差较大，使炉内烟气所携带的灰颗粒浓度也有所不同，为避免炉膛中心存在大面积欠氧区域，因此一些大型循环流化床锅炉的二次风口速度选取较高。

5. 炉膛出口

炉膛出口对炉膛气固两相流动有很大的影响。不同的炉膛出口结构，一是会影响炉膛内固体颗粒浓度沿炉膛高度的分布；二是会影响炉膛出口烟窗两侧墙和炉顶的磨损；三是会影响炉内固体颗粒的内循环量和炉内停留时间。因此，炉膛出口采用具有气垫的直角转弯结构在工程中应用较多，该设计可以增加转弯对固体颗粒的分离，从而增加炉内固体颗粒浓度和颗粒的停留时间。

炉膛出口烟窗的水平间距也很重要。如果出口烟窗太靠近炉膛侧墙，容易造成侧墙磨损，如果出口烟窗彼此靠得太近，又容易造成流入出口烟窗的烟气流量不均。由于炉内烟气携带大量固体颗粒向炉膛出口烟窗汇集并加速流入分离器入口水平烟道，会对出口烟窗四周水冷壁造成较为严重的磨损，因此大型循环流化床锅炉一般使用耐磨耐火材料对这一区域进行整体覆盖。

6. 排渣口

循环流化床锅炉排渣口设置时应尽量远离给煤口，防止刚进入炉膛的煤粒直接短路进入排渣口，增大底渣含碳量。排渣口的个数应视燃料颗粒尺寸而定。当燃料颗粒尺寸较小且比较均匀时，可采用较少的排渣口，因为此时沉积的大颗粒较少，排渣口的个数可以等于给煤点数，但如果燃用的燃料颗粒尺寸较大，则应增加排渣口，使可能沉积的大颗粒及时从床层中排出。

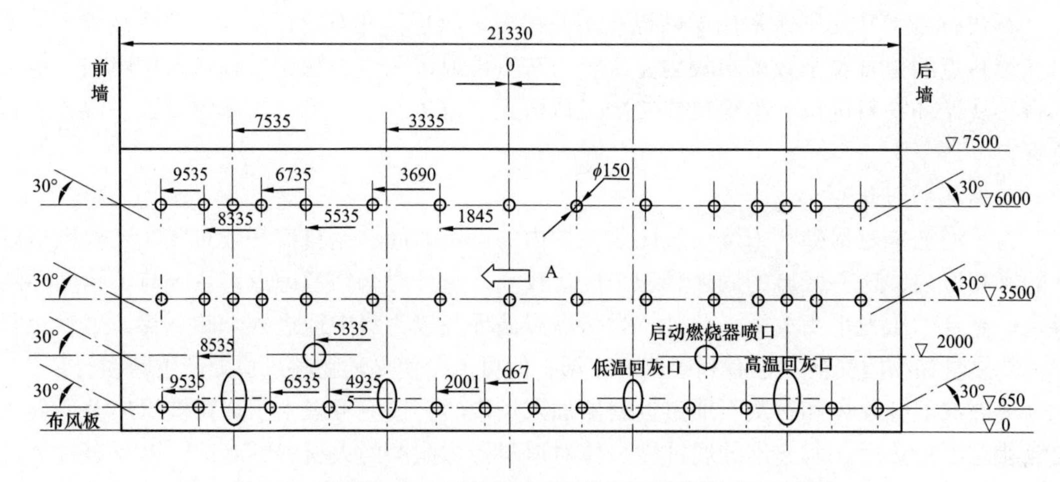

图 3-33　某国产 200MW 循环流化床锅炉密相区侧墙的开孔示意图

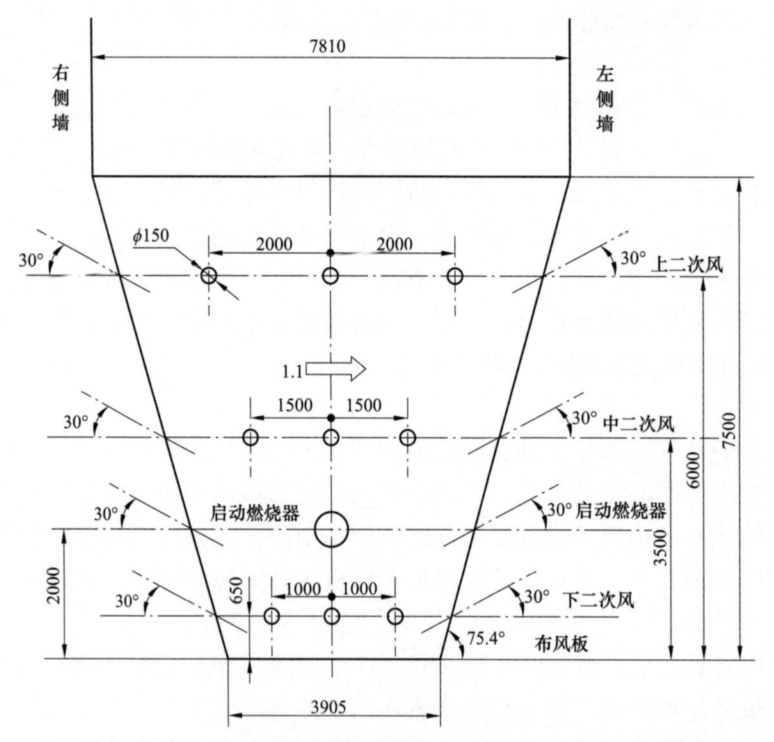

图 3-34　某国产 200MW 循环流化床锅炉密相区前后墙的开孔示意图

7. 人孔门

循环流化床锅炉炉膛下部左右侧墙都设置人孔门，便于停炉后检查炉膛内部情况及进出材料设备。该人孔门只用于检修时进入炉膛，在运行中不能打开，否则会使炉内正压床料大量喷出。此外，在炉膛出口至分离器之间的水平烟道两侧墙上，以及分离器出口至尾部竖井的水平烟道两侧墙上也设置人孔门。在尾部竖井烟道上，与传统锅炉一样，每一级受热面都设置一个或多个用于检修进出的人孔门。

8. 飞灰再循环口

锅炉燃用难燃燃料时，可将一定量飞灰送回炉膛复燃，这是降低飞灰可燃物的有效措施。飞灰再循环口一般布置在炉膛后墙锥段上部，其出口处的气固可燃物浓度相对较低，对回送的飞灰细颗粒燃尽比较有利。另外，飞灰再循环口设置在后墙，也便于管路的布置与连接。

三、二次风口设计

循环流化床锅炉炉内存在下降边壁流，二次风射入炉内时会受到下降边壁流的阻力，使二次风射流深度和穿透效果受到影响，大截面炉膛中心区域还会出现缺氧现象。西安热工研究院曾在一台 100MW 循环流化床锅炉上对炉内过程特性进行了详尽的试验研究。图 3-35 所示的炉内氧量场分布测试结果显示，炉内存在一个贫氧核心区，显然由于二次风穿透扩散效果不佳而使空气不能到达炉膛中部，这会对核心区细颗粒燃烧产生不利影响。某些循环流化床锅炉飞灰可燃物含量高，部分原因也是二次风量或其穿透能力不足（图 3-36），因此通过二次风口改造可以提高一些循环流化床锅炉的燃烧效率。

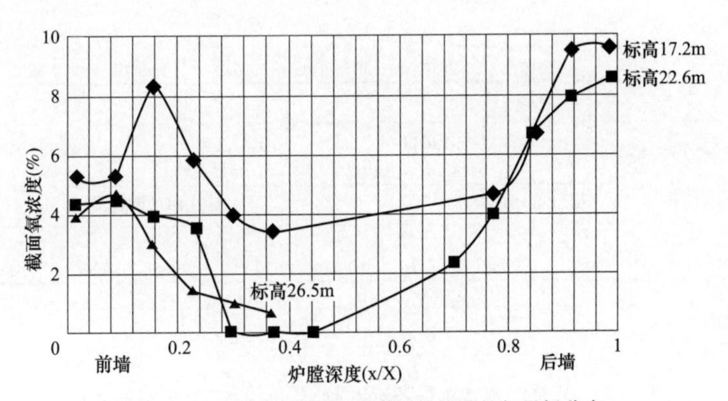

图 3-35　100MW 循环流化床锅炉炉膛的氧量场分布

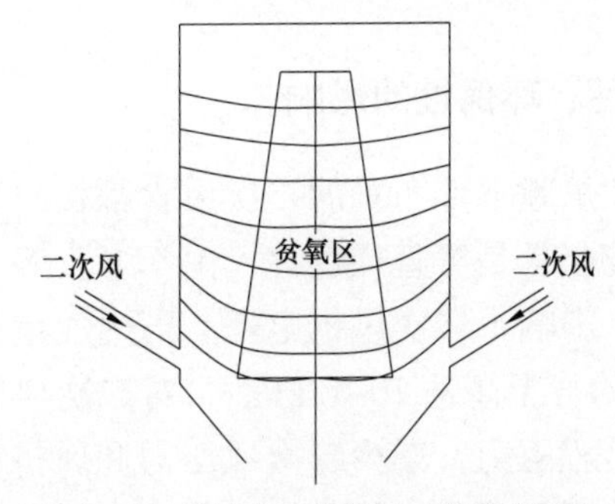

图 3-36　炉膛中心的贫氧区范围示意图

增加二次风穿透能力的方法主要有：①适当采用大二次风喷口直径，提高二次风速度；②减少床存量，降低二次风射流区的颗粒浓度，增大二次风射流穿透深度；③将二次风口高位布置，降低风射入时的阻力。某国产 300MW 循环流化床锅炉前、后墙和侧墙的二次风口示意图如图 3-37 和图 3-38 所示。

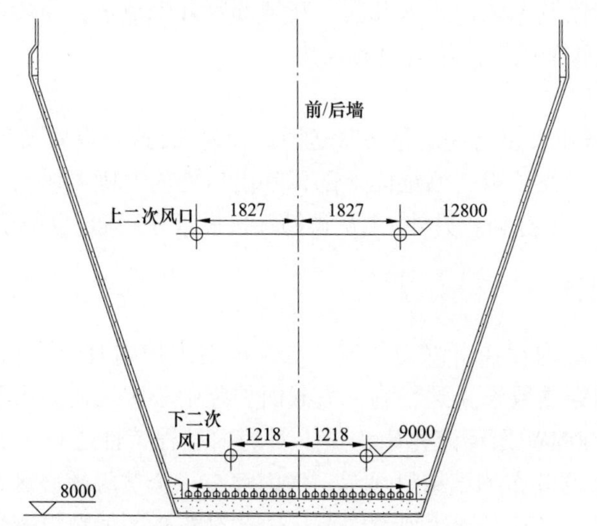

图 3-37　某国产 300MW 循环流化床锅炉前、后墙的二次风口示意图

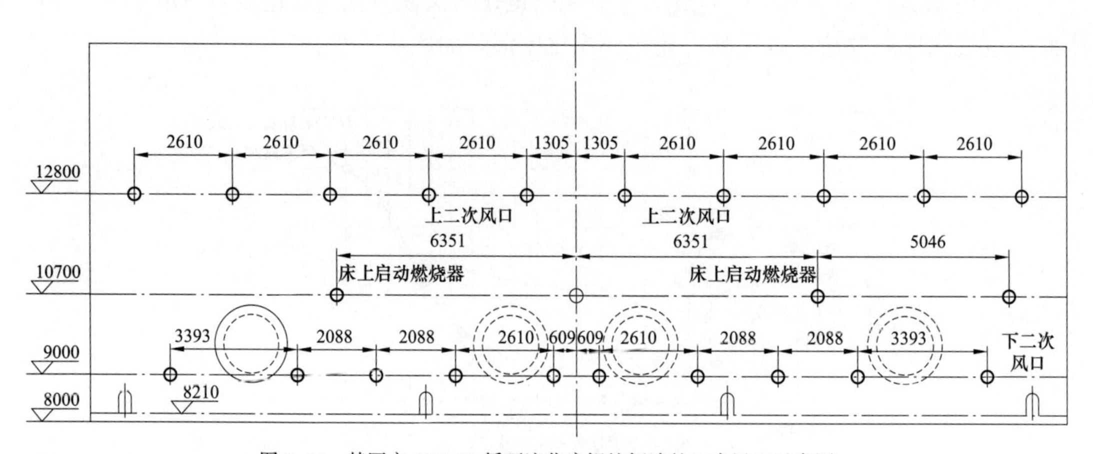

图 3-38　某国产 300MW 循环流化床锅炉侧墙的二次风口示意图

四、二次风对运行经济性和环保性的影响

大多数循环流化床锅炉在炉膛下部布置的二次风管都接自环形二次风箱，接口处局部阻力较大，各二次风管直径较小且是等直径设计，由于弯头等的存在还使得二次风管道阻力大、二次风机出口压力高，影响了二次风机电耗。国内大量循环流化床锅炉的二次风机出口风压运行在 8~9kPa（有的甚至高达 10~12kPa），对二次风管进行合理改进，可以减小接口处的局部阻力和支管的沿程阻力，减少二次风压力和风机电耗。此外，合理控制料层厚度也可以减小二次风口的背压和部分风机电耗，适当降低炉膛灰浓度也可以降低二次风

背压，但这最好结合锅炉具体的运行状况合理选择。

某厂锅炉排渣系统采用风水联合冷渣器，在锅炉两侧布置有冷渣器回风管，其内径为876mm，由于管径较大二次风速较低，穿透力较弱，改为滚筒冷渣机后对原冷渣器回风管进行了封堵。为了保证炉内氧量充足，在前墙标高 11040mm 处加装 4 个二次风口。将前、后墙下二次风口由标高 8540mm 提高至 9540mm，即上移 1000mm。调整后飞灰可燃物含量降低约 2%。

某厂采用的 480t/h 循环流化床锅炉布置有 28 个二次风口，其中前墙下二次风口 6 个，标高为 8540mm，上二次风口 8 个，标高为 12540mm，前后墙呈对称布置，布风板标高为7511mm。锅炉运行期间的 NO_x 排放浓度较高，因此，对二次风口布置及二次风配比进行了优化。主要目的是延长下部还原区空间，强化上部氧化氛围，实现分级燃烧，抑制 NO_x 的生成，同时强化二次风穿透与扩散，改善炉内氧量的均匀性。

原二次风的 28 个支管未安装调节门，为了便于优化二次风配比，在各二次风支管上加装了手动调节门。通过优化调整试验确立了二次风优化运行操作卡，其中上二次风门开度均为 100%，下二次风门开度按照 30%、50%、100%、100%、50%、30% 对称布置。优化二次风口布置及二次风配比后，NO_x 排放浓度由 $280mg/m^3$ 降低至 $190mg/m^3$，基本可以满足《火电厂大气污染物排放标准》（GB 13223—2011）对该时段锅炉的排放要求，降低了增设脱硝系统的设备初投资费用及运行成本。

五、二次风增速改造

某厂 75t/h 循环流化床锅炉前后墙水冷壁自标高 11.79m 以下呈倒锥形，炉膛横截面由 4.65m × 5.91m 缩小为布风板截面 2.5m × 5.91m。二次风分为上、下两层，通过 32 个风口（每层 16 个，前后墙各 8 个，对称布置，中心标高 10.8m、7.14m）射入炉膛，运行期间飞灰可燃物含量较高。

二次风穿透深度是影响炉膛内气体混合扩散、消除贫氧区、改善燃烧的重要因素。二次风在炉内的射流深度取决于射流动量，冷态情况下可按照以下公式进行计算。

$$\frac{x}{d}=1.7255\times\left[\frac{\rho_2 u_2^2}{\rho_1 u_1^2+\rho_p(1-\varepsilon)\ u_p^2}\right]^{0.5} \tag{3-1}$$

式中　x——二次风水平射程，m；

d——二次风口直径，m；

u_2——二次风速，m/s；

ρ_2——二次风密度，kg/m^3；

u_1——一次风速，m/s；

ρ_1——一次风密度，kg/m^3；

ρ_p——颗粒表观密度，kg/m^3；

ε——颗粒空隙率；

u_p——颗粒滑移速度，m/s。

适当提高二次风速度可以保证二次风的穿透深度，使之能达到中心的缺氧区域，对烟气和物料进行比较强烈的混合搅拌，有利于细颗粒的燃尽。为此对二次风喷口进行了改造，减小二次风喷口面积，提高二次风出口速度（见表 3–8）。同时，将风口材质由 1Cr18Ni9Ti 更换为更耐热耐磨的 0Cr25Ni20Si2，避免风口变形影响二次风流向。

表 3–8　　二次风喷嘴改造前后技术参数比较

项目	单位	改造前	改造后
风口截面尺寸	mm	135 × 70	110 × 60
风口金属板厚度	mm	5	10
风口材质	—	1Cr18Ni9Ti	0Cr25Ni20Si2
二次风速	m/s	22.7	44.6
二次风水平射程	m	0.73	1.10

通过技术改造增强了二次风的穿透能力，根据上式计算出的二次风水平射程达到 1.10m，比改造前提高了 51%，使二次风基本能达到炉膛中心的缺氧区域，有利于煤颗粒的燃尽。改造前后飞灰可燃物含量的比较如图 3–39 所示，运行实践和测试结果表明，在同等负荷、风量及一二次风配比条件下，锅炉平均飞灰可燃物含量降低 3% 以上。

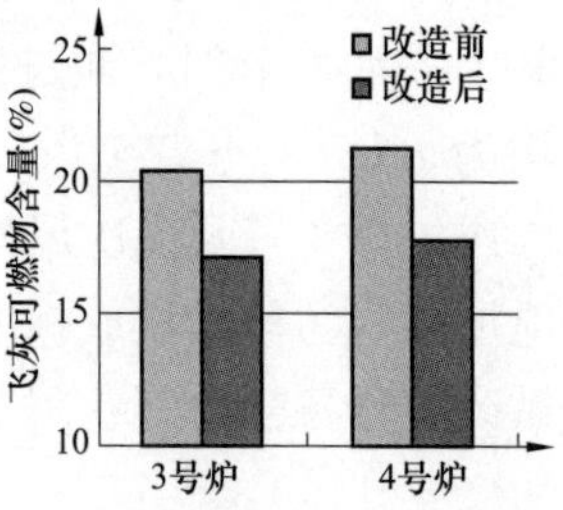

图 3–39　改造前后飞灰可燃物含量的比较

六、二次风口移位改造

某厂 WGF480/13.9–1 型循环流化床锅炉，二次风分上下两层进入炉膛，其中下二次风风口距布风板 1m，上二次风风口距布风板 4.7m，由于入炉煤粒径较粗，为降低底渣含碳量采用高床压运行（料层厚度 1000~1200mm），由于料层较厚致使二次风穿透性不足，炉膛中部缺氧严重，中低负荷时锅炉飞灰可燃物含量接近 15%。由前文分析可知，通过提高下二次风口的高度、增加二次风量和风速，可使二次风出口动量增大，增强二次风的穿透与混合能力，增加炉膛核心贫氧区的含氧量，进而使飞灰可燃物含量明显减少。

一般而言，循环流化床固体颗粒平均空隙率可按以下方程计算：

$$\varepsilon = 1 - \frac{\Delta p}{(\rho_p - \rho_g) g \Delta h} \tag{3–2}$$

式中　ε——颗粒空隙率；

Δp——计算区域的压降，Pa；

ρ_p——颗粒表观密度，kg/m^3；

ρ_g——流化介质在床温下的平均密度，kg/m^3；

g——重力加速度，$9.81m/s^2$；

Δh——对应的高度差，m。

不同压力下空气的密度可由下式计算：

$$\rho = \rho_0 \frac{273}{273 + t} \times \frac{p}{0.101325} \tag{3–3}$$

式中　ρ——在温度 t 与压力 p 状态下空气的密度，kg/m³；

ρ_0——标态下的空气密度，1.293kg/m³；

t——温度，℃；

p——压力，Pa。

根据设计规范，电厂二次风口的尺寸 d 为 280mm，稀相区压降 Δp 为 45Pa，炉膛宽度为 7210mm（即 x=3605mm），物料的表观密度 ρ_p 为 2000kg/m³，颗粒平均直径 d_p 为 400μm。测试得到一次风风速 u_1 为 1.86m/s，二次风风速 u_2 为 24.2m/s。取一次风正常运行时出口风压为 4.5kPa，二次风正常运行时风压为 5kPa，一次风风温 900℃，二次风风温 210℃，结合式（3-3），可得 ρ_1 为 0.314kg/m³，ρ_2 为 0.767kg/m³。

由于炉内稀相区内颗粒较小，假定稀相区内颗粒运动速度与一次风速度相同，取 $u_p=u_1$，同时稀相区内物料浓度较低，接近空气密度且于颗粒表观密度相差较大，对计算结果影响较小，取 $\rho_g \approx$ 0kg/m³，则式（3-2）带入式（3-1）可得：

$$\Delta h=\frac{\Delta p\left(\dfrac{xu_1}{du_2}\right)^2}{g\left[1.7225^2\rho_2-\rho_1\left(\dfrac{xu_1}{xu_2}\right)^2\right]} \tag{3-4}$$

带入已知数据计算得出下二次风口中心距布风板的距离 Δh 应为 2.23m，因此可以按照 2.2m 对下二次风管进行如下改造。改造时下二次风口的直径、形状可保持不变，仅改变其垂直高度，将原二次风口和组成原二次风口的让管上移 1.2m，使改造后下二次风口中心距布风板的距离增加为 2.2m，二次风的环形风箱及上二次风口不进行改动。

从表 3-9 可以看出，下二次风管改造后下二次风的穿透能力增强，使空气和燃料充分混合，燃料得到充分燃烧，密相区温度升高，高低负荷下飞灰可燃物含量均有所下降。

表 3-9　　二次风喷嘴改造前后技术参数比较

比较	平均床温（℃）	排烟温度（℃）	飞灰可燃物含量（%）
120MW 改造前	883	148	12.3
120MW 改造后	916	152	9.2
90MW 改造前	832	142	14.5
90MW 改造后	868	149	10.6

七、二次风深度分级应用

从煤粉炉分级燃烧对 NO_x 的抑制作用来看，分级燃烧的还原时间延长 0.6~0.8s，NO_x 排放浓度降低 30%~50%。循环流化床锅炉采用二次风深度分级可以实现炉内高效抑氮，将上二次风口提高至稀相区后，加强了炉内混合扰动，也使二次风具有了更好的穿透性。

目前主要采用的二次风高位布置方式包括：

（1）抬高二次风口，距离布风板距离 2.5m 以上；

（2）提高上二次风口至锅炉炉膛拐点处。通过上述改造可以在密相区形成较大的贫氧燃烧区，CO 还原性气体与部分 NO_x 发生反应重新生成 N_2。由于二次风区域物料浓度较稀，有利于二次风的穿透扰动，床温均匀性提高，虽然氧浓度高，但温度会相应降低，又阻止了热力型 NO_x 的生成。数值模拟结果显示，设计良好的高效二次风可以很好的提高二次风射流混合效果（见图 3-40）。

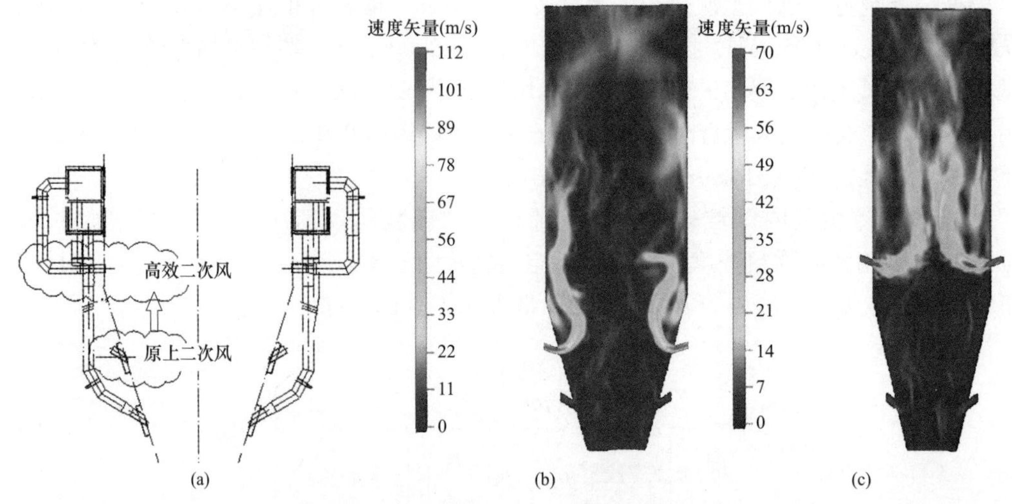

图 3-40　高效二次风设计方案及数值模拟结果

（a）布置示意图；（b）常规工况；（c）高效二次风工况

八、油枪口移位

某厂 300MW 循环流化床锅炉设计的床上油枪距离床面仅 1100mm，点火前风机启动后床料会进入床上油枪头部雾化片小孔内，加之油枪冷却密封风压力低、风量小，因此投入使用后，如图 3-41 的（a）所示雾化片磨损严重、孔径改变，无法保证燃油的正常雾化。

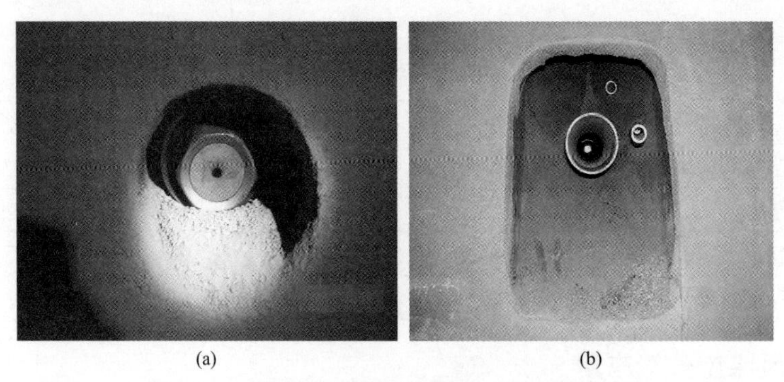

图 3-41　床上油枪堵塞磨损及移位下二次风口情况

（a）床上油枪堵塞磨损；（b）床上油枪移位下二次风口

电厂燃煤挥发分约 5%，根据点火投煤经验，投煤床温应在 600℃以上，而锅炉设计布置的两个床下点火风道，每个风道内布置 2 台燃烧器（机械雾化），单支油枪的额定出力为 1900kg/h，在控制燃烧器烟温（<1350℃）和风室入口烟温（<950℃）的前提下，仅用床下油枪无法将床温升至 600℃以上，因此必须投入床上油枪，需要对原设计的床上油枪进行改造。具体包括：

1）改造前墙中间 2 支、后墙 4 支，共 6 支油枪；

2）如图 3-41 的（b）所示将床上油枪平移至临近的下二次风口。

改造后，经过风量分配调整，冷态启动时能够有效升高床温；但改造后油枪推进困难，使下二次风口变形严重。为此，对床上油枪和对应的下二次风口又进行了进一步的改造：

1）对下二次风口进行缩口处理，使风口呈喷嘴型，避免床料回流；

2）改变下二次风口的材质，增加其耐高温强度；

3）增加风口向下的倾斜角度。

从运行情况看，其运行状况有了明显改善。

九、风口防磨及变形改造

某电厂 300MW 循环流化床锅炉采用图 3-42 所示的裤衩腿形双布风板结构。锅炉 2 层二次风口分别距布风板 2.65m 和 5.65m。单个二次风口面积为 $0.091m^2$，二次风速约为 35.4m/s。为确保氧气在炉内均匀分布，锅炉四周及中隔墙共设置了 42 个二次风口，锅炉设计的一、二次风量如表 3-10 所示。

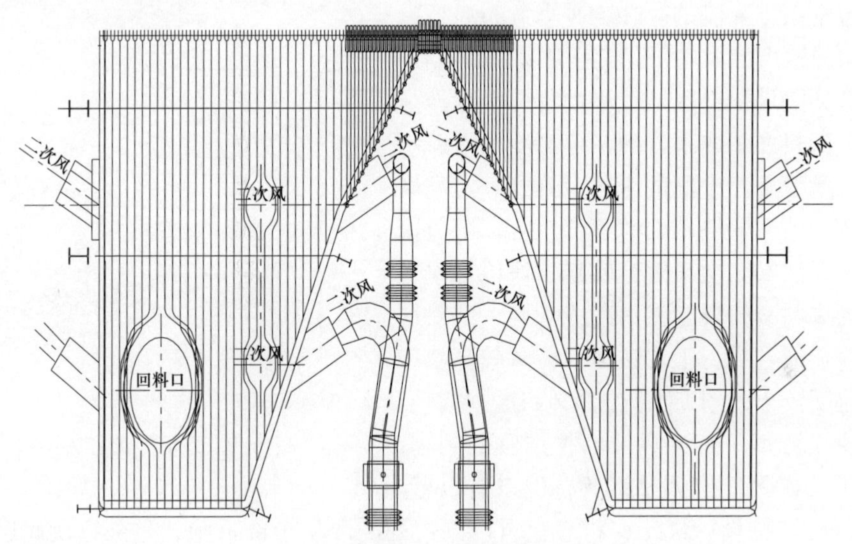

图 3-42 裤衩腿的二次风口布置形式

表 3-10　　锅炉设计风量分配（BMCR 工况）

煤种	单位	设计煤质	校核煤种Ⅰ	校核煤种Ⅱ
布风板一次风（热风）	m^3/h（标态）	407100	403600	424700
返料腿给煤密封风（热风）	m^3/h（标态）	53700	53700	53700
给煤机密封风（冷风）	m^3/h（标态）	4800	4800	4800
总一次风	m^3/h（标态）	465600	462100	483200
总二次风	m^3/h（标态）	486800	482000	511100
返料器流化风	m^3/h（标态）	13000	13000	13000
石灰石输送风	m^3/h（标态）	4000	4000	4000
锅炉总风量	m^3/h（标态）	969300	961100	1011200

锅炉停炉后发现中隔墙 10 个下二次风口出现不同程度的磨损（见图 3-43），这与下二次风与床料颗粒混合后长期冲刷周边浇注料，且颗粒被二次风冷却后硬度增加造成磨损加速有关。

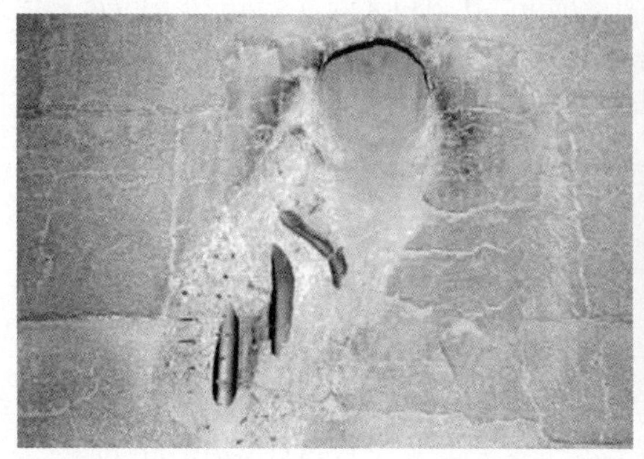
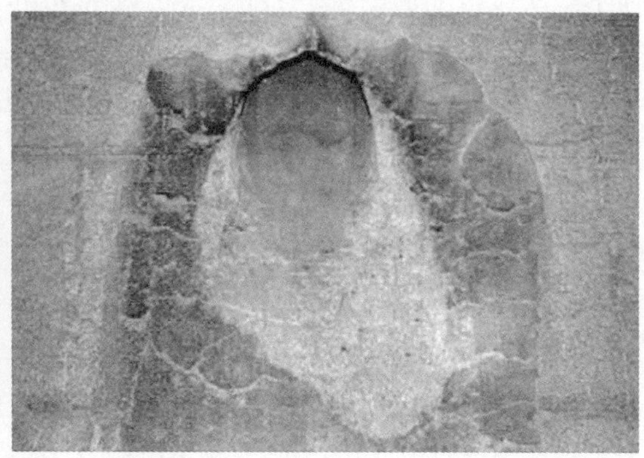

图 3-43　二次风口磨损

由于边壁层下降流的存在，越靠近布风板颗粒向下流动的速度越大。由于该锅炉设有中隔墙，每一侧炉膛到隔墙顶部区域范围内都可以看作是一单炉膛，床料在炉内上升到一定高度时沿着两边水冷壁贴壁流下，中间的床料上升到一定高度时开始下落，落到隔墙斜面时逐渐汇集。部分床料沉积后，无法被二次风完全吹走，所以二次风会与落下的床料裹挟混合然后射入炉膛，并对周边的浇注料造成磨损。上二次风口位置较高，床料浓度和速度较小，所以对上二次风口磨损较轻。

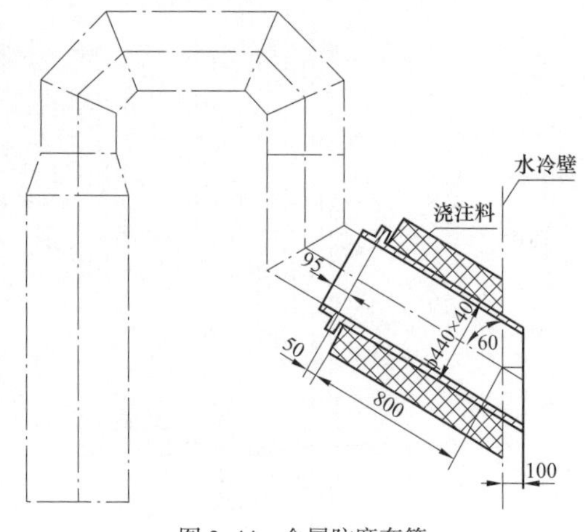

图 3-44　金属防磨套管

为解决中隔墙下二次风口磨损严重的问题，进行了上下二次风比例调整试验，但未有改善。为此改为进行结构设计优化，将二次风口周边的浇注料全部拆除，重新选用耐磨性能好、价格高的可塑料进行施工，并将原风口周边的销钉加密。此方法延长了一定的运行周期，但二次风口依旧存在磨损。为此后期决定在二次风口处加装金属防磨套管，防磨套管延伸出耐磨耐火材料 20mm 左右（见图 3-44）。

加装防磨套管运行 3 个月后，只有中隔墙的上下二次风口周边存在磨损（其中下二次风口比上二次风口磨损严重），侧墙及前后墙的二次风口几乎没有磨损。结合之前改造效果在隔墙下二次风口上方加装了挡料圈（图 3-45），阻挡贴壁流，防止床料颗粒直接落入风口。此改造实施后，该部位磨损消除，应用效果良好。

某厂采用 465t/h 循环流化床锅炉，二次风分上中下三层布置，其中前、后墙分别布置有 6 只和 3 只下二次风管，投产初期下二次风管多次出现烧损变形（图 3-46），造成送风困难，而炉外由于其膨胀补偿不足，导致风管与喷口结合部位频繁拉裂，运行中热灰大量外泄，严重影响现场安全文明生产。

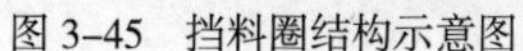

图 3-45　挡料圈结构示意图

图 3-46　二次风口变形

锅炉二次风管设计壁厚较薄（5mm）且采用焊接管，焊缝长期过热后易撕裂。二次风管设计膨胀补偿不足，实际运行中膨胀量过大导致风管弯曲，在变径管处应力集中。密封盒设计不合理，大体积的落煤管、返料管密封盒与二次风管密封盒联为一体，热态下膨胀不一导致焊接部位撕裂，加之施工时焊接不严密，炉内床料在内外压差作用下从裂纹处外漏，导致保温浇注料被冲刷、掏空。

结合上述问题，采用以下措施进行处理：

（1）更换插入炉膛的下二次风管喷口材质，采用耐热铸钢 ZG35Cr26Ni12 整体浇注成形，提高耐温等级及强度，将其从插入炉膛与耐磨耐火材料齐平的位置收缩至插入第一道密封盒后 10mm 的位置，用耐磨耐火材料砌筑成风管喷口，避免风管喷口与炉内高温床料直接接触，由于缩短了喷口长度，提高了风管刚性；

（2）将炉前后返料管、落煤口密封盒与二次风管密封盒分开处理，使其各自结构独立、膨胀独立，消除二者之间的膨胀应力差，将密封盒周边焊接牢固；

（3）用耐磨耐火材料将下二次风管密封盒内部与炉内密相区风管喷口区域整体浇注，使密封盒内浇注料与密相区成为整体，将该处水冷壁管全部包覆其中，耐磨耐火材料抗磨、抗冲刷强度高，避免了原设计密封盒内轻质保温料被掏空后，造成密封盒泄漏及床料冲刷磨损管子的问题；

（4）锅炉下二次风管较长，热膨胀位移大，而且该处膨胀方向非单纯的沿管道走向膨胀，喷口处风管受弯折力大，虽在设计中为上部管道加装了膨胀节，但从实际使用情况来看仍未满足膨胀要求。因此在下二次风管喷口后部采用 1m 长度耐热金属软管作为柔性过渡连接，补偿此处多向膨胀要求。

上述改造完成后，二次风口磨损和变形问题得到了有效控制。

十、耐磨耐火材料脱落预防

某厂采用的 DG1177/17.5- Ⅱ 3 型循环流化床锅炉，炉前和炉后各设计 8 个下二次风口，其中炉前有 4 个石灰石给料口与下二次风口共用，规格 $\phi428 \times 4$mm，材质 SA-210C，其余风口规格 $\phi398 \times 4$mm，材质 1Cr18Ni9Ti。运行期间下二次风口耐磨耐火材料多次脱落，检查还发现下二次风管在高温环境下出现褶皱现象，密封盒内浇注料磨损。

为解决该问题将原炉前和炉后的下二次风管分别更换为规格 $\phi420\times20$mm、$\phi390\times20$mm，材质 ZG25Ni9Si2 的钢管。施工前将原下二次风管割除取出，预留膨胀间隙 4mm。可塑料施工在原设计基础上增加 50mm 厚度，销钉分布均匀并焊接牢固。管口可塑料捣打密实并按要求养护。经治理后的下二次风口在运行中使用良好，停炉检修时风管和耐磨耐火材料外形完整，未发现磨损现象。

十一、给煤口防磨改造

某厂采用 300MW 循环流化床锅炉，炉前设计 10 台给煤机及 10 个与之相对应的给煤口，规格 1220mm × 244mm，标高 10600mm，给煤口炉外部均设有密封盒密封，给煤口入炉部位敷设厚度 55mm 的铬刚玉可塑料，以防止高温物料的磨损。但自投产以来，每次停炉检查均发现给煤口钢制方形管严重变形、下部可塑料磨损、上部可塑料挤压开裂并鼓起脱落，个别给煤口区域水冷壁管已露出（图 3-47）。

图 3-47　给煤口治理前后比较

为解决此问题，在原给煤口下端焊接一段 Cr25Ni9Si2Mn3 的铸造件，底部壁厚 30mm，其余三面壁厚 20mm，以保护重新浇注的耐磨耐火材料免受高速下落的煤粒冲刷（图 3-48）。给煤口改造后材质性能提高，耐磨和抗氧化性能增强。由于整体铸造、不

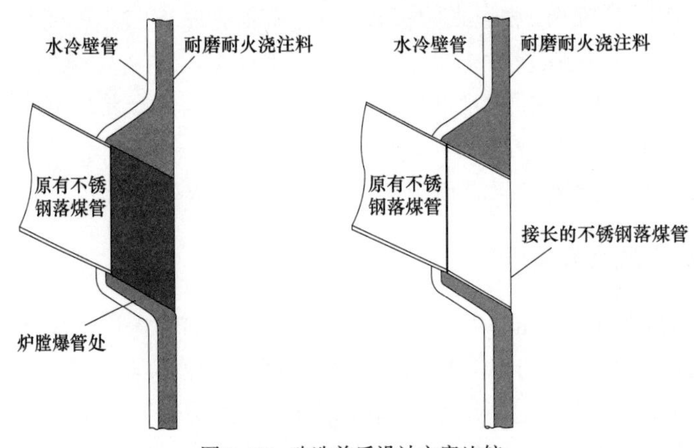

图 3-48　改造前后设计方案比较

易变形，避免了对可塑料的挤压。此外，维护方便，易于检修，表面磨损后可进行堆焊处理，设备使用寿命大幅延长。停炉检查发现给煤口无变形，也未再发生磨损及耐磨耐火材料脱落。

某厂采用的300MW循环流化床锅炉为前墙给煤，设置有8台给煤机。炉外落煤管上部采用外径$\phi 457 \times 10$mm的不锈钢管，炉外下部采用外径362mm的内衬陶瓷管，落煤管穿炉墙部分采用$\phi 340 \times 10$mm的1Cr6Si2Mo钢管，落煤管周围水冷壁敷设约80mm厚耐磨耐火材料。停炉检修发现落煤口周边防磨层磨损脱落，部分水冷壁管露出，给锅炉安全运行带来严重隐患（图3–49）。

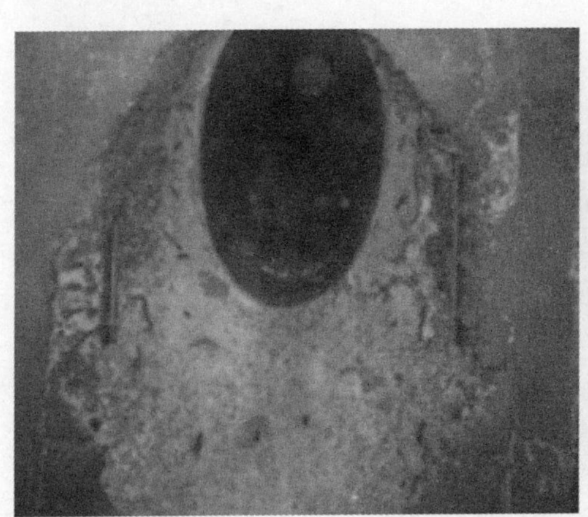
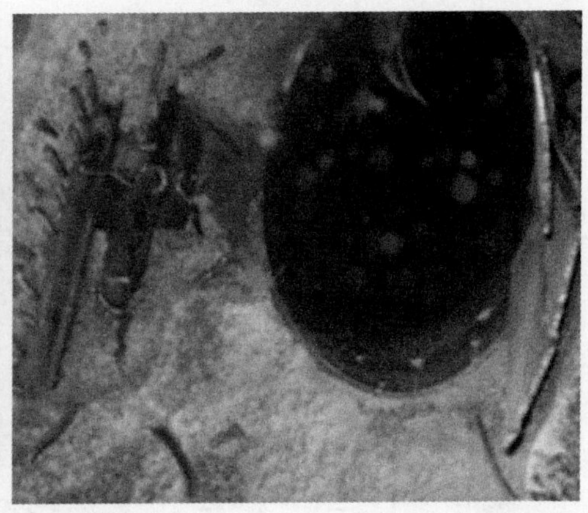

图3–49　给煤口磨损照片

炉内存在的下降边壁流是造成给煤管口附近耐磨耐火材料磨损脱落的主要原因，由于给煤口目前使用材质耐高温性能相对较差，长期运行会造成管口变形。管口变形后，管口外壁与浇注料之间形成缝隙，因炉内物料扰动强烈，大量物料对该缝隙产生掏蚀效应，加剧了给煤口区域的磨损。

为此将锅炉8个落煤管的穿炉墙段整体更换，把落煤管加长延伸至与周围水冷壁敷设的耐磨耐火材料层平齐，并伸出约10~20mm，防止落煤口周边防磨层磨损脱落，更换采用高等级的高铬高钼耐磨合金不锈钢，同时将落煤管厚度由10mm增加至35mm。经长期使用验证，相关磨损问题消除。

第四章 布风装置优化改造

第一节 概 述

循环流化床锅炉常见的布风装置有炉膛布风装置、返料器布风装置、外置换热器布风装置，本章节的布风装置主要是指炉膛布风装置。对床上物料进行充分均匀的流化是布风装置的主要功能，研究发现：物料的流化质量与物料特性、布风板阻力和进风方式等密切相关。

一、风道和风室

循环流化床锅炉包括两侧进风、后墙多路进风、底部进风等三种典型方式（见图 4–1）。布风板面积小于 50m² 的循环流化床锅炉很多采用两侧进风，布风板面积 100m² 及以上的循环流化床锅炉，采用后墙多路进风效果更好（见图 4–2）。

风室连接在布风板底部，起着稳流和均流的作用。它主要有两种形式：

（1）分流式风室：借助于分流罩或导流板，把进入风室的气流分为多股，使风室截面获得均匀的布风，这种结构在一些小型锅炉有着较多应用。

（2）等压风室：其特点是具有倾斜的底面。流体中压强相等点组成的面称为等压面，等压风室利用结构使风室与布风板连接区域的流体形成平行于布风板的等压面，这样有助于形成均匀布风。

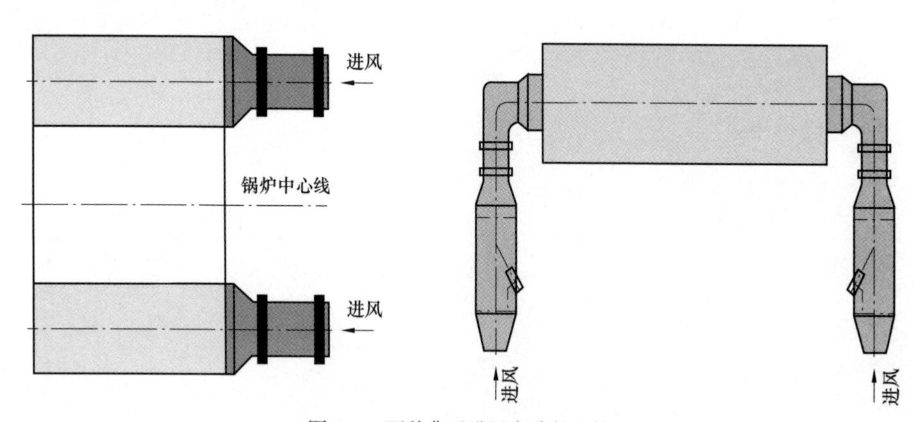

图 4–1 两种典型进风方式的比较

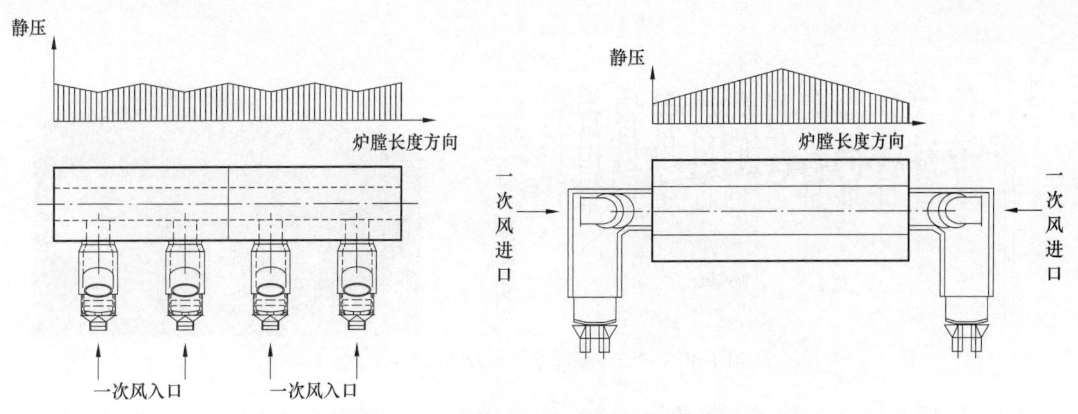

图 4-2　进风方式对风室静压分布的影响

由于风室阻力与布风板阻力不在一个数量级上，所以对风均流的重点在于布风板风帽。一般认为，较高的风帽阻力可以弥补风室形状的限制。反之如果设计不良，不能克服气泡破裂、返料灰和边壁流冲击引起的床压波动，风帽内气流会发生反向流动现象，产生漏渣。

二、布风板

炉膛四周布置有膜式水冷壁，炉膛底部是布风板，布风板将风帽和风室分割开来，承托物料（见图 4-3）。布风板上安装有风帽，风帽外罩开有小孔，起流化作用的一次风从风室由风帽流入炉膛，确保布风板上的物料均匀流化。布风板必须有足够的刚度和强度，能支承本身、燃料和床料的重量。压火及热风点火时，应保证布风板不会受热变形，风帽不会烧损，并考虑到检修清理的方便。现有的大部分循环流化床锅炉采用床下启动燃烧器点火。因此，为了克服高温烟气带来的不利影响，水冷布风板应用较多（图 4-4）。

布风板的主要作用包括：

（1）支承静止床料层；

（2）使空气均匀分布在整个炉膛的截面上，并提供足够的动压头，使床料和物料均匀地流化，避免沟流、腾涌、气泡尺寸过大、流化死区等不良现象的出现；

图 4-3　布风装置的出厂前安装

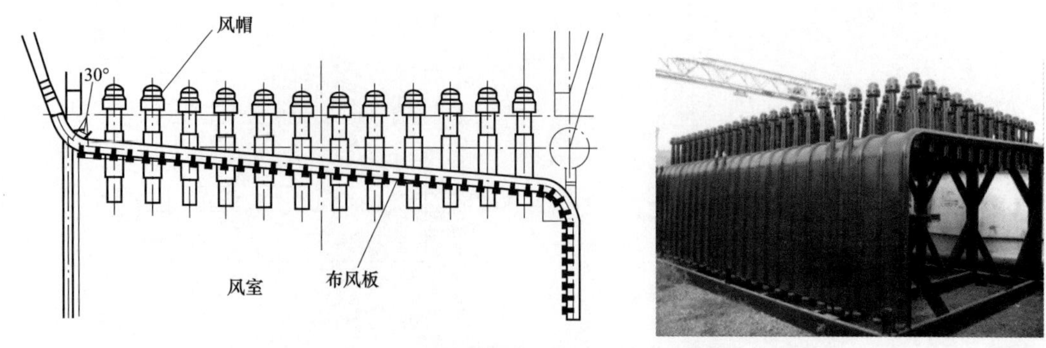

图 4–4　钟罩形风帽安装及水冷布风板示意图

（3）将那些已基本烧透、流化性能差、在布风板上有沉积倾向的大颗粒及时排出，避免流化分层，保证正常流化状态不被破坏，维持安全生产；

（4）流化过程中，床料不向风室反向流动（漏渣）。

循环流化床锅炉布风板阻力可按下式计算：

$$\Delta P = \xi \frac{\rho w^2}{2} \tag{4-1}$$

式中　ΔP——布风板阻力，Pa；

ξ——风帽阻力系数；

ρ——空气密度，kg/m^3；

w——风帽小孔风速，m/s。

根据式（4–1），习惯上将布风板阻力与风帽小孔风速的关系写成布风板阻力与流量的关系，并将式中的常数及与冷态试验风温 t_0 相关的状态参数（密度 ρ_0）归纳为一常数 A，则冷态风温 t_0 时的布风板阻力计算公式为：

$$\Delta P_b^{t_0}=AQ_0 \tag{4-2}$$

式中　$\Delta P_b^{t_0}$——风温为 t_0℃时的布风板阻力，Pa；

t_0——冷态试验时的风温，℃；

A——测量常数；

Q_0——风温 t_0 时穿过布风板的风量，m^3/h（标态）。

根据式（4–2）可以推导出，当温度为 t℃时，布风板的阻力计算公式为：

$$\Delta P_b^t = A \times \frac{273+t}{273+t_0} Q_t^2 \tag{4-3}$$

式中　ΔP_b^t——风温为 t℃时的布风板阻力，Pa；

t——热态风温，℃；

Q_t——风温 t 时穿过布风板的风量，m^3/h（标态）。

这样，在测得冷态风温 t_0 时的布风板阻力特性后，可以根据式（4–3）计算出热态风温 t 时布风板的阻力特性情况。

三、风帽

循环流化床锅炉运行中需要建立起稳定的物料循环，在物料均匀流化的前提下，避免流化死区，不向风室漏渣。一般要求风帽设计阻力合理、布风均匀，有利于锅炉不同负荷的运行，出口风速不宜过高，以降低风帽间的磨损，不易堵塞便于检修，延长使用寿命。风帽种类繁多，曾在国内得到广泛应用的包括猪尾形风帽、7形风帽、箭形风帽、柱形风帽、钟罩形风帽等几种，其主要结构如图4-5所示，各种不同类型风帽的比较列于表4-1。

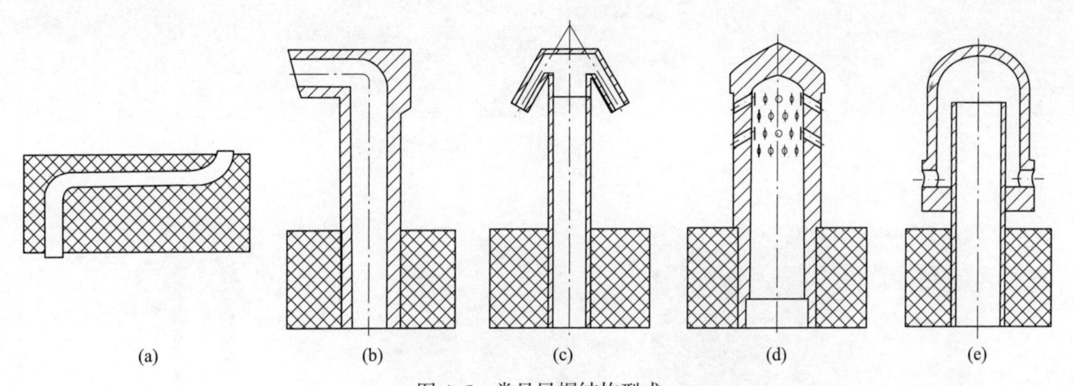

图4-5 常见风帽结构型式

(a) 猪尾形风帽；(b) 7形风帽；(c) 箭形风帽；(d) 柱形风帽；(e) 钟罩形风帽

表4-1 常见风帽特点比较

风帽形式	风帽数量	布风均匀性	磨损特性	防漏渣性能	使用周期
猪尾形风帽	多	好	最轻	较好	较长
7形风帽	多	较好	较重	弱	较短
箭形风帽	较少	较好	较轻	弱	较短
柱形风帽	多	好	较轻	一般	一般
钟罩形风帽	少	好	轻	好	较长

猪尾形风帽源自芬兰Ahlstrom公司，该风帽上段管口和下段管口分别竖直接入炉膛底部和风室，中段横向设置在布风板耐磨耐火材料层内。这种风帽没有磨损，但水平段易积渣堵塞且阻力设计偏大，目前应用较少。猪尾形风帽，实际上是对化工领域密孔板的改进，猪尾管代替了小直孔或锥行小孔，增加了布风板的阻力，提高了布风均匀性，同时也避免了细小颗粒的下漏，缺点是停炉冷却堵塞后不易清理。

7形风帽属于定向风帽，作为单孔风帽，其孔径较大，根据出口角度的不同还能分为直角形和倾斜形（见图4-6）。这种风帽阻力偏低，布风不均容易引起漏渣。此外，7形风帽对安装要求较高，需要逐个进行校对，否则极易出现风帽间的磨损，目前大多作为排渣口附近的定向风帽少量采用。

箭形风帽也是定向风帽一种，该风帽由主风管及双孔或多孔喷口管组成，每个孔与帽身呈一定角度斜向下吹。从实际使用情况来看，箭形风帽磨损较轻，安装要求没有7形风帽严格，但依旧存在漏渣现象（见图4-7）。

图 4-6　7 形风帽和箭形风帽的布置比较

图 4-7　箭形风帽漏渣机理

柱形风帽在中小型循环流化床锅炉上大量使用，这种风帽结构简单、易于制造、阻力适中，但布置数量多、风帽间距小，外孔易磨损、变形，流化风波动时一些物料会通过外孔堵塞风帽，导致风帽通风不足烧损，使用寿命短、检修工作量大。

钟罩形风帽是目前使用最多的一种风帽（见图 4-8），该风帽由芯管和外罩两部分组成，其芯管穿过布风板固定，外罩置于芯管外部，外罩四周开有数个外孔，由于孔径较大，因此不易被颗粒堵塞，风帽一般铸造而成。钟罩形风帽特有的结构可以有效防止物料漏入风室，风帽数量少、使用寿命长、便于检修。

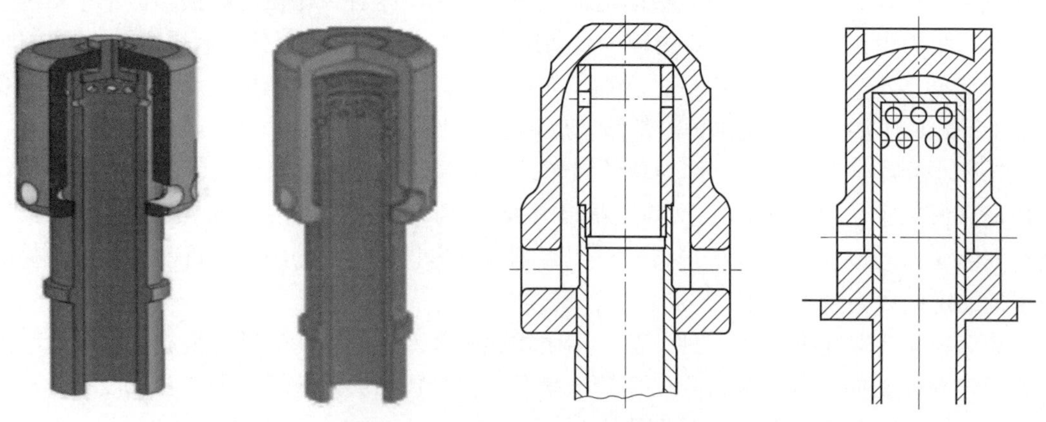

图 4-8　几种常见钟罩形风帽结构形式

第二节　布风装置常见问题

一、风帽磨损及烧毁

循环流化床锅炉风帽的磨损主要有两种：一种是风帽表面及壳体的磨损（图 4–9），磨损严重区域多位于返料器返料口和给煤口附近，其原因与高浓度物料以较大速度冲刷风帽有关。另一种是风帽出风口小孔的扩大，这种磨损将改变风帽阻力特性，同时造成床料漏至风室，磨损芯管甚至堵塞风道。此外，风帽材质不良也会导致风帽磨损破裂。早期部分循环流化床锅炉布风板边缘耐磨耐火材料层交接区域设计不当，风帽磨损严重，后期采用台阶设计后基本解决了这类磨损问题。

图 4–9　风帽的磨损和烧毁

风帽的阻力特性主要由结构决定，在结构不变的前提下，过分增加风量或减少风帽数量，均会带来不利影响。风帽外罩磨损与外孔风速有关，过高的外孔速度虽然能够保证流化良好但却会加大磨损。研究表明磨损与速度的三次方及颗粒浓度成正比，很多电厂锅炉床温偏高，运行人员习惯采用大的一次风量运行，因此风帽外罩出口速度高于设计值。计算可知，当风量增加 15% 时，磨损增加为原设计的 1.52 倍。

循环流化床锅炉使用的煤质较差，很多电厂来煤中含有矸石及不易破碎的石块，矸石类物料进入炉膛后，大块沉积在底部不容易被流化，粗颗粒在风帽之间来回碰撞，致使风帽外部磨损，此外石块及杂物还可能堵塞风口，改变风的流向和流化（见图 4–10）。

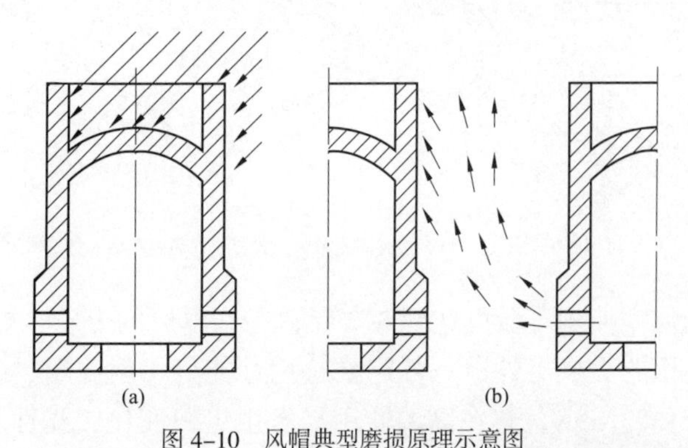

图 4–10　风帽典型磨损原理示意图

(a) 高浓度物料对风帽顶部的冲刷；(b) 相邻风帽上升气流对侧壁的磨损

为了避免颗粒沉积，风帽出口气流需要较大的动量。但动量越大，衰减的越慢，传递给颗粒的动量也就越大。会对相邻风帽产生冲击，加大磨损。另一方面，节距小，风帽布置数量多，布风越均匀，但上游风帽气流对下游风帽冲击大、磨损大。因设计或安装精度造成下游风帽某一部分位于上游风帽射流流场中会加剧磨损，错列布置和顺列布置也会对风帽使用造成影响。研究发现，采用7形风帽的循环流化床锅炉风帽磨损和漏渣较严重（见图4-11）。7形风帽即使不损坏也有漏渣现象，破损后漏渣量会更大，大量灰渣经风帽漏至水冷风室及点火风道，严重时会堵塞一次风通道，对锅炉流化危害极大，甚至会引起停炉。漏渣还会在一次风的作用下，对水冷风室内衬造成磨损，细小颗粒也会随一次风反复磨损芯管。

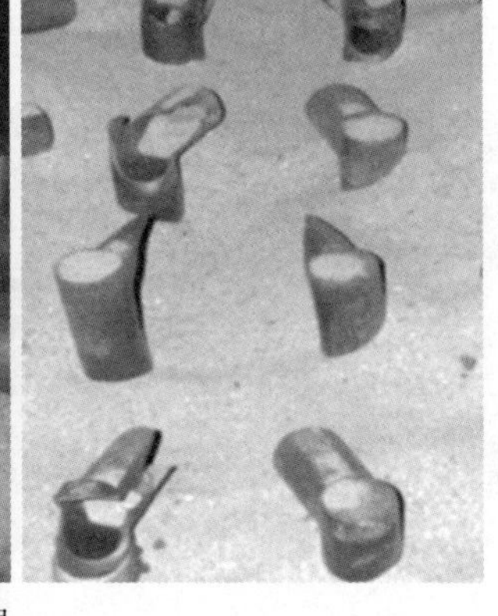

图4-11　定向风帽的磨损

以某135MW循环流化床锅炉使用的大直径钟罩形风帽为例（见图4-12），其主要磨损区域在与其相邻风帽的风孔所对部位，且磨损区域形状呈半圆形。分析发现，风孔出风夹带着颗粒对与其相邻的风帽进行冲击磨损，由于风孔呈圆形且总体向上运动，从而使相邻风帽的磨损区域呈半圆形。现场还发现相邻风帽的风孔相对时其磨损程度较轻，如果相邻风帽不相对则磨损较严重，因此应对风帽安装方式进行规范。

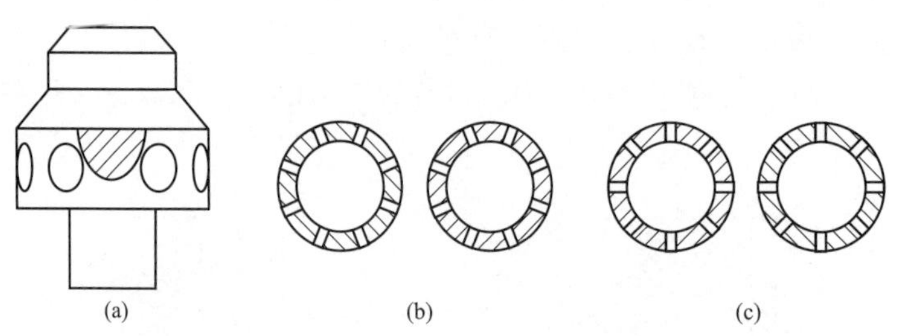

图4-12　安装方式对风帽磨损的影响

(a) 风帽磨损区域；(b) 不易磨损的布置方式；(c) 易磨损的布置方式

一般设计良好的风帽使用寿命可达到3~4年，一些电厂的煤质、煤粒度分布控制得当，5~6年不必进行大面积的更换。外罩一般需要选用性能好、耐高温、耐磨损材料，早期为节约成本多采用ZG8Cr33Ni9N，其在高温使用易发生组织变化、脆性增加。目前外罩多采用ZG40Cr25Ni20、ZG8Cr26Ni4Mn3N，芯管多采用1Cr18Ni9Ti、CPH20、HHT等材质。

二、风室漏渣

正常运行情况下的少量漏渣可以接受，只有重度漏渣才会影响循环流化床锅炉的安全运行。漏入风室的渣在一次风作用下，会对风室和点火风道内耐磨耐火材料造成强烈冲刷，导致其损坏。漏渣堆积到一定程度还会影响入炉风量和床压的正常调节，威胁床料的正常流化，导致排渣困难，甚至加剧漏渣，形成恶性循环。水冷风室积渣后，还会使风道的流通面积减小，一次风系统阻力加大，从而增加风机电耗（见图 4–13）。

图 4–13　风室漏渣及漏渣堵塞点火风道

大型循环流化床锅炉床面积大，特别是单炉膛结构对风室压力均匀性有影响，当风帽阻力不足以克服床压波动时就会出现漏渣。炉内流化的稳定性由布风板阻力和料层阻力两部分共同决定，如果布风板阻力偏低，总阻力就会出现如图 4–14（a）所示的不稳定状态，具体表现为：某一操作气速下会出现三种工作点，此时布风板上某些区域气体以 u_2 速度通过，而另外一些区域气体以 u_1 速度通过，u_1 速度时床层表现为固定床状态，当脉动压力增值大于布风板阻力时，床料就会漏入风室。

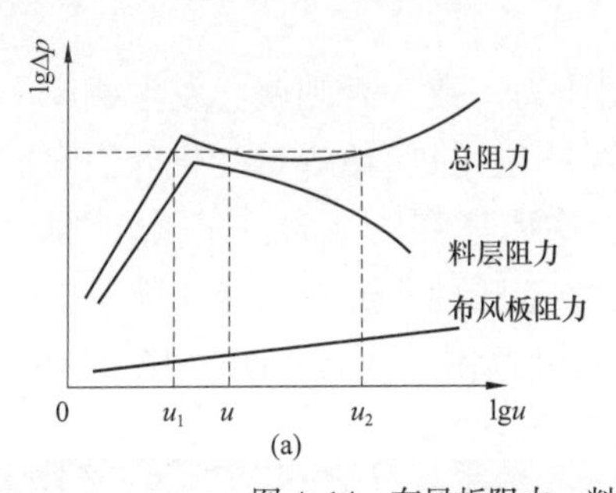

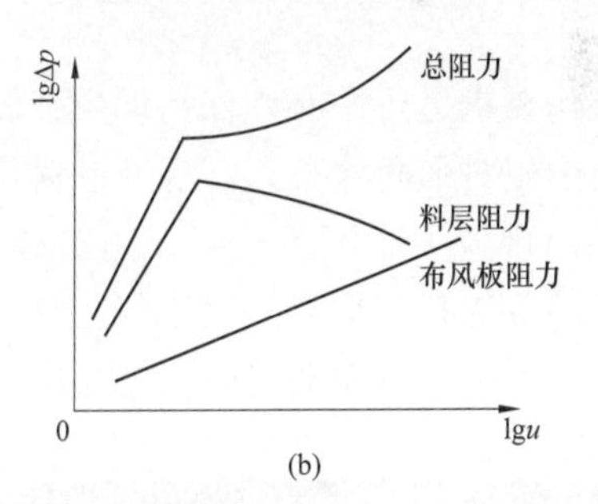

图 4–14　布风板阻力、料层阻力和总阻力的关系

(a) 低布风板阻力；(b) 高布风板阻力

通过确定合理的布风板阻力可以最大限度减少漏渣，设计时一般先保证锅炉在低负荷工况下的流化及布风均匀性，再通过反推计算额定负荷时的布风板阻力，布风板阻力和炉膛总阻力之比 K 也是设计的重要参数，相对而言其值为 0.4~0.5 时布风板阻力特性更佳。

除猪尾形风帽和钟罩形风帽外，漏渣普遍存在于其他各型风帽中，在条件允许的情况下可以考虑进行风帽整体更换，也可在运行期间适当增加流化风量，此外通过减少风帽数量、安装阻力元件等方式也可获得更大的布风板阻力。

三、床面失稳及翻床

1. 主要现象

Alstom 引进技术及哈锅自主技术的 300MW 循环流化床锅炉采用裤衩腿结构（见图 4–15），水冷布风板安装的钟罩形风帽，具有布风均匀、防堵塞、防结焦和便于维修等优点。裤衩支腿从炉膛布风板起采用锥形扩口结构，可以保证床层下部和上部的流化风速接近，在低负荷情况下仍能保持稳定的流化。

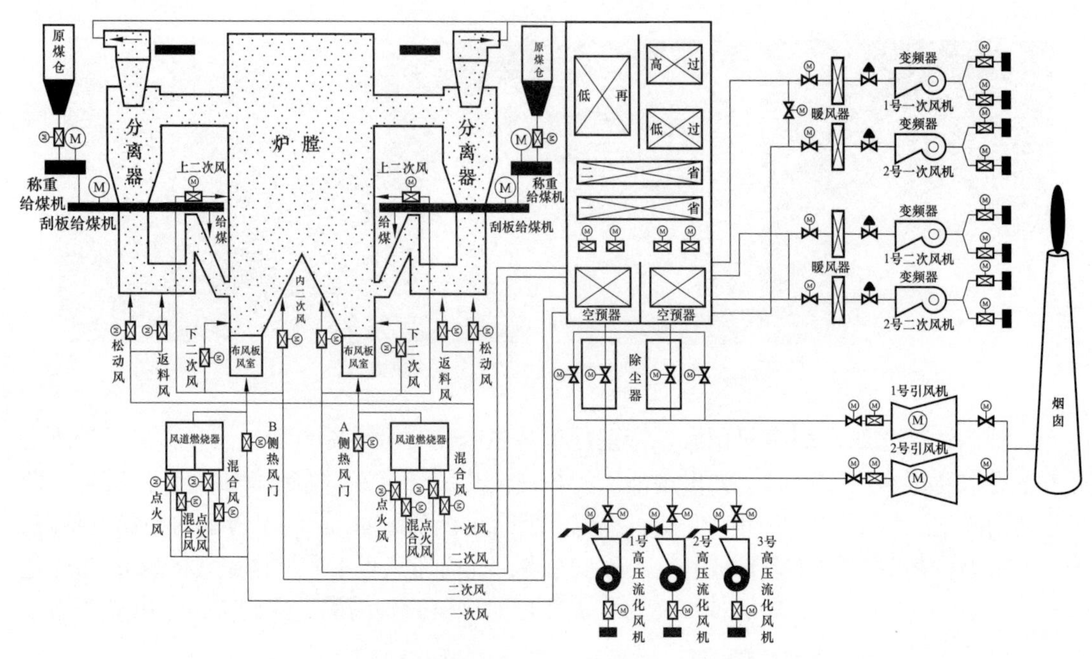

图 4–15　裤衩腿结构循环流化床锅炉系统简图

膛裤衩结构要求运行中必须保持两侧支腿压力一致，否则就会发生翻床。正常运行时，双支腿床压处于相对平衡状态。一旦受返料量、一次风量、给煤量变化等因素影响打破平衡，在支腿之间会出现较大床压差，使一侧支腿一次风量突然增大，床压急剧减小，甚至出现吹空现象。大部分床料在短时间内集聚在另一个支腿内，造成该侧支腿一次风量突然减小，床压急剧升高，严重时可能造成该侧支腿床料不能流化，甚至结焦（图 4–16）。

图 4–16　流化不良引发的床面结焦

单侧支腿的一次风量和床压是翻床过程中的两个主要参数。床料开始流化前，压降随流化风量的增加而增大。床料开始流化后进入鼓泡床，料层阻力基本不变。但随流化风量进一步增加，床层压降开始下降。床料量不变时，随着运行风量的增大，床压降低，更多的物料分布在外循环回路。正是因为床层压降曲线的马鞍型特性，使裤衩腿锅炉易发生翻床。翻床会使床层燃烧不稳，床温、床压分布不均，局部超温、受热面热偏差增大，还会使汽压、汽温、壁温、环保参数等超限，严重时将导致停炉。

如果一次风量工作点在图 4–17 曲线下降段之前，两侧床压容易平衡。因为某种扰动一侧炉膛一次风量增加，料层阻力会随之增加，一次风量自动下降，恢复平衡。当一次风量工作点在曲线下降段时则容易失衡，因为某种扰动影响一侧炉膛一次风量增加，料层阻力随之减小，一次风量进一步上升，加剧两侧失衡。此时应通过改变一次风量调整压降来恢复平衡，曲线下降段越陡，要求一次风量调整动作越迅速。

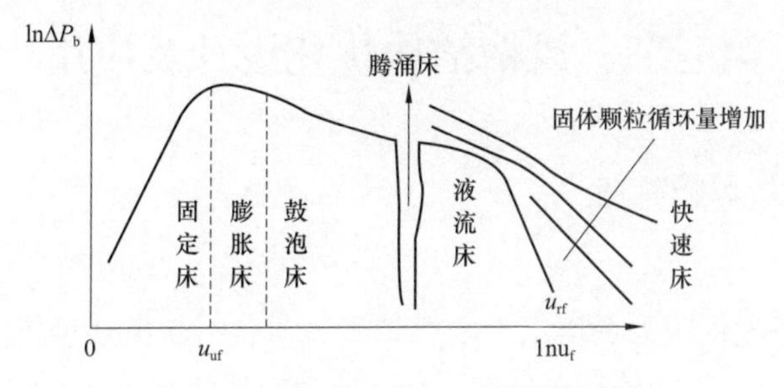

图 4–17　运行风量对床层压降特性的影响

2. 原因

根据现场运行经验，以下几种情况容易发生翻床：

（1）左侧或右侧风道燃烧器入口一次风挡板卡涩，在两侧床压失去平衡时，卡涩的一侧无法通过开大和关小挡板开度来调节床压平衡；

（2）压缩空气压力低，造成风道燃烧器入口一次风挡板闭锁，无法调节；

（3）单侧给煤量大，未及时调整导致两侧床压偏差大而失稳翻床；

（4）床压过高，一次风压力设定过低或风量设定过大，造成风道燃烧器入口一次风挡板开度过大，超出风门工作特性区域；

（5）冷渣机故障使床压维持较高，或排渣不均匀，长期在一侧大量排渣，而另一侧少量排渣或不排渣；

（6）入炉煤或石灰石粒度分布严重偏离设计，使大颗粒床料过多或炉内单侧结焦。

3. 预防及处理措施

控制合理的一次风压，使一次风量调整挡板工作在最佳区域。一次风自动调节系统包括一次风流量自动调节和一次风压力自动调节。运行人员可通过偏置来改变两侧的风量分配。为使一次风量调节挡板具有良好的调节特性，还应采取以下措施：

（1）运行中注意加强床压监视，同时注意监视风室压力；

（2）发现两侧床压不平衡时及时修改偏差设置，在床压波动大或显示不准确时严禁投入偏差自动；

（3）注意一次风压力、风量设定，风压过高影响机组经济性，风压过低容易造成一次风挡板开度过大失去最佳调节特性；

（4）监视两侧风道燃烧器入口一次风挡板，以两侧平均开度不大于 45% 为宜；

（5）控制两侧给煤量均衡，当一侧出现单条给煤线停用时，应及时调整该侧给煤量维持不变，或及时降低总煤量，保证两侧给煤量偏差小于 15t/h；

（6）通过调整外置换热器入口锥形阀开度，以及一次风量、上下二次风配比，控制两侧床温均衡；

（7）加强床压控制，及时排渣。

在运行中控制好一次风量和风压是防止锅炉翻床的关键，同时运行中应调整好煤量和总风量的关系，严格控制床温及床压参数。国内大部分电厂采用上述措施后都很好的防止了翻床的出现。

第三节　风帽结构优化设计及应用

一、小直径钟罩形风帽改造

1. 对象概述

某厂 200MW 循环流化床锅炉风室为绝热等压风室，一次风从炉后沿一次风室分四根支管进入，风室内有三根下集箱管（见图 4–18），床面布风板尺寸为 22.74m × 3.53m，顺列布置 2615 个逆流钟罩形风帽，横向及纵向间距均为 170mm，风帽芯管采用直通管，侧壁不设置小孔，外罩有 8 个孔径 15mm 的小孔，风帽采用耐热耐磨不锈钢铸造（见图 4–19）。

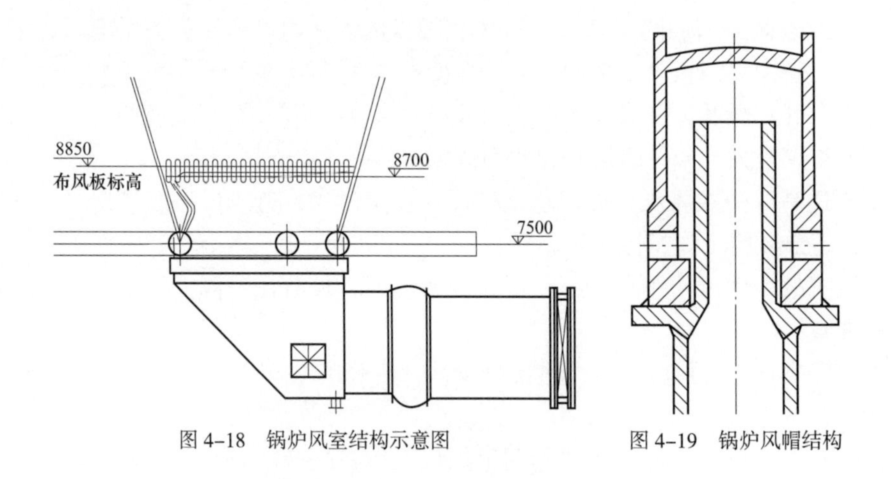

图 4–18　锅炉风室结构示意图　　图 4–19　锅炉风帽结构

锅炉投运以来风帽漏渣和磨损较为严重，设计布风板阻力为 4.5kPa，但实际运行中由于暖风器未投运以及空气预热器漏风较大等因素影响，一次风温仅为 180℃，因此实际布风板阻力约为 3.5kPa。风帽外罩部分的磨损集中在小孔，布风板四周 3~4 排风帽因小孔堵塞而烧损变形（图 4–20）。

(a)

(b)

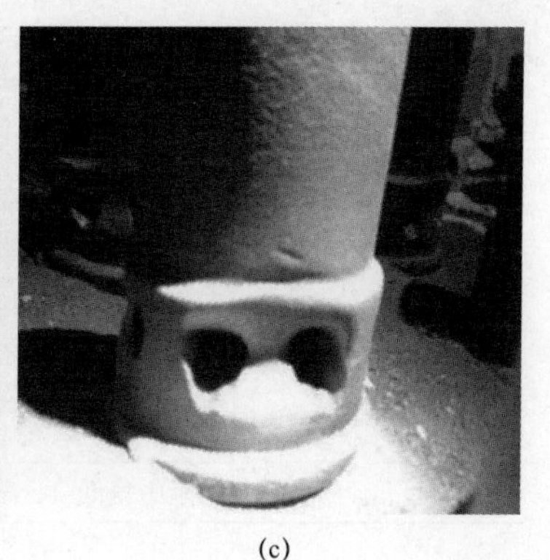
(c)

图 4–20　风帽存在的主要问题

(a) 风帽顶部磨损；(b) 风帽脱落；(c) 风帽出口磨损

中低负荷时风帽漏渣量大，灰渣落入风室后被流化风裹挟反复磨损芯管，部分区域芯管的减薄量超过 2mm，甚至造成风帽芯管磨穿、断裂脱落，床料直接从芯管上部漏入风室，最严重时日均放渣量 3~4t。考虑到这部分渣从风室不经冷渣机直接排出，温度在 800℃以上，带来了严重的安全隐患，每次停炉检修均需对风帽进行大面积更换，维护成本高。

2. 改造实践

第一次改造将风帽芯管由向上开孔（ϕ43 × 6mm）改为侧向开孔，侧向均匀布置三排共 24 个 ϕ8.5mm 小孔，外罩结构不变（见图 4–21）。改造后热风温度为 230℃、300000m^3/h（标态）风量下布风板阻力约为 4.7kPa，但在一次风温为 180℃时布风板阻力为 4.2kPa，仍然偏低。此次改造后，在 300000m^3/h（标态）风量下风帽漏渣有所缓解，低于此风量从风室观察孔可以看到布风板四周有明显漏渣，停运后布风板四周 3~4 排风帽仍有堵塞、烧损。

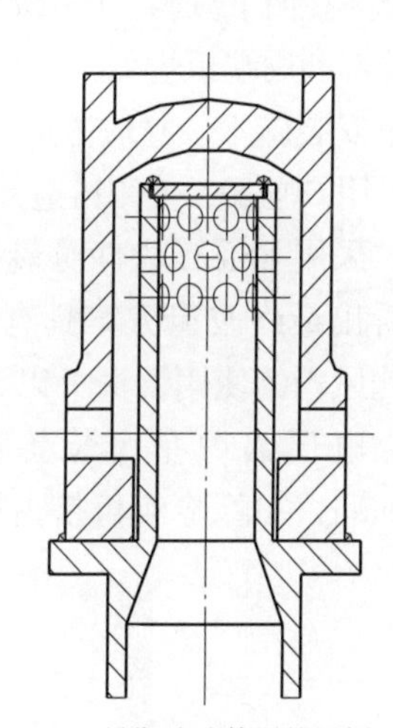
图 4–21　早期改造使用的风帽芯管结构示意图

第二次改造对锅炉布风板中间区域风帽间距进行增大，前后墙各 4 排、左右墙各 10 排风帽不动，共割除风帽 629 个，布风板阻力提升至 6kPa，改造后风量在 270000m^3/h（标态）以上时没有明显漏渣现象，低于此风量风室四周有漏渣，风量越低漏渣越明显，但机组停运后布风板前后墙风帽无堵塞现象。

第三次改造在第二次改造的基础上，又减少了 166 个风帽，即仅将前后墙各 3 排、左右墙各 8 排风帽保持不变，经过测试布风板阻力提高至 6.7kPa，改造后风量在 270000m^3/h（标态）以上时没有明显漏渣现象，低于此风量风室四周有漏渣，与第二次改造情况相似。

第四次改造在第一次改造的基础上将风帽芯管由向上开口（ϕ43 × 6mm）改为侧向开孔，侧向均匀布置三排共 24 个 ϕ8.5mm 小孔，割除前后墙各两排共 532 个风帽，改造后布风板阻力为 7.5kPa，风量 240000m^3/h（标态）以上不漏渣，但风机电耗显著增加（见表 4–2）。

表 4-2　改造效果比较

说明	原设计	第一次改造	第二次改造	第三次改造	第四次改造
特点	原设计方案	芯管改造	减少风帽	减少风帽	芯管改造、减少风帽
风帽数量	2615	2615	1986	1820	2083
实测阻力（kPa）	3.5	4.7k	6.0	6.7	7.5
不漏渣风量 [m^3/h（标态）]	300000	280000	270000	270000	240000
评价	阻力偏低	阻力偏低	结构不合理	结构不合理	阻力大电耗高

3. 最终方案

针对风帽存在的上述问题，开发了新型耐磨防漏渣风帽（见图 4-22），该风帽的阻力由芯管小孔和外罩小孔共同决定，由于可以通过芯管调节阻力分布，避免了单纯依靠外罩小孔速度增大阻力的弊端，大大降低了风帽的磨损，加之外罩小孔孔径较大，也有效避免了运行期间的颗粒堵塞问题。为提高风帽耐磨性和使用寿命，对风帽外罩小孔区域进行了加厚。将风帽外罩风孔向下倾斜 20°，减少相邻风帽的扰动，风帽芯管顶部利用端板焊死，防止风帽外罩脱落从芯管漏渣，便于安装施工。材质方面外罩采用 ZG40Cr25Ni20，芯管采用 CPH20，使用铸造方式进行加工。

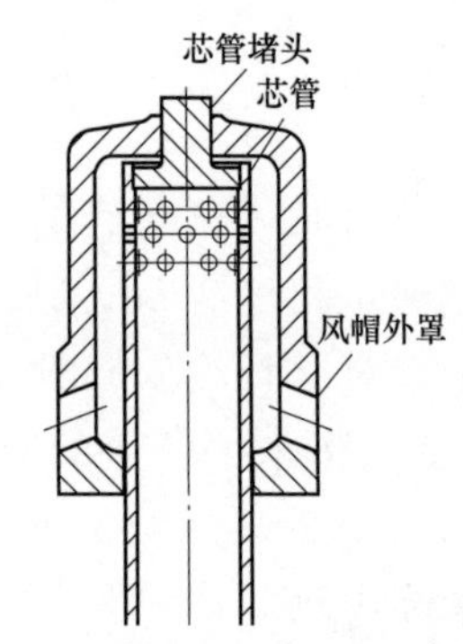

图 4-22　新型耐磨防漏渣风帽结构示意图

采用 Fluent 软件对最终改造方案进行了计算，模拟结果如图 4-23 和图 4-24 所示，可以看出最终改造方案具有优良的阻力特性，由于阻力主要由芯管小孔控制，出口风速低，因此风帽的使用寿命可以大幅度延长。

电厂锅炉布风装置上原风帽采用顺列布置，布置方式为 133 列、20 行，截距为 170mm，扣除冷渣机挤占风帽，风帽总数量为 2615 个，其中靠近前后墙部分为垂直下落。

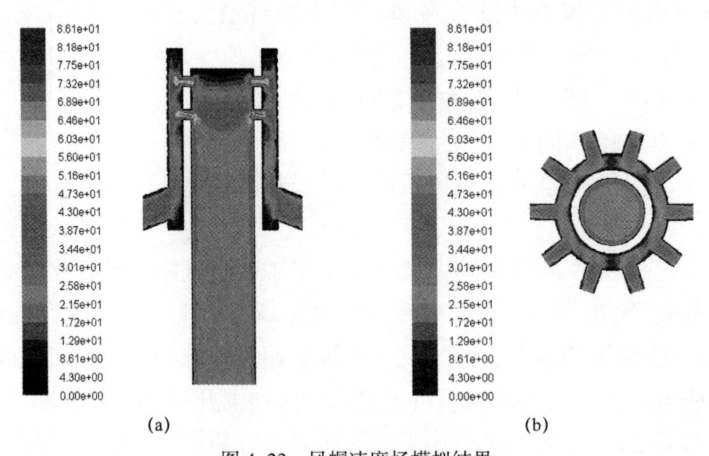

图 4-23　风帽速度场模拟结果
（a）整体结构；（b）外孔水平面

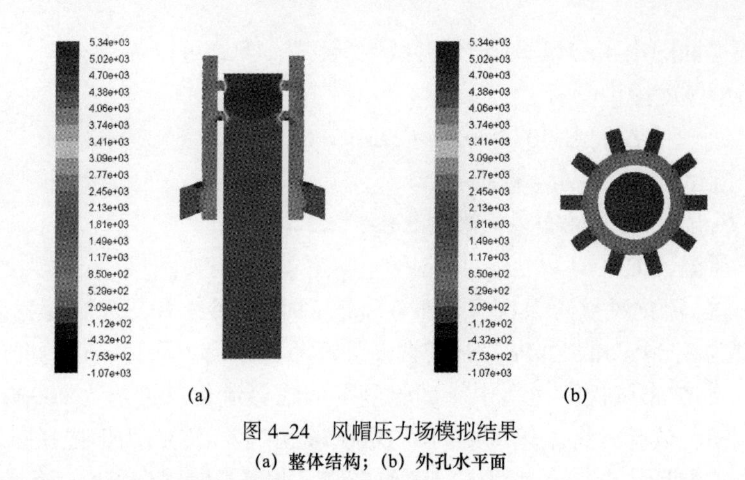

图 4–24　风帽压力场模拟结果

(a) 整体结构；(b) 外孔水平面

改造时考虑到靠近后墙的风帽流速较低，且边壁区域易受到下部集箱的影响，因此各覆盖一排前后墙和左右墙的风帽，利用浇注料修筑凸台，凸台高度 250mm，与水平面夹角为 20°（见图 4–25），改造后风帽数量降低为 2349 个。

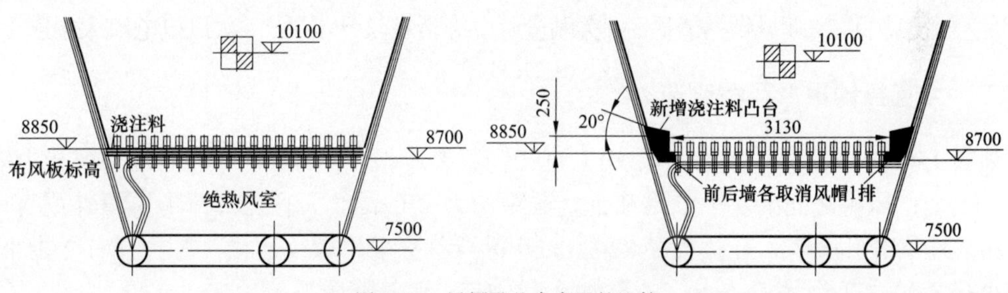

图 4–25　风帽及凸台布置的比较

4. 改造效果

锅炉大修期间对风帽进行了改造，大修结束后分别进行了布风板阻力试验、流化特性试验。试验测量了锅炉布风板在不同风量下的冷态空床阻力，图 4–26 中包含两根曲线，包括冷态试验条件下测量的布风板阻力曲线和根据冷态试验结果换算到热态条件下（风温 200℃）的布风板阻力曲线。

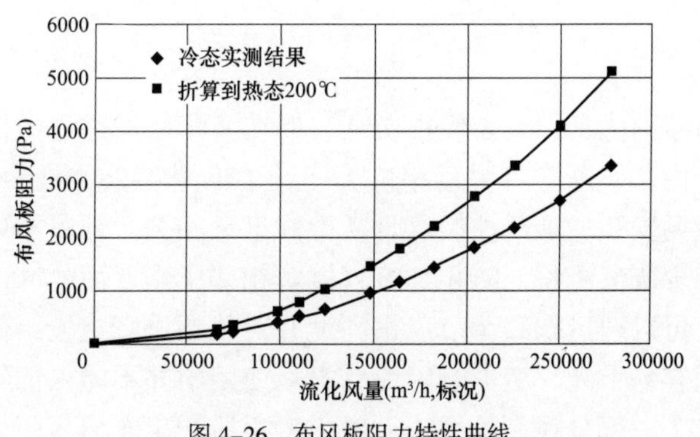

图 4–26　布风板阻力特性曲线

根据试验数据回归出了布风板阻力特性计算公式，下式可以为热态运行时利用风室压力判断炉内床料层厚度提供参考。

$$\Delta P_b^t=1.4073\times10^{-10}\ (273.15+t)\ Q_0^2 \tag{4-4}$$

式中　Q_0——流化风量，m^3/h（标态）；

ΔP_b^t——风温为 t℃时的布风板阻力，Pa；

t——风温，℃。

根据上述公式，流化风量为 280000m^3/h（标态）时，在冷态和热风温度为 200℃条件下，布风板阻力分别为 3.4kPa 和 5.2kPa。对于大型循环流化床锅炉而言，运行时的布风板阻力一般为 4~5kPa，锅炉布风板阻力适中。试验测得的临界流化风量约为 90000m^3/h（标态），与改造前基本相同，试验时将流化风量调至 100000m^3/h（标态），用钢棍在布风板风帽上方拖动，感觉阻力均匀且较小，这表明床料流化良好，此风量对锅炉安全运行有足够的余度，建议将运行中最小运行控制风量确定为 100000m^3/h（标态）。在料层厚度为 800mm、流化风量为 100000m^3/h（标态）的条件下，关停风机后进入炉内观察，发现炉内床层平整度好，整个床层表面没有明显的凹坑和凸起。

改造后运行期间最小流化风量降低至 170000m^3/h（标态）也不会发生风帽漏渣，风帽的磨损程度大幅度降低，消除风帽漏渣后，一次风量可以维持在较低水平，一次风机电流大幅度下降。

二、大直径钟罩形风帽改造

某厂 150MW 循环流化床锅炉采用大直径钟罩形风帽（图 4–27），在水冷布风板上安装风帽 715 个，风帽之间的水平节距和垂直截距均为 270mm。大直径钟罩形风帽外罩直径为 159mm，外罩开孔 8 个，开孔直径 22mm。外罩与芯管采用螺纹连接。芯管开有 2 排小孔，每排小孔 8 个，直径为 13.7mm。外罩材质为 HHT，芯管材质为 CPH20。

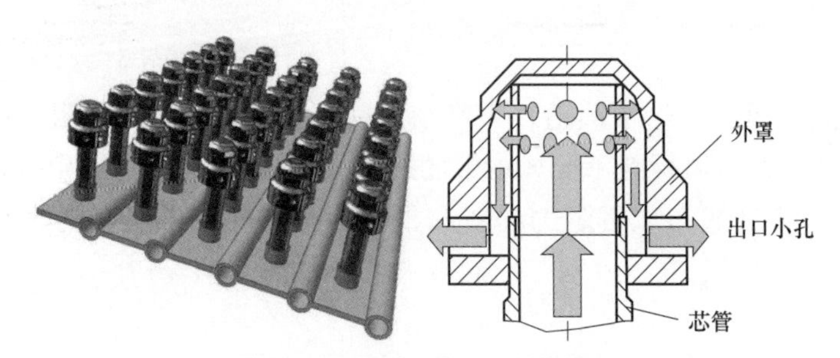

图 4–27　风帽布置方式及结构简图

尽管钟罩形风帽结构优良、安装使用便利，但在实际使用过程中仍存在外罩小孔磨损和堵塞、外罩破裂、内芯管断裂和脱落错位等问题（见图 4–28~ 图 4–30）。事实上钟罩形风帽存在的问题与现场安装、运行控制和日常检修息息相关。钟罩形风帽安装时要求外罩小孔对冲布置，以减少灰渣沉积，防止气流直接对相邻风帽壁面的冲击。芯管与外罩的接触部分有安装螺纹，可以通过螺纹调节风帽高度并对风帽进行更换，但由于风帽所处工作环境恶劣，螺纹之间容易卡死、变形。因此，实际使用中并不能保证钟罩形风帽完全符合安装要求，这就造成了一部分风帽的磨损。磨损发生后产生布风板阻力分区，即某些区域

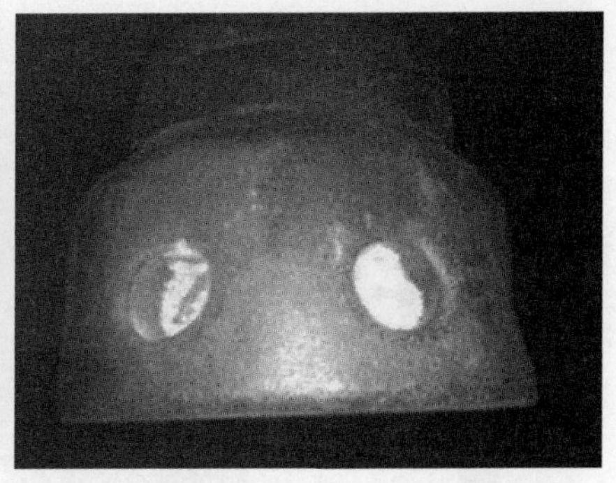

图 4-28 风帽外罩小孔磨损及堵塞

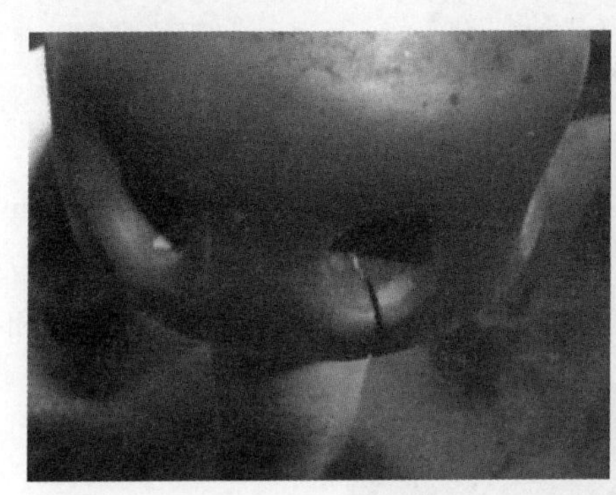
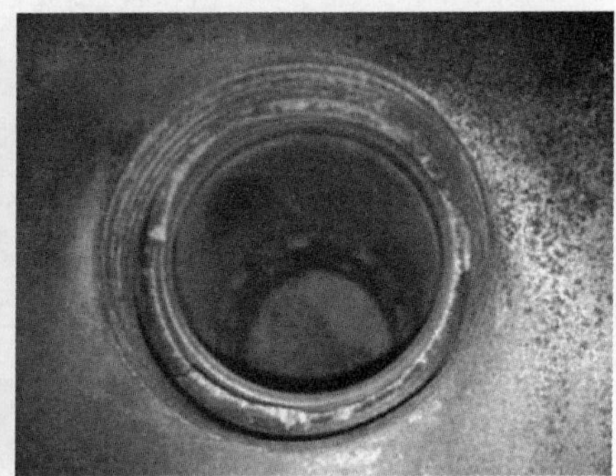

图 4-29 风帽外罩破裂及芯管断裂

图 4-30 风帽芯管脱落错位及外罩破裂

阻力小、风量大，风帽磨损加重；某些区域阻力大、风量小，出现流化死区甚至结焦，为了避免发生结焦，运行人员往往采用大风量运行，又加剧了其他区域风帽的磨损。

为解决该锅炉存在的问题，对设计风帽改造方案进行了数值模拟研究（见图 4-31 和图 4-32），主要模拟实炉条件下风帽内的流动及压力变化，可以看出阻力的主要产生区域是风帽芯管小孔和外孔，风帽整体阻力特性良好。

图 4-31 改造方案的风帽外罩及芯管

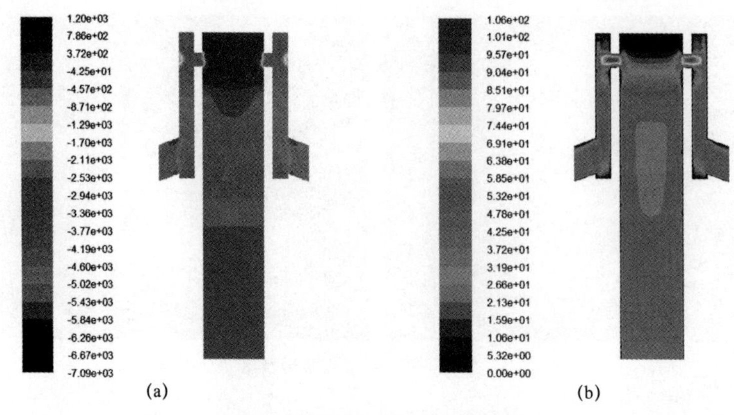

图 4-32　改造方案数值模拟结果

(a) 压力场 (b) 速度场

改造后最小流化风量降低至 100000m^3/h（标态），风帽年更换量仅为 10~20 个，较改造前大幅度下降（见图 4-33），由于改造后布风均匀，NO*x* 排放浓度降低了约 90mg/m^3，对环保参数改善也十分有利。改造后还测量了锅炉布风板在不同风量下的冷态空床阻力，锅炉在 180000m^3/h（标态）风量下，冷态和热风温度 200℃时的布风板阻力分别为 3.0kPa 和 4.8kPa。

图 4-33　风帽改造后的现场布置

三、定向风帽改造

1. 对象概述

某厂锅炉为引进美国 Foster Wheeler 技术设计制造的 DG450/9.81-1 型循环流化床锅炉，炉膛底部是由水冷壁管弯制围成的水冷风室，布风装置由水冷风室和水冷布风板构成，在拉稀的水冷壁布风板鳍片上设置 2600 支 7 形风帽，7 形风帽设计入口直径为 26mm，通流直径为 24.5mm（见图 4-34）。运行发现风帽磨损和漏渣较严重，大量灰渣经风帽漏至水冷风室及点火风道，多次堵死一次风通道，致使被迫停炉，严重影响锅炉的连续稳定运行。

漏渣与布风板上的物料流化状况及布风板阻力有关。由于定向风帽角度在运行过程中容易发生偏斜，对吹相邻风帽造成风帽严重损坏，风帽出口流速不均匀也会导致床料从风帽处漏至水冷风室。此外，锅炉床层压力变化幅度大（尤其在回料不连续时），同样会引起

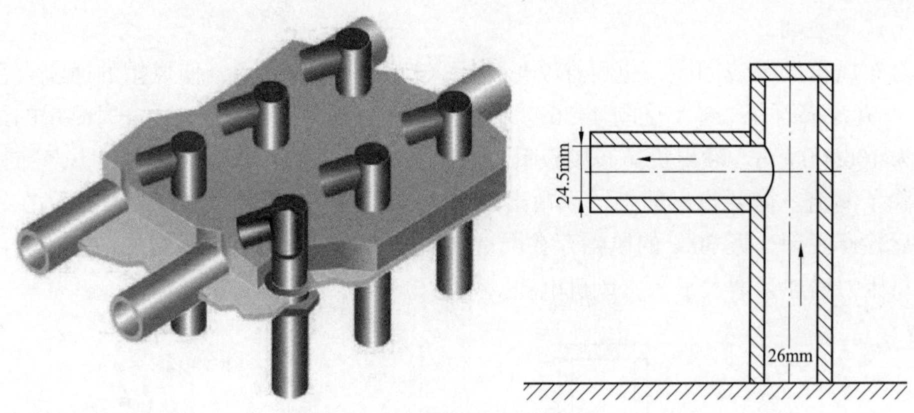

图 4-34　7 形风帽布置与结构示意图

布风板局部漏渣严重。

计算发现布风板开孔率为 2.38%，阻力仅为 3kPa 左右，而原设计值为 5.4kPa。布风板最低稳定压降约为 2.2kPa，但由于各处风量分布不均匀，局部区域布风板阻力小于最低稳定压降容易造成漏渣。冷态试验期间对各个风帽的出口风速进行了测量，发现各位置 7 形风帽的风速存在很大偏差，最大达 20m/s。

2. 防磨罩应用

7 形风帽即使不磨损也有比较严重的漏渣，锅炉停用油枪投煤运行后，很短的时间内就在水冷风室中积存大量的灰渣。分析发现布风板产生的压降在总压降中所占比例过小。根据布风板的工作原理，当布风板工作压降偏低时存在不稳定状态，接近布风板的密相区物料在流化床与固定床两个状态下随机转换，部分风帽在工作状态与非工作状态间转换，受扰动或脉动影响极易发生漏料。

提高布风板阻力是减少漏渣的主要改进方式，如减小布风板开孔率、延长喷嘴长度、改小风帽出风孔直径、改大下倾角（出风孔轴线与水平夹角）等。也可采用焊接防磨罩方式防止磨损（见图 4-35），防磨罩方案与更换风帽相比工艺简单、检修费用低、工期很短，且不需要打掉和重新浇筑耐磨耐火材料。但防磨罩的长度要覆盖风帽及风管的连接部位，避免风帽被拦腰磨断。

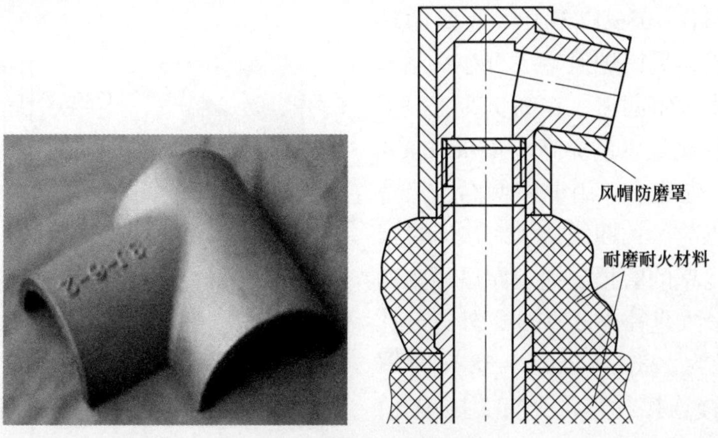

图 4-35　7 形风帽防磨罩的应用

3. 节流圈应用

针对布风板的漏渣问题，也可在7形风帽入口处加装节流圈，使风帽的通流直径变为19mm，开孔率降至1.43%（见图4-36）。改造后在静止床料厚度为700mm时测得的最小流化风量为100000m³/h。额定负荷布风板阻力达到4.7kPa（见图4-37），风帽出口风速53.6m/s，基本消除了漏渣。需要指出的是，风帽出口风速增大后，风帽磨损也随之加剧。在一个运行周期后检修发现，近30%的风帽存在严重磨损必须更换，布风板阻力的增加也使得一次风机出口压力增加，增大了一次风机电耗。

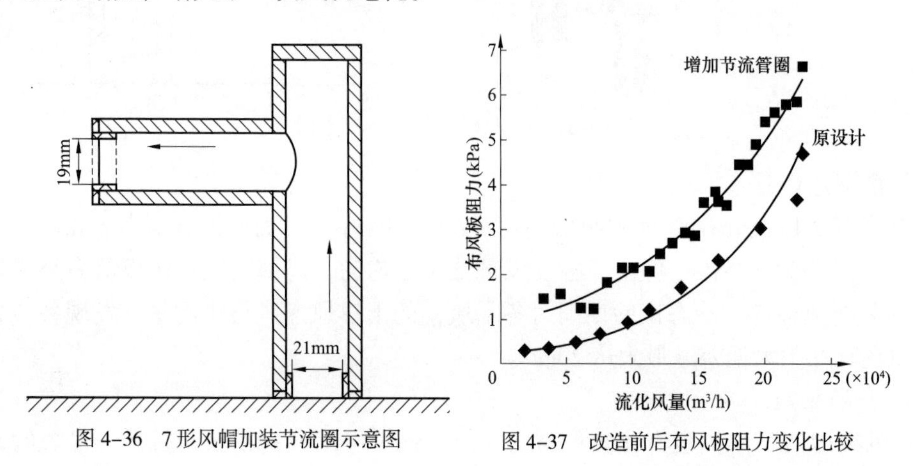

图4-36　7形风帽加装节流圈示意图　　图4-37　改造前后布风板阻力变化比较

4. 整体换型改造

为解决磨损，将原设计的7形风帽全部改为钟罩形风帽，风帽内径为32mm，单个风帽有8个出风口，直径为11.5mm，同时风帽数量由原来的3534个减至1767个。就单个风帽而言，钟罩形风帽阻力特性优于7形风帽，从而减小了风帽漏渣的可能性。

通过冷态试验可知，风帽更换后布风板开孔率为2.1%，最小流化风量约为95000m³/h（标态）。在额定负荷下，布风板阻力为3kPa左右，风帽出口风速36.5m/s。风帽数量的减少和结构的改变使得出口风速降低，减少了风帽的磨损，同时也减小了一次风机电耗。

四、改进型定向风帽改造

某厂配套SG-1036/17.5-M4506型循环流化床锅炉，投运后锅炉风室一直存在漏渣问题。为了减少风室漏渣，在高负荷工况下运行人员需要将流化风量提高至450000m³/h（标态）以上，造成了厂用电率偏高、经济性变差等负面影响。长期维持大一次风量运行还增加了水冷壁的磨损。锅炉原风帽为四爪风帽，外罩最大直径为230mm，外罩开孔4个，开孔直径为42mm（见图4-38）。外罩与芯管采用焊接连接，芯管开有2排小孔，每排小孔10个，直径为13.5mm。该风帽漏

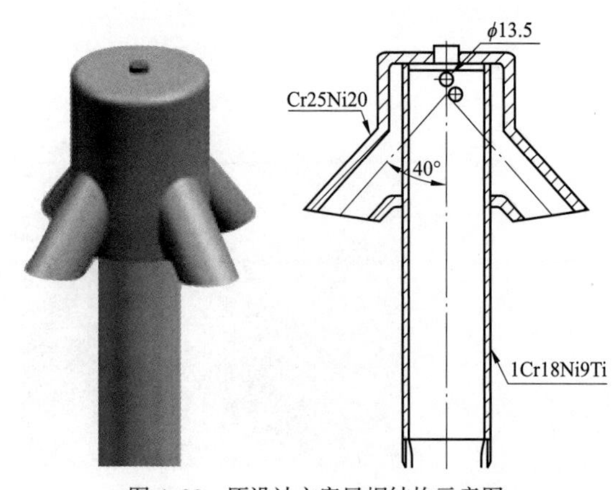

图4-38　原设计方案风帽结构示意图

渣区域主要在后墙，主要磨损区域在外罩上部及两爪中间部位。设计煤质条件下，额定负荷风量为 380000m^3/h（标态）时对应的小孔速度为 28.5m/s。

该锅炉布风板面积 112.9m^2，风帽节距 340mm，改造方案采用钟罩形风帽，外罩小孔 12 个，孔径为 13.5mm（见图 4–39）。数值模拟结果显示，额定负荷下风帽阻力为 4.0kPa，由于风帽外罩小孔速度得到了提高，因此风帽阻力增加。

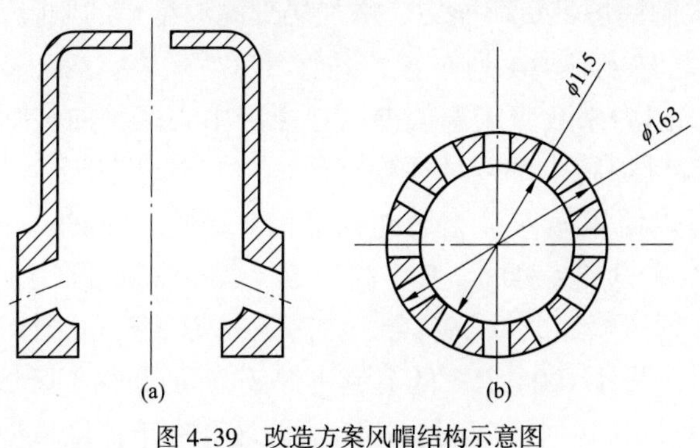

图 4–39　改造方案风帽结构示意图
(a) 主视图；(b) 俯视图

改造后的风帽阻力匹配更加合理，提高外罩小孔至芯管小孔的距离后，进一步降低了风帽漏渣的可能性。改造完成后测试了冷态时布风板阻力特性曲线，如图 4–40 所示，流化风量 380000m^3/h（标态）、风温 287℃时，布风板阻力为 4.8kPa。改造后运行期间最小流化风量降低至 260000m^3/h（标态）也不会发生漏渣，风帽磨损程度大幅度降低，一次风量可以维持在较低水平，风机电流下降、运行经济性增强。

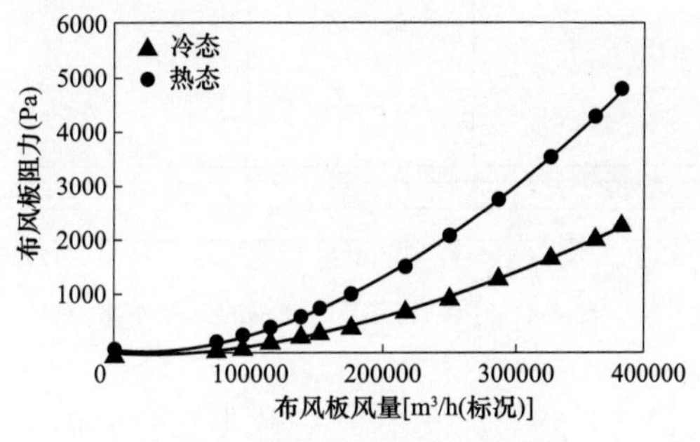

图 4–40　改造后的布风板阻力特性

五、风帽分区布置优化

某厂采用 DG1069/17.4– Ⅱ 1 型循环流化床锅炉，该炉型采用大宽深比炉膛、不对称布置 3 台分离器。改造前床温偏差较大，即使扣除最外侧测点并排除局部结焦带来的床温失真，计算得到的床温偏差仍有近 100℃。

分析发现炉内流化不均，排渣口距离返料口过近，冷渣机排渣以细颗粒为主，大渣份额少，床料粒度分布和流化不均，引起床温偏差，再加上锅炉水冷风室采用双侧进风，中间床料厚度低、温度高。此外，该型锅炉前墙布置有 12 片屏式过热器、6 片屏式再热器，炉膛后墙布置有 2 片水冷屏式受热面和 3 台汽冷式旋风分离器，前墙沿炉宽方向上布置了

8台气力式播煤装置。炉膛中部的受热面较少，该区域的吸热量相对较少，使得炉膛中部烟温较高。由于结构布置原因，各给煤口给煤量分配不均匀，沿炉膛高度、宽度和深度方向不同区域内煤量和受热面分布的不同也加剧了床温分布的偏差和不均匀性。

一定的床温偏差在设计和运行中可以接受，但如果过大将影响炉内热流分布，甚至会引起壁温偏差和汽温偏差，影响锅炉性能。另外，床温会随锅炉负荷增加而上升，如果温差过大、床温过高会限制锅炉带负荷能力，增加局部高温结焦的风险。

按照设计风帽采用17行、161列布置，共计2737个，为缓解床温中间高两侧低的问题，通过调整局部风帽阻力来改善床温偏差。在床层中心区域加装圆钢增加风帽阻力，使炉膛中部风量减少，设计炉膛中部区域风帽迎风面入口焊接直径为38、36、30mm的圆钢（圆钢长度30mm），可以使风帽入口流通面积降低49.5%、44.4%、30.9%，增加风帽阻力31.6%、23.2%和10.1%（见图4-41）。其中高节流（焊ϕ38mm圆钢）区域位于锅炉床层正中心区域的30列、14行风帽，共计390个；中节流（焊ϕ36mm圆钢）区域位于高节流两侧的75列、14行风帽，共计1004个；低节流（焊ϕ30mm圆钢）区域包括左右两侧沿着中节流区域外推4列、16行和8列、11行，高节流区域和中节流区域向上、向下1~2行，共计539个；不节流区域共计804个。

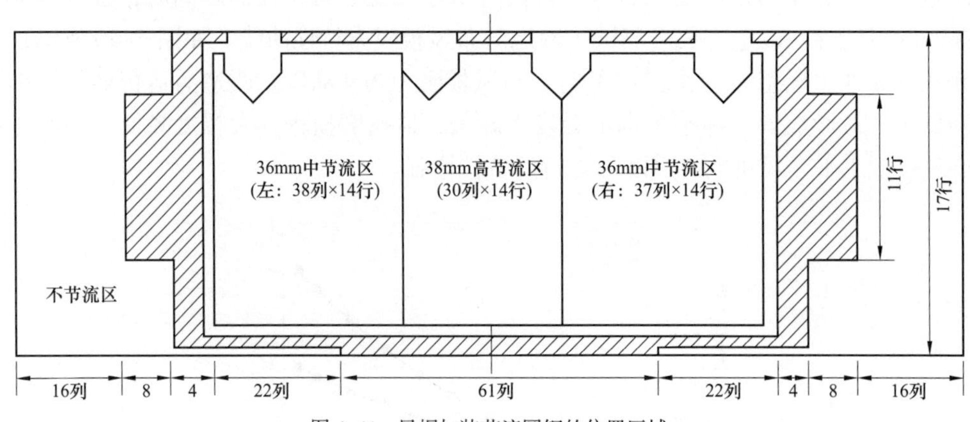

图4-41　风帽加装节流圆钢的位置区域

风帽加装节流圆钢位置略有差异，其中炉左侧风帽芯管中的圆钢位于左侧迎风面，炉右侧风帽芯管中的圆钢位于右侧迎风面，炉膛中心线上的风帽自前墙至后墙、相邻风帽芯管内部的圆钢分别与左、右内圆相切（见图4-42）。

改造后在240MW负荷条件下，床温偏差有所降低，通过给煤偏置调节（即中间给煤量小、两侧给煤量大），基本可将床温偏差降低至50℃左右，具有一定的改造效果，但氧量和NO_x排放浓度有所增加。另外，在满负荷条件下床温偏差仍然较高。

六、床面流化均匀性改善

某厂DG1100/17.4-Ⅱ2型循环流化床锅炉风帽共有两种，其中10孔风帽1126只布置在炉膛中部，12孔风帽1208只布置在炉膛四周，两种风帽出风孔大小相同。锅炉运行期间中间床温偏高、易超温，风机运行电流大、料层高。

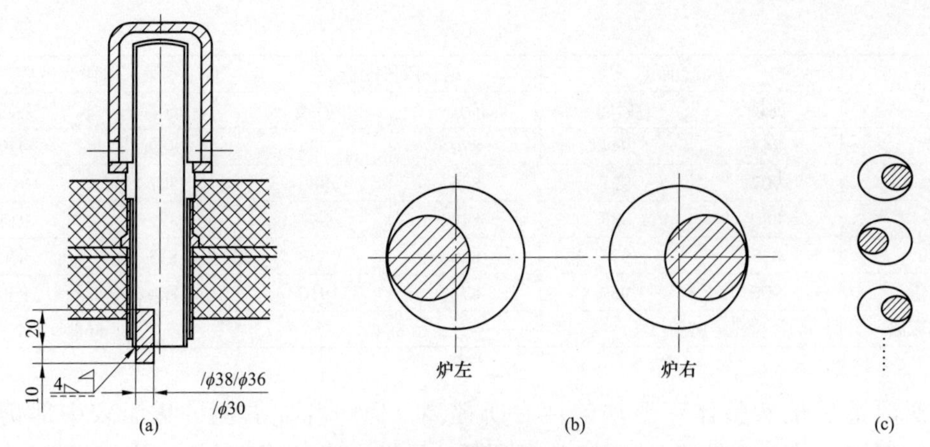

图 4–42　节流圆钢加装位置示意图

(a) 锅炉左侧风帽；(b) 锅炉右侧风帽；(c) 锅炉中心线上风帽

为解决此问题进行了两阶段改造，第一阶段改造由炉膛中心线向炉膛两侧各扩展 38 列（共 77 列）、向炉膛前后各扩展 12 排（共 25 排）在风帽底部加焊圆钢增加阻力，其中中部 47 列、15 排风帽焊接 ϕ40mm 圆钢，其余部分焊接 ϕ30mm 圆钢（见图 4–43）。剩余前后墙各 2 排、左右墙各 9 列风帽维持不变。第一阶段改造后前墙左侧床温点有异常波动的情况，在低料层和低一次风量运行时，两侧床温点容易下降。为增加炉膛前墙流化风量，第二阶段改造去除了前后墙第 3、4 排风帽底部圆钢（ϕ30mm）。

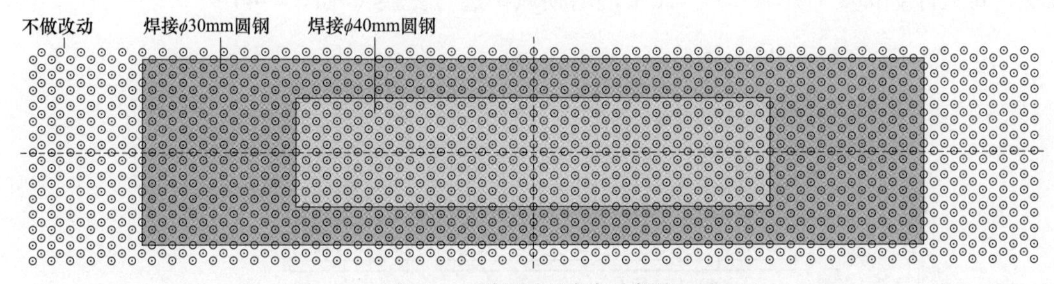

图 4–43　床面改造方案示意图

试验数据显示改造后布风板阻力增加约 0.5kPa，床温超温情况有改善。改造前因为炉膛中间床温偏高，只能降低给煤量避免床温超温。300MW 负荷下两侧给煤量 30t/h、中间给煤量 9t/h，改造后给煤量差异减小（见表 4–3）。

表 4–3　300MW 负荷改造前后床温数据比较　（℃）

测点	改造前		第一阶段改造后		第二阶段改造后	
	前墙	后墙	前墙	后墙	前墙	后墙
1	923	910	891	899	797	799
2	951	980	908	938	847	863
3	943	966	897	938	894	876
4	941	966	873	950	871	909
5	897	968	912	942	875	916
6	940	959	861	880	865	908

续表

测点	改造前		第一阶段改造后		第二阶段改造后	
	前墙	后墙	前墙	后墙	前墙	后墙
7	842	944	870	906	889	939
8	907	921	856	886	807	903
9	880	935	842	897	839	915
10	838	975	865	859	815	830
均值	906	952	878	910	850	886
平均床温	929		894		868	

两次改造后虽然整体床温均匀性有所提高，但炉膛左右侧的床温较中部仍偏低20~40℃。改造后床温2号和8号测点在料层低、风量小的情况下仍存在异常下降，布风板阻力增加后一次风机电耗较高。

七、风帽局部磨损控制

某厂HG-220/9.8-L.PM18型循环流化床锅炉，水冷布风板上安装有306个钟罩形风帽，共34排、9列。在炉膛前墙底部有2个排渣口，为便于排渣，布风板上敷设的耐磨耐火材料表面由水冷壁后墙向前墙倾斜，风帽底部到耐磨耐火材料表面的距离为30mm。风帽外罩的4个开孔方向按对角45°安装并固定。运行显示风帽磨损严重，水冷风室内有大量细渣堆积，每次停炉都要对总数15%~20%的磨损风帽进行更换（见图4-44）。

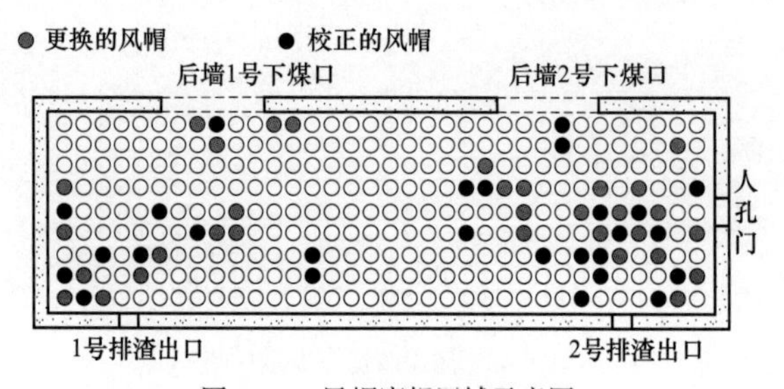

图4-44 风帽磨损区域示意图

检查发现部分风帽安装未严格按照锅炉厂家要求进行，一个风帽的出口角度变化会对周围风帽的磨损造成影响。其中一些风帽施工时安装角度不准确，由于风帽外罩与芯管采用螺纹连接并在外部焊接固定，运行中因焊接不牢、磨损开裂等原因使固定好的风帽发生偏移，加剧了风帽的磨损。另外，检修过程中发现床料中混有大量大颗粒炉渣和螺栓螺帽等杂物。由于这部分杂物的比重较大，长期运行聚集在炉底风帽周围使风帽磨损加剧，外罩小孔磨损增大后使细小的床料漏入风室。为此采用了如下运行方式：

（1）控制入炉煤的粒度分布，保证筛分设备的投入并尽量减少煤中矸石的含量；

（2）加装除铁器，做好煤铁分离工作，防止输煤系统备件和螺栓混入燃料；

（3）加强排渣，清除颗粒较大的炉渣和矸石块；

（4）由于磨损松动的风帽大多在给煤口附近，加强检修质量，注意风帽更换焊接工艺。上述措施应用后，风帽磨损得到了有效控制。

八、风帽断裂脱落防范

某厂采用 HG-465/13.7-L.WM17 锅炉，风帽为大直径钟罩形，每台锅炉配备 637 个（13 行、49 列）。风帽由芯管、套管、托盘、外罩四部分组成，运行中多次发生外罩脱落。外罩脱落后，局部阻力小、风量大，周边磨损加剧。床料大量落入风室，严重时造成风室堵死，锅炉被迫停炉。

为使风帽脱落时床料不再落入风室，在芯管底部增加防漏渣装置，加装高 100mm、直径 159mm 的莲蓬形堵头（见图 4-45），堵头由耐磨耐高温钢整体铸造而成，底部开设 10mm 小孔，不影响进入炉膛的风量。堵头安装后，在风帽脱落时大的床料会堵塞小孔、封堵芯管，因此能够提高机组安全性能。

图 4-45　防漏渣装置外观图

第四节　风室优化改造

一、风室结构改造

某厂 220t/h 循环流化床锅炉布风不均匀，前后墙布风板易堆料、稀相区水冷壁磨损严重。根据设计，炉膛一次风进口垂直段管道直径 1300mm，水平段管道直径 2000mm，风室长 5000mm、宽 3120mm、高 2400mm，上方风室水冷壁向下倾斜 5°，风室底部向上倾斜 10°。计划通过优化风室内部流场达到合理配风的目的，改造后在风室一次风进口水平段加装与地面倾角为 30° 的挡板，风室内共加装三块导流板（图 4-46）。

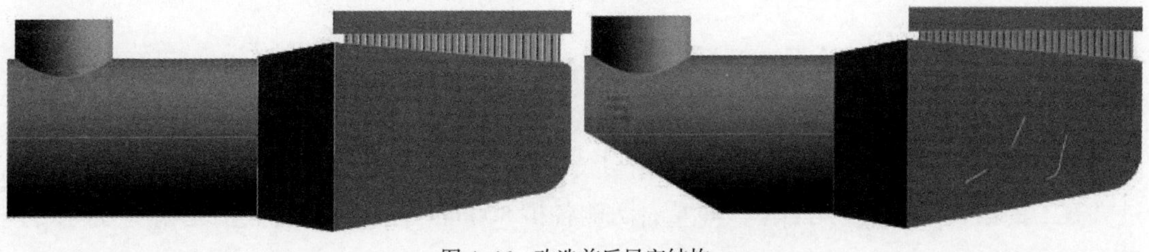

图 4-46　改造前后风室结构

图 4–47 的数值模拟结果显示，改造前风室内靠近布风板位置风速较高且速度分布不均，易导致布风板上方局部堆料。增加导流板后使风室内整体风速分布均匀，靠近布风板位置风速降低，且前后墙风速稳定，有助于缓解料层堆积。

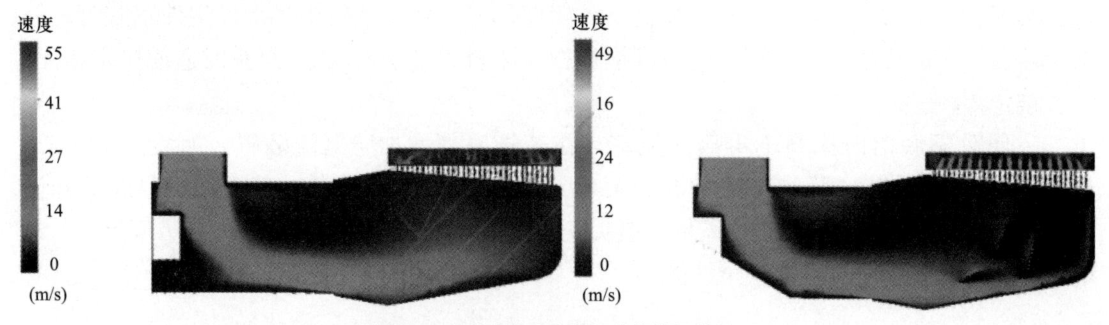

图 4–47　改造前后速度场数值模拟结果

改造后流化风量从 100000m^3/h 下降至 80000m^3/h、氧量从 7.8% 降低至 5.9%，流化均匀后减少了锅炉水冷壁的磨损，延长了锅炉安全运行周期。

二、入口风道改造

某厂 200MW 循环流化床锅炉采用绝热风室，热一次风经过 4 根直径为 1.82m 的圆管进入风室（见图 4–48），运行期间风压波动大，且 4 根风管之间有一定偏差。考虑到风道进风方式对布风均匀性的影响，因此，对风室结构和进风方式一并进行研究。

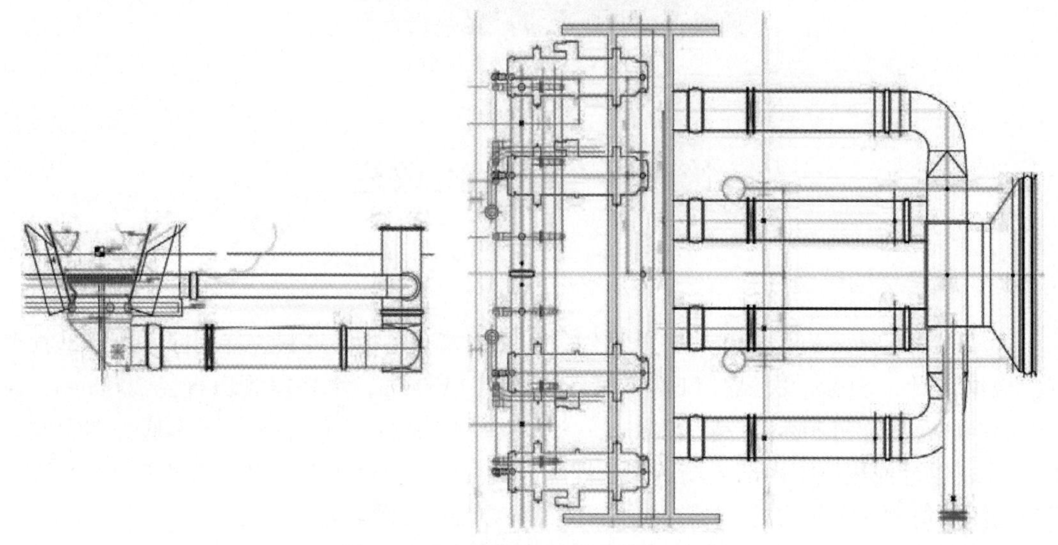

图 4–48　风室结构及一次热风管接入方式

结合原接入方式，设计改进方案一和改进方案二两种接入方式（见图 4–49），主要改进是将原先的圆形接口改为方形接口，接口设置在风管膨胀节后。膨胀节后的管道采用天圆地方沿程渐变的方式，改进方案一的出口尺寸为 2.62m（即向左右两侧各扩 400mm），改进方案二的出口尺寸为 3.42m（即向左右两侧各扩 800mm），两个方案只扩充宽度方向，不扩充高度方向。

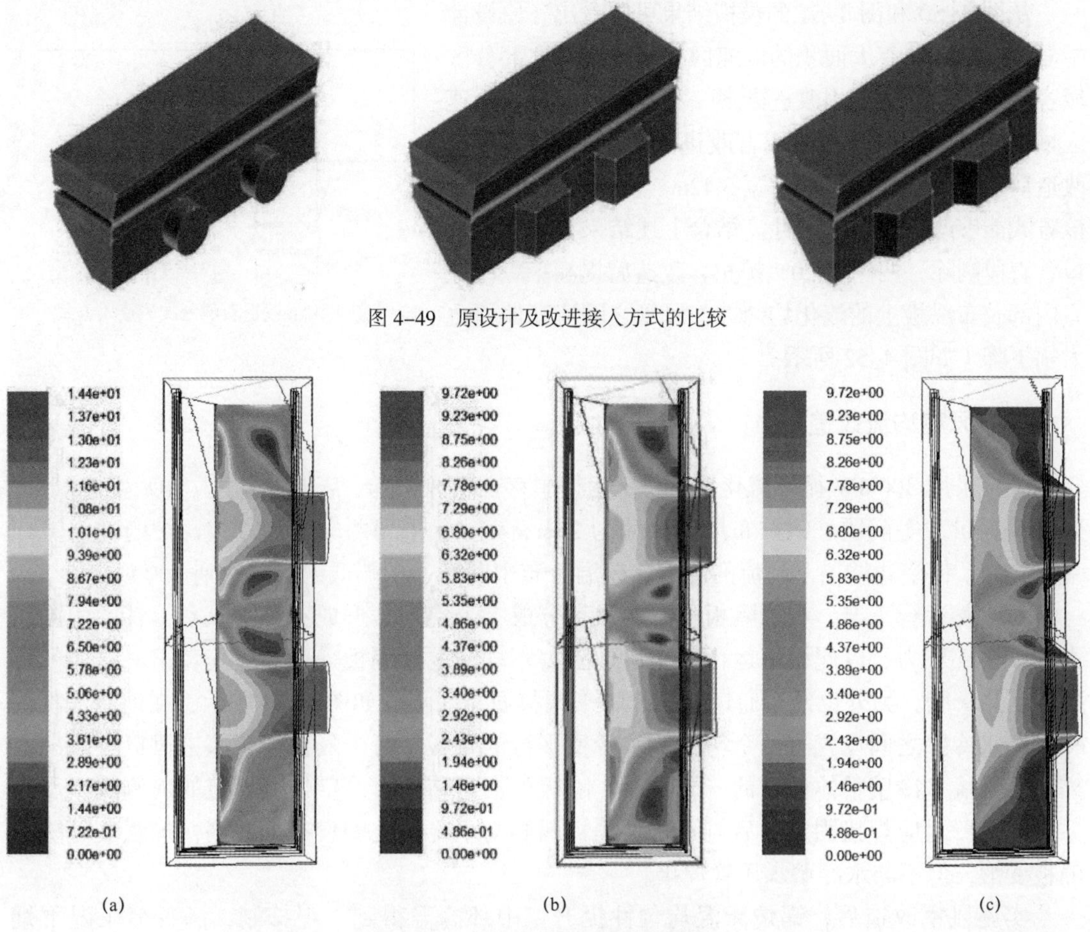

图 4–49　原设计及改进接入方式的比较

图 4–50　一次热风管中心截面流场分布

(a) 原设计方案；(b) 改进方案一；(c) 改进方案二

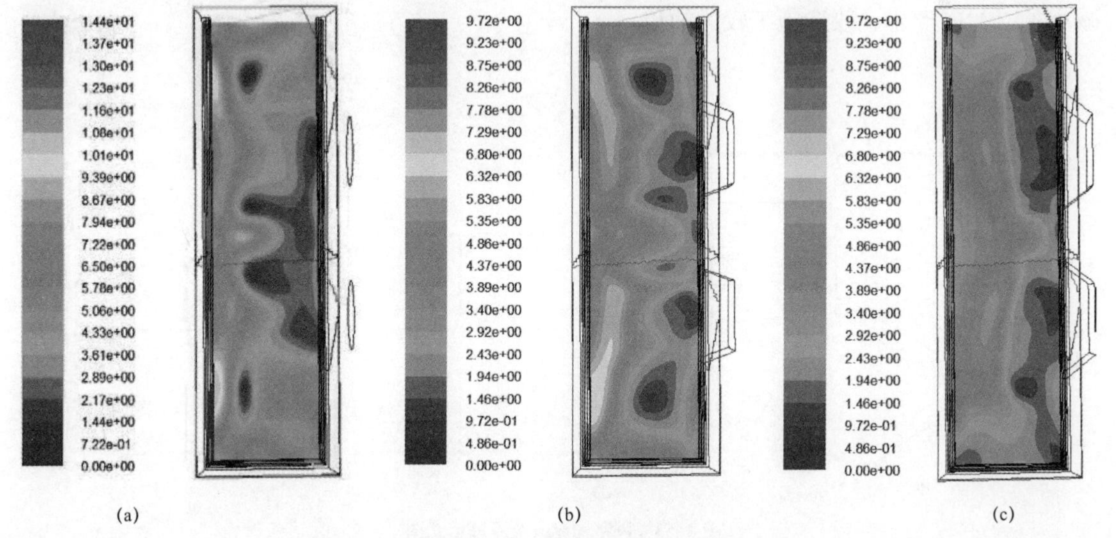

图 4–51　风室中部区域截面流场分布

(a) 原设计方案；(b) 改进方案一；(c) 改进方案二

从图 4–50 和图 4–51 的模拟结果可以看出，原设计中靠近后墙区域有大面积的低速区，运行期间这部分区域容易出现漏渣。采用改进方案一和改进方案二后低速区域面积有所下降。比较而言改进方案二的效果更好，改造后入口为圆口，出口为宽 3.42m、高 1.82m 的矩形，该方式能够改善进风均匀性。结合上述结果将一次风入口管直段割除，两侧呈 20° 扩角，改造后提高了一次风室内部及布风板上的流化均匀性，风管之间流动偏差也大幅下降（如图 4–52 所示）。

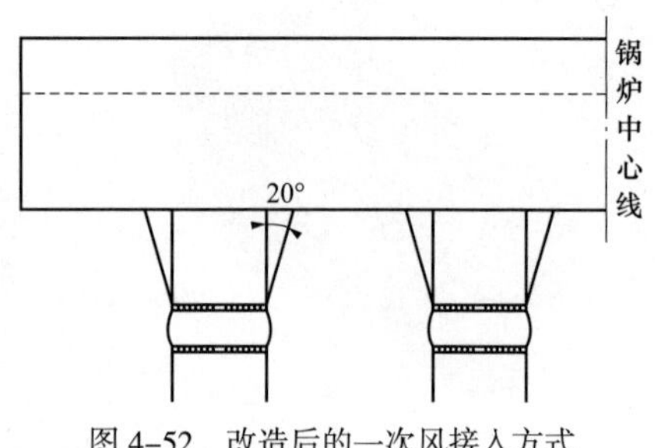

图 4–52　改造后的一次风接入方式

三、风室均流改造

某厂采用 300MW 循环流化床锅炉，运行中存在布风不均、床温偏差大、NO_x 生成量高、尿素消耗量大等问题。锅炉布风板尺寸为 28m × 4.7m，采用两端进风方式，炉内物料流化基本均匀，但受边壁层下降流的影响，床温分布中间高、两端低，温差达到 100℃。

为改善运行工况，利用隔板将水冷风室分成三个空间，形成不等压风室，其中两侧压力高于中部压力，以此缓解运行中布风板阻力不均问题，隔板采用分体安装，一方面便于隔板受热膨胀，另外也便于通过隔板间隙来调整通流面积。如图 4–53 所示，在前墙水冷壁和后墙水冷壁之间设置有两个与左侧水冷壁平行的隔板，每个隔板与相邻进风口之间的距离小于前墙水冷壁整体长度的三分之一。隔板包括与前墙水冷壁焊接固定的前侧隔板和与后墙水冷壁对应焊接固定的后侧隔板，隔板两侧与水冷壁之间设有加强筋，加强筋可防止隔板变形，但不与水冷壁承压管焊接。

实施风室改造后，锅炉床温均匀性提升，中部高温得到一定抑制，满负荷工况下烟气原始 NO_x 排放浓度由 320mg/m^3 降至 250mg/m^3 以下，SNCR 脱硝后平均 NO_x 排放浓度为 120mg/m^3，尿素消耗量同比下降。相关改造在不牺牲锅炉效率前提下提升了燃烧均匀性，减小了 NO_x 的产生，改造施工较为简单。

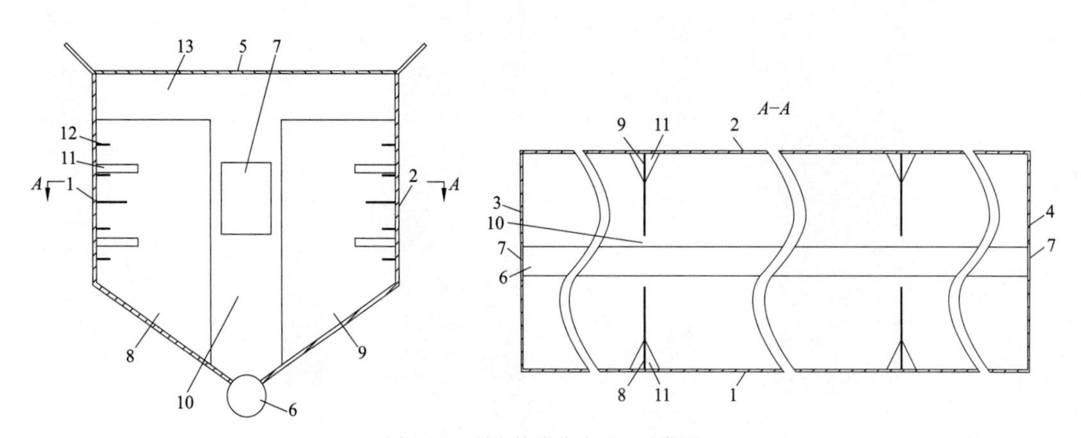

图 4–53　风室均流改造原理示意图

1—前墙；2—后墙；3—左墙；4—右墙；5—布风板；6—下集箱；7—进风口；8—前侧隔板；9—后侧隔板；10—中间风道；11—加强筋；12—膨胀缝；13—上部风道

第五章 旋风分离器性能与结构优化

第一节 概 述

一、作用及结构

分离器是进行气固分离的装置。循环流化床这种燃烧方式与早期鼓泡床的主要区别就在于其处于快速流态化状态，必须通过气固分离和返料装置才能完成物料在主循环回路中的循环。分离器是循环流化床锅炉物料循环系统的重要组成部分。循环流化床锅炉分离器设计和使用需要满足以下三个条件：①分离器要能够在高温、高浓度、高流量的环境下长期高效工作（见表 5-1）；②分离器要满足效率高、阻力小的性能指标；③分离器的结构要与锅炉相适应且制造维护成本低。

表 5-1　　典型旋风分离器运行环境

项目	单位	数值
入口浓度	kg/m^3	0.5~20
入口温度	℃	800~950
粒径范围	μm	1~1000
气体流量	m^3/s	50~450
压降	Pa	800~1800

按照分离原理可以将分离器分为惯性分离器和离心分离器。惯性分离器是利用流动方向的突然改变来实现固体颗粒与气流的分离，常见的包括百叶窗式分离器、槽型分离器等几种，这种分离器常被布置在炉膛内部，因此也被称为内循环式分离器，比较具有代表性的是美国 Babcock&Wilcox 公司开发的炉型（采用两级槽型分离器加尾部多管旋风分离器，图 5-1 所示）。惯性分离器结构简单，但分离效率较低，大多需要采用多级布置的方式才能达到一定的分离效率，目前在循环流化床锅炉上已经较少采用。

离心分离器主要是指利用离心分离原理制作的分离器，旋风分离器是目前在循环流化床锅炉中应用最多的离心气固分离装置，本书在未进行说明时分离器一般指的都是旋风分离器。分离器按照运行温度可以分为高温式、中温式、低温式，按照冷却方式可以分为绝热式、汽冷式、水冷式，按照结构形式又可以分为圆筒形和方形，从有利于燃烧和保证锅

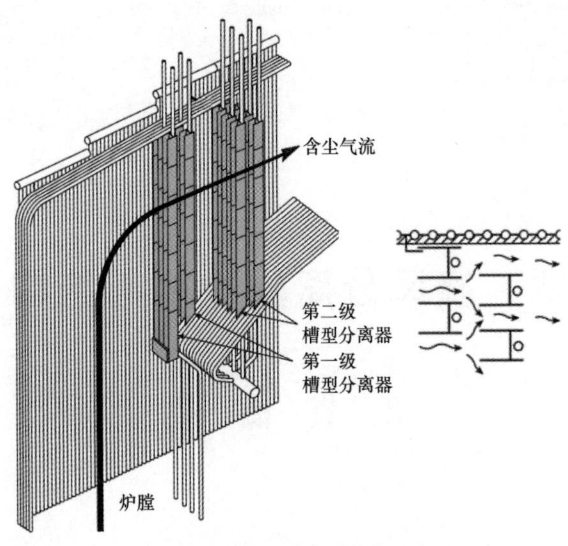

图 5–1　两级槽型分离器结构示意图

炉效率的角度出发，采用绝热式或汽（水）冷式高温圆筒形旋风分离器最为可靠，这也是目前主要锅炉制造厂商提供的首选设计方案。

烟气携带高浓度物料以较高的速度延切线方向进入分离器，在分离器内部做旋转运动，固体颗粒在离心力和重力作用下被壁面捕集分离，落入立管经返料器被送回炉膛，烟气则经中心筒进入尾部烟道。绝热式旋风分离器运行稳定、制造成本较低，运行期间烟气和物料温度高，有助于提高燃烧效率，但是需要敷设较厚的耐磨耐火材料并加装保温层，启炉时间长（见图 5–2）。汽（水）冷式旋风分离器结构相对复杂，制造成本高，但是由于采用了蒸汽或水进行冷却，减少了保温层厚度，同时缩短了锅炉的启动时间（见图 5–3）。

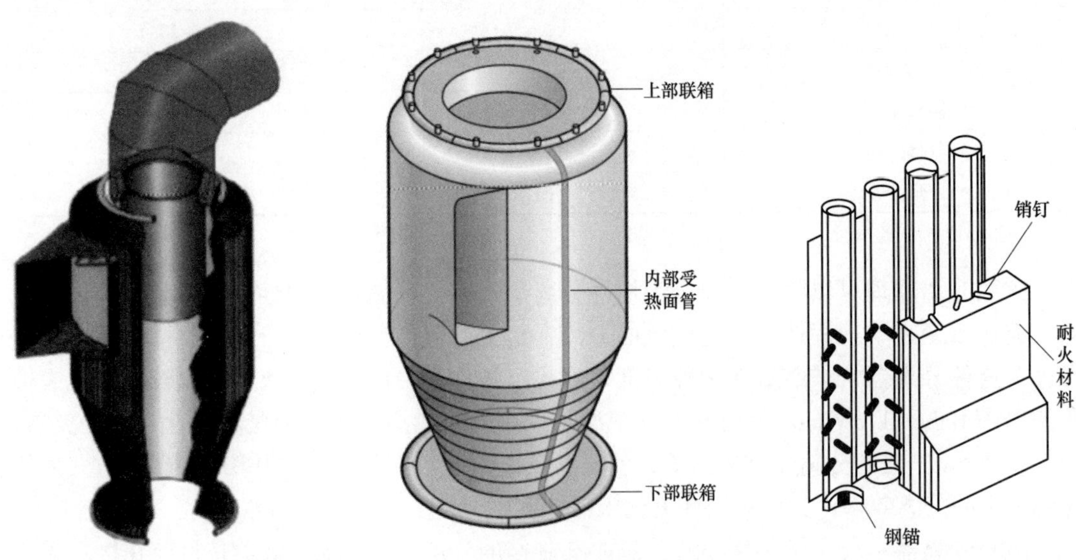

图 5–2　汽（水）冷旋风分离器外形结构示意图

绝热分离器一般有如下特点：

1）分离器入口烟道向下倾斜，使进入分离器的烟气带有向下倾角，给烟气中的固体颗

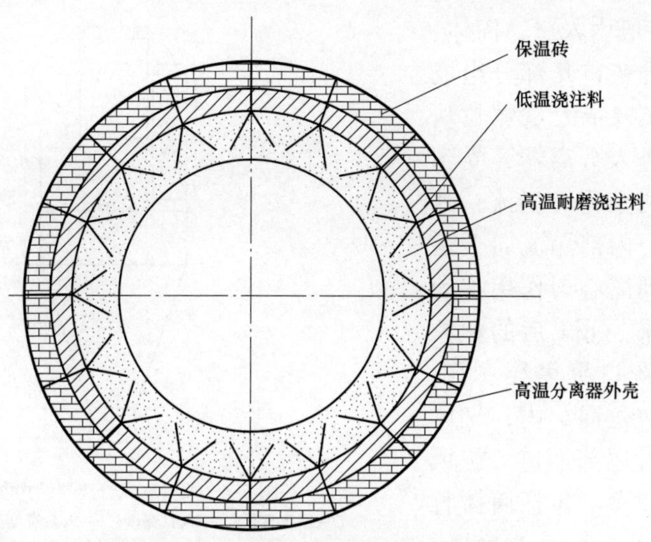

图 5-3　绝热旋风分离器内部结构示意图

粒一个向下的动能，有助于气固分离；

2）分离器中心筒偏置，可减轻中心筒的磨损，又可改善中心筒周围流场提高分离效率；

3）分离器入口烟道设置成加速段，提高了分离器的入口烟速，分离效率高。

实践表明，绝热分离器是降低飞灰可燃物特别是低挥发分煤种飞灰可燃物的有效措施。

汽（水）冷分离器外壁由管子加扁钢制成，外衬保温材料和外护板，内壁仅衬薄层耐火材料，汽（水）冷分离器主要优点有：

1）内衬的耐磨耐火材料层较薄，与高温分离器相比可节省大量材料，降低初投资；

2）由于内衬较薄，具有一定的传热能力，允许较快的烟气温度变化，可以加快锅炉启动速度，节省启动用油；

3）汽（水）冷分离器采用膜式壁结构，一方面增加了受热面积，另一方面可降低散热损失。

典型绝热和汽（水）冷分离器耐磨保温材料比较如表 5-2 所列。

表 5-2　　典型绝热和汽（水）冷分离器耐磨保温材料比较

<table>
<tr><th>分类</th><th>名称</th><th>厚度（mm）</th><th>容重（kg/m³）</th><th>单位面积各层质量（kg/m²）</th><th>单位面积总重（kg/m²）</th></tr>
<tr><td colspan="6">绝热分离器</td></tr>
<tr><td>内耐火层</td><td>耐磨耐火砖</td><td>150</td><td>2500</td><td>375</td><td rowspan="3">475</td></tr>
<tr><td rowspan="2">内保温层</td><td>保温砖</td><td>150</td><td>500</td><td>75</td></tr>
<tr><td>无石棉微孔硅酸钙</td><td>100</td><td>250</td><td>25</td></tr>
<tr><td colspan="6">汽（水）冷分离器</td></tr>
<tr><td rowspan="3">内耐火层</td><td rowspan="3">耐磨耐火可塑料</td><td>25（管壁外）</td><td rowspan="3">2800</td><td rowspan="3">106.4</td><td rowspan="5">120</td></tr>
<tr><td>51（扁钢外）</td></tr>
<tr><td>38（平均）</td></tr>
<tr><td rowspan="2">外保温层</td><td>硅酸铝耐火纤维毯</td><td>50</td><td>128</td><td>6.4</td></tr>
<tr><td>高温玻璃棉</td><td>150</td><td>48</td><td>7.2</td></tr>
</table>

旋风分离器一般由入口、筒体、锥体、中心筒、排灰口几部分组成（见图 5-4），烟气携带大量颗粒从分离器入口烟道进入分离器，受到筒体的制约形成两个同心涡流，外部涡流向下运动，内部涡流向上运动，其间颗粒受到离心力作用移动至壁面被分离下来，分离后的颗粒在分离器下部排灰口聚集经立管、返料器、回料管被送回炉内，气体则经过中心筒进入尾部烟道。旋风分离器的结构尺寸参数包括筒体直径、筒体高度、入口高度、入口宽度、中心筒直径、中心筒插入深度、锥体高度、排灰口直径等几部分。

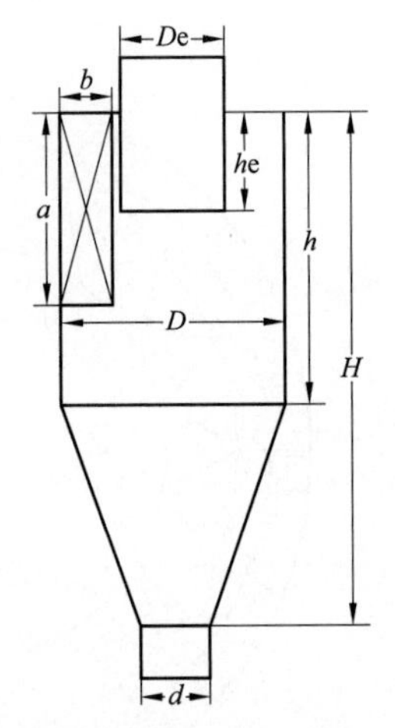

图 5-4　典型旋风分离器结构参数示意图

D—筒体直径；a—入口高度；b—入口宽度；D_e—中心筒直径；h_e—中心筒插入深度；h—筒体高度；H—总高度；d—排灰口直径

旋风分离器应用广泛，图 5-5 和表 5-3 对几种常见的工业用旋风分离器结构尺寸进行了对比。Stairmand、Swift、Lapple 等人开发的高效型、通用型和大流量型旋风分离器与循环流化床锅炉所采用的分离器在结构尺寸上有很大差异，这主要是因为化工领域和除尘领域分离器运行环境与循环流化床锅炉不同，在进行旋风分离器设计时必须根据设计对象的不同采用相应的比例结构。循环流化床锅炉旋风分离器受运行条件和锅炉整体结构限制，具有如下特点：

（1）筒体直径 D 大，最大可达 8~10m；

（2）筒体高度 h 通常为（1~2）D；

（3）圆锥体高度一般为（1.5~2.5）D；

（4）中心筒插入深度 h_e 浅，一般 h_e 为进口高度 a 的 50%~100%，即 h_e=（0.5~1）a。

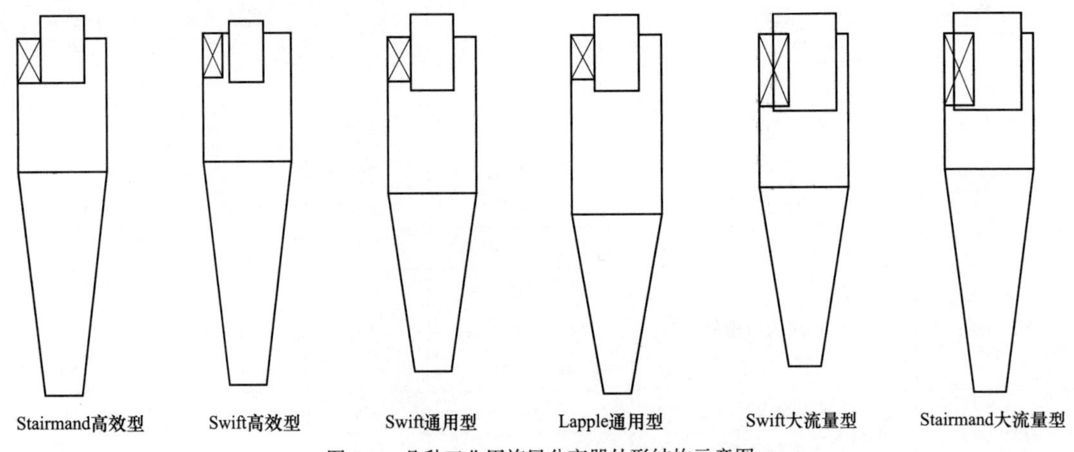

图 5-5　几种工业用旋风分离器外形结构示意图

表 5-3 典型旋风分离器结构尺寸对比

结构参数	a/D	b/D	D_e/D	h_e/d	h/D	H/D	d/D	备注
高效型	0.50	0.22	0.50	0.5	1.5	4	0.375	Stairmand（1951）
高效型	0.44	0.21	0.40	0.5	1.4	3.9	0.4	Swift（1969）
通用型	0.50	0.25	0.50	0.6	1.75	3.75	0.4	Swift（1969）
通用型	0.50	0.25	0.50	0.625	2	4	0.25	Lapple（1951）
大流量型	0.80	0.35	0.75	0.85	1.7	3.7	0.4	Swift（1969）
大流量型	0.75	0.38	0.75	0.88	1.5	4	0.375	Stairmand（1951）
某型 50MW 锅炉	0.74	0.40	0.43	0.31	0.42	1.66	0.25	D=5.16m，2 分离器
某型 50MW 锅炉	1.23	0.39	0.49	1.22	1.707	3.42	0.24	D=4.1m，2 分离器
某型 100MW 锅炉	0.73	0.31	0.44	0.29	1.25	2.90	0.18	D=5.2m，2 分离器
某型 100MW 锅炉	1.20	0.21	0.70	0.30	1.55	3.32	0.24	D=6m，2 分离器
某型 135MW 锅炉	1.06	0.21	0.49	0.95	1.56	2.84	0.22	D=6.91m，2 分离器
某型 135MW 锅炉	0.81	0.25	0.53	0.23	0.99	1.99	0.18	D=7.9m，2 分离器
某型 135MW 锅炉	0.71	0.37	0.37	0.25	1.05	2.37	0.16	D=8.08m，2 分离器
某型 200MW 锅炉	0.81	0.30	0.43	0.32	1.23	2.64	0.20	D=6.4m，4 分离器
某型 300MW 锅炉	1.29	0.21	0.49	0.60	1.39	2.78	0.18	D=8.5m，2 分离器
某型 600MW 锅炉	0.29	0.71	0.49	—	0.8	2.07	—	D=8.5m，6 分离器

特别要指出的是，旋风分离器各部分互有联系，不应孤立的看待它们对分离器性能的影响。图 5-6 给出了我国三大锅炉厂早期配套 135MW 循环流化床锅炉的几种旋风分离器，可以看出东方锅炉厂设计的分离器中心筒插入深度基本接近分离器入口烟道的下沿，哈尔滨锅炉厂和上海锅炉厂设计的分离器插入深度大约是入口高度的 1/4~1/3，在同等容量下上海锅炉厂倾向于采用大筒径低总高的结构，哈尔滨锅炉厂一般采用小筒径高总高的结构，尽管各家锅炉厂采用的旋风分离器结构比例尺寸不同，但是其性能基本都能够得到保证，这些结构差异主要在于各厂商传承了不同的技术流派。

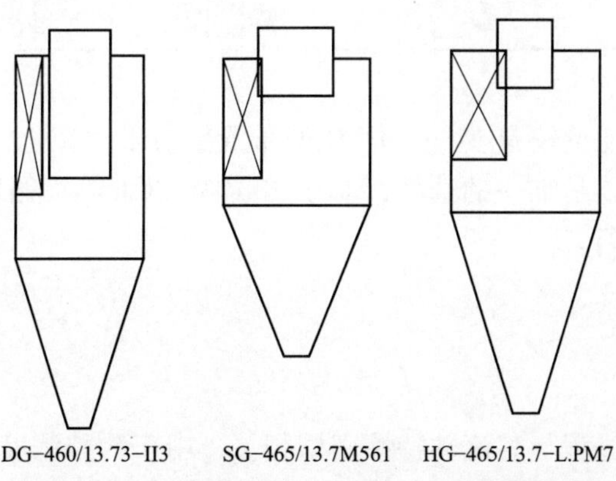

图 5-6 135MW 循环流化床锅炉旋风分离器结构比较

图 5-7 还对哈尔滨锅炉厂 100~300MW 等级循环流化床锅炉旋风分离器结构进行了纵向比较，可以看出三种分离器由于需要处理的烟气量有所增加，因此改变了筒体直径，但是各关键部位的尺寸比例基本维持不变，性能可以满足实际运行的要求。

从运行角度来看，只有当分离器完成了含尘气流的气固分离并连续的把收集下来的物料回送至炉膛才能保证稳定与高效燃烧。就整个系统而言，分离器设计和布置是否合理直接关系到锅炉制造、安装、运行、维修等各方面的经济性与可靠性。旋风分离器的布置方式主要有 H 型和 M 型两种（表 5-4），前者布置在锅炉左右两侧，不受锅炉容量的限制，后者主要布置在尾部烟道和炉膛中间，一般用于 300MW 以下等级的循环流化床锅炉。

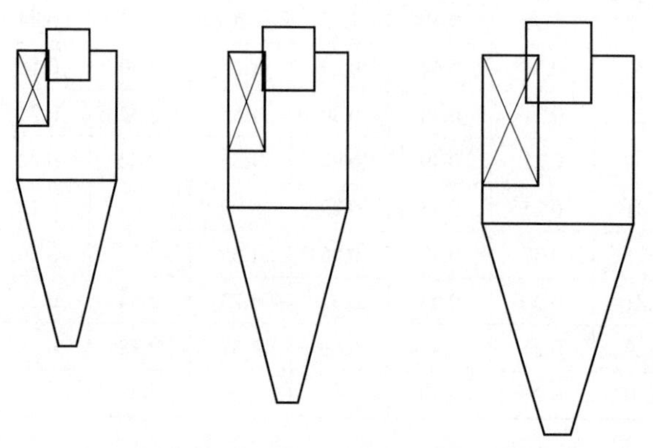

图 5-7 循环流化床锅炉旋风分离器结构放大

表 5-4　　旋风分离器的布置方式与锅炉容量等级的关系

等级	50MW	100MW	200MW	300MW	600MW
M 型	烟道 炉膛	烟道 炉膛	烟道 炉膛	烟道 炉膛	无法实现
H 型	不推荐	烟道 炉膛	烟道 炉膛	烟道 炉膛	烟道 炉膛

H 型炉型其锅炉钢耗量较 M 型高，但 H 型布置更易于大型化，对于 600MW 容量的循环流化床锅炉，H 型布置是唯一的选择，对于 300MW 以下等级循环流化床锅炉采用 H 型或 M 型布置技术上均可行。

二、内部流动特性

1. 流场分布

旋风分离器的分离过程与其流动特性密切相关，由于颗粒浓度较高，分离器内的运动属于复杂的气固两相流动，最先较为细致测定旋风分离器流场的是荷兰人 Ter Linden，他于

1949 年测得了旋风分离器的三维湍流流场，结果显示旋风分离器内存在两层旋流，外侧流向下旋转，内侧流向上旋转，在主流上还伴有许多局部二次流，之后又有不同学者对不同结构不同尺寸的旋风分离器流场进行了研究，结果显示测量得到的速度与静压分布曲线形状类似，仅在数值上略有区别（图 5-8）。

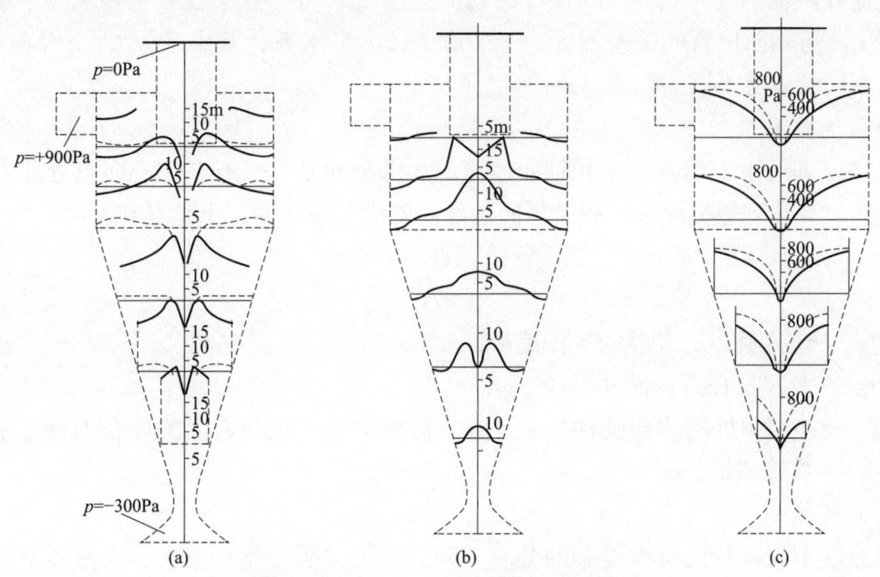

图 5-8 某旋风分离器的内部流场实测结果

(a) 切向速度和径向速度；(b) 轴向速度；(c) 静压和全压

2. 切向速度 v_t

切向速度是分离器内的主导运动，对颗粒的分离及捕集起主要作用，它带动颗粒做高速的旋转运动，在离心力作用下将颗粒甩向壁面，一般来说切向速度越大，颗粒获得的离心力越大，就越有利于分离。切向速度由内外两层旋流组成，外旋流是准自由涡，内旋流是准强制涡，在理想流动的情况下，自由涡的数学表达式为：

$$v_1=C_1/r \tag{5-1}$$

强制涡的数学表达式为：

$$v_1=C_2r \tag{5-2}$$

由于实际流动中存在气流与壁面的摩擦，再加上气流微团之间的摩擦和旋流漩涡耗散系数，因此准自由涡的经验表达式为：

$$v_1=C_1/r^n \tag{5-3}$$

强制涡的经验表达式为：

$$v_1=C_2r^m \tag{5-4}$$

式中 C_1，C_2——常数，由边界条件确定；

r——任意处的半径，m；

n——外旋流指数，$n<1$，其值在 0.5~0.8 之间变动，与分离器的形式、尺寸、操作条件有关，且分离器各个截面上也不尽相同，需要由试验确定。

m 为内旋流指数，可以按照 Alexander 归纳的经验公式进行计算：

$$m = 1 - (1 - 0.67D^{0.14})(\frac{T}{283})^{0.3} \quad (5\text{–}5)$$

式中　D——分离器直径，m；

　　　T——气体的热力学温度，K。

内旋流外旋流的分界点处存在最大的切向速度 v_{tm}，分界点半径 r_t 主要取决于中心筒的下口半径 r_r，与轴向位置的关系不大，一般有 $r_t = C_3 r_r$ 的关系，其中系数 C_3 一般在 0.5~0.75 间变动，不同学者有不同的测量结果。

3. 径向速度 v_r

径向速度远远小于切向速度和轴向速度，大部分向心，只有在中心涡核处才有小部分的向外径向流。在理想情况下，假设径向速度沿轴向分布均匀，于是存在：

$$v_r = \frac{Q_i}{2\pi rH} \quad (5\text{–}6)$$

式中　Q_i——进入旋风分离器的气体流量，m^3/h；

　　　r——分离器任意截面处半径，m；

　　　H——半径 r 处的假想圆柱高度，在实际流动中，径向速度的分布十分复杂，很难准确测量，m。

4. 轴向速度 v_a

轴向速度不仅在径向具有复杂的分布，而且沿轴向的变化也很大，在分离空间内，一般可将气流分为外侧下行流与内侧上行流两个区域。上行流和下行流的分界点位置同旋风分离器的形状有关，在筒体部分，此分界面大致呈圆锥状，但其分离器顶角约为器壁锥顶角的 0.6 倍左右。

5. 局部二次流

局部二次流由轴向速度和径向速度构成，它对分离效率影响很大（图 5–9）。主要的二次流包括：

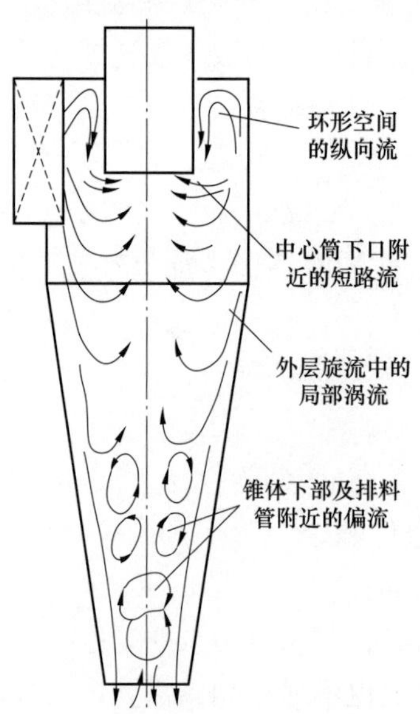

图 5–9　旋风分离器的内部流动

（1）环形空间的纵向流。在分离器顶板下部存在一个缓慢流动的边界层，它的静压随着半径的变化比在强旋流中的变化平缓一些，于是促使外侧静压较高的流体向上流入此边界层内，并沿着边界层向内侧流动，遇到中心筒外壁面转折向下，沿中心筒外壁下行，从其下口处进入中心筒，形成了纵向环流。这种纵向环流把一部分已聚集在分离器壁面处的细颗粒向上带到顶板处形成一层“上灰环”，这会影响分离器性能。

（2）中心筒下口附近的短路流。分离器顶盖、中心筒外侧与筒体之间的区域，由于轴向速度和径向速度的存在会形成局部涡流，夹带相当数量的颗粒向中心流动，并沿中心筒外侧下降，部分随中心气流逃逸出中心筒，影响分离效率。

（3）外层旋流中的局部涡流。由于壁面不光滑，可产生与主流方向垂直的涡流，这种流动会把壁面附近已被分离的颗粒重新卷扬到内层旋流，使较大颗粒在净烟气中出现。

（4）锥体下部排料管附近的偏流。旋风分离器内的下行流有一部分气体进入灰斗，灰斗中由于容积的变化和摩擦损失等因素使旋转速度变小，而后又从中心部位折返向上，从锥底再次进入分离器，并与该处的内旋流混合，导致强烈的动量交换及能量消耗，使内旋流发生波动，偏斜的内旋流下端会出现“摆尾”现象，周期性地扫到壁面上形成若干个偏心的纵向环流，并把已沉积在壁面的颗粒重新卷扬起来而进入上行的内旋流中，降低分离效率。

三、分离理论

一般认为旋风分离器内的颗粒除受到气流曳力和重力作用外，还受到各种扩散作用及颗粒与器壁、颗粒与颗粒之间碰撞弹跳等的影响，其运动带有很大的随机性，但是通过适当的假设和简化，可以得到转圈理论、平衡轨道理论、边界层分离理论等几个具有一定代表性的模型。

（1）转圈理论。转圈理论也被称为沉降分离理论，是1932年由Rosin等人提出，由重力沉降室的沉降理论发展而来，由于颗粒受到离心力作用向下螺旋运动，沉降到旋风分离器壁面所需要的时间与颗粒在分离区间气流停留时间相平衡，因此可以计算出颗粒完全被分离的最小极限粒径 d_{100}。颗粒越靠外，浮游到达壁面所需时间越短也就越容易被分离出来，颗粒在分离器内共旋转 n 圈，所需时间 t_n，位于中心筒外壁处的颗粒若能经时间 t_n 恰好到达分离器壁面处，则颗粒的直径被定义为 d_{100}，大于此粒径的颗粒均能被100%分离出来。由于这种理论只考虑了离心力对颗粒的作用而没有考虑向心力对颗粒的阻力，因此准确度有限。

（2）平衡轨道理论。平衡轨道理是1955年由德国的Barth最先提出，该理论假设存在某一颗粒，其因为旋转气流而产生离心力 F_1 与向心气流对它的阻力 F_2 相平衡，当这两个力平衡时，此颗粒就无径向位移，而只是在一定半径的圆形轨道作回转，此半径即为该颗粒的平衡轨道半径。若此平衡轨道位于外侧下行流中，此颗粒可以被100%捕集；但若位于内侧上行流中，则捕集效率不确定。一般认为平衡轨道位于内外旋流交界处时，此颗粒的捕集效率为50%，其粒径被称为切割粒径 d_{50}。

（3）边界层分离理论。边界层分离理论是1972年由Leiht与Licht等人提出的，该理论认为在分离器空间内的颗粒已很细小，湍流扩散的影响很强烈，可以假设分离器任意截面任意瞬时的颗粒浓度分布均匀，但在近壁处的边界层内为层流运动，只要颗粒在离心力效应下克服气流阻力到达此边界层，就可以被捕集下来。

（4）高浓度分离理论。由于旋风分离器在分离高浓度气流时的机理与分离低浓度时的机理不同，有鉴于此，Muschel Knautz 提出了一种新的观点，该观点认为分离器的旋转气流存在一个饱和携带率，大于饱和携带率的部分固体颗粒一进入分离器就被壁面所分离。经一次分离后，气固两相流的固气比进入常规范围，之后的分离按照常规分离机理进行。

四、性能指标

分离器作为气固分离装置。首先，必须具有足够高的分离效率，提供足够的物料进行循环，以保证燃烧、传热、脱硫等方面的需要。另外，还要满足阻力小、磨损轻、结构简单、布置紧凑等要求，以降低造价与运行成本。

1. 分离效率与分级效率

分离效率 η 表征分离器从烟气中分离固体颗粒的能力，其定义为：

$$\eta = 1 - \frac{m_{out}}{m_{in}} \times 100\% \tag{5-7}$$

或

$$\eta = 1 - \frac{C_{out}}{C_{in}} \times 100\% \tag{5-8}$$

式中　m_{out}、m_{in}——分离器出口、入口物料质量，kg；

C_{out}、C_{in}——分离器出口、入口物料浓度，kg/m^3；

分离效率也可以根据燃料性质、飞灰份额、飞灰含碳量和物料的循环倍率计算：

$$\eta = \frac{R}{R + A_{ar}\alpha_{fh}/(1 - C_{fh})} \tag{5-9}$$

式中　R——循环倍率；

A_{ar}——燃料灰分，%；

α_{fh}——飞灰份额，%；

C_{fh}——飞灰含碳量，%。

分离效率会随着燃料性质、烟气参数、运行条件的改变而有所变化，简单对分离效率进行横向比较意义有限，因此引入分级效率的概念，分级效率 η_{di} 是指某一粒径范围颗粒在分离器内被分离的特性，具体可以表示为：

$$\eta_{di} = 1 - \frac{C_{diout}\, n_{diout}}{C_{diin}\, n_{diin}} \times 100\% \tag{5-10}$$

式中　C_{diout}、C_{diin}——分离器出口、入口某一粒径范围的物料浓度，kg/m^3；

n_{diout}、n_{diin}——分离器出口、入口某一粒径范围颗粒占出口、入口颗粒的质量份额，%。

分离效率是针对进入分离器的整个颗粒群而言的，分级效率则是针对进入分离器的某一粒径范围的颗粒而言的，因此采用分级效率可以更好的比较出分离器的性能。分级效率和分离效率之间可以相互转换：

$$\eta_{di} = \eta \frac{n_{out}}{n_{in}} \tag{5-11}$$

$$\eta = \sum_{i=1}^{\infty} \eta_i n_{\text{diin}} = \int_0^{\infty} \eta_i n_{\text{diin}} d_{\text{di}} \tag{5-12}$$

2. 分离器阻力

分离器进口与出口的压力差称为分离器阻力，是衡量其性能的重要指标。通常分离器效率的提高要以阻力增加为代价。一般来说旋风分离器的阻力包括7部分：入口烟道的摩擦损失、气体进入分离器突扩后的能量损失、气体在分离器中与壁面摩擦产生的损失、气体旋转产生的动能损失、进入中心筒突缩后的能量损失、进出口的势能损失、中心筒内的摩擦损失，其中最重要的压降损失是气体旋转产生的动能损失、进入中心筒突扩后的能量损失。一般认为旋风分离器压力损失与速度平方成正比，计算公式表示为：

$$\Delta p = \alpha \frac{\rho_g v^2}{2} \tag{5-13}$$

式中 Δp——分离器阻力损失，Pa；
α——阻力系数；
ρ_g——烟气密度，kg/m^3；
v——烟气速度，m/s。

目前，使用较多的压降计算方法主要是Shepherd和Lapple，Casal和Martinez，Coker提出的三种，在这三个模型中分离器的总压降被假设等于静压，压降与分离器结构尺寸和压力损失系数有关，各模型对压力损失系数α的选取上略有差异，其中

Shepherd和Lapple模型中 $$\alpha = 16\frac{ab}{D_e^2} \tag{5-14}$$

Casal和Martinez模型中 $$\alpha = 11.3\left(\frac{ab}{D_e^2}\right)^2 + 3.33 \tag{5-15}$$

Coker模型中 $$\alpha = 9.47 \times \frac{ab}{D_e^2} \tag{5-16}$$

式中 a——分离器入口烟道高度，m；
b——分离器入口烟道宽度，m；
D_e——分离器中心筒直径，m。

某100MW循环流化床锅炉采用4台旋风分离器，已知分离器入口烟气速度v=24m/s，分离器结构比例a/D=0.731，b/D=0.313，D_e/D=0.442，在900℃时烟气密度ρ_g为0.301kg/m^3，按照三种方法可以分别计算压力损失系数α和压力损失Δp。Shepherd和Lapple模型中α=18.74，Δp=1625Pa；Casal和Martinez模型中α=18.83，Δp=1632Pa；Coker模型中α=11.09，Δp=961Pa。

Coker对于化工领域应用的旋风分离器适用性较好，但对于循环流化床锅炉分离器阻力的估计偏低，在应用时可以采用Shepherd和Lapple模型、Casal和Martinez模型进行分离器阻力的计算。

3. 切割粒径和临界粒径

分离器至少要对某个粒径以上进入分离器的灰颗粒完全分离，一般将这个颗粒直径称为临界粒径d_{100}，这个粒径以上的颗粒将成为循环灰的主体，考虑到大多数循环流化床锅炉飞

灰含碳集中在30μm以下的细颗粒中，降低临界粒径可以提高锅炉的运行经济性（图5-10）。此外，如果分离器的临界粒径过高，那么使用该分离器的循环流化床锅炉将不可能形成足够的物料循环，锅炉也无法正常运行。实践证明，在炉膛流化风速5m/s的条件下，如果临界粒径大于250μm，循环流化床锅炉物料平衡将出现问题，锅炉可能超温或不能带满负荷。

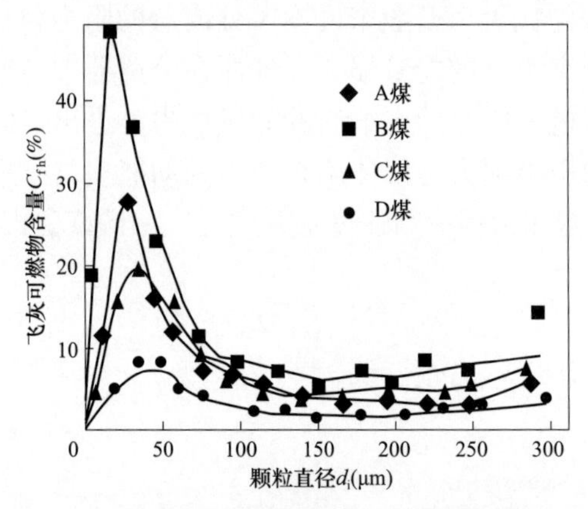

图5-10　典型煤种飞灰可燃物含量与粒径分布的关系

也有采用切割粒径d_{50}描述旋风分离器性能的，它被定义为分离效率为50%时的颗粒粒径，d_{50}对运行经济性影响极大，d_{50}大意味着大颗粒的飞灰将不易被分离器捕捉而直接进入尾部烟道，如果d_{50}>60μm，石灰石利用率和燃烧效率将明显降低。准确计算出分离器切割粒径和临界粒径比较困难，目前计算公式主要基于平衡轨道理论和转圈理论提出，这些理论在提出时进行了一系列的假设，同实际情况有所偏差，但是切割粒径d_{50}和临界粒径d_{100}依旧是用来表征旋风分离器分离效率的主要指标，按照Lapple提出的计算公式，切割粒径d_{50}可以按照式（5-17）求得：

$$d_{50} = \sqrt{\frac{9\mu b}{2\pi uN(\rho_p - \rho_g)}} \tag{5-17}$$

式中　N——分离器中气流有效旋转圈数，一般取作5，也可以按照式（5-18）进行计算：

$$N \approx 1.68\ln(1+0.5663u) \tag{5-18}$$

临界粒径d_{100}可以按照式（5-19）求得：

$$d_{100} = \sqrt{\frac{9\mu(D-D_e)}{\pi Nu(\rho_p - \rho_g)}} \tag{5-19}$$

式中　μ——动力黏度，Pa·s；

ρ_p——颗粒密度，kg/m³；

u——烟气流速，m/s。

第二节　分离器设计优化

一、设计步骤

分离器设计时首先需要结合运行条件确定关键结构尺寸，一般根据炉膛出口烟气量和额定工况推荐的入口烟气速度，可以确定入口面积、筒体直径，之后再根据这些数据确定其他各项参数，完成初步设计后再根据需要进行局部调整。由前文介绍不难发现，旋风分离器的结构形式众多，不同锅炉制造厂家设计的旋风分离器又互有差异，出于安全性及经济性的考虑，新设计的旋风分离器一般都是在已投运分离器的基础上根据煤种及运行条件加以调整得到的。

分离器入口面积由烟气量和选取的入口烟气速度决定，加速段的设计一般采用入口高度不变，减少入口宽度的方式达成。在运行条件相同的情况下，增加高宽比会使分离效率提高，同时压力损失增大，但高宽比过大时反而会使分离效率下降。根据工程经验，选取分离器进口宽度为分离器直径 D 与中心筒直径 D_e 之差的一半即可，高宽比 a/b 可选择 2~3。因此，只要确定了需要处理的烟气量和入口烟速，便可确定出入口的高度和宽度范围。

二、性能影响因素

1. 进气方式及速度

进气方式不同会对分离效率产生影响，工业用分离器大多采用切向进气、蜗壳进气和下倾螺旋进气三种方式（图 5-11），循环流化床锅炉中应用最多的是切向进气和蜗壳进气。现有大多数方案为了提高分离效率设计有加速段，以期平滑地提高入口气流速度。

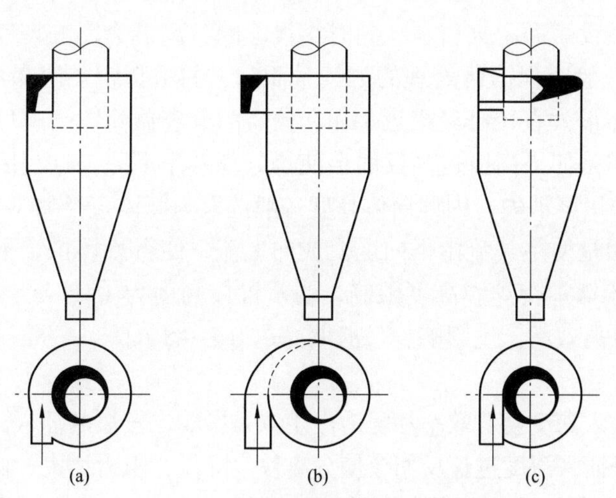

图 5-11 旋风分离器的三种常见进气方式

（a）切向进气；（b）蜗壳进气；（c）下倾螺旋进气

一般来说进口速度越大，颗粒越容易被壁面捕集，但是如果速度过高，气流的湍流度增加，加之颗粒的反弹加剧，形成二次夹带降低分离效率。此外过高的气流速度会对靶区造成磨损。阻力同速度的平方成正比关系，气流速度过大，压力损失大大增加。因此，一般取进口气流速度不超过 28m/s。

2. 进口温度

进口温度受到设计因素和运行因素的影响，一般来说炉膛出口温度在 850~900℃，如果入炉煤的挥发分较低后燃性较强，可以略高一些。温度越高气体黏度越大，作用在颗粒上的曳力越大，颗粒惯性分离效率越低；但气体密度随着温度增加而减小，又会使曳力减小，只是这一作用并不明显。因此，原则上温度增加将会降低分离器效率。煤种对分离器温升的影响如图 5–12 所示。

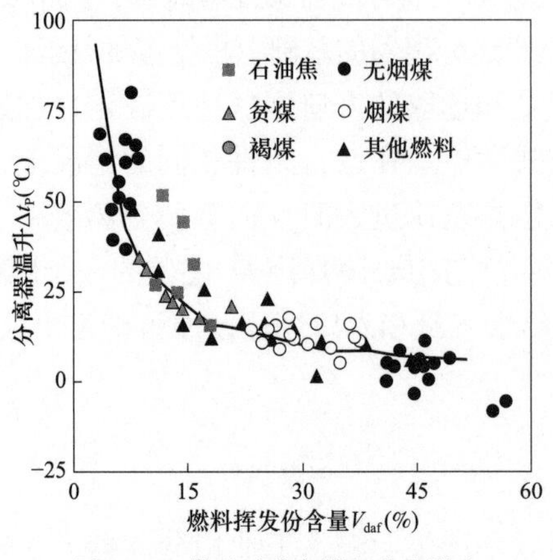

图 5–12　煤种对分离器温升的影响

3. 筒体及锥体结构

筒体直径对分离效率有很大影响。筒体直径越小，离心力越大，分离效率越高。但是过小的分离器难以敷设耐磨耐火材料，同时小尺寸的分离器会影响烟气的处理量，降低分离效率，筒体直径一般应根据所处理的烟气量而定，并根据锅炉容量布置 1~6 个分离器，目前旋风分离器筒体最大直径已经接近 11m。较高的分离器筒体高度可以增加气流的旋转圈数和停留时间，但是如果高度过高反而会使得分离效率下降，这是因为旋转速度下降到一定程度后离心力作用将消失，因此筒体高度一般选取为筒体直径的 1~2 倍。

锥体的主要作用是使主气流由下向上变成向上流，使得流场稳定不对分离效率产生不利影响。循环流化床锅炉受炉膛高度限制，通常锥体高度为（1.5~2.5）D。锥体下部的排料口直径 d 也会对分离效率产生影响，一般取 d=（0.5~0.8）D_e。

4. 中心筒结构

中心筒尺寸和插入深度会对效率和阻力产生双重影响，较短的插入深度易造成气流短路降低分离效率。但是插入深度过长反而会使分离效率降低，阻力增大，此外过长的插入深度还会产生机械支撑困难、增加变形磨损风险，因此出于多方面考虑一般取插入深度为入口烟道高度的 0.4~0.6 倍。中心筒直径越小分离效率越高，但是阻力会随着直径的减小而急剧增加。大部分研究显示，当 D_e/D 小于 0.4 后，分离效率的增加并不显著，因此，通常选取其为筒体直径的一半左右。目前投运的部分项目采用偏心或下部收口方案设计中心筒，实践证明这种方式对于提高分离效率有一定帮助，几种较为常见分离器中心筒结构如图 5–13 所示。

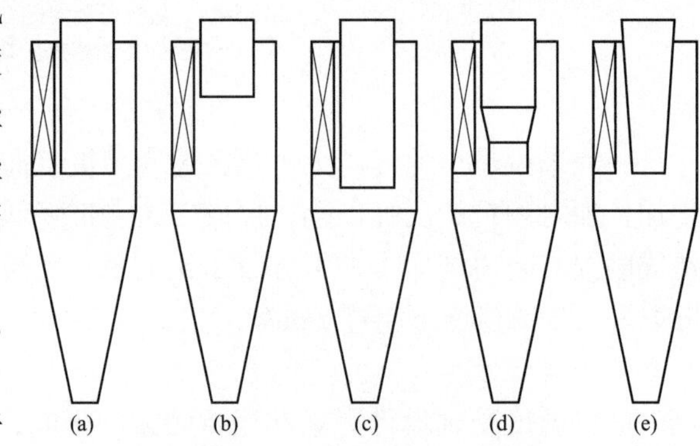

图 5–13　几种常见的中心筒结构

（a）长中心筒；（b）短中心筒；（c）加长中心筒；（d）收缩中心筒；（e）平滑收缩中心筒

三、提高分离效率的技术措施

随着循环流化床锅炉容量的增加，分离器结构尺寸，特别是分离器的筒体直径显著提高，Foster Wheeler 公司在波兰 Turow 电厂 235MW 循环流化床锅炉采用的旋风分离器直径达到 10.9m。设计厂商一般会为大型循环流化床锅炉选用多个分离器并联布置方案，对单个分离器的优化设计略有不同，但总的出发点都是通过改善分离器内的流场来减少颗粒的卷吸和夹带。有设计厂商认为分离器入口烟气的物料浓度、速度分布以及分离器内截面烟气上升速度对分离器效率有着不可忽略的影响，提出通过改变进口倾斜角度，中心筒形状等措施提高分离效率。

例如 Foster Wheeler 设计方案就是采用窄入口的设计方法（见图 5-14），使气流更加贴近壁面，减少二次携带，同时降低筒体直径，其 410t/h 循环流化床锅炉运行结果证明，这样处理后在分离器入口风速相同的情况下，分离器的切割粒径有所下降，分离效率得到提高，能够有效捕捉未燃尽颗粒，改善燃烧效率。

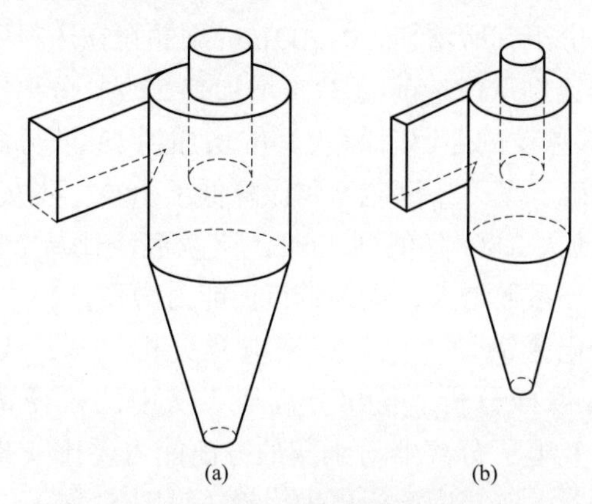

图 5-14　Foster Wheeler 公司旋风分离器结构对比
(a) 常规分离器设计；(b) 优化后的分离器设计

法国 Alstom 公司采用的结构改进方法有如下几点：

（1）将中心筒整体偏心布置，使中心筒中心与气流旋转中心一致，提高分离效率；

（2）将进口从水平改为向下倾斜；

（3）延长分离器入口烟道，采用渐缩结构使固体颗粒在进入分离器前得到充分加速；

（4）将中心筒从圆管改为倒锥形管；

（5）将炉膛出口烟窗设在锅炉后墙中部，烟气在分离器由内向外旋转，利于减少烟气的动能消耗，缓解炉膛出口侧墙水冷壁的磨损。

Alstom 公司按照上述思路对 Zeran 电厂 450t/h 循环流化床锅炉进行了改造（见图 5-15），该厂 A 锅炉没有进行分离器改造，B 锅炉改进了炉膛至分离器入口烟道布置、延长了分离器入口烟道、将原有螺旋线型入口改为切线型入口、将入口烟道改为下倾、中心筒偏心布置。结果显示：d_{50} 从改前的 180μm 降低到 80μm，飞灰量由 70% 降低到 60%；一次风率由 55% 降低到 35%，由于传热性能改善，烟气再循环量减少 5%，石灰石消耗减少 40%。

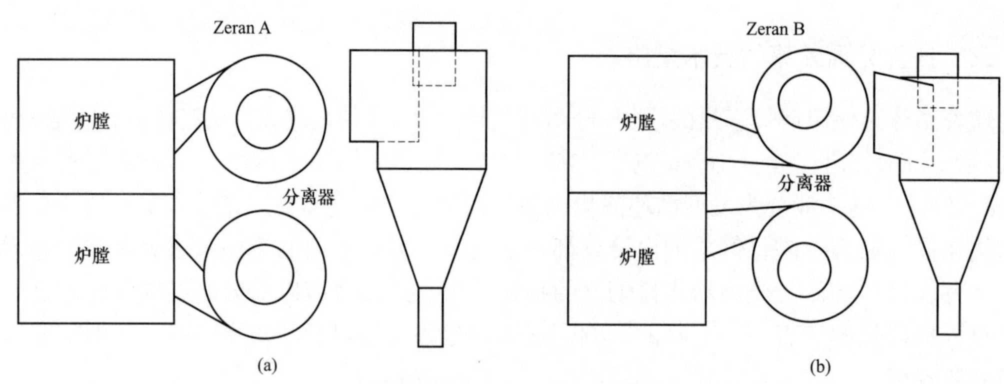

图 5-15 Zeran 电厂 450t/h 循环流化床锅炉分离器改造前后比较
(a) 同型改造前；(b) 同型改造后

由于循环流化床锅炉物料循环量和飞灰份额成正比，提高分离效率会使物料循环量提高，改善燃烧和传热特性。例如美国 Nucla 电厂 110MW 循环流化床锅炉分离器改造后 100μm 颗粒的分级分离效率从原来的 99.82% 提高到 99.98%，由于大量的细颗粒被分离下来，炉内床料中细颗粒的份额有所增加，0~200μm 细颗粒在床料中的比例从改造前的 67% 增加到 88%，在底渣中的比例从改造前的 32% 增加到 57%。分离器改造后，细颗粒在炉内的停留时间延长，300μm 颗粒的停留时间从 1.4h 增加到 13h。分离效率的提高对锅炉经济运行效果显著，相同的脱硫效率下，钙硫摩尔比降低了 18%，飞灰可燃物含量从 0.7% 降低到 0.2%，底渣可燃物含量从 1.8% 降低到 1.6%，飞灰底渣比从 26∶74 变化为 43∶57，由于炉内物料浓度增加、传热系数增大，锅炉带负荷能力增强。

某型 300MW 循环流化床锅炉 A 电厂飞灰取样分析显示，飞灰中位粒径 d_{50}<20μm，$d_{90}\approx 45$μm，B 电厂飞灰取样分析，得出分离器飞灰中位粒径 d_{50}<20μm，$d_{90}\approx 28$μm，对比飞灰粒径可以发现：B 电厂分离器对细灰的分离能力要比 A 电厂高，实际运行中，床温均匀性好，特备是分离器入口温度指标更为优越（见图 5-16）。

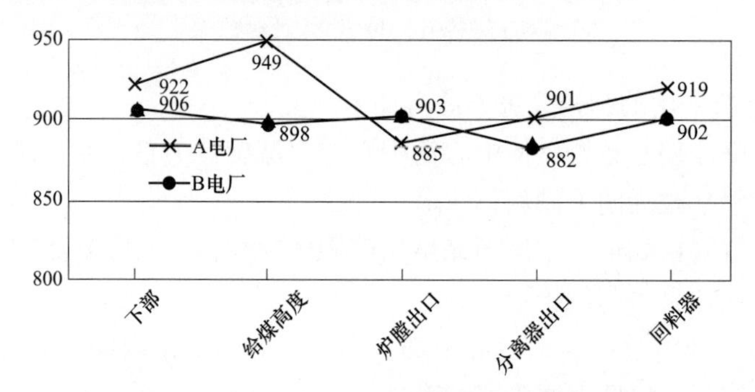

图 5-16 分离器效率对锅炉各部位平均温度的影响

第三节 常见问题及改进

循环流化床锅炉内部的气固流动、燃烧、传热非常复杂，其所使用的分离器也涉及各种复杂的传质传热现象。目前已经投运的循环流化床锅炉中，常常出现由于分离效率偏低造成的飞灰可燃物含量大、循环灰量不足等问题。部分分离器结构设计时考虑不足，中心筒变形脱落时有发生，对电厂安全经济运行造成不利影响，此外个别分离器尽管分离效率能够满足要求，但是本体阻力大、能耗高。

一、靶区磨损

靶区是高含尘气流在分离器内发生急剧旋转时的主要受冲击区域（气流在此区域流速最高且存在急剧的转向），也是颗粒与分离器壁面发生首次撞击的区域（见图 5-17）。靶区一般敷设有耐磨耐火材料，但这些材料容易磨损、脱落并引发分离器故障，国内绝大多数循环流化床锅炉都出现过不同程度的靶区磨损。

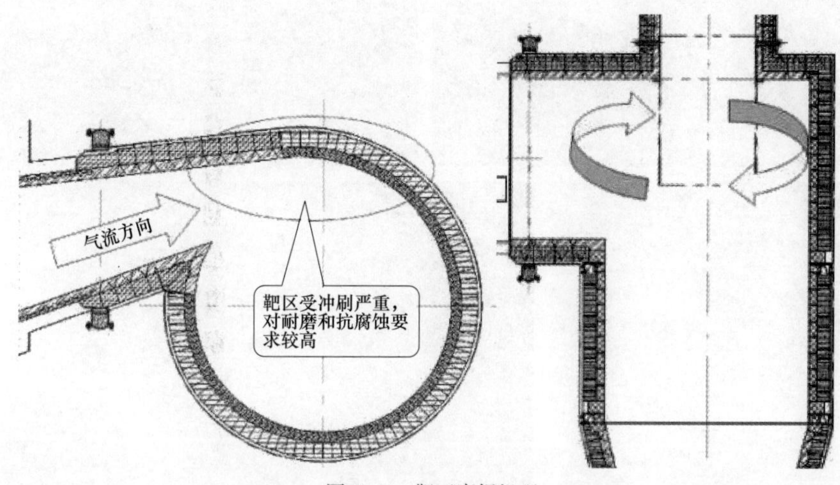

图 5-17　靶区磨损机理

据统计，分离器故障中约有一半是耐磨耐火材料损坏引起的，如果分离器出现故障，将会带来以下问题：

（1）细颗粒煤得不到有效燃烧影响锅炉运行；

（2）飞灰量增大加剧尾部受热面的磨损，增加除尘设备工作压力；

（3）进入循环回路的循环灰量减少、循环量下降，影响炉膛传热；

（4）极端情况下如果立管堵塞或汽（水）冷分离器受热面泄漏（见图 5-18），锅炉将被迫停炉。

图 5-18　汽（水）冷分离器销钉设置与结构

某100MW循环流化床锅炉投产后，2台汽冷分离器靶区频繁出现磨损（见图5–19），最短连续运行时间仅为4个月，为了延长靶区使用寿命，被迫采取增加靶区耐磨耐火材料层厚度、设置凸台等技术措施（见图5–20）。运行结果显示，这种改造虽然减轻了靶区磨损，但是却改变了含尘气流在分离器筒体内的流动、破坏了流场，引起了效率下降。由于耐磨耐火材料层厚度增加，还带来了施工、固定和养护的新问题。

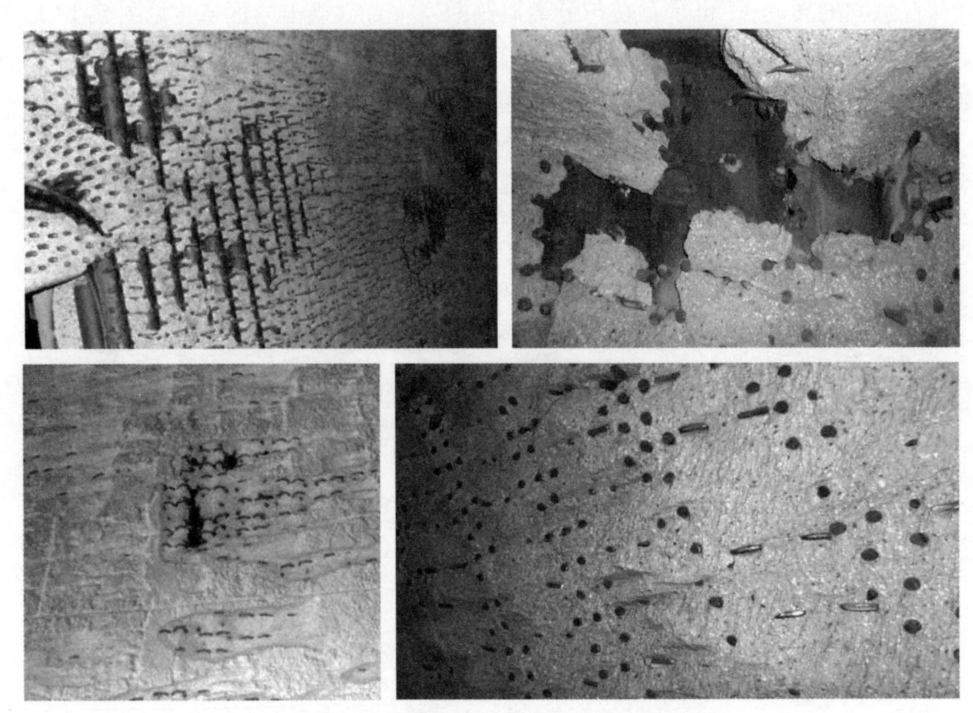

图5–19　分离器靶区磨损造成的销钉和受热面裸露

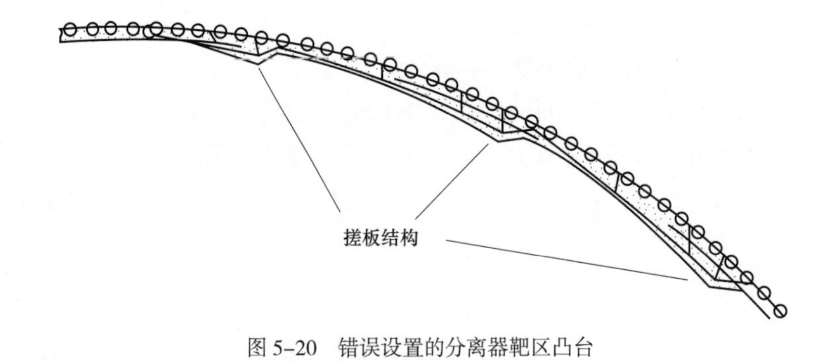

图5–20　错误设置的分离器靶区凸台

为解决该技术问题，利用数值模拟软件完成了改造方案的完善和优化，通过磨损机理分析，提出了解决方案。在靶区使用性能更好的耐磨耐火材料，适当增加SiC等材质含量，提高材料的导热系数（见图5–21和表5–5）。

(a)　　(b)

图 5-21　靶区耐磨耐火材料的工程应用
(a) 施工前；(b) 施工后

表 5-5　　靶区耐磨耐火材料的主要性能指标

项目		单位	指标
耐火度		℃	≥ 1790
使用温度		℃	1650
体积密度（烘干后）		kg/m^3	2600~2800
导热系数（热面 1000℃）		W/（m·K）	>1.5
显气孔率		%	<19
线变化率（815~1100℃）		%	± 0~0.2
抗压强度	110℃	MPa	≥ 80
	815℃	MPa	≥ 110
	1100℃	MPa	≥ 95
抗折强度	110℃	MPa	≥ 10
	815℃	MPa	≥ 15
	1100℃	MPa	≥ 18
急冷急热次数	1000℃水冷	次	>25
	1350℃风冷	次	>50
抗磨损性（ASTMC-704）900℃ ×3h		cc	≤ 4

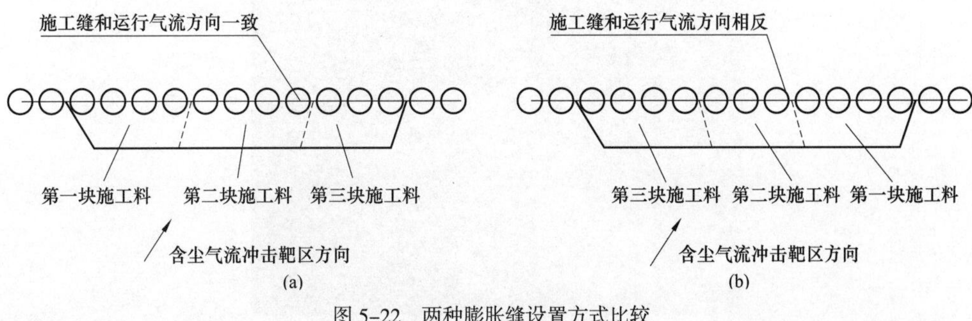

图 5-22　两种膨胀缝设置方式比较
(a) 传统方式；(b) 改造后方式

传统技术分离器靶区施工预留膨胀缝与气流方向一致，即采用如图 5-22（a）所示的结构，容易导致气流贯穿冲刷、降低靶区强度。改造时采用图 5-22（b）的施工方式，同时不过分追求靶区施工作业面的平整度和光滑度，允许作业面上均匀分布小凹坑和不规则小气孔。

考虑到床温、氧量等控制参数直接影响烟气对靶区的冲刷，根据改造对象的实际情况，还开展了冷态试验、热态试验和燃烧优化调整，提出了锅炉的最优运行控制参数（表 5-6）。

表 5-6　　燃烧调整后的推荐锅炉运行操作参数

项目	单位	低负荷	中间负荷	高负荷
流化风量	m^3/h（标态）	140000 ± 5000	150000 ± 5000	160000 ± 5000
二次风量	m^3/h（标态）	通过氧量控制		
平均床温	℃	880~900	885~905	890~910
空气预热器入口氧量	%	3.0~3.2	2.8~3.2	2.8~3.2
风室平均压力	kPa	9.5~11.0	10.0~11.5	10.5~12.0

通过以上技术措施，改造锅炉累计运行 5 年后靶区磨损仍非常轻微（图 5-23），相关工作不仅有效提高了分离器靶区的抗磨损能力，还提高了锅炉运行的经济性。由于改造后分离效率提高，锅炉主要运行参数明显改善，飞灰中位粒径和可燃物含量有所下降，灰循环量增加，炉膛差压增加了 1/3，床温下降了 11℃，钙硫摩尔比从 3.2 降低至 2.8（见图 5-24、表 5-7）。

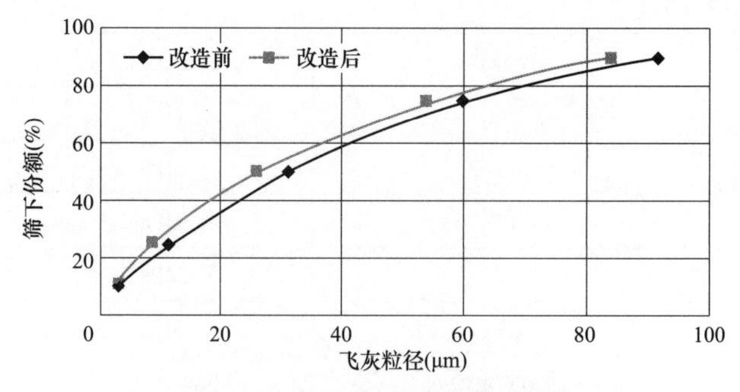

图 5-23　改造前后飞灰粒径比较

图 5-24　靶区耐磨修复技术应用效果

表 5–7　改造前后锅炉运行参数比较

名称	单位	改造前	改造后
飞灰中位粒径	μm	30.9	25.8
炉膛差压	Pa	1200	1600
飞灰可燃物含量	%	7.3	6.6
床温	℃	913	902

二、耐磨耐火材料脱落

某厂 135MW 循环流化床锅炉旋风分离器采用绝热式。锅炉燃用煤种由设计的无烟煤改为烟煤后，分离器耐磨耐火材料频繁出现磨损和脱落，造成机组非计划停运多次。

锅炉启停和运行中，因燃烧工况不同，分离器内温度快速发生变化，衬体温度也随之变化。衬体材料因膨胀系数不同会形成应力。持续的温度变化还会使衬体热振稳定性变差产生裂纹。含尘气流沿裂纹侵蚀、冲刷衬体，造成局部衬体脱落。与无烟煤相比，烟煤挥发分高、热值低，因此，锅炉改烧烟煤后，炉膛出口灰浓度增多、速度增大，高速物料使冲蚀和磨损加重。

施工工艺不良，销钉焊接不当，热端与衬体表面距离太近会使销钉易损坏脱落。销钉结构不合适、固件焊接不牢，排列过于稀疏，则难以达到支撑、紧固和抗折的设计要求。尤其是顶面焊接的销钉由于强度不足，使衬体更容易整块脱落。销钉施工未使用沥青，衬体与销钉膨胀系数不同，高温时销钉膨胀受阻会引起衬体开裂。

在进行修补作业时，没有对工作区域周围旧衬体进行清洁，造成新旧结合位置产生较大裂缝。衬体施工时捣固不密实，搅拌时间及配比未能严格按要求执行，影响了衬体的致密度和强度。膨胀缝设置不够，衬体膨胀间隙不足，会造成衬体朝向火侧隆起，冲刷后磨损脱落。

为解决上述问题，主要加强了以下几方面工作：

（1）启炉时对新敷设的衬体进行烘烤，使之在承受锅炉正常运行的高温之前完成干燥固化，让衬体内的水分能够缓慢蒸发逸出，避免急剧蒸发造成裂缝、凸起、错位等情况，确保达到所需的强度和刚度要求，延长使用寿命。

（2）销钉焊接时选用耐高温和高强度的材料，正确选择焊条，保证销钉焊接牢固。顶棚等部位销钉焊接后在销钉口焊接不锈钢网，以增加销钉的支撑和紧固作用。敷设衬体前在销钉顶部套 1~2mm 的塑料管或刷上同样厚度的沥青，改善膨胀。

（3）预留排汽孔并设置合适的膨胀缝，新敷设的衬体表面向火侧设置直径 3~4mm 的排汽孔，排汽孔深度约为 80mm 但不穿透衬体，每平方米不少于 9 个，使衬体里的水分能够快速排出，避免在短时间内引起衬体开裂。按照衬体设计留设的膨胀缝，合理选择贯穿和非贯穿形式，膨胀缝内填加耐火耐高温陶纤纸。膨胀节处可设置 L 形膨胀缝（见图 5–25），顶棚衬体与侧墙衬体接触面可设置 Z 形膨胀缝（见图 5–26）。

（4）改进衬体敷设工艺，衬体敷设前对工作区域周围旧衬体进行清洁，严格按设计要求进行配制、拌和。捣打可塑料时，先将坯料紧密平排再进行捣打，捣打应密实不留空穴，捣打方向与衬体的工作面平行，并加强衬体的致密程度，避免衬体分层现象。捣打完成的衬体表面不能有蜂窝、麻面、孔洞、裂纹。敷设时还应注意工作区域与四周旧衬体的衔接平滑。

采取以上处理措施后，在 3 年运行周期内分离器未再发生耐磨耐火材料磨损和脱落问题，设备可靠性和运行经济性显著提高。

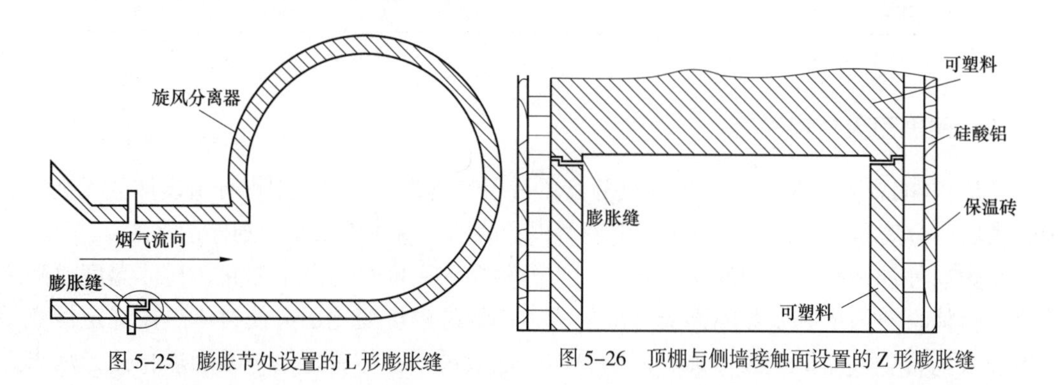

图 5-25　膨胀节处设置的 L 形膨胀缝　　图 5-26　顶棚与侧墙接触面设置的 Z 形膨胀缝

三、入口烟道积灰

某厂 210MW 循环流化床锅炉安装有 4 台绝热型旋风分离器，分离器入口烟道较长，运行发现此区域容易积灰。在低负荷条件下，由于烟气流速相对较低，实际积灰最高处近 2m。烟道积灰后造成烟气流动阻力加大，引风机负荷增加，同时也破坏了分离器入口的流场分布，对分离效率造成不利影响。由于四个水平烟道积灰情况不同，造成多个分离器的流量分配偏差增大，影响炉内及灰循环回路的物料分配。此外，炉膛出口烟气温度较高，积灰易烧结，掉入分离器后可能诱发循环回路结焦（见图 5-27）。

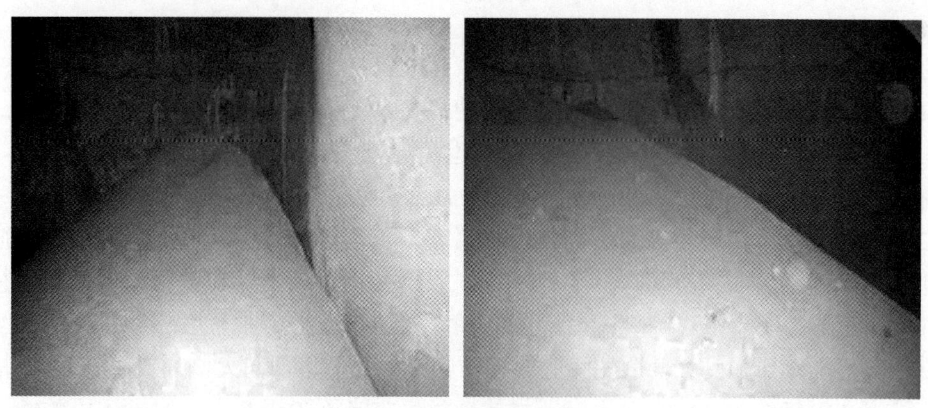

图 5-27　分离器入口烟道的积灰

为解决积灰问题，在分离器入口烟道侧墙加装吹灰装置（见图 5-28）。改造前 4 个分离器出口压力差别大，而改造后分离器出口压力的绝对值基本相同，引风机电耗也大幅度降低。4 个分离器的平均阻力（炉膛出口压力减去分离器出口压力）由改造前的 2.31kPa 下降为 1.86kPa，引风机总电流由改造前的 388A 下降为 302A（见表 5-8）。

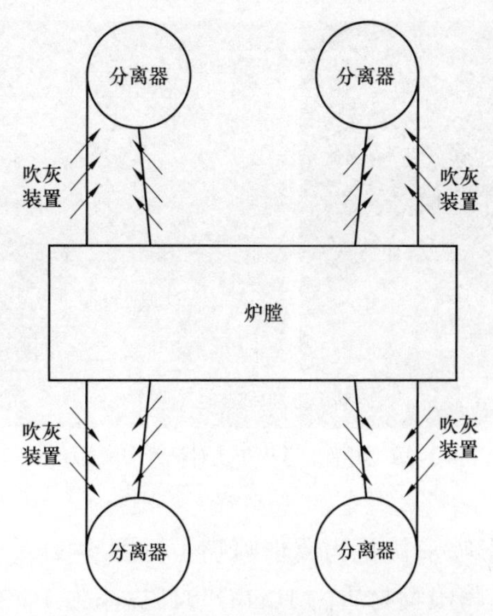

图 5-28　分离器入口烟道吹灰装置设置示意图

表 5-8　分离器入口烟道吹灰装置安装前后运行参数对比

项目	单位	无吹灰装置	加装吹灰装置
机组负荷	MW	205	202
1 号分离器阻力	kPa	2.04	1.84
2 号分离器阻力	kPa	2.52	1.93
3 号分离器阻力	kPa	2.41	1.92
4 号分离器阻力	kPa	2.26	1.75
4 台分离器平均阻力	kPa	2.31	1.86
左侧引风机电流	A	174	142
右侧引风机电流	A	214	160

除上述方法外，也可在分离器入口烟道底部加装吹扫装置。如某厂 300MW 循环流化床锅炉设计安装有 7 形喷嘴（见图 5-29），原设计采用 1Cr18Ni9Ti 材质的圆管直角设计，但实际使用中喷嘴磨损严重、易堵塞，寿命短，维修及更换频繁。此外，由于喷嘴所采用的风源为热二次风，压力较低（一般 6~8kPa），风压及风量随机组负荷变动较大，吹扫能力不足，而喷嘴仅在分离器入口烟道末段少量布置，也导致积灰层较厚，使得进入分离器的烟气流场偏移，影响了分离效率、加速了靶区磨损（见图 5-30）。

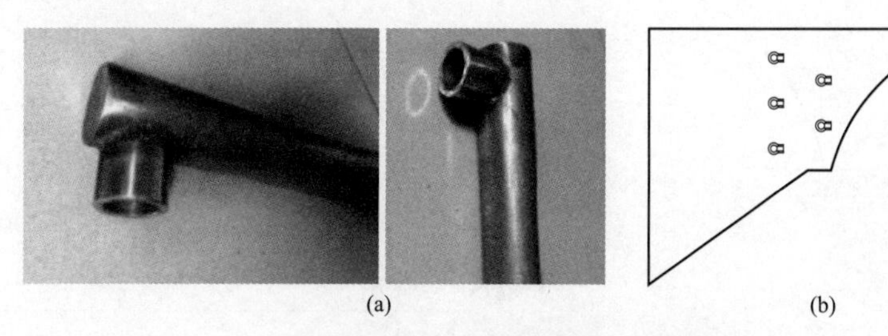

图 5-29　原设计 7 形喷嘴及布置示意图

（a）7 形喷嘴结构图；（b）7 形喷嘴布置示意图

图 5-30 水平烟道积灰及对靶区造成的磨损

为此减轻积灰，将 7 形喷嘴优化为翼形喷嘴（见图 5-31），采用流线型外观设计，减少飞灰对喷嘴的直接冲击，将喷嘴材质由 1Cr18Ni9Ti 提高为 1Cr20Ni14Si2 并增加有效壁厚，从而延长其使用寿命，同时将喷嘴内部通道设计为迷宫形式，避免堵塞，使喷嘴获得稳定的风压、风速。由于热一次风的风压及风量随机组负荷变化不大（一般为 12kPa 以上），因此将喷嘴风源改为热一次风并增加喷嘴数量以提高吹灰能力（见图 5-32）。

改造实施后使分离器入口烟道积灰明显减少，增加了外循环物料量，炉膛床温下降约 5℃，每台引风机电流改造后平均下降约 5A。

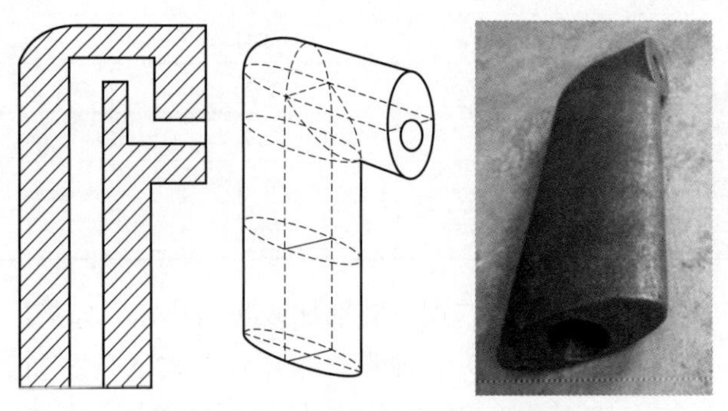

图 5-31 改进后的翼形喷嘴结构及示意图

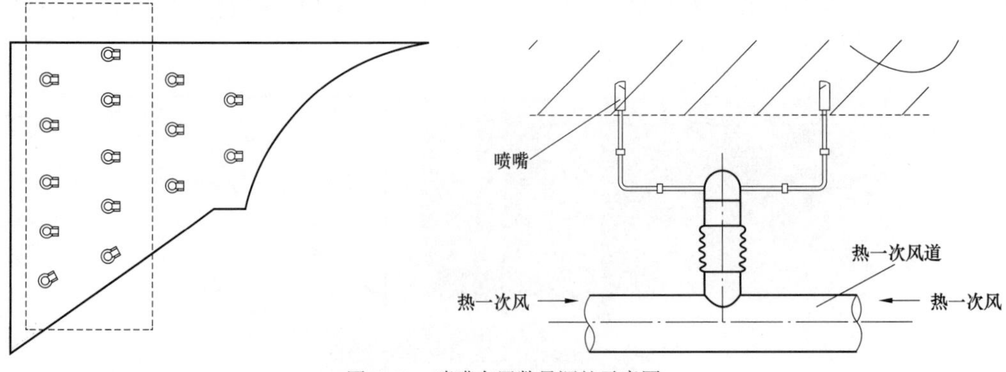

图 5-32 喷嘴布置数量调整示意图

四、中心筒变形

1. 固定方式比较

中心筒常见固定方式为拉钩吊挂（图 5-33），即用中心筒上端拉钩将筒体与分离器外护板焊接固定。但长期高温会造成拉钩开焊，产生断裂并脱离中心筒，导致中心筒下移偏斜，使分离效率下降，随着机组运行时间的累积，中心筒膨胀缝处变形加重，飞灰未经捕捉会直接从缝隙逃逸，锅炉带负荷能力下降，飞灰可燃物含量上升、尾部受热面磨损加剧。

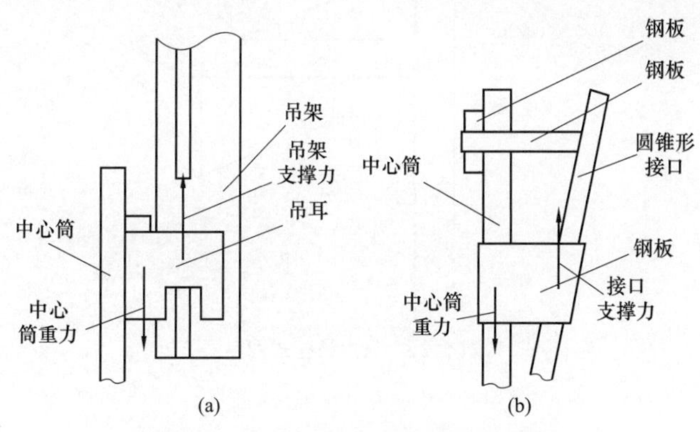

图 5-33　常见的拉钩式固定与接口式固定
(a) 拉钩式固定示意图；(b) 接口式固定示意图

拉钩与中心筒以焊接方式固定连接，连接部位是死点，并无膨胀间隙，启炉时筒体受热膨胀被拉钩挤压，停炉时筒体收缩被拉钩拉伸，多次反复后筒体易变形成椭圆形，设置的固定点、膨胀缝也易变形扩大（见图 5-34 和图 5-35）。

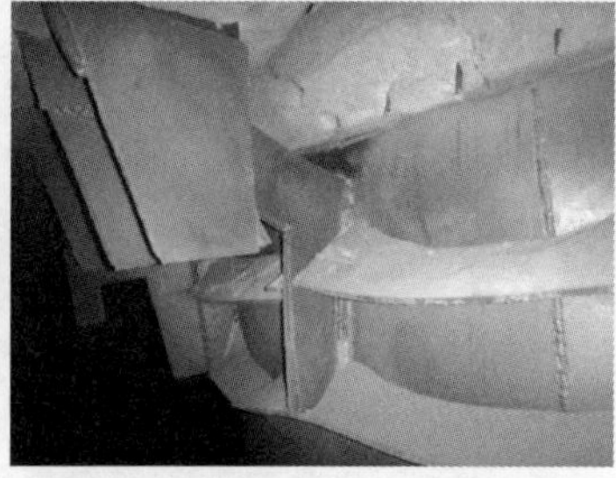

图 5-34　固定方式不当造成的顶部裂隙

图 5-35　固定方式不当造成的顶部变形

为此可将固定方式改为自由吊挂，这样可保证筒体不再发生脱落现象，筒体变形也会降到最低。自由吊挂是指中心筒通过大筋板安放在支架上的固定方式，这种方式大筋板与支架间为自由配合，可以相对滑动，并且大筋板、三角筋板和中心筒为一体铸造具有较高的强度，不会发生扭曲。自由吊挂将中心筒承托在支架的上平面，使原来的死点变为可相对滑动的活面承托，从而避免锅炉运行及停炉时因筒体自身膨胀收缩导致的变形问题（见图 5–36）。

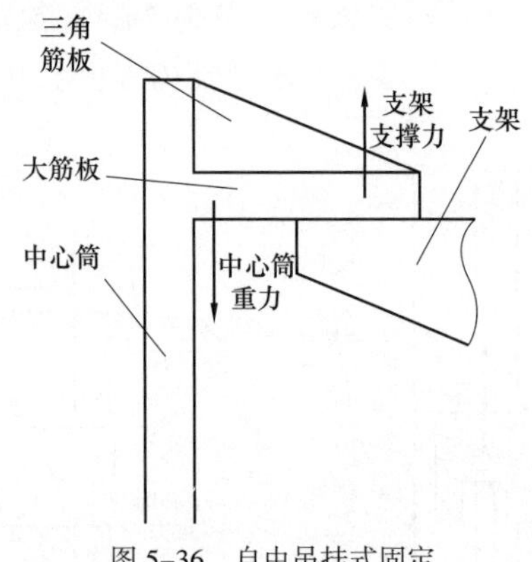

图 5–36　自由吊挂式固定

2. 长度优化

研究显示，在旋风分离器筒体直径一定的情况下适当减小中心筒直径，气流在筒内切向速度增加，最大切向速度点的径向位置向中心移动，外旋流区变大，有利于颗粒的分离，同时也可抑制灰环的形成，减少二次夹带的发生，提高分离效率。

中心筒插入深度会对分离效率和阻力产生双重影响，过短的插入深度易造成旋流核心不稳定，引起气流短路降低分离效率，过长的插入深度则会产生悬吊困难和磨损增加。目前大多数锅炉厂家将中心筒插入深度设置为分离器入口烟道高度的 0.4~0.6 倍。某厂锅炉中心筒长度为 2900mm，日常运行中变形严重（图 5–37）。计算发现，中心筒插入深度是入口烟道高度的 0.63 倍，因此可以将中心筒截短至 2000mm。采用这种方式处理后，中心筒插入深度降低为入口烟道高度的 0.43 倍，自重降低为原来的 69%，自身强度有所改善，变形问题得到缓解。

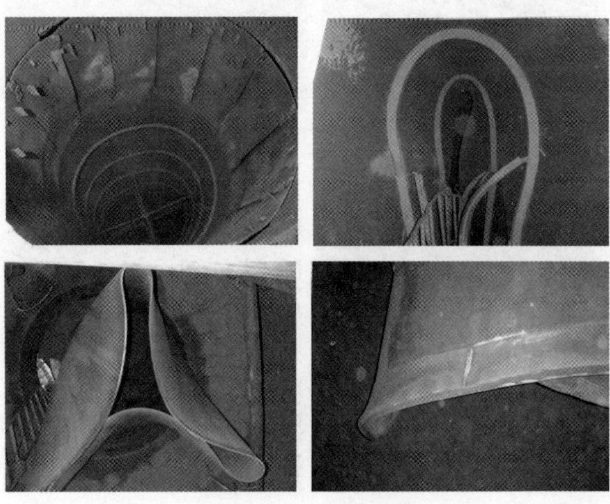

图 5–37　中心筒的变形

3. 裂隙治理

某厂 240t/h 锅炉日常燃用挥发分 25%、收到基灰分 20%、收到基低位发热量 16~20MJ/kg 的入炉煤，飞灰可燃物含量 6%~8%，较同类型锅炉偏高。运行期间密相区平均温度一般为 930~940℃，单点温度超过 960℃，且烟气的 SO_2 排放浓度偏高，脱硫效率低于 40%，石灰石用量也高于设计值。此外，炉内物料浓度较低，悬浮段压差低于 500Pa。分析认为该锅炉物料循环存在一定问题，因此结合机组检修对分离器进行了全面检查。

按照锅炉厂设计方案，分离器中心筒由上下两个筒体组成，上部筒体由 12 片扇形长板拼接而成，下部筒体为整圆设计。受到锅炉启停及工作区域温度较高的影响，上部筒体扇形长板之间原有的拼接缝逐渐演变成为裂隙，由于扇形长板彼此之间膨胀不均且每次停炉难以检修平整，因此裂隙逐步加大，实际测量的裂隙宽度已经达到 50~200mm（图 5-38）。

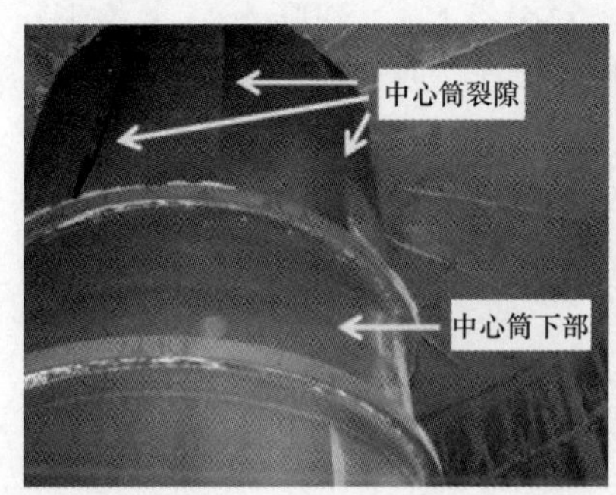

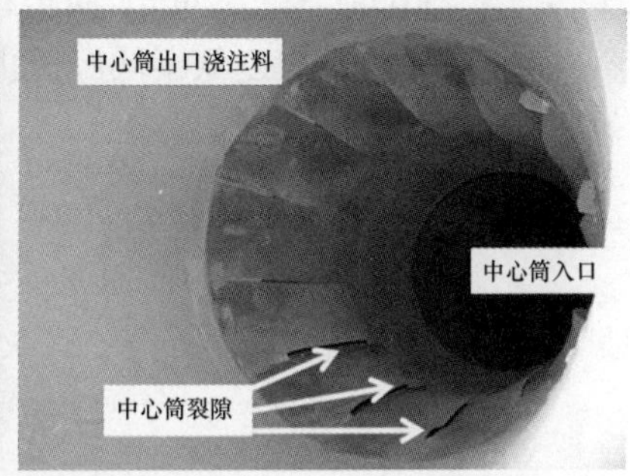

图 5-38　中心筒筒体裂隙情况

为分析裂隙影响进行了数值模拟试验，图 5-39 和图 5-40 的结果显示中心筒完整时的分离器阻力为 1.8kPa、切割粒径 d_{50}=34μm，存在裂隙后的分离器阻力为 1.7kPa、切割粒径 d_{50}=42μm。中心筒产生裂隙后对于 50μm 以下细颗粒的分离效果明显下降。

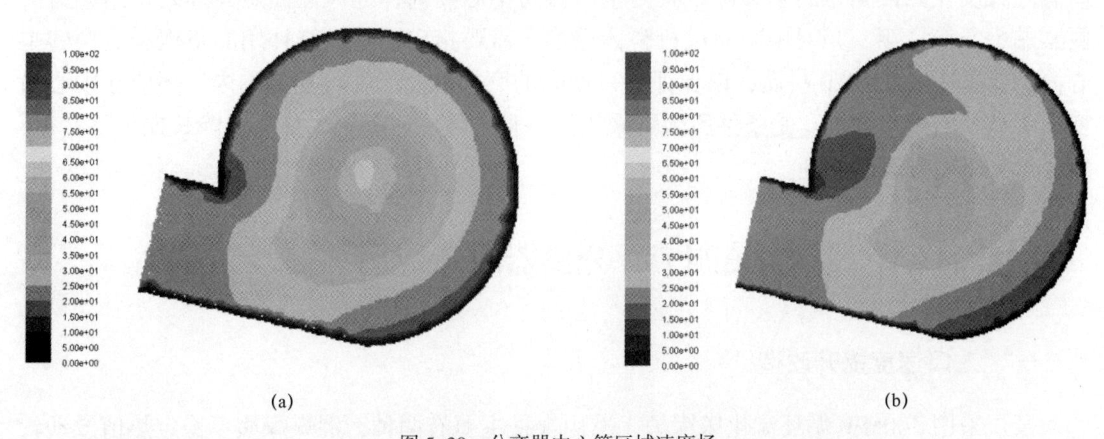

图 5-39　分离器中心筒区域速度场

(a) 中心筒完好；(b) 中心筒存在裂隙

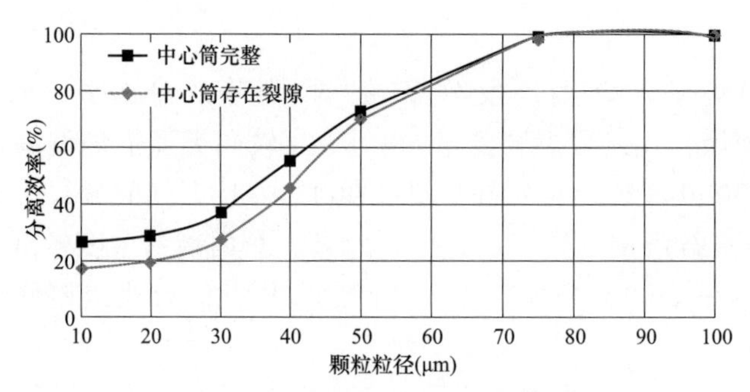

图 5-40 中心筒裂隙对分离效率的影响

分别对满负荷和80%负荷条件下的飞灰进行了取样分析，其中位粒径 d_{50} 分别为46μm和52μm（见图5-41）。一般而言，循环流化床锅炉旋风分离器的分离效率应在99%以上，对应的飞灰中位粒径 d_{50} 不应超过30μm。与锅炉同等级的A厂220t/h锅炉，分离器直径5000mm，飞灰中位粒径 d_{50} 为24μm；B厂240t/h锅炉，分离器直径5400mm，飞灰中位粒径 d_{50} 为21μm；C厂240t/h锅炉，分离器直径5400mm，飞灰中位粒径 d_{50} 为27μm。显然，该锅炉分离效率远低于同等级机组，有必要对分离器进行改造，消除中心筒裂隙对分离效率的不利影响。

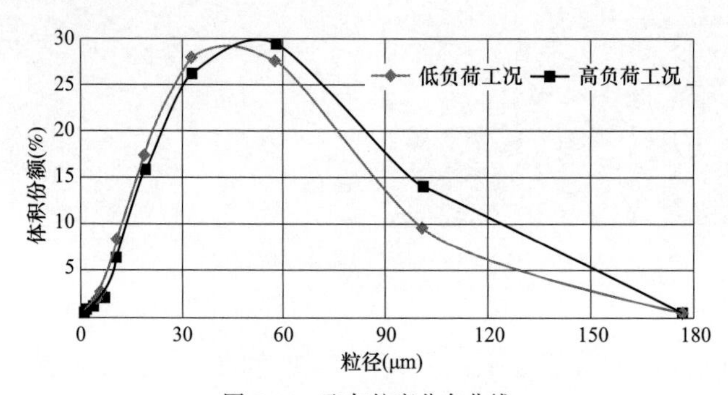

图 5-41 飞灰粒度分布曲线

中心筒的筒体裂隙有两种处理方案可供选择：第一是利用角钢进行修补，选择与中心筒裂隙长度相当的角钢封堵裂隙，将角钢一侧与中心筒筒体迎风侧固定并焊死，角钢另一侧紧贴中心筒；第二是对中心筒进行整体更换。需要指出的是，修补用的角钢和更换的中心筒均应采用Cr25Ni20材质，以保证运行期间的磨损和变形在可控范围内，还应在中心筒变形明显处增设加强筋。受条件所限可采用第一种方案临时处理，但为保障长期可靠运行，应尽可能采用方案二处理。

第四节 分离器改造应用

一、入口速度提升改造

某厂采用300MW循环流化床锅炉，燃用煤种主要有两种，混煤煤质不稳定热值波动较大（3300~4700kcal/kg，即13807~19665kJ/kg），平均硫分0.6%，另一种为烟煤，煤质稳定，平均发热量在3800kcal/kg（15899kJ/kg）左右，平均硫分0.9%。锅炉自投产以来床温偏高，一般在920~990℃之间，SO_2排放不稳定，由于采用的是炉内脱硫系统，运行床温偏离最佳炉内脱硫温度。为此，进行分离器提效改造，考虑到分离器结构形式以及改造投资成本，采用提高入口烟气流速的方法进行改造。

将原有分离器入口烟道适当缩小，减小入口截面积提高烟气流速，分别对分离器入口烟道侧墙和底部耐磨耐火材料层各加高400mm。改造后飞灰中位粒径降低为23μm，降低床温30~50℃，提高了脱硫效率，同时也抑制了NO_x原始生成，发挥了循环流化床锅炉燃用低热值燃料的优势。

二、中心筒增长改造

某厂采用SG-705/13.7-M453型循环流化床锅炉，通过3台ϕ7925mm的高温绝热旋风分离器进行气固分离。锅炉投运以来，运行床温长期偏高。额定负荷下，设计床温为880℃、设计分离器出口烟温为894℃，而实际床温为940℃、分离器出口烟温为910~920℃，从而引起炉内脱硫效率低、石灰石耗量大等问题。

分析引起炉膛床温偏高的因素包括：入炉煤粒径偏粗、运行参数不当、分离器效率不足等几项。通过技术比较，决定对分离器中心筒进行加长改造，通过提高分离效率、增加返料量达到降低床温的目的。设计增加中心筒长度0.6m、减少其进口直径至3.16m，增加分离器阻力178Pa（见表5-9和图5-42）。

表5-9　改造前后分离器参数对比

项目	单位	原设计	改造设计
中心筒直径	mm	3668	3158
分离效率	%	98.58	99.02
分离器阻力	Pa	1613	1791
中心筒入口速度	m/s	30	40

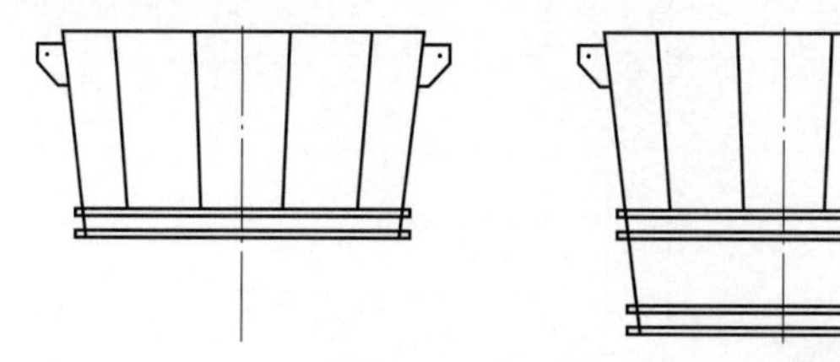

图5-42　中心筒加长前后比较图

与改造前近似运行工况比较发现（表5-10），锅炉在四种负荷下床温下降22~31℃，炉膛上部差压变大，返料量提高，一定程度上解决了锅炉中低负荷下屏式过热器热段超温问题。从锅炉启动过程来看，返料有效循环建立时间为改造前的一半，极大的保证了启动阶段的安全性。

表 5-10　改造前后运行参数对比

负荷（MW）	区分	给煤量（t/h）	平均床温（℃）	上部压差（kPa）
120	改造前	112	892	0.78
	改造后	94	867	1.09
130	改造前	122	906	0.88
	改造后	105	884	0.90
160	改造前	111	933	0.90
	改造后	128	902	1.22
200	改造前	182	944	1.17
	改造后	156	916	1.59

三、中心筒结构改造

某厂采用 YG240/9.8-M8 型循环流化床锅炉，分离器筒体直径为 5400mm，进口截面为 4500mm × 1418mm，中心筒直径为 2070mm，插入深度为 2700mm，日常运行时发现锅炉的飞灰可燃物含量高达 23.8%。通过对取得的循环灰样和飞灰样分析可以发现，循环灰中位粒径为 262μm、飞灰中位粒径为 33μm，此外炉膛上部差压仅为 800Pa，显然该分离器的分离效率较低。针对该锅炉分离器存在的问题，最好的解决途径就是对其分离器结构进行优化，能够对分离器分离效率产生影响的结构因素主要包括进气方式和入口结构、筒体结构、锥体结构和中心筒结构等几部分，考虑到现场改造工作条件的限制和施工工期，如果对前几项进行改造，难度高、工期长、效果不易保证，因此改造方案的设计主要集中在对分离器中心筒结构的改造上。

为此制订了 3 种改造方案，分别是增加中心筒长度的方案 A，减小中心筒直径的方案 B，增加中心筒长度并减小中心筒直径的方案 C，各方案结构特点如图 5-43 所示。

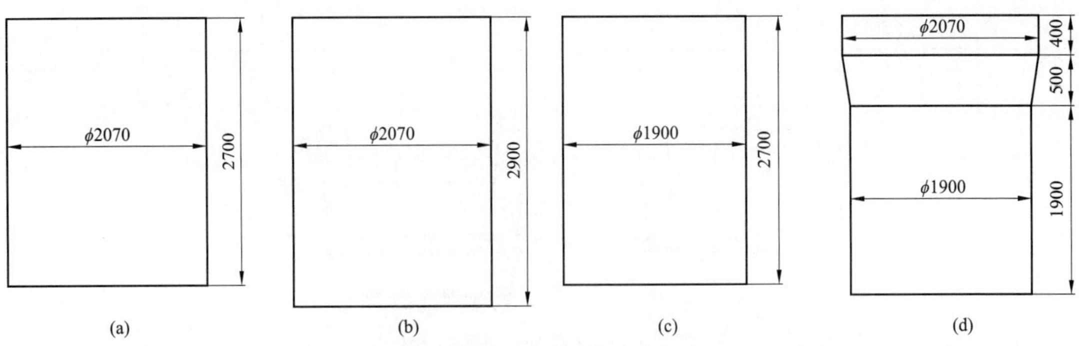

图 5-43　改造前旋风分离器中心筒结构及改造方案比较示意图

(a) 改前结构；(b) 改造方案 A；(c) 改造方案 B；(d) 改造方案 C

为了确定最终优化方案，采用数值模拟方法对 3 种方案进行进一步比较（见表 5-11），3 种方案均会造成分离器的阻力上升，方案 A 的分离效率和分离器阻力均有提高，方案 B 的分离效率提高并不明显，而方案 C 的分离效率较高且分离器阻力较低，可以作为最终的改造实施方案。

表 5-11　　原设计及各改造方案的数值模拟分级效率及阻力结果比较

项目	原设计方案	改造方案A	改造方案B	改造方案C
10μm 分离效率（%）	11.90	12.00	12.20	12.10
20μm 分离效率（%）	28.20	29.90	30.30	30.10
30μm 分离效率（%）	72.70	73.10	74.10	73.60
40μm 分离效率（%）	99.90	100	100	100
分离器阻力（Pa）	817	901	911	892

待改造结束锅炉设备运行稳定后，对循环灰和飞灰进行了取样分析，从表 5-12 和图 5-44 中可以看出飞灰中位粒径变小，飞灰中位粒径降低为 26.94μm，飞灰可燃物含量降至 20% 以下，循环灰中位粒径也减小到 207.2μm，这主要是由于分离器分离效率提高后细颗粒所占份额增多造成的，此外炉膛上部压差增加了近 200Pa，达到了 1000Pa 左右，灰浓度有所提高，这说明锅炉的循环量增加。

表 5-12　　改造前后不同粒径条件下的飞灰份额对比

粒径	>1μm	>10μm	>45μm	>100μm
改造前（%）	97.1	76.6	38.8	10.2
改造后（%）	96	72.9	31.5	5.66

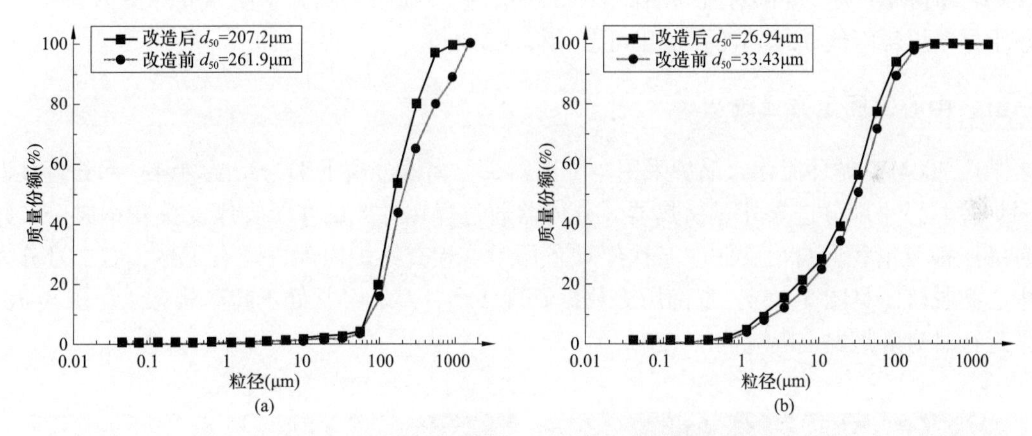

图 5-44　改造前后循环灰及飞灰粒径分布曲线比较
(a) 循环灰粒度分布；(b) 飞灰粒度分布

四、中心筒变形改造

某厂 DG460/13.73-Ⅱ 4 型循环流化床锅炉，炉膛出口设置 2 台汽冷旋风分离器，分离器中心筒由直段及锥段两部分构成，中心筒材料为 RA253MA（1Cr20Ni14Si2），中心筒总高为 9141mm，直段 ϕ3375mm×12mm，锥段由 12 块扇形分段组成，锥顶为 ϕ3855mm×20mm、高为 2300mm。中心筒以锥段最上部为固定端，通过穿过锥段每块扇形的三个卡板与分离器外壳连接。锅炉投产以来，中心筒多次发生不同程度的变形。

某次小修启动后5日发现中心筒压差增大，影响锅炉带负荷能力。运行数据显示，中心筒压差由前期的1.5~2kPa增大至3.5~4.5kPa，并以日平均0.2~0.3kPa的幅度增大，尾部烟道各处负压值同比增大了2~3kPa。床温同比升高30~50℃。停炉检查发现：锅炉右侧分离器中心筒变形严重，其中三块扇形板已向内弯扭曲变形约1000mm，并将下部直段拉变形约300mm，中心筒原直径为3375mm，变形后筒体入口处已成椭圆形，长轴为3950mm，短轴为1300mm，最小间距左侧为160mm、右侧为30mm。受时间和改造费用限制，仅将中心筒变形严重段割除，中心筒缩短约4m，并用T91材质的$\phi 76 \times 7$mm钢管，在余下中心筒下部加装米字型支架，将变形快脱落的上部三块锥段扇形板割下，下部对口用连接板焊接，并按设计恢复支撑卡板，修复后的扇形板仍有300mm的变形量，其他9块变形量在200~300mm之间的扇形板不做校正。此处理方式主要是为了防止坠落。改造后由于金属热胀冷缩，密封浇注料受挤压形成缝隙，造成烟气短路，分离效果降低，锅炉带负荷能力只能达额定负荷的50%，同时进入烟道的可燃物增多，在烟道再燃烧，过热蒸汽超温严重。

结合该厂实际情况设计了新的中心筒结构，新中心筒采用Cr25Ni20MoMnSiNRe整体铸造，这种材料在高温中的抗变形能力较好。为提高分离效率，缩短了中心筒长度，使其插入分离器的长度与分离器直径之比降至0.58，减小中心筒直径与分离器筒体直径之比为0.48，同时将中心筒壁厚由12mm增加为16mm，改造前后中心筒质量不变，仍为8t左右。

改造后锅炉运行改善明显，中心筒的抗变形、抗磨损能力提高，运行三年未再出现扭曲变形，返料量增多后炉膛差压增加，床温更均匀。由于细灰得到很好的循环燃烧，飞灰可燃物含量降低3%，尾部对流受热面磨损减轻，高负荷时的减温水由8t/h降低为5t/h。计算显示供电煤耗降低3.5g/kWh，每年可节约标煤2800t。

五、中心筒固定方式改造

某厂300MW循环流化床锅炉采用4分离器，分离器分离下来的高温物料一部分直接返送回炉膛，另一部分进入外置换热器。分离器通过焊在外壳的4个支座支撑在钢梁上，并垫有膨胀板可沿径向自由膨胀。某次停炉备用后，检查锅炉内部发现右1号、右2号分离器中心筒脱落（见图5-45），查询历史数据发现2个分离器经常处于超温状态（见图5-46，正常运行时对应烟温上限应低于920℃）。

图5-45　锅炉中心筒脱落示意图

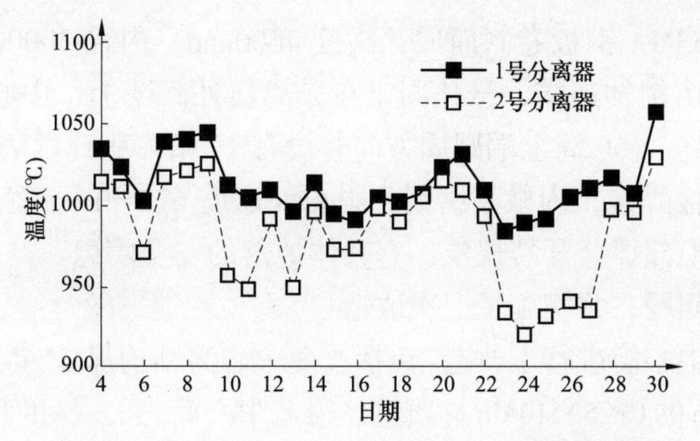

图 5-46 锅炉右侧 1 号、2 号分离器入口最高温度曲线

锅炉燃用煤种为小龙潭褐煤，挥发分高，灰分少且灰质较软，即使在不排渣的情况下床压也会逐渐降低，炉内物料偏少，外循环不足，过高的炉膛温度使分离器长期超温运行。此外，锅炉参与调峰运行，负荷常在 50%~100% 之间升降，工况变化大，运行中一、二次风配比不合理也加剧了炉膛上部温度的异常。因循环流化床锅炉本身存在较大的热惯性，升负荷过程中容易出现分离器入口严重超温，此时烟气热流自中心筒向炉墙传递，由于中心筒膨胀系数比炉墙高，会出现中心筒膨胀量大于炉墙，受到炉墙挤压产生压应力。降负荷时中心筒向筒中心方向收缩，支撑钢板受到筒心方向的拉力，反复作用的应力造成中心筒强度下降。而中心筒超过设计温度长期运行，还会发生高温蠕变，尤其使材质的组织结构发生变化，强度变差，最终发生断裂现象（见图 5-47）。

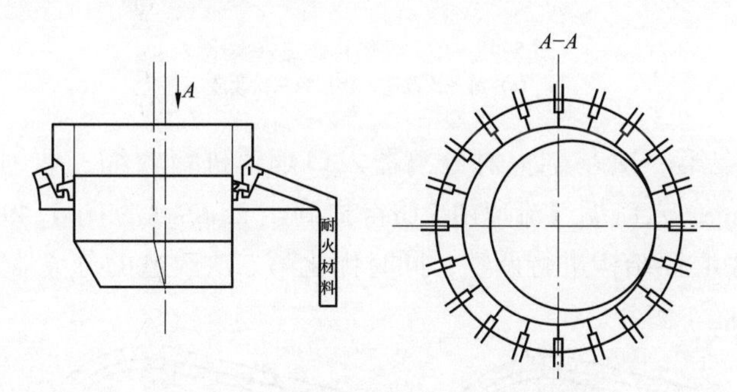

图 5-47 中心筒原设计固定方式示意图

在锅炉负荷、总风量以及床压不变的情况下，由于分离器出现烟气短路，较多的细灰未经分离从中心筒间隙直接进入尾部烟道，炉膛细灰量的减少使床压难以维持。锅炉密相区燃烧份额较大，水冷壁的换热能力弱，炉膛温度较高，必须增大灰控阀开度，保证更多的低温灰进入炉膛，以降低炉膛温度。对应进入外置换热器的物料量增加，致使外置换热器换热量增大，出现过热蒸汽参数超标的现象，减温水投入量加大。

分离器出现烟气短路现象后阻力降低，大量未燃尽燃料直接进入尾部烟道，飞灰可燃物含量升高。为此，大修期间对分离器中心筒进行了改造，采用自由吊挂方式固定中心筒，改造后未再发生中心筒脱落。

六、综合提效改造

某厂 200MW 循环流化床锅炉采用高温绝热分离器，设计分离效率 99.5%。分离器中心筒由 10mm 厚的 RA253MA 钢板卷制而成，高度 4600mm，内径 3000mm。分离器中心筒 12 个吊耳与支撑板之间由销轴连接，悬挂固定在分离器外筒壁上，中心筒支撑板四周由扇形钢板密封防止烟气短路，中心筒上端圆周方向开设有 12 条膨胀缝以解决筒体径向膨胀问题。分离器进口烟道由钢板焊接，内敷耐磨耐火材料，高度 6725mm、宽度 2200mm。锅炉运行期间中心筒存在吊耳根部焊缝开裂现象，有整体掉落的安全隐患。

针对锅炉存在的问题，共实施了三次改造：

第一次对分离器中心筒进行了改造，包括改变中心筒结构尺寸，改悬吊结构为自由吊挂，使用壁厚增加至 15mm 的 Cr25Ni14Mo 材质整体铸造中心筒，插入深度和直径分别调整为 3.6m 和 2.8m（见图 5-48）。

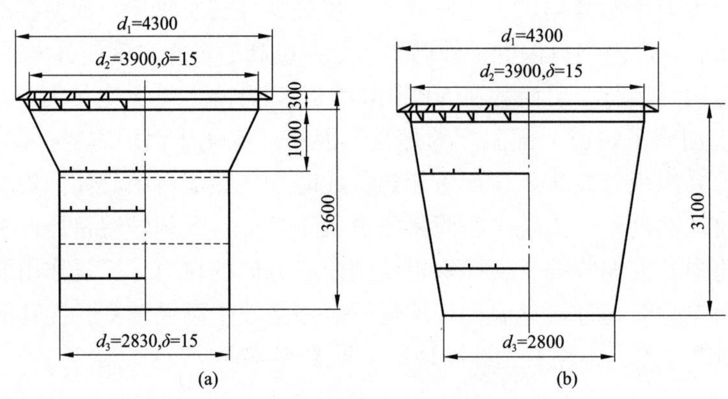

图 5-48　中心筒结构改造方案比较
(a) 第一次改造；(b) 第三次改造

第二次改造是在第一次基础上对分离器入口烟道进行收缩，收缩后入口烟道宽度由 2200mm 改为 1800mm，入口烟气流速由 21m/s 提高至 25m/s（见图 5-49）。第三次改造方案是将第一次改造的中心筒结构进行调整，同时优化第二次改造的分离器入口烟道收口尺寸。

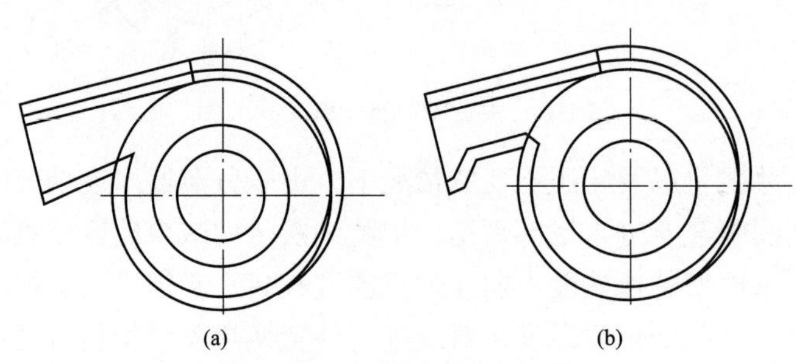

图 5-49　入口烟道改造方案比较
(a) 第一次改造；(b) 第二次及第三次改造

改造时在原分离器膨胀缝下约 300mm 位置加装一道铸造的环形槽钢，槽钢宽 200mm。在环形槽钢上焊接 20 个高强度支架，支架宽 350mm。改造后中心筒依靠上圈吊挂筋板自由放置在 20 个支架上，搭接支撑部分宽 150mm（见图 5-50）。中心筒安装后支架外缘距离筒体 60mm，可以保证筒体膨胀时不会在支架处受阻，便于自由膨胀。由于上圈吊挂筋板为一整体结构，大部分可插入到耐磨耐火材料中，使筒体与侧墙壁面无间隙，较好的解决了密

图 5-50　中心筒自由吊挂固定方式示意图

封问题。中心筒安装完成后，浇注料施工与原设计相同，敷设浇注料前在中心筒外壁及中心筒顶部圈板上方铺设厚度为 40mm 的硅酸铝毡，以保证膨胀间隙（见图 5-51）。

三次改造完成后，飞灰粒径及颗粒分布变化明显，飞灰中位粒径 d_{50} 由改造前的 56μm，分别降低至 33、22、21μm，表明更换分离器中心筒有效地解决了烟气短路、细灰逃逸等问题。中心筒采用自由吊挂方式后，其横向膨胀无死点，原筒体膨胀受阻及吊耳焊缝开裂问题得以消除，检修维护工作量大大减少。铸造中心筒机械强度好，筒体变形问题也得到了解决。

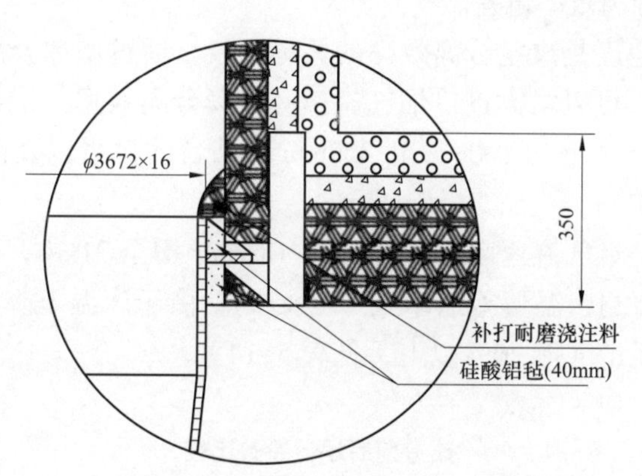

图 5-51　中心筒周围浇注料施工示意图

由表 5-13 可以看出，分离器效率提高后，炉膛中上部压差增大，下部床温、中部床温和分离器入口温度之间的差值变小，锅炉外循环灰量增多，在流化风量近似的情况下，下部床温大幅降低，锅炉运行状况改善，冷渣机排出的底渣中细颗粒份额也有所增多。

表 5-13　　改造前、后运行参数比较

项目	单位	改造前	第一次改造后	第二次改造后
负荷	MW	160	160	160
风室压力	kPa	12.0	15.8	12.4
中部差压	kPa	0.8	0.8	1.2
上部差压	kPa	0.5	0.5	0.9
流化风量（标况下）	m^3/h（标态）	195000	193000	185000

续表

项目	单位	改造前	第一次改造后	第二次改造后
二次风量（标况下）	m^3/h（标态）	228000	226000	199000
下部床温	℃	950	937	862
中部床温	℃	892	871	826
飞灰可燃物含量	%	1.12	1.02	2.02
底渣可燃物含量	%	0.29	0.21	0.53

七、入口烟道结构优化

某电厂220t/h循环流化床锅炉采用高温型绝热旋风分离器，分离器的临界粒径约70μm，设计分离效率99%。按照设计锅炉满负荷运行床温为873℃，但受煤质及飞灰再循环系统取消等因素影响，70%负荷运行时最高床温点已达到950℃以上，锅炉不具备高负荷运行能力。

根据设计分离器直径为5182mm，中心筒直径为2136mm、插入深度为1760mm，分离器入口烟道宽度为1662mm，入口烟气速度约为17.5m/s。但实测发现，锅炉安装期间由于安装误差导致两侧分离器入口烟道宽度分别为1600mm和1800mm，致使分离器入口烟气速度产生差异，并造成分离效率偏差。

分离器入口烟气速度是决定分离效率的关键因素，通过增加分离器入口耐磨耐火材料的厚度减少进口面积，可以增大进口烟气流速并提高分离效率。根据设计经验，在兼顾分离效率和能耗的情况下，增加100mm和300mm的凸台缩口可以提高分离器入口烟速并将两侧分离器入口尺寸统一。

改造后分离器入口烟气流速由原来的16.6~18.7m/s增至21m/s，高负荷条件下锅炉床温下降至900℃以内，两侧床温偏差缩小至30℃以内，由于床温下降，NO_x原始排放浓度得到控制，脱硝还原剂耗量下降20%以上（见表5-14）。

表5-14　改造前后运行参数比较

项目	单位	设计值	左侧运行值	右侧运行值	改造后运行值
收到基全水分	%	7.0	21.2		
收到基灰分	%	37.3	21.6		
收到基低位发热量	MJ/kg	16.40	15.46		
炉膛出口温度	℃	880	800	800	850
入口烟气速度	m/s	17.5	18.7	16.6	21
分离器阻力	Pa	1139	1342	1193	1482

改造后飞灰中位粒径降低至33μm，稀相区差压从500Pa增加至1100Pa。根据物料平衡原理可以利用稀相区差压计算出分离器效率的提升效果，分离器入口物料浓度可以按照式（5-20）计算：

$$\rho_{aver,cyc}=\Delta p_x/gh_x \tag{5-20}$$

式中　Δp_x——压力测点 x 到炉膛出口的压差，Pa；

g——重力加速度，9.81m/s^2；

h_x——压力测点 x 到炉膛出口的距离，m；

$\rho_{aver,\ cyc}$——分离器入口烟气携带的物料浓度（标准状态下），kg/m^3。

旋风分离器出口物料浓度可按照式（5-21）计算：

$$\rho_{fh}=WQ_y \tag{5-21}$$

式中　ρ_{fh}——分离器出口物料浓度（标准状态下），kg/m^3；

W——分离器出口的飞灰总流量，kg/s；

Q_y——分离器出口的烟气流量（标准状态下），m^3/s。

旋风分离器效率计算：

$$\eta_{cyc}=100\times(1-\rho_{fh}/\rho_{aver,cyc}) \tag{5-22}$$

根据式（5-22）计算可知改造前后分离器分离效率分别为98.61%和99.46%，效率提升显著。

八、三分离器结构效率提升

某厂300MW循环流化床锅炉型号为DG-1069/17.4-Ⅱ1，炉膛前墙布置有12片屏式过热器、6片屏式再热器，后墙布置有2片水冷屏式受热面。锅炉共有8个给煤口，在前墙水冷壁下部收缩段沿宽度方向均匀布置，锅炉主要设计参数见表5-15。

表5-15　　锅炉主要设计参数

名称	单位	设计值
过热蒸汽流量	t/h	1069
过热蒸汽压力	MPa	17.4
过热蒸汽温度	℃	541
再热蒸汽流量	t/h	887
再热蒸汽入口/出口压力	MPa	4.1/3.9
再热蒸汽入口/出口温度	℃	337/541
床温	℃	915
锅炉热效率	%	91.1
燃料消耗量	t/h	251
空气量（标准状态下）	m^3/h（标态）	979000
烟气量（标准状态下）	m^3/h（标态）	1050000

满负荷运行时该锅炉设计床温为915℃，但在实际运行中240MW负荷下平均床温已达到920℃左右，300MW负荷下平均床温超过950℃（局部高温点超过970℃），且中部床温高于两侧床温40~60℃，炉内脱硫系统的脱硫剂消耗量和SNCR脱硝系统的尿素溶液消耗量均高于设计值。为降低中部与两侧的床温偏差，运行人员被迫大幅度降低炉膛中部给煤量、增加一次风量。

循环流化床锅炉 850~900℃是兼顾燃烧和环保的床温区间。但是在国内循环流化床锅炉发展过程中，为降低飞灰底渣可燃物含量、提高锅炉热效率，大量循环流化床锅炉采用 910℃以上的高床温，加之受煤质变化、受热面布置、布风不均等因素的影响，实际运行床温普遍超出设计值。300MW 循环流化床锅炉一般有 H 型布置和 M 型布置两种方式，其中 M 型布置由于结构紧凑、造价低而成为目前的主流技术。但 M 型布置有 3 台分离器（200MW 及 300MW 等级），各分离器之间的效率偏差会影响循环回路的循环量和炉膛物料浓度，使床层的左右侧温度和中部温度产生显著偏差。虽然调整入炉煤、给煤量、给煤方式、配风和床压等参数可以在一定程度上减轻这种偏差，但幅度有限。

采用两分离器或四分离器的循环流化床锅炉，可以通过提高分离效率增加循环物料浓度降低床温。但对于采用三分离器的循环流化床锅炉而言，除分离效率外还需要考虑 3 台分离器阻力不同引起的流量差异。图 5-52 的模拟计算结果显示，在阻力相同的情况下左右两侧分离器流量接近，但中间分离器的流量仅为左右两侧分离器流量的 85% 左右。

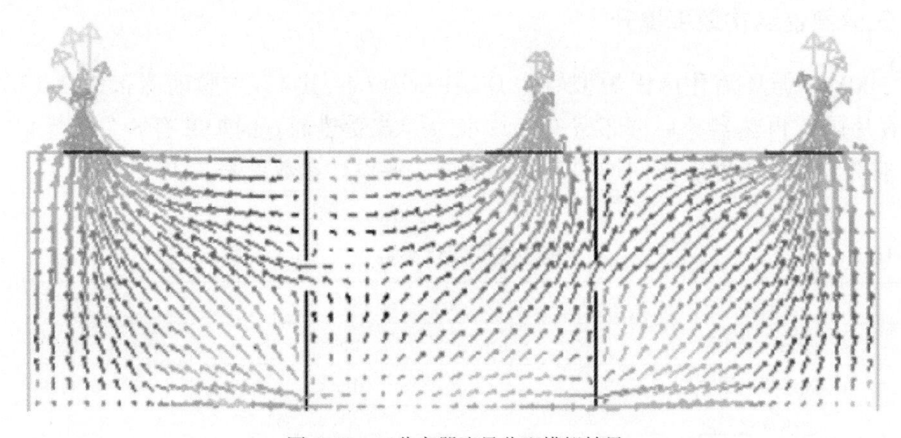

图 5-52　三分离器流量分配模拟结果

受流量偏差影响，左右两侧分离器的分离效率高于设计值，中间分离器的分离效率低于设计值，分离效率的绝对偏差在 0.08%~0.15% 之间（见图 5-53）。因此对于采用三分离器的循环流化床锅炉，除了提高分离效率外，还应减少分离器流量的不均匀性。

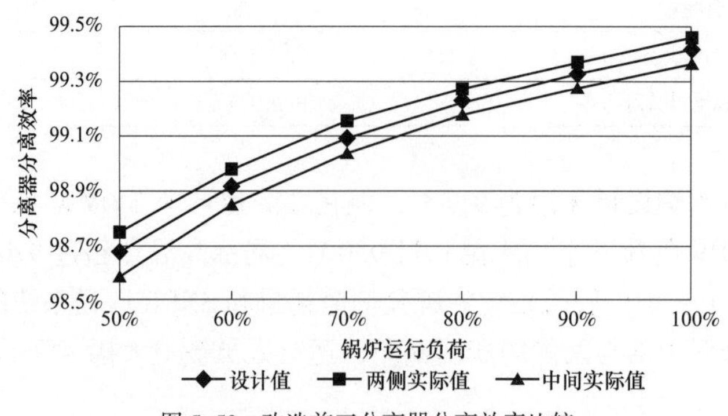

图 5-53　改造前三分离器分离效率比较

为降低分离器流量偏差，利用耐磨耐火材料修筑导流凸台（见图 5-54），以此优化分离器入口烟道结构尺寸，减少流通面积、提高烟气速度。改造后左右两侧分离器入口烟道宽度减少约为 200mm，满负荷时烟气流速提升至 27.5m/s，分离器阻力增加约为 180Pa。

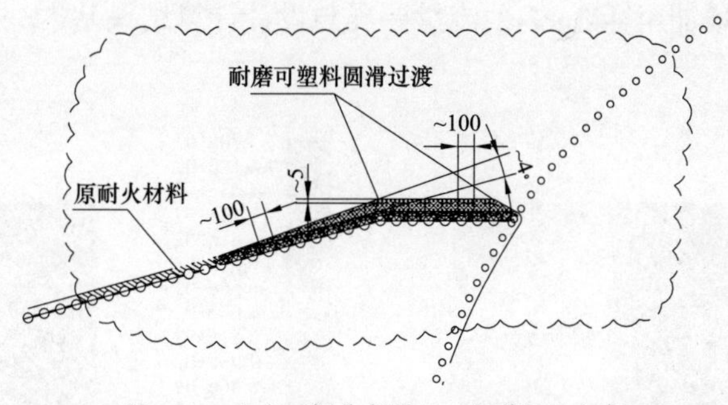

图 5-54　左右两侧分离器入口烟道调整方案

锅炉原设计中心筒由厚度为 12mm 的钢板卷制而成并采用焊接固定，运行期间膨胀受阻容易变形。针对该问题，将固定方式改为自由吊挂，中心筒采用 Cr25Ni20MoMnSiNRe 材料整体铸造，筒体壁厚增加至 16mm，对左右两侧分离器和中间分离器采用不同的中心筒长度和结构，具体改造方案如图 5-55 所示。改造后左右两侧分离器阻力下降 90Pa，中间分离器阻力下降 210Pa。

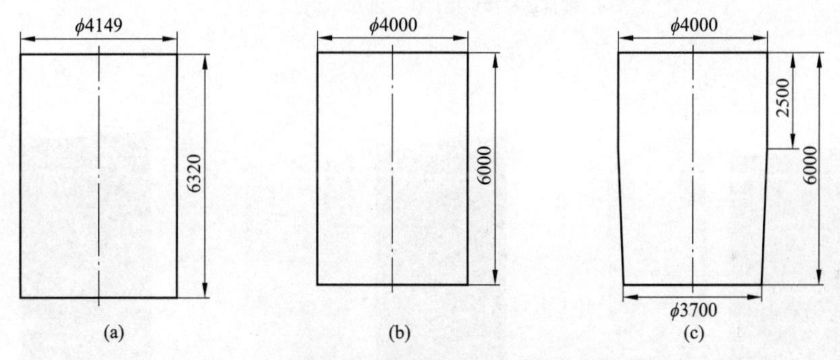

图 5-55　改造前后分离器中心筒结构方案比较

(a) 中心筒原设计；(b) 改进后中间中心筒设计；(c) 改进后两侧中心筒设计

改造后左右两侧分离器和中间分离器的分离效率均有提升，分离器整体阻力的差异减少了流量的不均匀性，各负荷下 3 台分离器的分离效率绝对偏差降低至 0.01%（见图 5-56）。

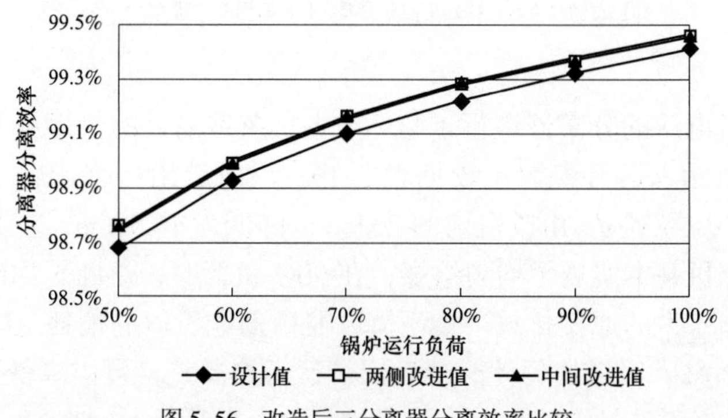

图 5-56　改造后三分离器分离效率比较

利用数值模拟软件对改造方案进行了模拟验证（见图 5–57 和图 5–58），优化后分离器流场稳定，中间分离器入口烟气量增加后分离效率提高，3 台分离器之间的分离效率无明显差异。两侧分离器入口烟气量由改造前的 421m^3/s 降低至 391m^3/s，中间分离器入口烟气量由改造前的 383m^3/s 增加至 443m^3/s，流量差异与设计计算结果基本一致。

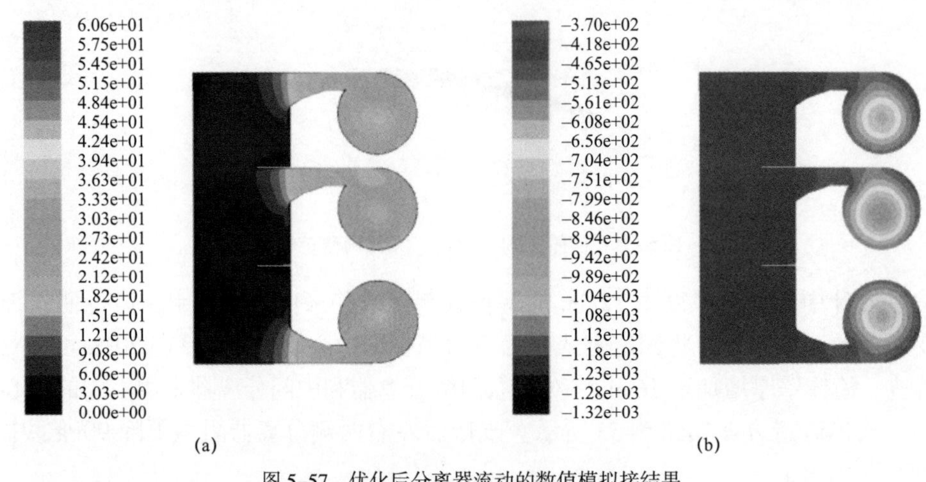

图 5–57　优化后分离器流动的数值模拟接结果

（a）速度场模拟结果；（b）压力场模拟结果

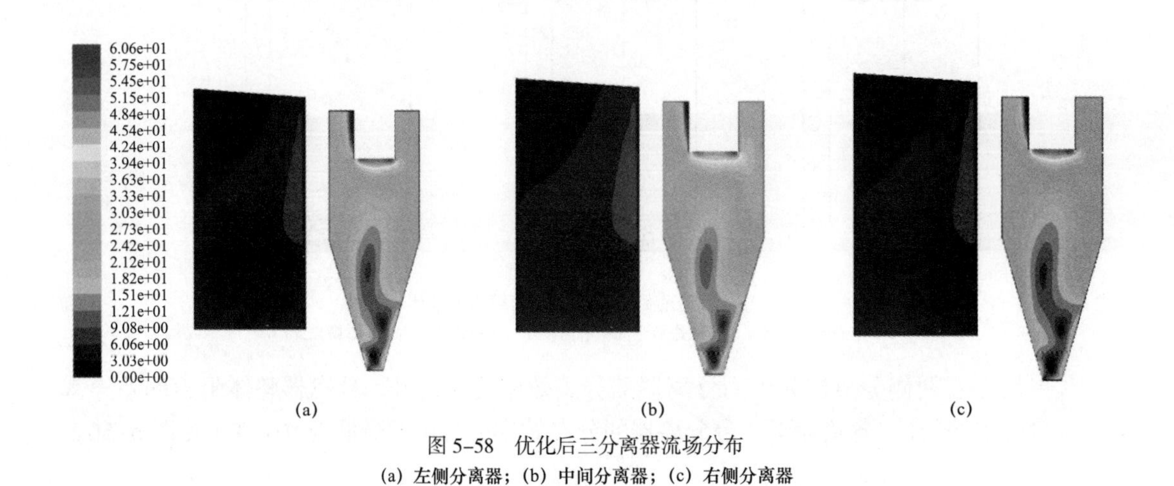

图 5–58　优化后三分离器流场分布

（a）左侧分离器；（b）中间分离器；（c）右侧分离器

结合设计方案，对电厂的分离器进行了整体改造。改造前后的给煤量和床温比较分别如图 5–59 和图 5–60 所示，运行参数比较见表 5–16。可以看出：改造后 3 台分离器分离效率显著提高，飞灰中位粒径 d_{50} 由改造前的 26.9μm 降低为 16.5μm，左右两侧床温与中部床温偏差减小，给煤机基本实现了均匀给煤；在 90% 负荷时，炉膛平均床温降低幅度在 35℃以上，由于 SO_2 和 NO_x 的原始排放浓度下降，脱硫剂电石渣的消耗量降低约 40%，脱硝尿素消耗量下降约 20%。给煤均匀性改善后锅炉运行控制氧量可以降低至 2% 左右（改造前为保证脱硫需要，运行氧量维持在 5%），锅炉热效率提升约 1%。

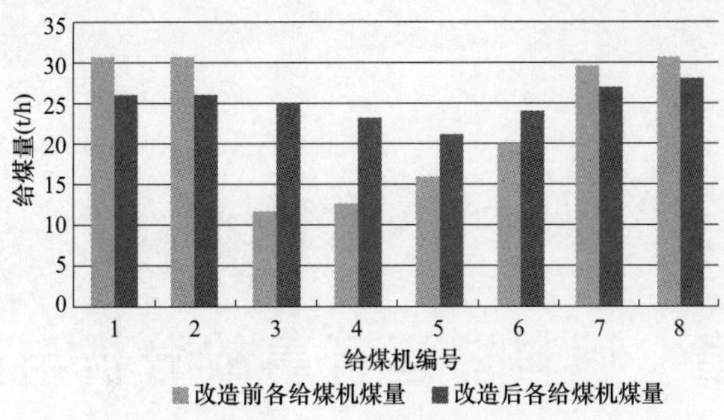

图 5-59　改造前、后各给煤机给煤量比较

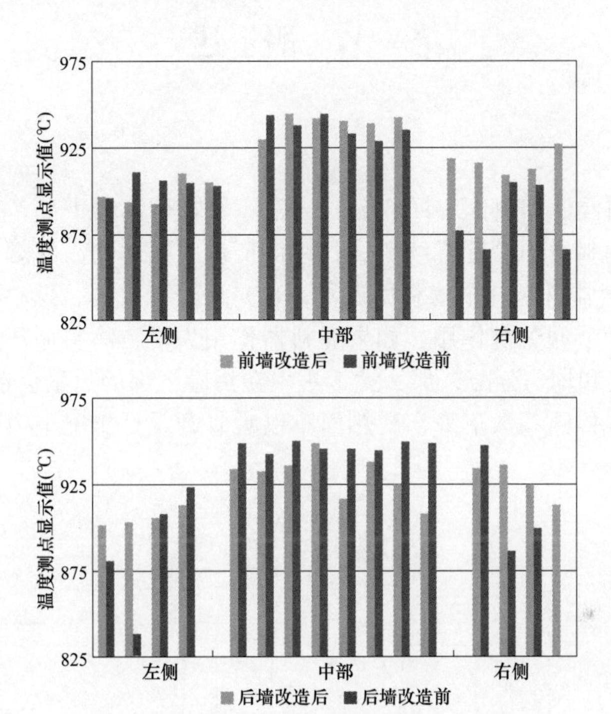

图 5-60　改造前、后床温的比较（90% 负荷）

表 5-16　　改造前、后运行参数比较

项目	单位	60%负荷		90%负荷	
		改造前	改造后	改造前	改造后
平均床温	℃	889	867	903	865
炉膛中部温度	℃	888	884	921	914
分离器入口温度	℃	874	870	936	919
返料器返料温度	℃	887	884	939	922
钙硫摩尔比	—	2.8	1.8	3.2	2.1
SO_2 排放浓度（标况下）	mg/m^3	152	166	355	78
NO_x 排放浓度（标况下）	mg/m^3	89	66	99	87

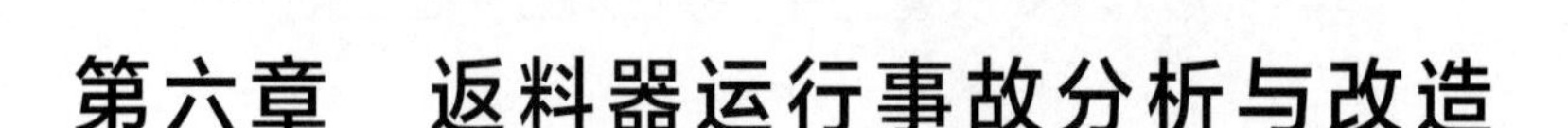

第六章　返料器运行事故分析与改造

第一节　概　述

一、工作原理

返料器也称返料阀、回料阀、回料器，通常布置在分离器下部，它的主要作用是将分离器分离下来的物料送回炉膛继续燃烧，并保证炉膛下部的高温烟气不短路进入分离器（见图 6-1）。返料器既是一个物料回送器，也是一个锁气器，返料器的正常运行对燃烧过程及锅炉负荷调节起关键作用。如果返料器作用失常，物料循环过程受限，缺少循环灰对热量进行携带和均匀分配，那么大量集中在炉膛下部的热量会造成运行床温超温，燃烧工况变差，炉内传热系数下降，受热面难以吸收到设计工况下需要的热量，锅炉将达不到设计出力。

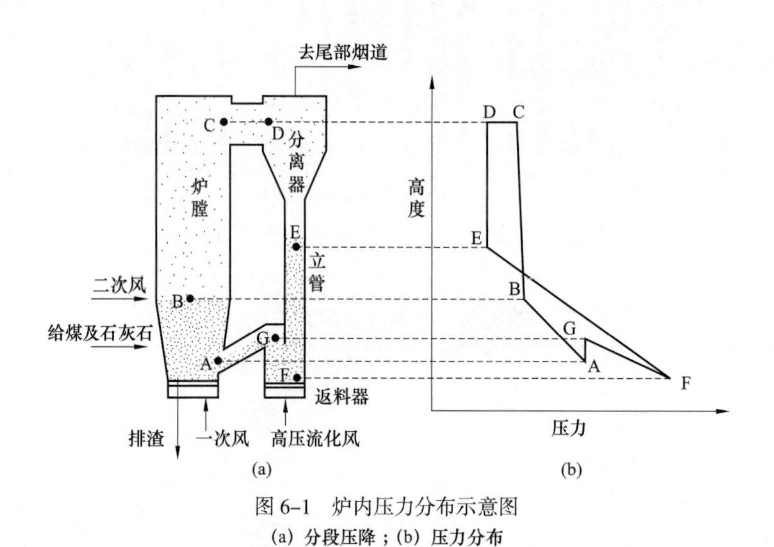

图 6-1　炉内压力分布示意图

(a) 分段压降；(b) 压力分布

返料器实际可看成是一个小流化床，流化风由下部风室通过风帽进入返料器流化物料。立管的作用是输送物料、密封系统、产生一定的压头避免炉膛烟气反窜，与返料器、高压流化风机配合使物料能够由低压处向高压处（炉膛）连续稳定地输送。循环流化床锅炉中常用的返料器为非机械式，其主要有两种类型：一种是自动调整型返料器，另一种是阀型返料器。自动调节型返料器能随锅炉负荷的变化自动改变返料量，无需调整回料风量。阀型返料器改变返料量时必须调整返料风量，因此自动调节型返料器应用更为广泛。

立管中为移动床流动方式，料柱可为返料器中的物料流动提供动力，并防止返料器松动风反窜至分离器影响分离器效率，立管要有一定高度，当循环灰进入立管后，物料自重产生的压力大于返料口炉膛内的烟气压力时才能使循环灰进入到返料器（见图 6-2）。锅炉启动初期进入返料器的循环灰量较少难以输送回炉膛，只能在立管内积存，当返料器内积存的循环灰达到一定量时才能建立起良好稳定的外循环物料平衡。

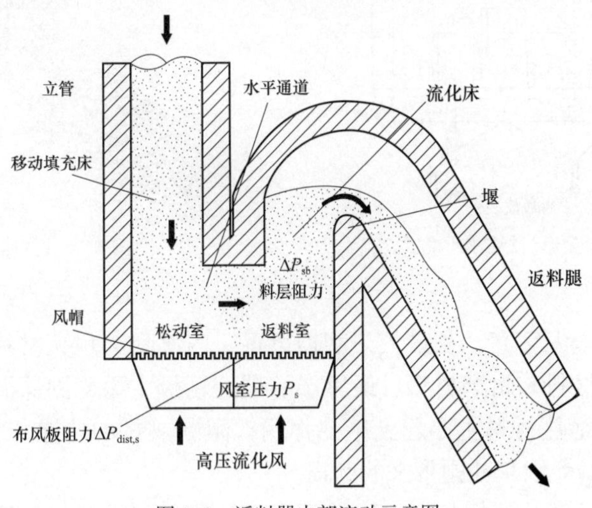

图 6-2　返料器内部流动示意图

当立管内物料达到一定厚度时，在高压风的作用下，物料被膨胀流化，连续不断地进入返料器返回炉内，从而建立起良好的外循环。返料器的内径根据物料下行速度和循环物料流量确定。立管中的物料下行速度一般为 0.1~0.5m/s，松动风压应当等于布风板阻力与返料扬程之和，但低于布风板与料腿最高料位之和。由于循环量的变动，松动风压应随之变动而风量不变，即立管一般为定风量运行，工程实际中为简化操作常常使用罗茨风机。

小型锅炉一般设置 2 台返料器并采用单路结构，大型锅炉一般设置有 3 台或 4 台返料器且多为双路结构。返料器返送的物料还会受返料器上升段和下降段不同配风的影响。进入返料器的风都有各自的风量测点，以便准确测量风量，并由调节阀来调节分配。返料器阀体和立管上设有压力测点，用以实现对压差的监控（见图 6-3）。

以 300MW 循环流化床锅炉为例，每台旋风分离器下部都布置有 1 台返料器，共计 3 台。被旋风分离器分离下来的循环物料通过返料器送回炉膛下部的密相区。分离器与返料器间通过立管连接、返料器与下部炉膛间通过返料腿连接，立管和返料腿还设置有膨胀节。返料器阀体出口段采用一分为二的结构（图 6-4 所示），每台返料器内的高温循环灰分两路进入炉膛。返料器用风由单独的罗茨风机供给。返料器上升管上方还布置有启动物料的添加口，下部设置了放灰口，用于检修、紧急情况及燃用高灰分燃料时循环灰的排放。返料器和立管由钢板卷制而成，内衬耐磨耐火材料。

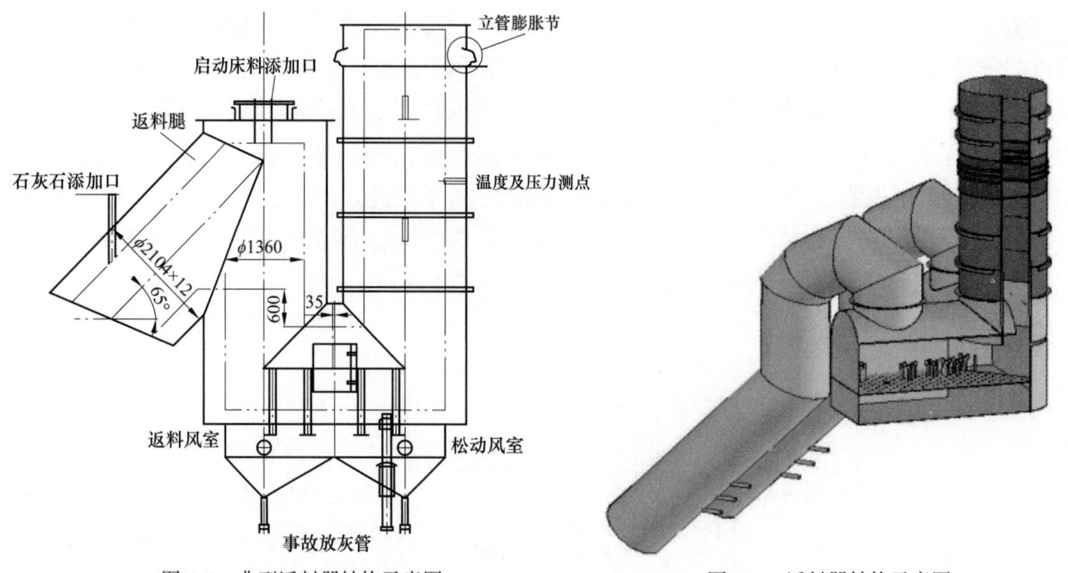

图 6–3　典型返料器结构示意图　　　　图 6–4　返料器结构示意图

返料器内工作环境温度高，灰量大，磨损严重，内部耐磨耐火材料一般布置三层，分别为硅酸钙板、绝热材料和耐磨材料。最里层的硅酸钙板主要起到保温作用，降低返料器外表温度。中间层的绝热材料主要起到绝热作用、阻断热量的传递，从而减少热量损失。最外层为耐磨材料，避免因灰冲刷带来的磨损。

针对不同容量循环流化床锅炉，可以分别采用单路返料器和双路返料器。双路返料器有利于大容量机组的整体布置，同时使得锅炉整体结构更为简单合理（见图 6–5）。双路返料器的优势还在于：

（1）将返料灰流分散，增大其在炉内的扩散面积；

（2）减小返料灰流对炉膛的冲击；

（3）减小正对返料口风帽的磨损；

（4）对于采用返料腿给煤的锅炉，均匀给煤可以提高燃烧效率；

（5）对于采用返料腿加注石灰石粉的锅炉，改善石灰石粉在炉内的分布，提高脱硫效率。

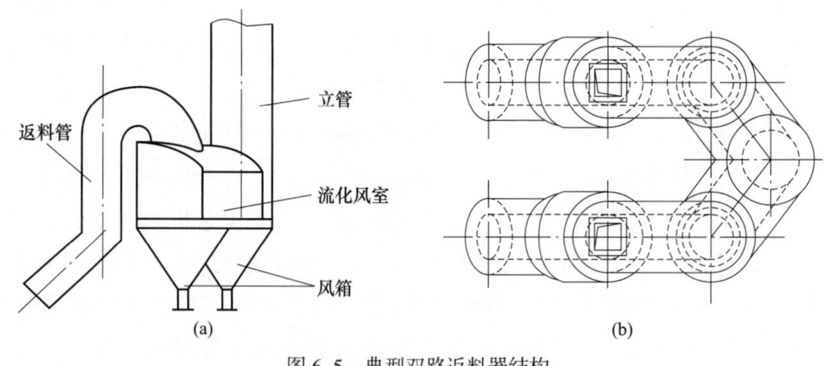

图 6–5　典型双路返料器结构
(a) 返料器主视图；(b) 返料器俯视图

二、内部流动

返料器中来自分离器的固体物料靠重力沿立管下流，呈移动床式流动。系统设计时要实现以下目标：①循环灰输送顺畅、无顿挫；②使用尽量少的输送介质，一般采用高压流化风、高阻力布风板；③内部结构可对高低压端进行可靠的密封；④灰的流道充分考虑流化风体积膨胀，通流面积采取前小后大的结构，保证灰流通畅。

返料器运行时要求下降管有一定高度的料位，物料不是流化状态而是整体向下移动；上升管中物料处于流化状态，不断溢流入炉膛。运行时，返料器下降侧压力高于上升侧，其下部风室供风仅起松动物料的作用，在下降管内物料的阻挡下，这股风不是向上流动，而是转向上升管，同时推动水平通道中的物料向上升管侧移动，最后与上升管流化风合并，共同流化物料。所以下降管的松动风压力要高且流量不宜过大，上升管的风量则可大一些。循环物料多时，下降管中料位高，松动风压头也相应增高，能把更多的物料推向上升管；循环物料少时，下降管中料位低，松动风压头也低，回送物料量减少。返料器的物料回送量还可以通过控制返料风量调节，锅炉启动时最好也要控制返料风量，但为便于操作，大多数循环流化床锅炉在运行中不调整返料风量。

大型循环流化床锅炉的返料器一般配备罗茨风机或高压头多级离心风机。罗茨风机是定容风机，当系统阻力增大时，风机压头就会一直增加，直至安全门起跳。在返料多致使立管积料时，压力持续增加后可以将积料吹通，维持系统的正常运行，所以其返料性能最好。多级离心风机在系统阻力增大时，风机运行工况点会有变动，如果立管发生堵塞，吹通较困难，在回料较多时容易造成返料不稳定，发生顿挫、不连续返料等现象，故大部分循环流化床锅炉返料风采用罗茨风机单独供给。

三、运行调整

返料器一般采用高阻力低流量设计，返料器的风室必须独立，一个风室流化风量（采用小流量）负责灰松动，另外一个风室流化风量（采用较大流量）负责灰的输送。循环流化床锅炉正常运行时，返料温度与床温接近，表明返料正常；如果返料温度过低，表明返料可能不通畅，这将造成炉膛上部压差低，床温高，锅炉带负荷能力变差；如果返料发生顿挫不连续，应及时降低流化风量和床压，待正常后再恢复运行。如果长期存在此问题应在停炉时检查返料系统的耐磨耐火材料是否垮塌，结构设计、燃用煤质是否合理。

返料风压应足以克服以下阻力：①返料器布风板阻力；②下降管料层压力；③返料器内水平通道阻力；④上升管物料阻力；⑤返料斜管进炉膛入口处炉内压力。

循环流化床锅炉返料器运行前宜填充循环物料，否则烟气反窜会引起分离器效率下降，导致立管料位不能及时建立，返料器无法形成料封。返料器何时投运也很重要。一般的做法是立管先有足够料封后再启动返料。但立管物料量无法监视，若料位太高，早期小型循环流化床锅炉使用的风机压头不够，可能无法返料，对运行不利。为解决这一问题，首先要保证回料通畅，不发生堵塞。锅炉启动时，先启动返料流化风，保证其内不积存过多的物料；停炉时，最后停用返料流化风，使返料器内积存物料尽可能排空（见图 6-6）。

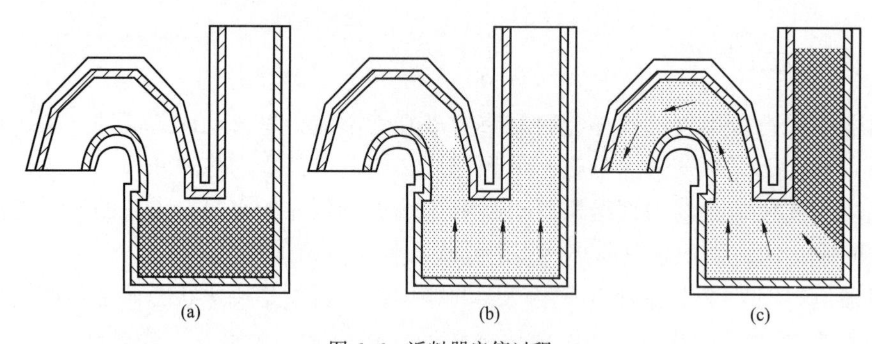

图 6–6　返料器启停过程
(a) 启动前 / 停止后；(b) 返料器启动初期料封尚未形成；(c) 返料器正常运行形成料封

第二节　运行事故防范

一、单侧堵塞

某厂 135MW 循环流化床锅炉采用高温绝热旋风分离器、自平衡返料器，返料器运行中多次发生堵塞。堵塞时返料器风室压力及风量异常。在锅炉燃烧工况未变化的情况下，发生堵塞的返料器风室压力逐渐升高，风量逐渐下降。后期返料器至炉膛的返料中断，锅炉床压下降，床温出现异常波动，汽温、汽压及锅炉负荷无法维持。

单侧堵塞的原因具体包括：

（1）分离器分离效率不同。受设计制造及施工因素影响，分离效率高的分离器从烟气中分离出的灰量较大，造成该侧返料量偏大。在机组高负荷运行和负荷突然变化时，返料量的大幅波动有可能打破返料器的自平衡，造成返料不畅，如不及时调整风量，容易造成堵塞。分离器安装完成后其分离效率基本固定，但如果中心筒发生变形、脱落，也会造成分离效率的变化，因此每次停炉后都要对分离器进行检查，确保其满足设计要求。

（2）内部浇注料脱落。某时期运行中多次发生返料器堵塞，停炉后可从返料器清出大量的浇注料碎块。浇注料脱落至返料器布风板会堵塞风帽出风孔，当脱落的浇注料较少时对整个床面的影响不大，但随着脱落浇注料数量的增多，返料器的工作状态会逐渐恶化，直至返料器平衡被打破、返料中断，发现处理不及时会造成返料器堵塞（见图 6–7）。

图 6–7　某锅炉事故停炉后从返料器取出的浇注料碎块

（3）运行方式的影响。如果锅炉采用后墙给煤，给煤线均匀性对炉膛两侧烟温和循环灰量具有很大影响，在两侧分离器分离效率及返料器工况相近的情况下，2 台返料器的返料量也会有所不同。给煤量的偏差越大，返料器返料量的偏差也越大。返料量偏大的返料器在高负荷和负荷增加过程中，其返料量可能达到或接近返料器设计的最大返料量，此时一旦其他外部因素扰动，返料器可能恶化为返料不畅并形成堵塞。

（4）风量增加或调整幅度过大、过快。增加负荷过程中，一些运行人员往往依经验直接将一次风量加至目标值，而后逐渐追加煤量，一次风量增加使大量原本停留在炉膛下部的颗粒被送入上部。床层颗粒浓度迅速下降使一次风速进一步加大，床层颗粒浓度进一步减小。与此同时，稀相区也因灰浓度瞬间增加，使炉膛出口颗粒浓度和烟气温度迅速增加，分离器分离效率也将迅速提高，被分离出来进入返料器的返料量相应加大。一旦返料量的增加远远超过返料器向炉膛的返灰量，多余物料在自重的作用下会将返料器风帽压死，造成返料器堵塞。

（5）其他因素的影响。由于设计或检修原因，某些区域风帽开孔率不足（见图 6–8），或松动区风帽与返料区风帽安装错误，一般松动区风帽开孔率小、出口小孔尺寸小，返料区风帽开孔率大、出口小孔尺寸大（见图 6–9），不能满足稳定流化需要。此外，返料器风室漏灰使通流面积减小，对返料器的正常运行也会有一定影响。

图 6–8　返料器布风板及风帽布置

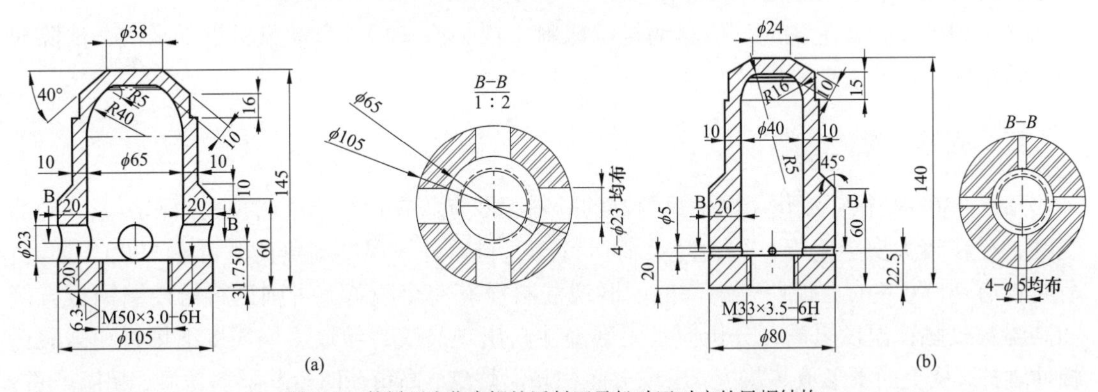

图 6–9　某循环流化床锅炉返料区及松动区对应的风帽结构

(a) 返料区对应的风帽结构；(b) 松动区对应的风帽结构

正常运行中应加强运行参数的调整，保证两侧均匀给煤，减小两侧氧量偏差和各段烟温偏差。加强对两侧返料器风压、各路流化风量以及立管、返料腿温度的监视与分析，发现流化风压、风量异常波动，应及时进行流化风门的调整。大部分机组运行中应维持返料器松动风量 800~1000m^3/h（标态），返料风量 1200~1800m^3/h（标态）。

运行中还应定期检查分离器、立管、返料器，如有烧红现象应立即采取措施，并做好耐磨耐火材料脱落的事故预想。运行中应严格控制分离器进口、出口烟温和立管温度，如超过限值，应提前减煤调整，防止物料结焦。

二、二次燃烧

循环灰是循环流化床锅炉的热载体，具有很强的流动性，但当返料温度达到灰的变形温度时，其流动性会被破坏并发生结焦。返料器内一旦结焦，将会很快堵塞返料器。为此应严格控制分离器和返料器各点温度。

某厂因二次风机抢修将锅炉降负荷至 50MW，当时运行方式为 2 台引风机、1 台高压风机、2 台一次风机，采用较高的一次风量维持氧量运行，但一小时左右即发生返料器堵塞，分析主要原因是炉内虽然维持了足够的一次风量，但无二次风，炉膛中上部氧量不足，燃料无法燃尽。由于燃用无烟煤，入炉煤挥发份低且煤种复杂、灰熔点低，燃煤细颗粒一次性通过炉膛较多，在外循环回路发生二次燃烧，引起返料器堵塞。

返料器结焦一旦生成在运行过程中很难消除，预防返料器结焦的措施有以下几点：

（1）控制入炉煤质。尽量燃用设计或校核煤质范围内的煤种，控制入炉煤细颗粒比例；

（2）控制分离器进口温度不超过 1000℃，严格控制锅炉断煤、点火投煤等原因引起的床温急剧波动。合理配风，保证炉内氧量充足并使其分布合理，根据负荷变化情况及时调整风量，一二次风压力和风量不应大幅度波动；

（3）当锅炉断煤造成床温过低时，不能强行给煤，应遵循少量、多次逐渐增加的原则。保证足够的返料器流化风量，流化风机倒换时可以使用泄压门或一次风联络管保证正常运行；

（4）布风板轻微结焦或流化不良时要进行床料置换，如结焦扩大、排渣困难应及时停炉；

（5）加强停炉检查，特别是注意清除返料器内各种杂物，检查风帽是否堵塞脱落，清空返料器风室积灰，检查分离器耐磨耐火材料表面，清除附着的各种粘结物，如即将脱落的耐磨耐火材料、成块的循环灰等；

（6）炉内受热面泄漏时，应尽快排空床料。锅炉冷却后，启动风机烘干水汽，清除回路上的结块物料并清理风帽。

三、壳体超温

某厂 330MW 循环流化床锅炉返料器的返料腿及立管在运行当中出现大面积超温、局部烧红，存在较大安全隐患，被迫降负荷运行。返料器外表温度高负荷时可达 500℃，低负荷时也有 200℃左右，说明其内部的耐磨浇注料没有完全脱落，否则返料器外壁钢板直接和高温灰接触，温度更高，分析应是耐磨浇注料出现裂纹，导致热烟气将绝热料和硅酸钙板冲刷掉，从上而下形成热灰流，出现大面积超温烧红，高负荷时返料器料位高、超温严重，低负荷时则相对较轻（见图 6-10）。

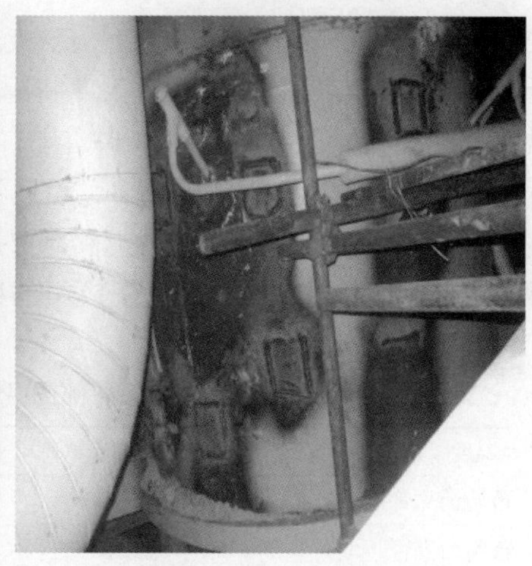

图 6-10　返料器壳体超温现场

正常运行中双路返料器中的灰只要能流化就可以正常返回炉膛，所以关闭一侧返料风后，立管和另一侧的返料风仍然可以连续不断的送入，短期关闭一侧的返料风仅使返料器布风板流化面积减小，不会影响返料器的正常运行。

对于返料器立管而言，正常运行中料位以上处于负压区，料位以下是正压区，通过维持低负荷、低床压、低一次风量可以降低返料器料位，使得负压区增大，即使在负压区开口也不会向外喷灰。返料器调整为单侧返料后，不返料侧的返料腿被灰填满，高压流化风不会窜入。返料口正常运行中处于正压区，但随着炉膛负压的增大，锅炉的零压点会下降，通过调整炉膛负压可以避免炉内热烟气反窜到返料腿。在立管、返料腿都不向外喷灰时，用耐磨耐火材料将裂缝堵死后壳体外表温度相应降低。

现场处理时将机组负荷稳定到 165MW，锅炉床压维持在 5.5kPa 左右，一次风量维持到 240000m^3/h（标态），降低返料器料位，将返料器返料风门开度由原来的 100% 关至 60%，返料器松动风门全部关闭，降低高压流化风母管压力，维持在 35kPa 以下。适当提高炉膛负压在 -1kPa 左右，对返料器立管烧红部位的钢板进行割口（见图 6-11），割口后维持好炉膛负压直至不喷灰，再将超温烧红部位四周塞满保温浇注料然后将割口焊好恢复。

图 6-11　施工切口

在处理返料器返料腿超温烧红时，方法与立管段类似，只是返料腿区域在正常运行中处于正压区，开口后容易向外喷灰，为此将返料器右侧返料风门关死，将立管和左侧返料腿返料风门开到最大采取单侧返料方式，让右侧料腿里堆满灰，维持好炉膛负压，待不向外喷灰后再用保温浇注料塞满开口四周，然后将开口处的钢板补焊好。

填注保温浇注料后返料器立管及返料腿外表温度得到了明显的控制（见表 6–1），处理后直至停炉未再出现超温烧红，保证了机组的稳定运行。

表 6–1　　改造前后各部位温度测量情况比较　　（℃）

外表温度（最高）	165MW负荷	250MW负荷	330MW负荷
改造前立管	230	350	480
改造后立管	85	105	140
改造前料腿	210	370	510
改造后料腿	70	110	130

四、返料风中止

某厂循环流化床锅炉返料器运行期间多次发生返料停止。以某次高负荷时发生的返料停止为例，事故发生后床压迅速下降，在 3min 内下降了 4kPa，相当于 18t 左右的床料在这段时间内被带出炉膛未返回，每只立管内堆积了约 5m 高的物料。密相区中部和上部压力降为零，说明床内细颗粒所剩无几，同时因床压降低，离心风机的特性使一次风量有所增加。为防止立管结焦，被迫压火停炉。

检查发现返料停止故障是因为传动皮带磨断使返料风机失去动力。为此，在保证返料器用风的前提下，始终保持泄压阀有一定的开度，用泄压阀开度控制高压流化风机的出口风压，在系统载荷发生波动时，给风机压头保留释放空间，缓解对机械载荷的影响。另外要求运行和检修人员加强对返料风机皮带的检查，发现风机电流摆动或就地检查皮带有跳动现象时，及时采取措施，调整皮带紧力或更换皮带，避免风机运行中皮带断裂。

自采取以上措施后，高压流化风机未再发生皮带断裂引起的返料风中止事故。

五、烟气反窜

循环流化床锅炉返料器虽然具有自平衡功能，但在实际运行中如果不注意返料风的调节，高压风会穿透立管中的物料，反窜进入分离器，破坏了密封和物料的循环。如果返料器结构尺寸不合理（如返料腿截面积过大），烟气反窜会较为频发。

设计时应保证一定的立管高度，返料器流通截面应根据循环灰量适当选取。对小容量锅炉，因立管较短，应注意启动和运行中对返料器的操作：锅炉点火前关闭返料风，在返料器及立管内充填循环灰，形成料封；点火投煤稳燃后，等待分离器下部积累足够量的循环灰后再缓慢开启返料风。正常运行后返料风一般不需调整，压火后热启动时应先检查立管和返料器内物料是否已形成料封。对大容量锅炉，立管一般有足够的高度，但仍应注意返料风量的调节。发现烟气反窜可关闭返料风，待返料器内积存一定循环灰后再开启返料风，并调整到适当大小。

如果返料器经常性出现高温结焦及烟气反窜现象，也可对返料风进行增设改造（见图6–12）。一般增加两股风，一股风装在返料器的上升段出口处，增加返回物料的动能；另一股风装在返料腿至炉膛入口处，阻止锅炉内高温物料和烟气的反窜，将返回物料以较高的速度带入炉膛，与炉内物料更强烈的混合。风出口喷嘴方向与角度应与物料流向一致，喷嘴的下沿与返料腿内壁应保持一定距离，以利于物料顺利送入。

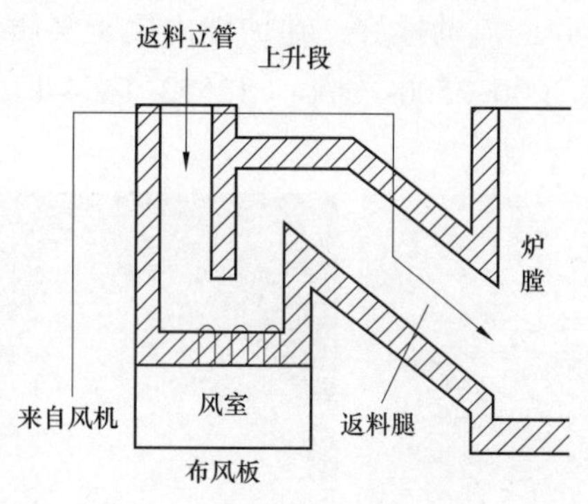

图 6–12　返料器返料风加增设意图

六、风帽堵塞

某厂循环流化床锅炉运行期间多次出现立管结焦，冷态试验发现返利器风帽阻力较设计值增大明显，风帽内堵塞了大量的保温棉（见图6–13）。这些保温棉是风道安装后未及时清理而被风吹入风帽的，运行过程中受漏灰影响，保温棉间的空隙被逐渐填满，造成风帽完全堵塞，使布风板阻力不断增大，循环灰难以正常流化，最终堵塞立管结焦停炉。后将风帽和风道内的保温棉完全清理，结焦问题得以解决。

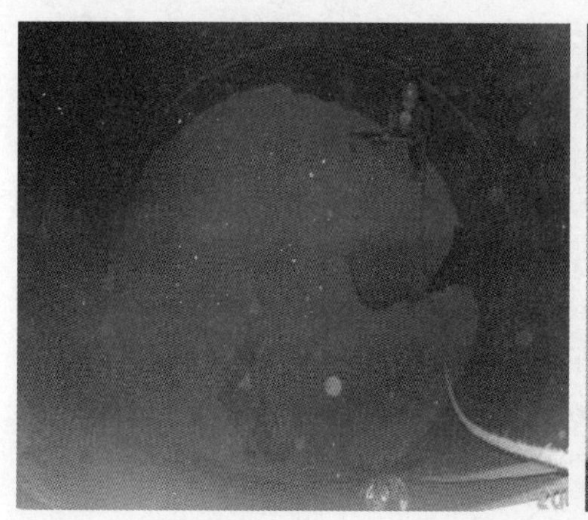

(a)

(b)

图 6–13　立管结焦与返料器风帽堵塞的异物

(a) 立管中的焦块；(b) 返料器风帽中堵塞的保温棉

第三节　燃料掺烧的应对措施

一、生物质掺烧

生物质燃料来源复杂，灰中碱性氧化物多，运行时极易在分离器壁面蓬灰、黏结（见图 6-14），引起外循环系统堵塞和返料器结焦。以某燃用稻壳的循环流化床锅炉为例，稻壳属于农林废弃物，不用破碎，流动性好，在炉膛内属于轻质燃料，燃烧快且热值高，其可燃质达 70% 以上，发热量 3000~3500kcal/kg（12552~14644kJ/kg）。

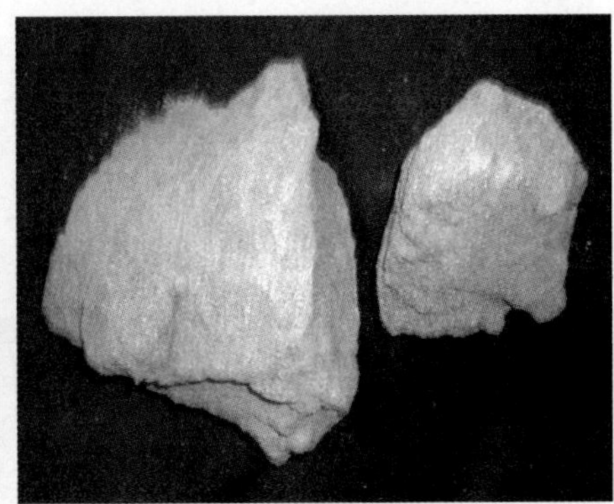

图 6-14　循环灰的团聚

表 6-2　常见生物质燃料的灰成分参数

运行参数	符号	单位	稻壳	玉米	小麦	棉花
二氧化硅	SiO_2	%	80.17	56.68	52.87	15.76
三氧化二铝	Al_2O_3	%	3.25	7.4	3.53	4
三氧化二铁	Fe_2O_3	%	1.39	2.65	1.41	1.57
氧化钙	CaO	%	4.92	8.1	6.55	18.92
氧化镁	MgO	%	1.53	5.41	3.61	8
氧化钠	Na_2O	%	0.58	2.27	2.44	5.82
氧化钾	K_2O	%	5.02	14.84	26.05	31.76
二氧化钛	TiO	%	0.62	0.44	0.22	0.18
三氧化硫	SO_3	%	0.85	2.74	5.06	5.46
五氧化二磷	P_2O_5	%	2.34	1.3	1.3	3.78
变形温度	DT	℃	1120	1080	760	660
软化温度	ST	℃	1160	1130	780	820
流动温度	FT	℃	1210	1160	790	830

返料器蓬灰、粘结是一个渐进的过程，在掺烧稻壳比例较大时尤为明显，一般需要在分离器锥段和立管加装防堵喷吹装置，在返料器蓬灰、粘结之前将其消除。某厂在分离器锥段和立

管上开孔分层错列布置压缩空气喷嘴,分离器大、小锥段上各开吹灰孔15个,分五层错列布置(大锥段2层，小锥段3层)，每层设置一个环形压缩空气管和3个吹灰孔，每个吹灰孔安装管径20mm、长500mm、1Cr18Ni9Ti材质不锈钢管，每层环形压缩空气管与吹灰管通过法兰连接。

每个分离器设置一个单独的供气联箱，并预留备用接口。喷吹气源使用杂用压缩空气，由脉冲吹灰电磁阀控制，左右两侧共计30个。通过电磁阀控制每个喷嘴气流的通断，以实现吹扫的连续性。根据现场要求，30个脉冲电磁阀依次顺序动作，可根据燃料特点及运行工况设置电磁阀脉冲时间、间隔以及完成一个周期后自动开始的时间，实现自动吹扫和智能管理(见图6-15)。在分离器锥段加装防堵喷吹装置后，返料器蓬灰、粘结基本消除。

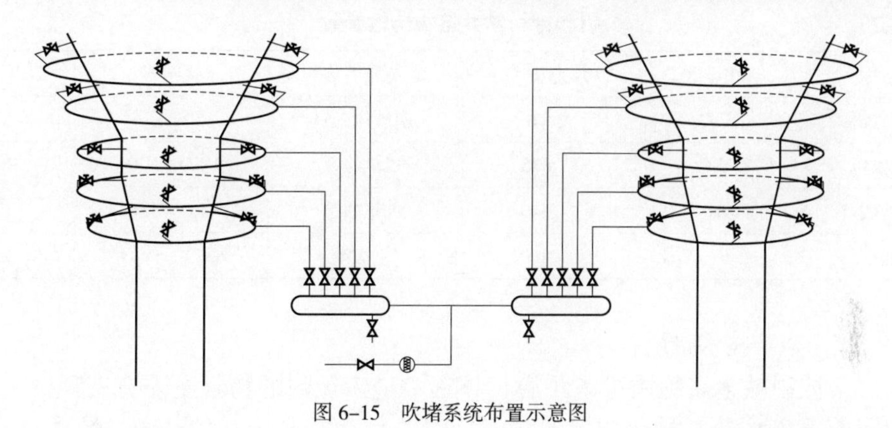

图6-15　吹堵系统布置示意图

二、石油焦掺烧

石油焦是炼油过程中的副产物，石油化工企业一般将其作为动力站循环流化床锅炉的主要燃料。由于石油焦灰分少、含硫量高，在不掺烧或者少量掺烧煤的工况下，需要往炉膛内添加石灰石作为补充床料。石灰石在炉膛内煅烧后生成的CaO会与石油焦含有的钒反应生成CaV_2O_5。CaV_2O_5是一种黏性大、灰熔点低(780℃)的物质。在使用石油焦为燃料时，钒含量越高，越容易造成床料结焦。美国Foster Wheeler公司在设计燃用石油焦的循环流化床锅炉时一般会在立管保留润滑风(见图6-16)，作为防止结焦的技术手段。

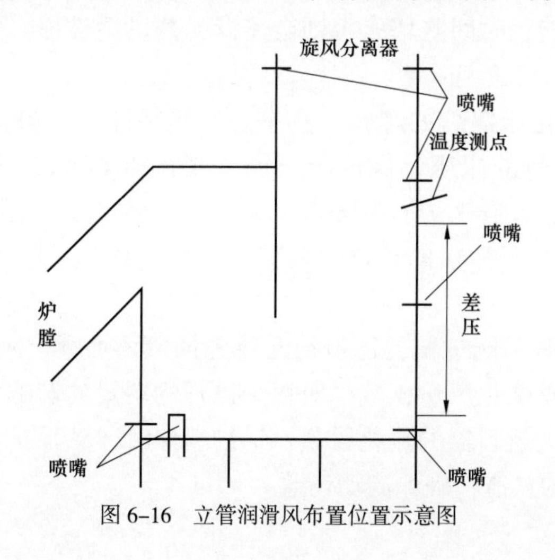

图6-16　立管润滑风布置位置示意图

某220t/h循环流化床锅炉投产后连续发生多次严重的返料器物料黏结。发生黏结时，返料器温度从850~900℃缓慢下降，最低降至500℃，返料器内流通面积变小，直至引起停炉。停炉发现返料器黏结灰为疏松的层状结构，特别是发生黏结时钒和钾、钠的含量较高，正常运行时灰中钒含量小于0.1%、钾、钠含量小于100μg/g，而黏结灰的钒含量为0.16%~0.36%，钾、钠含量为400~1600μg/g。当钒和钾、钠共存时会产生复杂的共熔物，并影响灰的物理性能（见表6-3）。由于返料器物料流动缓慢，在低温时会发生黏结，循环灰黏结致使返料器流动不畅。

表6-3　钒和钾、钠共熔物特性参数

物质名称	化学式	熔点（℃）	物质名称	化学式	熔点（℃）
三氧化二钒	V_2O_3	970	四氧化二钒	V_2O_4	970
五氧化二钒	V_2O_5	675	焦钒酸镍	$2NiO \cdot V_2O_5$	899
焦钒酸钠	$2Na_2O \cdot V_2O_5$	640	偏钒酸钠	$Na_2O \cdot V_2O_5$	630
正钒酸钠	$3Na_2O \cdot V_2O_5$	850	钒酸钠	$Na_2O \cdot 3V_2O_5$	668

为此采用了以下技术措施：

（1）严格控制碱金属物质进入炉膛，该锅炉进入炉内的物料主要有三种：一是石灰石，通过对石灰石成分控制可以满足要求；二是作为补充床料的沙粒，不能选用海沙，只能选用河沙；三是燃料石油焦，石油焦中的碱金属物质来源于原油加工过程中装置的注碱，因此要求注碱后的石油焦不得进入锅炉燃烧，同时加强了对石油焦碱金属物质及钒、镍等重金属成分的分析，在煤场分区堆放、区分使用。全烧石油焦锅炉燃料应使钒小于350μg/g、镍小于100μg/g，且钾、钠物质含量之和小于500μg/g，否则可能导致床料在低负荷相互结合粘结成块。此外，燃料中氯含量也应小于0.1%，这对于避免腐蚀和结块有益。

（2）增加润滑风吹堵。实践发现不同位置的四层喷嘴，其吹堵时间及可同时吹堵的数量不同。如立管最高两层的喷嘴只能逐一吹堵，而且时间要短，防止大的粘结块突然掉下，堵塞返料器，底层更不能长时间吹堵，否则会使返料器风帽破损。而立管自下向上数第二层喷嘴的吹堵效果最好，可长期吹堵。

石油焦作为循环流化床锅炉的燃料，具有易结焦特性，如果使用配煤方式运行，加煤较多时要注意锅炉运行的床压，保证床压能控制在4~6kPa，冷渣器应连续排渣，以免床料中的CaV_2O_5富集。当锅炉石灰石输送系统由于某些原因出力较小时，可向炉内加渣以维持床压。要重视石油焦的日常化验分析，当石油焦中钒含量过高时，可多掺烧一些燃煤。

运行期间调节负荷时不能过快，加负荷时要先加风再加煤，减负荷时先减煤再减风。同时注意不要大幅度调整流化风量，减少对锅炉循环物料量的影响。回料系统立管上层压差高且波动时要及时开大返料器的流化风量，锅炉检修时注意保护好分离器内部浇注料并清理干净返料器风帽上的灰渣，确保流动畅通。

第四节　返料器改造

一、壳体超温改造

某厂返料器共3台，分别布置在3台旋风分离器的下方。分离器与返料器间、返料器与炉膛间均用膨胀节连接。返料器和立管由钢板卷制而成，内侧敷设有400mm的耐磨耐火材料。返料器内部材料在运行期间膨胀不畅造成裂缝，热风贯穿裂纹后对浇注料冲刷，引起返料器外部钢板烧红、碳化，泄漏喷火。

为此，首先对返料器碳化钢板进行更换，重新焊接销钉并敷设浇注料。将销钉更换为圆柱形销钉，使受热膨胀方向减少为一个方向，减少膨胀裂纹。由于浇注料的膨胀系数与钢材膨胀系数不同，施工中需合理设置膨胀缝防止浇注料在烘炉中发生网状裂纹和贯穿性裂纹。浇注时应分块间隔浇注，分块之间要留有膨胀缝，原设计膨胀缝采用如图6–17（a）所示的直线型，运行过程中热烟气很容易穿透浇注料，热烟气携带的高温灰渣进入缝隙后，冲刷夹层中的硅酸铝保温材料和轻质浇注料，降低隔热效果甚至使高温烟气和灰渣直接接触外部钢板，导致钢板烧红，增加了热损失，也使得厂房内温度增高。

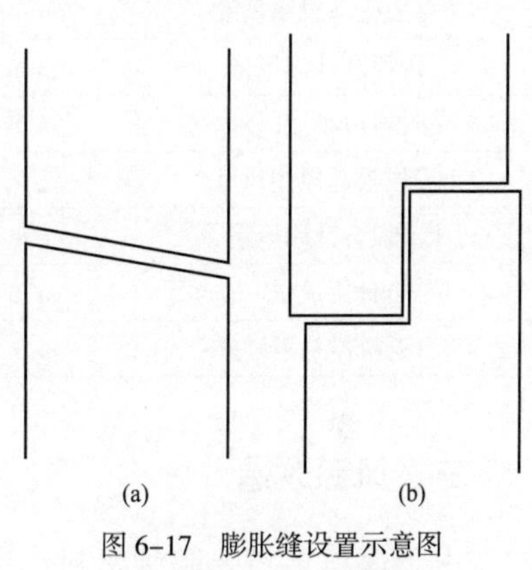

图6–17　膨胀缝设置示意图
(a) 原设计；(b) 改进设计

改造调整为图6–17（b）所示的迷宫形膨胀缝设置方式，热烟气携带灰渣进入水平缝隙后流动阻力增大，难以沿膨胀缝直接穿透浇注料，停炉再次启动后，立缝中残留的灰渣将阻挡热烟气穿透，夹层中的硅酸铝保温材料和轻质浇注料不易损坏，外部钢板也不易烧红，超温问题得以解决。

二、节能改造

某厂采用东方锅炉厂制造的DG490/13.73–Ⅱ2型循环流化床锅炉，炉膛与尾部竖井之间布置有2台汽冷式旋风分离器，其下部各布置1台返料器，返料器采用一分为二的形式，将分离器分离出来的物料返送回炉膛。返料器共配备有3台高压头罗茨风机。立管外径2090mm，返料腿外径1650mm，立管及返料腿管壁厚度10mm，内壁均设置180mm保温浇注料和100mm耐磨浇注料，返料器下降段风帽122个，开有4个$\phi2.5\pm0.1$mm小孔，两侧上升段风帽各88个，开有6个$\phi5\pm0.1$mm小孔。返料器高压流化风机额定出力5901m^3/h（标态），全压60kPa，设计容量50%，正常运行时两运一备，高压流化风母管压力控制值38kPa。

由于返料器上升段布风板通道1510mm的宽度比返料腿有效内径$\phi1070$mm大，上升段布风板通道边缘风帽作用有限。返料器改造时取消两侧上升段布风板通道边缘风帽40个，下降段风帽24个，上升段布风板通道三个侧面敷设耐磨耐火材料，防止边缘高温灰堆积结焦，返料器松动风改用冷一次风，减少返料器高压流化风的用量。

返料器改造后，1 台高压流化风机即可满足返料器正常用风需要，高压流化风机运行方式由两运一备变为一运两备，高压流化风机电流由改造前的 430A 降低至 195A，高压流化风母管压力由改造前的 38kPa 降低至 32kPa（见表 6–4）。

表 6–4　　返料器改造前后用风量对比

风量（标况下）		冷态		热态	
		改造前	改造后	改造前	改造后
下降段风帽用风量	m^3/h（标态）	1247	1002	341	274
下降段松动风用风量	m^3/h（标态）	425	—	255	—
下降段合计用风量	m^3/h（标态）	1672	1002	596	274
上升段风帽用风量	m^3/h（标态）	2449	1893	3212	2482
上升段松动风用风量	m^3/h（标态）	352	—	180	—
上升段合计用风量	m^3/h（标态）	2801	1893	3392	2482
合计用风量	m^3/h（标态）	4473	2895	3988	2756
2 台返料器总用风量	m^3/h（标态）	8946	5790	7976	5512

三、风源改造

由于返料器需要起到密封作用，因此必须保证立管、返料器中的气固两相流向炉膛方向流动，避免炉膛烟气短路进入分离器，破坏物料循环。在此基础上返料器由下行的立管移动床（松动风控制）和上行的本体鼓泡床（返料风控制）构成，立管移动床和本体鼓泡床受不同的流动方式影响且控制目的不同，这也是大多数循环流化床锅炉采用两路管线对返料器两部分风量进行独立控制的原因。某锅炉采用单路管线控制，使得运行人员无法根据需要对松动风和返料风进行调整。

根据锅炉实际情况，对返料器松动风管路和返料风管路进行了改造（图 6–18），返料风继续沿用原有管路，松动风管路改用分离器立管润滑风管路，原有的电动门不用调整，在此基础上分别调节各风量参数。运行结果显示分离器分离效率、锅炉运行工况均得到改善。

(a)

(b)

图 6–18　改造后的松动风及返料风管路、风门布置

(a) 松动风及返料风管路布置；(b) 松动风及返料风风门布置

四、风量不足改造

某厂采用 HG–410/9.8–L.MG18 型循环流化床锅炉，锅炉采用返料器 4 点给煤，石灰石也由返料器斜管 4 点给入，返料器为 U 型结构。每台锅炉配置 3 台设计流量 76m^3/min 的高压流化风机，运行方式两运一备。锅炉投产后主要燃用灰分 40% 左右的劣质煤，返料器经常出现周期性大量返料问题。返料后锅炉床压骤增，最大增至 23kPa 将炉膛床面压死，多次引起停炉。

根据设计 2 台高压流化风机向 2 台返料器共 6 根风管供风，但是实测每根风管的风量仅有 700~900m^3/h，高压流化风机的母管压力仅为 38kPa。停炉后进行的返料器流化特性试验显示，在 350mm 料层厚度下，返料器的临界流化风量约为 1080m^3/h。

由于现有高压流化风机出力不足，加之母管与一次风联络管道密闭不严等问题影响，2 台高压流化风机无法满足运行需要。因此，运行期间将高压流化风机变更为 3 台同时运行，每根风管的流化风量增加至 1100~1200m^3/h（标态），风压升至 40~50kPa。经过长期运行，未再出现返料器大量返料，床压骤增引起停炉的现象。

五、塌床改造

某厂使用哈尔滨锅炉厂生产的 240t/h 循环流化床锅炉，返料不畅易导致床压不稳，返料不畅的直接表现为返料器下部压力频繁超过 60kPa，其产生的原因是炉膛出口负压大，立管内大量积存物料后使松动风压力变大、流量减小，致使立管料位进一步增高，返料器的排放能力无法匹配瞬间增多的物料，使物料过量积存。当立管物料高度足以克服返料阻力时，积存的物料瞬间从返料器返回炉膛，受惯性的作用倾泻而下使炉膛床压瞬间增加。

为此，对返料器本体进行了改造，通过降低返料器内流动落差使返料顺畅返回炉膛。返料器设计返料风量为 3070m^3/h，正常使用时的额定风压为 42kPa，灰密度为 ρ，改造之前落差高度 h 为 1m，根据式（6–1）

$$P_1 = \rho g h \tag{6–1}$$

式中　P_1——锅炉正常运行时返料器风压，Pa；

　　　g——当地的重力加速度，kg/（m · s^2）。

锅炉燃烧煤种与设计煤种一致，所以灰的密度可以认为没有改变，仍然为 ρ；高度与压力成正比，实际运行时锅炉返料器下部压力 P_2=28kPa，即 $h/H=P_1/P_2$，可以得出实际料位高度 H=0.67m 时能够更好的运行，考虑一定的安全系数，取料位落差高度为 0.6m。

表 6–5　　　　主要参数的比较

运行参数	单位	正常运行	发生塌床	改造后
过热蒸汽流量	t/h	201	182	242
分离器出口压力	kPa	–1.1	–1.7	–2.0
炉膛出口压力	kPa	0.4	–0.1	0.2
返料器风室压力	kPa	31	>60	25
返料器返料风量	m^3/h	960	820	825
返料器松动风量	m^3/h	175	150	251

续表

运行参数	单位	正常运行	发生塌床	改造后
炉膛下部压力	kPa	4.2	10.0	5.9
一次风机出口风量	$\times 10^3 m^3/h$	150	139	149

返料器改造时内层使用 175mm 耐火保温料有效隔绝高温，外层使用 120mm 耐磨可塑料（见图 6–19），料位落差降到 0.6m 后，运行参数趋于合理，提高了锅炉燃烧效率，减轻了锅炉磨损。

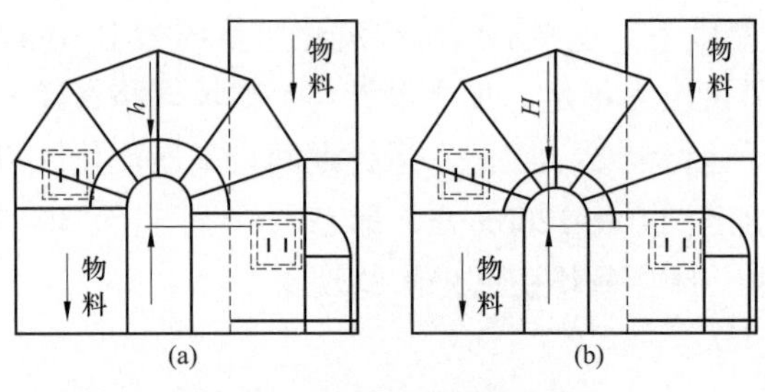

图 6–19　返料器改造前后示意图

（a）改造前；（b）改造后

六、布风板开裂改造

某厂 130t/h 循环流化床锅炉，某次启动后发现返料器振动明显、外护板有烧红现象，床温超过 990℃且炉膛上部压力较低，由于灰量不足锅炉被迫将负荷降至 70t/h。停炉检查发现，炉内堆积了近 2m 的细颗粒床料，2 台返料器均被堆满，其中 2 号返料器松动风室布风板与侧板焊接处约 250mm 脱焊开裂。由于松动风不经风帽直接从焊缝裂隙处窜出，导致返料器内物料无法充分流化，影响锅炉运行。此外，窜出的松动风进入返料器保温层，将保温棉及保温料掏空，形成空腔，大量返料热灰直接与返料器外护板接触，致使其烧红变形（见图 6–20）。

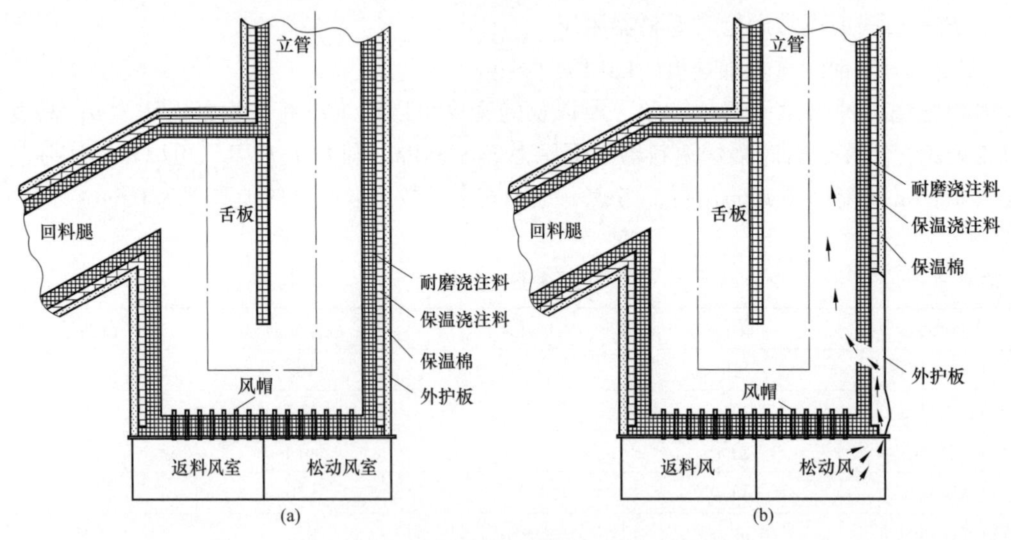

图 6–20　返料器结构及焊缝裂隙影响示意图

（a）原设计；（b）产生焊缝裂隙后

为此，检修时对返料器外护板变形严重部位进行了整体更换，并对松动风室布风板与外护板连接处满焊，保证其密封严密。对脱落的耐磨耐火材料层，补焊销钉，重新修复。再次启动后，相关问题消除，锅炉能够达到额定负荷长期稳定运行。

七、风帽改造

1. 风帽脱落

某厂 HG–670/13.7–L · PM19 型循环流化床锅炉采用 H 型布置方式，4 个高温绝热旋风分离器分别置于锅炉两侧，被其分离的循环物料经立管、分配室分成 2 路返回炉膛：一路由高温返料室、高温返料腿返回炉膛；一路由内、外均流室及外置换热器、低温返料腿返回炉膛。

某日机组高负荷运行时，分离器立管上部压力高，按返料器堵塞预案进行扰动处理无效，随后压火处理仍无效，立管温度异常上升至 1000℃以上。由此判断返料器堵塞，锅炉需停炉。停炉后检查发现靠近后墙处有松散物料结块，20 余个风帽成片脱落，致使返料无法在风的作用下返回炉膛。为此进行了风帽补焊，同时用耐热不锈钢钢筋对风帽成排焊接加固，防止个别风帽脱落，处理后再次启动，系统恢复正常，也未再发生风帽的成片脱落。

2. 风帽扩孔

某厂采用 UG–260/9.8–M2 型循环流化床锅炉，运行期间返料时断时续，床温床压波动幅度较大。现场查看发现，实际安装过程中的返料风管布置及风帽结构不合理是造成返料不畅的主要原因。为此对返料风管进行改造，将原返料器风管进入风室方式由一侧进入改为中间接入。同时将 15 只松动风风帽及返料风风帽孔径由 2.5mm 扩大为 3.5mm。改造后返料器返料量及风压均匀，锅炉运行稳定。

3. 风帽安装错误

某厂 240t/h 循环流化床锅炉安装有 2 台返料器，返料器内的松动风、返料风均采用高压流化风供给，每台返料器返料风量 1986m^3/h（标态），松动风量 1324m^3/h（标态），正常运行时总风量 6620m^3/h（标态）。松动风与返料风风帽开孔直径有差别，并采用分风室送风，返料风区域风量大、风帽开孔大，松动风区域风量小、风帽开孔小（见图 6–21）。

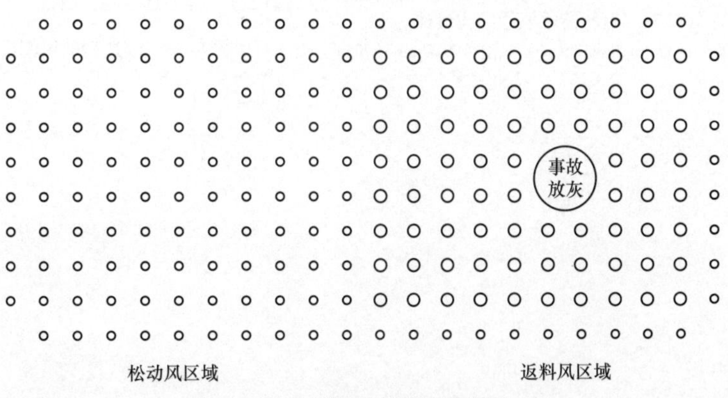

图 6–21　返料器布风板风帽布置情况

某次启动后，一侧返料器在高负荷时始终波动剧烈，无法稳定运行。后停炉检查发现，检修时误将返料风区域的 50 只风帽安装在松动风区域。按照设计，每台返料器返料风区域风帽 61 个，风帽开设 12 个直径 3.5mm 的小孔，松动风区域风帽 132 个，风帽开设 12 个直径 3mm 的小孔。误用风帽导致两区域的阻力特性无法匹配。为此，对错误使用的风帽进行了更换，再次启动后锅炉恢复正常运行。

4. 风帽换型

某厂返料器风帽先后采用图 6–22 所示的两种结构形式，风帽材质为铁基稀土高铬双相钢，风帽顶盖与筒身整体铸造成型，与底座采用螺纹连接，分别采用 6 个 3mm 小孔和 4 个 4mm 小孔两种形式。运行期间发现返料器风帽存在较为严重的脱落现象（约占总数量的 20%~30%），致使漏渣及床压波动现象频发。

为了减少返料器风帽脱落，对其进行了改造。图 6–23 的新型风帽外罩下方设置了圆板，便于风帽外罩与内部通风管的焊接，以减少现场施工难度。返料器松动风帽和返料风帽采用相同的结构形式，松动风设计风量 1300m^3/h（标态），返料风设计风量为 2800m^3/h（标态），两种风帽的阻力分别为 4800Pa 和 4500Pa。返料器风帽改造后，锅炉运行状况得到了改善，返料器风室再无漏渣。新型风帽便于检修，风帽磨损后通过打磨外部焊点可以整体取下。此外，外罩小孔向下倾斜，不易堵塞，阻力适中。

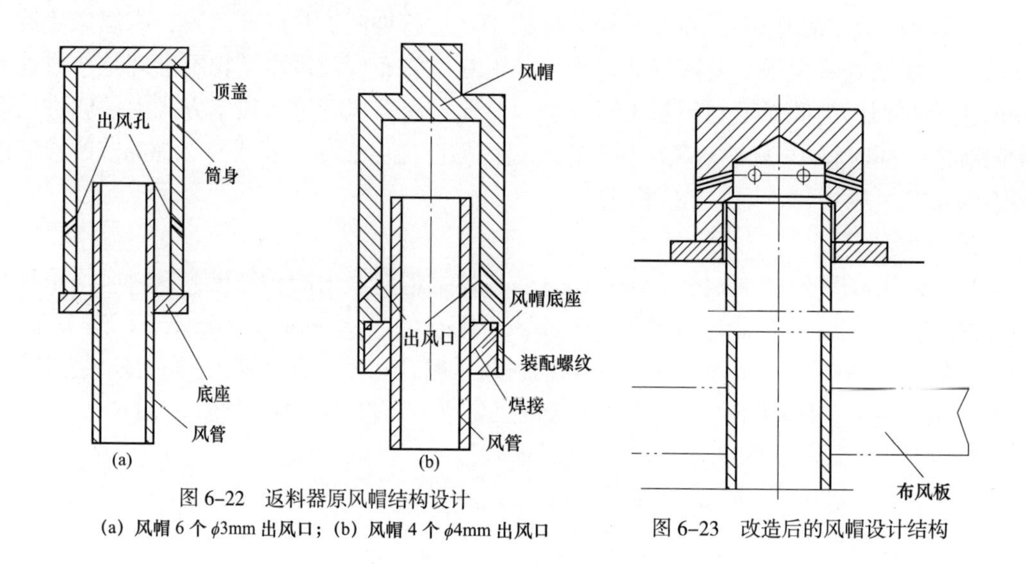

图 6–22　返料器原风帽结构设计

(a) 风帽 6 个 ϕ3mm 出风口；(b) 风帽 4 个 ϕ4mm 出风口

图 6–23　改造后的风帽设计结构

第七章　排烟温度控制与烟气余热利用

第一节　概　述

一、研究意义

火力发电厂可以通过提高蒸汽参数、降低汽轮机排汽参数和减少锅炉热损失来提高全厂热效率，排烟热损失是锅炉各项热损失中最大的一项，影响排烟热损失的主要因素是排烟温度。循环流化床锅炉受技术特点影响，煤耗高于煤粉锅炉，因此降低排烟温度并对余热进行回收利用就显得尤其重要。按照设计大部分循环流化床锅炉的排烟温度为130℃左右，实际运行中夏季高负荷工况下部分电厂排烟温度甚至超过170℃。一般而言，排烟温度每升高10~15℃，排烟热损失增加0.8%~1.0%。因此，降低排烟温度将极大的提高循环流化床锅炉的经济性。

根据《煤电节能减排升级与改造行动计划（2014—2020年）》要求，国家正在推行更为严格的能效环保标准，加快燃煤发电升级与改造，努力实现供电煤耗、污染排放、煤炭占能源消费比重的降低。如表7-1所示，对于循环流化床发电机组，300MW级超临界湿冷、空冷机组设计供电煤耗分别应不高于310、327g/kWh，600MW级超临界湿冷、空冷机组分别应不高于303、320g/kWh。

表7-1　典型燃煤发电机组供电煤耗参考值（g/kWh）

机组类型		新建机组设计供电煤耗	现役机组生产供电煤耗	
			平均水平	先进水平
1000MW级超超临界	湿冷	282	290	285
	空冷	299	317	302
600MW级超超临界	湿冷	285	298	290
	空冷	302	315	307
600MW级超临界	湿冷	303（循环流化床）	306	297
	空冷	320（循环流化床）	325	317
600MW级亚临界	湿冷	—	320	315
	空冷	—	337	332
300MW级超临界	湿冷	310（循环流化床）	318	313
	空冷	327（循环流化床）	338	335

续表

机组类型		新建机组 设计供电煤耗	现役机组生产供电煤耗	
			平均水平	先进水平
300MW 级 亚临界	湿冷	—	330	320
	空冷	—	347	337

随着国家节能减排指标要求的严格以及煤价上涨，燃煤电厂的发电成本日益增加，电力生产企业面临着巨大的节能压力，应寻求降低煤耗的新技术、新方法。从能源利用角度出发，火电厂余热资源巨大，如果加以回收利用，不仅可以降低排烟温度，提高锅炉热效率，还可以增加机组出力，提高全厂效率。循环流化床锅炉实施综合节能改造，因厂制宜采用烟气余热回收利用、供热改造等成熟的节能技术，可以改善供电煤耗指标。

二、排烟温度影响因素

一部分循环流化床锅炉排烟温度与设计值相差不大，但是并不代表实际排烟温度能够达到设计要求。空气预热器漏风、测点不准确、测量元件偏差都会使得显示的排烟温度较真实值偏低。影响排烟温度的主要因素有煤种、受热面积灰、给水温度、冷空气温度、炉膛出口过量空气系数、空气预热器漏风等，它们之间既单独作用又相互联系。

1. 设计因素

常规煤粉锅炉灰污染系数有成熟的经验和计算公式，而循环流化床锅炉热力计算并没有统一的标准，各制造厂家均按自己的经验或参考煤粉锅炉选取系数。因此，设计时选定的污染系数往往偏低，对流受热面积灰后实际运行的排烟温度更高。结构对自清灰能力也有影响，理论上在烟速一定、灰垢厚度及污染系数一定的条件下，对流换热也一定。但受热面结构在不同烟速下有不同的自清灰能力，对自清灰能力的预测不准也会使实际污染系数偏离设计水平（见图 7–1 和图 7–2）。

对于电除尘器而言，烟气温度越高，飞灰比电阻急剧增加，电除尘效率随比电阻的升高而降低。因此，烟气温度升高，电除尘效率降低。对于布袋除尘器，烟气温度对滤袋的使用寿命影响很大，温度越高滤袋老化速度越快，当温度超过滤袋耐受温度时还会毁坏滤袋。

图 7–1　高温过热器区域积灰

图 7–2　空气预热器区域积灰

2. 尾部烟道积灰

锅炉运行中尾部烟道受热面的积灰不可避免，受热面积灰会增加热阻，降低传热系数，使受热面吸热减少，排烟温度升高。吹灰是消除积灰的有效措施，利用一定的吹灰介质（水、蒸汽、声波、燃气等）清扫受热面，清除表面污垢可以使受热面恢复至清洁状态。常用吹灰器包括蒸汽吹灰器、水力吹灰器、压缩空气吹灰器、声波吹灰器、钢珠吹灰器和激波吹灰器等几种。在循环流化床锅炉广泛应用的主要是蒸汽吹灰器、激波吹灰器和声波吹灰器。当锅炉燃用煤种较差，石灰石、煤泥掺烧比例较高、粉尘浓度较大时，可适当增加吹灰次数。一般来说，吹灰前后可以降低排烟温度 10~15℃。

进入尾部烟道的飞灰量由燃料中的灰分和飞灰分额两个因素决定，燃料中灰分和飞灰分额越大，进入尾部烟道的飞灰量就越大。大多数循环流化床锅炉燃用灰分较高的劣质煤，其含灰量通常比煤粉锅炉高 1~3 倍，单位烟气中所含灰分较高，导致飞灰浓度偏高。

3. 空气预热器漏风

空气预热器漏风主要发生在低温段，通常与燃用煤种硫分较高、炉内脱硫系统故障、暖风器出力不足或冬季温度过低、安装设计缺陷等问题有关（见图 7–3）。一般空气预热器漏风会造成排烟温度降低、漏风系数增大，使通过空气预热器的平均空气量和平均烟气量

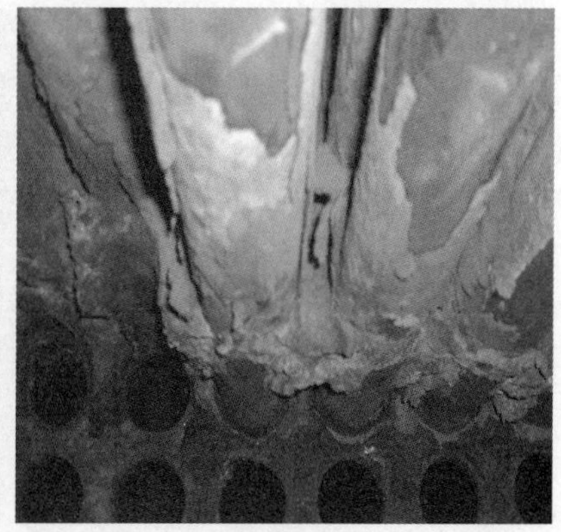

图 7–3　空气预热器堵塞、腐蚀与漏风

均增加。典型的135MW循环流化床锅炉漏风系数每增加0.02，排烟温度降低约1℃。但是如果漏风部位是在高温段，也可能会引起空气预热器排烟温度的增加。

例如某厂循环流化床锅炉检修结束后，在60%负荷时排烟温度高达172℃，停炉检查发现，吹灰器将第一级空气预热器管吹破约20根，检修人员抢修更换再次启动后锅炉排烟温度恢复正常。另有某厂200MW循环流化床锅炉在60MW负荷时排烟温度为126℃和123℃，在85MW负荷时锅炉排烟温度为139℃和138℃，在125MW负荷时锅炉排烟温度为160℃和167℃，而锅炉设计排烟温度仅为131℃。停炉检查发现，空气预热器高温段吊装口拉裂，造成大面积漏风。

4. 煤种变化

煤种成分特别是水分与发热量会影响烟气量及烟气特性，从而导致排烟温度变化。由于排烟温度与$M_{ar}/Q_{net,ar}$成线性关系，$M_{ar}/Q_{net,ar}$降低，排烟温度升高。某厂锅炉设计煤种为小龙潭褐煤，满负荷时燃煤量210t/h，但实际运行中小龙潭煤、建水煤及弥勒煤混用，满负荷时燃煤量最高达350t/h。燃用煤种严重偏离设计煤种，导致锅炉效率下降。由于燃煤量增幅高达67%，引起烟气量和排烟温度升高，低负荷排烟温度升高幅度较小，高负荷排烟温度升高幅度较大。

对于烟煤而言其挥发分较高，容易着火，燃尽程度高、燃烧时间相对较短，所以排烟温度相对较低；对于无烟煤而言，其挥发分较少，通常在10%以下，燃烧速度缓慢、燃烧时间长，有时在尾部烟道或旋风分离器内还会继续燃烧，所以其排烟温度相对较高；贫煤性质介于烟煤和无烟煤之间，排烟温度大多在两者之间；褐煤挥发分超过40%，燃烧时间短，但由于水分含量大，有时排烟温度也较高。不同煤种燃烧特性不同，在设计时应进行修正。

5. 给水及环境温度

给水及环境温度会影响温压，所谓温压是指参与换热的两种介质之间在整个受热面中的平均温差。它通过烟气温度参数影响烟气流速，又通过烟气流速影响对流放热系数，最终影响传热系数。温压越大，传热系数越大，则排烟温度越低，反之亦然。给水温度的变化会影响省煤器的传热量，最终影响排烟温度。以某135MW循环流化床锅炉为例，在设计给水温度±20℃内，给水温度升高1℃，一般排烟温度升高0.3℃。空气预热器入口风温对排烟温度的影响随季节而有所不同，夏季空气预热器入口风温高，传热温压小，烟气放热量少，排烟温度升高；冬季空气预热器进口风温低，温压增大，排烟温度略低。在0~40℃范围内，冷空气温度每升高1℃，排烟温度升高0.3~0.5℃。

进口风温越高，烟气所受冷却作用越弱，排烟温度越高；进口风温越低，烟气所受冷却作用越强，排烟温度越低。北方地区为了避免排烟温度冬季过低产生低温腐蚀，目前一般采用三种方式来提高空气预热器进口风温：①空气取自炉顶热空气；②设置热风再循环系统；③使用暖风器。

第二节　吹灰器使用与改造

一、技术原理

吹灰器通过一定量的工质消耗来换取受热面的清洁，因此其使用过程中要消耗一定成本。如果不及时吹灰，虽然降低了吹灰器工质消耗量，但受热面污染后将导致锅炉热效率降低，频繁吹灰虽然保证了受热面的清洁，提高了锅炉的热效率，但吹灰器工质消耗量将大大增加。

早期锅炉一般采用停炉时人工清扫、水洗或化学清洗的方法进行离线清灰，随着锅炉容量增大和运行周期的延长，此方式已基本淘汰。目前使用的主要是在线清灰，即在运行期间吹扫锅炉受热面积灰，保持受热面清洁，提高传热效果，保证锅炉热效率，与常规煤粉锅炉不同，循环流化床锅炉炉膛无需进行吹灰，因此其吹灰器全部布置在尾部烟道。

1. 蒸汽吹灰器

蒸汽吹灰技术成熟，效果明显，一般采用再热蒸汽作为吹灰介质，温度为 300℃左右，蒸汽压力为 2.5~3.0MPa。吹灰器的吹扫频率由受热面的沾污类型和程度决定，吹扫按烟气的流向依次进行。蒸汽吹灰器的应用效果最佳，但占用空间较大，使用中机械运动部件可能出现磨损、卡涩等问题，如果检修维护较差还容易出现吹灰器内漏、吹灰器入口蒸汽法兰漏汽等问题，过度使用蒸汽吹灰还会加剧受热面的磨损。

常见的蒸汽吹灰器的形式有炉膛吹灰器、长伸缩式吹灰器和短吹灰器等几种，目前循环流化床锅炉主要使用的是长伸缩式蒸汽吹灰器（见图 7–4），其主要由电动机、跑车、吹灰器阀门、托架、内管、吹灰枪、喷头和螺旋相变机构等组成。电源接通后，跑车带着内管托架沿工字梁向前移动，吹灰枪和跑车一起前进并旋转。当吹灰枪进入烟道一定距离后，吹灰器阀门自动开启，吹灰开始。跑车继续将吹灰枪旋转前进并吹灰，直到达到前段极限。当跑车触及前段行程开关后，电动机反转，使跑车及托架引导吹灰枪管在与前进时不同的吹灰轨迹后退，边后退旋转边继续吹灰。当吹灰枪喷头退至距炉墙一定距离时，蒸汽阀门自动关闭，吹灰停止，跑车退至起始位置，触及后端行程开关、吹灰枪停止行走，完成一次吹灰过程。

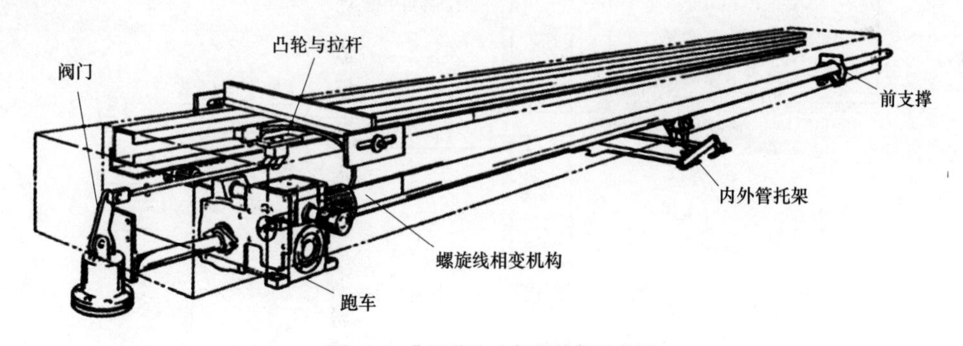

图 7–4　典型蒸汽吹灰器结构示意图

2. 声波吹灰器

声波吹灰器主要由声波发生器、声导管及管路系统等组成，其工作原理是使压缩空气流经金属膜片或其他发声组件产生高强声波，声波在炉内传播，引起烟气中灰粒同步振动，并周期性改变积灰边界层的纵向压力梯度，在声波振动反复作用下，使灰粒难以靠近积灰面或使沉积在积灰面上的灰剥离，从而达到清灰的目的。主流的声波吹灰器有振片式、振腔式、旋笛式等几种，各型声波吹灰器的发声机理、产品结构、使用材质和技术性能都有较大差异。但由于没有转动部件，加之设备结构简单，声波吹灰器故障率较低（见图 7–5）。

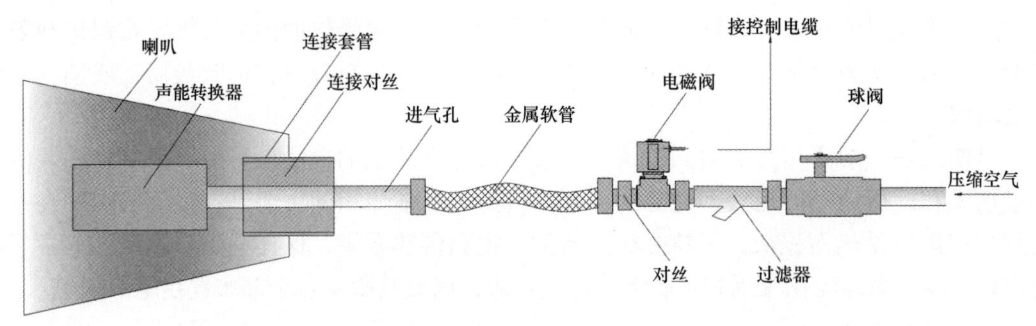

图 7-5　声波吹灰器结构示意图

以振腔式声波吹灰器为例，使用时压缩空气在特定的几何空腔内运动，激发空腔内气体强烈振动而发出高强声波。该型声波吹灰器结构简单、操作方便，运行费用低，吹灰效果好。在炉墙附近的球体径向直径 3~5m，轴向长度 10~15m 均可视为有效空间。吹灰器使用的压缩空气压力为 0.5~0.8MPa，单台流量为 2~5m^3/min，气源在现场易于获得。

3. 激波吹灰器

激波吹灰器通过罐体中空气和燃气的混合爆炸，在局部造成高强度和高烈度的能量释放，产生足以破碎灰层的冲击波（见图 7-6）。新生成的高温高压气体以极高速度的冲击波形式从罐体射出，作用在受热面的积灰层上，使积灰层被破坏而脱离受热面。激波吹灰器系统简单，便于设计，成本低廉，能够清除受热面上不同类型的积灰，在中小型循环流化床锅炉上大量采用。

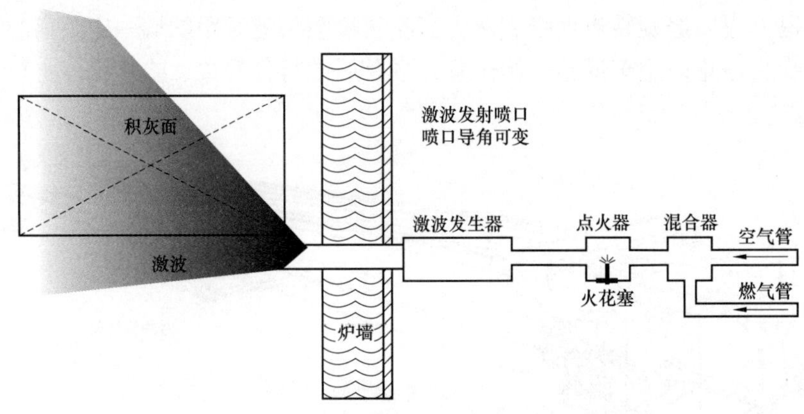

图 7-6　燃气激波吹灰器原理示意图

激波吹灰器的燃气通常选用乙炔、天然气或液化石油气，这些气体的热值比较高、燃烧速度快，适合于产生激波。以乙炔为例，爆燃后在激波吹灰器内能产生 4~5 倍声速的爆炸波，波前压力为常压，波后压力约为 1MPa，波速可达 1500m/s 以上。激波从喷口发射出来后，在喷口外的锥形空间做部分球面扩散，扩散后的激波会在物理界面发生反射，并能通过折射导入积灰内部。激波剧烈的压力脉动会对积灰产生一种先压后拉的作用，促使其碎裂和脱离。

从激波吹灰器的实际使用情况来看，受设计和安装制约较明显，部分机组特别是 300MW 以上机组的运行效果较差，但由于其系统布置简单、控制灵活（见图 7-7），仍被一些 50MW 和 135MW 等级循环流化床锅炉采用，有时也作为蒸汽吹灰器的补充技术。一般

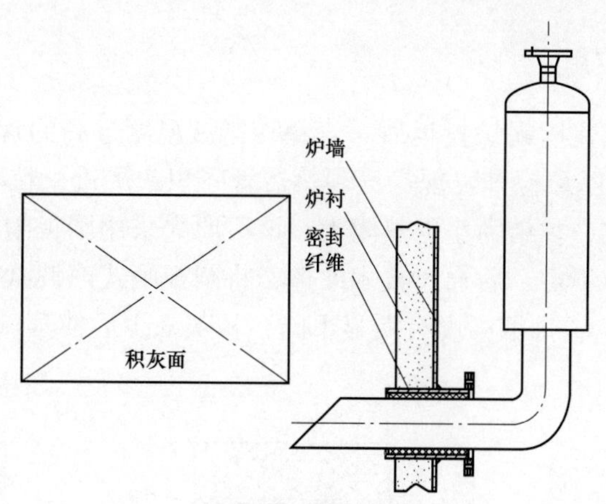

图 7–7　燃气激波吹灰器安装示意图

而言，设计合理、制造良好的激波吹灰器能够满足中小型循环流化床锅炉的吹灰需要，但燃用劣质燃料的循环流化床锅炉，仍建议优先采用蒸汽吹灰器。

4. 适用条件

目前蒸汽吹灰器、声波吹灰器和激波吹灰器在循环流化床锅炉上均有使用，各有优、缺点（见表 7–2）。蒸汽吹灰器为传统吹灰器，使用数量最多，受结构、介质特点及温度环境的影响，吹灰枪管易发生卡涩、失灵、漏汽等现象，对维护水平要求高；声波吹灰器受制于现场工作条件和积灰特性，对部分受热面的清灰效果差，很难除掉已有积灰，只能在其吹灰时阻止新积灰的产生；激波吹灰器使用的可燃气体运行成本较大，能耗相对较高，由于每次吹灰的能量波动非常大，煤种和燃烧工况变化后，不同积灰部位的吹灰效果差异大。

表 7–2　各种吹灰器技术的比较

类型	介质	吹灰半径	优点	缺点
蒸汽吹灰器	蒸汽	0~10m	（1）设备运行较为可靠； （2）对易结渣、灰熔点低和黏性较高的灰清除效果好； （3）蒸汽汽源直接从锅炉引出，吹灰介质来源稳定，操作方便	（1）装置占地面积大，系统复杂； （2）长吹灰器易受热变形卡死，故障率高； （3）吹灰有死角，容易引起受热面金属疲劳爆管； （4）增加烟气湿度，降低烟气露点
声波吹灰器	压缩空气	0~5m	（1）占地面积少，声波可多次折射反射，死角少； （2）没有转动部件，工作性能稳定，设备简单，使用安全； （3）维护量较小，成本低； （4）对受热面管壁无吹损、无腐蚀	（1）需要使用压缩空气，对气源压力要求高，否则影响使用效果； （2）黏结性积灰、严重堵灰以及坚硬的灰垢无法有效清除
激波吹灰器	燃气	0~5m	（1）能吹除硬垢或松散的积灰； （2）有效吹扫空间大，系统简单、功率大，占地面积少，操作方便； （3）无运动部件，可靠性高，不需要经常维护； （4）投资少，维护成本低	（1）消耗燃气，需定期更换供气设备，运行成本高； （2）吹灰有死角，容易受设计因素影响造成效果下降； （3）燃气储运涉及安全问题

二、声波吹灰器应用

某厂 240t/h 循环流化床锅炉投运后一直存在排烟温度过高的现象（一般在 170℃，比设计值高 30℃以上）。停炉检查发现空气预热器管间积灰严重，粒径小于 30μm 的飞灰颗粒大量沉积，呈干松状，黏结力小但热阻大。该厂原先采用圆板哨式声波吹灰器，只能产生单一频率，除灰能力不足。后通过技术改造，将圆板哨式声波吹灰器改为大功率旋笛式声波吹灰器（见图 7-8），排烟温度有明显下降，积灰减少后使蒸汽温度提高了 10℃左右，改善了锅炉性能。

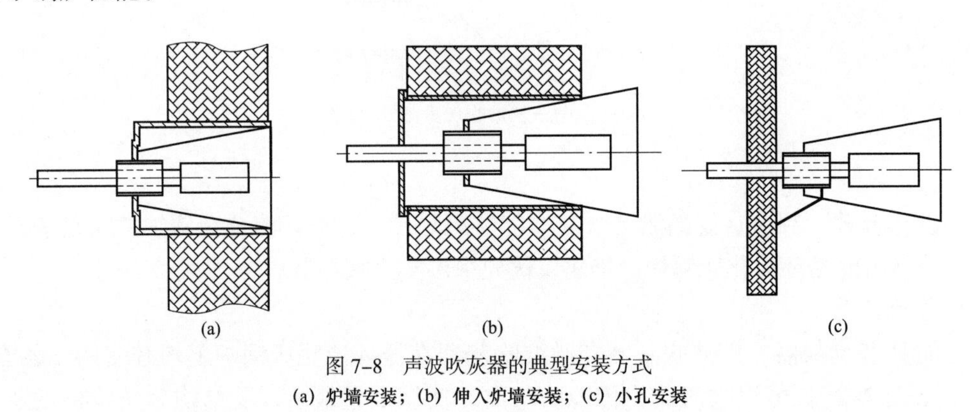

图 7-8　声波吹灰器的典型安装方式
(a) 炉墙安装；(b) 伸入炉墙安装；(c) 小孔安装

三、蒸汽吹灰器应用

某厂 SG-1065/17.5-M804 型循环流化床锅炉，尾部烟道依次布置有高温过热器、低温再热器、螺旋鳍片管省煤器和回转式四分仓空气预热器。锅炉在尾部烟道受热面及空气预热器共布置 30 组、58 台激波吹灰器，由于实际燃用煤种发热量低、灰分大且灰熔点低，造成尾部烟道积灰严重、排烟温度高，受布袋除尘器运行温度限制要求，锅炉夏季被迫降出力运行。

锅炉额定负荷设计排烟温度为 136℃，75% 负荷设计排烟温度为 130℃，投产初期排烟温度平均值为 142℃，后期排烟温度平均值为 161℃。运行期间尾部烟道受热面积灰、堵灰较为严重，锅炉不能达到额定出力，负荷较高时低温过热器、低温再热器出口烟气温度超温，且因该部位长时间超温运行，导致省煤器吊挂装置断裂，发生过整组省煤器坍塌。

现场发现锅炉布置在烟温 700~800℃区域内的高温过热器以及低温再热器积灰是薄且密实的内灰层和大量松散的外灰层，布置在烟温 600~700℃区域内的再热器和过热器积灰大多由松散的沉积物组成，其他受热面烟温在 600~700℃以下，大多为松散的积灰。锅炉积灰原因如下：

（1）高灰分烟煤灰渣量大，烟气灰浓度高，积灰中碱性物质较多，烧结性较强，高温区积灰不能及时清除并逐步恶化，更难清除。

（2）锅炉尾部烟道受热面为顺列布置，过热器及再热器纵向节距小，除第一排管子外，烟气冲刷不到其余管子的正面和背面，只能冲刷管子的两侧。此外，锅炉投产后长时间处于较低负荷运行，烟气流动速度较慢，容易造成受热面积灰、堵灰。

（3）设计入炉煤粒径 d_{max}=15mm，d_{50}=2mm，实际 d_{50} 小于 2mm，飞灰中小于 30μm 的颗粒较多，进入尾部受热面的灰量大，加剧了积灰。

（4）安装使用的激波吹灰器对于硬质积灰和黏结性积灰消除能力不足，使整体吹灰效果受到影响。

为了保证锅炉长周期高效运行，决定将激波吹灰器改造为蒸汽吹灰器。传统方案设计的伸缩式蒸汽吹灰器占用空间较大（见图 7-9），由于锅炉厂房已固定，原激波吹灰器紧凑贴墙设计安装，各层承重平台外展空间有限，为此采用非对称倒宝塔型蒸汽吹灰器布置方式。

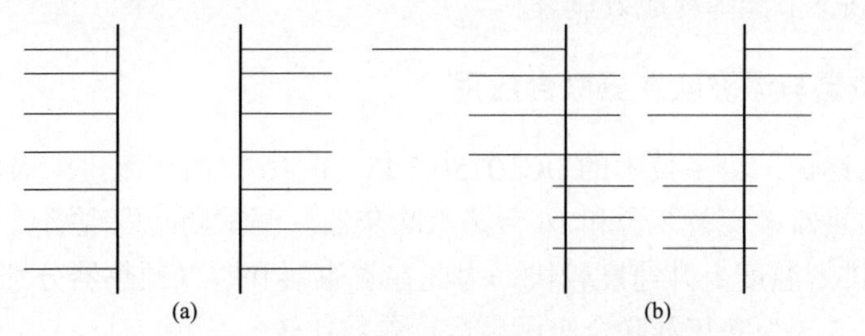

图 7-9　原设计激波吹灰器及改造后蒸汽吹灰器布置方式
(a) 原设计；(b) 改造后

改造时拆除布置在尾部烟道的激波吹灰器混合罐，在原混合罐位置安装共 7 层蒸汽吹灰器，均采用前、后墙对冲布置（见图 7-10）。第 1 层至第 3 层分别为 8 台固定式旋转吹灰器，装设在尾部烟道下部，前、后墙布置，每层吹灰器外部装设支撑平台，前墙 4 台装设在炉膛与尾部烟道之间，4 台装设在尾部烟道后墙；第 4 层至第 6 层分别为 8 台半伸缩式吹灰器，装设在尾部烟道中部，4 台装设在炉膛与尾部烟道之间，4 台装设在尾部烟道后墙；第 7 层为 8 台全伸缩式吹灰器，装设在尾部烟道上部，4 台装设在炉膛与尾部烟道之间，4 台装设在尾部烟道后墙。由于尾部烟道顶部外部空间较大，除第 7 层前、后墙各 4 台吹灰器为对冲非对称布置外，其他 6 层吹灰器均采用前、后墙对称布置方式。

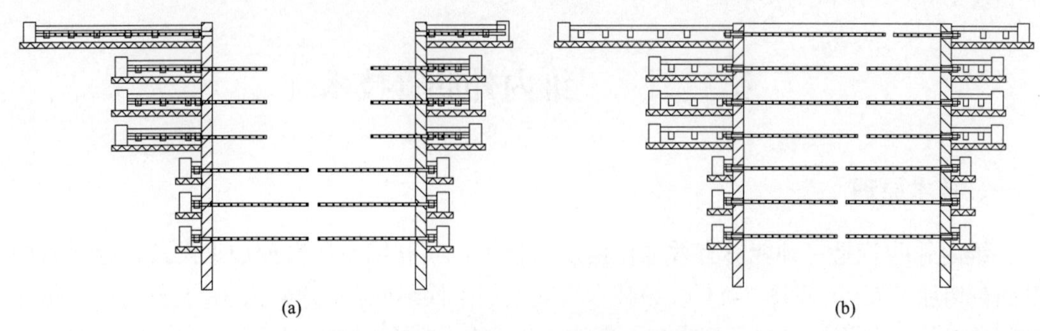

图 7-10　改造后蒸汽吹灰器备用及在用方式
(a) 停运时；(b) 在运时

锅炉吹灰器改造后效果明显，对黏性大、熔点低和结渣性强的灰能够有效清除。锅炉可长时间满负荷运行，尾部烟道超温现象消除，锅炉平均排烟温度从改前的 168℃降低到 140℃。主蒸汽和再热蒸汽温度显著提高，性能试验结果表明，锅炉效率提高了 1.24%，供电煤耗降低了 3.46g/kWh。

四、蒸汽吹灰器换型改造

某厂使用哈尔滨锅炉厂生产的HG-440/13.7-L.MN33型循环流化床锅炉，因原吹灰器选型及安装位置等问题造成吹灰效果不理想，影响机组经济运行。因此决定拆除原安装于锅炉省煤器和空气预热器区域的20台固定旋转式吹灰器，另在其基础上安装20台长伸缩式吹灰器，同时对吹灰器平台及原有控制系统进行改造。改造后两台锅炉排烟温度由180℃左右降至140℃左右，基本符合设计要求（设计为138℃），锅炉效率增加1%~1.2%，每年可节省燃料约2000t，节能降耗成效显著。

五、蒸汽吹灰器与激波吹灰器联合应用

某厂使用东方锅炉厂自主技术的DG1025/17.45-Ⅱ16型循环流化床锅炉，锅炉原设计在省煤器和空气预热器各安装8台和16台蒸汽吹灰器。调试期间发现满负荷排烟温度高达165℃，且吹灰后排烟温度上升速度较快，为此在省煤器和空气预热器分别加装12台和36台激波吹灰器。表7-3为吹灰器联合应用后运行参数比较。

表7-3　吹灰器联合应用后运行参数比较

	机组负荷（MW）	低温过热器进口/出口烟温（℃）	省煤器进口/出口烟温（℃）	排烟温度（℃）
蒸汽吹灰前	297	621/624	316/325	186/176
蒸汽吹灰后	299	634/638	305/313	179/165
激波吹灰后	303	636/626	286/299	151/145

从表7-3所示的使用效果来看，吹灰后烟温有明显下降，每4h使用激波吹灰器吹灰一次，可以避免长期高频率使用蒸汽吹灰器带来的受热面管壁减薄风险，保证满负荷排烟温度不超过150℃，降低了排烟热损失。

第三节　三维内外肋管技术

一、技术原理

三维内外肋管是一种能够有效强化换热的技术，其利用专用数控加工设备在金属管内、外壁面刻切加工而成（见图7-11）。该技术有效增加了换热面积,实现了翅片与基管的一体化，不会因接触热阻和焊接引起金相变化；密集、细小和非连续化的肋片强化了流体对肋片的冲刷，既增强了换热能力，也提高了换热管的抗积灰和防结垢能力。设计时通过调整肋片数量、高度和布置方式能有效调整管壁温度，从而减少低温腐蚀的风险。管内、管外同时强化换热，使换热器更加高效和紧凑，较大的管间距，也利于清灰和检修换管。

图7-12是常见的三维内外肋管结构，它具有良好的强化传热效果和优良性能，其对流换热系数可达光管的2.5~6倍，沸腾换热系数可达光管的2~5倍，凝结换热系数可达光管

的 3~5 倍。三维内外肋管的优点还包括：①减少设备的体积和质量；②提高设备的换热能力；③设备可在低温差下工作，充分利用低品位能源；④改善设备工况，使工作温度和压力大幅下降，提高运行安全性；⑤消除了接触热阻，延长设备运行寿命；⑥肋片具有可变性，通过设计的改进可使管内工质传热匹配更佳。

图 7–11 三维内外肋管结构图

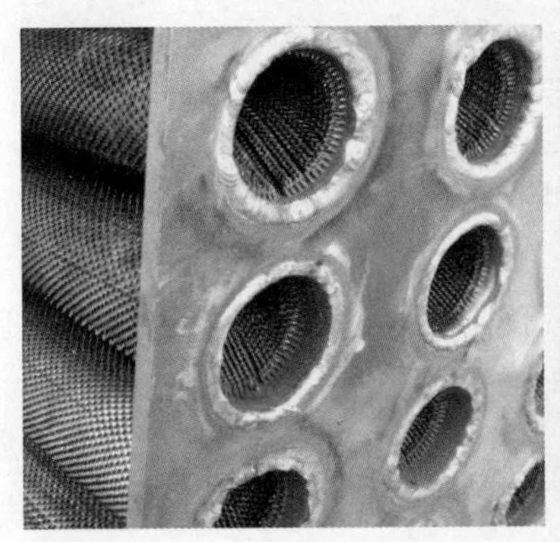

图 7–12 三维内外肋管换热器结构图

二、技术优势

三维内外肋管由于每个肋片都是一个独立的扰动元，在肋片扰动作用下，流体呈三元流动。流体沿流动方向在波谷处（近壁面）速度降低、静压增大，波峰处速度增加、静压减小，使流速和压力周期性变化，形成非连续的边界层流动，减薄边界层的平均厚度，有助于换热系数提高并减少积灰。沿周向方向布置的不连续肋片缩小了流体的有效流通面积，提高了横截面整体的流通速度，同时也提升了相邻肋片间的流体流速，流体流速增加后可使边界层减薄，减小热阻并减少积灰。

当流体沿轴向方向通过管道时，分布在圆周方向上的肋片形成收缩段，减小了流通面积。当流体流经无肋片段的管道时，流通面积恢复正常又形成扩张段。这种交替的扩张收缩增加了流体的湍动度。在三维内外肋管生产过程中，一方面，刀具刮起金属管壁表面，形成肋片和凹坑；另一方面，经刀具加工后表面粗糙度增加，形成一个个微小的粗糙凸起物，能抑制流体边界层的充分发展，强化流体与壁面的换热强度并减少积灰。

三维内外肋管能有效消除流体流经换热面的扰流尾涡，同时通过肋间气流加速，使得飞灰不与主气流离析。肋间距和肋高小，使得表面不易形成灰垢结片，即使积灰也易于消除。三维内外肋管应用时一般采用立式布置，能最大限度减小积灰面积，烟气在流经肋片时，会出现垂直翻越肋片和水平绕过肋片两种情况。从图 7–13 的速度矢量图可以看出，当烟气流经肋片顶部时，呈现翻越式的流动，促进了壁面区域低温烟气与流动中心区域高温烟气的混合，同时也影响了粉尘颗粒在管外的运动轨迹，烟气在翻越肋片时会产生变向，一定程度也缓解了积灰和磨损。

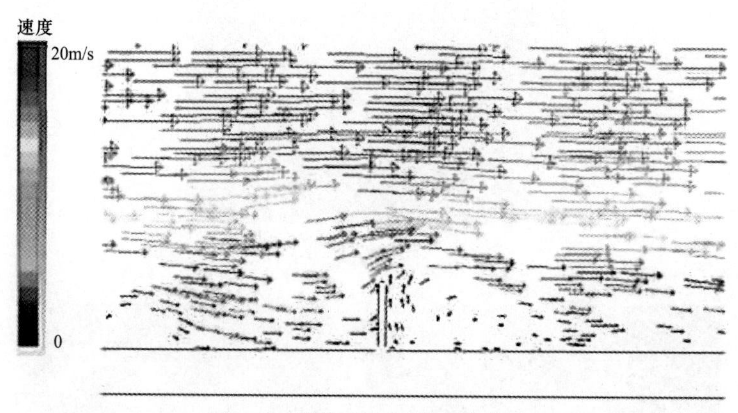

图 7–13　肋片区域速度矢量分布图

三维内外肋管间断性的肋结构布置方式在肋片根部产生水平绕流，从图 7–14 所示的肋片周围速度矢量分布可以看出，部分烟气会从水平方向绕过肋片，在两个肋片之间流过，一方面避免了前后两级肋之间的流动死区，另一方面也在一定程度上降低了肋间积灰。

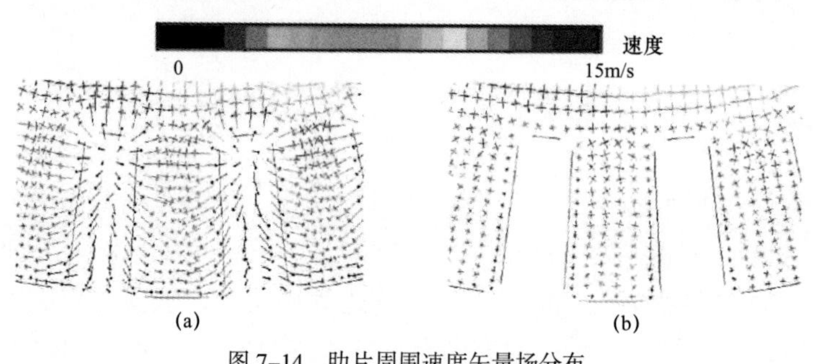

图 7–14　肋片周围速度矢量场分布

(a) 肋片上游（肋前）区域；(b) 肋片区域

图 7–15 比较了管内近肋片区和流动中心区的粉尘浓度。对于普通光管，粉尘浓度随烟气流动变化不大，且略有降低。这是因为部分颗粒在重力作用下流入近壁面区，使得壁面附近粉尘浓度增加，容易造成积灰及磨损。对于三维内外肋管，沿着烟气流动方向，管中心区域和近肋片区域的粉尘浓度明显增大，肋片区内的颗粒在翻越肋片的过程中部分远离壁面，进入近肋片区域或管内中心区域，降低了肋片区域的粉尘浓度。

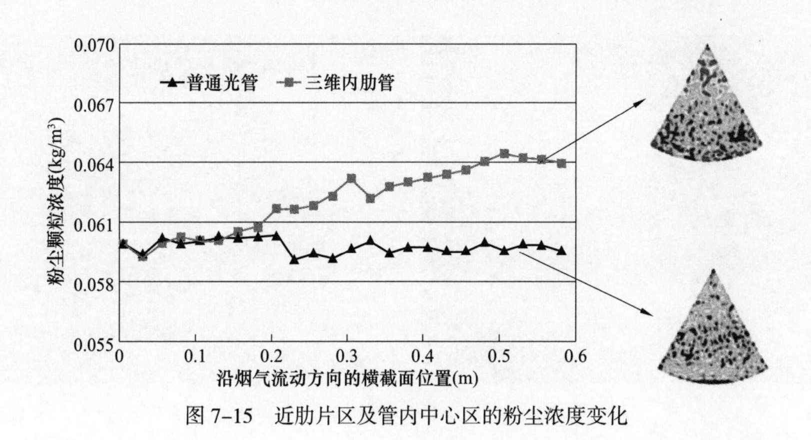

图 7-15　近肋片区及管内中心区的粉尘浓度变化

三维内外肋管对气流的扰动可造成局部涡流，使得含酸烟气与飞灰有较长的接触时间，进而以灰颗粒为核心吸附烟气中的 SO_3，降低烟气对换热管本体的腐蚀。相同工况下，金属管表面温度略高于 H 形管，因此，三维内外肋管的抗腐蚀能力更强。由于管子之间的间距较大，利于清灰和检修，立式布置又解决了腐蚀、积灰等问题，选择较低的烟气流速可以延长设备使用寿命。

三、200MW 锅炉典型应用

某厂 200MW 锅炉入炉煤含硫量远高于设计值，加之长期低负荷运行，加速了空气预热器的低温腐蚀。改造前低温段腐蚀严重，局部磨穿，整体传热效果下降，排烟温度高达 170℃。为提高空气预热器运行可靠性，降低排烟温度，电厂以三维内外肋管换热元件为基础，设计制造了新的空气预热器，其传热面积约 56368m²，总质量约 110t（见表 7-4）。

表 7-4　　空气预热器技术规范和参数

项目	单位	空气侧	烟气侧
流量	m^3/h（标态）	613800	767800
入口温度	℃	20	225
出口温度	℃	133	145
阻力损失	Pa	788	370

改造前 120~200MW 三个负荷下的排烟温度分别为 179、167℃及 163℃，锅炉效率低于 90%，改造后排烟温度分别降至 144、142℃及 131℃，锅炉效率提升 1.85%~2.16%，发电煤耗降低 7~8.2g/kWh，每年可节约标煤 8000 余吨。

四、150MW 锅炉典型应用

某厂配套东方锅炉厂生产的 DG490/13.7- Ⅱ 2 型循环流化床锅炉，电厂投产以来空气预热器积灰、腐蚀严重（见图 7-16），后期利用三维内外肋管技术对空气预热器进行了改造。

图 7-16　原空气预热器的积灰、堵塞和腐蚀

改造结果显示（见图 7-17）：两台锅炉的平均排烟温度从 169℃和 158℃降低至夏季 130℃、冬季 115℃，节能效果显著。改造后 1 号机组发电煤耗降低了 4.48g/kWh，2 号机组发电煤耗降低了 4.18g/kWh，空气预热器未再出现腐蚀、结垢和黏结性积灰等问题。

图 7-17　三维内外肋管空气预热器的应用

第四节　螺旋槽管技术

一、技术原理

管式空气预热器受边界层影响，通常管内纵向流动流体的换热系数要比管外横掠管束的换热系数低很多，而管内流体换热的强化在实施工艺上要比管外困难得多。螺旋槽管是一种良好的管内强化传热技术，具有制造工艺简单，生产效率高，沉积物少，在同等强化条件下能耗相对较低等优点。

螺旋槽管的结构如图 7-18 所示，其管内换热强化原理可以理解为：光管管内靠近壁面的边界层靠流体导热机理进行缓慢传热，边界层为层流体，而螺旋槽管内以一定间隔安排的突出物可以扰动并破坏这一边界层。因此，在螺旋槽管内靠近壁面的流体层可产生强烈的波动和径向运动，使得传热得以强化。当螺旋槽管用于空气预热器时，不仅传热得到强化，管内壁面流体层的强烈扰动、波动和径向运动还使烟气中的飞灰无法在管壁上沉积。

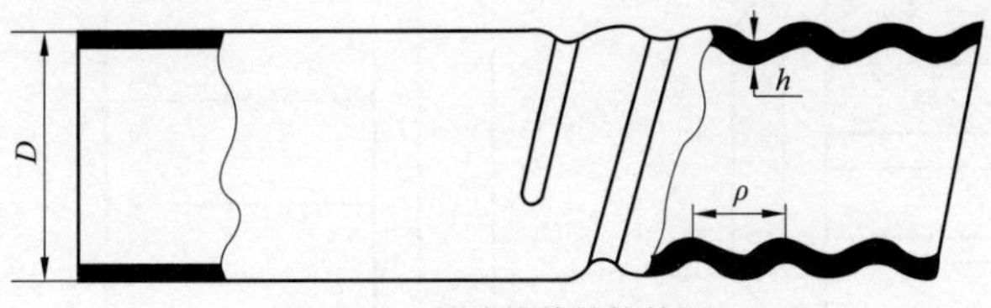

图 7-18　螺旋槽管结构简图

二、典型应用

循环流化床锅炉的光管空气预热器多为三流程或四流程结构，各流道或管箱之间检修空间受限。若采用传热能力更好的螺旋槽管代替光管，可改善排烟温度并节约空间。某厂采用 HG-440/13.7 型循环流化床锅炉，该锅炉布置的空气预热器烟道尺寸为 5800mm × 12670mm。空气预热器进口、出口烟温分别为 281℃和 142℃，一次风和二次风风量比例为 60% 和 40%。原光管卧式空气预热器的一、二次风受热面按上、下分层交错方式布置，35℃的冷风经过直径 $\phi 60 \times 2.75$mm 的四流程空气预热器加热后完成热交换，整个空气预热器的布置高度为 12m。而采用螺旋槽管技术后，由于传热性能提高，两流程即可完成空气的加热过程，整个空气预热器的布置高度减少到 8.84m。表 7-5 的热力计算结果显示，螺旋槽管空气预热器性能明显高于光管，由于烟速较低可以减轻磨损。135MW 机组空气预热器改造前、后参数比较见图 7-19。

表 7-5　　两种空气预热器性能参数比较

项目名称	单位	光管设计	螺旋槽管设计
管子直径及厚度	mm	60 × 2.75	51 × 2.75
管子横 / 纵数量	—	140/116	152/112
空气流程	—	4	2
烟道截面尺寸	mm	5800 × 12670	5800 × 12670
空气预热器布置高度	mm	12000	8840
空气预热器面积	m^2	16940	15560
进口 / 出口烟温	℃	281/142	281/142
进口 / 出口风温	℃	35/217	35/217
烟气流速	m/s	9.4	8.7
空气流速	m/s	17.1	11.0
烟气侧阻力	Pa	1220	1060
空气侧阻力	Pa	2250	1440
最低壁温	℃	89	84

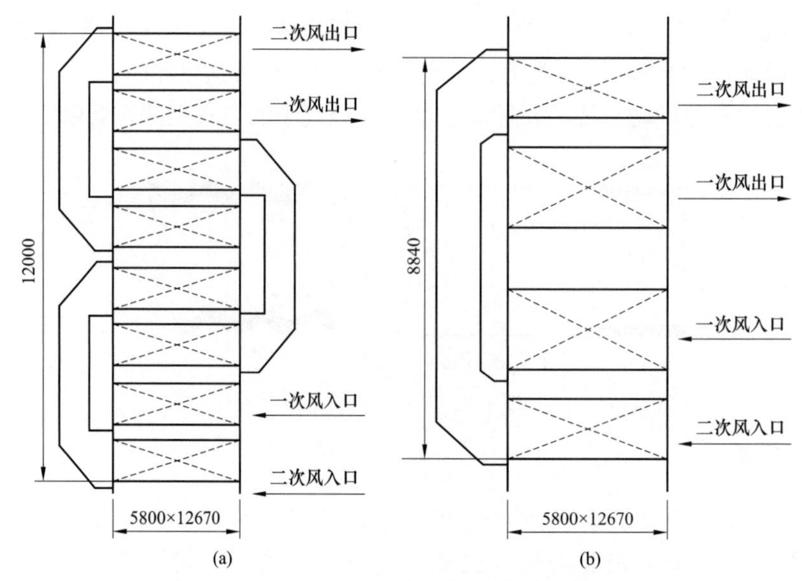

图 7-19　135MW 机组空气预热器改造前、后参数比较

(a) 光管式空气预热器；(b) 螺旋槽管式空气预热器

第五节　低压省煤器技术

一、技术原理

1. 设置必要性

排烟温度是影响锅炉效率的主要因素，排烟温度的降低对于提高锅炉效率无疑是有利的，但是排烟温度会受到烟气露点的制约。如果排烟温度过低，在壁温低于露点以下时，大量凝结的硫酸蒸汽会引起低温受热面腐蚀。此外，凝结下来的硫酸还会与受热面上的积灰起化学反应硬化、堵灰，使烟道阻力增大，引风机出力下降，严重时炉膛负压不能维持。

锅炉烟气的水蒸气露点一般在 50℃左右，酸露点通常高出 50℃很多，这是因为燃料中的硫在燃烧时生成 SO_2，在过量空气的影响下，部分 SO_2 会氧化生成 SO_3 并与烟气中的水蒸气生成硫酸蒸汽，硫酸蒸汽会使烟气露点大大高于水蒸气露点，为了避免低温腐蚀，大部分锅炉的排烟温度选择在 125~145℃。循环流化床锅炉烟气露点低，具备深度降低排烟温度的条件。有效利用循环流化床锅炉排烟余热，实现深度节能，具有非常重要的意义。

国外低压省煤器技术较早就得到了应用，国内也有很多电厂进行了低压省煤器的安装和改造工作。低压省煤器能提高机组效率、节约能源（见表 7-6），一般串联在加热器回路之中，代替部分低压加热器发挥作用，低压省煤器将排挤部分汽轮机的回热抽汽，成为汽轮机热力系统的一个组成部分。

2. 技术优势

（1）可降低排烟温度 60~70℃，产生显著的经济效益；

（2）低压省煤器的给水跨过若干级加热器，利用级间压降克服本体及连接管道的阻力，不必增设水泵，提高了运行的经济性、可靠性，同时也自然地实现了排烟余热的梯级利用；

表 7-6　　常见低压省煤器比较

系列	用途	换热元件	安装位置	能级段
烟气—水	回热系统	螺旋翅片管 纵向翅片管 H 形翅片管 独立回路热管 任意组合	烟道水平段 烟道垂直段 电除尘之前 电除尘之后	高温段（露点以上） 低温段（露点附近）
	供热系统			
	制冷系统			
烟气—空气	暖风器系统			
	热风系统			
烟气—水—蒸汽	海水淡化系统			
烟气—其他介质	高效余热回收系统			

（3）把高温低压省煤器设置在除尘器之前可以显著降低锅炉排烟温度，使烟气体积流量减小，而烟气体积流量减小后除尘器效率也能提高；

（4）由于低压省煤器布置于锅炉的最后一级受热面后，对于锅炉燃烧和传热不会造成不利影响；

（5）低压省煤器的出口烟温可以根据季节和煤质进行调节，以达到降低煤耗和防止低温腐蚀的双重目的。

根据工程实践，低压省煤器回收的热量通常有两个用途：

（1）对于供热机组或者附近有热负荷的机组，低压省煤器可用于加热供热用水，取代蒸汽或者其他热媒，此方式产生的效益最大；

（2）没有供热负荷时可以把这部分热量输入机组的回热系统，凝结水进入低压省煤器，吸收烟气的热量后再引入回热系统的适当位置，一般设计良好的系统其节能效果也较为可观。

3. 工程应用

德国电厂大多安装有低压省煤器，可以利用烟气余热加热凝结水，例如 Schwarze Pumpe 电站 855MW 褐煤发电机组在脱硫塔进口设置了 1 台热交换器，其设置类似于炉外布置的省煤器，烟气通过烟气冷却器从 170℃降到 130℃后进入脱硫装置，采用烟气加热凝结水，德国 Lippendorf 电厂的 933MW 机组也采用了类似的系统。日本 Hitachinaka 电厂采用了水媒方式的管式 GGH，烟气被冷却后进入低温除尘器（烟气温度为 90~100℃），烟气加热段的 GGH 布置在烟囱入口，由循环水加热烟气。烟气放热段的 GGH 原理和低压省煤器一样。不同的是德国由于主要燃用褐煤，排烟温度较高（一般为 170℃左右），加装低压省煤器后排烟温度可下降到 100℃左右。日本锅炉设计排烟温度不高（125℃左右），经过低压省煤器后烟气温度可降低到 85℃左右。

低压省煤器与锅炉和电厂耦合设计是发展的一大趋势，这样能够更为充分的利用烟气余热，在低压省煤器的基础上还可利用水水换热的暖风器替代常规蒸汽暖风器，利用烟气余热加热高压给水、凝结水和冷风。以冷风预加热为例，其可以减少常规蒸汽暖风器辅助蒸汽用量，空气经过加热使锅炉的排烟温度升高，导致锅炉效率下降，而暖风器则耗用了汽轮机抽汽，改变了机组的回热效率，二者的技术优劣需要比较后进行选择。

德国 Nideraussem 电厂 1000MW 褐煤发电机组采用分隔烟道系统充分降低排烟温度（见图 7-20），把低压省煤器加装在空气预热器的旁通烟道中，在烟气热量足够的前提下引入部分烟气到旁通烟道加热锅炉给水。通过烟气冷却器将烟气温度从 160℃降低到 100℃，烟

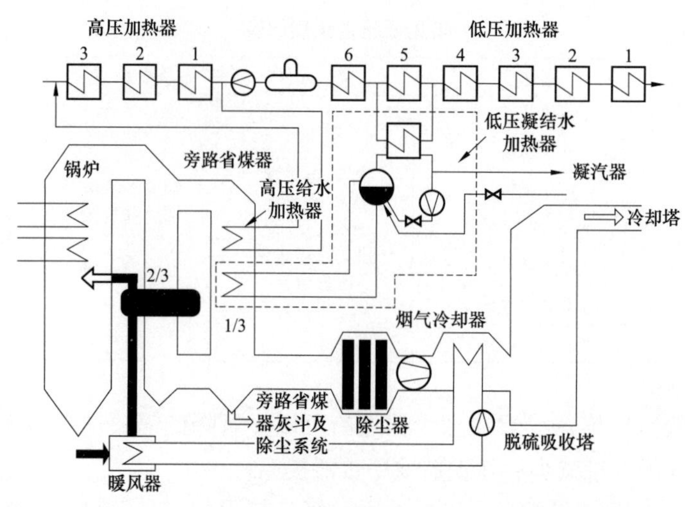

图 7-20　Niederaussem 电厂烟气余热回收系统工艺流程图

气中 77.9MW 的热量通过加热二次风被锅炉吸收。同时该机组只将部分烟气通过空气预热器，其余烟气通过旁路省煤器将热量传递到给水和凝结水，并采用了给水、凝结水两级换热。对于低压凝结水换热器，烟气进口温度达到 231℃，凝结水的抽出点温度高，可排挤更高压力的抽汽。采用旁路省煤器加热给水和高温段的凝结水，提高了被排挤部分抽汽的做功能力，烟气余热利用率高。这种烟气余热回收系统可节约发电标准煤耗约 7g/kWh，机组发电效率提高约 1.4%，是目前利用率最高的系统。

以波兰 Lagisza 电厂 460MW 超临界循环流化床锅炉为例（见图 7-21），该锅炉于 2009 年 3 月成功投产运行，实测发电效率为 45.3%，供电效率为 43.3%，其在锅炉设计之初就规划了烟气余热回收系统，因此排烟温度仅为 85℃（见表 7-7）。

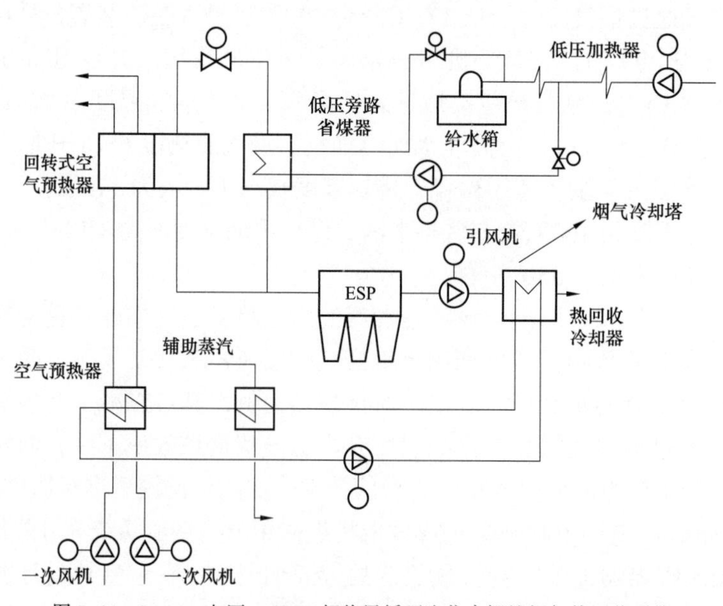

图 7-21　Lagisza 电厂 460MW 超临界循环流化床锅炉烟气热回收系统

表 7-7　锅炉运行数据

性能参数	单位	锅炉设计值	100%BMCR实测值	80%BMCR实测值	60%BMCR实测值	40%BMCR实测值
过热蒸汽流率	t/h	1300	1300	1033	738	518
过热蒸汽压力	MPa	25.7	27.1	23.1	17.2	13.1
过热蒸汽温度	℃	560	560	560	559	556
再热蒸汽压力	MPa	5.0	4.8	3.9	2.8	1.9
再热蒸汽温度	℃	580	580	580	575	550
床温	℃	—	889	853	809	753
排烟温度	℃	85	88	86	81	80
烟气氧含量	%		3.4	3.4	3.8	6.8
锅炉效率	%	92.0	93.0	92.9	92.8	91.9

二、酸露点温度计算

排烟温度的选择需要结合酸露点确定，酸露点与燃料含硫量及单位时间送入锅炉的总燃料量有关。锅炉酸露点计算公式众多，我国锅炉热力计算普遍采用的是前苏联《锅炉机组热力计算标准方法（1973 年版）》，具体如式（7-1）~ 式（7-3）所示。

$$t_{\text{sld}}=\frac{125\sqrt[3]{S_{\text{zs}}}}{1.05^{\alpha_{\text{fh}}A_{\text{zs}}}}+t_{\text{ld}} \tag{7-1}$$

$$S_{\text{zs}}=\frac{S_{\text{ar}}}{Q_{\text{net,ar}}/4187} \tag{7-2}$$

$$A_{\text{zs}}=\frac{A_{\text{ar}}}{Q_{\text{net,ar}}/4187} \tag{7-3}$$

式中　t_{sld}——烟气酸露点，℃；

t_{ld}——烟气中水蒸气露点，℃；

S_{zs}、A_{zs}——燃料的折算硫分、灰分，%；

S_{ar}、A_{ar}——燃料的收到基含硫量、灰分，%；

$Q_{\text{net, ar}}$——燃料的收到基低位发热量，kJ/kg；

α_{fh}——飞灰占总灰的份额，%。

显然根据公式，在燃料成分确定的前提下煤粉锅炉和循环流化床锅炉的酸露点一致，但是根据国内一些锅炉的实际运行情况，循环流化床锅炉的低温腐蚀情况比煤粉锅炉轻，上述公式对于循环流化床锅炉酸露点计算偏保守。

由于 SO_3 浓度是影响酸露点的主要原因，对某循环流化床锅炉烟气中的 SO_3 浓度进行了测算，该锅炉通过添加石灰石进行炉内脱硫，日常 SO_2 排放浓度为 600~800mg/m^3。测试试验如图 7-22 所示，试验期间电加热烟气套管主要用于将烟气温度保持在 150℃以上，石英排出管内塞的石英棉用以过滤烟气中的固体颗粒，干燥塔内装变色硅胶用于吸收水蒸气以保护真空泵。取样前保证玻璃蛇形收集管和玻璃滤板清洁、干燥，连接处密封。

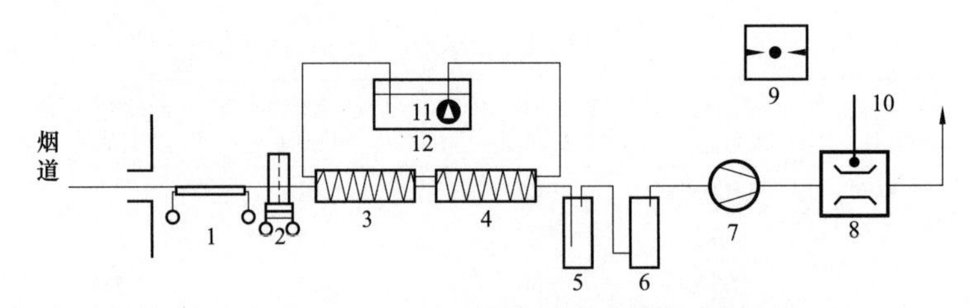

图 7–22　烟气中 SO_3 采样装置及测试流程

1—伴热管；2—加热石英丝过滤网；3、4—二级玻璃蛇形吸收管；5—吸收容器；6—液滴分离器；7—真空泵；8—流量计；9—大气压力计；10—温度计；11—循环泵；12—水浴

从表 7–8 的试验测量结果可以看出，循环流化床锅炉烟气中的 SO_3 浓度均低于 5mg/m^3，由于试验期间锅炉入炉煤全硫 $S_{t,ar}$ 为 0.82%~0.90%，根据国内研究单位对煤粉锅炉测量得到的数据，在近似煤种条件下烟气中的 SO_3 含量为 30~40mg/m^3。

表 7–8　　SO_3 测量试验结果汇总表

取样位置	取样点氧量（%）	烟气中SO_3浓度（mg/m^3）
空气预热器入口	4.7%	4.03
空气预热器出口	6.3%	4.87
除尘器出口	6.5%	4.17

由以上数据可知，循环流化床锅炉烟气中的 SO_3 含量远低于煤粉锅炉，造成以上现象的原因主要有三点：①循环流化床锅炉向炉内添加石灰石进行脱硫，石灰石钙硫摩尔比大于 1，相当数量的石灰石最终以 CaO 形态存在于飞灰中，能够抑制 SO_3 的生成；②循环流化床锅炉燃烧温度低于煤粉锅炉，燃烧释放的 SO_2 浓度也较煤粉锅炉低，考虑到 SO_2 向 SO_3 转换率一般为 0.5%~3%，因此低的 SO_2 浓度使得其 SO_3 总量低于煤粉锅炉；③循环流化床锅炉飞灰孔隙率高于煤粉锅炉，对 SO_3 会表现出一定的吸附作用。

由于酸露点温度主要是由 SO_3 含量和烟气中的水蒸气含量决定的，如果按照前文公式计算，循环流化床锅炉的自脱硫和炉内脱硫效应并没有得到体现。因此，在进行循环流化床锅炉设计时可以将式（7–1）改为含有炉内脱硫修正的式（7–4）。

$$t_{sld}=\frac{125\sqrt[3]{(100-\eta_{tl})/100\times S_{zs}}}{1.05^{\alpha_{fh}A_{zs}}}+t_{ld} \tag{7–4}$$

式中　η_{tl}——循环流化床锅炉的计算炉内脱硫效率，%，一般取 75%~90%。

根据式（7–4）计算出的酸露点低于式（7–1），换而言之循环流化床锅炉可以采用比煤粉锅炉更低的排烟温度。从世界首台 460MW 超临界循环流化床锅炉运行的实际情况来看，其排烟温度低至 80℃后仍可满足安全运行的需要，国内现有循环流化床锅炉的排烟温度选取余量偏大。

三、设计优化

1. 连接方式

低压省煤器在热力系统中的连接方式直接影响到它的经济效果、分析计算方法以及运行的安全可靠性。低压省煤器接入热力系统的方案很多，就其本质而言，主要是以下两种：①低压省煤器串联于热力系统中，简称串联系统；②低压省煤器并联于热力系统中，简称并联系统。

低压省煤器的串联系统见图 7–23。从低压加热器 NO_{j-1} 出口引出全部凝结水 D_H，送入低压省煤器，在低压省煤器中加热升温后，全部返回低压加热器 NO_j 的入口。低压省煤器串联于低压加热器之间，成为热力系统的一个组成部分。串联系统的优点是流经低压省煤器的水量最大，在低压省煤器受热面一定时，锅炉排烟的冷却程度和低压省煤器的热负荷 Q_d 较大，排烟余热利用程度较高，经济效果好。缺点是凝结水流动的阻力大，所需凝结水泵的压头增加。

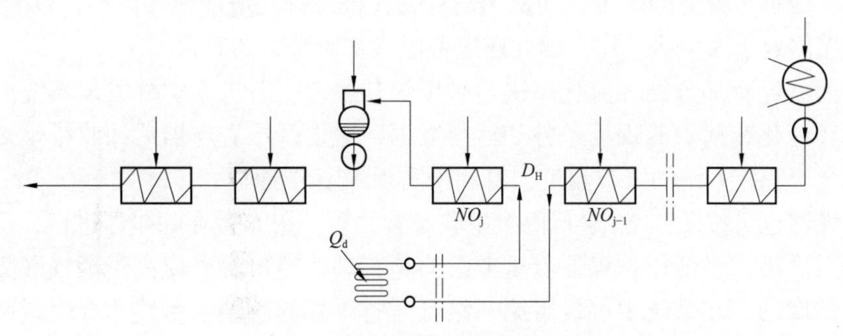

图 7–23　低压省煤器的串联系统示意图

低压省煤器的并联系统见图 7–24。从低压加热器 NO_{j-1} 出口分流部分凝结水 D_d 去低压省煤器，加热升温后返回热力系统，在低压加热器 NO_{j+1} 的入口处与主凝结水汇合。低压省煤器与低压加热器 NO_j 呈并联方式，与之并联的低压加热器也可是多个。并联系统的优点是可以不增加凝结水泵扬程。因为低压省煤器绕过了一至两个低压加热器，所减少的水阻力足以补偿低压省煤器及其连接管道所增加的阻力，这对改造项目较为有利。除此以外，并联系统还可以方便的实现余热梯级利用。缺点是低压省煤器的传热温压比串联系统低，因为分流量小于全流量（即 $D_d<D_H$），低压省煤器的出口水温将比串联时的高。并联低压省煤器系统本身就是一个独立的旁路，也便于停用和维修。

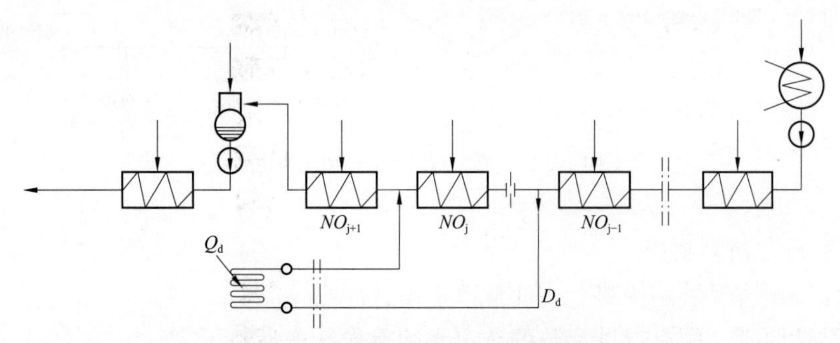

图 7–24　低压省煤器的并联系统示意图

对于具体的工程，上述两种方式都可以考虑。低压省煤器的接入点，即低压省煤器串联或并联在哪一级或哪几级低压加热器上，可通过经济性分析计算决定，因为不同级的低压加热器抽汽做功能力不同，所以不同的低压省煤器串并联方式在经济性上也有着显著差别。

2. 布置位置

根据排烟温度的水平，低压省煤器可以分为高温低压省煤器和低温低压省煤器两类，一般选取除尘器进口或脱硫塔进口，可以单独布置也可以串联布置。低压省煤器布置在除尘器进口时，烟气由空气预热器排出，经过低压省煤器后温度降低。降低后的烟温和该低压省煤器受热面的最低壁温均保持在烟气露点之上，防止发生低温腐蚀。由于低压省煤器的传热温差小，因此换热面积较大，占地空间也较大，所以在加装低压省煤器时，需合理考虑其在现场锅炉烟道的布置位置。也可以采用受热面优化设计的方法来缩小低压省煤器的外形尺寸，缓解布置上的困难，如采用翅片管代替光管，增加换热面积，减少管排数量。由于低压省煤器处于高尘区工作，因此还应考虑飞灰对管壁的磨损。

由于目前已经有部分循环流化床锅炉采用炉外脱硫，若进入炉外脱硫系统前需喷水减温，根据循环流化床锅炉的现场条件和运行数据，增设低压省煤器后回收排烟热量，将烟温降低到适合于脱硫系统的入口温度，有利于实现深度节能。

低压省煤器也可按图 7–25 进行两级串联设置，第一级布置在除尘器进口，第二级布置在吸收塔进口。第一级低压省煤器着重考虑的是其烟气出口温度应高于烟气酸露点，以避免下游设备的腐蚀，在系统中可设置第一级低压省煤器的凝结水旁路，并设置调节阀。低负荷工况下，部分凝结水走第一级低压省煤器旁路，减少吸收烟气的热量，使低压省煤器出口烟气温度始终在酸露点温度之上，降低除尘器、烟道、增压风机的腐蚀风险。低压省煤器第二级布置在脱硫吸收塔入口，根据需要最大限度降低排烟温度。

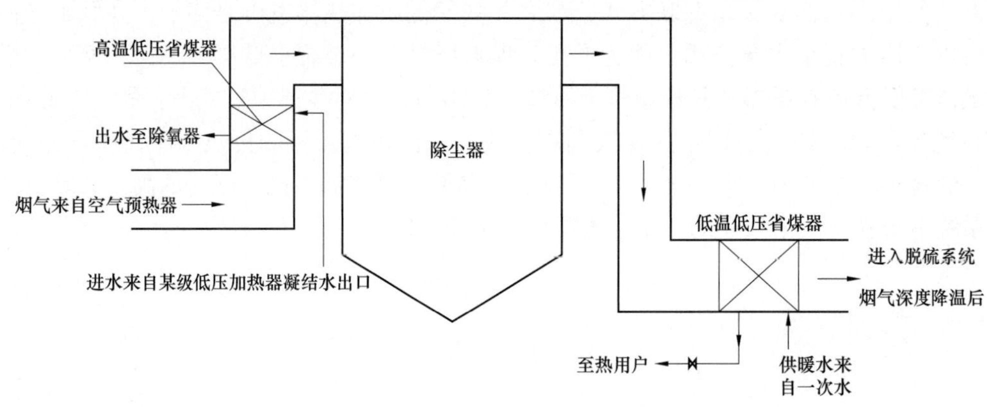

图 7–25　低压省煤器布置位置示意图

3. 设计原则与问题防范

为了发挥低压省煤器的优势，应注意以下设计原则：

（1）可靠性原则。所有设计参数的选定必须首先考虑运行可靠；

（2）经济性原则。在运行可靠的前提下，尽可能增大换热温差，减少换热面的体积和质量，降低设备投资；

（3）优化原则。争取回收高等级的热量，通过锅炉系统与汽轮机系统合理耦合，优化低压省煤器取水、回水点的位置；

（4）安全原则。合理控制受热面金属壁温，避开烟气露点。

低压省煤器最常见的问题是积灰、磨损和腐蚀，针对这些问题可以采取以下技术措施：

（1）防止积灰。低压省煤器的受热面可以采用光管、螺旋肋片管和高频焊翅片管。与普通光管相比，螺旋肋片管和高频焊翅片管传热性好。即使肋片和翅片间距较大时，其换热面积也比同规格光管要大，因此可减小低压省煤器的外形尺寸和管排数，减少烟气流动阻力。但是螺旋肋片管和高频焊翅片管易积灰，其积灰程度与灰成分特性及烟气流速有关。因此在设计时可适当提高烟速（对于除尘器前布置的低压省煤器，烟气流速推荐 10m/s 左右，对于除尘器后布置的低压省煤器，烟气流速推荐 15m/s 左右）。选择合适间距的螺旋肋片管和翅片管也可以减少省煤器管壁积灰。

（2）防止磨损。循环流化床锅炉烟气中灰浓度较高，灰颗粒较粗。受热面可以采用镍基渗层高温钎焊螺旋翅片管，由于表面渗有含镍、铬和磷的合金，提高了管子表面硬度和耐磨性，硬度为普通管的 2~3 倍。另外还可以采用大管径管，可有效减轻受热面的磨损。建议对烟道内部的流场进行数值模拟和优化处理，避免出现烟气走廊、烟气偏流、局部漩涡，在所有弯头、烟气走廊部分都应采取防磨设施。

（3）防止腐蚀。针对工程情况，选择合适的耐腐蚀材料非常重要。目前可供选择的材料主要有不锈钢、耐腐蚀低合金碳钢、复合钢及碳钢表面搪瓷处理等。循环流化床锅炉采用了炉内脱硫工艺，烟气 SO_3 含量减少，有利于避免低温腐蚀。低压省煤器的热力系统最好设计为进水温度和流量可调，确保运行期间管壁温度高于烟气露点。

4. 效益计算

通过理论分析和计算对于各种方案进行比选非常重要，西安交通大学林万超教授对低压省煤器系统的热经济性利用理论进行了深入的分析，采用等效焓降法对不同形式的低压省煤器系统给出了相应的计算公式，提出了梯度开发、多级利用的概念。山东大学黄新元教授则对低压省煤器的优化设计及运行进行了深入研究，提出了低压省煤器优化设计的通用数学模型。

以某电厂为例，锅炉加装低压省煤器后余热送入热网，低压省煤器在烟道中加热凝结水获得的热量可由式（7–5）计算：

$$Q = Gc\ \Delta t \tag{7–5}$$

式中　Q——低压省煤器在烟道中获得的热量，GJ；

G——凝结水量，t/h；

c——水的比热，J/（kg·℃）；

Δt——凝结水的平均温差，℃。

假设运行中通过低压省煤器的凝结水量为 360t/h，凝结水温升高 12℃，通过计算，低压省煤器在烟道中加热凝结水获得的热量为 18.8GJ，经济效益可观。

某厂 200MW 等级循环流化床锅炉机组采用六级抽汽，包括两台高压加热器、一台除氧器、三台低压加热器，机组热耗 8540kJ/kWh（见图 7–26）。为降低排烟温度，提高机组运行经济性，延长布袋除尘器使用寿命。设计了 3 种低压省煤器布置方案，低压省煤器在空气预热器出口提升段逆流布置。方案 1 布置在 5 号低压加热器前，方案 2 布置在 6 号低压加热器前，方案 3 布置在 4 号低压加热器和 5 号低压加热器前。计算结果显示方案 3 和方案 2 相对较优，可作为备选方案（见表 7–9）。

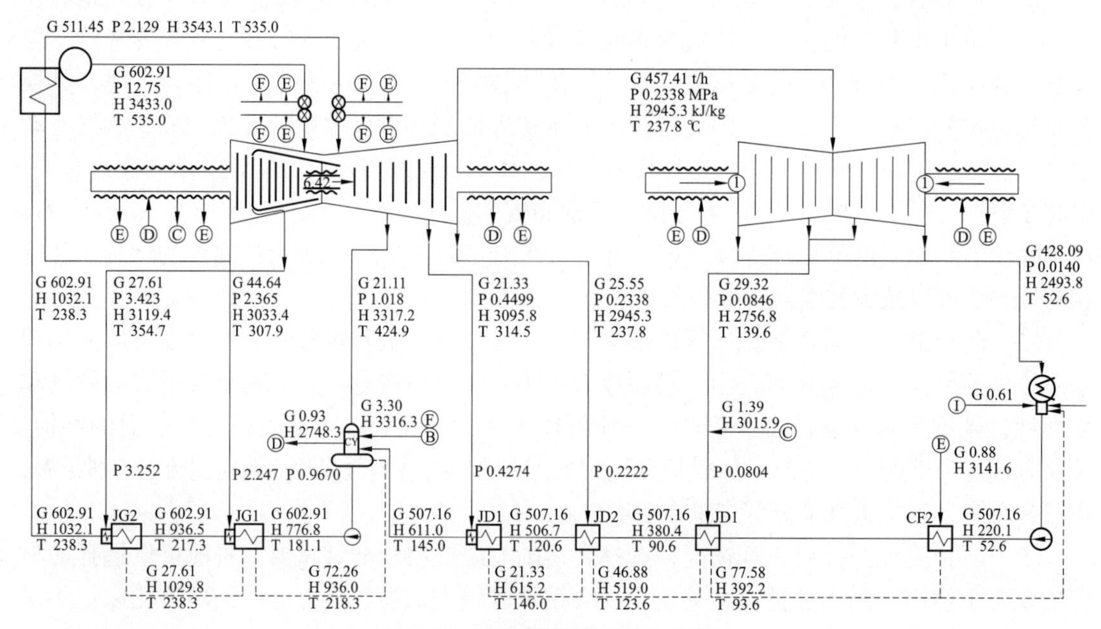

图 7–26　机组热平衡图（THA 工况）

表 7–9　　设计方案比选

项目	单位	方案1	方案2	方案3
煤耗降低值	g/kWh	3.64	2.55	3.77
年节煤量	t	3821	2682	3961
年节煤收益	万元	139	98	145
工质入口温度	℃	90.6	52.6	96.6
工质出口温度	℃	135	135	135
水侧温升	℃	44.4	82.4	38.4
冷却水量	t/h	194.6	105.4	224.8
烟气入口温度	℃	165	165	165
烟气出口温度	℃	120	120	120
烟气侧温降	℃	45	45	45
投资费用	万元	400	385	410
投资收回收期	年	2.88	3.93	2.83

注　机组年发电量按照 10.5 亿 kWh 计算，标煤单价 350 元 /t。

四、135MW 锅炉典型应用

某厂 HG–465/13.7–L.PM7 型循环流化床锅炉，设计煤种为贫煤，设计排烟温度 135℃。实际燃用混煤，根据运行数据锅炉全年排烟温度平均值高达 155℃，最高时超过 160℃。为此，电厂增设了低压省煤器,低压省煤器管箱组装后外形尺寸为 4800mm × 3500mm × 1900mm(见表 7–10)。改造后进入电除尘器的烟气温度降低至 137℃以下，降低排烟温度 18℃。根据煤的含硫量不同可调节进水温度，还可对排烟温度的降幅做一定的调整（见图 7–27)。采用等效热降法进行了热经济性分析，改造可降低机组供电标准煤耗 1.5g/kWh。

表 7–10　　低压省煤器主要结构和设计参数

项目	单位	数值	项目	单位	数值
发电负荷（夏季不抽汽）	MW	125	水侧阻力	MPa	<0.078
锅炉蒸发量	t/h	416	计算传热量	kW	3360
进口烟气温度	℃	155	漏风系数	—	0.005
出口烟气温度	℃	137	光管直径	mm	38
工质入口温度	℃	89	管束高度	mm	1425
低压给水流量（极限水量）	kg/s	104	烟气侧阻力	Pa	<250

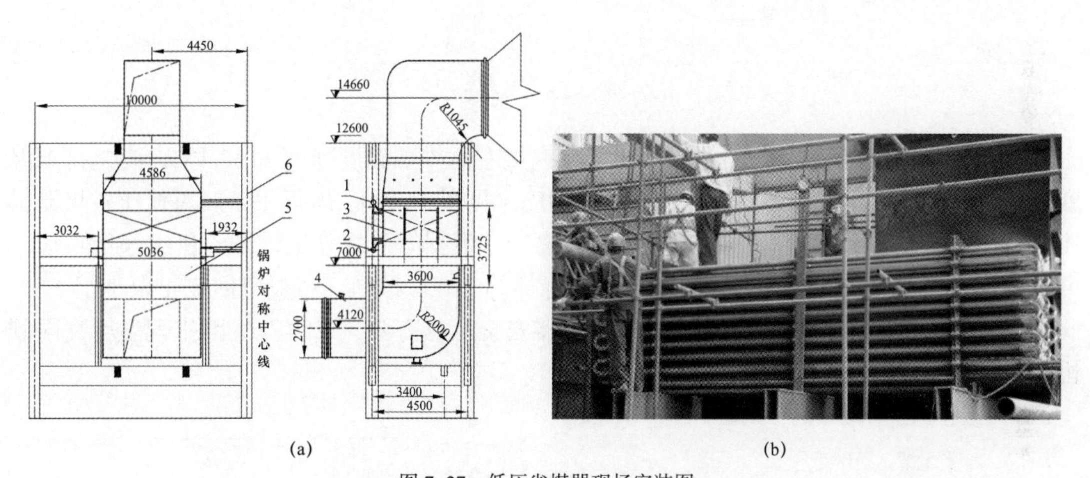

图 7–27　低压省煤器现场安装图

(a) 低压省煤器的结构设计；(b) 低压省煤器的现场安装

1—进水母管；2—出水母管；3—本体管束；4—水平烟道；5—电除尘前竖直炯道；6—钢架

某厂 135MW 循环流化床锅炉自投运以来排烟温度远高于设计值，夏季最高排烟温度达到 187℃。由于电厂采用布袋除尘器，极大地影响了运行安全性，夏季经常发生降负荷控制排烟温度的情况，为此电厂决定进行降低排烟温度改造。

考虑到现场检修空间和施工条件，将低压省煤器布置在空气预热器出口和除尘器入口的垂直段烟道上，采用逆流方式布置，来自 1 号和 2 号低压加热器的凝结水上进下出（见图 7–28)。烟气和凝结水交换热量后进入除尘器，凝结水进入 3 号低压加热器出口母管。低压省煤器分左、右两侧布置。左、右侧低压省煤器均由进口集箱、省煤器管束、出口集箱组成。来自冷渣机出口的给水经过 $\phi219 \times 8$mm 的低压省煤器入口集箱（上集箱)，沿 $\phi38 \times 4$mm 的螺旋翅片管自上而下流至省煤器出口集箱（下集箱)。汇集后经母管流至冷渣机的回水管，进入 1 号低压加热器出口。

低压省煤器的传热原件采用镍基钎焊螺旋翅片管，低温段采用具有耐低温腐蚀能力的

ND 钢材质。管路上设有流量计、疏水门、放气门、手调门、手动截止门以及温度压力测量元件，其中手调门用于调节省煤器冷却介质流量，保证凝结水温度、防止低温腐蚀。管路上的截止门用于隔离省煤器本体，便于检修。施工时还对除尘器与锅炉间支撑烟道的钢架和立柱进行了加固，使其能够承受新增加的受热面载荷。

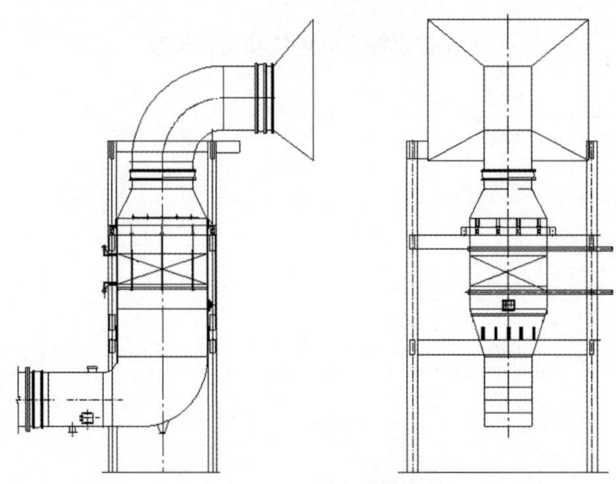

图 7-28　低压省煤器布置图

低压省煤器投用后，进水温度为 76℃，锅炉左侧排烟温度降低了 38.4℃，右侧排烟温度降低 42.1℃，低压省煤器水侧阻力为 0.04MPa（见图 7-29）。运行 1 年后对低压省煤器本体进行了检查，没有发现堵灰、磨损和低温腐蚀。根据等效焓降法计算，机组额定负荷下可节约标煤耗 3.71g/kWh，每台机组年可节约标煤约 3000t，改造工程投资回收年限小于 2 年。此外，改造后的排烟温度能够满足布袋除尘器安全运行需要，未再发生因排烟温度高限制机组负荷的事件。

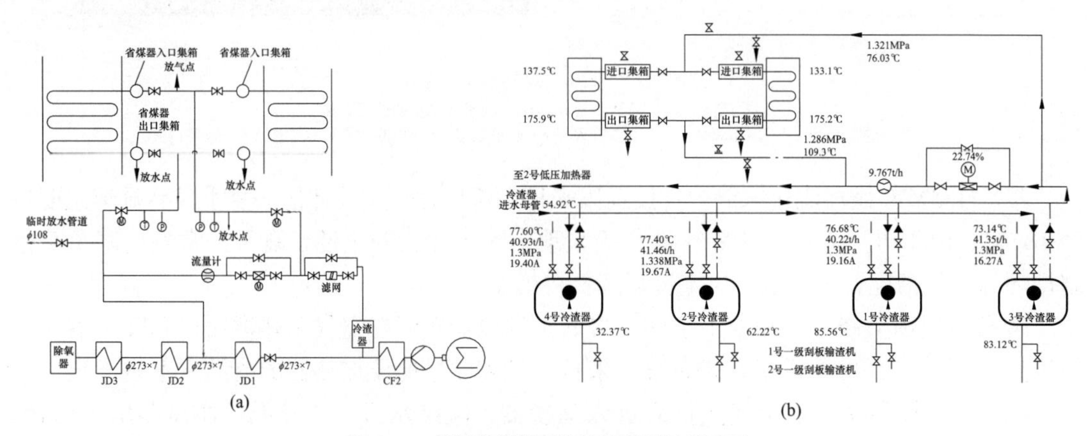

图 7-29　低压省煤器系统连接图及运行画面

（a）低压省煤器系统图；（b）低压省煤器现场运行画面

五、300MW 锅炉典型应用

某厂采用哈尔滨锅炉厂引进技术设计制造的 HG-1025/17.5-L.HM37 型循环流化床锅炉，

ECR 工况下锅炉效率 92.8%、排烟温度 146℃、排烟热损失 5.23%。设计煤种为当地褐煤，除尘器采用双室五电场静电除尘器，设计除尘效率 99.81%。电煤供应紧张时大量掺烧劣质煤，入炉煤发热量偏低，锅炉实际平均排烟温度 167℃，排烟热损失升至 5.48%，约占整个锅炉热效率损失的 60%，同时由于排烟温度偏高导致飞灰比电阻增大，降低了电除尘器的除尘效率。

为此进行了低压省煤器改造，低压省煤器安装于空气预热器出口至电除尘器入口的 4 个上行竖直烟道内，分左右两侧对称布置。低压省煤器受热面进回水管道并联对称布置，避免因管道阻力不同造成的凝结水流量偏差。受热面布置区域烟道进行了扩展改造，降低了烟气流速，减轻了低压省煤器受热面的磨损。在空气预热器出口至省煤器入口烟道设计有均流板，调节低压省煤器入口烟温分布，通过控制每组烟道低压省煤器凝结水流量将除尘器入口烟温也一并调匀。

改造后的低压省煤器进水采用 7 号低压加热器出口和 6 号低压加热器出口两路取水，与主凝结水管路并联布置。其中 7 号低压加热器出口水温在 84℃左右，6 号低压加热器出口水温在 105℃左右。调节低压省煤器出口烟温时，通过低压省煤器回水母管电动调节阀调节水量，以调整低压省煤器的降温幅度。通过调节取水管路电动调节阀开度控制进水温度，进而控制低压省煤器的换热管壁温，防止产生低温腐蚀。进入低压省煤器的凝结水在本体受热面内吸收烟气热量后，汇合到 5 号低压加热器出口主凝结水管道。实施该项技术后，锅炉排烟温度平均降至 134℃，发电煤耗降低了 1.6g/kWh。

第六节　相变换热器技术

一、技术原理

相变换热器也是烟气余热回收的常规技术，其基本原理是将热交换过程分为蒸发和冷凝两个工作段。在蒸发段烟道内的换热器吸收烟气热量使管内热工质由液态变为气态，然后蒸汽沿上升管进入冷凝段在该段中放热后被冷凝成液体，并沿下降管回到换热器蒸发段，实现闭环控制（见图 7-30）。

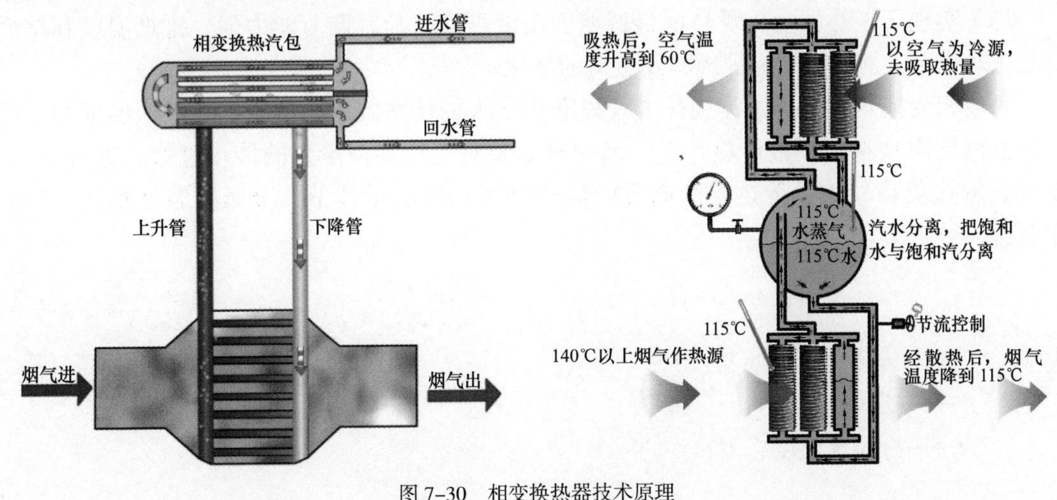

图 7-30　相变换热器技术原理

壁温控制系统是相变换热技术的核心，相变换热器以换热面壁面温度为设计的首要因素，由于换热器壁面温度整体均匀、可调可控，适应传热负荷变化的最低壁面温度始终控制在酸露点以上，避免了结露腐蚀和堵灰。系统运行时，通过自动控制系统监测换热器壁面温度作为控制信号，根据信号调节进入相变换热锅筒中的凝结水量，从而实现壁面温度的调节。

传统空气预热器与相变换热器的温度曲线比较见图 7–31，相变换热器较低压省煤器具有以下特点（见表 7–11）：

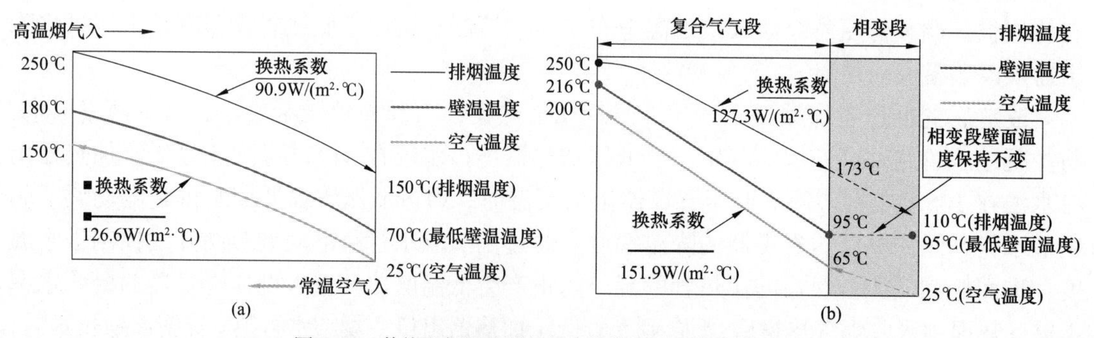

图 7–31　传统空气预热器与相变换热器的温度曲线比较

（a）传统空气预热器的温度曲线；（b）复合相变换热器的温度曲线

表 7–11　烟气余热回收技术比较

名称	对流换热技术	相变换热技术
优点	系统简单；提升温度较高	避免腐蚀；换热效率高，烟阻小
缺点	腐蚀，烟阻大；换热器尺寸较大	系统复杂；提升温度有限

（1）能够在锅炉的设计和改造中大幅度降低烟气温度，使大量的中低温热能被回收；

（2）在降低排烟温度的同时，保持金属受热面壁面温度处于较高的温度水平，远离酸露点腐蚀区域，避免结露腐蚀和堵灰现象的出现；

（3）实现了换热器金属受热面最低壁面温度可调可控，调节能力强，排烟温度和壁面温度相对稳定，能够适应锅炉燃料及负荷的变化。

一般相变换热器采用逆流换热方式以获得最大的传热温差。由于烟气最低温度和冷凝水最低温度出现在同一根传热管上，因此有必要对工作环境最差的传热管壁温进行计算。在传热管热负荷较小，传热管圆周方向传热基本均匀的条件下，金属壁温计算式（7–6）如下：

$$T_b = T_y - (T_y - t)\frac{1/(\alpha_1\beta_1)}{1/(\alpha_1\beta_1) + \delta/(\lambda\beta_2) + 1/\alpha_2} \tag{7–6}$$

式中　T_b——传热管金属壁温，℃；

T_y——烟气温度，℃；

t——冷凝水温度，℃；

α_1——烟气侧换热系数，W/（m^2·℃）；

β_1——传热管对流换热外表面积与内表面积之比；

δ——传热管壁厚，mm；

λ——管壁导热系数；

β_2——传热管导热换热外表面积与内表面积之比；

α_2——冷凝水侧放热系数，W/（m^2·℃）。

如果计算后出口烟气温度高于烟气酸露点，不会发生低温腐蚀，对设备安全运行影响可以忽略。

二、135MW 锅炉典型应用

某厂 440t/h 循环流化床锅炉设计锅炉效率 90.7%、排烟热损失 5.48%、排烟温度为 141℃，实际排烟温度为 160℃。一、二次风未设计暖风器。空气预热器出口一次风温为 220℃、二次风温为 215℃。入水温度为 55℃，出水温度为 60~80℃，冷渣机出水量为 120t/h。在锅炉除尘器之前烟道中安装相变换热器吸热段，设计壁温为 110℃。可将锅炉排烟温度降低到 130℃，相变换热器受热面的管壁温度为 111℃，高于燃料酸露点温度为 73℃，换热器可实现不积灰、不结露和不腐蚀运行（见表 7–12）。

通过相变换热器将回收的烟气余热大部分用于加热空气预热器进风，使空气预热器进口风温始终保持在 60℃以上，夏季烟气余热用于加热从冷渣机来的热除盐水（将出口水温加热至 95℃以上），从而达到回收烟气余热、提高锅炉热效率的目的。自动控制系统可保证在各种工况下排烟温度稳定在设计值，不发生低温腐蚀，为防止受热面积灰，系统还布置了声波吹灰器。

表 7–12　　设计参数比较

参数	单位	冬季设计参数	夏季校核参数
锅炉额定蒸发量	t/h	440	440
烟气量	m^3/h（标态）	462000	462000
相变换热器入口烟气温度	℃	160	190
相变换热器出口烟气温度	℃	130	125
一次风量	m^3/h（标态）	183000	183000
相变换热器进口一次风温	℃	15	35
相变换热器出口一次风温	℃	60	70
二次风量	m^3/h（标态）	183000	183000
相变换热器进口二次风温	℃	28	35
相变换热器出口二次风温	℃	60	70
相变换热器风测压降	Pa	≤ 200	≤ 200
相变换热器烟气侧压降	Pa	≤ 350	≤ 350
相变换热器回收热量	kW	7296	8209
相变换热器受热面最低壁面温度	℃	≥ 110	≥ 110

应用相变换热器后除尘器入口烟温降至130℃左右（见图7–32），有利于延长布袋除尘器的使用寿命。烟道中布置受热面后阻力增加350Pa左右，但烟气温度降低后抵消了部分阻力对引风机出力的影响。通过改造在降低烟温的同时提升了空气预热器入口风温，杜绝了冬季低温腐蚀的发生。

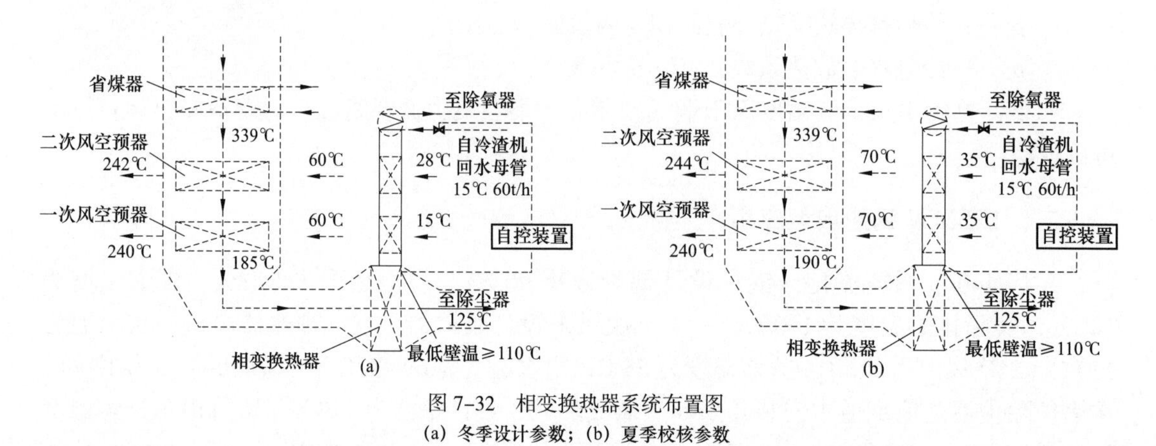

图7–32　相变换热器系统布置图

(a) 冬季设计参数；(b) 夏季校核参数

三、300MW锅炉典型应用

某厂300MW循环流化床锅炉夏季排烟温度166℃、冬季排烟温度144℃，夏季运行时较高的排烟温度已经影响到布袋除尘器的安全运行，因此采用相变换热器技术对锅炉烟气余热进行回收。夏季时从7号低压加热器入口（凝结水泵出口）抽出一部分凝结水，利用相变换热器的余热进行加热，加热后的凝结水引至7号低压加热器出口，且加热的凝结水水温略高于7号低压加热器出口水温，相应减少7号和6号低压加热器抽汽量，减少的这部分抽汽虽然使凝汽器处的冷源损失增加，但整体上汽机的效率得到提高，降低了发电煤耗和热耗率。

相变换热器分为夏季工况和冬季工况两种工况下运行（见图7–33），回收热量夏季加热凝结水，冬季加热二次风、厂区供热回水和凝结水，系统使用后排烟温度降至145℃以下，6号低压加热器入口凝结水温度由55℃上升至110℃，每年可节约标煤约7600t。

四、提高空气预热器入口温度的其他措施

1. 提高温度的必要性

为避免空气预热器冷端腐蚀，北方严寒地区的循环流化床锅炉一般都布置有暖风器，通过提高空气预热器进风温度减轻硫酸蒸汽在空气预热器壁面凝结，避免粘灰、腐蚀的出现。由于部分循环流化床锅炉煤质多变，加之受运行负荷偏低、炉内脱硫系统运行方式不固定等因素影响，使得空气预热器在冬季运行后腐蚀漏风严重，形成恶性循环，为此有必要在低温运行时考虑适当提高空气预热器入口风温。

2. 增设低温空气预热器

增设低温空气预热器方案采用烟气余热加热风机入口冷风，如图7–34所示，具体可以在尾部烟道至电除尘入口前加装一组低温空气预热器，低温空气预热器的入口接大气，出口接到一次风机的入口。低温空气预热器的下部装有灰斗，收集低温空气预热器落下的积灰，

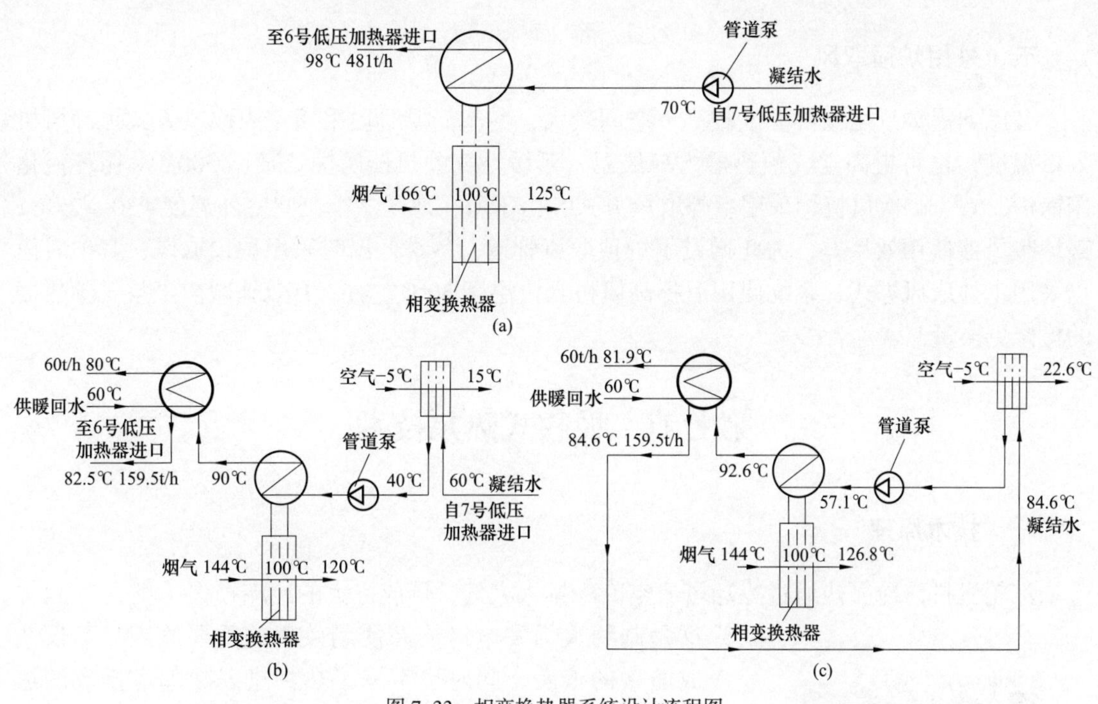

图 7-33　相变换热器系统设计流程图

(a) 夏季 100% 负荷工况；(b) 冬季 100% 负荷工况；(c) 冬季 100% 不加热凝结水工况

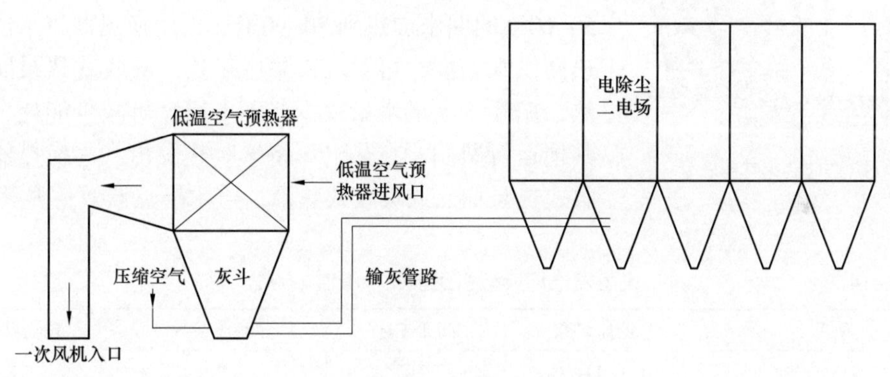

图 7-34　低温空气预热器流程示意图

通过气力定期输送至电除尘灰斗。

如表 7-13 所示，某厂 135MW 循环流化床锅炉使用该技术方案后，在一次风量 190000m^3/h（标态）条件下，一次风温升高 26℃，风机电流略有增加，同时除尘器入口烟温及粉尘浓度有所下降，经过冬季运行的检验，空气预热器换管率大幅下降。

表 7-13　主要技术参数比较

	冷一次风温（℃）	热一次风温（℃）	一次风机电流（A）	除尘器入口温度（℃）	粉尘浓度（mg/m^3）
改造前	23	200	50	145	36
改造后	49	210	53	144	33

五、采用炉顶取风

考虑到锅炉厂房顶部温度较高、空间较大，冬季低温时段采用室内取风方式提高风机入口温度，也可提高空气预热器入口风温，延缓空气预热器腐蚀。某厂 300MW 循环流化床锅炉，一、二次风机均采用室外取风方式，由于所在地区冬季夜间室外温度 -30~-25℃，锅炉暖风器使用效果差，为此增设了炉顶取风管道，冬季低温时采用炉顶取风，其他时段仍采用室外取风方式，系统使用后提高风机入口温度 30℃左右，有效地减少了空气预热器的检修更换量。

第七节　吸收式热泵技术

一、技术原理

汽轮机排汽冷凝热通过冷却塔或空冷岛排入大气，形成巨大的冷端损失（见表 7-14），这是制约火力发电厂能源使用效率的重要原因，不仅造成能量的浪费，同时也带来了热污染。冷却塔排放的热量占汽轮机最大进汽量的 20%~50%，利用先进的吸收式热泵吸收汽轮机排汽中的冷凝热（见图 7-35），可将热网 50~60℃的回水加热到 80~90℃，再用换热器将水温提高到热网供水温度，可对城市集中供热。吸收式热泵回收冷凝热，循环水上塔水量减少或不上塔，可减少能耗、水耗及其他运行费用。在热电厂将采暖热源由汽水换热器变为吸收式热泵加热或吸收式热泵 + 汽水换热器效益显著。

图 7-35　吸收式热泵外形图

表 7-14　　火力发电厂典型机组损失参考值（%）

项目	低压参数	高压参数	超高压参数	超临界参数
锅炉热损失	11	10	9	8
管道热损失	1	1	0.5	0.5
汽轮机机械损失	1	0.5	0.5	0.5
发电机损失	1	0.5	0.5	0.5
汽轮机排气热损失	61.5	57.5	52.5	50.5

吸收式热泵分为两类：第一类为增热型热泵（见图 7-36），简称 AHP（absorption heat pump），是以少量的蒸汽、燃料、废热水或废蒸汽为驱动热源，产生大量的中温有用热能，即利用高温热能驱动，把低温热源的热能提高到中温，从而提高热能的利用效率。第二类为升温型热泵，简称 AHT（absorption heat transformer），是利用大量的中温热源产生少量的高温有用热能，即利用中低温热能驱动，用大量中温热源和低温热源的热势差，制取热量少但温度高于中温热源的热量，将部分中低温热能转移为利用品位更好的高温热能。

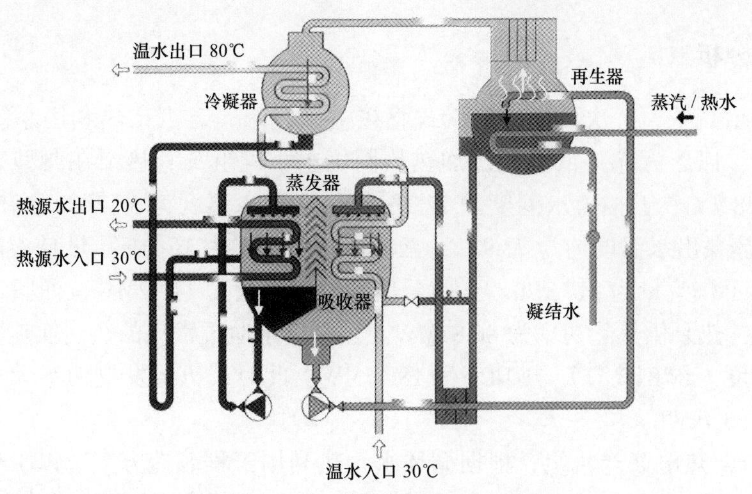

图 7-36　第一类吸收式热泵运行原理

第一类吸收式热泵可以实现燃煤电厂乏汽或循环水废热的有效利用，将其用于城市热网供暖。吸收式热泵所用工质一般为溴化锂水溶液，工作时驱动热源首先在发生器内释放热量 Q_g，加热溴化锂稀溶液，形成溴化锂浓溶液和冷剂蒸汽。然后，冷剂蒸汽进入冷凝器，释放冷凝热 Q_c，加热流经冷凝器传热管内的热水（二次加热），自身冷凝成液体后节流进入蒸发器。冷剂水经冷剂泵喷淋到蒸发器传热管表面，吸收流经传热管内低温热源水（如乏汽或循环水）的热量 Q_e，冷剂水吸热后汽化成冷剂蒸汽，进入吸收器。发生器中浓缩后的溴化锂浓溶液，返回吸收器后喷淋，与冷剂蒸汽直接接触，吸收从蒸发器过来的冷剂蒸汽，形成溴化锂稀溶液，同时放出吸收热 Q_a，加热流经吸收器传热管的热水（一次加热），由此实现冷源热损失的回收利用。

溴化锂溶液温度超过 160℃后对碳钢的腐蚀速度急剧增加，再综合考虑换热等情况，吸收式热泵的热水出口温度上限一般为 98℃。在运行过程中，必须严格控制溴化锂溶液的温度和浓度处于安全区内，防止形成溴化锂结晶。溴化锂吸收式热泵由取热器、浓缩器、加热器和再热器四部分组成。以蒸汽为驱动热源，溴化锂溶液为吸收剂，水为制冷剂，利用水在低压真空状态下低沸点沸腾的特性，提取低品位废热源中的热量，通过回收转换制取高品位的热水（见图 7-37）。

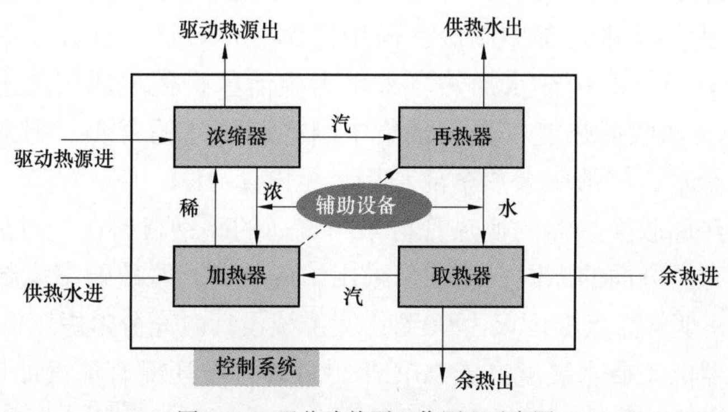

图 7-37　吸收式热泵工作原理示意图

二、能耗分析

某厂采用超高压、一次再热、凝汽式直接空冷机组，乏汽余热利用系统以五段抽汽作为驱动热源，以乏汽作为低温热源加热热网供水。机组及其热泵在典型工况下，五段抽汽温度为228.7℃，五抽疏水温度为77.2℃，热泵进水温度为37.2℃，汽机排汽压力为24.65kPa时，热泵出水温度约为73.9℃，五段抽汽流量约为15.2t/h，热泵入口热网水流量约为2032t/h，乏汽流量为117.9t/h。五抽至热泵蒸汽热量为11.02MW，回收乏汽余热热功率为75.79MW，热泵供热热功率为86.81MW。热泵出水通过常规的热网换热器加热至供水热网所需的温度（约81.7℃），热功率为18.43MW。此时，机组发电功率为102.7MW，供电煤耗下降约68g/kWh。

某厂125MW热电联产机组，根据循环水余热利用工程改造方案，以1号和2号汽轮机的四段抽汽为驱动能源，回收低温余热增加供热。典型工况下全厂发电功率为207.6MW，四段抽汽温度为134.7℃，热泵进水温度为55.2℃，凝汽器出口循环水温度为32.4℃，热泵出水温度为78.4℃，四段抽汽流量为105.7t/h，热泵入口热网水流量为4485t/h，循环水流量为8892.5t/h。四段抽至热泵蒸汽热量为71.3MW，回收余热热功率（三台）为49.72MW，热泵供热热功率为121.03MW。热泵出水通过常规的热网换热器加热至供水热网所需的温度（约96.7℃）。此时，机组全厂发电功率为207.63MW。在热泵投运后，全厂供电煤耗为275.6g/kWh，不采用热泵时供电煤耗约为287.6g/kWh，供电煤耗降低12g/kWh。

吸收式热泵技术应用时要进行充分的热平衡分析，要使回收的余热、制冷制热站负荷、机组补水所能吸收的热量搭配比例合理，保证机组调峰、检修等特殊情况下热冷用户负荷稳定。由于烟道上加装了烟气热回收换热器，增加了阻力，引风机的出力也会相应增加，应考虑引风机是否具有余量。此外，由于排烟温度降低，一些电厂的低温烟气会在烟囱内凝结，必要时要对烟囱内部进行防腐处理。

三、工程应用

某厂2台480t/h循环流化床锅炉，设计排烟温度为136℃，实际运行的排烟温度高于170℃，为了充分利用烟气余热，该厂实施了烟气余热回收集中制冷制热项目。在引风机后的烟道上加装烟气余热回收换热器，利用烟气余热加热工质水，将烟气温度降低到110℃，回收的余热将工质水的温度加热到106℃，然后将热水输送到集中制冷制热站。夏季时利用热水作为热源进行集中制冷，向生活区、生产区、办公区集中供冷。该站内还设置有水—水换热器，利用热水加热自来水为生活区提供生活用热水，冬季还可以用热水进行采暖。烟气回收的热能首先满足集中制冷制热站的需要，剩余的热能通过板式换热器加热机组补给水，将烟气余热全部利用（见图7-38）。

该项目的烟气热回收换热器的换热管材采用普通的碳钢材料，经过近两年的运行未发生低温腐蚀，主要有两方面的原因：①该厂采用炉内脱硫，脱硫效率控制在90%以上，烟气中SO_3的浓度小、烟气露点温度仅为90℃；②系统设计时充分考虑了低温腐蚀预防措施，严格限制进入换热器的工质水温度高于90℃。另外该系统还配有蒸汽加热器，在特殊情况下用汽轮机的抽汽加热工质水，确保烟气热回收换热器在露点温度以上运行。

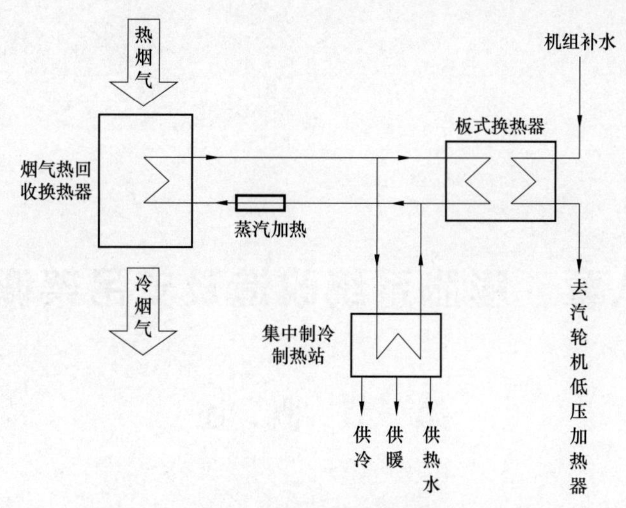

图 7–38　烟气余热回收集中制冷制热项目工艺图

第八章　膨胀系统改造及支吊架调整

第一节　概　述

一、密封设计

膨胀系统对循环流化床锅炉极为重要，国内早期投运的某些中小容量循环流化床锅炉由于没有正确设计膨胀系统，经常由于膨胀不均导致壁面拉裂，床料泄漏，严重时使炉内热灰和烟气大量涌出，烧损设备。锅炉运行过程中冷热变化相对剧烈，其产生的热应力和膨胀变化幅度很大，必须采取适当的技术措施使锅炉本体的每个部分都能够比较充分的膨胀，膨胀系统设计的好坏关系着整个锅炉的运行安全，良好的密封则是现场安全文明生产的保障。根据大型循环流化床锅炉的特点及结构布置，一般设置以下膨胀中心点（也称膨胀零点、膨胀死点）：炉膛后墙中心、旋风分离器中心、返料器支座中心、尾部烟道前墙中心线和空气预热器支座中心。各膨胀系统通过限位、导向装置使其以各自的中心为零点向外膨胀，膨胀导向装置还可将风和地震的水平荷载传递至钢结构，更好的保障锅炉安全。

循环流化床锅炉运行时，炉膛工作在正压条件下，其内有大量的固体颗粒运动，同时炉膛内布置有水冷屏式受热面、双面水冷壁及屏式过热器、屏式再热器，这些都给炉膛的密封造成了很大困难。目前主要采用的密封设计方法包括：

（1）水冷壁采用全膜式壁结构；

（2）在屏式受热面穿墙处采用密封盒结构及膨胀节设计，解决屏与水冷壁的膨胀差。在密封盒内填充耐火保温材料，改善密封盒金属的工作条件，使其不易被氧化；

（3）屏穿炉顶处使用膨胀节，保证密封盒不被拉坏，同时在密封盒内填充耐火保温材料，降低膨胀节处环境温度。

炉底水冷风室与水冷壁之间可焊成一体，水冷风室上表面作为布风板，并被耐磨耐火材料全部覆盖，确保密封性较好。尾部烟道方面，大型循环流化床锅炉的密封设计与常规煤粉炉基本相同：

（1）尾部烟道包墙采用膜式壁和护板两种结构，均为气密型焊接，可以确保包墙的密封；

（2）尾部烟道吊挂管顶棚穿墙结构采用传统的分段密封盒结构，密封盒内同样填充耐火保温材料；

（3）尾部烟道包墙过热器穿墙结构借鉴二次密封技术，即在应用传统分段密封盒结构基础上，再增加了一个大的罩盒，将过热器集箱和分段密封盒包在一起。

除采用上述密封结构设计外，还应通过加强制造质量，提高现场安装质量，保证锅炉密封良好，创造一个更好的生产环境。

二、循环流化床锅炉的支撑方式

根据炉型结构的不同，大型循环流化床锅炉有多种支撑方式。其中，炉膛和尾部烟道的支撑方式基本相同，不同之处主要体现在分离器和外置换热器的支撑结构上。

（1）采用绝热式高温旋风分离器的循环流化床锅炉。由于分离器体积大、质量大，不便于采用悬吊支撑，因此大多采用地面或钢架支撑结构。分离器下部的立管和返料器，由于质量大，一般采用地面支撑结构。炉膛及其水冷风室，由于为全膜式壁结构，因此与炉膛一起采用悬吊支撑结构。尾部烟道的省煤器及其以上部分，由于采用了密封性较好的膜式包墙过热器，烟道质量较小，因此采用悬吊结构。对流过热器、再热器以及省煤器管束，都通过省煤器出口连接管悬吊于炉顶钢架上。省煤器管束下的管式空气预热器及其烟道炉墙，由于质量较大，一般采用地面支撑。

（2）采用汽冷式高温旋风分离器的循环流化床锅炉。由于分离器采用了内侧敷耐磨层、外包保温层的膜式壁结构，其质量较绝热式大大减轻，因此汽冷式高温旋风分离器采用悬吊支撑结构。炉膛、立管与返料器、尾部烟道的支撑方式与绝热式高温旋风分离器循环流化床锅炉相同。

（3）美国 Foster Wheeler 公司的紧凑型循环流化床锅炉。由于采用了与炉膛水冷壁连为一体的方形高温旋风分离器及矩形截面的回料立管，方形高温分离器与回料立管均用内侧敷设耐磨层、外包保温层的膜式壁围成，并与炉膛共用相邻的膜式水冷壁。因此，整个方形分离器和回料立管与炉膛水冷壁具有相同的膨胀位移。紧凑型循环流化床锅炉采用的 INTREX 热交换器（其作用相当于传统循环流化床锅炉的外置换热器）及其返料机构与炉膛连为一体的，运行中与炉膛水冷壁膨胀特性相同。由于炉膛、高温分离器、INTREX 热交换器以及立管、返料机构均与炉膛膜式水冷壁组合成一体，具有相同的膨胀特性，其相互之间膨胀偏差非常小。因此，整个锅炉本体除空气预热器及其所在烟道外，都可以采用悬吊支撑结构，与炉膛一起通过膜式水冷壁管悬吊于炉顶钢梁上。

（4）法国 Alstom 公司的双炉膛循环流化床锅炉。其已投运的 300MW 级循环流化床锅炉采用双炉膛结构，且尾部烟道位于两个炉膛之间并共用一片膜式水冷壁，外置换热器、回料系统和分离器也与炉膛连为一体。整个高温循环灰回路主要采用底部支撑结构，个别部分采用悬吊支撑结构，这种方式可以最大限度的减少钢结构，同时由于悬吊与支撑部分之间膨胀位移较小，只需采用简单的膨胀补偿结构即可。

三、膨胀量估算

循环流化床锅炉设计时一般把预定点作为锅炉热膨胀中心点，过该点的垂线为热膨胀中心线。锅炉在启动、带负荷和停炉各种工况运行时，其膨胀中心点和膨胀中心线的位置保持不变。锅炉各受热悬吊部分都以膨胀中心点和膨胀中心线为起点，按预定导向方向膨胀。为了使锅炉膨胀有序，一般会选定炉顶钢架、炉膛中心和锅炉对称中心线作为膨胀零点，在此基础上人为设置一些导向装置。有了导向装置就可以将杂乱无章的膨胀方向确定为三维方向，在锅炉最大连续出力工况下，可以根据下式计算膨胀量：

$$\Delta L=\alpha L_{AB}\left(t_h-t_c\right) \tag{8-1}$$

式中　ΔL——沿热膨胀方向的热膨胀位移值，mm；

L_{AB}——计算段沿热膨胀方向 A、B 两端点间的长度，mm；

α——计算段所用钢材在热态温度 t_h 下的线膨胀系数，L/℃；

t_h、t_c——计算段热态、冷态温度，℃。

由此可以计算出锅炉返料腿及分离器进口膨胀节的向下膨胀值。以某 410t/h 循环流化床锅炉为例，结合设计提供的锅炉热膨胀中心图（见图 8-1），可计算出锅炉返料腿及分离器进口膨胀节的向下膨胀值分别为 128mm 和 55mm。

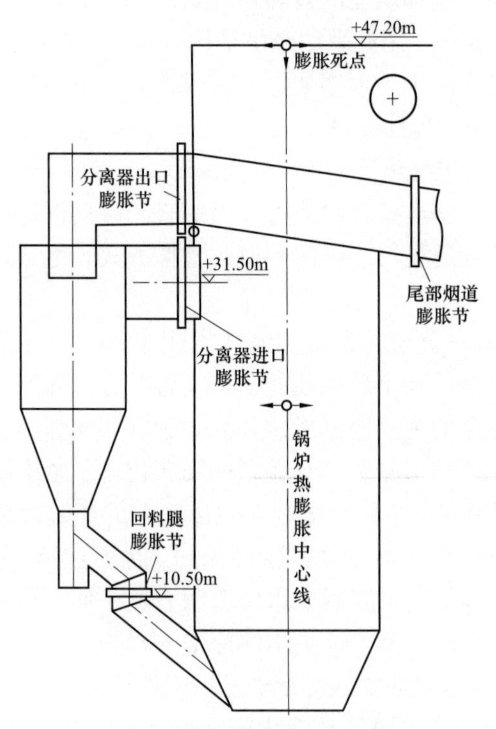

图 8-1　某锅炉热膨胀中心示意图

锅炉的炉膛水冷壁、旋风分离器及尾部包墙全部悬吊在顶板上，由上向下膨胀，炉膛左右方向通过刚性梁的限位装置使其以锅炉中心线为零点向两侧膨胀，尾部受热面则通过刚性梁的限位装置使其以锅炉对称中心线为零点向两侧膨胀，返料器和空气预热器均以自己的支撑面为基准向上膨胀，前后和左右为对称膨胀。

炉膛和分离器壁温虽然较为均匀，但考虑到锅炉密封和运行的可靠性，两者之间采用非金属膨胀节相接。返料器与炉膛和分离器温差大，材质不同，因此单独支撑于构架上，用金属膨胀节与炉膛返料口和分离器锥段出口相连，隔离相互间的胀差。分离器出口烟道与尾部竖井间胀差也较大，且尺寸庞大，故采用非金属膨胀节确保连接的可靠性，吊挂的对流竖井与支撑的空气预热器间因胀差较大，同样采用非金属膨胀节。

所有穿墙管束均与该处管屏之间或焊接密封固定，或通过膨胀节形成柔性密封，以适应热膨胀和变负荷运行的要求。除锅筒吊点、水冷壁前墙吊点、水冷壁及分隔墙上集箱、饱和蒸汽引出管、旋风分离器及其出口烟道、包墙上集箱和前后包墙吊点为刚性吊架外，蒸汽系统的其他集箱和连接管为弹吊或通过夹紧、支撑、限位装置固定在相应的水冷壁和包墙管屏上。

循环流化床锅炉的燃烧区属于正压区，密封不严密很容易造成锅炉的磨损和热损失，因此锅炉各部件之间如存在较大温差及振动差应采用非金属膨胀节连接。锅炉本体布置有膨胀指示器，以便运行人员监视锅炉部件的膨胀情况，并进行必要的调整。

四、膨胀不均的影响

循环流化床锅炉为减轻磨损敷设了大量耐磨耐火材料、保温材料，其与金属之间膨胀系数差距较大，如果在安装或检修时没有合理布置膨胀缝，在介质温度发生大幅度变化时因膨胀量不同会造成膨胀不均。例如，返料器中隔墙就经常出现因膨胀不均而产生的严重变形。设计安装不合理，没有留下足够的余量，使热应力无处释放，也是致使部件扭曲变形的重要原因。

膨胀不均会导致循环流化床锅炉耐磨、耐火材料脱落及管道拉裂，尤其会使炉膛内部屏式受热面因膨胀不均而弯曲变形（如图 8–2 所示）。旋风分离器膨胀不均会造成耐磨耐火材料变形生成裂缝，大量高温气体和固体颗粒窜入外层钢板与耐磨耐火材料的夹缝间，会将外层钢板烧红或烧穿。返料器上升段和下降段的中间隔板也经常因膨胀不均致使大量耐磨浇注料脱落，严重时会堵塞返料器使之不能稳定流化，无法形成正常的物料循环。

(a)

(b)

图 8–2 因膨胀受阻变形的屏式受热面
(a) 屏上部；(b) 屏下部

循环流化床锅炉热惯性大，连接部件在启动或停止过程中膨胀系数不一，其膨胀方向往往是三维的。例如，返料器与炉膛所有接口处，给煤机和石灰石管道入炉口，一、二次风进炉膛管道，风机出口风道等处也可能存在膨胀不均的现象。建议采用以下措施进行保护：

（1）锅炉启停过程中严格控制床温、汽温变化率，防止出现大幅度下降或上升。停炉冷却时应避免强行冷却，在锅炉启动过程中也应避免为节省燃油消耗提前投煤或加大投煤、投油，致使床温上升幅度过大；

（2）锅炉设计安装时避免装设倾斜方向的膨胀节，尽量在垂直方向安装膨胀节，避免膨胀节承受扭曲应力和剪应力；

（3）在保证效果的前提下，尽量减少耐磨、耐火材料与保温材料的厚度。因为厚度越大膨胀系数相差越大，热应力也大，膨胀越不均匀。要合理设置膨胀缝，防止耐磨、耐火材料相互作用变形失效；

（4）炉膛内屏式受热面在安装时上部出口集箱应留有一定活动空间，防止膨胀受阻。

第二节　膨胀节的设置

一、设置原则

当锅炉本体不同部分之间存在较大膨胀差时，需要在连接处安装膨胀节消除膨胀差。膨胀节作为热位移补偿元件，在循环流化床锅炉中有非常广泛的应用。一般来说，膨胀节的失效形式有失稳、疲劳破坏、腐蚀裂纹及人为损伤等几种。膨胀节的损坏会影响循环流化床锅炉的安全运行和正常出力，严重时将导致停炉。循环流化床锅炉所用膨胀节可以分为金属膨胀节和非金属膨胀节两大类，按照方向划分又可分为二维膨胀节和三维膨胀节。

金属膨胀节主要用于高温及截面尺寸不太大的地方。金属膨胀节由上、下导筒管，密封填充材料及金属波纹管组成（图 8–3）。当温度变化引起管长变化时，上、下导筒沿管子轴向发生位移。由于上、下导筒之间填充一定弹性的耐火填充料，因此导筒移动时仍能保证密封性。金属膨胀节中所填充的耐火填充料对膨胀节的工作可靠性影响较大。一般情况下，从内导筒至波纹管采用多道密封结构，防止高温烟气和粒子反窜入波纹管造成破坏。通常会在上、下导筒间焊一圈不锈钢圆钢作为第一道密封，再在内导筒和波纹管底部间放置用不锈钢钢丝网扎紧的硅酸铝纤维填充物作为第二道密封，最后在波纹管内填充硅酸铝纤维棉作为第三道密封。某些国产 300MW 循环流化床锅炉上的金属膨胀节，波纹管采用了 316 不锈钢，上、下内导筒采用 0Cr25Ni20 耐热不锈钢，可承受 1200℃的工作温度，上、下导筒间有足够的间隙，保证工作时不变形。

在锅炉本体尺寸较大、温度较高且存在较大三维膨胀差的地方，往往采用非金属膨胀节。非金属膨胀节的两侧端板分别焊接在相接的两个烟道上，内衬壁与耐高温纤维之间填充耐火保温材料，耐火保温材料常采用硅酸铝纤维毡和硅酸铝纤维棉，这类材料既可降低非金属膨胀节的工作温度，又可防止烟气进入。在相连接烟道之间的膨胀间隙填塞有包裹着耐火纤维的耐火钢丝网密封圈，可以防止飞灰沉积在膨胀间隙中妨碍热膨胀，同时也防止烟气的反窜。非金属膨胀节一般用在旋风分离器与炉膛、尾部竖井烟道的连接处（见图 8–4）。此外，热风管道上也往往采用非金属膨胀节。

在循环流化床锅炉本体及其辅助系统中，很多地方要用到膨胀节，应合理选用不同类型的膨胀节。根据膨胀节的结构和工作原理，膨胀节在轴向方向具有最大的膨胀补偿量，

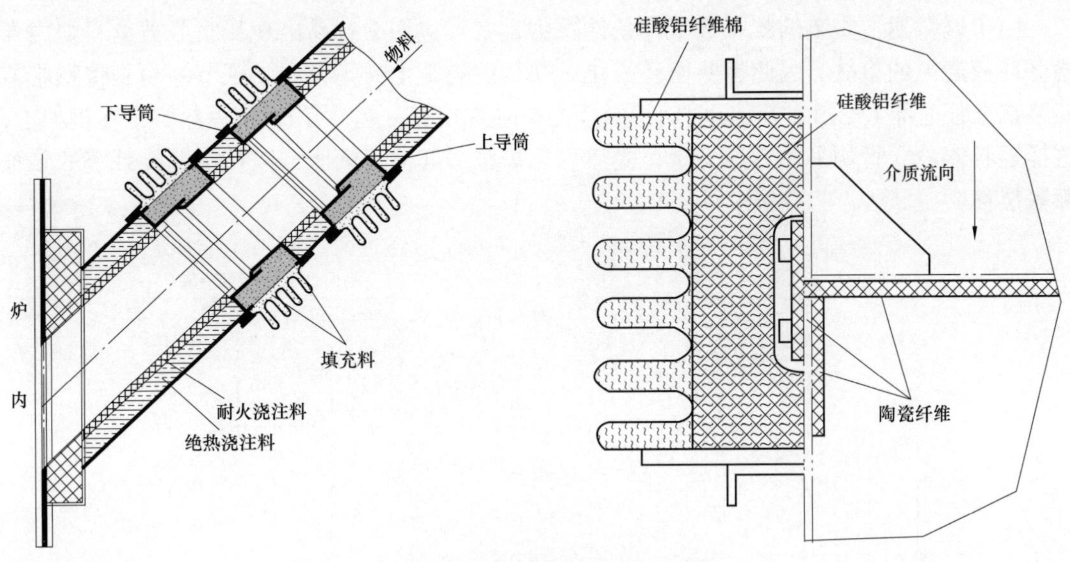

图 8-3　返料腿金属膨胀节结构示意图

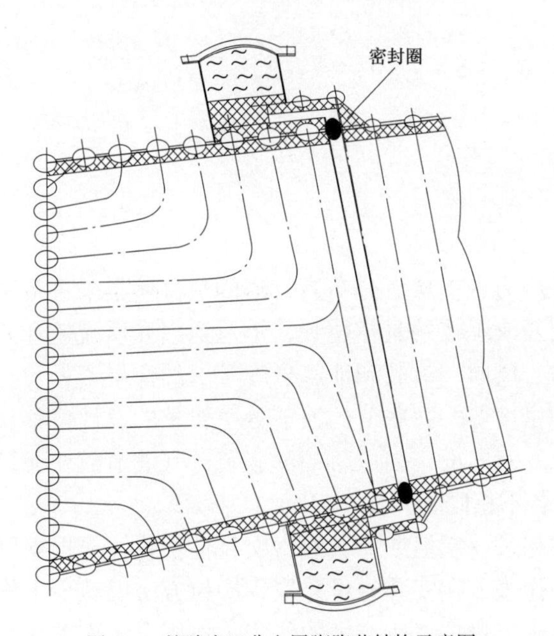

图 8-4　炉膛出口非金属膨胀节结构示意图

沿烟风管道径向方向的膨胀补偿量要小得多。因此，当烟风管道之间不仅有轴向膨胀，而且还有径向膨胀时，需要将两个或多个膨胀节串联起来，同时消除轴向和径向膨胀位移。某些情况下，径向膨胀位移量可能较大，串联多个膨胀节也难以消除。例如，返料器与炉膛之间的返料腿，由于返料器采用地面或钢架支承结构，受热后向上膨胀，而炉膛采用悬吊支承，受热后向下膨胀，因此返料腿的主要膨胀位移方向在垂直方向，即在返料腿的径向方向。为了消除返料腿在垂直方向上所承受的膨胀位移，在设计返料腿时会在倾斜布置的返料腿中间设置一段垂直段，在这一垂直段上安装膨胀节可将多维膨胀位移简化为一维位移，以期较好地解决膨胀问题（见图 8-5）。

由于返料腿上安装的膨胀节工作条件恶劣，实际应用中容易出现膨胀节被返料腿内高温循环灰烧损的事故。因此有些循环流化床锅炉返料腿上并不设置膨胀节，而是将膨胀节安装在立管上部（见图 8-6），同时将返料腿与炉膛焊接在一起，用吊杆将返料器吊在钢架上，这样返料器、立管均采用悬吊支承，受热后与炉膛一起向下膨胀，以补偿返料系统的多维膨胀位移。

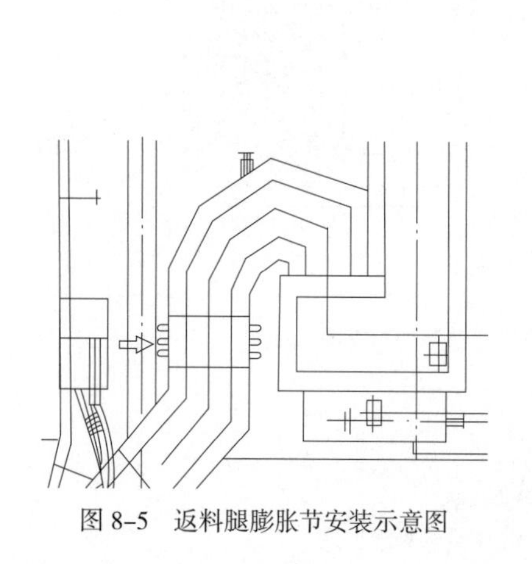

图 8-5　返料腿膨胀节安装示意图

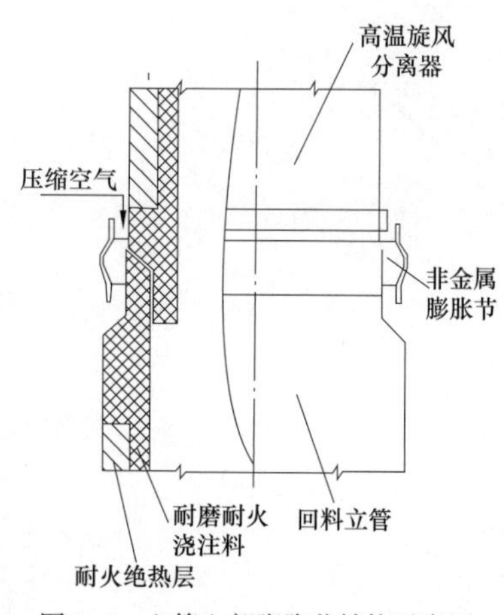

图 8-6　立管上部膨胀节结构示意图

二、选用条件

膨胀节应根据管系应力、支承点分布及管道的热位移量来进行选型计算。计算的原始资料包括烟风道系统图及支承点的具体位置，烟风道内介质流速和允许压降。烟风道自重和有关外力荷载（风力、风向、雪载和地震烈度等）的详尽资料，有灰尘沉降的管道还应包括积灰量和灰的堆积密度等。膨胀节的波节数由要求的设计位移量除以单波节允许的最大膨胀量得出。对于承受双向或三向位移的膨胀节，其波节数要通过合成计算来确定，各种膨胀节的位移吸收量各不相同。

当烟风道运行温度超过一定值或荷载经常交替性变化，应根据所选用膨胀节的特性对最大膨胀量进行修正。膨胀节在安装时可采取预冷拉方法以减少工作状态下的热应力并减少膨胀节的波节数。膨胀节热位移所产生的作用力作用于风道轴线方向，应按照不同类型和波节数的膨胀节选用相应的弹性刚度。对于在水平方向（垂直于风道轴线方向）受较大剪切力的膨胀节，需设计抗剪拉杆。特别对非金属膨胀节，由于其自身承受剪力的能力较差，故对具有较大水平方向剪力的部位应慎用。

如表 8-1 所示，循环流化床锅炉的各类非金属和金属膨胀节数量多于常规锅炉，它们与锅炉的安全运行直接相关，例如流化风道膨胀节一旦破裂将无法维持正常流态化燃烧过程，这往往意味着结焦和被迫停炉。因此防止膨胀节破损的技术措施十分重要。为防止返料腿等处的高温膨胀节烧损变形，可增加风源密封和冷却装置，如膨胀节自身膨胀能力不足则应更换或加工满足膨胀位移量要求的新膨胀节。如因浇注料开裂或脱落造成外圈烧损，可直接密封处理，一些膨胀节由于内部采用了简单的单层密封环，可改造成多环的迷宫式密封方案。如因内部介质局部高温或温度波动引起膨胀不良，可适当降低局部温度、稳定介质温度水平。高压侧膨胀节如因振动和未对正等原因产生问题，可适当调整局部定位。有些膨胀节由于内部漏灰窜入膨胀间隙，限制位移量，可清理后在内部焊接一些止灰条。

表 8–1　某 135MW 循环流化床锅炉膨胀节使用情况

位置	数量	形式	吸收位移方向
分离器至返料器	2	金属膨胀节	单向
返料器至炉膛	2	金属膨胀节	三向
炉膛至冷渣器	4	金属膨胀节	三向
冷渣器至炉膛	8	金属膨胀节	三向
二次风分配管	48	金属膨胀节	单向
炉底点火风道	3	金属膨胀节	单向
炉膛至分离器	2	非金属膨胀节	三向
分离器出口烟道	2	非金属膨胀节	三向

三、金属膨胀节

金属膨胀节有时也称波纹管补偿器、伸缩节（见图 8–7），是利用金属弹性元件的有效伸缩变形来吸收热胀冷缩等原因引起膨胀变化的一种补偿装置。以高温轴向型膨胀节为例，其由一个波纹管和两端接管构成，它通过波纹管的柔性变形来吸收管线轴向位移，其中接管的两端与管道相连，固定螺柱是膨胀节在运输及安装过程中波纹管的刚性支承保障。

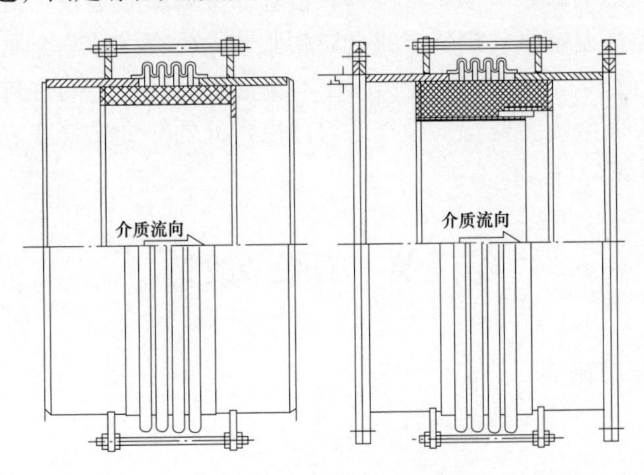

图 8–7　高温膨胀节结构示意图

四、非金属膨胀节

非金属膨胀节又称非金属补偿器，一般由非金属蒙皮、保温隔热层、金属法兰、筋板、螺栓和不锈钢网、陶瓷纤维绳或枕形密封材料等组成，蒙皮由耐温橡胶加玻璃布压制而成。不同部位的非金属膨胀节内部结构还有差异，如在蒙皮的内侧还有一层聚四氟乙烯隔热膜，保温部分由硅酸铝耐火纤维毡或岩棉外包陶瓷纤维布组成保温被，隔热部分由硅酸铝耐火纤维毡外包玻璃陶瓷纤维布组成隔热被。三维方向的非金属膨胀节膨胀方向因所处工作位置不同而不同，非金属膨胀节设计疲劳寿命一般为3000次。

早期非金属膨胀节在安装中多采用分散供货，主要是因为非金属膨胀节组装后尺寸较大，不便于运输。非金属膨胀节自身刚性较差，所以安装过程中非金属膨胀节的固定件不允许拆掉，应在安装结束后分部试运前再拆除，吊装中非金属膨胀节应随安装部件按顺序吊装就位，不能把非金属膨胀节前后的设备就位后再吊装非金属膨胀节，这样会因预留位置过小而难以安装，用钢丝绳捆吊时要注意将捆钢丝绳的地方用橡胶或薄铁皮包好，避免钢丝绳的毛刺扎伤非金属膨胀节蒙皮部分，也可以在非金属膨胀节上临时加装吊耳，采用该办法既能保证起吊的对称性，又不损伤非金属膨胀节蒙皮。

非金属膨胀节虽可吸收三维膨胀，但设计使用部位不同，所能吸收的膨胀值不同。安装中首先要根据图纸确定非金属膨胀节的工作方向，由于非金属膨胀节结构上已经考虑了烟气流向，所以非金属膨胀节必须按自身的工作方向安装。

非金属膨胀节安装中应合理倒运，不能采用撬杆撬动，避免损伤蒙皮。拆除内外固定装置时不能损伤非金属膨胀节，使用气割枪割除炉内侧的固定钢板时，必须从固定钢板的焊缝处切割，采用割除焊肉的形式去掉固定钢板，防止固定钢板下方的不锈钢丝网烧坏。在拆除非金属膨胀节的外部固定装置时不允许用气割枪切割，因为外侧是非金属蒙皮，不能抵御高温，外部固定装置如采用螺杆加螺母固定，必须用扳手松开螺母抽出螺杆，使非金属膨胀节处于自由状态。

锅炉安装结束后分部试运前，应对膨胀节进行全面检查，主要是检查临时支撑固定部件是否拆除，否则会影响膨胀节的正常位移。检查非金属膨胀节在炉内部的枕形密封材料是否放置良好，避免高温烟气外窜烧损非金属膨胀节。检查设计非金属膨胀节上方孔门的密封垫片和螺栓是否拧紧、密封，防止运行中有高温物料从孔门的密封面中漏出落到非金属膨胀节上，损坏表面蒙皮。要特别检查返料器出口处的非金属膨胀节，该处膨胀节工作条件最恶劣，内、外都应仔细检查。

第三节　膨胀节改造

一、非金属膨胀节破裂

1. 改造对象

某300MW循环流化床锅炉包含4个高温绝热旋风分离器、4个返料器、4个外置式换热器、1个尾部对流烟道、4台冷渣器和1个回转式空气预热器。锅炉本体外置换热器斜腿、返料器斜腿、水冷风室入口风道、旋风分离器入口烟道、出口烟道等不同部位之间的尺寸较大，温度较高，采用非金属膨胀节。非金属膨胀节的两侧端板分别焊接在相接的两个烟道上，内衬壁与耐高温纤维之间填充耐磨耐火材料，既可将非金属膨胀节的工作温度降低，又可以防止烟气进入。在连接烟道之间的膨胀间隙填塞包裹着耐火纤维的钢丝网密封圈，防止飞灰沉积影响正常膨胀，同时也可防止烟气反窜。但锅炉投运两年期间，仅因非金属膨胀节破裂就造成锅炉压火十余次。

2. 原因分析

（1）膨胀缝中浇注料脱落。循环流化床锅炉非金属膨胀节膨胀缝中耐火浇注料受到高温物料的冲刷磨损，易发生裂纹、变形，直至损坏、脱落，使高温烟气和循环物料外窜直接冲刷非金属膨胀节蒙皮，并使其烧穿。在一些临修更换蒙皮过程中发现，已损坏膨胀节的膨胀缝两侧浇注料脱落严重，其内部填充的硅酸铝毡全部脱落，特别是某返料腿膨胀节在相隔一个月的时间内更换两次，膨胀缝两侧浇注料脱落造成膨胀缝最宽处达 300mm，为防止再次烧穿，使用硅酸铝毡沾热堵胶堵塞膨胀缝处理。

（2）设计施工不合理。锅炉运行后，在事故处理过程中发现非金属膨胀节膨胀缝热态间隙在 110mm 左右（设计为 10mm），由于在膨胀节安装时膨胀缝间隙过大（80mm），使膨胀缝中填充材料被高温烟气冲刷损失。另外，膨胀缝周围的浇注料施工质量不良，热量很容易从开裂的浇注料扩散到压条和蒙皮部位，使蒙皮超温破裂（见图 8-8）。

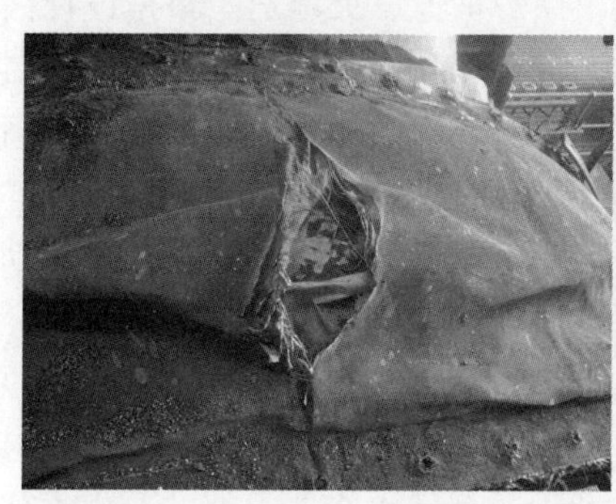

图 8-8　非金属膨胀节破裂漏灰

（3）严重翻床。锅炉翻床后将炉膛一侧床料吹翻到另一侧，使单侧床压和水冷风室压力迅速升高，堆积大量床料的一侧堵死了返料腿进入炉膛的返料口。此时，通过风帽进入返料器的流化风被封堵在返料腿下部和炉膛被堵死的床料之间，风压在 50kPa 以上，超过非金属膨胀节蒙皮设计的 30kPa 最大承压，蒙皮破坏后导致烟气窜出，烧毁蒙皮。

3. 预防及处理措施

（1）循环流化床锅炉不同部位膨胀位移特性不同，有单向膨胀位移，也有三相膨胀位移，在设计选材上应根据不同部位选择不同结构的非金属膨胀节，使膨胀节在轴向具有最大的膨胀补偿量，膨胀缝间隙应设计合理，并严格按照设计要求施工。高温正压环境下运行的非金属膨胀节密封尤为重要，连接有钢板的非金属膨胀节，必须与非金属膨胀节安装调整好后才能与烟道本体焊接。在安装斜向膨胀节时，应预留冷态偏移量和偏转量。

（2）新浇注料施工后必须进行烘炉，烘炉要严格按照烘炉曲线进行，提高炉墙和浇注料的强度。如果浇注料不经烘炉直接投入运行，其水分将受热蒸发膨胀，在内部形成一定压力后产生裂缝、变形、损坏甚至脱落。

（3）在运行中应加强对非金属膨胀节的巡检，特别是 4 个返料腿和 2 个水冷风室处的非金属膨胀节，发现蒙皮温度在 100℃以上时，及时进行冷却。

（4）发现两床失稳时应及时降低流化风压、避免翻床。风道燃烧器处的非金属膨胀节可改为金属膨胀节，以防撕裂引起停炉。

（5）在锅炉启停过程中，应限制升温或降温速度，防止产生过大的热应力。

（6）每次检修应对返料腿、外置换热器、风道燃烧器、分离器处非金属膨胀节内膨胀缝进行检查，发现缝隙增大必须进行填塞，避免热风外窜。运行中发现膨胀节烧穿应及时处理，时间紧促的情况下可在膨胀缝填充陶瓷纤维，并分层涂抹高温热堵胶，一方面加强陶瓷纤维与膨胀缝的粘结，另一方面可对开裂的浇注料进行暂时密封。

上述措施有效地避免了非金属膨胀节烧穿，减少了压火次数，在一定程度上保障了循环流化床锅炉的安全、稳定运行。

二、返料腿膨胀节改造

1. 改造对象

某厂使用的HG-1025/17.5-L.HM37型循环流化床锅炉自投产以来，返料腿非金属膨胀节经常出现异常，多次发生超温、烧坏和泄漏，锅炉被迫压火停运。根据设计锅炉满负荷运行时总循环灰量约5000t/h。高温灰从分离器分离下来后，一部分经外置换热器降温返回炉膛，另一部分经返料腿直接返回炉膛。因此，返料腿内的循环灰温度和浓度高、冲刷磨损性强。为防止热量损失，返料腿由8mm的碳钢板外壳内衬保温和耐磨耐火浇注料制成，一端通过非金属膨胀节与水冷壁密封盒相连，另一端与返料器相接。在锅炉启动时，炉膛左侧逐渐向左，向前、后，向下膨胀，返料腿会向右、向下和向炉膛内侧膨胀，且膨胀很不规则。原返料腿非金属膨胀节采用2层密封，第1层为密封盘根，第2层为蒙皮（见图8-9）。锅炉运行时，三维位移使预留的均匀膨胀缝变得不均匀，加之密封盘根有变形和破损现象，第一层密封往往起不到密封效果，高温灰直接冲入非金属膨胀节内部，造成内部保温材料被掏空、表面超温、蒙皮老化等问题，最终使膨胀节蒙皮无法承受返料腿内部压力而破损。

2. 密封结构优化及效果

根据返料腿斜管内循环灰的流动及管道膨胀特性，在原膨胀节的基础上，将单保温密封结构改为双保温密封结构（见图8-10），这样可以将循环灰阻挡在由挡板和保温棉垫组成的腔室内。施工时首先在腔室安装新的浮动导流板，当锅炉负荷变化膨胀节活动端沿循环灰流动方向下移及沿锅炉中心水平线平移时，浮动导流板会随之移动，可有效地减少管道两边滑块的间隙，从而降低循环灰对保温层的热冲击和冲刷；其次设置新的隔热蒙皮，

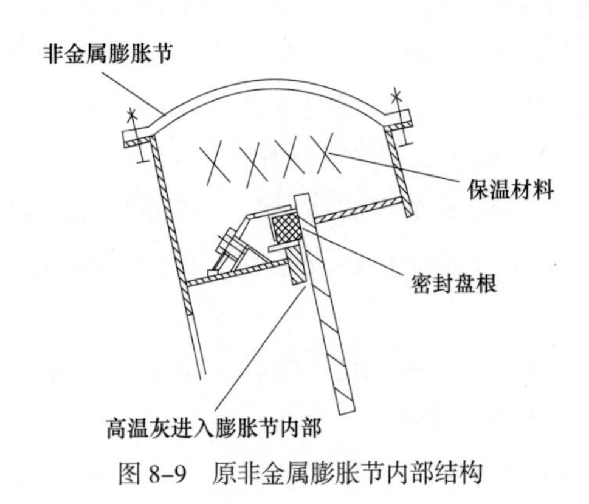

图8-9 原非金属膨胀节内部结构

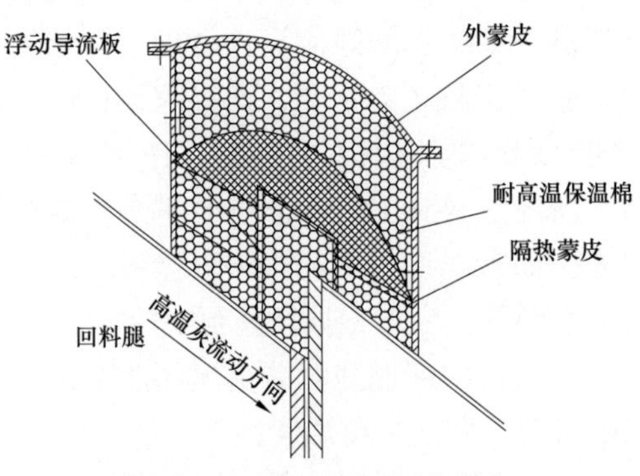

图8-10 改造后膨胀节内部结构

在浮动导流板和隔热蒙皮间填充保温棉，保温棉用粗不锈钢丝网包紧并固定在内框架上，使保温棉不易脱落以保护隔热蒙皮；最后在隔热蒙皮与外蒙皮之间充填保温棉，同时提高原非金属膨胀节金属法兰的高度，使内部保温棉量大大增加。锅炉启动后，腔室上部的保温棉因受压变得更密实，使其密封增强，防止循环灰窜出。

原膨胀节长期运行后返料腿位移量较大，其冷态预留间隙达到100~150mm，每次停炉后需填充硅酸铝棉以减小漏风量，但由于膨胀节在锅炉运行时位移量较大，加之循环灰的冲刷，填充的保温棉很快脱落起不到保温密封作用。因此，对返料腿与炉膛接口膨胀节两端冷态预留膨胀间隙进行了重新调整，把冷态预留间隙调整为30mm以下，并对该处法兰进行了修复和校正，使其预留间隙整体保持平整、均匀，减少循环灰的冲刷。

由于返料腿内部有大量高温循环灰通过，磨损性较强，一旦破损就会使高温循环灰喷出，在内部耐磨耐火材料破损较多时会使返料腿外护板变形，返料腿整体扭曲后在膨胀节处产生拉扯，造成非金属膨胀节损坏。改造时对返料腿内部耐磨耐火材料进行了修复，特别是给煤点、膨胀节两端及炉膛入口等易损坏处，保持了返料腿内部耐磨耐火材料的完好性，避免了返料腿变形。

大修期间对返料腿非金属膨胀节进行了上述改造，改造后非金属膨胀节表面温度降至70℃以下，未再发生超温、烧坏和泄漏。

三、返料腿膨胀节换型

某厂410t/h循环流化床锅炉共有4个返料腿膨胀节，采用整体进口的非金属膨胀节，锅炉试运期间，负荷增大后膨胀节超温致使蒙皮烧坏。为此在非金属膨胀节上加装了高压风箱，在风箱底部沿圆周均布16个ϕ8mm小孔，利用50kPa的高压风在膨胀节导向板内侧形成冷却密封，但实际使用效果不理想。为此将非金属膨胀节更换为金属膨胀节，并在每个膨胀节下部设置4根ϕ108mm再循环烟气管，利用尾部烟气冷却膨胀节。改造后情况稍有好转，但停炉检查时发现膨胀节内部A段区域的耐火层出现不同程度的脱落（见图8-11）。

分析发现膨胀节内部存在两个问题：①膨胀间隙不足。内部耐火层与耐火层之间的最

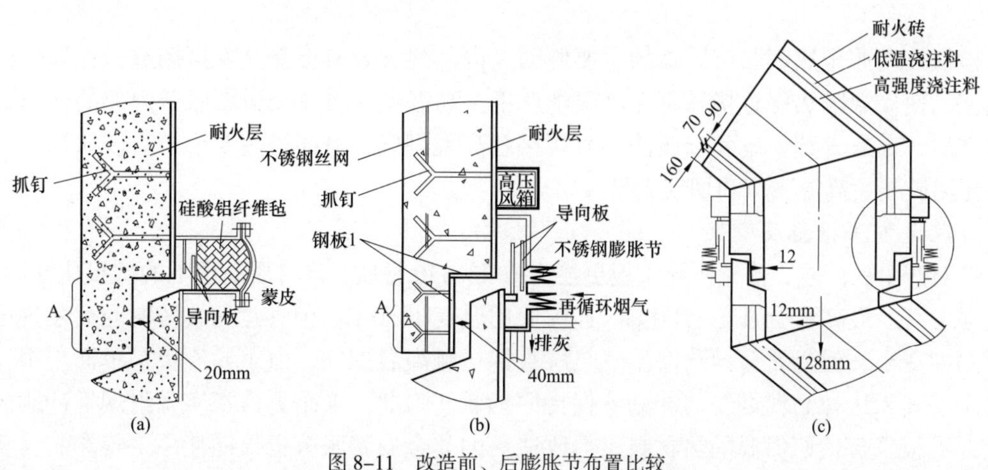

图8-11　改造前、后膨胀节布置比较

(a) 原设计；(b) 改造后设计；(c) 改造后布置示意图

大轴向间隙为 20mm，锅炉满负荷工况下膨胀节下段返料腿水平位移最大值为 12mm，所剩间隙仅为 8mm，在负荷变动较大或停炉过程中，膨胀缝中积有一定数量的物料，导致 A 段区域的耐火层膨胀受阻。②膨胀节内部 A 段区域的耐火层强度不足。针对上述问题，将原间隙增大至 40mm，增加钢板且在钢板上焊上一定数量的销钉，使 A 段区域的耐火层强度大大增加。此次改造后，运行效果理想。

四、炉膛出口膨胀节改造

1. 主要问题

某厂 DG440/13.8- Ⅱ 8 型循环流化床锅炉原设计在炉膛出口安装非金属膨胀节（见图 8–12），由非金属蒙皮、保温隔热体、耐火导流板、金属法兰、螺栓等组成，耐热导流板采用 1Cr18Ni9Ti 材质，外部金属法兰采用 Q215 材质，蒙皮由耐温橡胶、玻璃布、不锈钢网布压制而成。蒙皮内侧还有一层聚四氟乙烯隔热膜，保温隔热部分由硅酸铝耐火棉组成保温被。该非金属膨胀节在运行中反复出现外部金属法兰超温，最高温度达 450℃以上，导致外部的非金属蒙皮破损、漏灰，严重影响安全运行。

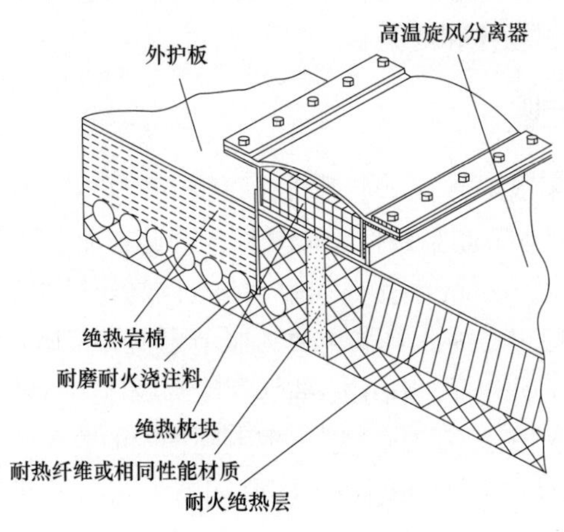

图 8–12　原炉膛出口非金属膨胀节

检修发现非金属膨胀节故障的主要原因是内部耐火导流板受热变形翘起，在风道内形成涡流，使保温隔热层直接暴露在高温烟气下。高温烟气将非金属膨胀节内部的保温隔热体吹空后，导致外部蒙皮和金属法兰直接接触高温烟气，最终过热变形，直至撕裂，外部蒙皮超温破裂后高温飞灰和烟气大量溢出。

2. 改造方法措施及效果

针对产生的问题，首先将导流板更换为 Cr25Ni20 材质，该材质高温下的抗氧化性能好、蠕变强度高，最高耐受温度 1200℃，连续使用温度 1150℃。但在运行一段时间后发现虽然变形幅度变小，但仍然会导致保温隔热层直接接触高温烟气，由于导流板是单面生根，结构决定了其无法在高温烟气的冲刷下保持原形状。为此，采用更为密实、耐烟气冲刷的硅酸铝纤维板来替代原保温隔热材料。但改造后的非金属膨胀节也仅能使用 1 年左右，且检修成本高。

为解决保温隔热层无法得到有效保护的问题，采取刚玉可塑料替代原有的金属导流板，用可塑料在膨胀节两端制作迷宫式密封，并留有足够的膨胀间隙，替代原有的金属导流板。可塑料截面厚度为55mm，顺着烟气流向在烟气入口处浇注成形，插入深度为80mm，最后在错口内塞实硅酸铝纤维板作为保温隔热层。改造前、后炉膛出口非金属膨胀节结构比较见图 8-13。

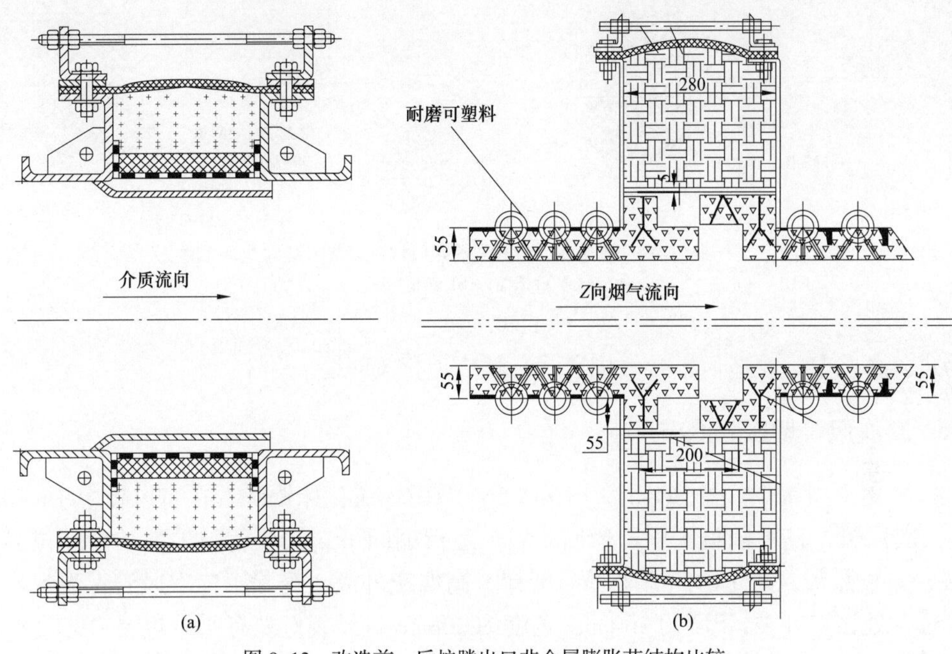

图 8-13　改造前、后炉膛出口非金属膨胀节结构比较
(a) 改造前；(b) 改造后

改造后非金属膨胀节未再出现外部超温、蒙皮撕裂，停炉检查也未发现可塑料大面积脱落和保温隔热层大面积缺失。改造方案使用周期长，可靠性高，刚玉可塑料较金属导流板具有更强的耐热性和较小的热变形。由于结构简单，检修方便，对于零星脱落只需简单修补即可，大大降低了检修工期和成本。

五、分离器入口烟道膨胀节优化

某厂 410t/h 循环流化床锅炉的 2 个分离器入口烟道膨胀节耐火层间隙为 38mm（进口为 25mm）。运行期间发现外侧钢板局部发红、蒙皮损坏，且底部易进灰，每次停炉均需将膨胀节内部灰清理干净并重新填充硅酸铝纤维毡，但短期运行后又会发生蒙皮鼓胀。

分析发现，冷态时膨胀节内部耐火层间的间隙被硅酸铝纤维毡填充，热态运行后此间隙会减小 10mm 左右（炉膛段向炉前方向膨胀），填充的硅酸铝纤维毡被挤压变实，在负荷变动较大或停炉时，间隙又会逐渐变大，但硅酸铝纤维毡的厚度无法恢复。此外由于膨胀节向下膨胀的量较大，水冷壁管下部耐火层及其下部硅酸铝纤维毡在经历上述过程后，间隙会达到 55mm 左右。运行期间烟气携带灰颗粒从间隙进入膨胀节，一旦在膨胀缝中堆积使膨胀受阻，就会导致耐火层损坏，出现膨胀节发红、蒙皮损坏等现象。为解决此问题，对膨胀节进行了结构改造（见图 8-14）。采用耐火材料制作压块，同时加长密封通道，使

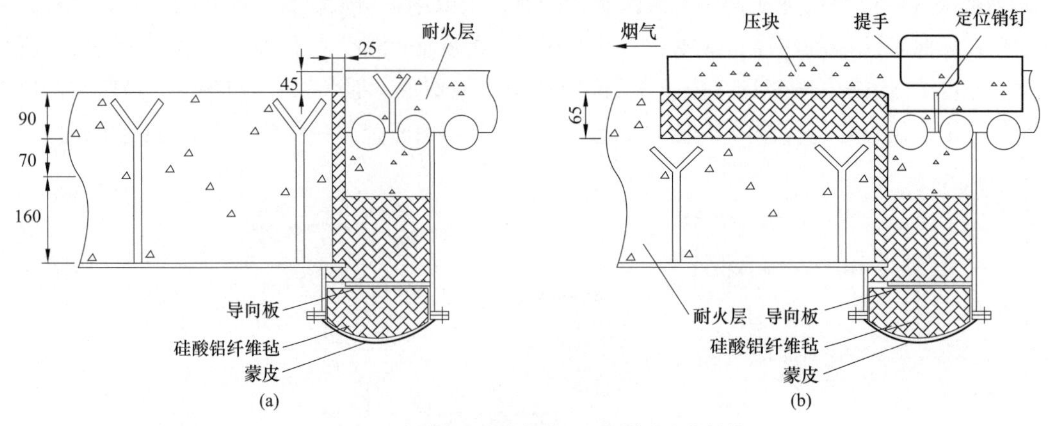

图 8-14　改造前、后分离器入口烟道膨胀节结构

(a) 改造前；(b) 改造后

灰不易进入膨胀节，改造后运行效果良好，解决了相关问题。

六、二次风管增设膨胀节

某厂采用上海锅炉厂的 SG-475/13.7-M567 型循环流化床锅炉。在布风板上 1m 布置了 9 根下二次风管，其中前墙 5 根、后墙 4 根。运行期间下二次风管与炉膛结合部位多次烧损拉裂、频繁漏灰，严重时风管外保温磨穿、高温灰外溢。拆除下二次风管保温发现，二次风管焊接处接口开裂，长度约 160mm，宽度约 20mm，且开裂口处有明显褶皱（见图 8-15）。

分析认为，运行期间下二次风管风压仅为 2~6kPa，低于对应的炉膛压力。部分燃料颗粒进入二次风管燃烧导致风管烧损。设计方面由于对下二次风管的垂直膨胀量考虑不足，未在管道上设置膨胀节，只是在下二风斜管上布置两个 4 波金属伸缩节，无法满足垂直膨胀量的要求，造成风管焊缝拉裂。此外，设备安装时下二次风管焊接质量较差，焊缝存在漏焊。

针对以上问题，对下二次风管进行了技术改造（见图 8-16），利用膨胀节吸收锅炉热膨胀引起的垂直向下位移和向锅炉两端的横向位移。膨胀节长度为 700mm，前墙管径为 ϕ468mm，后墙管径为 ϕ528mm，最大外径为 ϕ830mm，内筒壁厚为 6mm。膨胀节内筒上接

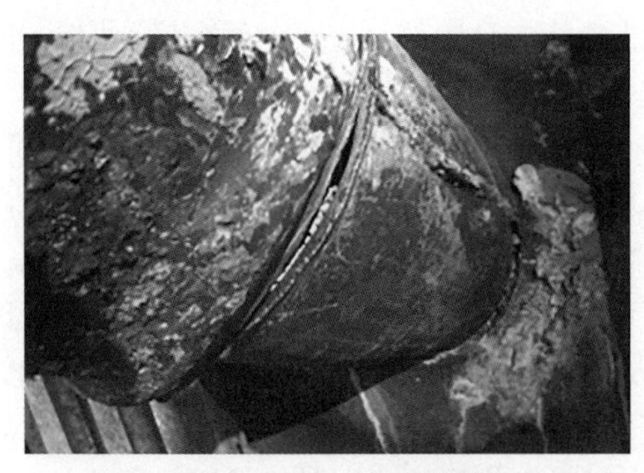

图 8-15　下二次风管拉裂

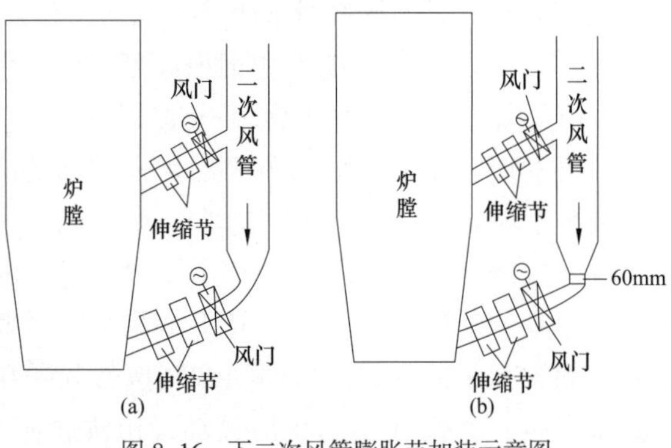

图 8-16　下二次风管膨胀节加装示意图

(a) 改造前；(b) 改造后

口为碳钢 Q235A，用不锈钢将其与风管焊接，下口为不锈钢，外筒为 1Cr18Ni9Ti，整体焊接至内筒。此外，在运行中严格控制床压，降低满负荷工况下的一次风量，提高二次风机出力，适当关小上二次风门开度，开大下二次风门开度，提高下二次风风压。

通过以上措施，运行中未再发生下二次风管烧损、拉裂问题，改造后运行效果良好。

七、炉顶膨胀处理

部分循环流化床锅炉存在屏弯曲变形的问题，除了受热面材质选取因素外，炉顶膨胀设计不当也是重要的原因。某厂 480t/h 循环流化床锅炉布置有 8 片屏式过热器和 6 片屏式再热器，屏式再热器一直存在较为严重的变形问题。

屏式再热器位于炉膛中上部，与前墙水冷壁垂直布置，下部穿前墙水冷壁，为蒸汽入口段，通过密封盒将管屏与前墙水冷壁焊接在一起。由于水冷壁与屏式再热器壁温不同，导致二者膨胀量不同，屏式再热器只能向上膨胀。受密封梳形板、顶棚穿墙管密封浇注料、恒力弹簧支吊架调整不到位、屏式再热器受热面与屏式再热器出口集箱连通管设计膨胀余量不足等因素影响，其向上膨胀量无法顺利吸收，而且屏式再热器长度大，TP304 材料线膨胀系数高，材料高温下刚性变差，最终导致屏式再热器炉内变形量大。

由于屏式再热器纵向弯曲变形严重，屏间距已由 800mm 减小到 100mm，导致局部流场紊乱、磨损加剧。为此，对屏式再热器出口连接管重新设计并进行更换改造，增加其对膨胀的吸收能力，改造前、后结构形式如图 8-17 所示。

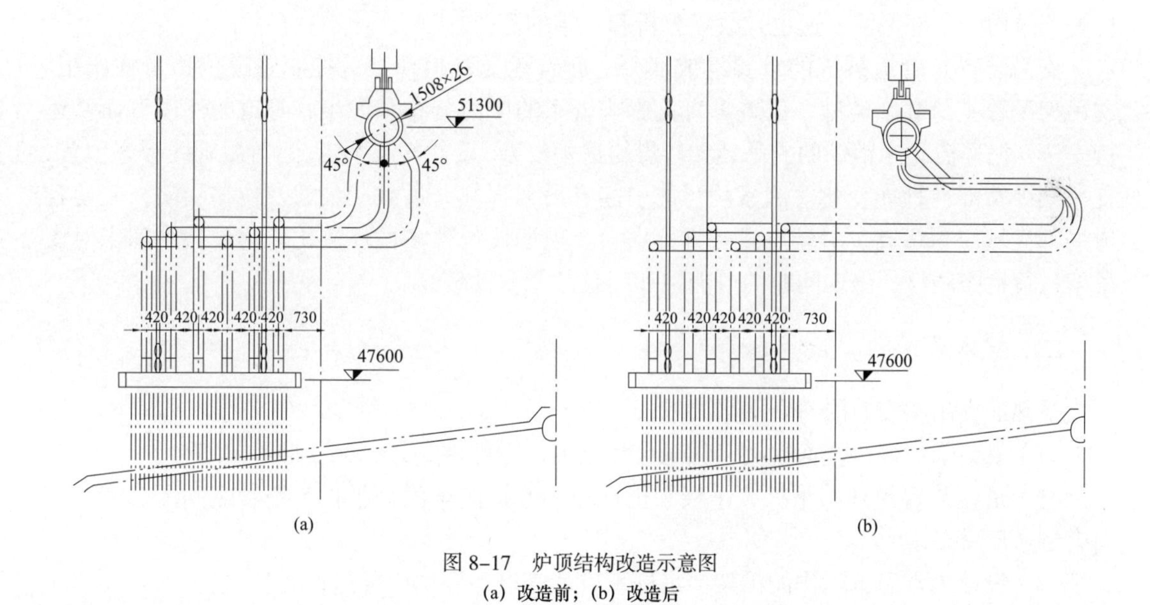

图 8-17 炉顶结构改造示意图

(a) 改造前；(b) 改造后

在改造连接管的同时，对屏式再热器出口集箱恒力弹簧支吊架也进行了调整，适当放大并预留膨胀间隙，在启动过程中严密监视恒力吊架受力情况，保证其一直处于受力吸收膨胀状态。上述改造完成后，屏式受热面变形未再恶化。

第四节　支吊架调整

一、膨胀分析

锅炉运行过程的膨胀系统检查和记录是一个十分重要的环节，很多机组调试过程中并没有很好地观察基本膨胀规律，标记异常点，致使后期运行中膨胀节撕裂、吊挂管变形、焊口爆裂、支吊架失效、金属构件扭曲等问题时有发生。一些膨胀问题属于设计或制造不足，但更多则是安装施工不当。部分电厂锅炉的金属或非金属膨胀节，甚至启动后还未拆除运输时的固定连接杆，有些项目在脚手架拆除后都没有割断本体动静部分的临时施工连接金属件，个别穿过厂房的管道，其开孔并未考虑管件三维膨胀所需要的环向间隙，在热态下使保温被顶掉，甚至损伤管材。

膨胀指示器是用来监视锅筒、集箱、压力管道等受热元件膨胀情况的专用设备。其采用热胀冷缩原理动静分离产生位移。升温升压时，受热元件发生热膨胀。为了不使受热元件产生较大的应力，就不能阻碍其膨胀，否则必然使受热元件发生变形损坏（特别是焊口）。记录膨胀指示的意义就是在锅炉工况变化时能够及时发现膨胀受阻和异常的部位，采取应对措施，避免设备损坏。

统计发现，由于膨胀指示器安装位置、标识、刻度、指针、方向等缺陷致使运行人员无法准确记录判别的问题最为常见。膨胀指示记录是分析炉本体膨胀变形的主要依据，主要管道蠕胀记录点、炉本体及附属设施膨胀死点、冷热钢带及其铰接点等部位的安装过程、检查记录均应全部保留，这也是故障分析和总结的需要。

支吊装置是管道系统的重要组成部分，起着承受管道荷载、控制管道位移量的作用。支吊架配置（荷载、类型、位置）直接影响管系的应力分布和大小、管道的使用寿命及运行安全。循环流化床锅炉的支吊装置较煤粉锅炉复杂，设计安装不当、运行后管线形态位置、支吊架弹簧部件性能变化等因素均可能引起支吊架损坏、过载、欠载及位移受阻，并使管道局部区域应力增高、对端点设备推力增大。现场发现很多循环流化床锅炉长时间未对支吊架进行检修调整，出现问题的可能性和问题的严重性较高。

二、技术要求

受热面支吊架安装应符合下列要求：

（1）安装前应进行全面检查，核对尺寸正确、零部件完好，无变形等缺陷；

（2）吊挂装置吊耳、吊杆、吊板和销轴等的连接应牢固，吊板与销轴之间配合间隙应符合制造厂家要求；

（3）设计为常温下工作的吊架、吊杆不应从管道保温层内穿过；

（4）支吊架活动零部件与其支撑件接触应满足管道自由膨胀的要求；

（5）设计要求偏装的支吊架，应按照设计图纸的偏装量进行安装。设计未作明确要求的，应根据管系整体膨胀量进行偏装；

（6）吊杆紧固时应受力均匀，水压试验前、点火吹管前、整套启动前、满负荷试运后应检查吊杆受力情况，调整后应按设备技术文件要求锁定螺母，吊杆不应施焊或引弧；

（7）受热面吊挂装置弹簧的锁紧销在锅炉水压期间应保持在锁定位置，且应在锅炉点火前拆除。

膨胀系统及指示器应符合下列要求：

（1）膨胀节安装前应根据设计要求核对型号、规格、尺寸，并经检验合格，膨胀位移量应与设计值相符；

（2）膨胀节部件安装应满足该系统的膨胀位移量，膨胀区域周边的设备应根据热膨胀图的位移量预留足够的间隙，分离器膨胀中心应符合设备技术文件要求，向下膨胀间距应满足设计要求；

（3）金属膨胀节安装完毕后，临时固定件应在试运前拆除，所有的活动元件不得被外部构件卡死或限制正常动作，导流板开口方向应与介质的流向一致；

（4）非金属膨胀节安装前，应检查设备的安装间距误差是否符合设计要求，其蒙皮及内衬应完好无损，导流板安装方向及间隙应符合设计技术文件要求，有足够的膨胀补偿量且密封良好；

（5）膨胀节安装过程中应做好防护措施，不得受损；

（6）除设计要求预拉、预压的预变形外，不使用波纹管变形的方法调整管道的安装偏差；

（7）膨胀指示器安装位置应符合设备技术文件要求，安装在易于观察记录的位置。刻度指示应能满足三维膨胀位移最大值。膨胀指示器的安装数量应满足膨胀系统检测要求。膨胀指示器的支架应有足够的刚度，安装位置不应影响设备的膨胀，在冷态下应调整好零位。

三、支吊架及膨胀指示器检修

1. 改造对象

某厂 240t/h 循环流化床锅炉自投运以来，各主要管道支吊架的受力状态和运行情况逐渐变化，观察发现锅炉本体存在倾斜隐患，急需建立完整的管道支吊架及本体膨胀监测体系。根据《火力发电厂汽水管道与支吊架维修调整导则》（DL/T 616）及《火力发电厂金属技术监督规程》（DL/T 438）的规定，应对运行达到一定时间或存在问题的管道支吊架进行检验、计算、调整，对设备本体膨胀指示器进行校正记录，以改善支吊架的工作状况，实时观测主要管道及设备本体热膨胀状态，使其达到或接近设计要求。为此，对锅炉的主蒸汽管道、给水管道以及其他炉外管道支吊架状态进行检验与调整，对锅炉本体失效的膨胀指示器进行复原和新装（见图 8-18），以改善设备、管道及支吊架的安全运行状况。

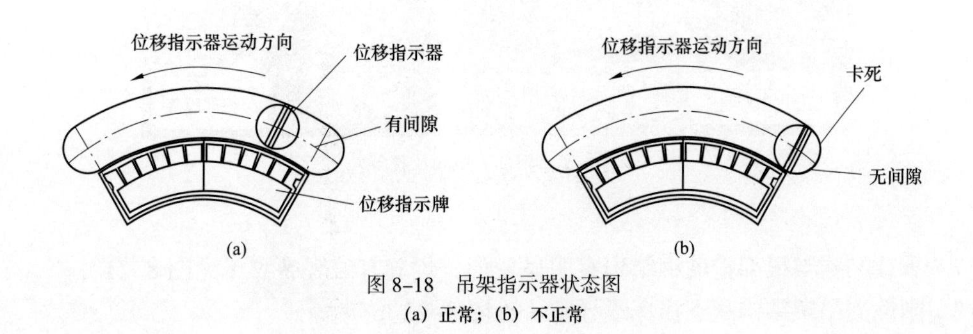

图 8-18　吊架指示器状态图

(a) 正常；(b) 不正常

支吊架状态检验与调整主要包括以下四方面的内容：首先是资料审查，根据设计资料逐一对支吊架进行核查，检验其型号、工作参数及热位移变化；其次，检验支吊架本体，检查恒力弹簧支吊架内部结构是否卡死，弹簧支吊架是否过载或松弛，记录冷态及热态时支吊架指针位置及热位移变化情况，判定支吊架的运行现状；再次，进行管系应力计算，复核支吊架配置对管系应力的影响，为支吊架调整提供支持；最后，综合分析设计资料及支吊架检验、计算情况，提出整改方案并工程实施。

2. 典型问题

通过检验发现，锅炉炉外管道支吊架存在的主要问题如下：

（1）支吊架功能劣化失效，导致吊点承载不足；

（2）支吊架与其他构件卡碰，位移受阻（见图 8–19）；

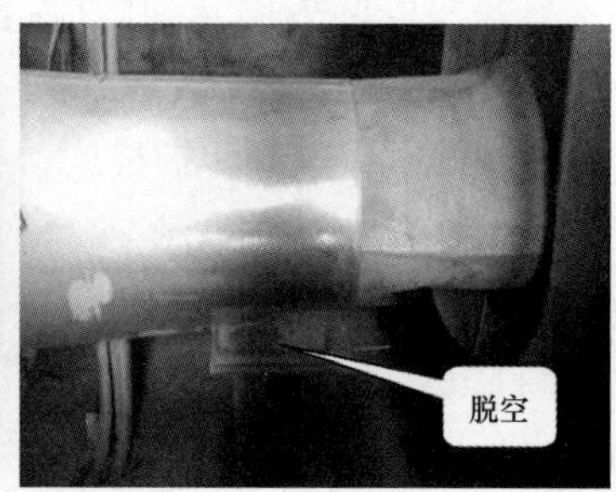

图 8–19 卡碰及脱空

（3）支吊架实际未安装或现场安装类型与原设计不一致；

（4）原设计支吊架荷载分配不合理；

（5）支吊架偏装不正确，热态时吊架偏斜超标；

（6）支吊架横担梁不对称、倾斜或歪斜，根部不稳固或根部脱落（见图 8–20）；

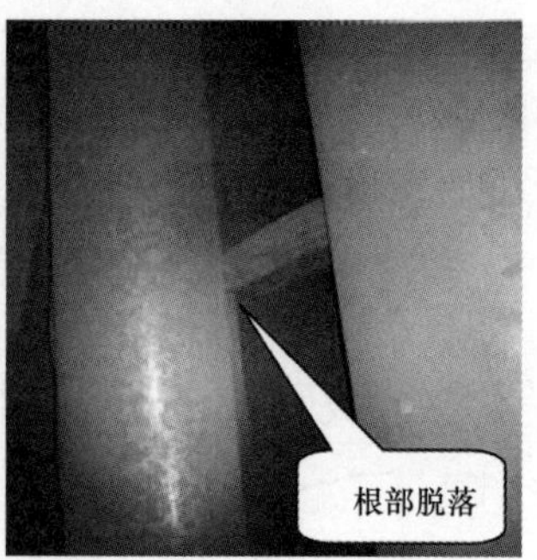

图 8–20 根部不稳固及脱落

（7）承载结构与根部辅助钢结构有明显变形，焊缝有宏观裂纹（见图 8–21）；

（8）刚性支吊架结构状态损坏或异常（见图 8–22）；

图 8-21　支架倾斜及焊缝开裂

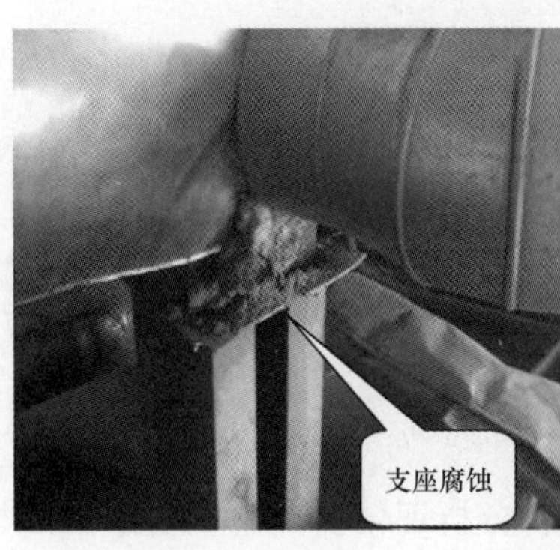

图 8-22　支座腐蚀、固定不稳

（9）吊杆及连接配件损坏或异常（见图 8-23 和图 8-24）。

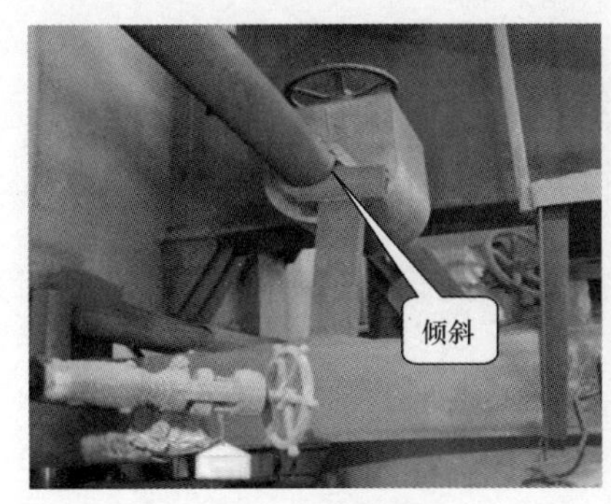

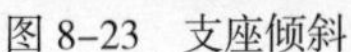
图 8-23　支座倾斜

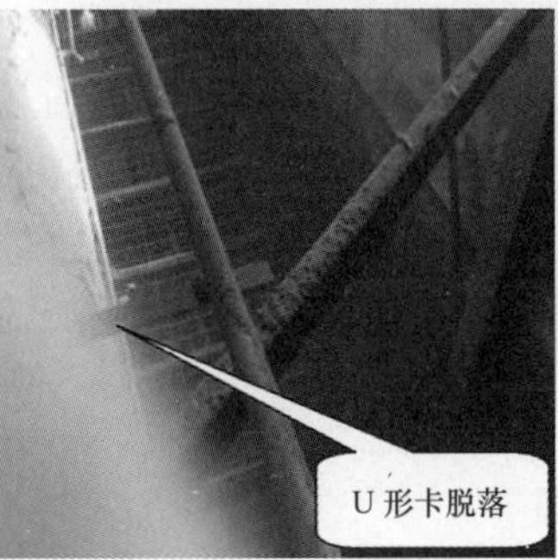

图 8-24　U 形卡脱落

通过检验发现，锅炉本体及炉外管道膨胀指示器主要存在以下问题：

（1）指示器指针损坏；

（2）指示器行程受限，与其他结构冲突；

（3）指示器仅能实现 X、Y 方向指示，无法实现三向位移全功能（见图 8-25）；

（4）指示器表盘损毁污染严重；

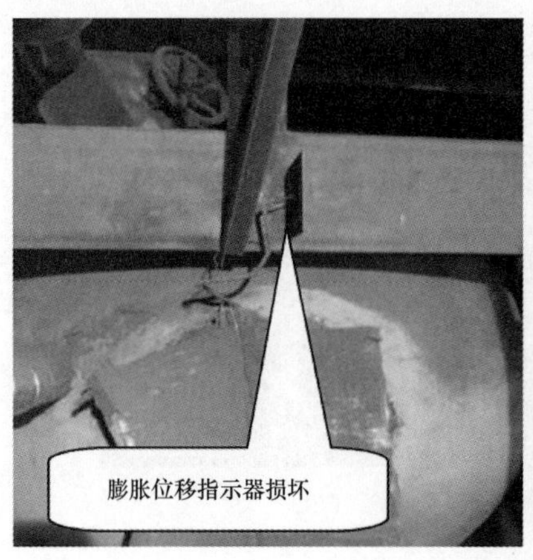

图 8-25　现场发现的膨胀指示器损坏

（5）重要位置无膨胀指示器；

（6）未建立完整的膨胀指示器台账，无法连续监测膨胀情况。

3. 调整方案

由于锅炉侧设备及管道膨胀指示器已基本失效，因此主要采取了以下两项措施：①对损坏不严重的膨胀指示器进行修复，调整指针位置，重新定位刻度盘；②对彻底失效的膨胀指示器进行更换。

根据支吊架检验结果和管系计算报告，综合分析评估后提出了支吊架调整方案，针对管道及支吊架存在的问题，区分不同性质，分别采取措施调整：

（1）对性能劣化的支吊架及部分组件进行更换；

（2）对安装错误的支吊架（如偏装错误等）进行重新安装；

（3）对阻碍管道热膨胀的障碍物（平台围栏、平台栅格板、穿墙孔等）进行重新设计和安装；

（4）对位移指针指示异常的弹簧、恒力支吊架进行调整；

（5）对承载状态不正确（欠载、失载及过载）的弹簧或刚性吊架进行调整。

上述措施实施后使膨胀指示器能够实时监控管道、炉本体膨胀趋势，支吊架也处于正常的设计工作状态，管道应力分布合理，从而确保管系的冷、热荷载分布和热膨胀符合设计要求，满足锅炉长期安全稳定运行的目的。

四、典型问题与预防措施

1. 改造对象

某 200MW 循环流化床锅炉除管式空气预热器及烟道采用独立支撑结构外，其余部件采用悬吊结构。投产以来受设计、安装等因素影响，致使运行中的汽水系统、烟风系统管路支吊架受力不均，个别管路膨胀受阻。弹簧支吊架应在安装过程中根据热态管道膨胀进行调整，这在设计规程里有着严格规定，安装检修过程中如果弹簧夹角过大导致支吊架运行中变形较大或偏装量不足，将无法抵消管道热位移，使弹簧支吊架失去应有的作用。

检查发现部分吊杆斜度过大，受力过大的吊架以及处于自由状态的吊架均有存在，由于弹簧支吊架没有达到预定的工作荷载状态，使得管道在运行中发生振动或下沉，给锅炉安全运行带来隐患。

2. 主要问题

（1）弹簧吊架调整力度不足，造成锅炉出口烟道下沉。目前锅炉的出口分别对应3台分离器，采用水平烟道连接，由于分离器入口烟道整体使用耐磨浇注料修筑，在炉膛出口与分离器连接段设计有非金属膨胀节，弥补运行中锅炉向下膨胀及分离器底部向上膨胀量。受烟道恒力弹簧吊架调整力度不足及炉顶高温环境影响，致使运行中的弹簧吊架不能满足设计预期，造成运行中锅炉烟道逐渐下沉。随着运行时间的累积，烟道连接的非金属膨胀节在运行中因积灰膨胀而撕裂，多次造成事故。

（2）由于滑动支架安装不合理，分离器筒体位移后不能复原。此外锅炉运行过程中，分离器内部温度高达900℃，分离器外部筒体温度约为100℃（设计为50℃）致使内部耐火砖的膨胀量较外部钢板的膨胀量比设计大，预留的膨胀缝不能弥补，造成分离器筒体浇注料膨胀位移，停炉后膨胀缝大量积灰，运行中分离器筒体及分离器入口烟道的浇注料经常受高温烟气冲刷产生裂纹，使外壁烧红甚至浇注料销钉断裂、整体坍塌。

（3）分离器筒体整体支撑在锅炉35m钢架梁上，运行中以35m为分界点，分别向上、向下膨胀。安装后没有对其进行调整，运行过程中烟道顶部吊杆不堪重负，致使烟道恒力弹簧不受力，烟道下沉，导致承重梁严重变形，吊杆梁沉降受阻使焊缝撕裂。

（4）由于设计原因造成锅炉一次风室非金属膨胀节运行中受热膨胀不均匀，非金属膨胀节连接板焊缝拉裂漏风。现有一次风室总体尺寸较大（长度达到22m），加之启动运行时锅炉水冷壁下集箱及风室存在温差，使风室非金属膨胀节不能弥补膨胀量，撕裂焊缝漏风。

3. 预防措施

由于设计原因，锅炉四大管道个别受压元件（吊杆）在运行中无法补偿受热面的膨胀位移，而锅炉的受压元件大多设计焊接在大梁上，如果下部与管件生根点不考虑膨胀和偏装，运行中的吊杆会发生偏斜，造成受力点偏移。弹簧支吊架应该在冷态情况下调整力矩，对于整定式弹簧组件，要统筹考虑弹簧所在位置及相邻支吊架在整个管线的受力情况，在检修调整过程中可以适当对吊杆的长度、偏装进行调整，确保各吊杆在运行中都能够均匀受力。

锅炉支吊架在安装使用中主要悬吊管道及内部工质质量，克服管道运行中产生的膨胀和热应力。支吊架安装初期需要对整个管线所有支吊架受力情况进行分析，确保支吊架运行中受力均匀。为保证锅炉运行安全，限位支架一般安装在锅炉膨胀中心点对应的管线上，在设计时对限位支架有严格的间隙及滑动量要求。检修调整支吊架时，要统筹考虑管线系统吊杆的受力情况，防止吊杆受力不均，避免发生吊杆断裂事故。

支吊架调整时要充分考虑管线运行时的膨胀量及膨胀方向，可以将固定支架或膨胀死点作为中心，沿管线结合运行温度、计算的膨胀量调整支吊架位置及偏装，偏装一般为运行期间管线膨胀量的一半，吊杆受力要统筹考虑，防止个别吊架受力过大或不受力酿成事故。

锅炉浇注料检修施工时，要充分考虑内部使用温度及浇注料在运行中的膨胀量与外部钢板膨胀量之差，要预留出大于计算膨胀量的膨胀缝，膨胀缝可预留成梯形或迷宫型，避免使用直缝，防止运行中膨胀缝积灰在停炉后收缩挤压，损坏浇注料。

锅炉一次风室非金属膨胀节检修时，首先要将风室非金属膨胀节上部连接法兰、法兰连接板开双面坡口填充焊接，保证焊缝平整，然后在焊缝上贴补相同厚度的钢板，钢板周边密封烤接，用以加强焊缝强度，防止应力过度集中产生裂缝裂纹。必要时可采用较小的金属膨胀节焊接至连接板上，外部设拉紧装置，从而消除膨胀节连接板运行中由于温度差变化而发生的开裂。

第九章 测量系统优化改造

第一节 概 述

与煤粉炉相比，循环流化床锅炉的测量、热工保护和控制系统有着较大差异，随着锅炉容量和运行参数的不断提高，特别是近年来一批超临界循环流化床锅炉的陆续投运，对系统的安全性和可靠性要求越来越高。有些循环流化床锅炉风量显示偏小，实际运行风量高于测量值，造成炉内受热面磨损严重；某些循环流化床锅炉温度测量结果不准确，炉膛中心温度远高于测点显示值，运行期间频繁出现结焦等问题。循环流化床锅炉测量装置如果不能实时反应锅炉的运行情况，会造成运行人员误判锅炉状况。

循环流化床锅炉的测量与控制特点如下：

（1）循环流化床锅炉大量物料在炉膛内循环流动。锅炉 MFT 动作时，即使切断所有燃料供应，炉内还存有大量未燃尽的燃料和高温循环灰继续燃烧，同时炉内还有大量蓄热，MFT 并不等同于停炉。因此，循环流化床锅炉除了 MFT、OFT 保护，另外还设置有 BT 跳闸逻辑。

（2）循环流化床锅炉可压火，因故障或消缺需要锅炉可转入压火状态，故障消除后，锅炉可再次启动恢复运行。

（3）循环流化床锅炉必须保证炉内物料的正常流化。为防止因流化不良造成结焦，需要设置最小流化风量保护。

（4）床温是表征锅炉运行状况的重要参数，床温过高也会结焦，为防止结焦需要设置床温高保护。大量高温物料在炉内循环燃烧，测量元件易受冲刷磨损。除选用可靠性高的防磨元件外，还需对各床温测点信号品质进行判断，去除不准确的温度点，避免对床温计算产生错误影响。

基于运行、控制和检测的需要，循环流化床锅炉在汽水管道、烟风通道和固体物料流道上布置了大量的测点，以使运行人员能够实时掌握锅炉的运行状况，便于自动控制系统准确调整运行参数。循环流化床锅炉汽水侧的测点及其作用与普通煤粉炉相同，烟风侧增加了一些为循环流化床锅炉专设的风压、温度和流量的测点。循环流化床锅炉固体流道流动的物料易堵塞压力测点和测压管线，同时对测温元件产生磨损，而床温、床压等参数对循环流化床锅炉的安全经济运行至关重要，因此必须采用特殊的防堵、防磨测量措施。典型的循环流化床锅炉测点设置见表 9-1 和表 9-2。

表 9-1　　典型循环流化床锅炉的测点设置（以 HG-440/13.7-L.PM4 为例）

测点名称	数量	用途	运行值	测量范围	安装位置
给水流量	1	给水量调节	440t/h	0~600t/h	给水管道
过热器总减温水流量	1	监视	17t/h	0~55t/h	过热器减温水总管道
给水操作台前温度	1	给水流量修正	249℃	0~300℃	给水管道
省煤器入口压力	2	就地，远传监视	15.6MPa	0~20MPa	给水管道
省煤器入口温度	1	监视	249℃	0~300℃	给水管道
省煤器出口温度	2	监视	276℃	0~400℃	省煤器出口联箱
锅筒上、下壁温测点	3 对	监视	342℃，Δ40℃	0~400℃	锅筒
锅筒水位报警	2	联锁保护	±125mm	±300mm	锅筒
锅筒水位自动调节	3	水位调节			锅筒
接弹簧安全阀	2	保护	15.2MPa		锅筒
锅筒压力测点	5	监视，锅筒水位压力修正	15.2MPa	0~20MPa	锅筒
一级过热器出口管金属壁温	22	监视	448℃	0~700℃	一级过热器出口
一级过热器出口汽温	2	监视	398℃	0~600℃	一级过热器出口管道
二级过热器入口汽温	4	监视，修正一级喷水量	384℃	0~600℃	二级过热器入口管道
二级过热器上行管屏外圈管子金属壁温	4	监视	490℃	0~700℃	二级过热器上行管屏上部
二级过热器下行管屏外圈管子金属壁温	4	监视	549℃	0~700℃	二级过热器出口
二级过热器出口汽温	2	一级喷水量调节	488℃	0~600℃	二级过热器出口管道
三级过热器入口汽温	4	监视，修正二级喷水量	473℃	0~600℃	三级过热器入口管道
三级过热器出口管子金属壁温	24	监视	590℃	0~700℃	三级过热器出口
集汽联箱出口汽温	3	监视，二级喷水量调节	540℃	0~600℃	集汽联箱出口管道
接弹簧安全阀		保护	13.7MPa		三级过热器出口联箱
接弹簧安全阀		保护	2.45MPa		再热器出口联箱
再热器进汽温度	2	保护	316℃	0~600℃	再热器入口联箱
低温再热器进汽温度	4	监视	316℃	0~600℃	再热器进汽管道
低温再热器金属壁温	22	监视	366℃	0~700℃	一级再热器
低温再热器出口汽温	2	监视	423℃	0~600℃	一级再热器出口管道
高温再热器进口汽温	4	监视调节	407℃	0~600℃	二级再热器进口管道
高温再热器外圈管子金属壁温	6	监视	614℃	0~700℃	二级再热器
高温再热器出口汽温	4	监视调节	540℃	0~600℃	二级再热器出口管道
再热器减温水流量	2	监视	6t/h	0~15t/h	再热器减温器
过热器一级减温水流量	2	监视	10t/h	0~40t/h	过热器减温器
过热器二级减温水流量	2	监视	7t/h	0~30t/h	过热器减温器
再热器事故喷水量	2	监视	18t/h	0~30t/h	事故喷水减温器
省煤器吊挂管壁温测点	24	监视	342℃	0~600℃	省煤器吊挂管
炉膛密相区下部压力	8	调节排渣	6~8kPa	0~15kPa	炉膛密相区下部

续表

测点名称	数量	用途	运行值	测量范围	安装位置
炉膛密相区中部压力	6	监视	2~4kPa	0~15kPa	炉膛密相区中部
炉膛密相区上部压力	6	监视	1~2kPa	0~10kPa	炉膛密相区上部
炉膛密相区下部床温	8	控制、监视	890℃	0~1100℃	炉膛密相区下部
炉膛密相区中部床温	6	控制监视	890℃	0~1100℃	炉膛密相区中部
炉膛密相区上部床温	6	监视	890℃	0~1100℃	炉膛密相区上部
炉膛出口压力	8	监视，保护，调节	−100Pa	±200Pa	炉膛出口
炉膛出口温度	2	监视	890℃	0~1100℃	炉膛出口
三级过热器入口烟温	1	监视	852℃	0~1100℃	三级过热器入口
三级过热器出、入口烟气压差	1对	监视	75Pa	0~150Pa	包墙过热器
一级过热器出、入口烟气压差	1对	监视	145Pa	0~200Pa	包墙过热器
一级过热器入口烟温	1	监视	725℃	0~1100℃	包墙过热器
一级过热器出口烟温	1	监视	520℃	0~700℃	包墙过热器
一级再热器出、入口烟气压差	1对	监视	285Pa	0~50Pa	包墙过热器
一级再热器出口烟温	1	监视	375℃	0~500℃	包墙过热器
省煤器出、入口烟气压差	1对	监视	260Pa	0~500Pa	省煤器护板
省煤器入口烟道压力	1	试验	−580Pa	0~−1kPa	省煤器护板
省煤器出口烟道氧量	2	风量调节	3%~6%	0~10%	省煤器护板
省煤器出口烟道压力	1	试验	−840Pa	0~−1kPa	省煤器护板
空气预热器入口烟温	1	监视	288℃	0~400℃	空气预热器护板
空气预热器出、入口烟气压差	1对	监视	1.35kPa	0~2kPa	空气预热器护板
空气预热器出口烟气压力	1	试验	−3.5kPa	0~−5kPa	空气预热器护板
空气预热器出口烟道温度	2	监视	130℃	0~200℃	空气预热器护板
分离器出口烟道温度	4	保护	845℃	0~1100℃	分离器出口烟道
分离器出口烟道压力	2	试验	−1.7kPa	0~−2.5kPa	分离器出口烟道
分离器入口烟道温度	4	保护	890℃	0~1100℃	分离器入口烟道
返料器料腿温度	2	监视	885℃	0~1100℃	返料器料腿
返料器低料位监视	2套	报警			左、右返料器各一套
返料器高料位监视	2套	报警			左、右返料器各一套
返料器压力	4	监视	42kPa	0~50kPa	返料器风箱
返料器温度	4	监视	885℃	0~1100℃	返料器斜腿
返料器压力	4	监视	75kPa	0~1500	返料器斜腿
水冷风室温度	6	监视、保护	900℃	0~1000℃	水冷风室
水冷风室压力	6	监视、保护	16.5kPa	0~30kPa	水冷风室
启动燃烧器出口烟温	4	监视、调节	900℃	0~1300℃	燃烧器出口
启动燃烧器出口烟压	2	监视	17kPa	0~30kPa	燃烧器出口

注　表内运行值为锅炉 BMCR 负荷下的运行值。

表 9-2　典型循环流化床锅炉的测点设置（以 DG440/9.81- Ⅱ 1 为例）

名称	数量	布置形式	正常运行	运行范围	量程范围
炉膛床层密度（高压）	2	两侧墙对称布置	9.5kPa	0~11.2kPa	
炉膛床层压差（高压）	2	两侧墙对称布置	9.5kPa	0~11.2kPa	
炉膛床层压力	2	两侧墙对称布置	9.5kPa	0~11.2kPa	
炉膛床层密度（低压）	2	两侧墙对称布置	8.3kPa	0~10kPa	
炉膛床层压差（低压）	2	两侧墙对称布置	5.2kPa	0~6.2kPa	
炉膛内部温度	8	两侧墙对称布置	870~930℃	0~990℃	0~1200℃
炉膛出口温度	2	两侧墙对称布置	887℃	0~990℃	0~1200℃
炉膛下部压力	2	两侧墙对称布置	3kPa	0~3.6kPa	0~10kPa
炉膛压差（高压）	2	两侧墙对称布置	1.6kPa	0~3.2kPa	0~5.7kPa
炉膛中部压力	2	两侧墙对称布置	0.5kPa	0~1kPa	0~1.7kPa
炉膛压差（低压）	2	两侧墙对称布置	–127Pa	± 0.5kPa	± 3.8kPa
炉膛上部压力	4	两侧墙对称布置	–127Pa	± 0.5kPa	± 3.8kPa
分离器入口烟温	2	每侧分离器入口烟道一个，外侧	887℃	0~990℃	0~1200℃
分离器压差（入口低压）	2	每侧分离器入口烟道一个，外侧	–127Pa	± 0.5kPa	± 3.8kPa
分离器出口压力	2	每个分离器出口烟道一个	–2.2kPa	–2.7~0kPa	–6.9~1kPa
分离器压差（出口高压）	2	每个分离器出口烟道一个	–2.2kPa	–2.7~0kPa	–6.9~1kPa
分离器出口烟温	2	两侧墙对称布置	877℃	0~975℃	0~1200℃
高温过热器入口烟气压力	2	两侧墙对称布置	–2.3kPa	–2.8~0kPa	–6.9~1kPa
高温过热器入口烟气温度	2	两侧墙对称布置	806℃	0~920℃	0~1200℃
低温过热器入口烟气压力	2	两侧墙对称布置	–2.6kPa	–3~0kPa	–7~1kPa
低温过热器入口烟气温度	2	两侧墙对称布置	632℃	0~725℃	0~940℃
低温过热器出口烟气压力	2	两侧墙对称布置	–2.9kPa	–3.4~0kPa	–7.1~1kPa
低温过热器出口烟气温度	2	两侧墙对称布置	466℃	0~545℃	0~700℃
低温过热器出口氧量	2	两侧墙对称布置	2%~5%	0~5%	0~21%
省煤器出口烟气压力	2	两侧墙对称布置	–3.8kPa	–4.2~0kPa	–7.4~0.5kPa
省煤器出口烟气温度	2	两侧墙对称布置	258℃	0~258℃	0~370℃
空气预热器出口烟气压力	2	烟道外侧对称布置	–4.8kPa	–5.3~0kPa	–8~0kPa
空气预热器出口烟气温度	4	烟道外侧对称布置	128℃	0~150℃	0~200℃
启动燃烧器入口风压	2	每个点火风道一个	18.7kPa	0~25.1kPa	
启动燃烧器出口烟温	2	每个点火风道一个	1500℃	0~1700℃	
风室入口风道风压	2	每个点火风道一个	15.2kPa	0~21.6kPa	
风室入口风道风温	2	每个点火风道一个	188~980℃	0~1200℃	
返料风机出口风压	2	每台返料风机一个	56.4kPa	0~59kPa	
返料风机出口风温	2	每台返料风机一个	70℃	0~120℃	
返料器每层充气喷嘴风量	8	每个返料器 4 个	134~210m^3/h	0~460m^3/h	0~920m^3/h

续表

名称	数量	布置形式	正常运行	运行范围	量程范围
返料器风室风量	4	每个返料器 2 个	1600~2000m³/h	0~3000m³/h	0~6000m³/h
返料器灰温	2	每个返料器 1 个	870~930℃	0~990℃	0~1200℃
返料器料位和密度（高压）	2	每个返料器 1 个	37~53.2kPa	0~53.2kPa	0~59kPa
返料器密封高度（高压）	2	每个返料器 1 个	37~53.2kPa	0~53.2kPa	0~59kPa
返料器密度（低压）	2	每个返料器 1 个	33.6~50kPa	0~53.2kPa	0~59kPa
返料器密封高度（低压）	2	每个返料器 1 个	−20Pa~16.2kPa	−1~27kPa	−1~49.1kPa
返料器低料位和入口静压	2	每个返料器 1 个	−1000~−20Pa	± 1kPa	± 5kPa
返料器出口静压	2	每个返料器 1 个	44.1~48.6kPa	0~52kPa	0~59.0kPa
风室风压	2	两侧对称布置	15.0kPa	0~16.7kPa	0~19.6kPa
空气预热器出口污染物浓度	2	两侧墙对称布置			
炉膛床温	24	每点 2 支热电偶，长度 300mm/500mm	889℃	0~1100℃	0~1200℃
省煤器入口水压	1		11.39MPa	0~11.88MPa	
省煤器入口水温	1		215℃	0~240℃	
省煤器至锅筒给水温度	1		286℃	0~320℃	
分离器壁温	36	每个分离器 18 个，上面 6 个，下面 12 个，周向均匀布置	318~441℃	0~480℃	
分离器至包墙连接管汽温	12	每根连接管上 1 个	338℃	0~360℃	
低温过热器出口管子壁温	6	沿炉宽方向均匀布置	414~460℃	0~460℃	
喷水后低温过热器出口连接管汽温	6	每根连接管上 3 个	401℃	0~420℃	
屏式过热器出口管子壁温	24	每屏 4 个，沿宽度方向均匀布置	480℃	0~500℃	
喷水前屏式过热器出口连接管汽温	6	每根连接管上 3 个	472℃	0~480℃	
喷水后屏式过热器出口连接管汽温	6	每根连接管上 3 个	459℃	0~470℃	
高温过热器出口管子壁温	6	沿炉宽方向均匀布置	540℃	0~565℃	
高温过热器出口蒸汽压力	1		9.81MPa	0~9.81MPa	
高温过热器出口蒸汽温度	1		540℃	0~545℃	
锅筒壁温	10	沿炉宽方向均匀布置	320℃	0~320℃	
一次风暖风器出口风压	2	两侧对称布置	16.9kPa	0~18.7kPa	0~23kPa
一次风暖风器出口风温	2	两侧对称布置	20~50℃	0~50℃	
二次风暖风器出口风压	2	两侧对称布置	9.0kPa	0~9.8kPa	0~13kPa
二次风暖风器出口风温	2	两侧对称布置	20~50℃	0~50℃	
一次风空气预热器出口风压	2	两侧对称布置	16.3kPa	0~18.1kPa	
一次风空气预热器出口风温	2	两侧对称布置	186℃	0~200℃	
一次风空气预热器出口风量	2		212000m³/h（标态）	0~285000m³/h（标态）	0~350000m³/h（标态）
二次风空气预热器出口风压	2	两侧对称布置	8.4kPa	0~9.3kPa	
二次风空气预热器出口风温	2	两侧对称布置	186℃	0~200℃	

续表

名称	数量	布置形式	正常运行	运行范围	量程范围
二次风空气预热器出口风量	2		170000m³/h（标态）	0~187000m³/h（标态）	0~221000m³/h（标态）
二次风上层风量	2		85000m³/h（标态）	0~90000m³/h（标态）	0~103000m³/h（标态）
上二次风箱压力	1		6.9kPa	0~8kPa	
下二次风箱压力	1		7.5kPa	0~10kPa	
播煤风风压	6	每个给煤点 1 个	30kPa	0~37.5kPa	0~49kPa
播煤风总风量	6	每个给煤点 1 个	3333m³/h（标态）	0~3666m³/h（标态）	0~4166m³/h（标态）
播煤风风量	18	每个给煤机 3 个	1111m³/h（标态）	0~1222m³/h（标态）	0~1389m³/h（标态）

循环流化床锅炉热工测点信号易受测量元件变送器故障、接线松动、信号断线、信号干扰等因素的影响，用作单点保护信号时可靠性较低，可能造成保护系统误动，需要采取一些处理措施提高信号的可靠性：

（1）选用可靠性高的热工测量设备；

（2）对于无法增加冗余测点的，应对信号进行可靠性处理，如增加信号品质判断处理。当判断信号为坏点时，自动退出该点保护并报警。同时也可选用与该点信号相关联的信号来作为容错逻辑，提高保护的可靠性；

（3）对于有条件增加测点的，可改为三取二的逻辑。

第二节　温度测点

一、原则

煤粉燃烧会形成可见的火焰，常规煤粉炉很多采用光学火焰监视装置，循环流化床锅炉炉膛内看不见能归属于某个燃烧器的火焰，因此无法用光学方法进行火焰监测。由于炉内温度分布均匀，正常情况下炉膛径向和轴向温度波动很小。结合以上特点，可采用床温检测方式进行炉膛监视，以 300MW 循环流化床锅炉为例（见图 9–1），其前墙和后墙共布置床温测点 32 个。

为了满足运行和安全要求必须在炉膛内寻找安装热电偶的合适位置。床温测点插入深度不宜过深，这样磨损和误差较小。为减少热电偶更换，一些锅炉密相区测点插入深度往往不够，这使得温度读数偏离真实值。因此，若某只热电偶所测温度与平均值相差 150℃以上，该点温度不宜再参与平均计算。为热电偶加装防磨套管，既不影响传热又可解决磨损问题，这是生产一线普遍采用的技术措施。

循环流化床锅炉温度测点设置一般还有如下要求：

（1）风烟管道测温元件应从管道内壁算起，保护套管插入介质的有效深度宜为管道外径的 1/3~1/2；

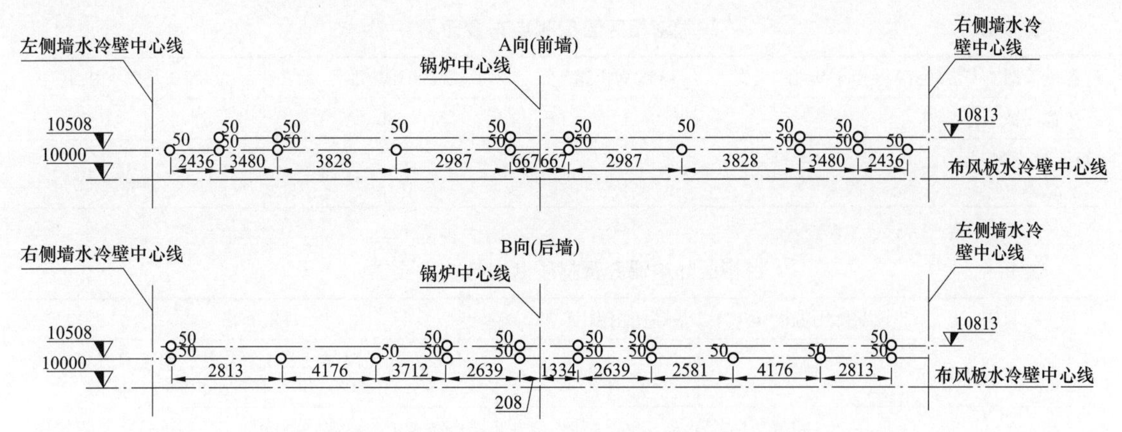

图 9–1　典型 300MW 循环流化床锅炉床温测点布置图

（2）高温、高浓度区域物料温度测温元件保护套管应使用耐温耐磨材质，测量高温、高浓度区域物料温度的测点，宜在安装套管上布置检修球阀及压缩空气吹扫和密封接口；

（3）测量非满管物料温度的测点，测量端应布置在管道下部或倾斜面底部。

循环流化床锅炉温度测点还有如下安装原则：

（1）宜采用固定法兰或螺纹安装以便于更换，套管及外套管应能长期经受 1000℃高温不弯曲、不变形，测点宜水平或向下倾斜（如图 9–2 所示）；

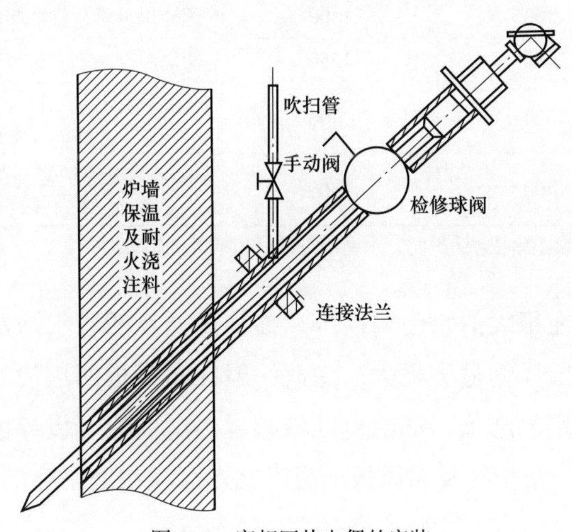

图 9–2　密相区热电偶的安装

（2）耐磨耐火材料浇注时应同时安装外套管，外套管应与测点匹配；

（3）密相区床层温度测点测量端与耐磨耐火材料内壁面距离应不小于 200mm，炉膛出口温度测点测量端与耐磨耐火材料内壁面距离应为 100~200mm，密相区床层温度各层测点测量端应在同一水平面，同层高度偏差应小于 15mm。

为满足准确测量的需要，一般以布风板上表面为基准（如表 9–3 所示），布置一层测点时测量端高度为 500~600mm；布置两层测点时，下层、上层测量端高度分别为 400~500mm、800~900mm；布置三层测点时，下、中、上层测量端高度分别为 400~500mm、800~900mm、1000~1200mm。对于密相区热电偶套管材质选用与技术要求可以参照表 9–4 执行。

表 9–3　　炉膛密相区温度测点布置数量

容量等级	50MW及以下机组		135MW机组		200MW机组		300MW及以上机组	
布置层数	1	2	2	3	2	3	2	3
每层最少测点数	8	6	8	8	10	8	12	10

表 9–4　　密相区热电偶套管材质选用与技术要求

材质	长期使用温度（℃）	最高使用温度（℃）	性能特点
1Cr25Ni20Si2	1100	1200	具有较高的高温强度及抗氧化性，对含硫气氛较敏感，在 600~800℃有析出相的脆化倾向
Inconel1600	1000	1100	镍铬铁合金，耐腐蚀性能好，高温抗氧化、焊接性能好
310S	1000	1150	纯奥氏体组织，耐氯腐蚀，有较好的抗氧化性及高温使用性能
GH3030	1000	1100	镍基高温合金，抗氧化性和耐腐蚀性优良，焊接性能良好
GH3039	1050	1150	镍基高温合金钢，具有优良抗氧化性、耐腐蚀性，使用温度高，焊接性能好
刚玉质	1500	1600	陶瓷保护管，耐高温耐酸碱，能在腐蚀性介质中使用，但不能承受碰撞、冲刷，易脆断
高铝质	1200	1300	陶瓷保护管，性能与刚玉质相同，但使用温度低
Ni45Cr17Al	1150	1250	使用温度及高温抗氧化性能均优于同类高温合金
SiC	1600	1700	非金属陶瓷保护管，高温抗氧化、耐腐蚀、耐热冲击、抗冲刷，但脆性大
SiC–Si	1400	1500	非金属陶瓷保护管，强度高、耐腐蚀、抗氧化、耐磨损、热导率高，能承受急剧温度变化

注　当采用喷涂材料进行热电偶耐磨保护时，耐磨部分硬度值应为 HRC62~65。

循环流化床锅炉存在很大的物料内循环，参与内循环的物料沿水冷壁四周自上向下运动，对布风板最外的几层风帽危害极大，为此一般在布风板四周浇注防磨凸台，用以减缓或消除对布风板四周风帽的磨损，如凸台区域布置热电偶应开设导流槽，防止物料堆积掩埋热电偶影响测温结果。密相区及布风板上温度测点区域耐磨耐火层设计要求见图 9–3。

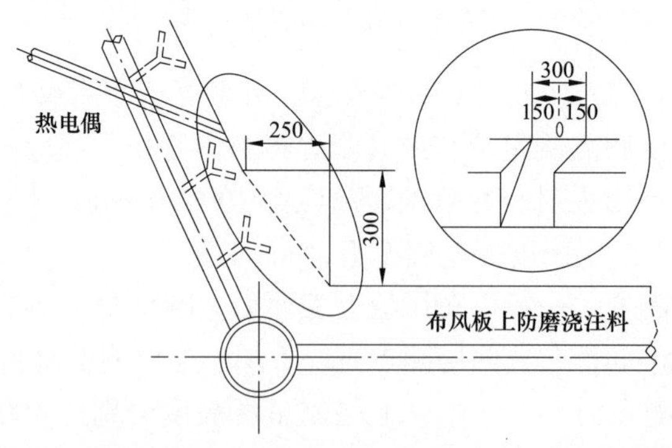

图 9–3　密相区及布风板上温度测点区域耐磨耐火层设计要求

二、下穿布风板设计及改造

某厂采用东方锅炉厂引进技术生产的410t/h循环流化床锅炉，床温测点采用图9-4所示的下穿布风板设计，运行中床温测量元件磨损严重，基本上使用半年就会损坏且在运行中无法更换，必须停炉后处理。经过分析发现，造成床温测量元件磨损严重的主要原因包括：

（1）炉膛下部密相区温度高、浓度大、物料粒径粗，极易造成测温元件损坏，这是循环流化床锅炉的固有特性，无法改变。

（2）原测量元件选用的是瓷管绝缘热电偶，在高温振动环境中容易扭曲变形，使元件绝缘不良，引起测量故障。

（3）循环流化床锅炉的运行特性对测量元件保护套管的耐磨性要求很高，如果保护套管耐磨性差，被风帽直吹的测点很快就会磨损，没有被直吹的测量元件通常寿命也较短。

（4）水冷风室温度在油枪点火时超过1000℃，从锅炉启动到正常运行风温变化大，高温和热胀冷缩会造成温度保护套管变形损坏，使测量元件断裂。

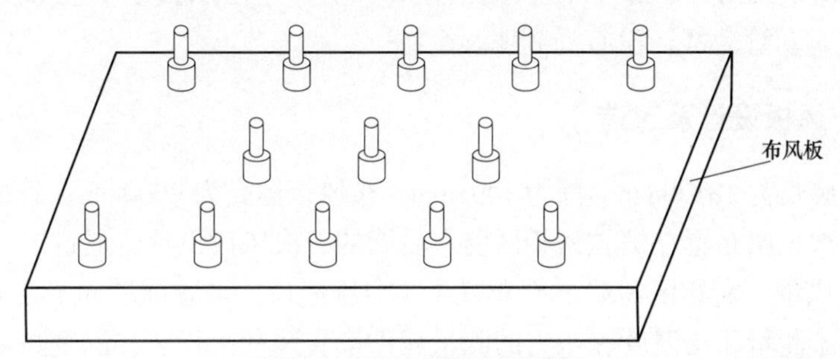

图9-4 下穿布风板的床温测点

为此采用以下改进措施：

（1）布风板上套管选用耐磨性能高的合金材料，套管底座风帽直吹处加粗，套管接近测量端20cm长部分利用螺纹安装，更换时可旋下旋上并采取迷宫式密封。

（2）加强水冷风室保护套管的防变形措施，在套管外再增加$\phi51\times2$mm不锈钢粗套管，其上焊接均匀分布的销钉，然后覆盖耐磨耐火材料，防止套管因过度变形损坏。

（3）改变测量元件绝缘方式，瓷管绝缘的热电偶受高温振动影响，易发生变形、短路、断路，氧化镁绝缘的热电偶机械强度高，耐高温、强烈振动和冲击，因此将原设计热电偶改为氧化镁绝缘的热电偶。

（4）将靠近炉墙部分的床温测量装置改为从炉膛侧墙插入测量，距布风板高度300mm，这样测量元件可以大大缩短且不受水冷风室的影响。

经过技术改造后，床温测点的使用寿命大幅延长，故障率大大降低，提高了机组连续安全稳定运行时间。

某厂470t/h循环流化床锅炉共有48个床温测点，采用的是双支K型热电偶（长为8m，直径为8mm），每个双支热电偶相差150mm。安装后床温分上床温和下床温两层，每层24点、分3排每排8支分布，但运行中温度测量结果不准确，48点温度不均匀，套管磨损严重。原热电偶外套管直径为16mm，外套管由炉墙外至水冷风室法兰盘连接处均为一体。热电偶在外套管中装卸困难，若更换新热电偶则需要将外套管和原热电偶一并锯断。

结合现场情况将双支热电偶改为单支热电偶，48点变成24点，保护套管由原来的500mm改为700mm，不分上、下层床温，只保存一层床温测点，热电偶直径由8mm改为6mm。为了更好的防磨（如图9-5所示），套管和外套管选用1Cr25Ni20Si2材料加工而成，安装时避开风帽直吹，若避不开则堵住直吹的风帽小孔，延长热电偶使用寿命。

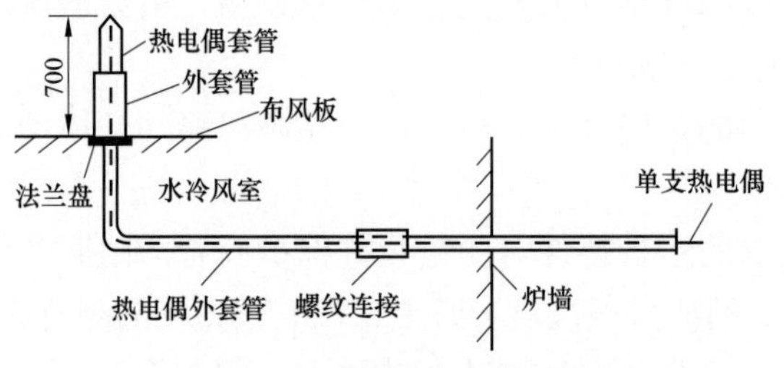

图9-5　改造后的温度测点布置

改造后锅炉床温显示均匀，没有大的偏差和坏点，单层测量基本能够反映床温和燃烧状况，停炉检查时套管完好，没有受到明显磨损。

三、不穿布风板设计及改造

某厂锅炉炉膛长为18120mm、深为7492mm，布风板标高为7000mm，其中一次风由布风板进入炉膛，二次风由布置在炉膛密相区前、后墙的二次风口供给，通过二次风门可灵活调节上、下层二次风量。密相区后墙下部布置了4个排渣口，炉膛前墙布置了6个给煤口及4个石灰石口。用于测量床层温度和压力的测量元件都安装在密相区，温度测点布置位置如图9-6所示。运行中锅炉在90%以上高负荷时，密相区温度显示最小为390℃，最大为924℃。

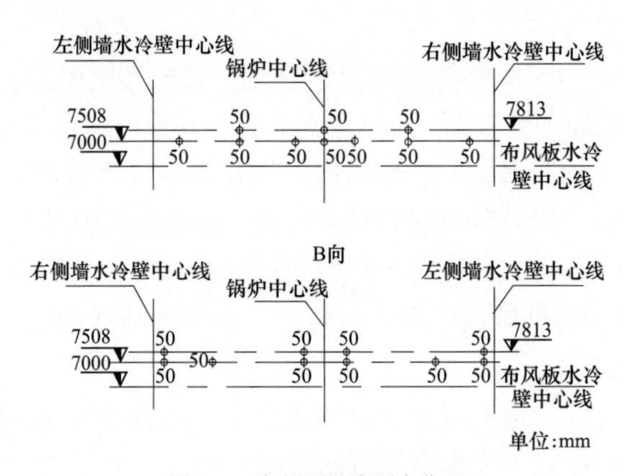

图9-6　密相区温度测点位置

检查发现该锅炉密相区温度测点仅伸出炉墙70mm，此外布风板四周均有凸台，其上表面距离下层温度测点仅150mm。因热电偶为斜向下布置，故凸台上表面距离下层温度测点实际距离仅为60mm。由于炉膛四周存在边壁层，热电偶的插入深度小于边壁层的厚度，故热电偶无法正确显示其所在区域温度。

为提高测量准确性，对密相区温度测点进行了改造。首先将测点安装方式改为套管式（原测点安装方式为直接浇注在炉墙内），以方便热电偶损坏后进行更换。其次是将热电偶伸出炉墙长度由原来的 70mm 改为 200mm。

温度测点优化改造后，锅炉满负荷时密相区温度最小为 826℃、最大为 891℃，最大温差由改造前的 534℃减小至 65℃，相同位置上、下层最大温差降为 6℃，且温度显示较为均匀，改造效果明显。

第三节　压力测点

一、原则

循环流化床锅炉的床压测量有别于常规的压力测量，典型 300MW 机组床压测点分布示意图见图 9-7。因为流动的床料极易堵塞测压点和测压管线，所以应布置外部吹扫和内部吹扫压缩空气。为清除压力测孔部位的堆积床料，外部吹扫需定期开启。内部吹扫应为连续供气，吹扫时对床压测量产生的影响可由压力补偿装置自动补偿。在锅炉投运前，需对床压测孔逐一检查，防止堵塞并核对测孔距布风板的距离（见图 9-8）。由于施工误差，各测压孔距布风板距离与设计位置可能有偏差，如锅炉运行时各点所测压力值相差过大，会影响运行人员的判断和操作。

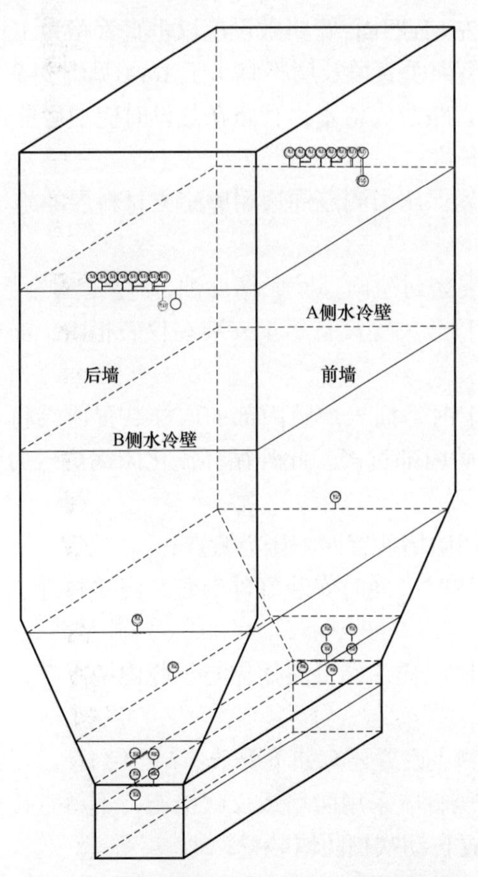

图 9-7　典型 300MW 机组床压测点分布示意图

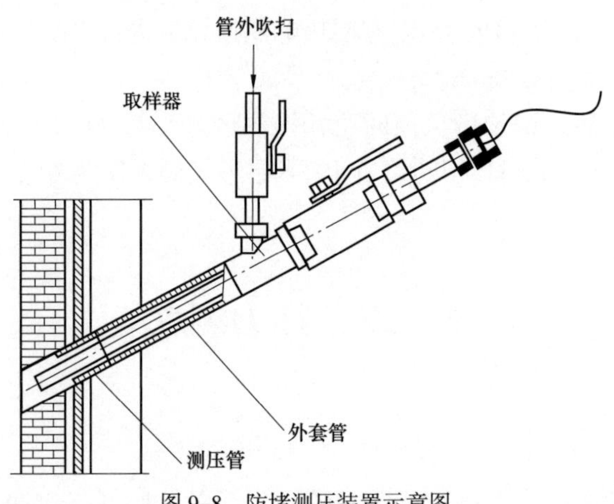

图 9-8　防堵测压装置示意图

锅炉密相区耐磨耐火材料层厚度根据位置不同而有所差异，为避免炉膛内部浇注后测点高度误差过大，在床压测点安装前应根据图纸确定同一层各部位测点的浇注层厚度，确保取样点高度误差小于 20mm。传压管路敷设路径也会影响取压元件的防堵与测量准确性，因此应合理选择就地变送器布置位置：

（1）变送器布置应采用就近安装原则，对于密相区四周的测点尽可能的引至炉膛前、后、左、右四面，管路敷设应以垂直管路为主；

（2）与取样点连接的管路垂直段长度不宜小于 1m（见图 9-9），避免运行过程中物料进入管路造成堵塞，管路在敷设时应尽可能保证取样点向上的垂直管段长度；

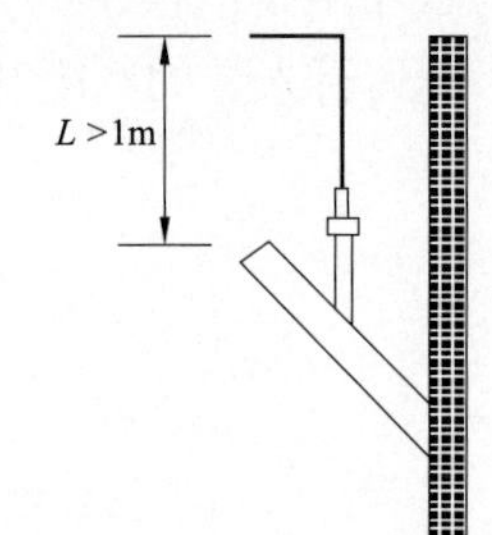

图 9-9　安装高度示意图

（3）加强施工管理，确保压力测点周边耐磨耐火材料层的施工质量；

（4）就地设备接线盒要密封防雨、防潮、防腐蚀，尽量远离热源、辐射、干扰，变送器、行程开关等设备尽量安装在仪表柜内，必要时还应对取样管和柜内采取防冻伴热等措施。

当温度达到 900℃以上时，插入炉膛内部的取样装置前端将变软，因此取样装置安装时应避免将取样头插入炉膛内部过多。此外循环流化床锅炉压力测点安装时还应遵循以下原则：

（1）正压运行区域使用防堵装置匹配压力测点；

（2）耐磨耐火材料浇注时应同时安装好外套管，浇注料施工中不应有测点标高和角度的偏差；

（3）取压管应采用斜插取样，端口斜面应与炉膛内壁平齐，同层测点取压管中心线高度偏差不得大于 20mm。

循环流化床锅炉压力测点设置还有如下要求：

（1）正压区域风烟取压管应采用防堵或反吹措施，不得直接进行取压，正压高浓度物料设备上的压力测点应设置自动吹扫防堵装置；

（2）压力测点应考虑管道或设备的膨胀影响，采取膨胀补偿措施。

如表 9–5 所示，一般来说，密相区压力测点应布置两层，以布风板上表面为基准，下层压力取压孔高度为 200~260mm；上层压力取压孔高度为 1600~2000mm。

表 9–5　　炉膛密相区压力测点典型数量

容量等级	240t/h及以下	440t/h	670t/h	1025t/h及以上
单层测点数量（个）	4~6	4~6	6~8	6~8

稀相区压力测点一般也应布置两层，同层测点在炉膛左、右两侧对称各布置 1 个。下层测点应布置在距布风板上表面 7000mm 处，上层测点应布置在炉膛耐磨耐火材料上沿至炉膛出口中心线的中点处，同侧测点应在同一竖直线上。

如果是炉膛出口压力测点则分离器在左、右墙时，测点宜布置在前、后墙，其他方式测点宜布置在左、右墙。各测点应单独开孔，不应合并使用，测点布置标高要在炉膛出口烟窗中心线位置，同侧测点之间距离不得小于 300mm。炉膛出口压力测量应设置 3 个，大容量循环流化床锅炉炉膛压力保护应设置多个测点，采用压力开关，其中炉膛压力高Ⅱ值、低Ⅱ值、高Ⅲ值、低Ⅲ值各 3 个，同一定值的 3 个压力开关不应布置在同一侧。

锅炉压差测点的安装位置和安装数量还有如下要求：

（1）应分别布置炉膛压差、床层压差、炉膛上部压差测点；

（2）炉膛压差应分别取炉膛密相区下层压力和炉膛出口压力，炉膛左、右侧各布置 1 个测点；

（3）床层压差应分别取炉膛密相区下层压力和上层压力，炉膛左、右侧各布置 1 个测点；

（4）炉膛上部压差应分别取炉膛稀相区上层压力和炉膛出口压力，炉膛左、右侧各布置 1 个测点。

二、床压测点改造

某厂采用武汉锅炉厂生产的 WGF480/13.7–1 型锅炉，床压测点采用花瓶式自动补偿取样装置，机组启动后容易堵塞。此外，炉膛密相区床压测点布置高度不一致，在风帽上方、下方和同一水平方向均有布置，其安装角度也各不相同。锅炉水冷布风板位于炉膛底部，密相区下部床压测点距布风板 620mm 对称布置，前、后墙各 4 个，左、右墙各 1 个。自投产以来该厂锅炉运行时密相区床压测点存在如下问题：

（1）测点监测数据差别大，无法作为运行人员的判断依据；

（2）个别测点严重堵塞，测得的数据为零或长时间无变化，经处理后虽有好转，但运行一段时间后又会堵塞；

（3）测点显示为坏点或超量程，无法使用。

锅炉静止料层厚度为 700~800mm，如将测点安装位置靠近离布风板一些，这样测量的厚度会有增加，但因风帽有 200mm 的高度，安装位置如在风帽下部或者接近风帽高度，测量结果会受到风帽气流的影响。机组停运期间，对测量回路及变送器进行了校验，发现大多数变送器存在零点漂移现象，特别是个别变送器量程设置错误。测点高度检查发现，因安装施工不规范，各床压测点高度不在同一水平面，测量装置取压管的安装角度也不相同。

观察各测点取压口，基本都存在堵塞现象，测孔附近的耐磨耐火材料磨损也比较严重（见表 9-6）。

表 9-6　　密相区床压测点检查情况

测点位置	高度（mm）	测孔堵塞情况	取压点磨损情况
右墙压力	350	轻微堵塞	较平整
前墙压力 1	320	完全堵塞	已磨损
前墙压力 2	330	轻微堵塞	已磨损
前墙压力 3	300	堵塞	已磨损
前墙压力 4	250	无堵塞	已磨损
左墙压力	450	轻微堵塞	已磨损
后墙压力 1	400	堵塞	已磨损
后墙压力 2	500	完全堵塞	已磨损
后墙压力 3	550	完全堵塞	已磨损
后墙压力 4	350	轻微堵塞	已磨损

因此，从以下两个方面进行改造：①床压测量装置选用带有防堵吹扫的补偿式风压测量装置；②重新浇注取压管附近的炉墙，确保压力测孔处于同一高度，对取压口进行光滑处理且将取压管倾斜角度调整一致。

测量装置施工包括取压管施工和控制箱及管线施工两部分。安装测压取压管时，要求水平倾斜角度大于 30°（本次改造为 45°），取压管炉膛外侧高于炉膛内侧，吹扫取样头前端缩回炉墙表面为 30~40mm，以防取样管口烧损或堵塞影响测量精度。确保测压取样管前端标高一致，改造前墙外测点标高距布风板 620mm，但因锅炉前后墙和侧墙的浇注料厚度不同造成炉膛内部取压口高低不一，改造施工时将炉内测点距布风板高度统一调整为 350mm（见图 9-10）。

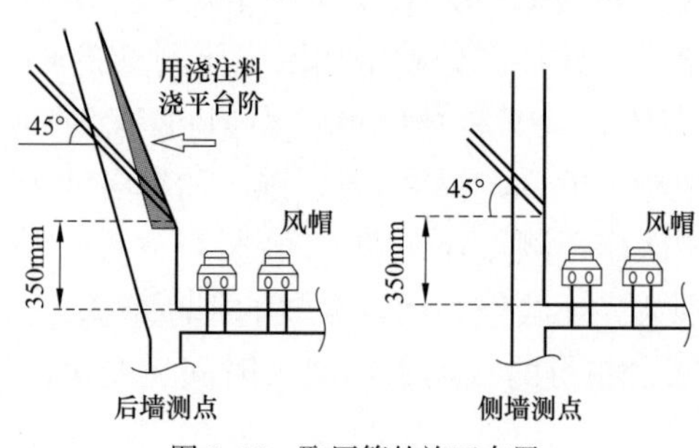

图 9-10　取压管的施工布置

控制箱及管线施工要求如下：

（1）恒气流控制箱采用壁挂式垂直安装，确保流量控制器正常指示。管路连接采用无缝钢管、不锈钢管或金属软管，焊接前用压缩空气将管内垃圾、灰尘吹扫干净，确保清洁；

（2）焊接时应拧下恒气流控制箱的活络接头，以免产生的高温损坏箱内的联络管路；

（3）确保管路焊接处无漏气，在连接处加密封垫确保无漏风。

锅炉改造后的典型运行参数显示，床压测量结果为 3.4~3.9kPa，且停炉后无堵塞，改造所选用的设备和方案有效。

三、利用风室压力表征床压的方法

风室风压虽然较高，但是粉尘浓度小。只要取样管安装符合规范，一般不会堵塞。因此在测量结果相对准确的前提下，可以考虑使用风室压力扣除布风板阻力的办法来表征床压，此方法简单易行。

循环流化床锅炉运行时炉膛内的物料处于流化状态，可认定为理想状态，此时料层阻力等于单位面积布风板上的料层重量。因此，实际料层阻力也可通过以下公式进行计算：

$$\Delta P_{lc}=P_{fs}-P_{bfb} \tag{9-1}$$

式中　ΔP_{lc}——料层阻力，Pa；

P_{fs}——实测风室压力，Pa；

P_{bfb}——计算热态布风板阻力，Pa。

由于布风板阻力可以在冷态时进行准确测量，并根据热态时风温、风压计算得到对应的热态布风板阻力。因此结合上述公示通过风室压力可以求得料层阻力，并帮助运行人员确定其对应的料层厚度。

四、炉膛出口压力测点优化

炉膛出口取样管一般情况下不会堵塞，但是如果取样点选取不当，会造成取样管内大量积灰，最终堵死取样管。管子越细越容易堵塞，由于取样管内壁粗糙，加上管内为静压测量，因此灰在自身重力的作用下可能在取压管内堆积，这是造成取样管积灰堵塞的原因之一。如果取样管水平放置或安装角度不符合要求，这些堆积物在高温的作用下会逐渐硬化，使得取样管难以疏通。炉膛出口取样管大量积灰或堵塞会使炉膛出口压力测量值失准，影响运行人员的判断。

解决取样管堵塞问题，可从规范安装技术、改进取样装置两方面来消除：

（1）应保证炉膛出口烟压取样管正确安装，取样管安装时必须符合热工仪表施工及验收技术规范规定。当测量带有灰尘或气固混合物等介质的压力时，取样管在炉墙和垂直管道或烟道上应倾斜向上安装，与水平线夹角大于 30°（如图 9-11 所示）。为取得更好地防堵效果，在保证取样管和取样防堵装置可安装的前提下，与水平线安装夹角越大越好。从力学角度分析，取压管与水平线的夹角越大，堆积在取样管内颗粒物与管壁的摩擦力越小，重力的分力越大。当重力的分力大于摩擦力时，颗粒物不容易堆积在取样管内。

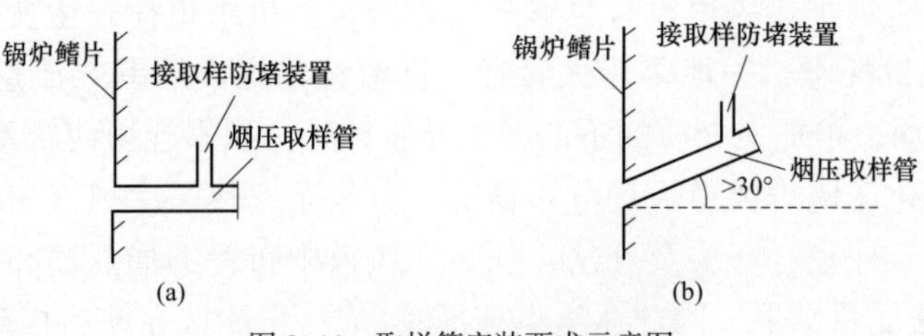

图 9-11　取样管安装要求示意图

(a) 取样管水平；(b) 取样管大于 30°

（2）取样管实际安装中既要考虑锅炉结构的影响，也要考虑安装位置的限制和检修便利性等因素。炉膛出口参数是在静压下测得的，如果锅炉水冷壁管没有作让管处理，安装在锅炉本体上的取样管内径较小，存在管内积灰的风险。在不影响参数测量的前提下，可设法改变测量参数的静压，即向管内连续吹入少量的空气，在管内产生一定的流动性。

某厂 300MW 循环流化床锅炉负压取样管安装过程中发现取样管安装高度和位置不合理，根据现场实际情况改进后可以保证负压取样管能够正常测量而不堵灰。厂家设计的炉膛负压取样管安装图如图 9-12 所示，吹气式防堵装置由压力取样头和恒气流控制箱组成。适用于炉膛、烟道中灰浓度较高处的压力测量。恒气流控制箱内装有过滤减压阀、压力表、转子流量计和流量调节阀。气源压力为 0.2~0.5MPa，调节阀输出压力为 0.1MPa，恒定流量为 60L/h。

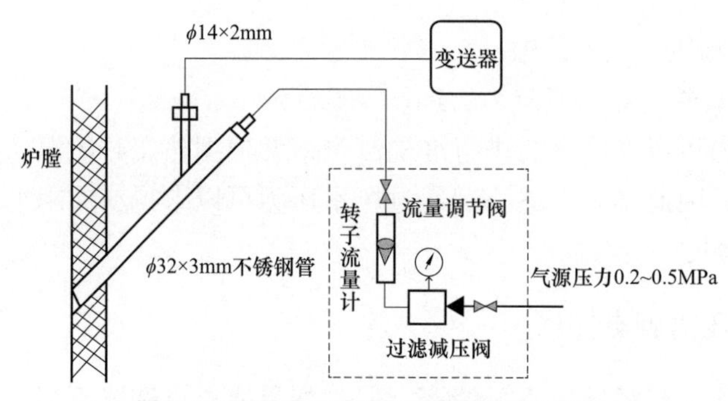

图 9-12　炉膛出口防堵压力测点原理示意图

第四节　风量测点

一、原则

可靠的风量测量系统对循环流化床锅炉稳定运行十分关键，一般要求其测量元件具有较高的压差放大倍数，重复性、稳定性好。一次元件的安装位置也很重要，测量元件和安装位置要避开涡流，选择能够代表流动特性的断面。压力传感器的最大流量值应该是满量程的 70%~80%，保证压差系统有合适的分辨率，一旦量程确定后，还需要重新检查零点。传感器管线系统连接部分须采用紫铜垫片，平衡阀组件只能全开和全关，防止泄漏。停炉时应定期检查风量传感器的零点、传感器的量程，并进行必要的流量标定工作。

很多循环流化床锅炉热风道没有足够的直管段，当机组负荷发生变化时，管道内气流不稳定。为降低风机耗电，一般采用大管径、低流速输送。压差式流量计的压差值太低，使得流量计信号微弱，再加上介质的不洁净，导压口脏污积累容易使压差信号错误传递。

此外，循环流化床锅炉风道流场分布情况十分复杂，热一次风、二次风流量测量直管段有限，且多挡板、变径、弯头及分岔，加之在风道中布置的加强筋和支撑架使流场进一步被破坏，影响风量测量结果。因此在测点选择时，应尽可能选在前后扰动较少的直管段上，并选用对直管段长度要求小的测量装置。

目前国内常用的风量测量装置类型有文丘利、机翼型、阿纽巴（菱形截面）、威力巴（弹头型截面）等几种。大部分风量测量采用压差式测量原理，当风管内有气流流动时，风量测量装置的迎风面感压空间受气流冲击，在此处气流动能转换为压力能，因而迎面管内压力较高，其压力称为全压，背风面感压空间由于不受气流冲击，其管内的压力为风管内的静压力，其压力称为静压，全压和静压之差称为压差。压差的大小与管内风量（速度）的大小有关，风量大，压差大，风量小，压差小。因此，只要测量出压差的大小，再找出压差与风量（速度）的对应关系，就能正确地测出管内的风量（速度）。

二、常见流量计型式

1. 文丘利流量计

当风吹过阻挡物时，在阻挡物的背风面上方端口附近气压相对较低，从而产生吸附作用并导致空气流动，这就是文丘利效应。把流道由粗变细，可以加快气体流速，使气体在文丘利管出口的后侧形成一个负压区，负压区靠近工质时会对工质产生一定的吸附作用。

文丘利管由等直径入口段、收缩段、等直径喉道和扩散段等组成。设入口段和喉道处流体平均流速、静压和管道截面积分别为 v_1、p_1、S_1 和 v_2、p_2、S_2，密度 ρ 不变，根据连续性方程计算出流量 Q：

$$Q = S_1 v_1 = S_2 v_2 \tag{9-2}$$

由伯努利方程：

$$p_1 + \frac{1}{2}\rho v_1^2 = p_2 + \frac{1}{2}\rho v_2^2 \tag{9-3}$$

可导出流量公式

$$Q = S_2 \times \sqrt{\frac{(2/\rho)(p_1 - p_2)}{[1-(S_2/S_1)]^2}} \tag{9-4}$$

文丘利风量测量装置为压差型测量方式，因负压测点取在内文丘利喉部，很容易堵塞，加之存在测量装置阻力大、信号放大倍数较小等缺点，目前已较少使用。

2. 组合式双文丘利流量计

如图 9–13 所示的组合式双文丘利流量计是在插入式文丘利管的基础上开发，并按照速度面积法布置的流量传感器，它将节流式流量传感器与速度面积法测量相结合，从而得到流量。将组合式双文丘利流量计插入管道内平均流速的位置范围内可以检测代表点流速的变化。流体流过测量段文丘利喷嘴，测出节流件前后的压差，结合流体物理性质以及流动状态，就可以确定流量与压差的关系，进而计算出流量。

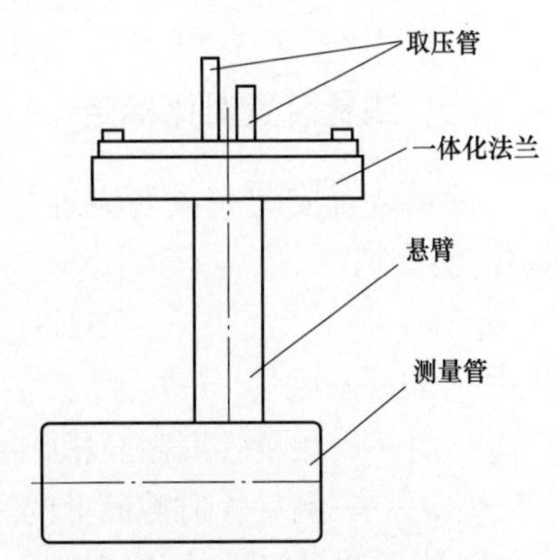

图 9–13 组合式双文丘利流量计的组成

3. 机翼型流量计

机翼型流量计由机翼及一段矩形风道构成，其理论基础是在管道中固定放置一个流通面积小于管道截面积的节流件，管道内流体在通过该节流件时会局部收缩，在收缩处流速增加，静压力下降，在节流件前后将产生一定的压差。对于一定形状和尺寸的节流件、测压位置和前后直管段、流体节流件前后的压差 ΔP 与流量 Q 之间关系符合伯努利方程。

机翼型流量计体积较大，大大的减少了风道的流通面积。为了在流通面积减少的情况下保持风量，必须提高风机的功率，但这会增大能耗。此外，机翼压力引出管大多用仪表管引出，灰颗粒易沉结在引出管上造成堵塞，长时间使用后可能导致流量信号不准确。

4. 涡街流量计

涡街流量计是根据卡门涡街理论利用流体自然振动原理，以压电晶体或差动电容作为检测部件制成的一种速度式流量计。涡街流量计无运动部件，测量元件结构简单，性能可靠，使用寿命长。流量计测量范围宽，不受被测流体温度、压力、密度或黏度等参数的影响。在测量风道、烟道工况复杂的风速、流量时有着一定优势。此外，涡街流量计压力损失小，适用于微压工况，维护量小。

但是涡街流量计也有着明显的缺点：①管道流速不均会造成测量误差，不能准确反映流体工况变化时的介质密度；②抗震性能差，外来振动会使涡街流量计产生测量误差，甚至不能正常工作，大管径时影响更为明显；③对测量介质适应性差，涡街流量计的发生体易被介质脏污或被污物缠绕。

5. 巴类流量计

巴类流量计是基于皮托管测速原理发展而来的一种流量传感器，为压差型测量方式。感压体是一个带有感压孔的小空间，常见的几种结构如图 9–14 所示，其在直管段比较理想和不含灰尘的情况下使用效果较好，在循环流化床锅炉中有大量应用。

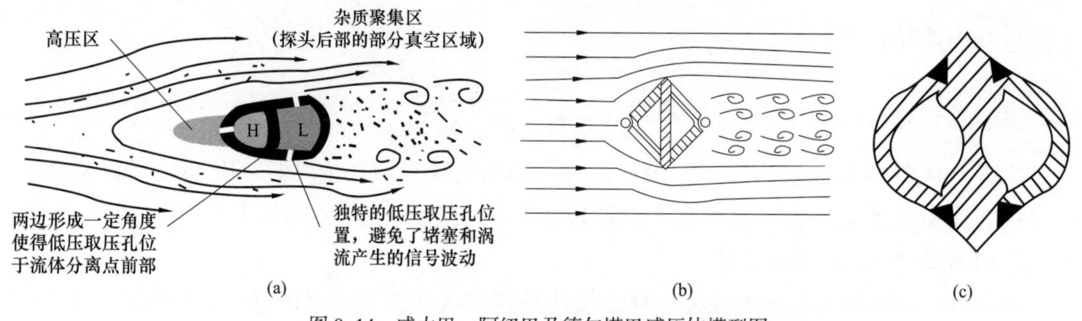

图 9–14　威力巴、阿纽巴及德尔塔巴感压体模型图

(a) 威力巴感压体模型；(b) 阿纽巴感压体模型；(c) 德尔塔巴感压体模型

三、测量装置对比标定

测量装置安装完成后应进行对比标定，风量测量可以利用测量流速的方法换算获得，具体为：

$$Q=3600Au_{pj} \tag{9-5}$$

式中　Q——风量，m^3/h；

A——测量管道截面积，m^2；

u_{pj}——测量管道截面上的平均流速，m/s。

A 值由测量管道的几何尺寸计算得到，风量测量的核心是测出测量管道截面上的平均速度。风量标定时一般利用标准动压测定管（毕托－普朗特管，简称毕托管）结合微压计，通过对管道内气流动压平均值的测量，获得测量管道截面上的平均速度 u_{pj}，具体按式（9–6）计算。

$$u_{pj}=\sqrt{\frac{2\Delta p}{\rho}} \tag{9–6}$$

式中　Δp——标准毕托管实测动压，Pa；

ρ——实测气流的密度，kg/m^3。

实测气流的密度 ρ 根据实测气流温度、压力和标准状态下的气流密度计算：

$$\rho=\frac{(p_{act}+p_s)\times 273.15}{p_0\times(273.15+t)}\rho_0 \tag{9–7}$$

式中　p_{act}——当地大气压，实测或由当地气象部门获得，Pa；

p_s——测量管道截面上的气流静压，Pa；

t——测量管道截面上的风温，℃；

ρ_0——标准状态下空气的密度，ρ_0=1.293，kg/m^3；

p_0——标准状态下的大气压力，p_0=101325，Pa。

将式（9–6）和式（9–7）代入式（9–5）中，则可以得到：

$$Q=A\sqrt{\frac{2\times 273.15}{\rho_0(273.15+t)}\times\frac{p_{act}+p_s}{p_0}\Delta p} \tag{9–8}$$

则对于流量测量元件，则有：

$$Q=K_d A\sqrt{\frac{2\times 273.15}{\rho_0(273.15+t)}\times\frac{p_{act}+p_s}{p_0}\Delta p_d} \tag{9–9}$$

式中　Δp_d——测量元件的实测动压，Pa；

K_d——流量系数，为标准毕托管动压与流量测量元件动压比值的开方，按式（9–10）计算。

$$K_d=\sqrt{\frac{\Delta p}{\Delta p_d}} \tag{9–10}$$

对于标准毕托管，气流的动能可认为全部转化为压头，因此 K_d=1。

循环流化床风量测量范围内，空气流动处于自模化区，流量系数 K_d 为一定值（即不随流量、温度、压力等参数变化而变化）。根据标定结果，若不同风量标定工况下流量测量元件的 K_d 值近乎恒定，则表明该流量测量元件具有良好的测量线性。由式（9–10）根据标定获得的 K_d 值，通过流量测量元件的动压值 Δp_d 和当地温度、大气压测量值，可以计算获得测量管道中实际的流量值，并实现控制系统的准确流量显示。以上是对阻力型流量测量元件进行标定的方法。对于采用其他原理进行流量测量的测量元件，可以通过标准毕托管测得的流量与测量元件测得的流量相互对比的方式进行标定。

因为毕托管测量得到的仅仅是空间中某一点速度值，受实际流体的黏性作用影响，流体的速度场可能分布不均匀，仅选用某点的数值作为截面的测量代表点会引入很大的误差，因此测量管道平均流速时必须严格采用网格法进行。为了避免管道的进口端、弯管或其他阻力件对流体产生影响，应该保证一定的直管段长度，测点最好距离弯头、接头、阀门和变径管上游方向 3 倍管径以上、下游方向 6 倍管径以上的位置，矩形管道应当以当量直径 D 代替管径，其计算公式为 $D=2AB/(A+B)$（式中 A、B 为矩形边长），如果不能满足测点布置的要求，则应在横截面上与之垂直的方向布置另一组测孔。

测量时通常会将管道分成面积相等的几个部分，测量出每一部分特征点的参数，并且近似认为该点参数可以代表区域每一点的速度，选择的特征点越具代表性，测量得到的结果就越与实际值接近。对于圆形截面的管道，一般采用等环面积法确定特征点，即将圆形划分为 n 个等面积的同心圆环（圆环个数可以选取表中的推荐值，如果管道直径小于 0.3m，仅需测量管道中心即可），再将圆环分为面积相等的两部分，每个测点均应在等面积圆环的中心线上，测点距离圆形截面中心的位置按照式（9–11）和表 9–7 进行计算：

$$r_i = R \times \sqrt{\frac{2i-1}{2n}} \tag{9-11}$$

式中 r_i——测点距圆形截面中心的距离，mm；

R——圆形截面半径，mm；

i——从圆形截面中心算起的序列号；

n——圆形截面所需划分的等面积圆环数。

圆形管道测点位置示意图见图 9–15。

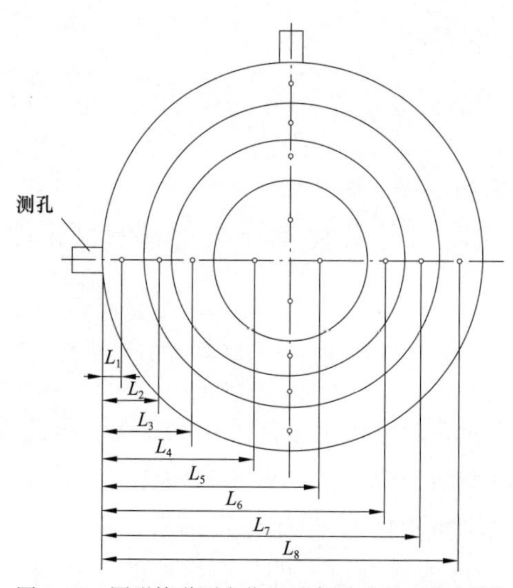

图 9–15　圆形管道测点位置示意图（以 4 环为例）

表 9–7　　圆形管道截面时圆环划分和测点总数推荐值

管道直径（mm）	300	400	600	800	1000	1200	1400	1600	1800	2000
环数 n	3	4	5	6	7	8	9	10	11	12
测量直径数	1	1	2	2	2	2	2	2	2	2
测点总数	6	8	20	24	28	32	36	40	44	48

表 9–8 列出了圆环数与测点位置的关系。

表 9–8　　测点距离管道开孔处内壁的距离（*D* 为管道直径）

距离	1圆环	2圆环	3圆环	4圆环	5圆环
L_1	0.146*D*	0.067*D*	0.044*D*	0.032*D*	0.026*D*
L_2	0.854*D*	0.25*D*	0.146*D*	0.105*D*	0.082*D*
L_3	—	0.75*D*	0.296*D*	0.194*D*	0.146*D*
L_4	—	0.933*D*	0.704*D*	0.323*D*	0.226*D*
L_5	—	—	0.854*D*	0.677*D*	0.342*D*
L_6	—	—	0.956*D*	0.806*D*	0.658*D*
L_7	—	—	—	0.895*D*	0.774*D*
L_8	—	—	—	0.968*D*	0.854*D*
L_9	—	—	—	—	0.918*D*
L_{10}	—	—	—	—	0.974*D*

对于矩形截面的管道，应用经纬线将截面分割成若干等面积的接近于正方形的小矩形块，每个小矩形对角线的交点即为测点，测点的位置如图 9–16 所示。测点的布置个数可以按照表 9–9 中的推荐值选取，如果管道横截面积小于 0.1m^2，仅需测量截面中心即可。

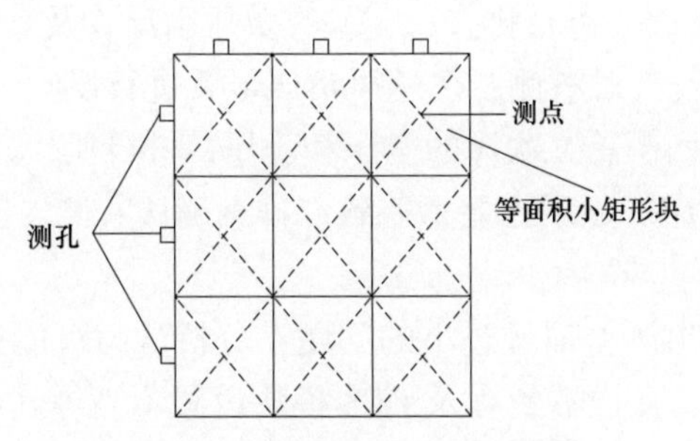

图 9–16　矩形管道测点位置示意图

表 9–9　　矩形管道截面时沿边长分布的测点数量推荐值

边长*L*（mm）	≤500	500~999	1000~1499	1509~1999	2000~2499	≥2500
测点排数	3	4	5	6	7	8

四、测量元件及安装位置不当改造

某厂采用 HG–1065/17.5–L.MG44 型锅炉，锅炉风量测量系统中油枪点火风、混合风道及床上启动燃烧器采用机翼测量装置（见图 9–17），其规格分别采用 466mm × 1166mm × 8mm、484mm × 1166mm × 8mm 及 ϕ564 × 8mm；一次热风道、二次热风道、给煤口密封风管道采用插入式威力巴测量装置（见图 9–18），其规格分别采用 ϕ2462 × 6mm、ϕ2622 × 6mm 及 ϕ410 × 4mm。

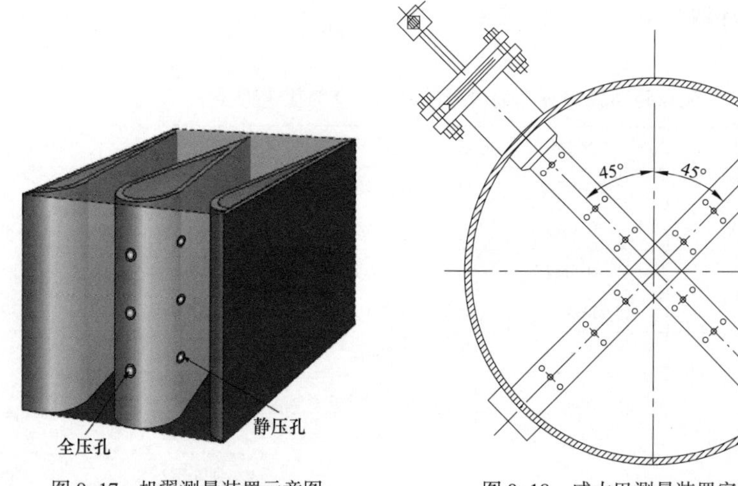

图 9-17　机翼测量装置示意图　　　　图 9-18　威力巴测量装置安装示意图

锅炉风量调试过程中发现右侧二次总风 DCS 压差信号过大，左内侧二次风 DCS 压差信号过小；左侧一次风量，在一次风挡板开度小于 50% 开度时无读数，在挡板开度大于 50% 时风机电流不变的情况下有读数，但会有波动，左、右两侧压差信号输出均有突变现象。

分析认为可能存在负压引出管及其连接件泄漏，静压取压孔堵塞，变送器量程及 DCS 公式错误等几种原因。为此逐一进行排查：①检查负压引出管及其连接件是否有泄漏；②当二次风机停运时，用压缩空气对右侧二次总风负压母管进行反吹扫；③当二次风机启动后，用 U 形管分别测量左、右两侧总二次风的全压和静压，进行比较。在进行查漏及吹扫之后，测量发现右侧实测压差和 DCS 显示压差不一致，排查确认右侧二次热风 DCS 模块设置存在问题。

对于左侧内二次风输出压差信号过小的问题，分析认为可能存在正压引出管及其连接件泄漏，正压取压孔堵塞，变送器量程及 DCS 模块设置不当等问题。经查漏及吹扫后，排除了变送器量程和 DCS 模块设置问题，风机启动后仍然存在左侧内二次风输出压差信号过小的现象，对左侧内二次风测量装置两边取样阀门进行开关并记录动作时间，对比 DCS 压差曲线变化后确认问题为左侧探头质量缺陷，需返厂处理。对于左侧一次风量读数波动问题，左、右两侧压差信号输出均有突变现象，这期间风机电流不变。查看现场安装位置发现，一次风测量装置前有点火风混合风分叉，后有挡板门，中间安装长度只有 1.5m，由于该处安装位置不佳，导致该处气流不稳。因此，对左、右两侧一次风测点位置进行变更（如图 9-19 所示）。

五、量程设置错误改造

某厂调试过程中发现一、二次风量的量程设置偏大（如图 9-20 所示）。锅炉 DCS 左、右侧一次风流量的量程均为 0~500000m^3/h（标态），而每侧设计最大一次风量为 150000m^3/h（标态），为 DCS 量程的 30%；设计最小一次风量为 105000m^3/h（标态），为 DCS 量程的 21%。DCS 左、右侧总二次风量的量程为 0~1000000m^3/h（标态），而每侧设计最大总二次

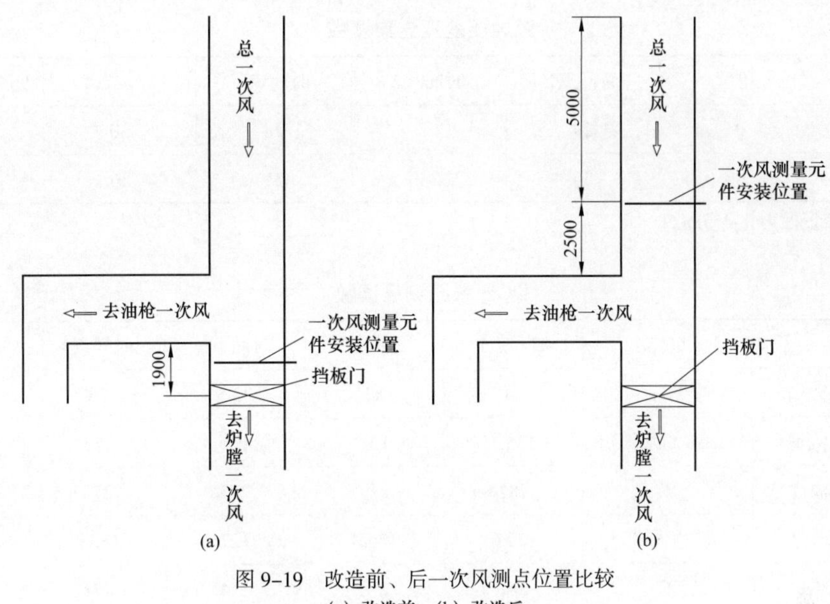

图 9-19　改造前、后一次风测点位置比较
(a) 改造前；(b) 改造后

风量为 225000m³/h（标态），为 DCS 量程的 23%；设计最小总二次风量为 70000m³/h（标态），为 DCS 量程的 7%。DCS 左、右侧下二次风量量程为 0~1000000m³/h（标态），而每侧设计下二次风量最大为 130000m³/h（标态），为 DCS 量程的 13%；设计最小下二次风量为 40000m³/h（标态），为 DCS 量程的 4%。

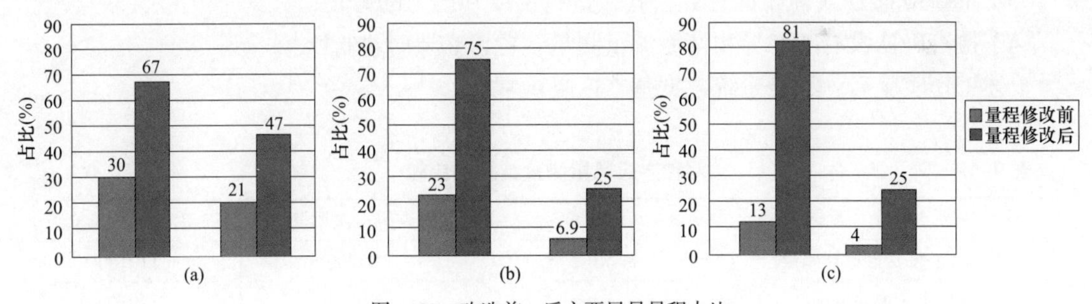

图 9-20　改造前、后主要风量量程占比
(a) 一次风量；(b) 总二次风量；(c) 下二次风量

为了提高风量显示的精确度，将每侧一次风量量程更改为 0~225000m³/h（标态），这样设计最大一次风量为量程的 67%，设计最小一次风量为量程的 47%；每侧总二次风量量程更改为 0~300000m³/h（标态），这样设计最大总二次风量为量程的 75%，设计最小总二次风量为量程的 23%；每侧下二次风量量程更改为 160000m³/h（标态），这样设计最大下二次风量为量程的 81%，设计最小下二次风量为量程的 25%。

调试过程中还发现，DCS 显示各负荷工况下运行的一次风量与设计值差别较大。随即对一次风量测量装置进行校对（风量测量装置之前已进行标定），表 9-10 和表 9-11 为 70% 负荷时测取的数据。

表 9-10　就地压差变送器读数

项目	单位	时间点1	时间点2	时间点3	时间点4	变送器测量结果
左侧读数	Pa	29	28	28	30	125
右侧读数	Pa	36	34	34	36	152

注　变送器量程为 0~435Pa。

表 9-11　DCS 系统测量读数

项目	单位	时间点1	时间点2	时间点3	时间点4	平均值
一次风压力	kPa	24	24	23.5	23	23.6
右侧一次风流量	m^3/h（标态）	135.5	123	130	128	129.1
右侧一次风温度	℃	282	279	275	273	277
左侧一次风流量	m^3/h（标态）	129.6	125.8	127	130.9	128.3
左侧一次风温度	℃	281	278	274	271	276

从表 9-12 中数据可以看出，实际风量比 DCS 显示的风量小，且存在两侧风量不均。因为运行时需要投入自动控制，如果风量不准，会影响自控系统投入的效果，同时也会影响运行人员对锅炉运行参数的监视。除前文改造外还采取了以下技术措施：

（1）重新紧固流量计和变送器的接线；

（2）重新检查确认压差变送器的量程点和零点；

（3）重新检查 DCS 流量的计算公式，进行温度和压力的修正；

（4）检查确认没有灰和异物堵塞流量测量装置，必要时进行吹扫。

上述工作实施后，测量系统数据基本恢复正常。

表 9-12　两种方式风量测量结果的比较

项目	单位	左侧一次风量	右侧一次风量
就地压差变送器计算风量	m^3/h（标态）	99700	110100
DCS 上读取的风量	m^3/h（标态）	128300	129100
70% 负荷时设计风量	m^3/h（标态）	131500	131500
DCS 显示风量的误差	%	28.8	17.3

第五节　煤质在线监测

一、应用背景

煤质在线检测系统近年来在国内循环流化床锅炉上有一定应用，一般而言该系统具备如下功能：

（1）可按监管要求对监测指标进行全自动实时在线分析检测，并将数据输出；

（2）检测包括水分、灰分、挥发分、固定碳、发热量等项目并能够一次同时得出检测结果，并换算为各种基态；

（3）可根据监管需要灵活设定各检测项目的检测频率。

为保证监管数据的可靠、有效，检测系统一般采用全流分析，即煤流全部通过在线分析系统。为满足电厂安全生产管理要求，宜采用无放射源的非接触性检测技术。在线分析检测技术主要采用激光诱导技术、微波测碳技术、近红外光谱测全水技术等。自动在线检测系统检测范围、误差和重复性应满足表 9–13 的要求。

表 9–13　典型在线分析仪检测项目及性能要求

检测项目	符号	单位	检测范围	测量误差	重复性
全水分	M_t	%	0~50	1.5	±3
空气干燥基固定碳	FC_{ad}	%	0~100	1.5	±3
干燥基灰分	A_d	%	0~60	1.5	±3
干燥无灰基挥发分	V_{daf}	%	0~50	1.5	±3
收到基低发热量	$Q_{net,ar}$	kcal/kg	0~7000	150	±3

注　水分、灰分、挥发分、固定碳、发热量的测量误差为自动在线检测系统检测值与国家标准方法检测值之差，国家标准方法包括 GB/T 212、GB/T 213、GB/T 1574 等。

根据国家能源局《关于促进低热值煤发电产业健康发展的通知》，低热值煤发电项目应以煤矸石、煤泥、洗中煤等低热值煤为主要燃料，且入炉燃料收到基的低位热值不高于 3500kcal/kg（14.65MJ/kg），故国内山西等省份已将低质煤发电机组的煤质数据纳入统一的实时监测系统，即要求在役机组开展低热值煤的煤质在线检测。常见的跨皮带式全流分析系统结构图见图 9–21。

图 9–21　跨皮带式全流分析系统结构图

二、煤质在线分析技术

1. 微波及近红外分析系统

结合微波在线测碳技术和近红外在线测水分技术，可以直接测量煤炭的固定碳和水分的组成比例，通过系统的分析和计算得到煤的热值以及其他工业分析值。

微波测碳技术利用微波谐振法检测煤中碳元素含量，由发射天线发出微波，微波遇到碳元素时被吸收，使微波功率发生变化，再利用接收天线，接收到通过煤层的微波，并把它转化为电信号，经过信号调理电路，通过测量微波的功率损耗即可得到煤层含碳率。

近红外水分在线分析将特定波段的近红外线射入样品中，样品所含水分子中的氢—氧键会吸收该波段红外线，并将剩余部分近红外线反射回测量探头，反射回去的近红外线能量和样品中水分子吸收的近红外线能量成正比，根据损失的能量就能计算出被测样品的含水率。

微波及近红外分析系统构造见图 9–22，系统由近红外在线水分仪，微波在线测碳仪（包括微波发射天线和微波接收天线），超声波校正系统，以及现场装置控制及数据分析系统组成。系统将初步分析探测器采集到的近红外信号以及微波信号，结合其他运行信号分析计算出被测量煤的成分。

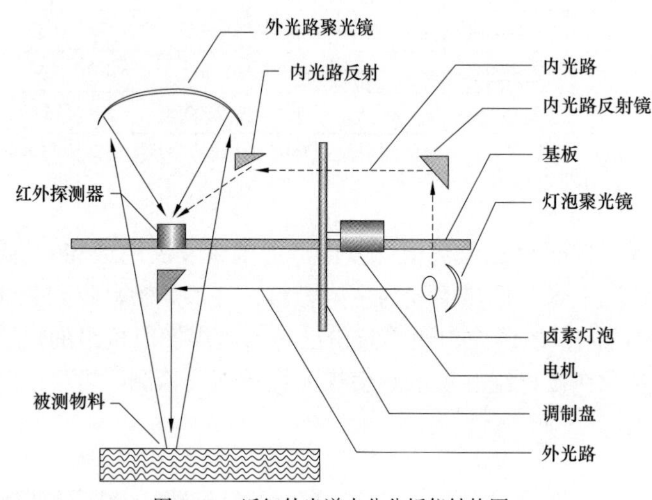

图 9–22　近红外光谱水分分析仪结构图

设备前端探头可采用 C 形支架进行安装（见图 9–23），上、下两排支架中间由槽钢连接，两排支架均可进行上、下高度调节，微波天线安装于支架头部，微波天线可以是板状天线或喇叭状天线，就地仪表测量数据以通信方式或 4~20mA 方式输出，通过信号电缆传输至后台机柜。

仪器采用图 9–24 所示的微波和近红外光谱无辐射，仪器自动化程度高，全程无需人工参与操作，可检测煤流的水分、灰分、挥发分、固定碳、发热量等工业分析指标。将设备直接架设在皮带上，检测设备随皮带启动，皮带将待测煤样不断的输送至检测区域下，系统对煤样进行微波吸收后的强度采集，根据强度变化并去除皮带上煤质量，最终得到待测煤样的准确煤质信息。

2. 激光诱导击穿光谱分析系统（LIBS）

高能脉冲激光在物体表面照射之后，物体表面的原子将在不断充能和释放过程中产生

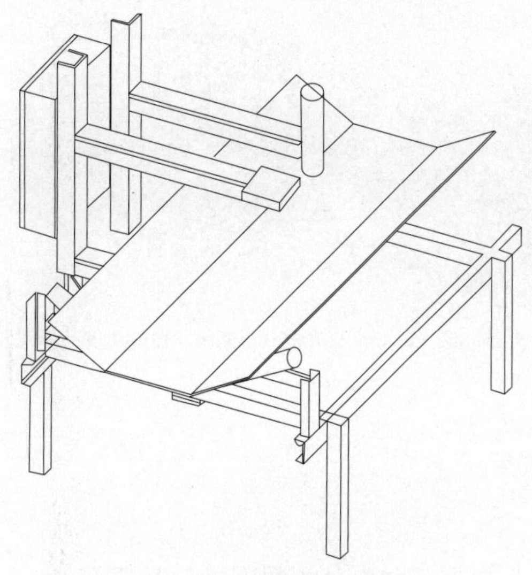

图 9-23　C 形支架示意图

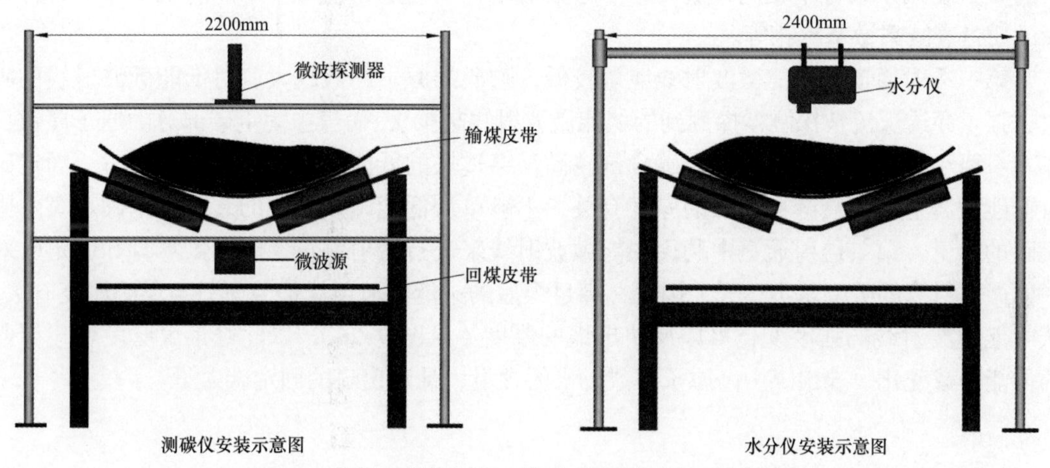

图 9-24　微波在线测碳仪和近红外在线水分分析系统构造图

等离子体，等离子体在爆裂和塌陷的过程中向外发射出特征光谱和轫致辐射，经过极短暂的延时之后，轫致辐射消失殆尽时对特征光谱进行采集、记录和分析，可以实现对物体中化学元素成分的定性与定量分析。

如图 9-25 所示，LIBS 技术的激光源采用脉冲激光，可以在线分析所有矿物的元素组成，包括煤的灰分、挥发分、发热量、固定碳等常规分析，碳、氢、氧、氮、硫等元素分析，铅、汞、砷等有害元素分析。将设备直接架设在皮带上，检测设备随皮带启动，皮带将待测煤样不断地输送至检测区域下，激光器对煤样进行激发，产生的等离子体向外辐射特征光谱和轫致辐射，在延时触发器的工作下，使得光谱仪在轫致辐射最低的时候对特征光谱进行采集，采集到特征光谱之后由计算机对其进行分析，最终得到待测煤样的准确煤质信息。

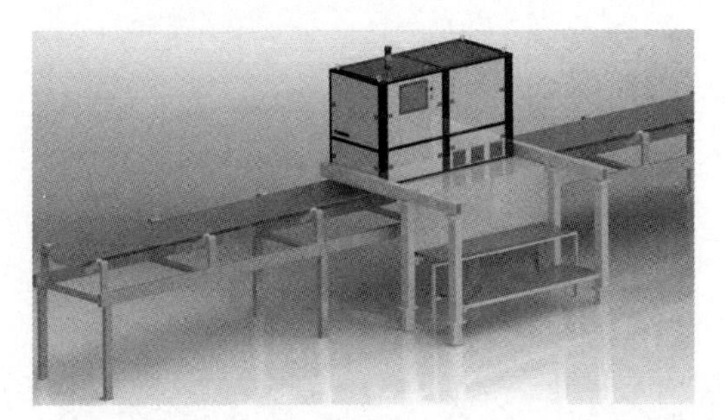

图 9-25　激光诱导击穿光谱分析系统（LIBS）安装示意图

三、高效微波技术应用

1. 技术原理

煤的组成极为复杂，但根据其元素分析数据可分为两部分，一部分是以碳为代表的低原子序数元素；另一部分是以硅为代表的高原子序数元素。对于低能微波射线，煤中各元素的质量衰减系数各不相同，随着原子序数的增大而增加；而对于中能射线，煤中各种元素的质量衰减系数基本相等。

第一透射通道中低能微波射线能量较低，物质的原子序数越大，对低能微波射线的吸收越强（穿透煤流被探测器探测到的低能微波射线越少），而煤中固定碳部分的原子序数比煤本身要小，因此，煤中的固定碳含量越高，穿过煤的低能微波射线越少，同时，固定碳对低能微波射线的衰减还与煤的厚度有关，不能单从低能微波射线的衰减完全确定煤中固定碳的含量。第二透射通道中利用中能微波射线来进行透射测量，因为煤本身和固定碳对中能微波射线的吸收基本一样，因此，穿过煤后的中能微波射线信号就只与煤的厚度有关。从中能微波射线的强度变化可以反映出煤的厚度（见图 9-26），以此修正煤厚度变化引起的低能衰减变化，求出煤中高原子序数元素的含量，计算出煤的固定碳含量。

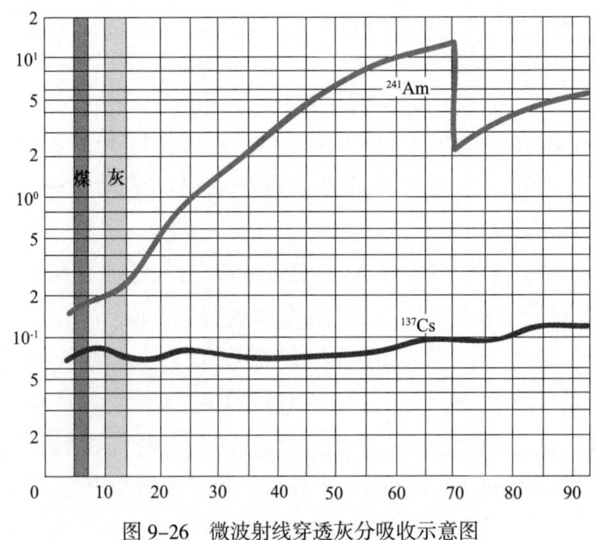

图 9-26　微波射线穿透灰分吸收示意图

2. 固定碳测量

煤中可燃物主要是碳、氢、硫等，平均原子序数约为6，非可燃物成分主要是硅、铝、钙、镁、铁等，平均原子序数约为13。当煤的灰分含量变化时必然引起其平均原子序数的变化。因此，测量穿过煤层的γ射线强度可以确定煤中固定碳的多少。

$$A=B_0+B_1\left[(I_{AM}/I_{0AM})/(I_{CS}/I_{0CS})\right] \tag{9-12}$$

式中　A——通过在线测碳仪测得的固定碳值；

B_0——进行固定碳静态标定时，测得该函数直线在Y轴上的截距；

B_1——进行灰分静态标定时，测得该直线的斜率；

I_{AM}——带式输送机上有煤时低能红外线透过的强度；

I_{0AM}——带式输送机上无煤时低能红外线透过的强度；

I_{CS}——带式输送机上有煤时中能红外线透过的强度；

I_{0CS}——带式输送机上无煤时中能红外线透过的强度。

3. 水分测定

水分在线检测分析装置采用微波测量技术。水的介电常数ε=75，煤的介电常数ε=5，水的正切损耗角$\tan\delta_s$=0.15~1.2，煤的正切损耗角$\tan\delta$=0.001~0.05，$\tan\delta_s$远大于$\tan\delta$，故水对电磁波传输的影响远大于煤，水对电磁波的衰减为31dB/mm（煤），而干煤对于电磁波的衰减小于0.01dB/mm（煤），因此水分的多少决定了电磁波的衰减程度，其表达式为：

$$P_0=2\pi f\varepsilon_0\varepsilon_\gamma\tan\delta \tag{9-13}$$

式中　P_0——衰减功率；

f——工作功率；

ε_0——真空中的介电常数；

ε_γ——水的介电常数；

$\tan\delta$——水的正切损耗角。

水是一种电介质，是极性物质，具有很强的极化特性。在微波电场中，水分子发生取向极化：一方面，不断从电场中得到能量转换为水分子的势能并存储起来，另一方面，由于水分子具有惰性，取向极化运动相对于外电场的变化存在一个时间上的滞后，称为弛豫。而电场的变化也使水分子向相反的程序进行，即水分子又不断地释放能量。前者表现为对微波信号的相移，后者表现为对微波信号的衰减。

利用微波特性来检测煤中含水量时，由发射天线发出微波，微波遇到水时将被吸收，使微波功率发生变化。利用接收天线，接收到通过煤层的微波，并把它转化为电信号，再经过信号调理电路，通过测量微波的功率损耗即可得到煤含水率（见图9-27）。

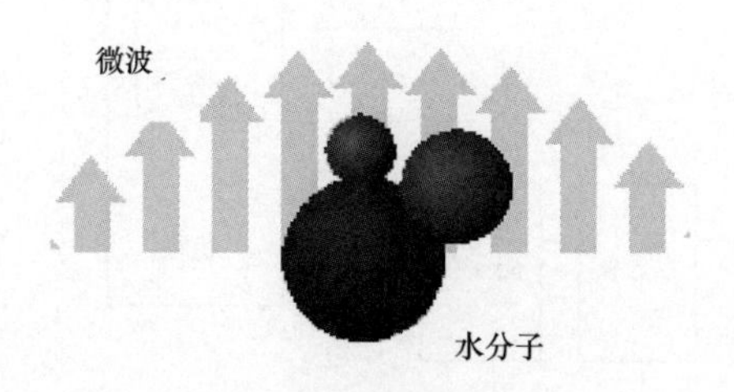

图9-27　微波测水原理图

微波测水装置采用双通道检测方式，主要由信号源、测量部分、信号采集及处理、数码显示和输出接口等组成，其基本组成框图如图 9–28 所示。

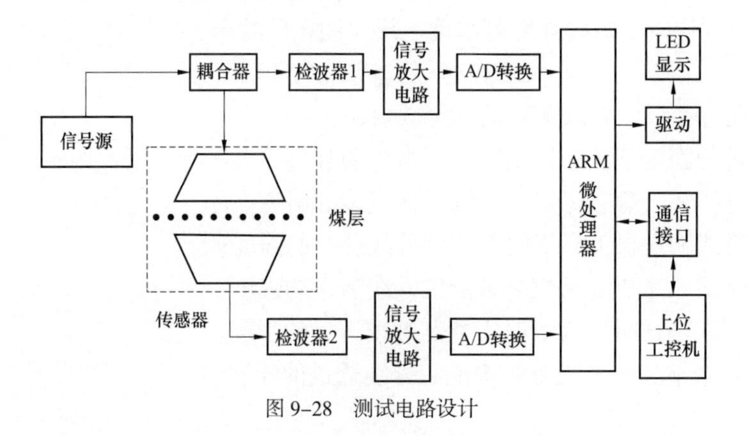

图 9–28　测试电路设计

4. 系统组成及应用

以某 300MW 循环流化床锅炉为例（见图 9–29），其煤质在线检测装置包括以下六部分：

（1）高效微波源。微波波段在 3GHz ± 300MHz 以内，功率 100dBm，穿透煤层厚度最大可达 500mm。

（2）γ 闪烁探测器信号采集通道。系统共有两个 γ 闪烁信号采集通道，分别构成两路测量通道，测量结果输入数据初步分析系统进行测量数据的初步分析。

（3）微波测量系统。包括微波发射天线和微波接收天线。

（4）超声波校正系统。可以提供物料密度的实时变化。

（5）现场装置控制及数据分析系统。结合初步分析探测器采集到的 γ 射线信号、微波信号以及其他运行信号，分析计算出被测量物料的成分。

（6）终端分析和显示系统。通过该系统的工作，可以按照要求输出装置的分析结果，同时该系统还将作为装置和其他系统的通信中介。

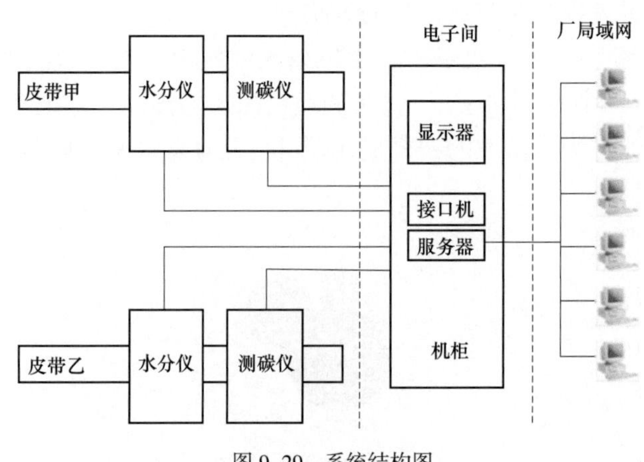

图 9–29　系统结构图

上述煤质在线监测系统功率 3kW，对应皮带输送机皮带宽度 800mm，皮带速度 1.6m/s。日常运行期间煤层厚度≤ 500mm，物料粒度≤ 50mm。系统主要检测分析提供燃煤的水分、灰分、挥发分、固定碳、发热量等技术指标，测量精度如表 9-14 所示。

表 9-14　　在线分析仪检测项目精度

测量内容	符号	单位	测量误差
全水分	M_{t}	%	1
空干基水分	M_{ad}	%	0.5
干燥基灰分	A_{d}	%	中灰（<20）1 高灰（<45）1.5
干燥无灰基挥发分	V_{daf}	%	1
收到基低位发热量	$Q_{net,ar}$	kcal/kg	150

第十章　燃料制备及输送系统选型与优化

第一节　入炉煤破碎筛分系统选型及改造

一、研究意义

入炉燃煤粒径超标是循环流化床锅炉的常见问题，许多燃用劣质燃料的电厂更是存在入炉煤粒径严重偏离设计值的问题。劣质煤破碎后粒径大于 10mm 的份额甚至可以达到 15% 以上，为防止流化不均引起结焦只得加大流化风量，进而导致电耗增大、磨损加大等一系列问题，影响锅炉的正常运行。循环流化床锅炉燃料入炉前必须破碎到合适的粒径以达到设计要求。将物料破碎到粒径 10~13mm 以下的过程统称为细碎，细碎并非要求入炉煤越细越好，相反粒径过细的煤粒在循环流化床锅炉里停留时间很短，尚未燃尽就飞离炉膛，导致锅炉燃烧效率降低。部分电厂原煤中粒径 10mm 以下份额已经占到 50% 左右，这部分细煤中粒径 1mm 以下份额较大，如果不对其加以分离而是全部进入破碎机，将会导致入炉煤进一步细化，即产生过破碎。表 10–1 列出了根据国内工程实践提出的典型成品煤粒径和煤质特性关系。

表 10–1　　典型成品煤粒径和煤质特性的关系

项目	褐煤			烟煤			贫煤及无烟煤	
收到基灰分 A_{ar}（%）	<10	10~20	>20	<10	10~20	>20	<20	>20
最大粒径 d_{max}（mm）	30	20	15	12	9	8	8	7
中位粒径 d_{50}（mm）	8~10	5~6	1.0~1.5	1.4~1.6	1.3~1.5	1.2~1.4	1.1~1.4	1.0~1.2
小于 75μm 粒径份额 D_{75}（%）	≤ 15	≤ 15	≤ 15	≤ 13	≤ 13	≤ 11	≤ 10	≤ 8

二、入炉煤粒度

根据颗粒终端速度与烟气速度的关系，炉膛内的颗粒可以分为大于终端速度的颗粒和小于终端速度的颗粒两类：

（1）大于终端速度的颗粒：这部分颗粒在炉膛的中上部区域流动，大部分参与外循环的颗粒可以被分离器回收，这些颗粒主要负责传热，保证锅炉的负荷，少部分粒径小于分离器的切割粒径的颗粒进入尾部烟道；

（2）小于终端速度的颗粒：这部分颗粒存在于炉膛的下部区域，主要参与内循环，在密相区呈鼓泡状态燃烧。

研究发现：稳定的燃烧和传热需要这两部分颗粒比例处于一个合适范围，大多数运行良好的循环流化床锅炉炉膛上部差压在 1.5~2.5kPa 之间，在其他参数不变的情况下，主要依靠入炉煤粒径、飞灰、底渣和循环灰的组合控制来实现。

循环流化床锅炉的主要特征在于物料颗粒离开炉膛出口后，经气固分离和返送装置不断送回炉内燃烧。对于一台正常运行的循环流化床锅炉，粗颗粒趋向于聚集在密相区内，而细颗粒则被气流曳带离开分离装置，经过尾部受热面离开锅炉，中间尺寸的颗粒则在循环回路中往复循环。如果燃煤粒度不当，可能会破坏床内的物料平衡，从而影响锅炉的正常燃烧。

燃煤粒度分布对锅炉运行影响的具体表现为：煤粒度过大，则离开床层的颗粒量减少，这使锅炉不能维持正常的返料量，造成锅炉出力不足，同时由于燃烧不完全，导致热效率下降。另外，大块给料还是造成结焦的重要原因。而煤粒度过小，则被气流一次带离锅炉影响燃尽。当煤质发生改变时，床内热平衡的改变将影响床温、燃烧和负荷，也会影响传热和污染物排放，不同的锅炉制造厂家，由于炉型及参数选择上的差别，都有与其相适应的燃煤粒度分布要求。循环流化床锅炉所要求的入炉煤粒度分布曲线一般由锅炉制造厂根据燃料的燃尽特性、成灰特性而确定，通常是给出一个包含上限粒径和下限粒径的带状曲线，合适的入炉煤粒度分布曲线应在这个带状曲线范围内。图 10–1 给出了循环流化床锅炉典型入炉煤粒径分布曲线。

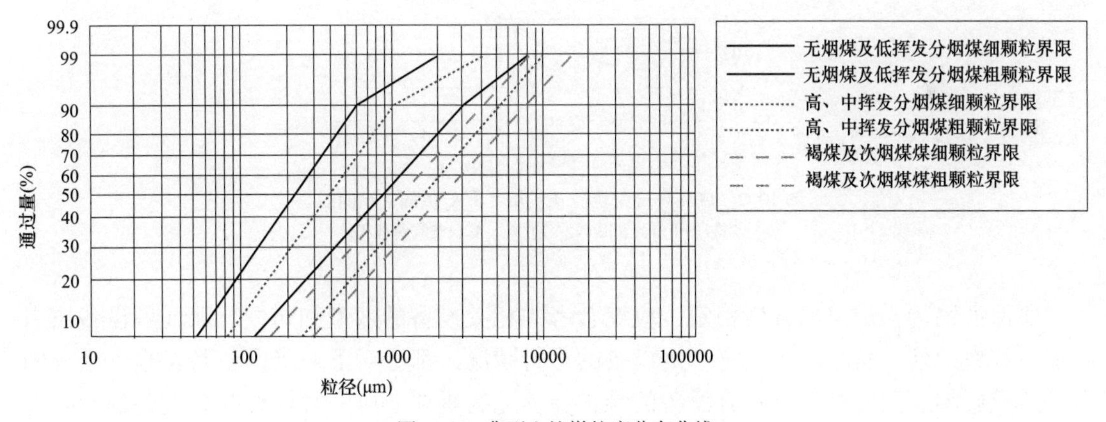

图 10–1　典型入炉煤粒度分布曲线

三、破碎筛分系统选型

大多数循环流化床锅炉燃煤粒度在 10mm 以下，如果破碎机入料粒度为 200mm，破碎比应达到 20，只采用一级破碎效率低，故燃用原煤的电厂一般设置两级破碎机。当电厂燃用商品煤或入厂煤粒度较小时，也可不设一级破碎机。循环流化床锅炉电厂输煤系统一级破碎机选用与常规电厂类似，并无特殊要求。在二级破碎机选择上，则要根据入厂煤的特性而定。由于燃煤含水量大是造成堵煤的主要原因，故建议有条件的电厂设置干煤棚。特别是在南方多雨地区更应增加干煤棚储量，这对电厂的运行大有好处。根据 GB 50660《大中型火力发电厂设计规范》：电厂所在地区年平均降雨量小于 500mm 时，可不设干煤贮存设施；所在地区年平均降雨量大于或等于 500mm 且小于 1000mm 时，可按对应机组 3~5 日的耗煤量设置干煤贮存设施；所在地区年平均降雨量不小于 1000mm 时，可按对应机组 5~10 日的耗煤量设置干煤贮存设施；对入厂煤水分有可能较大的电厂，宜设适当的晾干场地。

破碎筛分系统应根据煤的燃烧特性、含水量、杂质含量、矿物质含量以及抗破碎性能等因素，结合破碎筛分设备特性及成品煤粒度要求、锅炉结构统一考虑，还应考虑投资、电厂检修运行水平及设备配套、备品备件供应以及煤源条件，最终目的是达到系统和锅炉的合理匹配，保证机组安全经济运行。

煤制备系统的选择应避免颗粒已合格的煤过破碎，入炉煤中过多的细颗粒会使燃用难燃煤种的锅炉飞灰可燃物含量升高、燃烧效率下降。一般煤的燃烧性能可根据挥发分含量和灰分判断，在此基础上制定对成品煤的粒度分布要求，对于煤矸石、石煤、油页岩等特殊燃料的燃烧性能则需要进行燃料燃尽指数测定，甚至进行试烧试验，根据试验结果再选择合适的成品煤粒度分布及破碎筛分设备型式，图 10–2 给出了成品煤最大粒径 d_{max} 和煤质 K_f 值的关系曲线，这也可以作为选型的依据。

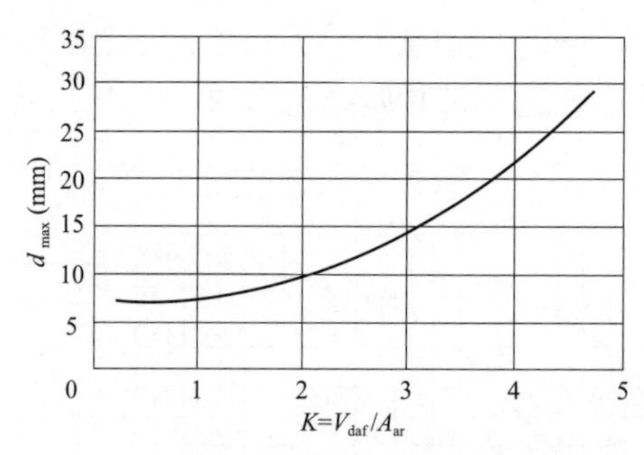

图 10–2　成品煤最大粒径 d_{max} 和煤质 K_f 值的关系曲线

V_{daf}—燃料的干燥无灰基挥发分；A_{ar}—燃料的收到基灰分

要保证锅炉入炉煤的合格稳定，应综合考虑相关设备的选型和布置，保证各设备出力匹配、效率最佳。实际运行中每一级设备的运行状况，都会对下一级设备乃至整个系统的运行造成影响，因此对破碎筛分设备的维护保养尤为重要。应经常检查筛分设备的筛孔是否堵塞并及时清理，以免影响筛分效率和设备出力，减小其对下一级设备正常运行的不利影响。可根据破碎后煤的粒度，判断分析破碎机锤头磨损情况，在设备备用时及时更换，并根据煤源及上一级来煤的粒度、水分等情况，合理调节破碎机破碎板与锤头的间隙，使之在较为理想的工况下运行，减少锤头磨损，保证破碎机出料合格，满足锅炉运行需要。

合格的入炉煤粒度分布需要设计良好的破碎筛分系统来保证，其中，选择可靠、高效率设备十分关键。筛分设备应达到以下目的：

（1）合理设计选型，节约投资；

（2）避免煤的过破碎；

（3）减小锤头、筛网等的磨损量；

（4）降低能耗。

在系统设计上，一般考虑两级筛分，必要时甚至可以设置三级筛分系统，对于无法破碎的石头等杂物，必须考虑利用筛分装置将其隔离在锅炉之外。

燃煤按照煤化程度可分为无烟煤、烟煤、贫煤、褐煤等。无烟煤煤化程度最高，抗破碎性能高，燃烧时不易着火，化学反应性弱；褐煤煤化程度最低，是最低品位的煤，含水量大，比较松散，易于破碎；烟煤的煤化程度及抗破碎性能介于无烟煤和褐煤之间。另外燃煤中矿物含量对燃煤的物理特性也有较大影响，高岭石、水云石和蒙脱石等矿物质含量较高时，会增加燃煤的黏度，即使在含水量不大的情况下也容易产生黏结。许多机组筹建时为节省投资没有建设大型干煤棚，为降低燃煤成本很多电厂燃用带有较大水分的煤泥、洗中煤。许多循环流化床锅炉没有设置筛分设备或筛分设备易堵，原煤未经有效筛分就直接破碎，在原煤粒度较小时存在严重的过破碎现象。

对于燃用烟煤（V_{daf}=20%~37%）、贫煤（V_{daf}=10%~20%）及无烟煤（V_{daf} ≤ 10%）的循环流化床锅炉，煤制备系统宜选用两级筛分、两级破碎的型式（图 10–3 所示）。

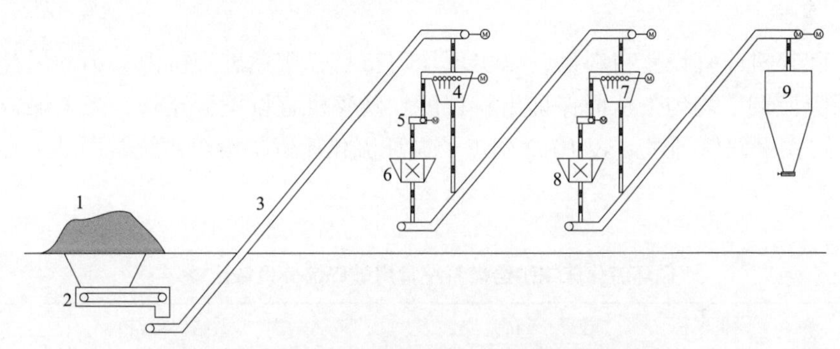

图 10–3　两级筛分及两级破碎的燃料制备系统流程图

1—原煤；2—皮带给煤机；3—皮带输送机；4—一级筛分设备；5—缓冲鼓；6—一级破碎机；7—二级筛分设备；8—二级破碎机；9—炉前成品煤仓

对于燃用煤矸石为主要燃料（$Q_{net,ar}$ ≤ 14640kJ/kg）的循环流化床锅炉，煤制备系统宜选用三级筛分、两级破碎的型式（如图 10–4 所示）。

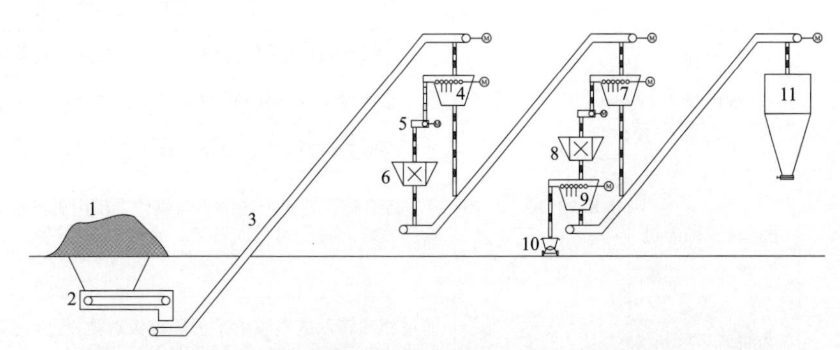

图 10–4　三级筛分及两级破碎的燃料制备系统流程图

1—原煤；2—皮带给煤机；3—皮带输送机；4—一级筛分设备；5—缓冲鼓；6—一级破碎机；7—二级筛分设备；8—二级破碎机；9—三级筛分设备；10—翻斗小车；11—炉前成品煤仓

对于燃用褐煤（V_{daf}>37%）的循环流化床锅炉或入厂煤粒度较小（<50mm）时，煤制备系统宜选用一级筛分、一级破碎的形式（如图 10–5 所示）。

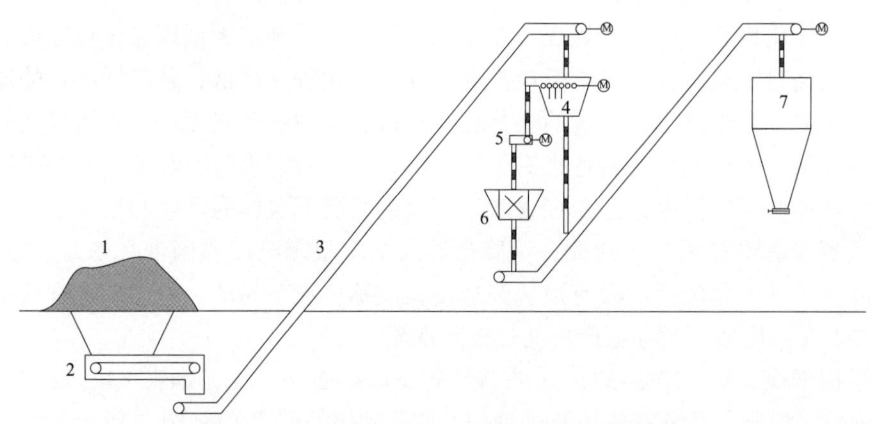

图 10–5　一级筛分及一级破碎的燃料制备系统流程图

1—原煤；2—皮带给煤机；3—皮带输送机；4—筛分设备；5—缓冲鼓；6—破碎机；7—炉前成品煤仓

此外，破碎机前宜设置布料器，以实现均匀布料，避免破碎机锤头不均匀磨损，锤头与破碎板间隙应调节均匀，从而保证出料粒度。破碎机宜设置旁路管，当来煤粒度较细无需破碎时，可由旁路管通过。表 10–2 列出了循环流化床锅炉给煤系统常用破碎筛分设备的比较。

表 10–2　　　　循环流化床锅炉给煤系统常用破碎筛分设备比较

种类	设备名称	粒径（mm）	结构特点
粗筛	滚轴筛	0~50	齿形筛片，筛片交错，筛轴低速转动，单轴单驱动或链传动
	振动筛		筛网为钢丝编制型或钢条焊接，筛机高频振动
粗碎	环锤式破碎机		圆环形锤头，设有筛板调节进料粒度
	齿辊破碎机		通过相向转动辊轴上的带齿破碎板对物料进行挤压破碎
	反击式破碎机		通过高速旋转的转子及机体反击板对物料进行冲击破碎
细筛	交叉筛	0~8、0~10、0~13	圆盘筛片，相邻筛轴筛片交叉
	高幅筛		筛网整体或分段高频振动，编制方形或条形筛网
	滚筒筛		通过滚筒转动，将物料带到一定高度后自由下落，适合干料
	正弦筛		圆形或椭圆形筛片，相邻筛轴筛片相对，不适于湿料筛分
细碎	可逆锤式破碎机		通过高速旋转转子上的锤头与机体上带齿破碎板对物料冲击、碾压破碎，转子可双向转动，无筛板，通过转子与反击板间隙调整粒度大小
	齿辊式破碎机		通过相向转动的辊轴上带齿破碎板对物料进行挤压破碎，有双辊及四辊等几种
	环锤式破碎机		适于进料粒度大，较干物料

四、破碎系统典型设备

1. 破碎设备的选择

锤式破碎机具有出力大、出料稳定、运行可靠、寿命长以及高破碎比等优点，在循环流化床锅炉燃煤制备系统中得到了广泛应用。锤式破碎机按转子数量可分为单转子和双转子两种类型，其中，前者又可分为可逆式和不可逆式，目前应用最为广泛的是单转子、多排锤头的锤式破碎机，具体见表 10–3。

表 10–3　　锤式破碎机分类表

类型	单转子		双转子
	不可逆式	可逆式	相向旋转
单排锤头	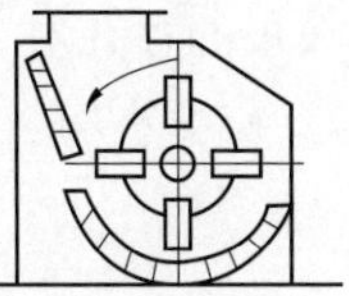	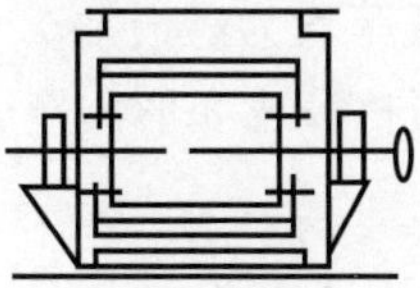	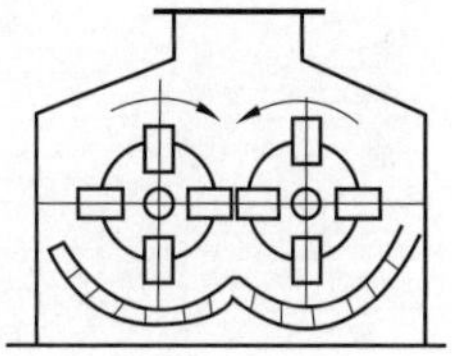
多排锤头	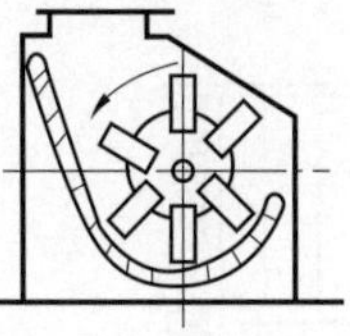	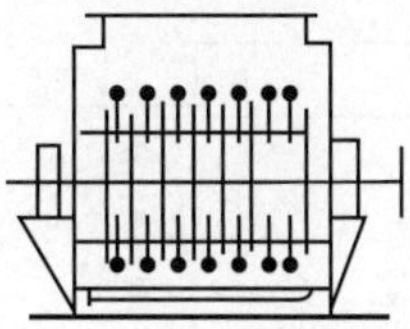	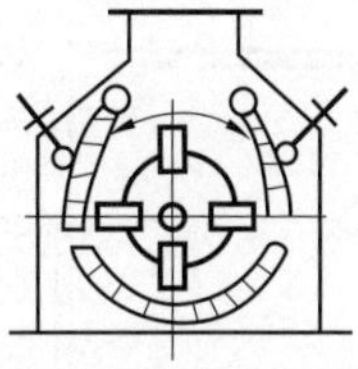

第一级破碎机（粗碎机）应将不大于 300mm 的原煤破碎至 50mm 以下，宜采用环锤式破碎机，其破碎比应不小于 6，其出力宜按单条燃料输送系统出力的 75%~100% 确定。第二级破碎机（细碎机）应将煤颗粒破碎到所要求的合格粒径，其出力宜按单条燃料输送系统出力的 80%~100% 确定。

第二级破碎机（细碎机）宜采用可逆旋转锤击破碎机、齿辊式破碎机，细碎机对出料粒径应具有一定的可调节性。当煤的外在水分 $M_f>8\%$ 时，为防止细碎机出口堵煤，细碎机应选择不带筛板的破碎机，并考虑相应的防粘、防堵措施。可逆旋转锤击破碎机，应合理选择转子转速、直径、长度、锤头质量结构和运行参数，以达到最佳的运行效果，主要参数宜按下列要求选择：

（1）转子转速。转子转速可按其所需的线速度来确定，锤头线速度应根据物料性质、成品粒径、锤头磨损量等因素来确定，细碎时通常在 40~75m/s 内选取。转子的线速度越高，破碎比就越大，但锤头的磨损及功率消耗也越大。因此，在满足产品粒径要求的前提下，线速度宜低一些。

（2）转子直径和长度。转子的直径应根据给料粒径及处理量确定，宜取最大给料粒径的 2~8 倍，转子直径与长度的比值宜取 0.7~1.5。当处理量较大、物料较难破碎时，应选较大值。

（3）锤头质量。锤头质量对破碎效果和能耗影响很大。锤头动能的大小与锤头的质量成正比，动能越大，破碎比越大。锤头质量要在足以破碎物料的前提下确定，使无用功耗最小，同时保证锤头在冲击物料时不过度向后倾斜。

破碎机出力应按制造厂所提供的出力计算公式、曲线或图表选取。齿辊式破碎机仅适用于煤质较好且煤质稳定的条件。当入厂煤为含有矸石、铁件、木块等杂质较多的原煤时，则不宜采用齿辊式破碎机。破碎机锤头等易磨部件宜采用 15Cr3Mo、高铬锰钨合金等抗磨性能高、韧性好的材料，其使用寿命不应少于 3000h。破碎机应设置轴承振动和温度的监测装置。破碎机前、后落煤管及料斗应采取密封措施以减少扬尘。

2. 环锤式破碎机

如图 10–6 所示，该型破碎机利用旋转的转子带动环锤对物料进行冲击破碎，被冲击后的物料又在环锤和破碎板、筛板之间受到压缩、剪切及研磨，使物料达到需要的粒度。物料自上而下流动，连续破碎。铁块、木块等杂物被环锤拨入除铁室内，定期清理。作为循环流化床锅炉输煤系统常用的破碎设备，其优点是结构简单、运行稳定，对于干煤和脆性煤质非常适用，因为有筛板的存在，粒度合格率较高，一般在 95% 以上。缺点是运行工况扬尘大、易损件多（锤头、反击板、筛板等均为易损件）。因筛板的存在对于高水分煤难以通过，容易堵塞，且高硬度物料易将筛板打掉或变形，造成出料粒度不均匀。

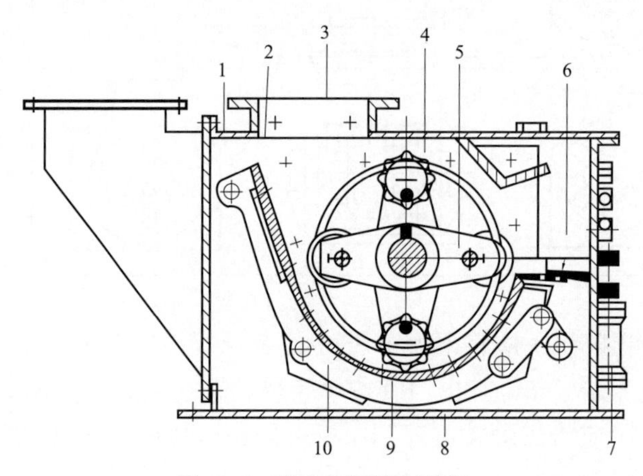

图 10–6　环锤式破碎机结构图

1—壳体；2—破碎板；3—入料口；4—环锤；5—转子；6—除铁室；7—调节机构；8—排料口；9—筛板；10—筛板托架

3. 不带筛板的可逆旋转式锤击破碎机

该型破碎机装有双层壳体及可逆旋转的转子，以纯冲击方式破碎物料。如图 10–7 所示，当煤块以预定高度落入旋转的锤头轨道时，首先被高速旋转的锤头击碎，并从飞锤获得足够的动能，当煤块被旋转冲向反击板时，被再次破碎。物料在锤和反击板之间来回反弹，粒径进一步减少，直至从破碎机开口底部排出。破碎后的物料粒度可通过调节锤头与反击板之间的间隙来控制。

4. 带有筛板的可逆旋转式锤击破碎机

如图 10–8 所示，该型破碎机的工作原理是，煤块被高速旋转的锤头和破碎板破碎至合格粒径的煤颗粒，由破碎机下部筛板开孔排出破碎机。转子在一个方向上运行一定时间（通常 8h）后，反向运行同样的时间。转子反向运转使破碎板和锤头的磨损都较为均匀。金属杂物箱安装在锤击破碎机底部，用以收集不可破碎的杂物。常见的破碎机筛板形式如图 10–9 所示的孔型筛板和条型筛板。

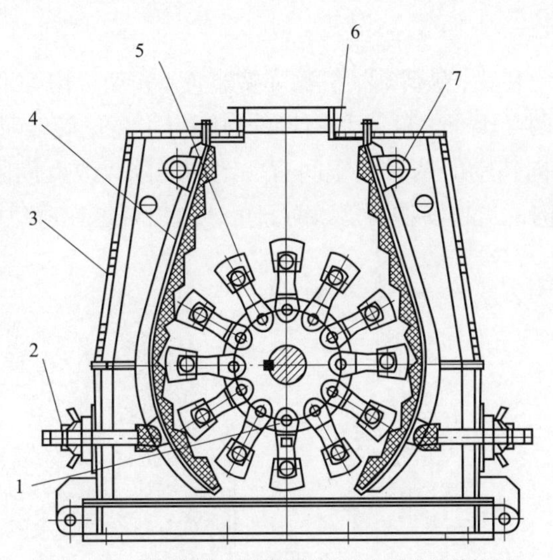

图 10-7　不带筛板的可逆旋转式锤击破碎机结构图

1—转子；2—调节机构；3—开启机壳；4—反击板；5—复合锤头；6—上机壳；7—销轴座

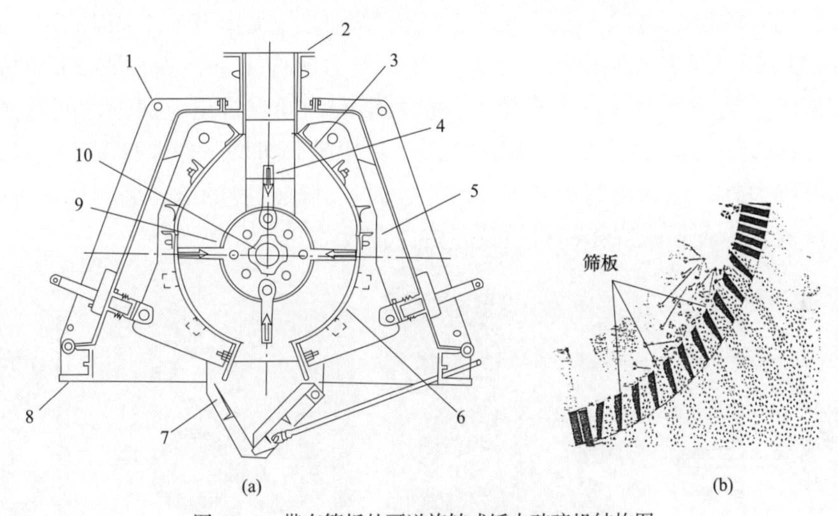

图 10-8　带有筛板的可逆旋转式锤击破碎机结构图

(a) 破碎机本体；(b) 筛板结构

1—端门；2—进料管；3—可拆换的破碎机板；4—锤头；5—壳体；6—可拆换筛板；7—过程铁箱；8—框架；9—转子；10—破碎机轴

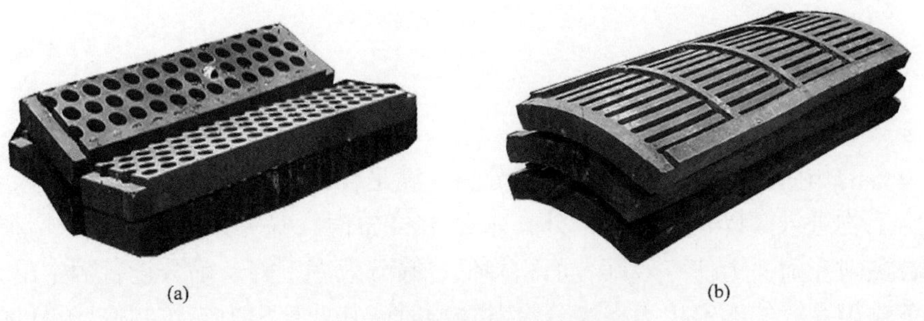

图 10-9　破碎机筛板形式结构图

(a) 孔型筛板；(b) 条型筛板

5. 齿辊式破碎机

齿辊式破碎机由传动装置、破碎辊、机械弹簧装置、联动机构等组成（如图 10–10 所示）。破碎物料经加料口落入两个辊子之间，利用特殊耐磨齿辊高速旋转对物料进行劈裂破碎，成品物料自下部漏出。相向转动的两个圆辊间有一定的间隙，改变间隙可控制成品最大粒度。破碎机设有退让调节机构，当超硬物料落入时，可通过齿辊退让避免堵料和损坏破碎机。

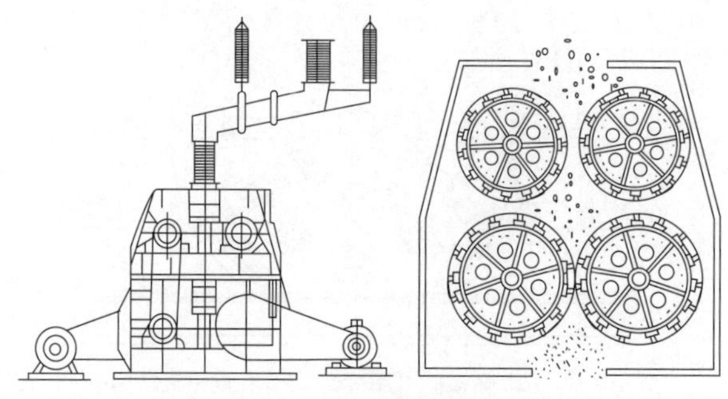

图 10–10　四齿辊破碎机结构图

辊式破碎机有单辊式、双辊式、三辊式及四辊式等形式（见图 10–11）。以双辊破碎机为例，两个圆辊相向旋转，煤进入两个辊子之间，在摩擦力的作用下带入两辊之间的破碎空间，受挤压而被破碎。破碎产品在自重作用下，从两辊间的间隙排出。两辊之间的最小距离即为排料口宽度，破碎产品的最大粒径即由此决定。单辊破碎机的工作原理和双辊破碎机类似，除了压力和劈碎力外，还利用剪切力进行破碎，而且其破碎腔的破碎路程比双辊式长得多，所以其破碎比较大，对某些特殊物料的破碎更为有效。

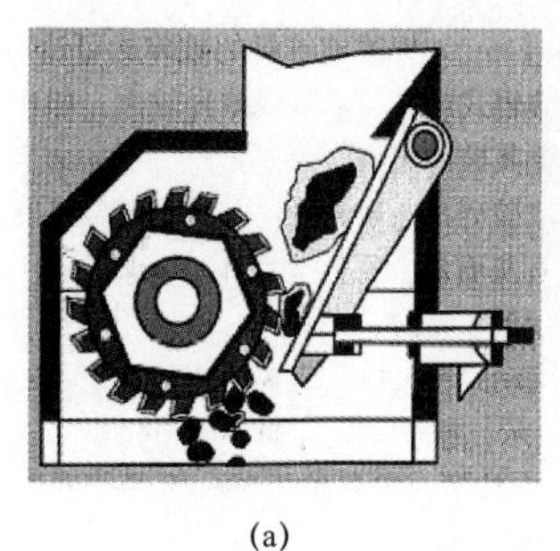

(a)

(b)

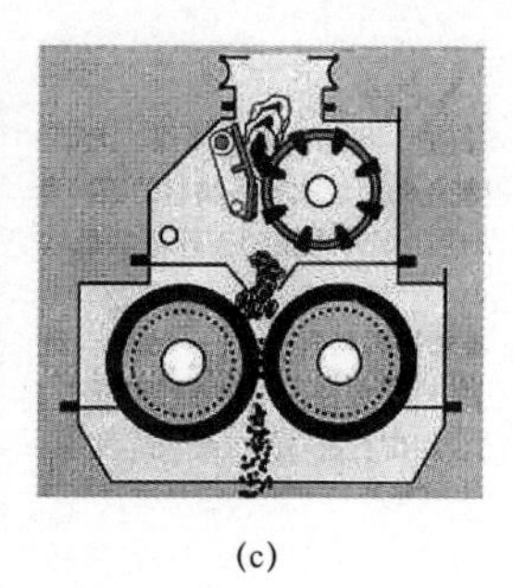

(c)

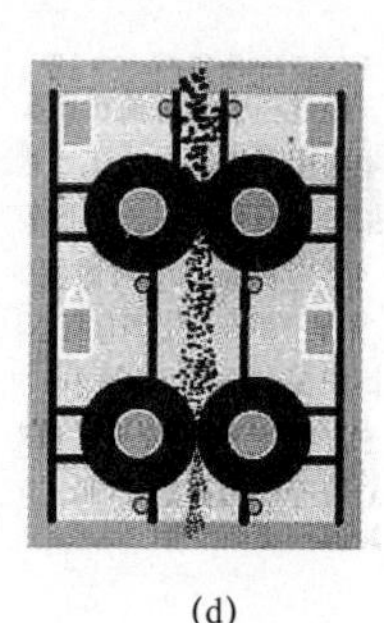

(d)

图 10–11　辊式破碎机分类

(a) 单辊式；(b) 双辊式；(c) 三辊式；(d) 四辊式

五、筛分系统典型设备

1. 筛分设备的选择

筛分设备的作用是将不同粒径的燃煤分离，满足粒径要求的筛下物直接进入下一级输煤系统，筛上物进入破碎机。当煤的外在水分 M_f>8% 时，筛分设备应采取防堵技术措施，避免煤颗粒黏附在筛面上使有效筛分面积降低、筛分效率下降。筛分设备额定出力应不低于筛前单条输煤系统的额定出力。筛分设备选型时，其计算出力应按制造厂提供的出力计算公式、曲线或图表选取。

第一级筛分设备（粗筛）宜采用滚轴筛或振动筛。粗筛宜按最大入料粒度 300mm、出料粒度 30mm 选型，筛分效率应不小于 90%。筛轴应运行平稳，轴端密封严密，筛片应采用耐磨性较好的材料（如 ZG35Mn2、Mn13、Mn16 等）。

在第二级破碎机之前，宜设置第二级筛分设备（细筛），有必要时还可设置第三级筛分设备（成品筛），以避免合格粒径煤的过破碎。第二级和第三级筛分设备宜采用高幅筛或交叉筛。细筛的筛网应有足够的开孔率，筛孔尺寸宜取最大合格粒径的 1.2 倍，筛分效率不小于 90%。筛整体结构和部件应有足够的强度，筛网应选用耐磨性较好的材料（如 2Cr13 等），使用寿命不小于 1 年。

筛分设备易磨损部件应便于更换和维护。筛分设备前、后的落煤管应采取密封措施，筛分设备的本体上部及筛下物落煤管应设置检修人孔门。

2. 振动筛

振动筛的工作原理如图 10–12 所示，筛网在一定倾角（一般为 20° 左右）的状态下，通过筛面的振动使粗细物料分离。振动筛筛面倾斜安装，工作时激振器产生的激振力通过筛箱传递到筛面上，因激振器产生的激振力为纵向力，迫使筛箱带动筛网面作纵向前后位移，在一定条件下，筛网面上的物料因受激振力作用而被向前抛起，落下时小于筛孔的物料透过筛孔落到下层，物料在筛网面上的运动轨迹为抛物运动，通过这样周而复始的物料运动完成筛分作业。早期的筛网为编织孔型，由于易堵且磨损，后来逐渐发展为由多个棒条纵向排列组成的条型筛网。

图 10–12　振动筛结构图

3. 滚轴筛

如图 10–13 所示的滚轴筛由多个滚轴按一定的倾角并列在一起，滚轴间有一定的间隙，通过滚轴的转动使物料在滚轴上方移动，适合粒度的物料通过滚轴间隙被分离下来，大颗粒物料经滚轴流向出口进行下一步处理。滚轴筛可作为粗筛和细筛设备使用，但作为细筛设备使用时易堵。

4. 滚筒筛

目前常用的滚筒筛有笼式滚筒筛和双转式滚筒筛两种。笼式滚筒筛的主体结构是筛分筒，如图 10–14 所示，它由若干个圆环状合金钢组成筛体，整体与地面呈倾斜状态，外部被隔离罩密封。筛分筒在一定转速下旋转，燃煤在筛面上受到重力、离心力以及筛条对物料的阻力作用，使物料紧贴筛面运动，燃煤被筛条边棱切割而从筛分筒前端下部排出，成为筛下物，未被切割的大颗粒将从筛分筒尾端下部排出，成为筛上物。

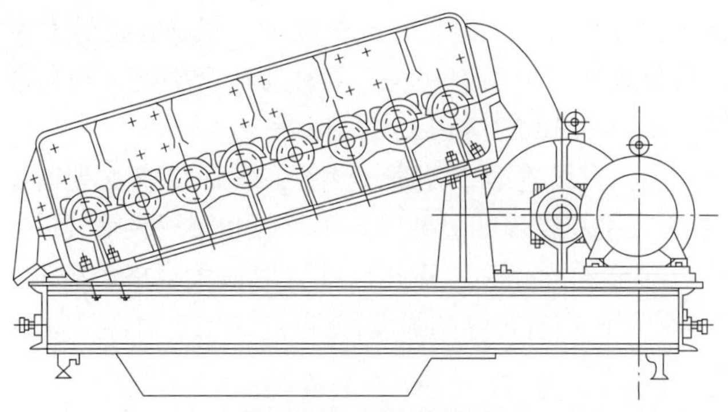

图 10-13　滚轴筛结构图

图 10-14　滚筒筛结构图

5. 弛张筛

弛张筛利用特殊弹性筛面的弛张运动，对细、粘、湿物料进行筛分。弛张筛为偏心驱动，两筛箱做近似直线运动，筛面采用弹性好、柔度适中、耐挠曲的聚氨酯材料制成。筛机上的物料具有较大的抛掷指数，物料在筛面上连续上抛、分散，在与筛面相遇的碰撞中使细颗粒物料透筛，从而实现物料分级（图 10-15）。弛张筛工作的可靠性及高效性有赖于筛网使物料产生的加速度。常规金属筛网一般使物料能够获得的最大加速度在 5*g* 左右，弛张筛则可以获得高达 50*g* 的加速度，因此物料在通过弛张筛时，能够充分散开，从而在较小的筛分面积上获得高的筛分效率。作为筛网材料的聚亚胺酯对于金属材质具有更高的耐磨性、更长的使用寿命，在运行中产生的噪声也更低。

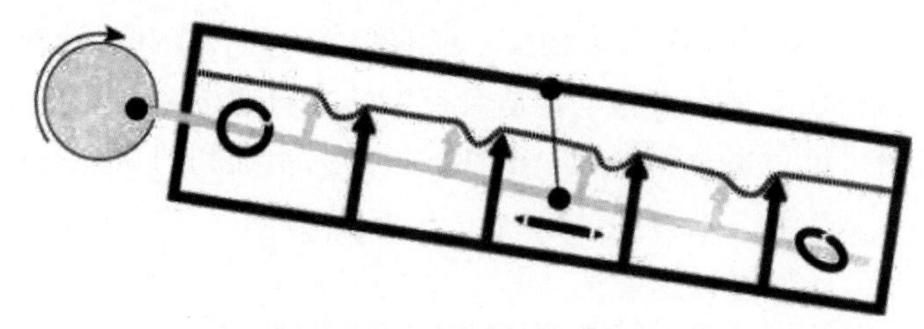

图 10-15　弛张筛筛网运动原理示意图

6. 高幅筛

高幅筛又称高幅振动筛，是振动筛的一种，使用中筛机整体不振动，筛网振动。高幅筛既有粗筛形式也有细筛形式，粗筛的筛网一般采用 60Si2Mn 的棒材，长条形筛孔的开孔率达

60%~70%，筛分效率可以维持在 80%~95% 之间。细筛状态下多采用新型自清理筛网，该筛网采用 2Cr13 材质，焊接性能好，筛条与筋板没有任何接触，不会产生铁与铁之间的磨损，只有物料的自然磨损，筛分效率达到 85% 以上，使用寿命可以达到 8~12 个月（见图 10–16）。

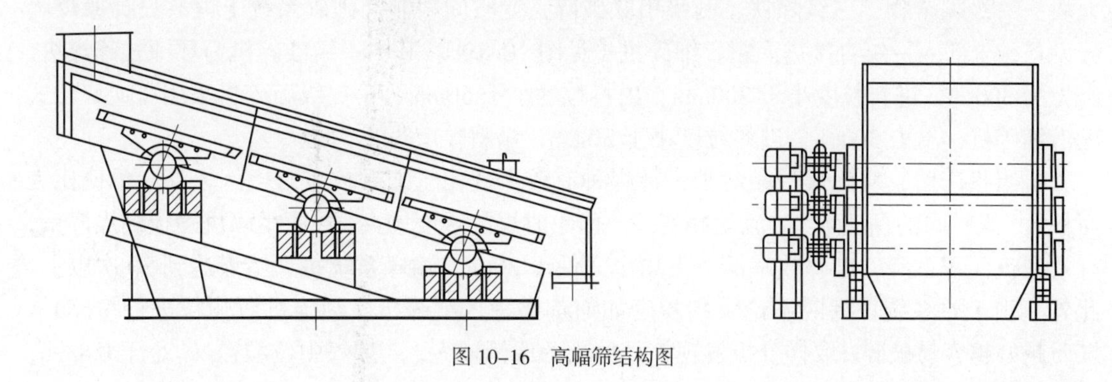

图 10–16　高幅筛结构图

7. 交叉筛

交叉筛由多组同向转动的筛轴组成，筛轴上装有若干筛片，相邻筛轴上的筛片相互交叉组成筛孔，小于筛孔的物料在运转过程中透筛，大于筛孔的块料在筛片上滚动，从出料口排出。交叉筛采用动筛孔技术筛分（见图 10–17），动筛孔是指构成筛孔的对边在工作中做相向运动，使筛面上的料流受筛轴动力牵引输送的同时被搅动，小于筛孔的细颗粒受到重力、摩擦力和筛片向下搓动作用而加速透筛，从而提高筛分效率，能够克服筛分湿粘细物料常见的粘、堵、卡等问题（见图 10–18）。

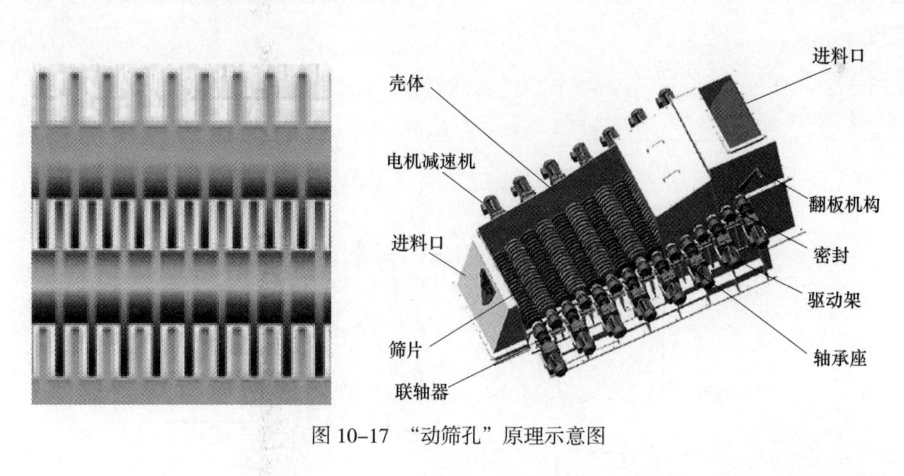

图 10–17　“动筛孔”原理示意图

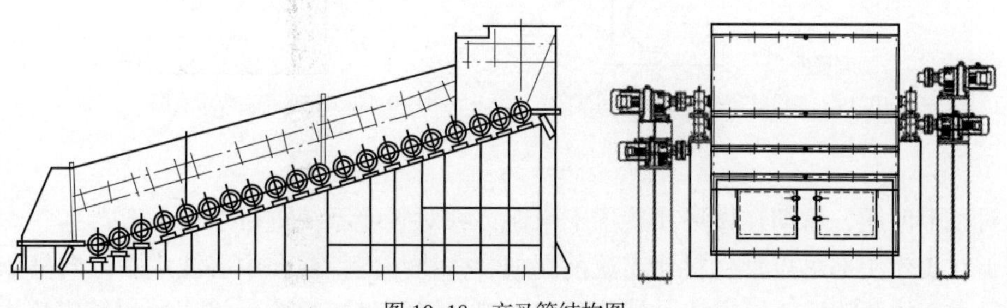

图 10–18　交叉筛结构图

六、破碎筛分系统联合改造

某厂 2×135MW 机组输煤系统为双路五段皮带设计，设计出力为 300t/h，采用一级除大块、一级除杂物、三级除铁、两级串联破碎，受空间限制在破碎系统上没有设计原煤筛分设备，全部入厂煤直接进入粗、细碎机（见图 10-19）。其中一级破碎机为环锤式碎煤机，出力为 300t/h，进料粒度小于 300mm，出料粒度小于 50mm，第二级破碎机采用可逆旋转式锤击细碎机，出力 300t/h，进料粒度小于 50mm，出料粒度小于 7mm。

机组投产后，实际煤种相对于设计煤种有较大变化，细颗粒所占比例较高，单位比表面积大，煤粒间的黏性增大、流动性变差。雨季时煤的湿度增大，致使粗碎机筛板黏煤严重，有效通流面积下降，破碎效率低，平均出力低于 80t/h，输煤系统每天堵煤达到 30 次以上。此外，由于原系统设计时不论煤的粒度如何都要进入细碎机，细碎机对颗粒进行粉碎时，煤质越好越容易破碎，取样分析发现粒径偏小的比例较大，入炉煤中位粒径 d_{50} 小于 0.8mm，偏离锅炉设计的粒度分布曲线。

针对粗碎机堵煤频繁的问题，增加了筛分装置，实现了粗煤、细煤的分流（见图 10-20），改造完成后对煤种的适应能力明显提高，能够保证输煤系统在设计工况下运行。但改造过程中，由于粗碎机转子中心线与上部皮带中心线存在 53° 水平夹角，受现场位置所限、固定筛面积较小，筛分后进入细碎机入口的煤流相对集中，原细碎机入口安装的布料板由于粗碎机改造后煤流角度变化，已不能将煤均匀合理分布在细碎机入口的横断面上，而是集中于细碎机入口的中部位置，造成煤流在细碎机转子轴向上分布不均，同一排锤头之间靠近中部的锤头磨损量较大，细碎机出口间隙调整困难，无法保证破碎后的入炉煤粒度。

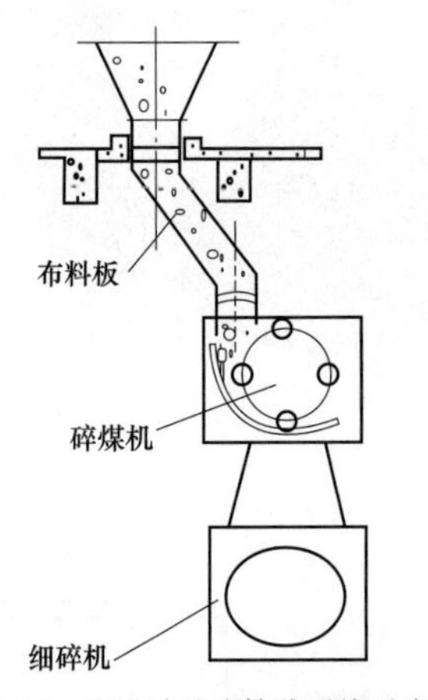

图 10-19　原设计破碎筛分系统示意图

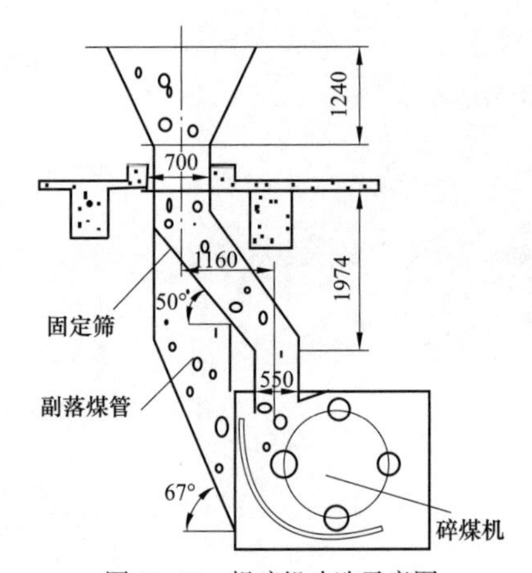

图 10-20　粗碎机改造示意图

针对以上问题，后期在煤场建造了干煤棚，并对破碎系统进行了以下改造：

（1）在皮带头部落煤管受料斗煤流前端加装一块与皮带横向中心线水平方向呈 26°、垂直方向呈 20° 的调整板，使得从皮带落下的煤流经过调整板反弹后进入落煤管煤流中心线，与粗碎机转子中心线在一个平面内，同时在粗碎机转子中心线方向上向后调整原煤落点，使其与粗碎机入口的距离较改造前有所增加。

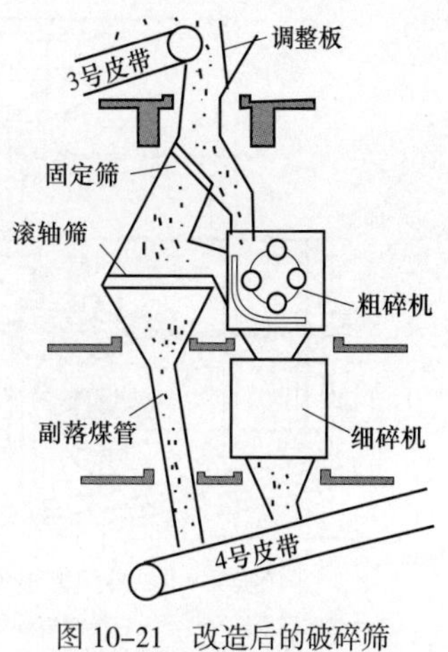

图 10–21　改造后的破碎筛分系统示意图

（2）重新制作受料斗、固定筛及下部的副落煤管（见图 10–21）。在重新制作的固定筛下部副落煤管中安装一滚轴筛，经过固定筛进入副落煤管中的细小煤粒沿滚轴筛筛面向前运动，同时搅动物料，小于筛孔尺寸的颗粒受自重及筛轴的旋转力和筛盘挤压作用，合格煤粒从滚轴筛沿筛孔落至下段皮带，大于筛孔尺寸的颗粒沿筛面继续向前运动，直至落入细碎机破碎。

系统改造后降低了细颗粒煤比例，大部分合格颗粒煤直接送入煤仓，一方面减少了进入细碎机的煤量，减少了设备磨损和电耗。另一方面，煤流均匀分布在细碎机入口横断面上，锤头和破碎板磨损较为均匀，锤头使用周期大幅度增加，入炉煤粒度也较好地满足了锅炉设计的要求。

七、筛分布料一体破碎系统设计与应用

当来料粒度适宜时，也可采用筛分布料一体破碎系统简化设计。筛分布料一体破碎机由筛分破碎机和正弦叶轮布料器两部分组成（见图 10–22），工作时对物料同时具有筛分、布料、破碎三种功能。当物料进入设备上段即正旋叶轮布料器后，在叶轮和筛子的作用下均匀布料、自动筛分，粒度合格的物料通过筛面下部和筛分布料一体破碎机的旁路直接进入成品通道，不合格的物料均匀进入设备下段筛分破碎机的破碎腔。物料在破碎腔内受到绕主轴高速旋转并同时绕锤轴自转的环锤冲击、剪切、挤压、研磨进行第一次破碎，满足粒度要求的物料通过滚动式筛环的间隙进入成品通道。不合格的物料在环锤上获得动能，高速冲向滚动式筛环，受到第二次破碎。如此反复多次，物料在筛分布料一体破碎机的破碎腔内进行逐级破碎和逐级筛分，最终将粒度满足设计要求的物料排出机外。

以某厂为例，传统煤破碎流程为：煤场储煤→输煤皮带→一级环锤式破碎机粗碎→双转式滚筒筛筛分→合格粒径燃煤落至底楼输煤皮带，不合格粒径燃煤进入二级锤头式破碎机细破后落至底楼输煤皮带，其具体布置方案见图 10–23。传统煤破碎需要 5 层楼，而筛分布料一体破碎机的布置形式比较简单，仅需 3 层楼（如图 10–24 所示）。

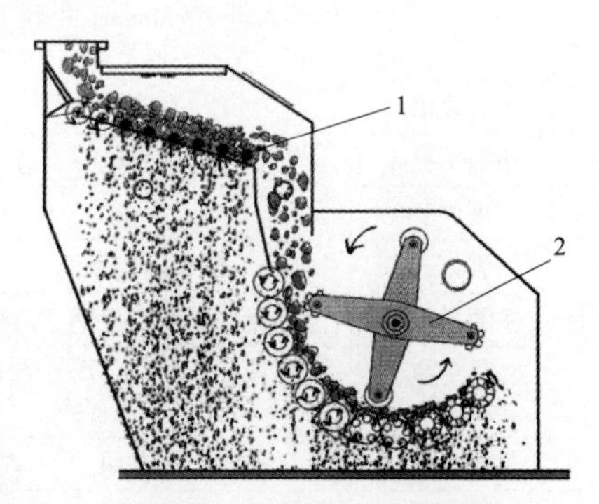

图 10–22　筛分布料一体破碎机
1—正弦叶轮布料器；2—筛分破碎机

表 10–4 列出了以 400t/h 出力为例的筛分布料一体破碎机与常规技术的对比，可以发现该技术具有一定的优势，具体的一体破碎机结构尺寸图如图 10–25 所示。

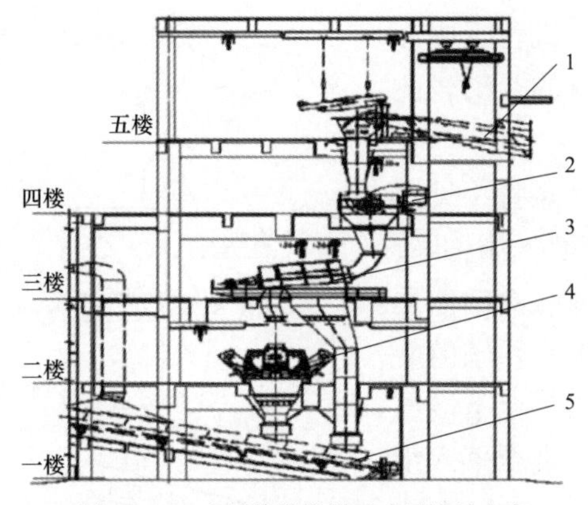

图 10-23　电站传统燃煤破碎站设计方案

1—输煤皮带；2——级环锤式破碎机；3—双转式滚筒筛；4—二级锤头式破碎机；5—底楼输煤皮带

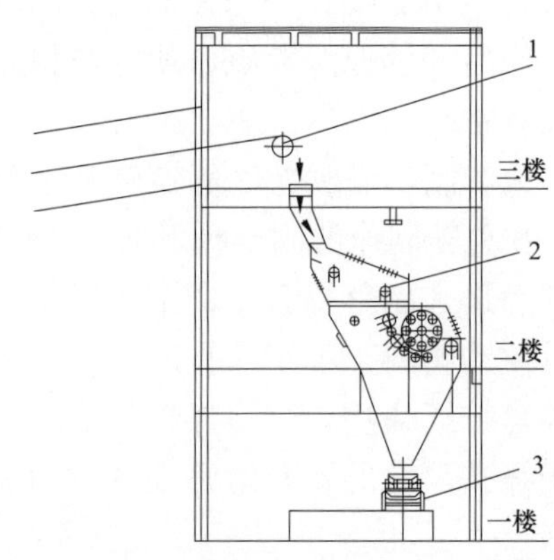

图 10-24　电站新型燃煤破碎站设计方案

1—输煤皮带；2—筛分布料一体破碎机；3—底楼输煤皮带

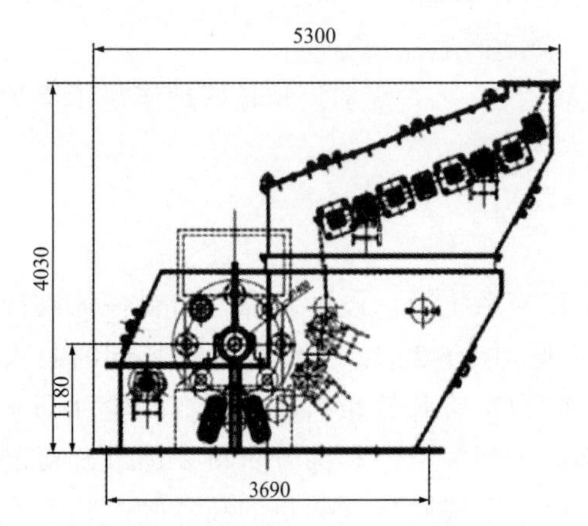

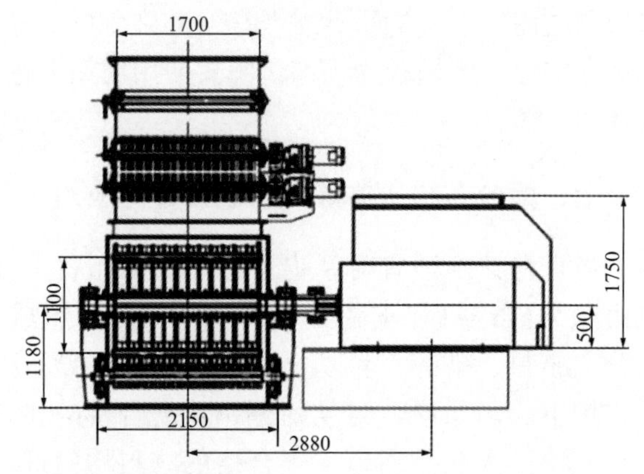

图 10-25　典型一体破碎机结构尺寸图

表 10-4　　筛分布料一体破碎机与常规技术的对比（以 400t/h 出力为例）

技术参数	四齿辊式破碎机	环锤式破碎机+可逆锤头式破碎机	筛分布料一体破碎机
系统配置	先一级筛分，再四齿辊二级破碎、一级对齿辊粗碎入料 300mm，出料 30~50mm；二级细碎入料 30~50mm，出料 13mm 以下	二级破碎、一级筛分，一级环锤粗碎入料 300mm，出料 30~50mm；细筛 10~13mm，二级细碎入料 30~50mm，出料 13mm 以下，细筛一般位于粗碎后细碎前，入料 30~50mm，出料 13mm	一筛一破结合，边筛边破，30%~50% 的入料煤通过筛分布料器进入破碎机逐级筛分破碎，入料 300mm，出料 13mm 以下
水分要求	有要求	有要求	无要求
堵煤情况	偶尔有堵煤	偶尔有堵煤	较少堵煤
粒度调节	可调	可调	可调
磨损方式	筛板固定硬磨	筛板固定硬磨，锤头角磨损	滚动锤头周圈磨损
主要备件	筛板、圆锤、齿锤、齿板	筛板、圆锤、齿锤，方锤头	圆锤、齿锤
备件更换便利性	更换齿板不方便，需 6 人 4 天打开机盖更换	更换锤头不方便，需 6 人 1 天打开机盖更换	不需打开机盖，3 人 6h 换完
检修难度	不方便	方便	方便
破碎楼投资	较多	多	较少
设备价格	筛子约 40 万元，四齿辊式破碎机约 160 万元	粗碎约 55 万元，细筛约 40 万元，细碎约 120 万元	约 200 万元

八、交叉筛改造应用

1. 入炉煤粒径改善

某厂共有8台济南锅炉厂制造的240t/h循环流化床锅炉，设计入炉煤为0~13mm宽筛分，其中0~5mm占20%，5~7mm占30%，7~11mm占30%，11~13mm占20%。该厂设置甲、乙两侧布置的破碎筛分系统，采用一用一备方式运行。8台锅炉一般为6用2备，入炉煤耗量约200t/h。入厂煤经环锤式破碎机一级粗碎后进入滚筒筛，筛上煤经双向破碎机细碎后与筛下煤一起送入煤仓备用。

破碎筛分系统具体包括PCH–1216环锤式破碎机2台（Q=600t/h、d=30mm，功率为315kW）、GTS（Ⅱ）–2200/600滚筒筛分机2台（Q=600t/h，d=8mm，功率为22kW）、SPM–300双向破碎机2台（Q=300t/h，d=8mm，功率为450kW）。由于滚筒筛分机为中心轴传动，筛筒短、筛分面积小，而入厂煤中掺杂有煤泥和洗中煤，水分较大，滚筒堵塞后无法发挥筛分功能。为满足运行用煤需要电厂将环锤式破碎机筛板更换为100mm×200mm孔径，滚筒筛分机更换为20mm筛条，双向破碎机间隙增大至13mm以上，致使入炉煤中13mm以上份额超过40%、1mm以下份额超过20%，炉膛磨损严重、排渣量大。由于采用的破碎筛分工艺使入炉煤粒径严重偏离设计值，系统没有发挥应有功效。

分析发现，细筛和细碎是系统的产能瓶颈，其中滚筒筛分机实际产能仅为300t/h，远低于设计的600t/h，且筛分效率低，大量本已符合粒径要求的煤进入双向破碎机过破碎，造成小于1mm的入炉煤份额显著增加。受过破碎煤的影响，双向破碎机超负荷运行、产能低，需要将锤头与衬板间隙调大以提高出力，使得大于13mm的入炉煤份额相应增加（见表10–5）。此外，破碎筛分工艺中细筛出料口与细碎入料口呈90°布置，易造成破碎锤头磨损不均，单侧磨损快。

表10–5　原煤破碎前后粒度对比

粒径	<6mm	<8mm	<10mm	<13mm	≥13mm
破碎前（%）	49.3	60.0	64.1	69.2	30.8
破碎后（%）	53.3	65.5	71.4	77.1	22.9
改变量（%）	+4.0	+5.5	+7.3	+7.9	–7.7

结合电厂入炉煤粗颗粒和细颗粒份额均偏高的现状，计划将滚筒筛分机更换为可靠性和筛分效率更高的新型设备，以期减少双向破碎机负荷和过破碎。在此基础上共设计了两种改造方案，如表10–6所示。方案一对粗碎设备进行大修，更换细筛和细碎；方案二将筛分与粗碎工艺位置对调。

对比发现方案一的可实施性更好，因此将该方案作为破碎筛分系统改造的实施方案（见图10–26）。改造时首先拆除原GTS（Ⅱ）–2200/600滚筒筛分机，在原有基础上安装交叉筛，交叉筛安装尺寸与原筛相当，然后拆除原滚筒筛分机进料溜管，安装交叉筛进料溜管和下料溜管（见图10–27）。

原滚筒筛分机小于13mm的筛下量低，使得进入双向破碎机的煤量大于300t/h，易造

表 10–6　　改造方案对比

方案	方案一	方案二
主要优点	（1）碎煤楼梁柱无需加固，基建投资少； （2）由于煤源稳定，保留粗碎环锤用于破碎 100~300mm 块煤（粗碎出料 30mm）； （3）采用交叉筛，提高筛分效率，使进入破碎机煤量减少至 300t/h 以下； （4）改造后二级破碎设备产能仍有余量	（1）原煤合格品较多，先筛分后破碎可减少一、二级破碎机负荷； （2）减少二级细碎机的锤头消耗，延长备件使用寿命； （3）更换一级环锤破碎机筛板，可使进入细筛的原煤粒径小于 30mm
主要缺点	环锤破碎机在出料 30mm 时，产能偏小，煤水分较大时达不到 600t/h 的设计出力	粗碎机动载荷大，位置对调后需对碎煤楼承重梁柱加固，工程量大，费用较高

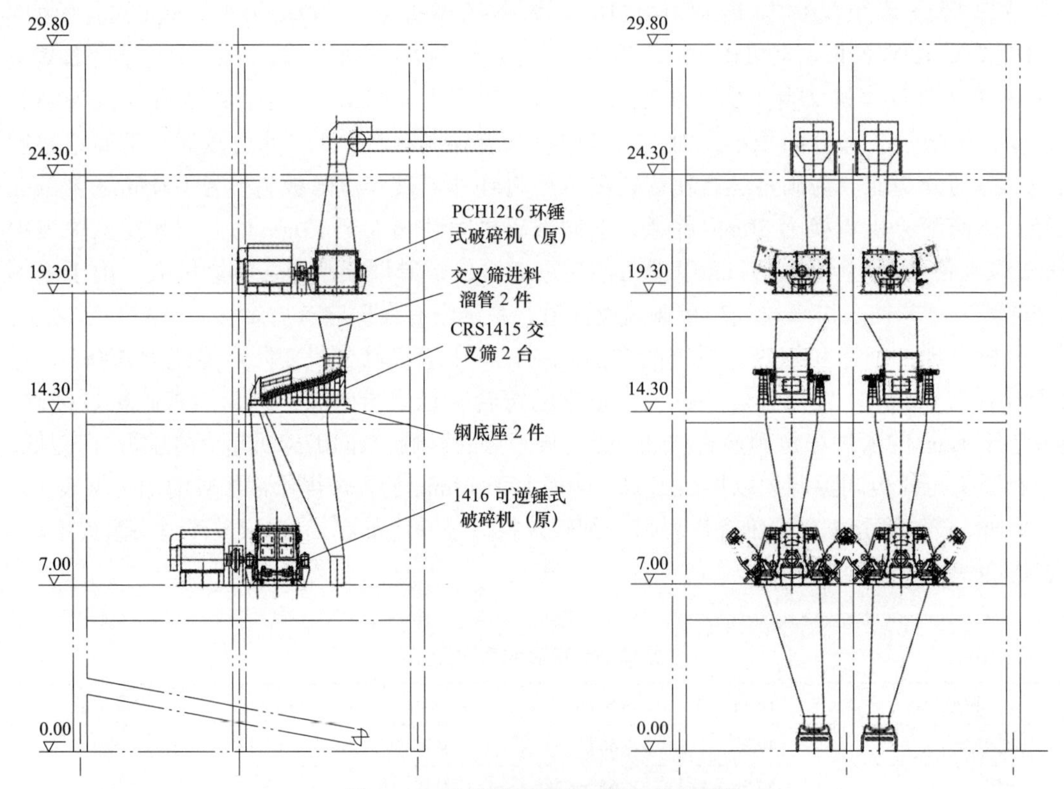

图 10–26　入炉煤破碎筛分系统工艺布置图

图 10–27　交叉筛安装布置图

成破碎机堵煤。方案一选用的交叉筛将原来的静筛孔改为动筛孔，并在筛轴下设置刮泥板，能够保持筛孔通透，确保筛分高水分煤的不粘、不堵，筛分效率在 90% 以上。针对改造项目的入炉煤，交叉筛使原煤中约 62.3%（即表 10–6 中 13mm 以下粒径原煤 69.2% × 筛分效率 90%=62.3%）的合格煤透筛，将进入双向破碎机的煤量减少到 250t/h 以下（即 600t/h × 37.7%=226t/h）。

改造后对破碎筛分系统入炉煤粒度进行了取样分析，与未改造系统进行了对比，从表 10–7 中可以看出改造取得了显著效果。对底渣可燃物含量进行了为期一个月的取样分析，平均底渣可燃物含量由改造前的 3.7% 降低至改造后的 2.1%，由此提高锅炉效率约 0.65%，按照原煤成本 275 元 /t 计算，电厂年节约原煤量 1.14 万 t，年收益 313 万元。改造还使得双向破碎机检修维护量及电耗下降，由于交叉筛密封良好，杜绝了筛分过程中的粉尘泄漏，生产环境也得到了明显改观。

表 10–7　改造前、后入炉煤粒度对比

筛孔直径（mm）	已改造系统	未改造系统
1	20.8	7.7
3	36.6	9.9
6	17.6	7.8
8	15.2	8.8
10	4.6	4.1
13	2.9	8.5
>13	2.4	53.3

2. 煤泥大比例掺烧应用

某厂 300MW 循环流化床锅炉燃用原煤、煤泥和沫煤组成的混煤，输煤系统由煤仓、地煤斗、煤泥接卸输送系统、输送皮带和破碎设备组成。系统采用两级筛分两级破碎方式，主要包含 5 个转运站、8 条双路和 1 条单路输送皮带。设计输送能力 800t/h。破碎机采用粗碎机和细碎机，粗筛采用滚轴筛，细筛采用双转式筛分机。井下开采原煤经过破碎输送至专供电厂使用的煤仓，原煤发热量为 2200~3800kcal/kg（9205~15899kJ/kg），煤质不稳定且矸石含量大、水分在 12% 以下。煤泥来自煤矿配套的洗煤厂，包含粗煤泥和细煤泥两个产品，粗煤泥发热量为 2500~3500kcal/kg（10460~14644kJ/kg），粒径小于 1.5mm，水分为 18%~20%，细煤泥发热量为 3000~3800kcal/kg（12552~15899kJ/kg），粒径小于 0.15mm，水分为 25%~30%，煤泥经过露天晾晒后水分控制在 18% 以下，与原煤掺混使用，沫煤为煤矿选矸后破碎至 13mm 以下待洗选原煤，发热量为 3400kcal/kg（14226kJ/kg）左右。

双转式筛分机在使用中主要存在以下问题：

（1）设备出力不足，设计 800t/h，实际出力 600t/h。由于矸石量大和煤泥掺烧量增加，筛板破损、堵塞等因素影响筛分效率和入炉煤粒径。筛分效率差导致下游细碎机功耗、磨损和故障率增高，同时也影响了系统出力。

（2）设备缺陷多，由于参与运转部件多，设备工作环境差。运行中多次出现筛板脱落故障，导致下游细碎机损坏严重。

（3）设备维护难度大，整机结构复杂、易损件多、维修时间长、备件及维护费用高。

（4）功耗大，单机功率230kW，电耗偏高。单机出力不足导致输煤系统运转时间延长，电耗增加。

通过方案设计和技术经济性比较，将双转式筛分机更换为交叉筛（见图10–28），设备设计出力800t/h，筛分粒径控制在8mm以下，日常主要以煤泥和原煤2∶1的比例上煤，设备运行稳定，筛分效率和粒径均得到较好保障。运行电耗统计结果显示，月节电近30万kWh，节电主要来自设备改造后筛分机电耗下降、上煤量增加而系统上煤时间缩短、下游细碎机功耗降低等几部分。

筛分设备改造完成后，设备故障大大减少，细筛机下物料相对均匀，使细碎机锤头磨损恢复正常，避免了以往零部件脱落造成下游设备损坏频繁的问题，系统安全性大大提高（见图10–29和图10–30）。

图10–28　改造后的交叉筛设备布置

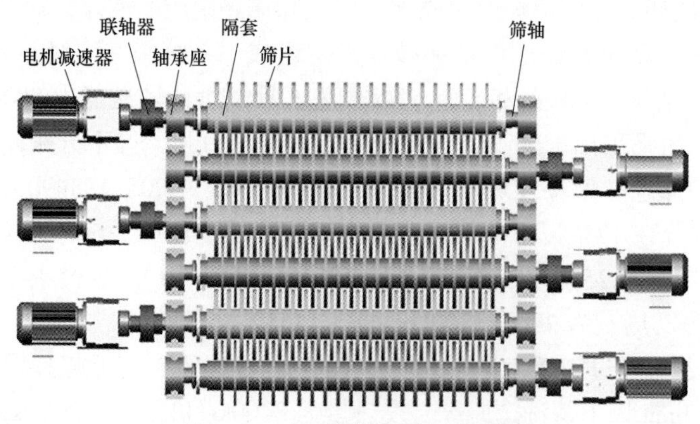

图10–29　交叉筛筛轴及筛片布置图

九、增设筛分系统改造

某厂135MW循环流化床锅炉日常燃用煤矸石和原煤的混煤，设计安装有2台齿辊式破碎机，无筛分系统。由于矸石硬度高、原煤水分大，破碎机易堵、破碎效果差，为此新增

图 10-30 物料在交叉筛筛面上的分布情况

了 2 台可逆锤击式碎煤机，同时建设了干煤棚。但入炉煤过破碎和矸石块较多的问题仍未解决，由于原煤、矸石的硬度和破碎特性差异较大，现有破碎系统产出的入炉煤大于 8mm 的比例近 15%，而小于 2mm 的比例约为 60%，入炉煤粒度不能满足设计要求，运行期间锅炉燃烧不稳定、排渣困难，日常飞灰可燃物含量约为 15%。

为了解决入炉煤的过破碎和矸石块较多给电厂生产带来的不利影响，在破碎机入口前增设一级筛分，满足入炉煤粒径要求的筛下物可直接送入成品煤仓，而筛上物则经布料器进入破碎机。在破碎机后同时增加检查筛、给料机和斗式提升机，满足入炉煤粒径要求的筛下物同样送入成品煤仓，筛上物则经给料机、斗式提升机循环破碎，为保护系统设备，在皮带机头部还增设了带式除铁器（见图 10-31）。

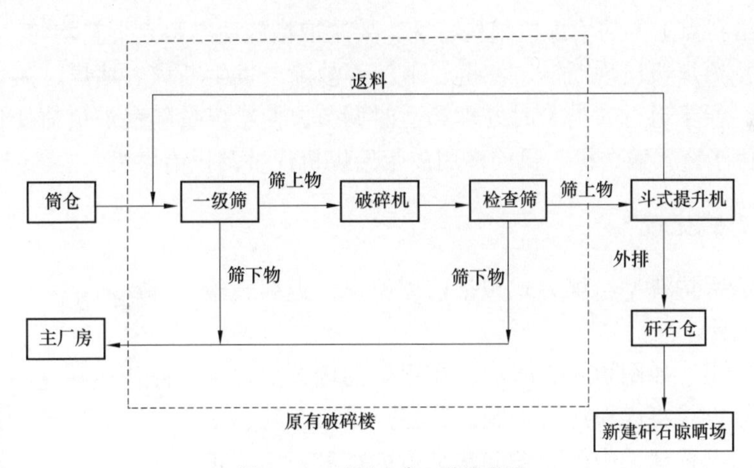

图 10-31 改造方案工艺流程图

改造方案增设了一级筛分装置，使粒度较小的原煤不再经过破碎机，从而避免小于入炉煤粒径要求的物料发生过破碎。此外，在破碎机出口增设的检查筛，可以保证不满足入炉煤粒径要求的燃料不再进入锅炉。由于设备是在现有破碎机楼内增设的，因此改造投资较小，一级筛分出力按 350t/h 选用，筛下物粒径不大于 8mm，检查筛出力按 200t/h 选用，筛下物粒径不大于 10mm，斗式提升机按 30t/h 选用，矸石仓有效容积为 150m^3，能储存 8h 运行时产生的矸石。输煤系统是双路布置，改造时一路改造，一路运行，这样可以保障全厂生产不受影响。

输煤系统改造后，入炉煤粒径能够满足设计要求，其中最大粒径 8mm，4~8mm 的占比为 8%，2~4mm 的占比为 56%，小于 2mm 的占比为 36%，改善了锅炉运行工况，飞灰可燃物含量降至 12% 以下。

第二节　给煤系统优化改造

一、影响给煤系统的设计因素

给煤系统的设计主要受以下因素影响：

（1）机组容量和运行条件。由于机组容量的增大，为保证燃料在炉膛内均匀分布，应有足够的给料点，给料点数量不同，给煤机的配置和系统设计也将有所不同。

（2）给煤系统出力的裕度要求。由用户提出的给煤系统出力裕度大小对系统设计起着决定性作用。

（3）工程场地的限制。工程场地的情况决定着给煤机的配置和布置方案。

（4）设计者及用户对设备的偏爱。这对给煤系统设计具有重要的指导作用，设备、安装、运行和维护费用，建设费用和运行经济性是设计方案取舍的关键。

此外，还应注意以下几个问题：

（1）由于循环流化床锅炉为正压运行，为防止炉膛烟气反窜进给煤机，给煤系统应设计成正压系统，要向给煤机送入密封风，因此给煤机既要承压又要有良好的密封。

（2）由于给料点上方的给煤机结构特殊，要采取措施使给料点下料均匀。

（3）要防止给煤机出现断链、漂链、卡涩等故障。发生断煤、堵煤、欠煤等现象时系统要发出报警，便于运行人员及时处理和适时调节，使给煤量随锅炉负荷变化。由于带式输送机的性能优于链式输送机，目前多用皮带给煤机代替刮板给煤机。

二、给煤方式比较

循环流化床锅炉典型给煤方式包括前墙给煤、返料腿给煤和综合给煤三种。

（1）前墙给煤。如图 10–32 所示，在锅炉前墙开口，采用螺旋、直吹等方式将煤粒送入炉膛。其特点是小颗粒向上移动，大颗粒向下移动，中等颗粒向水平方向扩散，由于扩散不均匀，在给煤口对应的上部水冷壁处颗粒浓度大容易磨损，可能影响床温均匀性、煤粒燃烧和脱硫效率。前墙给煤系统设计简单，适用煤种广，但对挥发分较高的煤种，在给煤口处容易产生干馏焦。

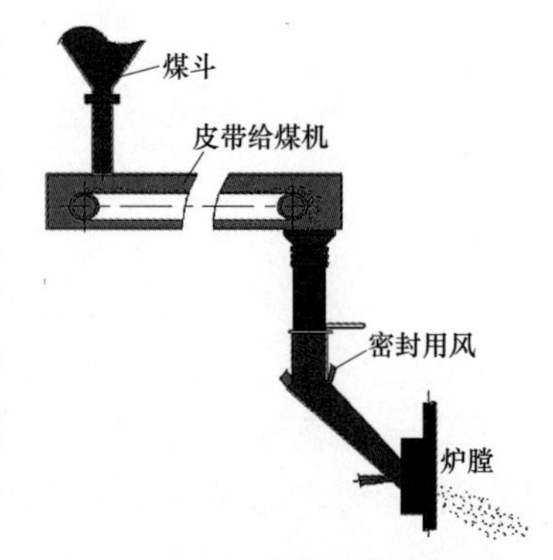

图 10–32　前墙给煤方式示意图

（2）返料腿给煤。如图 10–33 所示，在返料腿上开口给煤，煤粒加入返料腿可以快速加热、混合，借助大量的返料颗粒在炉内均匀扩散，磨损较小，床温均匀，燃烧和脱硫效率高，但是给煤系统设计比较复杂，如果是返料量少、挥发分高的煤种不建议采用。

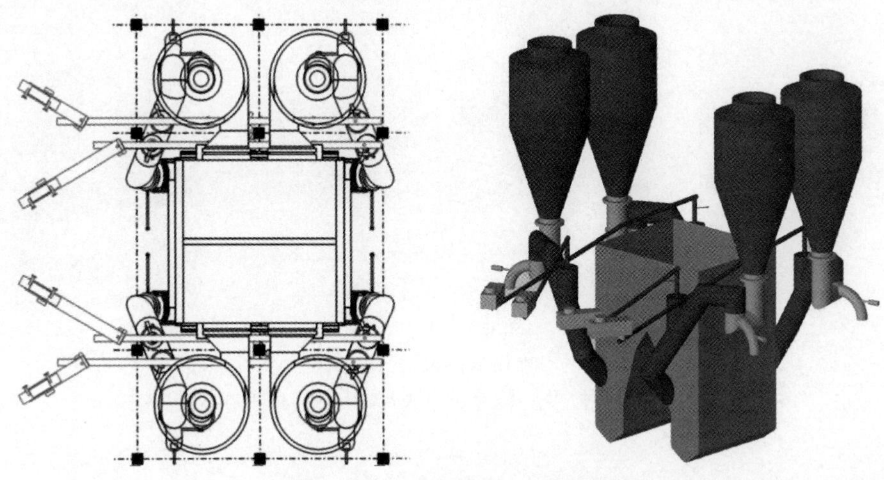

图 10–33　返料腿给煤方式示意图

（3）综合给煤。同时采用以上两种给煤方式，发挥各自的特点，但系统更为复杂。

对于前墙给煤系统，一般采用皮带水平给煤，然后采用斜向落煤管和吹扫风播煤。这是目前循环流化床锅炉的主流给煤方式。对于前墙给煤的锅炉需要关注以下问题：①炉前播煤系统阻力大、分配不均匀；②播煤系统动量不足；③接口位置不合理；④给煤口磨损。

此外，前墙给煤系统容易出问题的环节还包括：①炉前煤仓发生堵塞；②称重皮带故障；③落煤管密封系统失效；④落煤管关断门不严，烧损皮带；⑤落煤管堵塞、磨损；⑥炉内给煤口变形甚至堵塞，无法正常给煤。

三、给煤方式对运行的影响

以炉前给煤为例，燃煤经由给煤机落煤口进入给煤管，再与炉膛成一定角度进入炉膛参与燃烧。播煤风取自高压头的一次热风，既起到烘干给煤的作用，又给予燃煤沿给煤管进入炉膛的动能，将煤均匀地播撒到炉膛布风板上。

某小型循环流化床锅炉给煤口设计历经三次调整（见图 10–34），最初设计播煤风经与给煤管管径相当的播煤风管从给煤装置端部进入给煤管，由于管径大刚度小，距离落煤口较远，同时给煤管弯折增加了阻力。当燃用湿度较大的煤时，常出现给煤不畅甚至堵煤，严重时直接影响机组运行。后期为改进设计，针对性地减小了输煤管直径，增加了播煤风管插入给煤管的长度，但效果有限。虽解决了给煤管与炉膛相接处附近的给煤不畅问题，但也减小了落煤口通道，仍存在堵煤隐患。最终优化设计通过改变垂直落煤口与炉膛的距离缩短给煤行程，播煤风采用小管径，同时在管口增加堵板来加大播煤风刚度。管口正对落煤点，播煤风刚度加大后增加了煤进入炉膛的动力。

观察显示，流化良好的循环流化床锅炉也会排出焦块，大多数情况下这与给煤方式有关。挥发分较高的煤种，采用前墙给煤形式很容易产生干馏焦，由于煤粒潮湿，播煤风动量小等原因，给煤管下部管壁、给煤管出口炉膛壁面处极易发生煤粒黏结，高挥发分煤粒受热后在这些区域干馏结焦并形成挂焦。锅炉运行中干馏焦逐渐脱落、再生成、再脱落，掉入炉内的焦块最后汇集到排渣管位置排出。

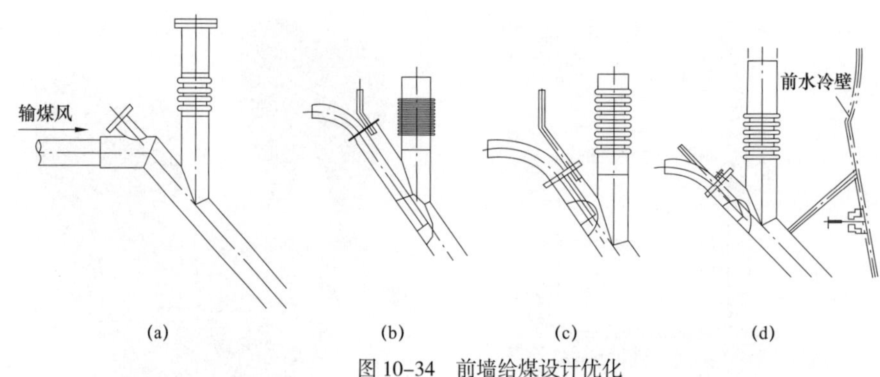

图 10-34　前墙给煤设计优化

(a) 原始设计；(b) 改进设计一；(c) 改进设计二；(d) 最终优化设计

某 135MW 循环流化床锅炉采用返料器给煤，点火调试阶段频繁出现给煤口及返料口超温结焦，分析认为由于启动阶段返料量少，给煤不能被返料带入炉内，而是堆积在返料口，引起局部燃烧强度高导致超温结焦。返料量少也会导致烟气反向窜向返料口，在返料口处形成旋涡，挥发分在此燃烧造成超温结焦。为此可以在返料斜腿上加装朝向入炉口的冷风管道（见图 10-35），该股风一方面把挥发分吹向炉内，破坏返料口旋流，防止燃烧，另一方面起到播煤风的作用。改造后返料口超温结焦问题基本解决。

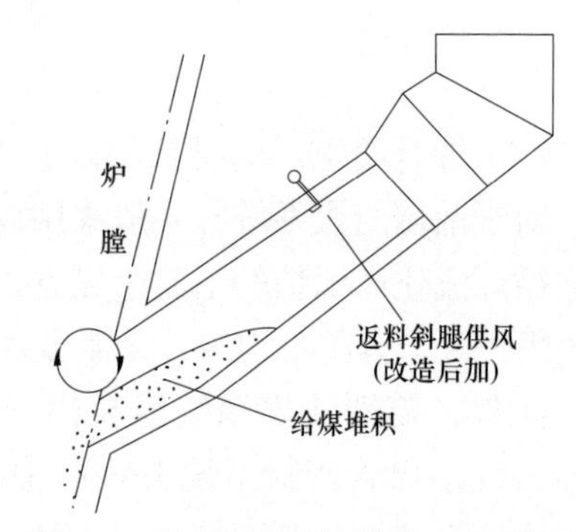

图 10-35　返料斜腿增加供风改造示意图

对于多点给煤的循环流化床锅炉而言，断煤后可以进行给煤量的重新分配，以此保证床温与给煤的匹配。若一条给煤线跳闸，其他给煤线将自动升负荷以维持与先前的总给煤量，但是，对于前墙给煤的循环流化床锅炉，断煤后二氧化硫排放容易飞升。某锅炉正常运行时的二氧化硫排放在 180mg/m^3 左右，但断煤后二氧化硫会超标至 400mg/m^3 以上。

四、给煤设备及改造

1. 电子称重式皮带给煤机

电子称重式皮带给煤机利用皮带拖动原煤运行，当原煤从煤仓被皮带拖出后，在皮带的带动下，靠自重与皮带之间的摩擦力向前移动，从而实现连续、均匀给煤，同时具备称量、指示给煤量等功能。给煤机的称重段辊子可称量出煤在规定皮带长度区间的质量，该质量和皮带速度可通过传感器将信号传递给计数器，然后指示出给煤量，并根据需要自动调节皮带速度。

此方式的优点是给煤机采用全封闭结构，有效防止粉尘外溢，具有防皮带跑偏和纠偏装置，确保稳定运行。由于采用电子皮带秤，可确保计量准确和长期稳定性，具有链条刮板式清扫装置，可定时排出箱体底部的积尘异物。

皮带给煤机炉前给煤系统设计简单，运行平稳，常见事故是高温烟气反窜烧毁皮带。

事故发生的原因多为煤黏结在落煤管上，形成中空的直孔，给煤中断时快速关断门被卡涩，不能严密关闭，高温烟气从通道窜出造成事故。

2. 刮板给煤机

刮板给煤机借助运动着的刮板链条连续输送散状物料，因为输送过程中刮板链条埋于煤中，故称刮板给煤机或埋刮板给煤机。刮板给煤机在水平输送时，物料受到刮板链条在运动方向的压力及物料自身重力的作用，在物料间产生内摩擦力。这种摩擦力保证了料层之间的稳定状态，并足以克服物料移动产生的外摩擦力，使物料形成连续整体的料流而被输送。

刮板给煤机结构简单、质量轻、体积小、密封性强、安装维修比较方便。它不但能水平输送，也能倾斜输送；不但能单机输送，也能组合布置、串联输送；能多点加料，也能多点卸料，给煤机工艺布置较为灵活，适于远距离输送。缺点是该型式给煤机在煤含水量高、黏性大时存在漂链、断链和堵煤，运行一段时间后箱底和侧板磨损较重。

采用刮板给煤机多点给煤的循环流化床锅炉问题较多，部分锅炉落煤口开口为全宽度开口，使落煤口的给煤分配严重不均匀，下煤过多的落煤口处，二级给煤机与位于第三级星形给料机之间容易出现问题。煤长期受挤压而结块，容易堵塞通道，星形给料机轴套中经常窜入细煤，造成摩擦发热而烧损。

3. 螺旋给煤机

螺旋给煤机是物料输送系统中的稳流给料设备，通过调节驱动装置中电动机的转速带动减速机，再由联轴器传递给螺旋轴，物料送入进料口后，在螺旋叶片的作用下将物料排出，达到控制物料流量的目的。螺旋给煤机优点是输送机结构简单，外形尺寸小，成本低，操作安全，能按工艺要求满足多点进料和排料。缺点是长距离输送时每隔 3m 需设置吊轴承，螺旋机输送黏性大、易结块的物料时会黏结螺旋。

4. 密封风改造

电厂 260t/h 循环流化床锅炉为炉前给煤。煤从煤仓中经 4 台称重皮带给煤机进入炉前气力播煤装置，在播煤风的作用下，均匀播散到炉膛中燃烧。给煤机进口设有来自一次风机出口的密封风，防止炉内热风反窜烧坏给煤机皮带，其管道设计为 $\phi159\times5$mm，风压为 5kPa，风量为 1400m^3/h。

因炉膛在燃烧过程中为正压，其压力在 10kPa 以上，播煤风压力为 15kPa 左右，原设计的给煤机密封风几乎不起作用，常因炉内热风反窜造成给煤机温度高跳闸，影响锅炉的正常运行。经计算发现，来自一次风机出口的密封风母管较细，风压损失过大，致使给煤机进口风压仅为 5kPa，密封风进入给煤机经扩压后压力更小，无法满足密封要求。应对给煤机密封风系统进行改造，以有效地实现给煤机的密封，防止皮带烧坏和给煤机频繁跳闸。

如图 10–36 所示，具体改造方案是将密封风管道由 $\phi159\times5$mm 改为 $\phi325\times5$mm，使风压由 5kPa 提高到 15kPa，风量由 1400m^3/h 提高到 5000m^3/h。同时，在给煤机出口落煤管上增设一路 $\phi159$mm 的支管，以 45° 斜插入给煤机出口管上，抑制热风反窜。给煤机密封风系统改造后，播煤风在密封风及煤的共同作用下有效保护了给煤机皮带。改造既保证了给煤机的连续安全运行，又节省了检修费用，应用效果良好。

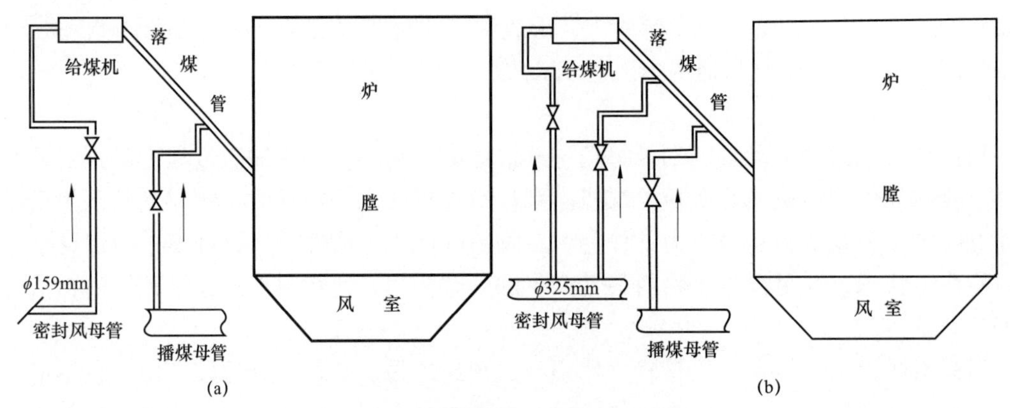

图 10-36 密封系统改造前后结构示意图
(a) 改造前；(b) 改造后

某厂 300MW 循环流化床锅炉在炉前布置有六个给煤口，二次风分两路：第一路经空气预热器加热后由炉膛下部前后墙的二次风箱分两层送入炉膛。第二路一部分未经预热的冷二次风作为给煤皮带密封用风，密封风工作压力大于 5kPa，风量小于 800m³/h。点火过程中投煤时必须启动二次风机为给煤机提供密封风，但二次风对床温有冷却作用，二次风机启动后锅炉床温下降较快，为保证床温必须增加点火油枪出力。正常运行过程中二次风压随负荷波动，引起密封风压力波动、风量不能保证，给煤机落煤管温度易超温（大于 80℃）导致给煤机跳闸。

为此将密封风由原来的二次冷风改为一次冷风。将密封风的引入接口由二次风空气预热器入口改为一次风空气预热器入口。密封风源改进后，优化了锅炉风机运行方式。锅炉启动过程中，投煤直到并网带负荷时均可不运行二次风机，减少了二次风对锅炉的冷却，提高了投煤时的床温，节约了燃油。此外运行过程中，密封风压力、风量稳定，改造后未发生超温保护动作，给煤机运行可靠。

5. 刮板给煤机改造

某厂选用上海锅炉厂制造的 SG-1025/17.4-M801 型循环流化床锅炉，4 套给煤系统布置在炉膛二侧，每侧设两套。每套系统为两级给煤，一级为称重给煤机，二级为刮板给煤机。一台刮板给煤机设三个出口，前、后两个为返料腿给煤口，中间为设在侧墙水冷壁上的前墙给煤口。前部的返料腿给煤口和中间的前墙给煤口各安装 1 台手动插板门，由此分配三个给煤口的下煤量。每台锅炉设置 12 个给煤口。返料腿给煤管下方设有自动隔绝门并有冷二次风作为给煤密封风，两侧墙给煤管上设有自动隔绝门并由冷一次风作为给煤密封风，以防止炉内正压烟气反窜入给煤机（见图 10-37）。调试期间锅炉投煤后发现，炉膛前、后床温偏差约 150℃，密相区上部床温偏差高达到 300℃以上。同时引起分离器出口烟温偏差，1 号和 4 号分离器出口烟温明显比 2 号和 3 号分离器出口烟温高。

检查发现刮板给煤机给煤口的手动插板门为全开，因此在给煤量小的时候（当时给煤量左侧 8.8t/h、右侧 8.4t/h），绝大多数给煤从第一个给煤口进入炉膛，导致炉膛前部温度偏高、后部温度偏低。未完全燃烧的煤颗粒上升后，在二次风的作用下燃烧并释放大量热量，从而造成上部温度偏差更大。为此将刮板给煤机给煤口的手动插板门从前向后开度调整为 40%、60%，最后一个给煤口没有插板门为全开。经过上述调整，炉膛前后床温偏差明显改善。

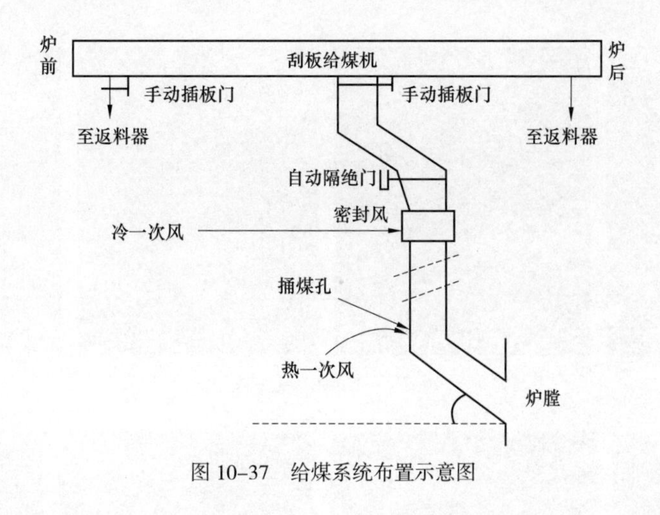

图 10–37　给煤系统布置示意图

第三节　煤仓堵煤及改造

一、堵煤成因

循环流化床锅炉煤仓堵煤的成因较为复杂，煤仓堵煤一般分为静力拱堵煤和黏结堵煤两种。静力拱堵煤是原煤在煤仓内停止放料静置时，在进仓原煤冲击和上部煤的压力作用下，仓底原煤颗粒之间互相咬合架桥，摩擦阻力增大，逐渐形成静力拱失去流动性，产生堵煤。现场表现是停止放料一段时间后煤仓全部堵死，出料口无料流出。黏结堵煤是由于原煤中含有较多易黏结的矿物杂质，进仓原煤粒度较细，而且当原煤中含水量较大时（外水分在 8% 以下时，基本上相当于干料；外水分超过 10% 时，黏着性会有较大增长；外水分超过 12% 时，黏着性很大，很容易在系统转弯处堆积，使煤不能顺畅输送，如果堆积时间过长甚至可能发生自燃），原煤黏结吸附在煤仓壁上不断增厚，造成煤仓有效容积不断减小，煤流量也越来越小，直至煤仓全部堵塞。

循环流化床锅炉煤仓堵煤是很多电厂都存在的问题，对机组安全、经济运行产生很大影响。因此防治堵煤是煤仓设计和改造中的一项重要内容。循环流化床锅炉煤仓堵煤多发生在下部靠近出口段区域，因此防治堵煤的具体措施包括在煤仓下设置双曲线煤斗、敷设光滑衬板、机械疏通、空气炮等。

二、典型煤仓结构及附属设备

方锥形煤仓由四个面组成（见图 10–38），优点是容积大，制作方便，缺点是相邻两仓壁面的相交线与水平面的夹角较小，容易产生托煤现象。方锥仓四个角部煤易停留，此缺陷会造成角部黏煤，继而向四周扩展，严重时仅剩下中间的“鼠洞”下煤，最终形成棚煤、堵煤。

圆锥形煤仓由高度不等的圆锥台组成（见图 10–39），各锥体母线在同一直线上，煤仓过渡顺畅。煤仓锥度大于 70°，锥体出口直接与闸板门连接且出口大于 ϕ630mm 时煤流顺畅，蓬煤和堵煤的可能性小。

图 10-38　方锥形煤仓结构图

图 10-39　圆锥形煤仓结构图

双曲线形煤仓由 500~1000mm 高度不等的圆锥台体按收缩率焊接组成（见图 10-40），收缩率越接近 0 时，双曲线的结构形状与圆锥形煤仓越相似。优点是上部煤仓直径跨度大，煤容易向下流动。但煤仓收缩率越大，各锥体短节之间母线越偏离同一直线上，且下部煤仓往内部凸出会形成一个拱形结构，增加了煤流的阻力，成为堵煤点。此外，内部空间变窄后，越向下空间越拥挤，煤挤压结块后仍会蓬煤、堵煤。

图 10-40　双曲线形煤仓结构图

由于大部分项目的煤仓及附属设备由不同厂家设计生产，各厂家之间只提供接口尺寸和高度。为了保证接口吻合，煤仓厂家多设计采用出口连接直段，闸板门厂家也多设计上口锥体过渡，因此使锥体结构复杂，造成了以下缺陷：①出口连接段由形状不规则的短节构成，短节之间母线不在同一直线上，增加了阻力，使煤流不畅（见图 10-41）；②出口短节过于狭长，煤在拥挤的空间内相互挤压形成结块。

常见闸门包括插棍式、插板式、单向电动式等几种。插棍门用短管单向或双向相对插入截面，形成梳状（见图 10–42）。优点是成本低、结构简单、安装方便，缺点是内部结构不合理，普通碳钢材料长期使用后锈蚀，容易与煤黏结蓬煤。闸门内部四角容易引起积煤、堵煤且密封困难，无法解决运行时向外喷粉。此外，闸门采用手动结构，插入短管数量较多，操作繁琐，力量小，容易卡死，打不开、关不上等现象频发，开关不到位时，杂物容易堆挂在插棍上，影响原煤流动。

图 10–41　煤仓出口短节

图 10–42　手动插棍门

手动插板门又分单插板与双插板两种（见图 10–43），手动插板门结构特点基本与插棍门相同，但插板与拔板困难费力，关闭不严密。

图 10–43　手动插板门

单向电动插板门是目前采用较多的一种（见图 10-44），该结构可手动或自动操作。缺点是闸门出口尺寸过小、内部为普通碳钢，容易锈蚀粘煤。其闸门形状为方形，四角容易积煤，最终形成堵煤点。闸门采用齿轮、齿条传动，容易卡死、变形。

图 10-44　单向电动插板门

长圆形双向液压插板门结构流畅（见图 10-45），输出力大，动作平稳。插板门内部为贯通式直筒形结构，直筒不与闸板门两边侧腔相通，消除了闸板门内部存煤点。内部与煤接触部分采用耐磨、耐腐蚀的不锈钢衬板，杜绝了煤与闸板门黏结。闸板门执行机构采用相对开关，差量搭接两扇闸板，减少了单个闸板的行程和受力面积。闸板门设置有闸板位置指示标记，现场操作人员可直观判断闸板门的行程，消除了误判。闸板与轨道回程间隙小，煤很难进入到侧腔，即使少量积煤也可通过侧腔底部的清料孔随时清除。缺点是成本高、结构复杂、安装维护工作量大。

图 10-45　长圆形双向液压闸门

大多数电厂使用的耐压式称重皮带给煤机，入口采用细长落煤管（见图 10-46）。落煤管越长、口径越小时，越容易堵煤。德国标准要求下煤口直径在燃用烟煤时大于 1000mm，燃用褐煤时大于 1200mm，落煤管长度则要求小于 1200mm，但国内很多项目的尺寸都不满足该推荐值。很多电厂的落煤管为方形结构，容易在角部积煤，最终形成整体堵煤。煤斗出口部分空间小且结构复杂，多由两个以上短节组成，不利于煤的流动，煤在此部分停留时间过长，因来不及向下流通而黏结，易发生堵煤现象。

三、常用防堵技术

1. 双曲线煤斗

由于循环流化床锅炉所燃用煤颗粒在 0~13mm 范围内，即粒度小于煤粉炉制粉系统的

图 10-46　落煤管

原煤颗粒（30mm 左右），但又大于煤粉。煤粒间的黏附力增加，煤的流动性较差，很多项目在进行设计时没有充分考虑到这些因素。大部分循环流化床锅炉煤仓设计以矩形和圆锥形为主，这两种形状煤仓都是沿煤流方向截面积逐渐变小，当煤向下流动时挤压力会逐渐变大，沿仓壁切向及法向的重力分力不变，越靠近出口位置煤的流动性越差。

因此，在循环流化床锅炉煤仓下部设置双曲线煤斗，是防止堵煤的措施之一。双曲线煤斗分等截面和递减截面两种。实际工程中一般选用等截面双曲线形式，其截面收缩率是固定值，仓壁任意处的倾角都不一样，越接近出口处，倾角越大。煤在向下流动时，煤斗截面积虽然减少，但由于仓壁倾角增加，煤沿仓壁切向重力分力增大，沿仓壁法向的分力减小，因此煤向出口流动过程中所受的阻力变化不大，在煤斗中呈现均匀的整体流动，先入仓的煤先排出，仓壁不易挂煤，因而能够减少蓬煤、堵煤的发生。双曲线煤斗形状复杂，加工制造比较困难，工程实际应用中一般用多节等高圆台来替代，做成近似双曲线形。

2. 衬板

如图 10-47~ 图 10-49 所示，常用的光滑衬板材料有超高分子聚乙烯板、铸石板和不锈钢板等几种。高分子聚乙烯板的优点是衬板具有低的摩擦系数，高的抗冲击强度和低吸水率，自润滑和抗腐蚀性优良。缺点是使用寿命短，随着使用时间逐渐老化，此外，这类衬板容易变形、磨毛或者脱落，表面不光滑。目前市场上超高分子聚乙烯板材料鱼龙混杂，一些劣质假冒材料不但起不到耐磨、防堵的效果，反而可能发生脱落事故。同时，衬板与煤仓铺设时难度大，如果块间不平滑或是固定铆钉与衬板之间脱离，会形成新的蓬煤点。

图 10-47　超高分子聚乙烯衬板

图 10-48 铸石板衬板

图 10-49 不锈钢衬板

铸石是以玄武岩、辉绿岩、页岩或工业废渣为主要原料，经过高温熔化、浇注成型、结晶、退火等工序制成的一种新型工业材料。铸石制品具有优良的耐磨、耐腐蚀特性。但内衬于煤仓中时，由于与煤仓黏结不牢，且各块平面之间不平滑，存在着间隙，长时间被煤块冲击，衬板容易产生半脱离、脱落，表面不平滑会阻碍煤的流动。

不锈钢衬板具有良好的耐磨、耐腐蚀性及机械加工性，可与煤仓外壳焊接形成整体结构，不易脱落。也不会因长期使用而变形、表面磨光。同时，不锈钢衬板制作简单方便，但价格相对较高。

3. 机械疏通

机械疏通是指采用机械方法对煤仓堵煤进行治理，常见的是仓壁振动器和液压煤仓疏通机。仓壁振动器也称仓壁振打器，依靠高频振打和冲击力对煤仓壁产生周期性高频振动，这种周期性高频振动一方面使物料与仓壁脱离接触、消除物料与仓壁的摩擦，另一方面使物料受交变速度和加速度的影响，处于不稳定状态，克服物料的内摩擦力和聚集力，避免原煤搭拱。仓壁振动器对清理由静力拱引起的煤仓蓬煤、搭拱效果比较显著。仓壁振动器安装位置一般不高于煤仓出口 1/4 锥体处。如安装 2 台以上，多在煤仓的对称面不同高度安装（如图 10-50 所示）。

仓壁振动器的优点是体积小、电耗低、安装方便，缺点是当原煤中水分较多或煤质较黏时，防治堵煤效果有限，有时甚至会起反作用，造成原煤越振越实，加重堵煤。如果煤

图 10-50　仓壁振动器

仓内装有衬板，仓壁振动器可能将衬板振松。另外仓壁振动器长时间工作会造成煤仓筒壁疲劳破损，因此在循环流化床锅炉煤仓设置仓壁振动器时应结合煤质情况加强设计，如果煤中水分、黏结矿物较少时，可以用仓壁振动器作为防治堵煤的主要手段，但应避免长时间连续振打。

液压煤仓疏通机是由液压泵站、油缸及刮板等组成的一种防治堵煤设备（见图 10-51），一般安装在循环流化床锅炉煤仓仓壁上，刮板紧贴在煤仓内壁上，工作时由液压油缸拖动刮板上下往复刮动煤仓内壁，疏通堵煤。液压煤仓疏通机平时不启用，煤仓堵塞后开始工作并疏通物料，当煤流恢复后停止。由于液压煤仓疏通机是直接将活动刮板设置在煤仓内壁上，能直接破坏原煤黏附仓壁的基础，所以对静力拱堵煤和黏结堵煤均有较为明显的效果。液压煤仓疏通机在使用中也存在一些问题和局限：

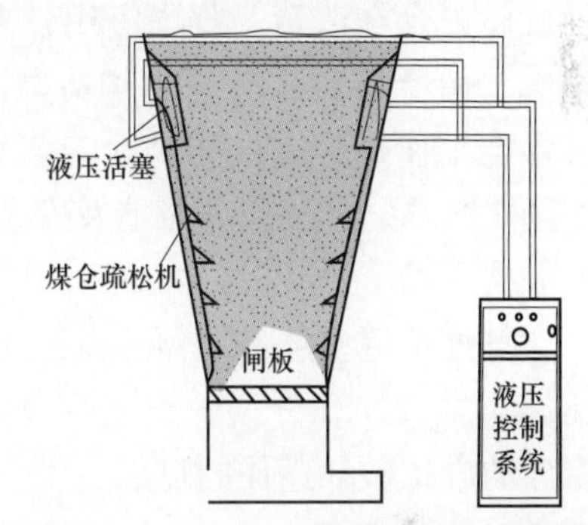

图 10-51　液压煤仓疏通机原理及内部结构

如果设备不工作时刮板自身容易在煤仓内造成挂煤，此外对于出现在安装位置上部的堵煤无法处理。在煤质好、水分低，煤仓结构合理的情况下，疏松机才能真正发挥作用，否则使用效果不明显。疏松机的现场安装见图 10-52。

图 10-52　疏松机的现场安装

4. 旋转煤仓

旋转煤仓是近几年新出现的煤仓堵塞处理设备，由上、中、下 3 部分组成（见图 10–53），上、下为静止仓，中间为旋转仓（即清堵部分）。上、下静止部分分别连接煤仓和出料口，旋转煤仓是将循环流化床锅炉煤仓下部出料仓段由静止状态改为转动状态，并在自身的上部静止仓部分安装辅助刮板，工作时中间仓体由电机减速机驱动，原煤与旋转仓体形成相对运动，在辅助刮板的作用下旋转仓体内壁无法形成稳定的结拱，从而达到防治堵煤的目的。

图 10–53 旋转煤仓现场安装图

旋转煤仓的优点是，通过仓体旋转和刮板双重作用可使旋转段的原煤无法搭拱与仓壁黏结。旋转煤仓在改造工程中应用较多，其缺点是不同厂家的设计因素会对使用效果产生明显影响。由于旋转煤仓自身构造原因，圆锥形煤仓改造容易，对方锥形仓改造比较麻烦，旋转煤仓工作过程中仅能对旋转仓部分的堵煤进行清堵，蓬煤或堵煤达到一定高度后，其作用随之减弱，此外设备制造及安装成本较高。

5. 空气炮

空气炮也称空气破拱器（见图 10–54），主要由储气罐、电磁脉冲阀及控制系统等组成。以压缩空气为工作介质，发生煤仓堵塞时瞬间释放出高速空气，直接冲击仓内堵塞部位，以爆破的方式破坏蓬住的煤拱。

图 10–54 空气炮

空气炮的优点是结构简单，对煤仓损伤小，一旦发生堵煤，可随时用空气炮疏通。但空气炮必须在结拱部位使用才能发挥作用，实际生产中循环流化床锅炉煤仓结拱、堵塞位置不固定，因此其安装位置较难确定，如果安装不当可能对堵煤治理产生反作用。此外，煤的含水率较低时，空气炮使用效果比较好，但煤湿度大时效果不明显。因煤仓的结拱、堵塞位置大多集中在物料出口处或料仓不顺畅部分，所以空气炮只能解决料仓上部蓬煤的问题。

6. 中心给料机

如图 10–55 所示，中心给料机安装在煤仓下部，卸料臂整体安装在煤仓内，以电机转速来控制卸料速度，通过对数曲线形卸料臂与物料的剪切，使其持续向中心运动并卸出，卸料臂与煤仓内壁相切，防止物料在煤仓内搭桥，中心给料机的卸料臂可以防止散装物料在向中心出口移动过程中发生挤压。使用中心给料机的煤仓一般从上到下均为直筒，使煤与筒壁摩擦系数为零。原煤填入煤仓并沉降在释压圆锥体下的取料平台，释压圆锥体盖住取料平台中心上的卸料口，防止煤仓填充时原煤的卸出。一组或两组螺旋形的刮刀臂旋转切入沉积在释压圆锥体下面的原煤，平稳的将原煤从中心出料口带出。由于规则的旋转刮刀臂会刮过取料平台并将物料移至中心，使得物料均匀沉积不凝结，这就防止了原煤堵塞及原煤黏结仓壁，保证了煤仓流畅下料。

中心给料机设备适应性强，即使对于流动性极差的物料也能避免堵塞。采用中心给料机的成品煤仓同比高度可降低 3~8m，降低了建筑成本、缩短了施工周期（图 10-56）。中心给料机按照先进先出的原则对各种物料进行卸料，不存在给料死角，储料仓内的物料均匀下落，不会因物料流动特性的突变引起给料量的波动，充分保证了煤仓后续各种设备运

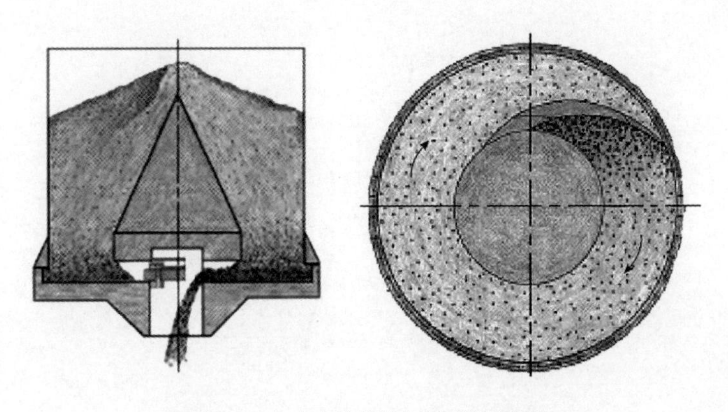

图 10-55　中心给料机出料原理示意图

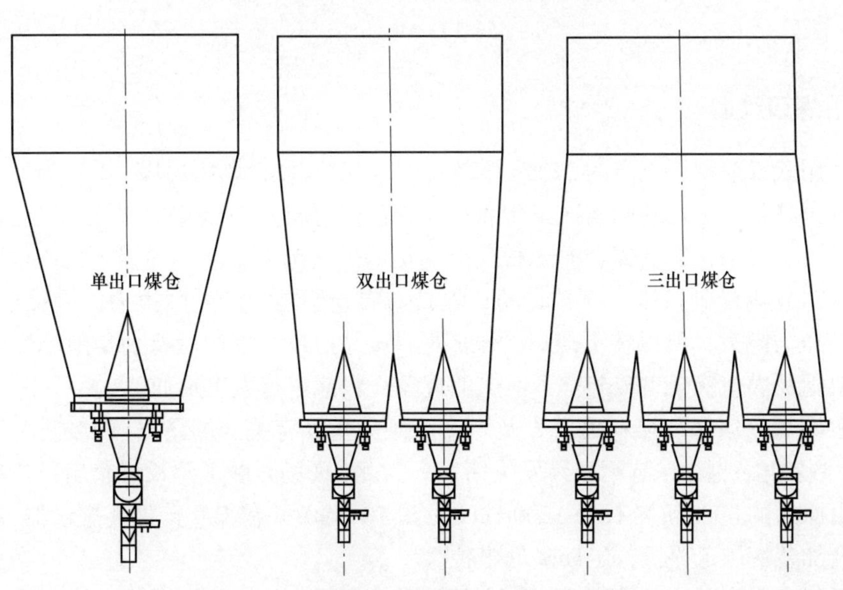

图 10-56　采用中心给料机的几种煤仓结构形式

行的稳定性。中心给料机的给料量通过变频调节，能够满足不同给料量的需求，成品煤仓也有多种结构形式可供选择（如表 10–8 和图 10–57 所示）。

表 10–8　　中心给料机的典型应用

项目名称	每台锅炉煤仓数目及台数	给料直径（m）	单台设备出力（t/h）
辽宁某 2×300MW 新建机组	4 个单出口煤仓 ×1 台	6	130
黑龙江某 2×300MW 新建机组	4 个单出口煤仓 ×1 台	6	142
四川某 600MW 新建机组	4 个单出口煤仓 ×1 台	4.5	200
江苏某 2×300MW 改建机组	4 个双出口煤仓 ×2 台	3	80
山东某 2×135MW 改建机组	2 个双出口煤仓 ×2 台	3	50
山西某 2×300MW 新建机组	4 个单出口煤仓 ×2 台	3	50
江苏某 2×350MW 新建机组	4 个双出口煤仓 ×2 台	3.5	60

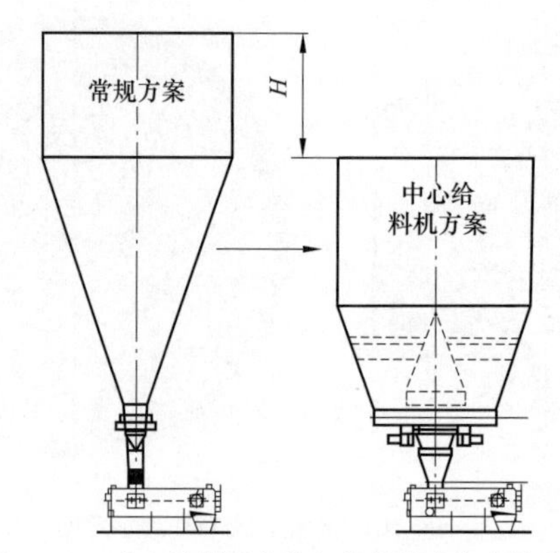

图 10–57　中心给料机方案与常规技术方案的比较

四、落煤口改造

某厂采用武汉锅炉厂生产的 220t/h 循环流化床锅炉，设计燃用褐煤。煤仓为四方形结构，内衬为高分子材料。运行期间多次发生蓬煤，最高时每班达 20 余次，严重影响机组的稳定运行。按照设计要求，成品煤仓的容积应能满足锅炉满出力 8h 以上的储煤量需求，成品煤堆积在锥形煤仓内受到挤压，煤粒之间、煤粒与煤仓壁之间产生摩擦力，越接近下煤口其摩擦力和挤压力越大，所以在下煤口约 1m 处的煤易搭桥。投产后特别是雨季煤湿的时候，给煤机下料管及煤仓就会出现架空不下煤的现象，只能进行人工疏通。

研究表明煤仓堵塞与煤仓出口 L 及煤仓壁倾斜角 β 有关。煤仓出口 L 越长，越不容易发生堵塞，倾斜角 β 越大，越不容易发生堵塞。为此，现场开展了延长煤仓出口长度的改造，将落煤口由原来的 600mm 延长为 1500mm（见图 10–58），并在煤仓壁加装振动器，定期振打，同时为煤仓加装液压疏松机，定期降低煤位。

改造后煤仓中煤的流动性增加，防止了煤拱的形成，杜绝了煤仓堵煤的发生。

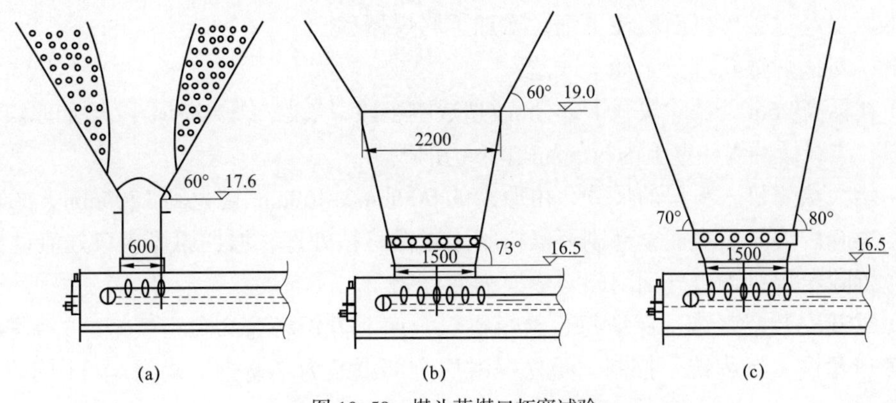

图 10-58　煤斗落煤口拓宽试验

(a) 改造前；(b) 改造后；(c) 建议新建项目设计方案

五、煤仓结构优化

某厂 410t/h 循环流化床锅炉由 Foster Wheeler 公司设计制造，主要燃用贵州煤，同时掺烧部分石油焦。锅炉煤仓采用棱台形结构，内衬 2mm 厚不锈钢板，下部接小煤斗，煤仓上口为 7100mm × 3800mm，煤仓出口为 900mm × 460mm，高度为 10.5m。改造前防堵措施是在煤仓东西方位上各设置 1 台疏松机，南北方位上各安装 1 台空气炮。锅炉试运期间煤仓经常堵煤、搭桥，特别是阴雨天，煤的表面水分较高时更为严重，处理恢复不及时会导致锅炉低温 MFT 保护动作。

如图 10-59 所示，分析发现棱台形煤仓上口大、下口小，物料自上而下靠自重下落。下落的物料愈向下流动、面积愈小，对物料形成挤压。循环流化床锅炉为防止炉膛热烟气反窜，给煤机采用一次风密封（压力为 2~4kPa），在煤斗内会形成一定的上托力，抵消了煤斗原煤的部分下滑力，这也是形成堵煤的因素之一。

为压缩投资原设计干煤棚面积较小，部分原煤露天存放或被雨淋湿，入炉煤的表面水分大于 8%。入厂煤粒度小于 0.45mm 的比例超过 30%，约为设计粒度要求上限的 2 倍。粒

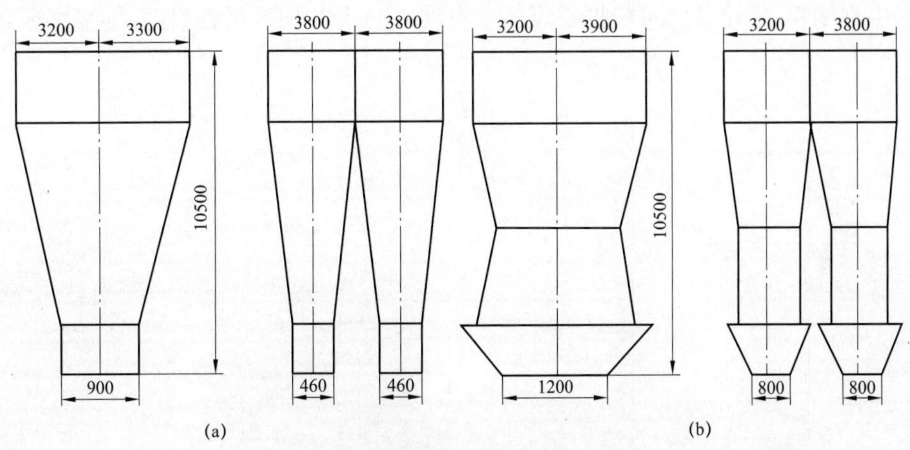

图 10-59　改进前后的煤仓结构示意图（单位：mm）

(a) 改进前；(b) 改进后

径偏小的原煤经过破碎机后粒径更细，增加了堵煤概率。

为此，对锅炉煤仓进行了如下改造：

（1）在标高 26m 处截除煤仓下部分，改造成喇叭段，增设二级缓冲煤斗，增加原煤流动性，在喇叭段、二级缓冲煤斗壁上内衬 5mm 厚不锈钢板。

（2）增大给煤机入料口的尺寸，由原来的 900mm × 460mm 增大到 1200mm × 800mm。

（3）煤仓内混凝土表面全部刷环氧树脂涂层做防粘处理，增加原煤入口处流动性。

（4）拆除给煤机入口气动闸门，更换为插杆阀。

（5）重新安装空气炮，保证每台给煤机煤仓南北方位各有 2 台空气炮，并调整了空气炮出气喷口角度，远程统一控制。疏松机材质全部更换为不锈钢，确保运行中不发生锈蚀折断现象。

改造后锅炉的堵煤现象大为改善，特别是对水分比较大的燃煤效果更加显著，可以保持煤斗较长时间不堵煤，达到了预期目标。

六、旋转煤仓应用

如现场堵煤主要集中在给煤机入口上、下区域以及插板门上下各 1m 区域范围内，可以优先选用旋转煤仓技术进行改造。如图 10–60 所示，它通过外置减速机驱动筒体旋转，与内部清堵刀形成相对运动搅动整个物料（见图 10–61），将附着在煤仓内壁上的黏煤刮离煤仓，使得物料与内壁之间的黏结力被破坏，在物料与仓壁之间形成分离区，同时达到破拱和清除黏壁的效果。由于旋转过程中产生了疏松作用，减小了物料之间的黏接力，使燃煤更易于下落。另外通过筒体内清堵装置的特殊安装位置和清堵方式，在旋转过程中构成一定的螺旋向下推力，使得出口处的物料很顺利的被推向下一级设备。

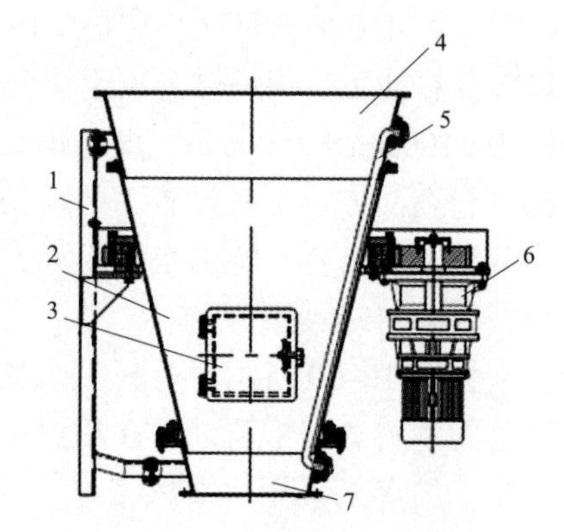

图 10–60　旋转煤仓主要设备

1—支撑梁；2—旋转筒体；3—检修门；4—静止入料斗；5—清堵刀；6—动力传动装置；7—静态出料斗

旋转煤仓应安装在整个煤斗最容易堵煤的位置，一旦煤斗内出现堵煤，清堵装置可根据断煤信号自动启动或由 DCS 远程启动，待堵煤现象消失、

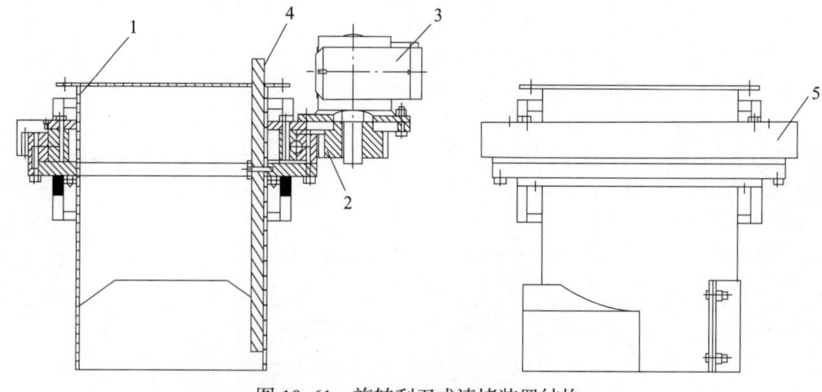

图 10–61　旋转刮刀式清堵装置结构

1—筒体；2—传动系统；3—减速机；4—清堵刀；5—密封系统

煤流稳定后，装置可停止运行，处于伺服状态。旋转仓内壁使用耐磨、耐腐蚀的不锈钢衬板，不锈钢衬板与煤斗采用塞焊，焊接后打磨平整，形成光滑的整体结构，不会因振动或敲击仓壁使衬板脱落，衬板可减小物料在仓壁内受到的摩擦阻力。

旋转煤仓的特点如下：

（1）清堵面积大，可彻底清除仓内煤的架桥、结拱、漏斗流等现象。

（2）仓体安装后对原系统无影响，不会增加流动阻力，加剧堵料。

（3）系统可实现全自动操作，不需专人管理，可实现就地或远程 DCS 控制。

旋转煤仓不受安装空间限制，高度和直径设计灵活，某厂 135MW 机组配置 6 个煤仓，煤仓标高 16.9~24.5m 之间为圆锥形，下为高约 1m 的插板门，通过高约 2.2m 的落煤管与给煤机连接。为降低成本需要掺烧 30% 比例的煤泥，煤仓落煤管堵煤严重。

该电厂使用褐煤，煤质轻、全水分约为 50%，黏度大易板结，加之当地降雨量大，导致煤仓堵塞严重，需频繁清仓，严重影响机组安全运行。后加装了旋转煤仓（见图 10-62），投运后解决了黏壁、板结等问题，节省了大量人力、物力，提高了运行稳定性（见图 10-63）。

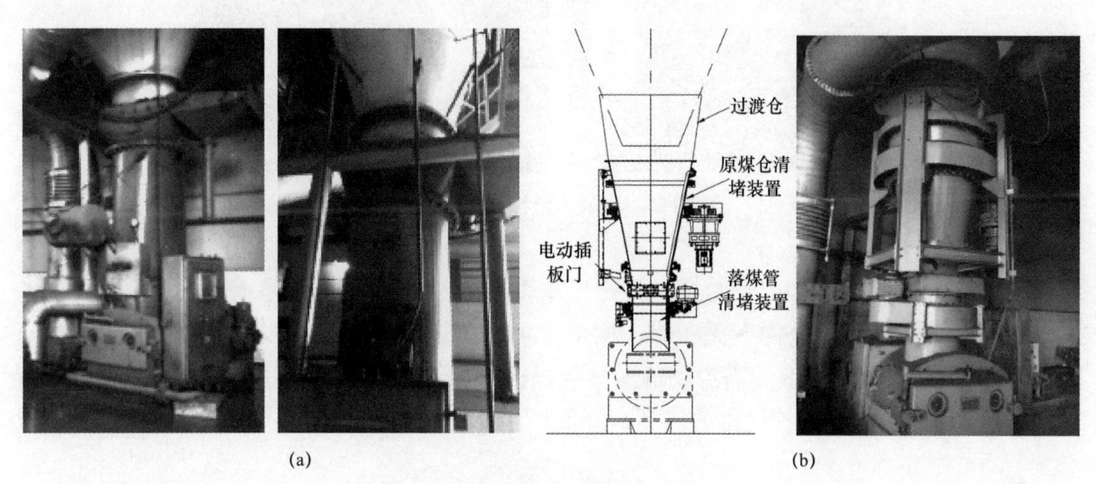

图 10-62　改造前、后的煤仓结构图

(a) 改造前；(b) 改造后

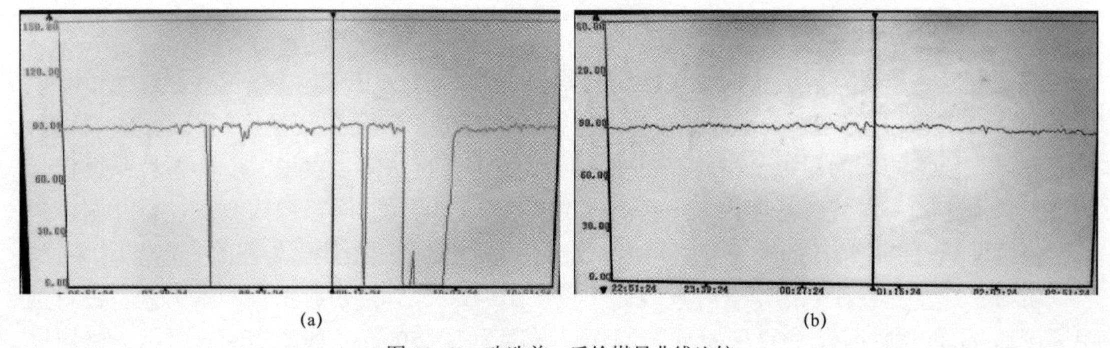

图 10-63　改造前、后给煤量曲线比较

(a) 改造前；(b) 改造后

七、中心给料机应用

某厂300MW循环流化床锅炉配套有4个煤仓，煤仓容积500m³，每个煤仓下部安装2台皮带给煤机。电厂燃料由周边矿井直供，混有大量煤泥、洗中煤，粒度小、黏性较大，给煤机断煤频繁，锅炉烟气污染物排放浓度波动较大。为此，进行了中心给料机改造。将每个煤仓的2个出口锥体从标高34.8m处割掉，拆除给煤机入口插板门、膨胀节和短管，在割除区域设置2个方圆节进行过渡。根据现场布置条件和出力要求，中心给料机直径3m，每个煤仓出口通流截面积17m²。经计算此通流面积可保证上部煤仓不出现棚煤滞煤，同时外筒体（方圆节）各边与水平夹角大于85°（见图10–64）。

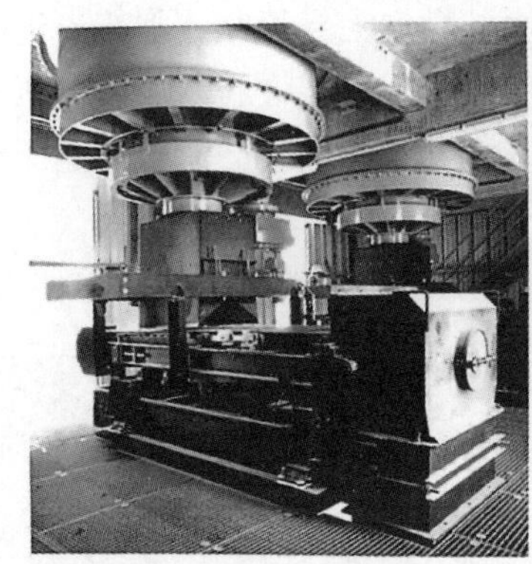

图10–64　中心给料机工程应用

中心给料机投运后，由于给煤量稳定，未再发生给煤口及落煤管堵煤现象。停炉检查炉内给煤口无变形，煤仓内壁无积煤、棚煤，提高了煤仓的有效容积。未改造前，因煤仓棚煤造成中心流，运行4h后需启动输煤系统进行补煤，中心给料机改造后，每天仅需补煤2次，可减少4次输煤系统设备的启动，降低厂用电量。

第四节　落煤管优化改造

一、防磨密封盒应用

部分电厂在落煤管煤流方向加装陶瓷衬板以达到防磨作用，但落煤管落差较大，磨损速度快，特别是位于碎煤机下部和入炉口位置的落煤管，容易出现防磨衬板磨穿、脱落，造成漏煤。传统使用的衬板价格较高，对此可以采用密封防磨盒技术，以小颗粒原煤作为防磨材料填充到密封装置格栅内，运行时煤流连续不断的对防磨格栅内原煤进行冲刷，但小颗粒原煤同时也连续不断补充到格栅内，避免了煤流对金属落煤管外壁的直接冲刷磨损。

防磨密封盒安装在原落煤管外壁表面（见图10–65），焊接带有格栅的密封盒。密封盒用厚度3mm的普通钢板（Q235材质）制作，厚度为30~50mm。如图10–66所示，格栅尺寸为80~150mm的正方形，内侧格栅采用16Mn钢板，厚度为5mm。输送物料颗粒较大或材质较软时，格栅尺寸接近上限以便物料存留，同时节约材料；输送物料颗粒较小或材质较硬时，格栅尺寸接近下限，这有利于物料存留，同时防止密封盒外壁磨损。运行中，当落煤管被磨穿后，会有部分原煤进入密封盒内，并且越积越实，形成防磨层，运行中密封盒内的填充煤不断磨损和补充，基本达到平衡。

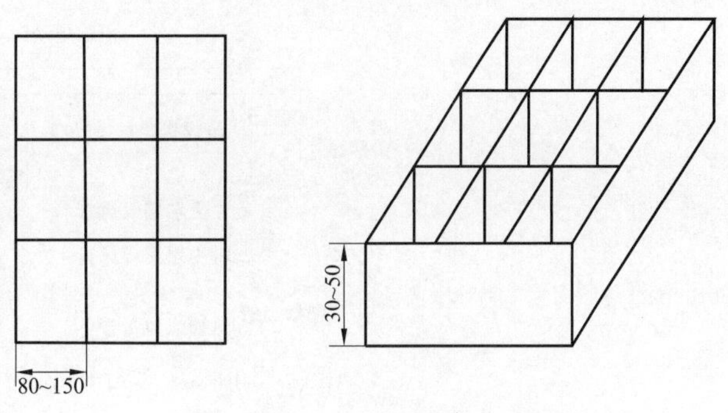

图 10–65 防磨密封盒结构示意图

防磨密封盒简单、安全、造价低，其使用寿命是传统陶瓷衬板的 5 倍以上，是锰钢板整体焊接衬板 2 倍以上，提高了设备运行安全可靠性，节约了维护费用。

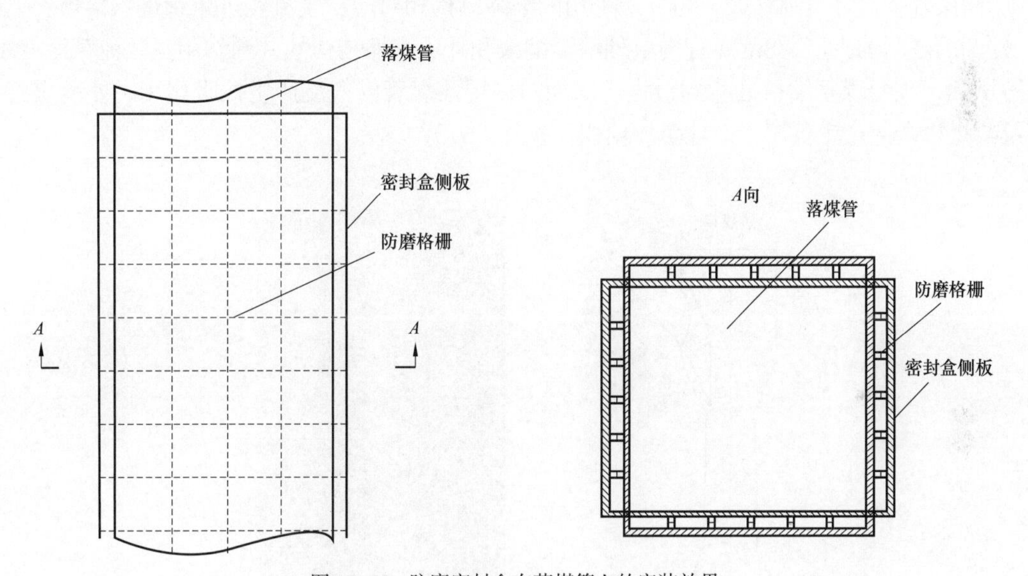

图 10–66 防磨密封盒在落煤管上的安装效果

二、负压落煤管应用

某厂循环流化床锅炉配有 4 个煤仓（2 大 2 小），每个大煤仓对应 2 台皮带给煤机，每个小煤仓对应 1 台皮带给煤机，给煤线相对独立，锅炉设有 6 个给煤口及对应的皮带给煤机，正常情况下每台给煤机各带 16.7% 负荷运行（如图 10–67 所示）。

运行时给煤机、落煤管和炉膛内部为正压，一旦出现密封垫损坏、焊缝开裂、磨损开孔等问题，均会导致给煤系统严密性破坏，发生漏风、漏煤。给煤机内部发生故障开盖检修时，由于给煤机出口电动插板不能完全关闭，而炉膛内部压力又大于外部压力，高温烟气易经落煤管反窜，不仅增加了检修难度，而且可能烧坏给煤机皮带，对检修人员的安全造成威胁，需要从给煤机机头检修口向落煤管内压入大量密封细沙，工作量大，影响检修进度。

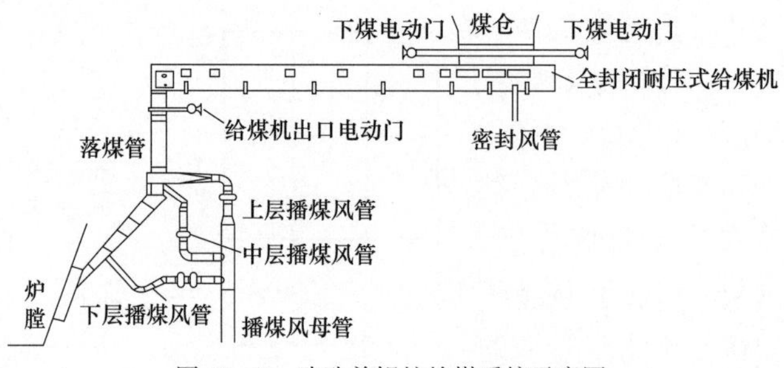

图 10–67　改造前锅炉给煤系统示意图

根据文丘利效应，加快气体流速可使气体在文丘利管出口的后侧形成一个真空区，当这个真空区靠近工质时,会对工质产生一定的吸附作用。根据上述原理对锅炉落煤管进行了改造，如图 10–68 所示改造后的落煤管上部分为内、外两层，内层落煤，外层通风（风源来自播煤风）。内层外壁设计有渐缩鼓，与外层采用的渐缩结构相对应，气流经进风管进入落煤管上部内、外两层之间的夹层,在落煤管内层外壁渐缩鼓和外层渐缩结构的共同作用下气流截面变小、流速增加，在落煤管缩口处达到最大，从而对内层落煤管内气流产生抽吸作用，使落煤管上部及给煤机内部产生负压，形成负压给煤（图 10–69）。

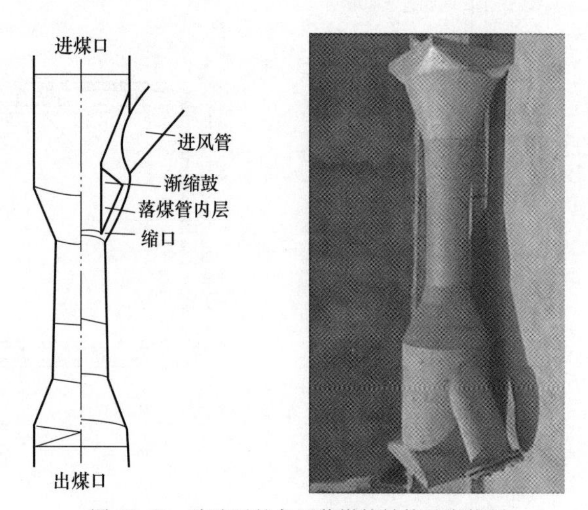

图 10–68　改造后的负压落煤管结构及实物图

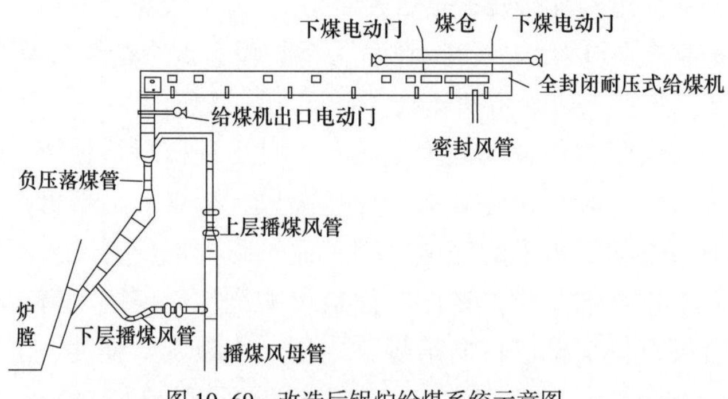

图 10–69　改造后锅炉给煤系统示意图

给煤系统改造后，在机组负荷 80MW 和 120MW 下，给煤机密封风门开度为 0 时，给煤机尾部压力分别为 –0.36、–0.43kPa，而未改造的给煤机尾部压力均为正压。负压的存在会使落煤管上部、给煤机外部的气体由外界向炉膛方向流动，从而解决给煤系统漏风、喷煤和烟气反窜问题，改善生产现场卫生状况。

三、落煤管堵煤治理

1. 主要问题

某厂采用济南锅炉厂生产的 YG–150/9.8–M1 型循环流化床锅炉，燃用福建无烟煤。投运后频繁堵煤，严重地制约了安全稳定运行。锅炉采用 3 点给煤，沿前墙水冷壁下部收缩段宽度方向均匀布置，给煤管为三根 $\phi325\times10$mm 的普通碳钢管，给煤机出口设电动插板门，下部用天方地圆与给煤直管段相连，给煤管直管段由于位置所限，采用 S 形接入给煤斜管，给煤斜管与水平面夹角为 45°，给煤管与水冷壁夹角为 35°，给煤斜管内设置托板便于煤滑落，托板为普通碳钢材料，在托板下设有一股 $\phi57\times3.5$mm 的播煤风从给煤管底部出口进入炉膛，在给煤机尾部设有一股 $\phi159\times4.5$mm 的密封风，在给煤斜管还设有 $\phi108\times4$mm 的观察孔。

单台给煤量不大（4~5t/h）时，在下煤管 S 形管段经常发生堵煤，一般先在 S 形管段处堆积，再向上部直管段延伸。S 形结构使得疏通难度大、疏通时间长，严重时会一直堵至给煤机出口，不得不打开给煤机出口后盖板进行处理。给煤斜管底部积煤随下煤量不断增加，会造成管路不畅，运行中需冒着炉内烟气反窜的危险进行处理，有时还需用压缩空气吹扫，极易造成燃烧不稳。改造前、后的给煤系统如图 10–70 所示。

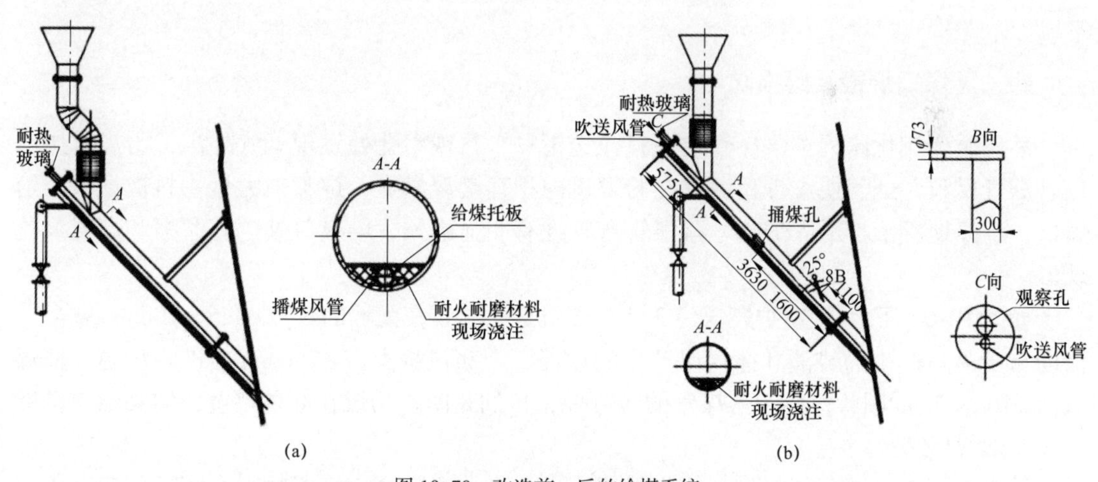

图 10–70 改造前、后的给煤系统

(a) 改造前；(b) 改造后

2. 首次改造

首次改造将 S 形管改为直通管，适当加长给煤斜管的长度，在给煤斜管靠近炉膛的位置与给煤斜管呈 25° 加一股 $\phi73$mm 的风作为密封风，在给煤斜管端部加一股 $\phi57\times3.5$mm 的吹送风，风源均从 $\phi159\times4.5$mm 的播煤风母管（来自一次冷风，风压为 8~9kPa）接出，同时对给煤斜管端部的观察孔进行适当移位，在给煤斜管中部增设 $\phi108\times4$mm 的人工捅煤孔。

上述改造完成后，解决了 S 形管段堵煤且不易疏通的问题。每台给煤机的给煤量可增大至 8~10t/h，但仍会在给煤直管段与给煤斜管段的三通处堵煤，为疏通堵煤不得不打开观察孔盖捅煤，疏通后炉内烟气反窜严重。如三通处堵煤未及时疏通，很快会一直延伸到直管段，敲打疏通后同样存在炉内烟气反窜严重的问题。

3. 二次改造

针对以上问题又进行了二次改造：

（1）修改原先接自播煤风母管的三根 $\phi57 \times 3.5$mm 吹送风，改从返料风机出口接一股 $\phi259 \times 4.5$mm 的炉前吹送风母管（正常运行时风压为 15~16kPa，最大可达 20kPa），再从吹送风母管各接一股 $\phi108 \times 4$mm 支管到三根给煤斜管处，吹送风进斜管处还设计有喷嘴，以提高吹送风的速度并在管内形成负压；

（2）在播煤风母管与吹送风母管设置联络风门，将给煤观察孔由 $\phi108 \times 4$mm 改为 $\phi57 \times 3.5$mm；

（3）由 DN80mm 的压缩空气母管接出一路至吹送风母管，其间设置联络门，以方便运行中更好地处理堵煤故障；

（4）将天方地圆、下煤管及下煤管内托板材质由普通碳钢改为不锈钢（1Cr18Ni9Ti），以解决下煤管内壁易黏煤堵煤的问题；

（5）在三根下煤直管段各增加一路报警信号，提前预报堵煤，在给煤斜管与直管三通口处增加一段 8mm 的不锈钢给煤托板衬板，置于给煤托板上，减轻因煤流下落对此处的冲击。

以上措施有效地减轻了天方地圆的磨损，解决了下煤管内壁易黏煤堵煤的问题，由于在直管段处增加了报警信号，使得运行人员能够提前处理此处堵煤，增强了运行的灵活性和给煤的可靠性。

四、落煤口烧毁及磨损防治

某厂循环流化床锅炉落煤管中燃料输送不畅，在观察孔处发现烟气外窜，给煤机尾部也有烟气反窜，烟气使皮带超温并在给煤机内积存潮湿燃煤，炉膛内大量物料被扬析至给煤口，不停地翻滚再滑入炉膛。落煤管弯管处有明显磨损，给煤口处也有磨损和高温氧化现象。

如图 10–71 所示，该锅炉燃煤经 3 台给煤机送入布置在前墙的 3 个 $\phi325 \times 10$mm 落煤管，借助自身落差产生的势能和播煤风产生的动能，在布风板上方 1750mm 处进入炉膛。播煤风为 $\phi108 \times 5$mm 圆管，位于落煤管的转弯处，目的是防止给煤在此处堵塞，增强给煤动能并防止烟气反窜。

给煤口处于炉膛下部密相区，物料浓度大、燃烧温度高，高温物料会频繁翻滚至给煤口处，导致其磨损严重。炉膛燃烧区域为正压，烟气易顺着落煤管倒灌，形成一股向上的气流托住燃煤，影响其下落。

由于播煤风来自一次风，其风压在 9kPa 左右，但是经过播煤风管产生局部阻力和沿程阻力，以及播煤风由 $\phi108 \times 5$mm 的播煤风管进入 $\phi325 \times 10$mm 的落煤管后截面突扩，风压衰减，流速也随之减弱。此外，播煤风管进口位置正对落煤管竖直落煤方向，燃煤较湿会间断性地堵塞播煤风口，而原播煤风取自一次热风，其温度为 150℃，加热给煤后亦使煤中的水分变成水蒸气，沿竖管进入给煤机。

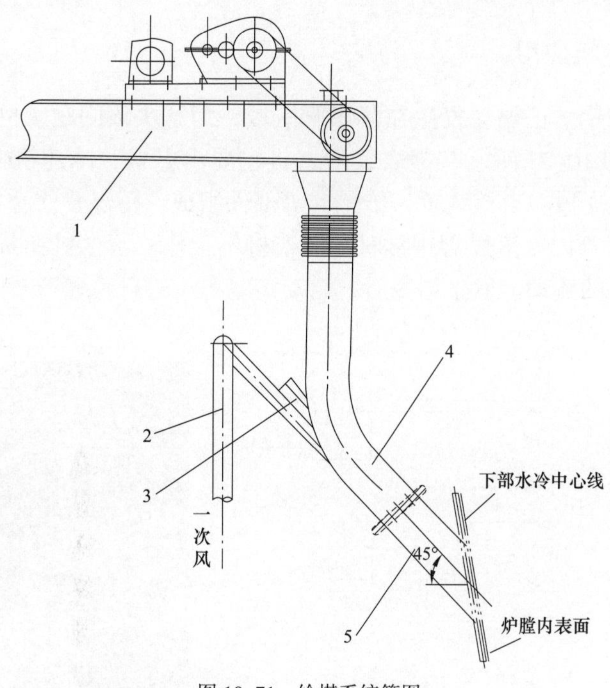

图 10-71　给煤系统简图

1—给煤机；2—播煤风管；3—看火孔；4—落煤管；5—给煤口

为解决以上问题，采用以下措施：

（1）给煤管上部播煤风结构由原来的 $\phi108\times5$mm 圆管改为沿给煤管下沿与给煤管内壁形成半圆状夹层，并沿 $\phi325$mm 斜管延长。

（2）落煤管由弯管改为直管，将落煤管分成两段，一段为立管，一段为给煤管，均由直管组成。

（3）给煤口的材料由耐热铸铁 RTSi5 改为 ZG4Cr26-Ni4Mn3NRe，提高其耐高温耐腐蚀性能。

（4）给煤口处增加一股风，其结构沿给煤口下沿与给煤口内壁形成半圆夹层。

（5）播煤风管布置尽量避免局部阻力损失和沿程阻力损失，使给煤机入口的密封风压不小于 5kPa，播煤风的风源取自空气预热器前一次冷风，其温度为 20℃。

上述改造完成后（见图 10-72），给煤经过 $\phi325$mm 的立管进入倾斜布置的 $\phi325$mm 给煤管，给煤管与膜式水冷壁夹角为 35°。给煤管上部播煤风吹动给煤管中的燃煤，并沿给煤管形成气垫，这样既有利于给煤的输送也减轻了给煤管磨损，并对炉膛的高温烟气进行密封。燃煤进入给煤口后，在给煤口处布置的风除对烟气进行密封外，还可冷却给煤口，吹散进入炉膛的燃煤，有利于燃烧。

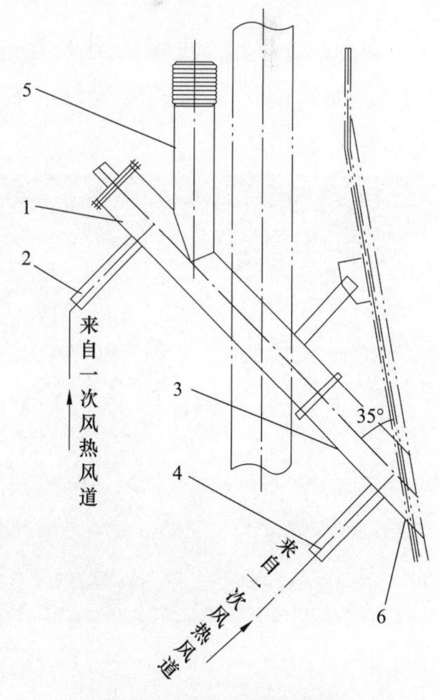

图 10-72　改造方案示意图

1—给煤管；2—播煤风管；3—给煤口；4—播煤风管；5—落煤立管；6—弯板

五、落煤管清塞机应用

部分循环流化床锅炉的堵塞发生在落煤管区域，为解决该问题，也有采用落煤管清塞机进行处理的。如图 10–73 所示，落煤管清塞机主要由电机、减速机、双轴承传动装置、传动轴、刮板、弹性支撑、自控装置、传感器等部件组成。落煤管清塞机将转动轴、刮板、弹性支撑安装在落煤管内，落煤管正常时，清塞机不工作。清塞机在落煤管内占用截面积小于 10%，不影响煤的流动。发生堵塞后，启动清塞机可进行疏通。

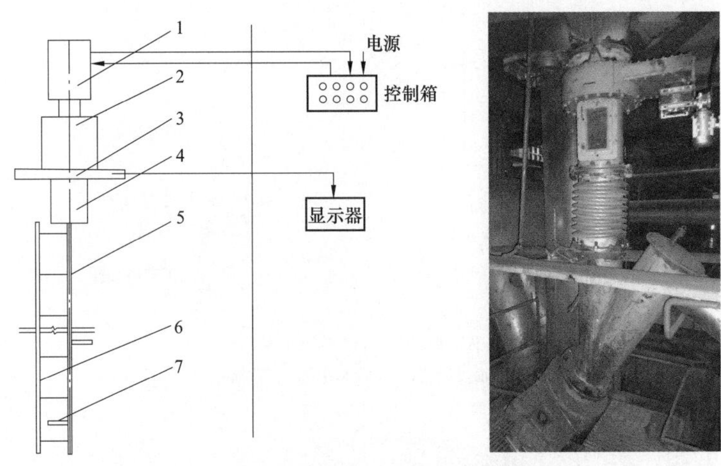

图 10–73　落煤管清塞机结构简图

1—电机；2—减速机；3—法兰；4—双轴承传动装置；5—传动轴；6—刮板；7—弹性支撑

从图 10–74 的使用情况来看，落煤管安装清塞机后，可以解决大部分落煤管的堵塞问题，有助于提高锅炉运行的安全性、稳定性，降低现场人员的劳动强度。

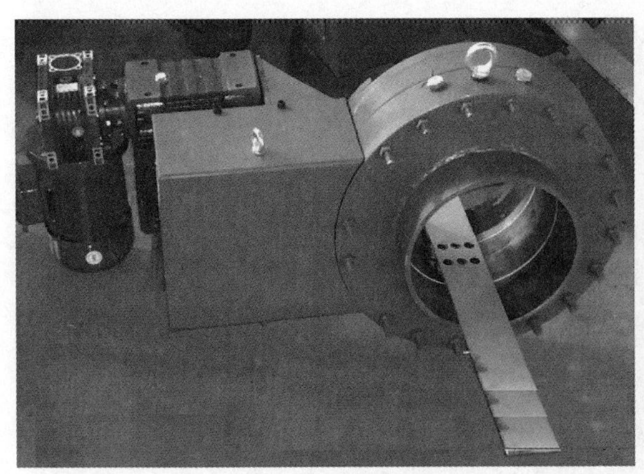

图 10–74　落煤管清塞安装使用示意图

第十一章　冷渣设备选型与改造

第一节　概　述

一、研究意义

相比较煤粉锅炉，循环流化床锅炉燃料灰分高、热值低，所以灰渣量大，为了维持良好的燃烧和传热，保证床料正常流化，需要从炉膛的底部排走一定量的炉渣，来保持合适的床料高度。但是，高温灰渣含有大量的物理显热，会造成排渣热损失、降低锅炉热效率。对于灰分高于 30% 的中低热值燃煤，如果灰渣不经过冷却，其物理热损失可达 2% 以上。另外，炽热的灰渣处理和运输十分麻烦。所以，对灰渣进行冷却非常必要。冷渣设备是保证循环流化床锅炉安全、高效运行的重要设备，通过冷渣设备可以保持最佳炉膛存料量和良好的流化，回收循环流化床锅炉排出的灰渣物理显热可以改善能源利用率，实现文明生产。

循环流化床锅炉燃用煤质越差、灰渣量越大，以图 11-1 所示的某 300MW 循环流化床锅炉为例，当入炉煤发热量从 3000kcal/kg（12552kJ/kg）降低至 2000kcal/kg（8368kJ/kg）后，燃煤量增加 1.55 倍，灰渣量增加 1.90 倍，需要处理的灰渣总量高达 241t/h。

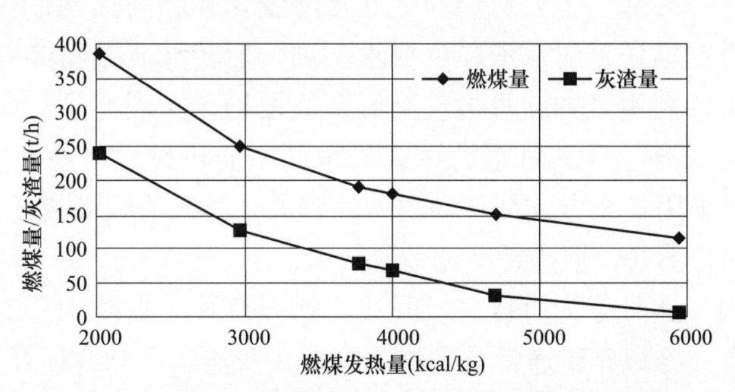

图 11-1　300MW 循环流化床锅炉煤种变化对灰渣量的影响

循环流化床锅炉运行情况不尽相同，如何选择合适的冷渣设备，对机组的安全稳定运行至关重要。与国外循环流化床锅炉相比，国内锅炉底渣排放量大，由于煤源紧张，入炉煤发热量变化范围大（2500~6000kcal/kg，即 10460~25104kJ/kg）、灰分变化范围大（10%~65%）、底渣份额范围大（30%~70%），经常出现底渣粒度及渣量远大于设计值的情况。

由于入炉煤复杂多变，尤其是煤中夹杂有矸石及石头时，锅炉实际运行的底渣粒度甚至可以达到 35mm 以上。早期我国大多数循环流化床锅炉配备的是流化床式冷渣器，该型冷渣器对于入炉煤品质要求较高。国内大多数电厂对燃煤破碎筛分设备的设计选型重视不够，燃料入炉粒度难以保证，由于燃料来源不稳定，变化较大，燃料中石块和矸石多，底渣中存在一定量的粗颗粒，这些粗颗粒很难稳定流化，致使这批冷渣器运行中出现了很多问题。与流化床式冷渣器相比，滚筒冷渣机对底渣粒径的要求比较宽松，可靠性更高，因此大部分装备流化床式冷渣器的机组后期都更换成了滚筒冷渣机，滚筒冷渣机是目前市场的主流技术。

二、冷渣设备结构

冷渣设备按冷却介质的不同，可分为风冷却、水冷却或风水联合冷却。风冷却式的灰渣全部由风来冷却，通常风与灰渣直接接触换热。水冷却式的灰渣全部由水冷却，通常水与灰渣进行非接触换热，以保持灰渣的活性。风水联合冷却方式充分发挥风、水两种冷却方式的优点，通常风与灰渣直接接触换热，而水与灰渣间接接触换热。

灰渣的比热较高（表 11–1），因空气的热容量小，单纯的风冷却所需空气量大，动力消耗高，只能应用于冷渣要求较低的场合。而水的热容量大，传热效果好，冷却要求高时，一般均采用水冷却或风水联合冷却。流化床式、移动床式和混合床式冷渣器有采用风冷的，也有采用风水联合冷却的。滚筒冷渣机主要采用水冷却。

表 11–1　　灰渣的比热

温度（℃）	0	100	200	300	400	500	600	700	800	900	1000
比热 [kJ/（kg·℃）]	0.727	0.810	0.871	0.920	0.964	1.001	1.051	1.092	1.103	1.108	1.115

按灰渣运行方式或工作原理不同，可分为机械式、非机械式。机械式利用机械部件，使高温灰渣运动来进行冷却，主要有滚筒式、水冷绞龙式和高强钢带式等。这种型式便于在冷却灰渣的同时进行输送，对灰渣粒度要求不高，但转动或振动部件可能产生较多的机械故障。非机械式主要利用气力或重力使高温灰渣运动，实现与冷却介质间的热交换，主要以流化床式为代表，移动床式和混合床式等也属于非机械式，易于解决高温下的耐温、磨损和膨胀等问题。采用气力方式往往动力消耗较大，对灰渣粒度要求高，但冷却效果好，而重力方式虽然无动力消耗，但往往冷却效果较差。

按传热方式不同，还可分为直接式、间接式和混合式。直接式灰渣与冷却介质直接接触、混合进行热交换，冷却介质通常是空气。间接式灰渣与冷却介质在不同的通道中运动，通过间接接触方式进行换热，冷却介质通常是水。混合式则两种传热方式兼而有之。

三、冷渣设备选型

1. 滚筒冷渣机

滚筒冷渣机在我国各型循环流化床锅炉上有大量应用，国内已投运的循环流化床锅炉 95% 以上采用了滚筒冷渣机（见图 11–2）。作为循环流化床锅炉的主流底渣处理设备，常规的滚筒冷渣机由传热滚筒、进渣口、出渣口、转动机构、冷却水系统及控制装置等组成。滚筒冷渣机的结构特点是：两个直径不等的内外钢筒套装在一起，并构成封闭的水环形空腔，在内筒内壁焊接螺旋状叶片，在螺旋状叶片间密布纵向叶片。螺旋状叶片既是换热面，又有推动灰渣沿滚筒轴线方向移动的作用。

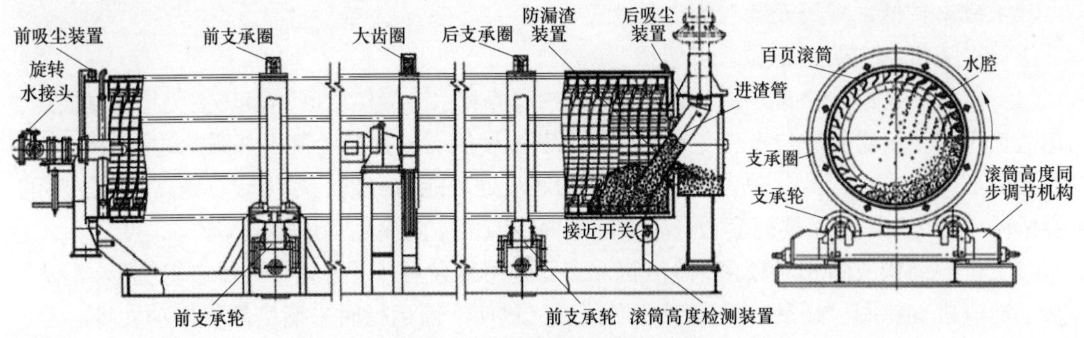

图 11-2　典型滚筒冷渣机结构图

滚筒冷渣机工作时炽热灰渣首先经排渣管落入滚筒端部，并在排渣管周围堆积，当堆积到一定高度时，其产生的重力与渣流动力平衡，管内渣流便被阻滞。当滚筒旋转推动灰渣向滚筒出渣端移动时，排渣管周围渣堆高度随之下降，打破了管内外灰渣平衡，使排渣管内的渣继续流出（见图 11-3）。这样，滚筒转热渣进，滚筒停进渣停。由于其采用纵向叶片，使热渣与水冷内筒的接触面积提高，因此在较低转速下也可以达到一定的底渣冷却效果。

图 11-3　滚筒冷渣机内灰渣的流动

滚筒冷渣机的主要优点有：

（1）筒体直径大、不易堵塞，对灰渣粒度变化不敏感；

（2）运行控制简单可靠，排渣量通过滚筒的转速大小来调节控制，与冷渣机转速基本成线性关系，利用变频调速可以自动跟踪锅炉渣量，易于实现床压自动控制；

（3）与流化床式冷渣器相比，滚筒冷渣机没有流化风系统，系统简单，电耗也相应降低；

（4）成本较低，现场安装较为方便。

滚筒冷渣机的主要问题和缺点包括：

（1）传热系数相对较低，由于滚筒冷渣机中底渣和水冷筒体之间的换热主要是接触换热，相比流化床式冷渣器灰渣与水冷受热面之间高灰浓度的对流换热，其换热系数约为流化床式冷渣器的1/10左右。因此，单台滚筒冷渣机的底渣处理能力有限，燃用矸石等高灰分燃料的大容量循环流化床锅炉需要配套数量较多的滚筒冷渣机才能满足锅炉排渣需要。

（2）机械结构故障相对较多，冷渣机入口管道膨胀位移不足，易导致排渣管变形，漏火、漏灰。冷渣机支撑圈、托滚、导向滚磨损较快，致使滚筒运行时平衡破坏，振动大等。

（3）旋转接头承压较小，大容量循环流化床锅炉凝结水压力较高（一般为3.0~3.5MPa），滚筒冷渣机的进出水旋转接头易出现漏水。如果采用压力较低的闭式冷却水系统，冷却水吸收的热量释放到环境中难以回收利用。

（4）操作不当时存在安全隐患，滚筒冷渣机筒体实质上是具有一定压力的水平旋转压力容器，如受热不均匀，容易产生局部超温、汽化，对设计制造和运行操作要求高。

2. 流化床式冷渣器

流化床式冷渣器分为引进技术与自主技术两大类。流化床式冷渣器采用流态化原理，利用冷空气和水对底渣进行冷却，其冷却仓室为一小型流化床，床内流动通常处于鼓泡床状态。从锅炉排出的高温渣经进渣阀进入冷渣器，流化冷却风通过冷渣器风室、布风板及风帽进入各仓室，将高温底渣流化，冷渣器仓室由隔墙分隔成若干个小的仓室以控制渣的停留时间，各仓室中布置水冷受热面。高温渣流化后在从进渣口往出渣口逐渐移动的过程中，被冷风和水冷受热面中的冷却介质冷却，经远离排渣口端的出渣口，由出渣阀控制排入后续输渣设备。换热后温度升高的热风夹带部分细小颗粒经由布置在锅炉二次风口高度附近的回风口进入炉膛。冷却水可选用机组的凝结水，经冷渣器后再返回低压加热器，可以使底渣的热量被系统回收。由于是空气和水对底渣联合冷却，因此流化床式冷渣器也被称为风水联合冷渣器。在处理渣量较小时，也可以不用冷却水只用流化风对底渣进行冷却。

流化床式冷渣器的主要优点是：

（1）底渣冷却能力强，与滚筒冷渣机相比，流化床式冷渣器的传热系数高，处理量更大，单台最大出力可达40t/h。

（2）底渣热量可有效回收利用，冷渣器的冷却水可采用凝结水，冷却风作为二次风的一部分返回炉膛，渣的物理热可有效利用，并且可提高底渣的燃尽率。

（3）机械故障少，不存在排渣管变形、漏火、漏灰等现象，也不存在旋转接头漏水问题。

流化床式冷渣器的主要缺点是：

（1）进渣控制线性差。锅炉进渣阀采用机械式锥形阀或气动L阀，常常出现大开度情况下冷渣器仍然不能进渣而有时又会在较小开度下大量进渣，给运行人员操作控制带来很大困扰。

（2）对底渣粒径要求高。大颗粒底渣进入冷渣器后易影响底渣正常流化，造成冷渣器堵塞。

（3）运行易受底渣可燃物含量的影响。如果进入冷渣器的底渣可燃物含量较高，冷渣器内可能发生二次燃烧造成结焦，这是影响流化床式冷渣器稳定运行的主要因素。

3. 流化床式冷渣器的优势

（1）回收热量品位高。流化床式冷渣器的冷却水如果采用给水，其埋管受热面将成为省煤器的一部分，从而作为锅炉本身的一个部件，对整体热力系统没有影响。冷却水换热后温度可以提升 50~60℃，从而达到 250℃左右的省煤器进口水温。这种情况下的冷渣器能部分代替较高级的低压加热器，排挤汽轮机高压抽汽，提高汽轮机效率。滚筒冷渣机承受冷却水压力一般在 2.5MPa 以下，冷却水温度提升 20~30℃后，出水温度多在 70~80℃之间。只能加热一部分凝结水，热渣的高品位余热只能代替部分低压抽汽，使其余热回收利用率大打折扣。另外，流化床式冷渣器出口风温一般在 450~500℃之间，其热风直接进入炉膛，参与锅炉的燃烧和换热，从而有效地回收利用炉渣的高品位余热。滚筒冷渣机装有负压吸风装置，也具有一定的风冷作用。可是其冷却风出口一般接入引风系统，吸收的热量没有加以利用。

（2）传热系数大，体积小。流化床式冷渣器按照流态化原理设计及运行，在流化床式冷渣器中，流化风通过底部的布风板进入，当气流速度达到临界流化速度时，渣粒即呈流化状态，气速再增大，床层出现由含颗粒稀少的气泡相和含颗粒众多的乳化相组成的两相状态，传热传质过程显著强化，传热系数可达 100~250W/（m^2·K），而滚筒冷渣机传热效率相对较低。

（3）返回细小颗粒可提高燃尽率。流化床式冷渣器对锅炉的正常运行及其负荷调节也有较大帮助。循环灰量太少时，有些电厂采用添加床料或飞灰再循环方式来解决，这在无形中增加了锅炉的运行成本。而流化床式冷渣器可以将灰渣中的细灰重新送入炉膛，较好地解决了锅炉循环灰量不足的问题，维持了炉内粗细料的平衡，保证炉膛差压稳定。另外，在流化床式冷渣器返回锅炉的细物料中，含有大量未燃尽颗粒和未反应的 CaO，在送回炉膛后可以继续参与燃烧和脱硫过程，既提高了煤的燃尽程度，降低了不完全燃烧热损失，又促进了炉内脱硫过程，进一步实现了节能减排。

4. 滚筒冷渣机的优势

（1）运行可靠性高。滚筒冷渣机对底渣适应性很强，对渣粒度基本没有要求，并且随着滚筒转动速度的变化，可以快速调整冷渣机的出力。

（2）电耗低。以国内某 135MW 循环流化床锅炉为例，原设计两台用于流化床式冷渣器的流化风机，正常运行时功率约 350kW，另有两台运行功率约 10kW 的刮板输渣机。换装两台滚筒冷渣机后，运行时功率仅为 20kW。因拆除流化风机而减少的锅炉进风量由一、二次风机承担，使一、二次风机运行功率增加约 110kW，锅炉辅机运行功率降低了 220kW。

5. 滚筒冷渣机的问题与改进

滚筒冷渣机属于换热设备，900℃左右的高温炉渣源源不断进入到筒体内部，与筒壁及内部翼片放热，最终冷却到 150℃以下。从渣侧看冷渣机属于锅炉底渣冷却设备，从水侧看冷渣机很像一个滚动的热水锅炉，运行安全问题较为突出。

（1）结构设计方面。夹套式滚筒冷渣机换热筒体与夹套式热水锅炉本体结构相似，在压力较高时容易出现内筒失稳和端板失效。多管式滚筒冷渣机换热筒体与火管锅炉本体相似，承压能力较低。受到设计因素的限制，夹套式结构和多管式结构无法承受较高的内部压力，虽然设计了一定的保护部件，如安全门、压力保护开关等，但在冷渣机事故状态下，夹套内大量的水会迅速汽化，压力突然升高，引起内筒失稳或端板开裂，严重时还会造成筒体爆炸。

（2）冷却水系统方面。蒸发量较小的锅炉，可以采用闭式循环冷却方式，但会造成大量热量未能有效回收。目前大型循环流化床锅炉几乎全部采用凝结水作为冷渣机的冷却水，冷却水系统压力一般为1.5~2.5MPa，夹套式和多管式滚筒冷渣机为了满足凝结水系统压力的要求，必须采用增加筒体钢板厚度的办法增强承压能力，给冷渣机的使用留下隐患。

（3）渣处理量方面。使用情况表明，夹套式冷渣机因设计结构限制，受热面不足，很多冷渣机的实际出力仅为实际值的60%左右。多管式冷渣机在小渣量使用的情况下，对锅炉底渣有较好的冷却能力，但在排渣量较大时容易发生堵渣，影响锅炉的正常运行。

此外，滚筒冷渣机漏水、漏渣问题较多，冷渣机既是换热设备又是转动设备，同时还是输送设备，冷渣机工作状态下受热膨胀和转动影响，本体部件无法直接采用接触式精密密封结构，同时冷渣机内部在运行过程中处于正压状态。近几年来，冷却水旋转接头技术有了很大的进步，但在运行可靠性上仍然存在问题。目前锅炉生产厂家的下渣管多采用耐热钢管结构，由于未进行冷却，下渣管烧红过热及变形问题也普遍存在。

多管式滚筒冷渣机由于采用蜂窝式多管结构，排渣量较大时易堵渣、承压能力较差、端板易开裂、管内螺旋焊接难度较大。因此，受筒体长度及直径限制，其在设备大型化上有较明显的瓶颈，一般用于排渣量小的场合。

夹套式滚筒冷渣机结构上增大了筒体长度和直径、筒内密布百叶状叶片，通过抛洒增大换热面积和底渣与筒壁的接触系数。为保证冷渣机的承压能力，筒壁设计较厚，体积较大，设备本体重量较重，一般适宜排渣量适中的工况。

最新设计的膜式壁滚筒冷渣机，由于采用了膜式壁结构，具备夹套式和多管式滚筒冷渣机的主要优势，在设备大型化上没有明显瓶颈，采用分仓结构后特别适用于燃用低热值煤、排渣量较大的矸石电厂，是比较适宜大型循环流化床锅炉的底渣冷却设备。

6. 排渣方式及排渣管布置

锅炉排渣口设计位置需要考虑以下方面因素：

（1）防止煤流短路；

（2）便于大颗粒床料的汇聚；

（3）便于炉内焦块的排出和人工清理。

在此基础上形成了底排渣和侧排渣两种主要方式：

如图11–4所示，底排渣在炉底设置排渣口，具有进渣容易，不易发生堵塞等优点。但对于燃用高灰分煤的循环流化床锅炉，冷渣器和输送系统庞大，底排渣使炉底被冷渣机占据，空间拥挤，不利于维护检修，因此对燃用高灰分燃料的大容量循环流化床锅炉不太适宜。排渣口不能有阀体。排渣后通过气力密封排渣口，以防止高温渣积聚在排渣口燃烧结焦或损坏排渣口。如果发生堵塞，排渣管无法在运行时疏通。

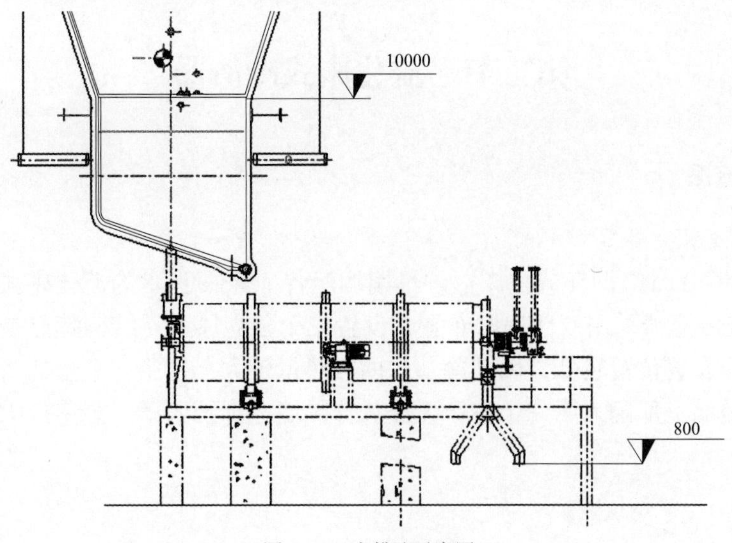

图 11-4　底排渣示意图

如图 11-5 和图 11-6 所示，侧排渣方式适应性强，排渣口应尽量设在离给煤点较远的地方，以减少底渣可燃物含量。底渣在进渣管中具有流动性，为防止进渣管堵塞还应设置安全可靠的应急疏通装置，防止大粒径的渣块或其他物料进入排渣口。

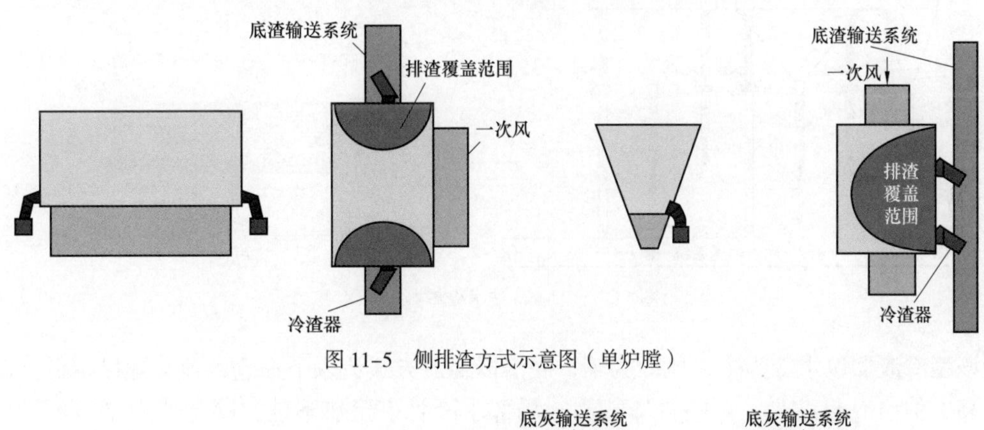

图 11-5　侧排渣方式示意图（单炉膛）

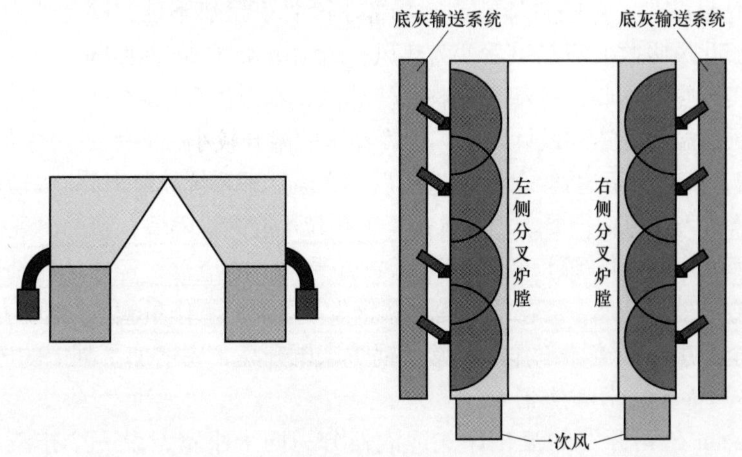

图 11-6　侧排渣方式示意图（裤衩腿炉膛）

第二节　流化床式冷渣器

一、技术流派

1. Alstom 技术冷渣器

引进技术的 300MW 循环流化床锅炉早期均配备 Alstom 技术的流化床式冷渣器（如图 11–7 所示）。该冷渣器采用双床串联布置，设置三个独立风室。结构特点是水冷受热面布置较多，受热面布置位置较低，因此冷却水的吸热量较大。当第一个室的灰渣量达到一定高度时，从分隔墙上部翻入第二个室，无法从分隔墙上部翻入第二个室的大渣可从该室的放渣管排出。

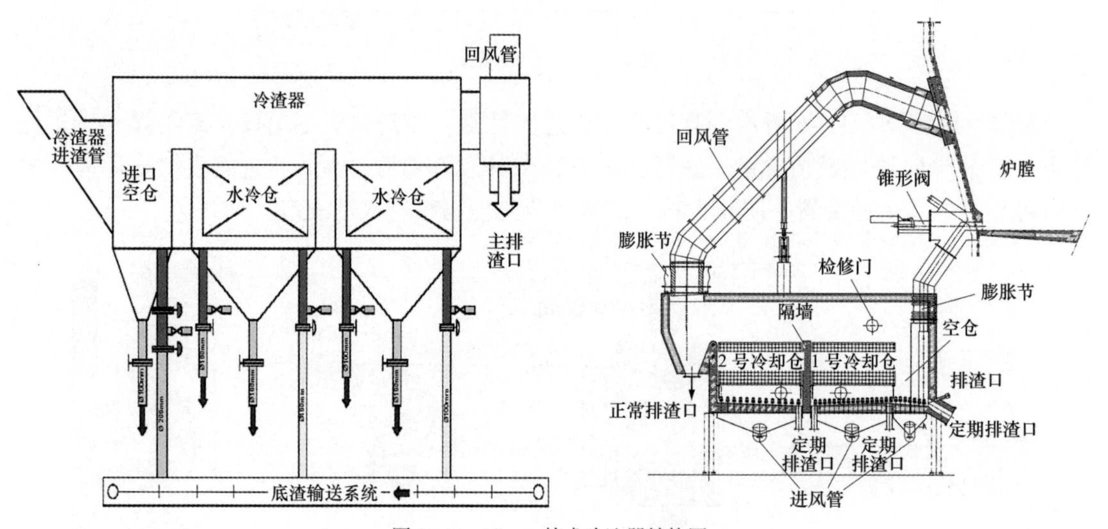

图 11–7　Alstom 技术冷渣器结构图

该型冷渣器以水冷为主，风冷为辅，底渣以溢流方式流入下一仓，流化速度很低。传热系数高，但空仓易结焦，影响排渣能力，局部水冷管束换热不佳，冷却能力略显不足。根据设计，高压流化风吸收底渣热量后变为热风，风温由 45℃提升到 450~500℃，并携带细颗粒返回炉膛，实现热量回收；冷却水吸收底渣热量，水温提升 50~60℃。国内实际运行情况表明高压流化风的温升能达到设计要求，但冷却水的温升较小，底渣还存有大量热量，排渣温度远超 150℃，高时甚至达到 500℃，造成后续底渣处理系统故障率高、锅炉被迫高床压运行。该型冷渣器对入炉煤粒径要求很高，由于大颗粒不能翻过隔墙，容易出现排渣困难。

以四川白马电厂为例，该厂投产后运行一直受制于冷渣器，经常因冷渣器问题下调负荷。流化床式冷渣器排渣管、空仓结焦问题频繁发生，维护工作量大，有时不得不排放红渣，带来严重的安全隐患。冷渣器工作不正常使锅炉床压升高，还增加了翻床的风险。

2.Foster Wheeler 技术冷渣器

Foster Wheeler 公司开发的流化床式冷渣器分为四个小室，设一个排渣口、一个排渣管和两个出气口。如图 11–8 所示，沿渣的流向，冷渣器的四个小室分别为第一级选择室和之后的三级冷却室，室与室之间用分隔墙隔开，在进入下一个小室之前，底渣绕墙流过以延长停留时间，每个室均有其独立的布风装置，在布风板上布置有定向风帽。按 Foster Wheeler 公司设计，冷渣器第二、三冷却室采用冷风流化，选择室采用再循环烟气流化，第一冷却室采用一次风空气预热器后的热风流化。由于采用再循环烟气流化时需要增设一台再循环风机，管道布置复杂，因此国内投运的该型冷渣器四个室都采用冷风流化（流化风来自一次风机或单独设置的冷渣器风机），以减少投资、降低系统复杂性。每个冷渣器的排渣管上布置有 12 个风管，通过风管的定向布置及风量调节来保证渣从炉膛至冷渣器的顺利输送，并对进渣量大小进行调节，排渣管所需空气由高压流化风机提供。中间两级冷却室布置有水冷管束，四个小室中都设有事故喷水。

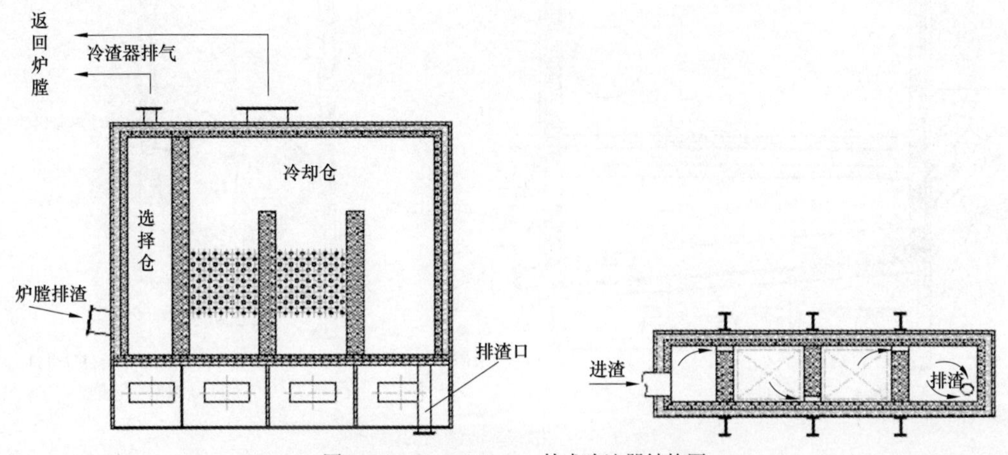

图 11-8　Foster Wheeler 技术冷渣器结构图

该型冷渣器以风冷为主，水冷为辅，各仓底渣以底流方式流入下一仓。运行特点是传热系数高，处理渣能力大，但大颗粒渣块的流动性差，易堵塞和结焦。当选择室采用热一次风流化控制不好时，空气的助燃作用以及选择室与炉膛之间的热灰循环使选择室容易超温结焦。在冷渣器的选择室内可将未燃尽的碳粒继续燃尽，并筛选出炉渣中的细颗粒，通过选择室顶部的风渣返料管从水冷壁两侧墙送回炉膛。冷渣器的冷却室可将剩余的粗颗粒热渣冷却到 150℃以下排出。来自给水泵或凝结水泵的给水，根据炉渣多少及冷却情况，部分或全部被引入布置在冷渣器冷却室中的水冷管束，进行渣的冷却和热量回收。由于冷却室的运行流化风速低（1.2m/s），同时，水冷管束上设有防磨鳍片和销钉，因此管束不易发生磨损。事故自动喷水系统仅用于紧急状态下灰的冷却。

该类型冷渣器采用迷宫式结构，增加了底渣在冷渣器内的停留时间，可提高换热效率。但该结构导致其对底渣粒度的要求极高，只能输送 7mm 以下的底渣。同时，由于排渣管上未设计排渣阀，进渣不能有效控制，易出现大量进渣或不进渣的情况，导致其不能连续稳定运行。

3. 气槽式冷渣器

气槽式冷渣器采用喷泉床工作原理，结构上分室送风，倾斜布置密孔板式布风板，冷渣器内部一般不设隔墙或仅设置下部悬空、高度较矮的隔墙（主要防止进口红渣直接排到出渣口）。如图 11-9 所示，从炉膛排出的高温灰渣经排渣风吹入冷渣器中，在气槽流化风作用下被吹入冷渣器上部空间，将热量传递给流化风和水冷管束，然后沿两侧壁的斜坡重新滑入气槽中，并逐渐向排渣口移动。当冷渣器内的流化灰渣高度超过排渣溢流口时，灰渣就自动从排渣口排出。由于采用了倾斜布置的布风板，在布风板较低的一端设有粗渣排放口，将无法溢流的粗渣排出冷渣器。送入冷渣器的流化风，最后经顶部排风管排入炉膛，作为辅助二次风或排入尾部烟道。

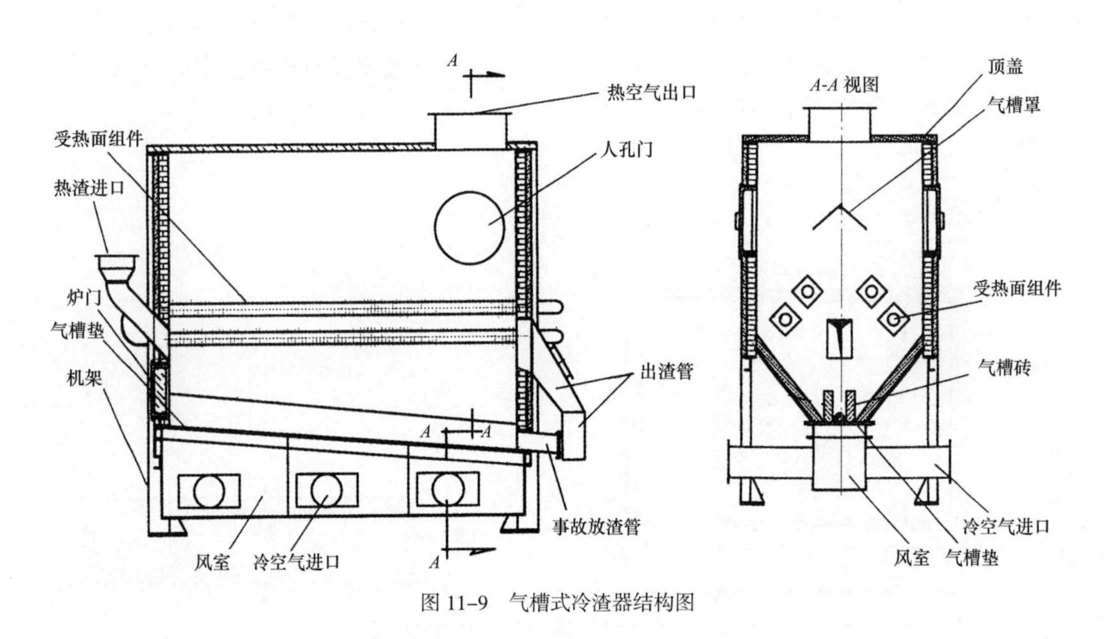

图 11-9　气槽式冷渣器结构图

4. FAC 型冷渣器

FAC 型冷渣器克服了以上技术的缺点，如图 11-10 和图 11-11 所示，冷渣器内部采用变截面设计，底部流化风速高（2~3m/s），便于大颗粒底渣的输送，上部流化风速低（<1m/s），可有效降低水冷受热面的磨损。既实现了大颗粒底渣的输送（最大输送底渣粒径可达 70mm），又有效减轻了受热面的磨损，提高了受热面使用寿命。FAC 型冷渣器隔墙底部设有开孔，隔墙的设置可延长大部分细颗粒底渣的停留时间，大颗粒底渣在不能翻过隔墙的情况下可由底部开孔流过，并顺利排出冷渣器，有效保证了底渣排放的连续性。

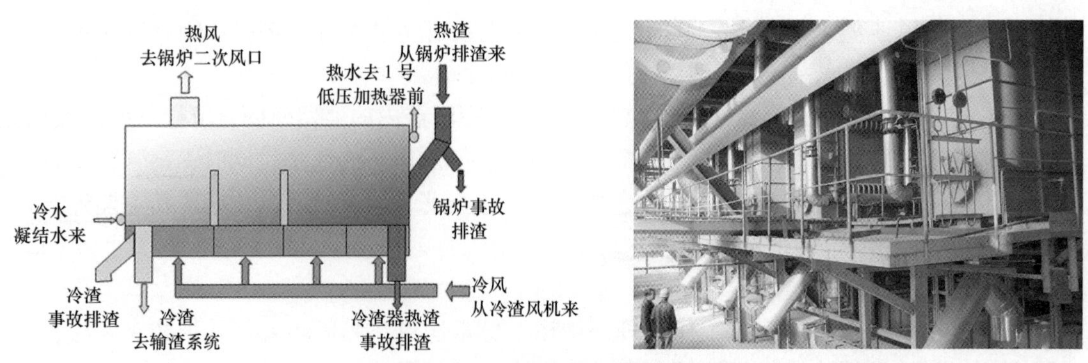

图 11-10　FAC 型冷渣器原理图及现场布置

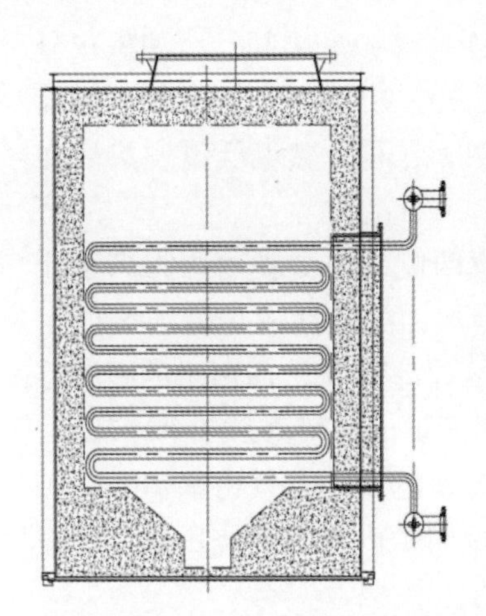
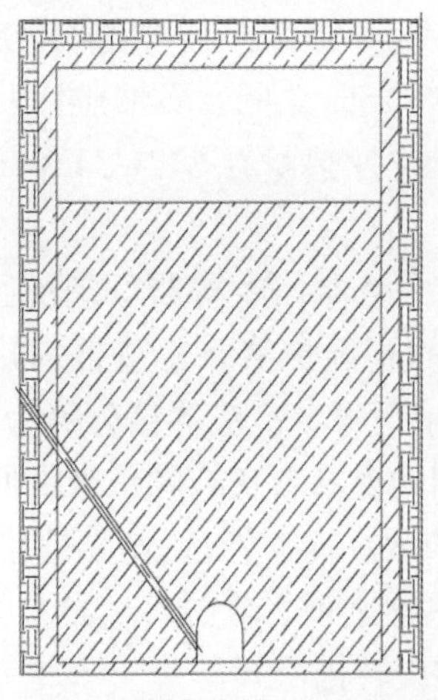

图 11-11　FAC 型冷渣器床面结构及隔墙底部开孔示意图

二、流化床式冷渣器常见问题

（1）炉膛结焦造成排渣管堵塞。此问题在运行中较为频发，排渣管堵塞初期用压缩空气吹扫后可继续排渣，后期则难以起效。停炉检查，大多发现排渣管已经严重堵塞，渣块与炉膛内渣块相同。

（2）选择室床温、床压不正常升高，结渣严重。冷渣器在使用中经常发生选择室床温骤升，甚至发生超过炉膛床温后仍难以控制的现象，且多伴有床压不正常升高。停炉检查发现选择室已结满渣块，为排渣进入冷渣器后再次燃烧生成。给煤进入炉膛后未经充分燃烧即被吹到排渣口附近，大量煤粒随渣块排入冷渣器。由于渣块温度接近炉膛燃烧温度，选择室内又有大量空气，所以大量未燃尽煤颗粒迅速燃烧堵塞选择室。

（3）冷渣器排渣量控制线性差。冷渣器运行中经常出现大量进渣堵塞冷渣器，排渣量过大还造成冷渣器出口排渣温度偏高，严重时后续输渣设备无法及时输渣，致使管路堵塞，冷渣器被迫停运或者开启事故排渣口。

（4）冷渣器用风量远大于设计值。当煤质较差渣量太多时，大量的冷渣器回风削弱了二次风的调节作用，对炉内的燃烧配风也有一定影响。

（5）排渣管烧红。冷渣器排渣管烧红时温度达 500℃以上，造成这种现象的原因是排渣管内的耐火保温材料脱落，这主要与施工工艺和烘炉工艺有关，但也不排除冷渣器残碳燃烧造成温度骤升的因素。

（6）渣自流和烟气反窜。冷渣器停运后易发生排渣管渣自流和炉内烟气从冷渣器回风管道反窜并带进部分热灰。渣自流多发生在冷渣器停运初期，此时排渣管内的渣还未被充分冷却，温度高，流动性好，当炉内流化状态波动较大或者冷渣器停运后进行吹扫时容易发生自流。

三、Foster Wheeler 技术冷渣器改造

1. 设备概述

某厂采用美国 Foster Wheeler 公司生产的 310t/h 循环流化床锅炉，锅炉燃料为 90% 石

油焦与10%燃煤。石油焦水分在0.5%~3.5%之间、燃煤水分在7%~9%之间，石油焦灰分在0.2%~2.5%之间、燃煤灰分在15%~25%之间，石油焦挥发分在9.5%~11.5%之间、燃煤挥发分在30%~50%之间，石油焦低位发热量在31.9~34.2MJ/kg之间、燃煤低位发热量在18.5~23MJ/kg之间。

该锅炉配套Foster Wheeler原厂冷渣器，冷渣器位于炉膛两侧，当炉膛内压力高于允许值时，锅炉排出部分炉渣。排出的高温炉渣在冷渣器内冷却，冷却后的炉渣温度低于200℃，可以满足输渣设备的输送要求。每台冷渣器被分隔为4个室。从炉内出来的底渣首先进入选择室，在此完成燃烧，更细的煤及石灰石颗粒被带回到炉内。接着是3个冷却室，底渣的冷却在此完成，热空气回到炉内。冷渣器选择室和冷却室的冷却空气由锅炉一次风机提供，冷一次风取自管式空气预热器之前，经过冷渣器后返回炉内作为燃烧用风。底渣排出速度受控于每台冷渣器出口侧的旋转排渣阀。

锅炉投运以来，冷渣器主要存在以下问题：

（1）炉膛内燃料燃烧不充分使冷渣器分离段的底渣可燃物含量高，发生二次燃烧，导致高温结焦排渣困难，最后因床压过高停炉；

（2）炉膛往冷渣器排渣管的高压风流量控制不合理，使排渣管的排渣量得不到控制，导致结渣堵塞（图11–12所示）；

图11–12　堵塞冷渣器的大块颗粒

（3）通过冷渣器事故排渣阀人工排红渣不但污染环境，还会危及人身以及设备安全；

（4）冷渣器的旋转排渣阀不能连续排渣，造成锅炉床压不正常升高，为了保持床压，需要减少脱硫用石灰石加入量，影响环保指标。

2. 改造措施

（1）增加两台烟气再循环风机，风机的烟气由引风机出口抽取，将原来冷渣器分离段与一段冷却器的流化冷却风由一次冷风调整为引风机出口经过升压的低温烟气；

（2）调整进入锅炉的石油焦、煤、石灰石的粒径，减少大颗粒所占的比例，使燃料粒径符合锅炉厂要求；

（3）统一操作方式，当冷渣器各仓室温度出现异常时及时调整，保持各风室的冷却流化风量稳定。当分离段温度超过700℃时，逐步关小或关闭冷渣器旋转排渣阀开度，直至温度下降或不再上升，待稳定后再开大；

（4）加强炉膛往冷渣器排渣管风量的调整，使高压输渣风风量稳定在250~350m³/h（标态）范围内；

（5）增设冷渣器事故排渣阀，在3个冷却段风室各增加一个事故排渣阀，使冷渣器出现问题时能及时在线疏通。

3. 改造效果

通过以上改造及运行优化调整，冷渣器运行的可靠性大大提高。改造后冷渣器分离段底渣因缺氧不会发生二次燃烧，未再因高温结焦事故停炉。通过燃烧调整底渣可燃物含量也明显降低，改造前冷渣器底渣可燃物含量为12%，改造后为2%。改造前冷渣器底渣CaO量为54%，改造后为10%。改造后人工疏通未再发生，使工作环境得到了很大改善。

改造后存在的不足是新增2台烟气再循环风机后，致使电耗增大。冷渣器分离段温度因燃料、石灰石粒径的变化，还会偶发超温，但只要及时关闭冷渣器旋转出渣阀，待温度下降后再开启，问题基本能够解决。

四、Alstom技术冷渣器改造

某厂300MW循环流化床锅炉由法国Alstom公司设计，配套4台流化床式冷渣器，进渣量由灰控阀来控制，冷却风来自高压流化风，冷却水来自中压工业水，该型冷渣器实际运行中存在较多问题，燃用设计煤质可勉强维持运行，一旦煤质下降、灰分增加，进渣管和选择空仓就会频繁结焦，严重影响锅炉安全稳定运行。

冷却能力方面，原设计为风水联合冷却，高压流化风吸收底渣热量后变为热风，风温从45℃提升到450~500℃，携带细颗粒再送回炉膛，实现热量回收；冷却水吸收底渣热量，水温提升50~60℃。实际风冷却效果满足设计要求，但底渣与冷却水间的换热量很小，冷却水水温只能提高3℃左右，排渣温度远远高于设计的150℃。

进渣管和选择空仓有空气进入，当风量调整不好或调整不及时时，未完全燃烧的大量煤颗粒进入冷渣器进渣管或选择空仓会发生再燃烧，引起结焦。此外，冷渣器与炉膛的回灰管风速高，大量细颗粒造成膨胀节磨损严重，经常泄漏红灰。运行人员调整风量困难，稍有不慎就会出现结焦，需要从空仓通过排渣管放红渣。为了实现锅炉的连续安全稳定运行，后期将冷渣器整体更换为滚筒冷渣机。

由于燃用煤质较差，满负荷时燃煤量为180t/h左右，灰分含量为43%，最高时燃煤量高达210t/h，灰分含量超过50%。考虑到还要添加35~50t/h的石灰石进行炉内脱硫。因此底渣排放量为80~90t/h，锅炉共4个排渣口，每个排渣口的排渣量为20~25t/h。由于排渣口要与刮板输渣机接口连接，滚筒冷渣机的长度被限制在7.8m内。但改造完成后，滚筒冷渣机运行稳定，能够满足锅炉运行的需要。

五、FAC型冷渣器改造与应用

1. 设备概况

某厂HG1025/17.4-L.MN36型循环流化床锅炉配备4台FAC型冷渣器（见表11-2），布置在炉膛下部，采用旋转阀控制排渣量。运行过程中冷渣器有进排渣不畅、内部结焦、

表 11-2　冷渣器设计参数

项目	单位	数值	项目	单位	数值
冷却渣量	t/h	30	冷却风量	m^3/h	18704
入口渣温	℃	920	出口渣温	℃	<150
入口风温	℃	40	出口风温	℃	380
冷却水量	t/h	100	水系统阻力	MPa	<0.12
入口水温	℃	35	出口水温	℃	86
进风口至出风口阻力	kPa	10	风帽	个	238

运行不稳定等问题。主要表现为：

（1）冷渣器排渣门处经常有焦块卡涩，排渣门动作不灵活；

（2）冷渣器进渣控制阀上段有大量焦块堵塞，进渣不正常；

（3）运行中冷渣器内焦块无法完全清理干净，排渣口处时常有堵塞；

（4）有从炉膛向冷渣器内漏渣现象，严重时锅炉 1 个月内连续 10 余次被迫处于低负荷状态运行，还发生了因疏通堵塞导致人员烫伤的恶性事故。

利用人孔门检查发现：

（1）2 号冷渣器内低温室两侧斜面上结焦严重；

（2）4 号冷渣器内高、低温室内都有严重结焦；

（3）4 台冷渣器不同程度存在排渣口及冷渣器内浇注料脱落现象，4 号冷渣器较为严重。

2. 运行调整和改进措施

运行上采取的措施包括：

（1）适当调整进渣门、排渣门以控制进出渣量，保持进出渣连续，控制冷渣器流化风量为 18000~20000m^3/h（标态），当冷渣器内进渣量较大时，适当提高风量以加强流化。

（2）一般情况下保持 1~2 根进渣阀手动插杆全开，当冷渣器不进渣时，将另外 2 根手动插杆开启，进渣正常后立即恢复原状态。气动进渣阀的开度根据高、低温室温度和出口水温进行调整，高温室温度控制在 750℃以下，出水温度不超过 90℃，否则立即关闭进渣阀。

（3）冷渣器内料层的差压在正常运行时控制在 3.5~4.5kPa，料层差压不大于 7kPa，当冷渣器内料层差压大于 6kPa 时加大冷渣器排渣。如冷渣器排渣门开启至最大位置料层差压还无明显下降，应先关闭冷渣器进渣门，待冷渣器内料层差压低于 4kPa 时，再重新开启。

（4）冷渣器排渣控制阀正常开度控制在 20%~35%，如果此时冷渣器内焦块未完全清理干净，根据检查情况不定期开大排渣控制阀开度，但最大开度应小于 50%，冷渣器内焦块清理干净后尽快使冷渣器排渣控制阀的开度恢复到调整前的状态。

（5）将冷渣器风室就地手动风门开度从高温段到低温段重新调整，由 100%、75%、50%、75%、75% 依次对应调整为 100%、100%、100%、90%、85%，当冷渣器相邻仓室间的床压偏差大于 5kPa 时，采用迅速关闭或开启的方式，调整相应位置的手动小风门 3~5 次，待床压正常后，再将风门开度恢复至调整前状态。

（6）增加对排渣系统的巡检，发现结焦或排渣异常及时查明原因，防止故障扩大。

技术改进措施包括：

（1）重新校对进渣控制阀与气动执行机构，添加密封棉，检查控制执行机构并校正就地反馈信号。

（2）对4台冷渣器内部进行全面清理，包括水冷管束上的焦块，对水冷套体进行解体检查和技术处理。

（3）修补冷渣器内浇注料脱落部位，改进施工工艺防止浇注料再次脱落。

（4）在锅炉排渣口处加装自上而下的捅渣装置。

3. 改进效果

采取上述运行和技术改进措施后，机组没有再发生因冷渣器结焦被迫停运的问题。机组负荷率和利用小时数有所增加，锅炉排渣热损失由1%下降至0.4%左右。

六、FAC型冷渣器及滚筒冷渣机联合应用

1. 设备概述

某厂建有SG–1060/17.5–M802型循环流化床锅炉，配备2台FAC型冷渣器及2台滚筒冷渣机，如图11–13和图11–14所示，分别配套布置在锅炉两侧，采用插杆阀控制排渣量，另外还配置了2套链斗式输渣机和斗式提升机作为底渣输送设备（见图11–15）。

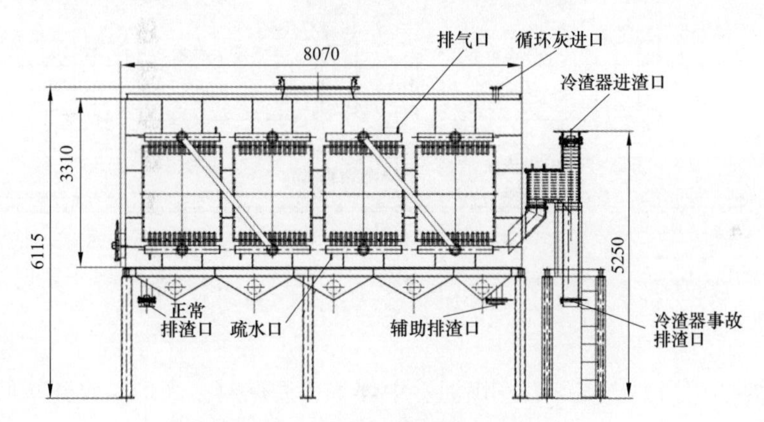

图11–13　FAC型冷渣器结构示意图

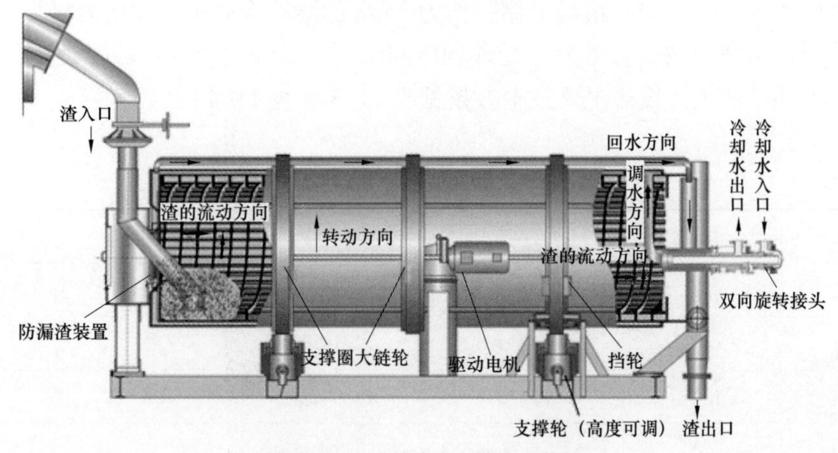

图11–14　滚筒冷渣机结构示意图

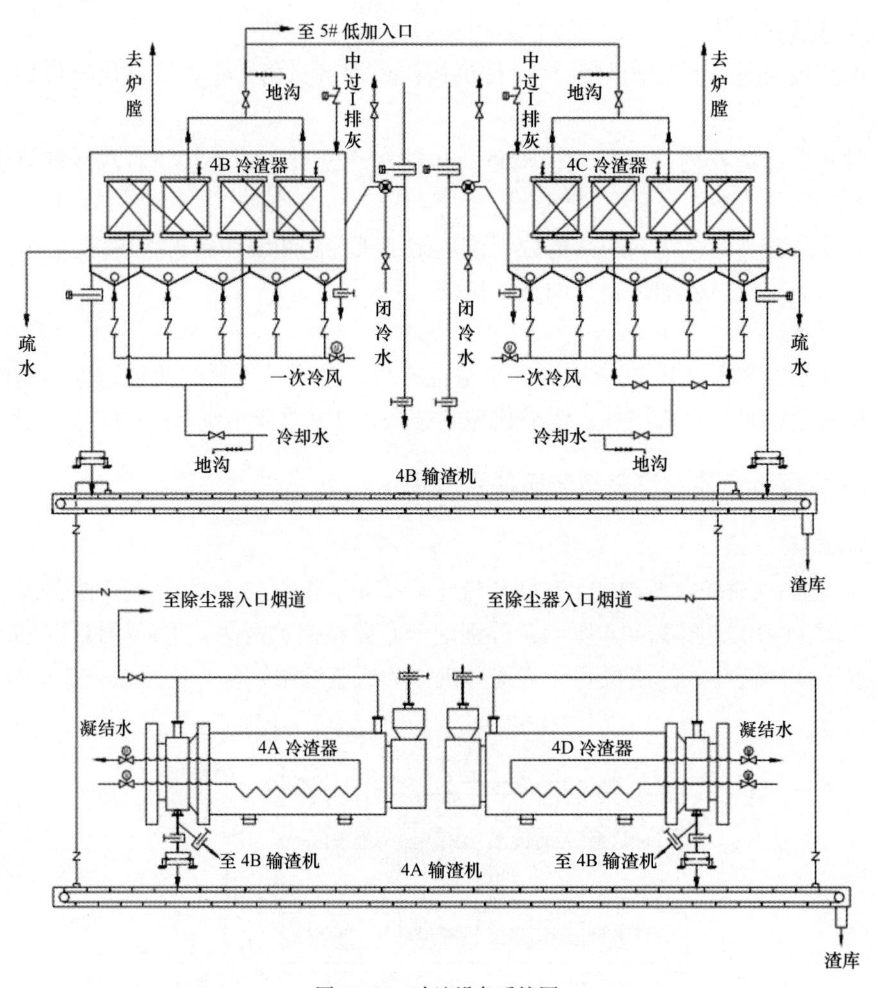

图 11-15　冷渣设备系统图

该厂主要燃用当地产煤矸石、煤泥、中煤等劣质燃料，入炉煤收到基低位发热量控制在 2800kcal/kg（11715kJ/kg）左右，排渣量较大。按照 250t/h 入炉煤量，灰渣比例 5∶5 计算，底渣量约为 62.5t/h。当时市场上铭牌出力 25t/h 的滚筒冷渣机实际出力仅为 14t/h 左右，全部使用滚筒冷渣机需要布置 6 台，受现场空间限制，最终决定每台炉配套 2 台 FAC 型冷渣器和 2 台滚筒冷渣机（设备主要技术参数见表 11–3 和表 11–4）。

表 11–3　　FAC 型冷渣器设计参数

设计参数	单位	数值	设计参数	单位	数值
冷却渣量	t/h	37	风帽	个	238
入口渣温	℃	850~920	出口渣温	℃	≤ 150
冷却风量	m^3/h（标态）	26200	冷却水量	t/h	100
入口水温	℃	54（夏季为 72）	出口水温	℃	64.8

表 11-4　　滚筒冷渣机设计参数

设计参数	单位	数值	设计参数	单位	数值
冷却渣量	t/h	25	冷水水量	t/h	110
入口渣温	℃	860 ± 50	出口渣温	℃	≤ 150
入口水温	℃	54（夏季为 72）	入口水压	MPa	2.7

联合应用的优势在于充分利用流化床式冷渣器排渣量大，冷却效果好的特点，结合滚筒冷渣机调节灵活，调节精度相对较高的优势，便于大型循环流化床锅炉床压调节，在有限空间内布置尽量少的设备，节能降耗，减少投资，提高煤种适应性。

2. 使用中存在的问题及分析

（1）排渣管堵塞。造成排渣管堵塞的原因有：

1）运行中床温控制过低，底渣含碳量高，导致排渣管内积存的渣易结焦堵塞；

2）给煤粒度过大且有大块，大块进入排渣管后卡涩在气动插杆处，堵塞排渣管；

3）锅炉排渣管内布置有耐磨陶瓷贴片，由于冲刷剧烈，贴片脱落使排渣管产生不规则变形，流通截面减小；

4）流化风采用冷一次风，在进行运行调整时加大一次风量，冷渣器流化风量也随之加大，调整不及时会造成冷渣器内部风压过高形成流动阻力，从而堵塞排渣管。

（2）排渣不畅。造成排渣不畅的原因有：

1）排渣管内焦块进入冷渣器后堵塞隔墙底部开孔，阻碍底渣的顺利流动，导致前室堵塞，影响冷渣器正常排渣；

2）大量粒度大于 30mm 的底渣进入冷渣器导致冷渣器内流化特性变差，易结焦，尤其是底渣中混有石块时，石块易卡在风帽之间，影响冷渣器正常流化；

3）进渣量控制不合理，短时间内大量底渣进入冷渣器导致冷渣器内物料难以流化，易结焦堵塞；

4）流化床式冷渣器各室手动风门开度调整不当，导致低温室风量高于高温室，从而形成阻力，造成排渣不畅。

（3）回风管磨损泄漏。回风管道为变径管且弯头较多，设计上没有采取防磨措施，运行后高浓度灰冲刷管壁造成磨损泄漏。

3. 改造措施

（1）流化床式冷渣器排渣管技改。如图 11-16 所示，流化床式冷渣器原有排渣管采用 2520 不锈钢管，其不锈钢壳体被包覆在保温层内，表层无法散热，存在烧红问题，发生磨损后需破解外保温层检修。故将其更换为膜式壁水冷排渣管，内部设有高温耐磨材料层，外部设有水冷夹层，在进出水管上配有手动分段门、安全阀、温度和流量显示器等，水源从流化床式冷渣器冷却水主管取用。

（2）流化床式冷渣器出渣管技改。流化床式冷渣器的出渣管窜风量大，灰渣流速高，链斗输渣机运行过程中扬尘大，影响作业环境。由于出渣管较长，磨损严重，危及链斗输渣机的运行安全。因此，对流化床式冷渣器出渣口进行优化改造。如图 11-17 所示，变更

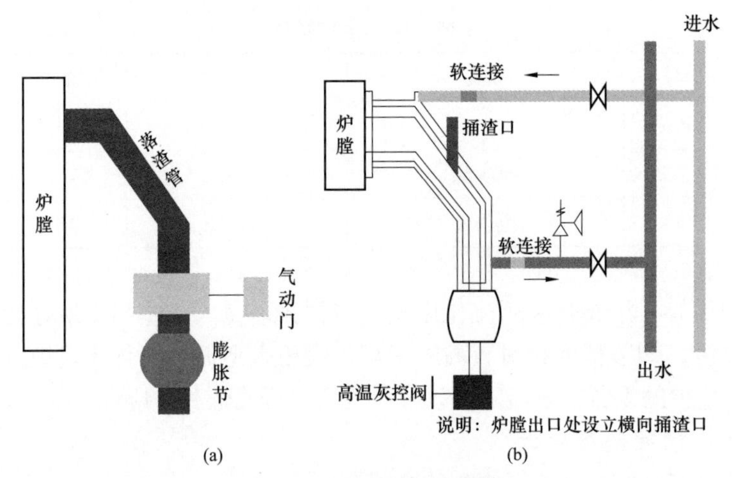

图 11-16　排渣管技改示意图

(a) 排渣管技改前；(b) 排渣管技改后

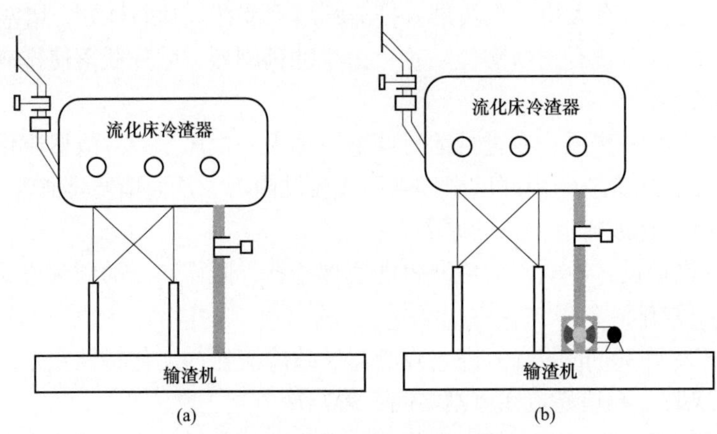

图 11-17　出渣管技改示意图

(a) 出渣管技改前；(b) 出渣管技改后

前流化床式冷渣器排渣通过出渣管排渣气动门直接进入输渣机，变更后在其排渣口处加装1台电动锁气给料机，排渣气动门和电动锁气给料机联动。

（3）流化床式冷渣器回风管技改。针对回风管道存在的问题，改变原有设计结构，内部整体浇注耐磨耐火材料，同时改变通流面积，减少磨损。

（4）滚筒冷渣机负压吸尘系统技改。滚筒冷渣机原为独立负压吸尘系统，其进、出渣端都设有吸尘管道，尾部与烟风道相接。运行时发现其进渣端负压吸尘管将一些大颗粒灰渣吸入管道，造成管道磨损，很快将管道堵死，起不到吸尘作用。故将原有负压吸尘管道与烟风道相接处封闭，重新布置1根负压吸尘管与输渣机负压吸尘管相接（如图 11-18 所示）。

4. 运行控制

（1）运行中控制炉膛床压在 7~9kPa 之间，防止因床压过低导致底渣可燃物含量增加，同时避免过高的床压带来翻床风险。

（2）锅炉启动时渣量较小，流化床式冷渣器不能连续投运，间断排渣易造成排渣管结焦堵塞。因此，当投煤连续稳定且床压达 7kPa 以上后再投运流化床式冷渣器。

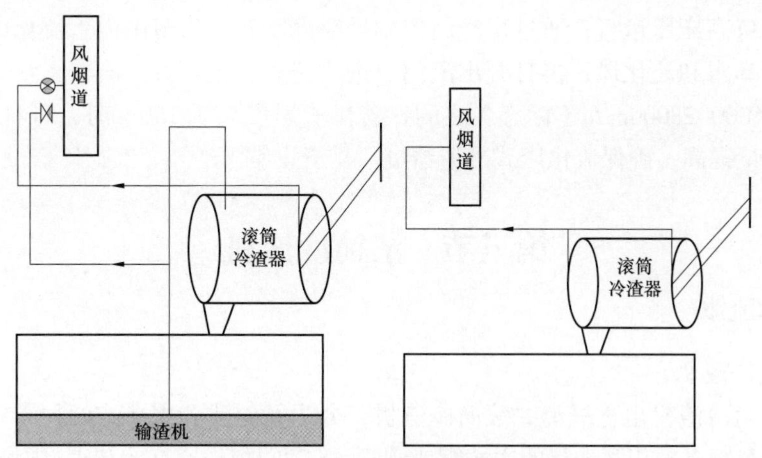

图 11-18　负压吸尘系统技改示意图

（3）控制燃料整体粒径在 13mm 以下，保证最大粒径不超过 30mm，避免大块床料排入冷渣器后卡在风帽之间影响流化，造成排渣不畅。

（4）保持高温室风门全开，之后适当减小风门开度，使底渣始终处于流化且从高风压流向低风压处时流动顺畅。

（5）流化床式冷渣器进渣应均匀连续，避免因短时间内进渣量过大而造成冷渣器难以流化。

（6）控制冷渣器流化风量在 27000~31000m^3/h（标态）之间，定时观察排渣粒径，发现粒径较粗时适当加大风量，同时开启冷渣器高温室事故排渣。

当负荷升高煤量增多、锅炉床压上升时，将流化床式冷渣器的高温灰控阀开度增加，提高排渣量，使流化床式冷渣器的床压维持在 4~7kPa 范围内，保持出渣温度不超过 120℃，在满足上述参数时维持最大出力；对于滚筒冷渣机，需要将其转速升高，在保证出渣温度不超过 150℃的情况下，维持最大出力。使锅炉床压恢复至 6~8kPa。在负荷下降、锅炉床压低的情况下，优先保持滚筒冷渣机最低转速运行，或者停运滚筒冷渣机。

根据现场测试结果（图 11-19 所示），流化床式冷渣器的出力远高于滚筒冷渣机，因此锅炉正常运行时，尽量保持滚筒冷渣机在中、低转速区间运行，流化床式冷渣器保持较高

(a)　(b)

图 11-19　两种设备的渣冷却能力对比

(a) 流化床式冷渣器后的输渣机情况；(b) 滚筒冷渣机后的输渣机情况

出力运行，维持高床压运行，通过出渣门控制排渣温度在合格范围内。流化床式冷渣器投运时，先投冷却水和流化风，再打开出渣门、进渣门。流化床式冷渣器正常运行时，保持流化风量在 26000~28000m³/h（标态）之间，若排渣温度高于 150℃时，可将进渣门关小，同时将流化风量提高，确保流化床式冷渣器进、排渣正常。

第三节　滚筒冷渣机

一、技术流派

1. 多管式冷渣机

多管式滚筒冷渣机也称蜂窝式滚筒冷渣机，分为倾斜式和水平式两种布置形式，其基本特征是筒内布置多根相互平行的六棱管或圆管，各管间隙中通有冷却水，内设螺旋导向片。如图 11-20 所示，当滚筒由传动装置驱动旋转时，锅炉排出的高温炉渣在各管内由螺旋叶片导向前进，冷却水连续均匀地通过各管间的间隙，使热渣逐步冷却。该型冷渣机的优点是换热效果强，成本低。缺点是承压能力小、管程短、堵渣严重、管壁易磨损、漏水后维修难度大和整机寿命短。该型冷渣机较适用于小渣量场合。

图 11-20　多管式冷渣机外观图

2. 夹套式冷渣机

夹套式滚筒冷渣机也称板式滚筒冷渣机（见图 11-21），基本特征是内筒和外筒间形成一个夹套，中间通以冷却水；内筒内壁上焊有螺旋片或其他传热元件。当套筒由传动装置驱动旋转时，锅炉排出的高温炉渣在套筒内由螺旋叶片导向前进，冷却水连续均匀地通过套筒的封闭夹层，使热渣逐步冷却。该型冷渣机优点是出力调节性能好、不易堵渣、便于检修、整机寿命较长。缺点是承压能力和换热效果一般，筒体板材较厚，整机质量较大，运行及检修工作量较高。该型冷渣机较适用于中小渣量场合。

3. 膜式壁冷渣机

膜式壁滚筒冷渣机如图 11-22 所示，基本特征是它的筒体由沿圆周分布的钢管组成，钢管间通过鳍片焊接而成，钢管内腔通有冷却水。钢管和鳍片组成的筒体兼起内筒和外筒

图 11-21　夹套式冷渣机外观图

图 11-22　膜式壁冷渣机外观图

作用，内筒内壁上焊有百叶状叶片或其他传热元件。该型冷渣机通常采用分仓结构，将筒体分为 3~5 个冷却仓以增大冷却面积。该型冷渣机优点是换热效果强、出力调节性能好、不易堵渣、承压能力高、整机寿命长。缺点是焊缝较多，内应力大，对加工及装配精度要求较高。该型冷渣机较适用于中大渣量场合。

膜式壁冷渣机管材、筒体一般为 Q345 材质，管道能承受 3MPa 乃至更高的冷却水压力。为防止结垢并使膜式壁冷渣机保持良好的传热性能，应使用除盐水或凝结水作为冷却水水源。通过膜式壁分区架还可将膜式壁水套分割为 3~5 个独立的冷却腔体（见图 11-23），每个腔体成为一个小的滚筒冷渣功能体。在同样出力的工况下，这种设计可使冷却效果显著提高。

二、常见故障

1. 泄漏问题

滚筒冷渣机主要泄漏点有：旋转接头处漏水、进渣箱与筒体之间漏渣、出渣箱与筒体之间漏渣、锅炉落渣管与进渣斗之间漏渣。目前，主要采用机械密封的旋转接头，以波纹管作为弹性元件，由于其对旋转轴的振动、偏摆以及对密封腔的偏斜不敏感，因此使用寿命较长，漏水现象基本能够得到控制，此外，降低筒体转速也是提高旋转接头密封效果的有效措施。

图 11-23　膜式壁冷渣机分仓腔体示意图

冷渣机既是一个热力设备又是一个转动机械，同时还是输送设备。冷渣机在工作状态下，由于热膨胀及转动的影响，本体部件很难直接采用接触式精密密封结构，同时由于冷渣机内部在运行过程中处于正压状态，因此密封问题比较突出。目前，各冷渣机厂家主要采用迷宫密封、间隙密封、胀套密封、间隙密封与疏通返料相结合等方式进行处理。

2. 安全问题

滚筒冷渣机主要的安全隐患为漏红渣、爆管、筒体爆裂等。江西某厂就发生过滚筒冷渣机爆裂撞坏锅炉下降管底部集箱分配管，导致汽水混合物喷出引发的人员伤亡事故。目前，水冷式冷渣机大多采用闭式循环水、除盐水或凝结水，水压一般为 1.2~2.5MPa。在冷渣机事故状态下，冷却水会迅速汽化，压力会突然升高，这就要求滚筒冷渣机具有一定的承压能力。

夹套式滚筒冷渣机换热采用内、外筒体夹套结构，在夹套中间水压较高时容易出现内筒失稳和端板失效现象。多管式滚筒冷渣机换热筒体采用多管蜂窝式结构，承压能力较低，无法在结构上保证设备安全。膜式壁冷渣机换热筒体采用压力管系结构，承压能力高，理论最高承压能力可达 8.0MPa，水容积较小，即使在人为故障、冷却水中断等极端工况下，也不会造成严重的筒体爆炸，较其他形式安全性更好。

3. 磨损问题

（1）筒内磨损。筒内磨损主要表现为机械磨损和高温烧损。夹套式和膜式壁冷渣机内部均采用百叶式叶片内筒，底渣夹在叶片与筒体之间基本不动，直到筒体顶端时抛洒而下。在此过程中底渣与筒体几乎无相对运动，抛洒而下的底渣不但速度非常低，而且落点是在铺满底渣的筒体底部，避免了对筒体的直接冲击，减少了对叶片及筒体的机械磨损。

（2）支撑轮和滚齿圈的磨损。支撑轮和滚齿圈的磨损一般为机械磨损，主要受其材质、承重线宽度、装配精度及转速等因素影响，因此需要围绕以上内容综合考虑技术措施。

（3）动、静结合部的磨损。动、静结合部的磨损主要为旋转接头磨损、进渣箱与筒体之间的磨损、出渣箱与筒体之间的磨损，解决动、静结合部磨损最主要的措施是降低筒体转速。

4. 冷却水问题

滚筒冷渣机冷却水主要涉及水压和水量两大问题。国内电厂一些冷渣机实际使用效果显示，多管式滚筒冷渣机适用冷却水水压不大于 1.25MPa，夹套式滚筒冷渣机适用冷却水水压不大于 2.5MPa，膜式壁冷渣机适用冷却水水压不大于 4.0MPa。

冷渣机冷却水吸收热量 Q_1、设备本体散热总量 Q_2 与底渣热传递总量 Q_3 互相平衡。由于设备本体散热总量 Q_2 较小，故冷却水量可按下列公式估算：

$$冷却水吸收热量\ Q_1 \approx 底渣热传递总量\ Q_3 \tag{11-1}$$

$$W_1\left(T_1-T_1\right)C_1=W_2\left(T_4-T_3\right)C_2 \tag{11-2}$$

$$W_1=0.24W_2\left(T_4-T_3\right)/\left(T_2-T_1\right) \tag{11-3}$$

式中　W_1、W_2——冷却水量、底渣总量 t/h；

T_2、T_1——出水水温、进水水温，℃；

T_3、T_4——出渣渣温、入渣渣温，℃；

C_1、C_2——水比热容、渣比热容，J/（kg·℃）。

根据上述计算分析，冷却水水量与底渣总量成正比，与水温差、渣温差成函数关系。冷渣机选型规范一般要求设计冷渣量，不宜小于燃用设计煤种排渣量的 150%，不宜小于燃用校核煤种排渣量的 135%。冷渣机正常工况排渣温度应小于 150℃，故障时排渣温度应小于 200℃。故冷渣机的设计出力应大于实际出力，并以实际出力确定其换热面积及冷却水量。

三、Foster Wheeler 技术冷渣器改造为滚筒冷渣机

某厂采用东方锅炉厂 DG490/13.8- Ⅱ 1 型循环流化床锅炉。锅炉设计煤种发热量为 18610kJ/kg，校核煤发热量为 16640kJ/kg。炉膛左右两侧 5m 层各布置两台流化床式冷渣器。由于电厂煤源不稳定，燃煤发热量变化较大，燃用低热值煤时存在以下问题：

（1）排渣温度高。由于冷渣器内部取消了隔墙，渣停留时间变短，未得到充分冷却即排入输渣设备，导致下方的缓冲仓及输渣仓泵等设备无法正常运行。由于冷却水为工业水，冷渣器水冷管束结垢严重，影响换热效果。

（2）冷渣器不进渣。当入炉煤粒度大于 9mm 时，冷渣器就会出现不进渣的现象，排渣管上的疏通空气管路经常堵塞，无法发挥作用。运行人员需要使用钢筋从冷渣器打焦门疏通排渣管。疏通无效时，机组不得不单侧排渣或降负荷运行。

（3）冷渣器排渣管金属膨胀节烧红。由于排渣管金属膨胀节内导流板变形，导致内部填充物被吹走，膨胀节烧红直至损坏，影响机组运行。

（4）水冷管束磨损。冷渣器水冷管束下方耐磨材料磨损严重，水冷管束固定装置受热变形后整体下陷。

（5）冷渣器内严重结焦。受流化不良及粒度过大的影响，未经充分燃烧的煤粒随底渣排入冷渣器，二次燃烧后导致冷渣器内部结满焦块。

（6）冷渣器排渣温度过高、频繁事故排渣。冷渣器内部为正压状态，造成现场大量扬尘，影响文明生产。

考虑到电厂燃煤最大灰分达 55%，煤质最差时满负荷需燃煤 120t/h 左右，计算出灰渣量为 66t/h，按灰渣比 6∶4 计算，渣量最大为 26.4t/h，结合炉内脱硫石灰石用量可以按照总底渣处理量 32t/h 进行选型。为此拆除了原有 4 台流化床式冷渣器及其配套的冷渣风机、水泵、流化风管道等，在原位安装 4 台滚筒冷渣机。为了防止冷却水管道结垢影响冷却效果，采用凝结水作为冷却水，冷却水进水取自凝结泵出口，经过冷渣器后回到 6 号低压加热器

出口。滚筒冷渣机的前、后端设有负压吸尘系统，吸尘管道出口接至空气预热器底部水平烟道，保证滚筒内负压并通过手动门控制负压大小，避免向外冒灰。取消原流化床式冷渣器的返料风管，其与炉膛接口处用耐磨耐火材料和堵板封死。改造后滚筒冷渣机不存在结焦堵塞现象，检修维护工作量较小，缩短了检修时间。

四、Alstom 技术冷渣器改造为双套筒式滚筒冷渣机

某厂采用 Alstom 技术的 DG1025/17.4– Ⅱ 1 型循环流化床锅炉，原设计安装有 4 台流化床式冷渣器，炉膛两裤衩腿各对应 2 台冷渣器，当其中 1 台故障停运时，另 1 台需承担单侧裤衩腿的全部排渣量。炉膛 4 个排渣口通过锥形阀与冷渣器连接，冷渣器呈矩形，通过隔墙分为 3 个仓室，分别是 1 个进口空仓和 2 个水冷仓，各仓室下布置有风箱，灰渣颗粒通过布置于仓室底部的布风板实现流化冷却。

流化床式冷渣器对灰渣颗粒度要求非常高，如果灰渣中大颗粒所占比例较多，将导致流化不良和翻墙困难。由于电厂燃煤中掺杂了较多的煤矸石，碎煤机无法破碎，在没有二级筛分或筛分不良的情况下，这些煤矸石将直接进入炉膛，导致灰渣的颗粒度不能满足设计要求。运行中灰渣翻墙困难，只能在空仓简单风冷后排出，水冷仓室已失去换热功能，只有在渣量较小时，排渣温度可控制在 200℃以下，当煤质差、排渣量较大或连续排渣时，温度达 600℃以上，导致灰渣物理热损失增大，同时，由于排渣温度过高导致下一级设备（如排渣电动门、刮板输渣机和斗式提升机）变形损坏。

冷渣器内部使用的耐磨、耐火材料存在脱落现象，当脱落的材料卡在排渣口时会造成堵塞。另外，空仓内未燃尽煤在该室流化风作用下会发生再燃烧，也会造成结焦堵渣。检修疏通时需打开冷渣器人孔门，对检修人员危险性较高。

针对以上问题，更换采用双套筒式滚筒冷渣机（见图 11–24），双套筒式滚筒冷渣机主要由外滚筒、内滚筒、进渣口、出渣口、传动机构、旋转水接头、防窜装置、冷却水系统、电控装置、基础构架等组成。其中外滚筒直径为 1.8m，内置小滚筒直径为 1.15m，计算换热面积为单筒滚筒冷渣机的 2.7 倍。

炉膛排出的灰渣通过进渣口分别进入外套筒和内套筒内，在径向倾斜叶片的携带作用下运转至滚筒顶部然后落下，同时在螺旋导向叶片作用下被缓慢推向出渣口，冷却水通过旋转接头进入套筒夹层内与内外套筒内的灰渣做逆向流动将灰渣热量带走。

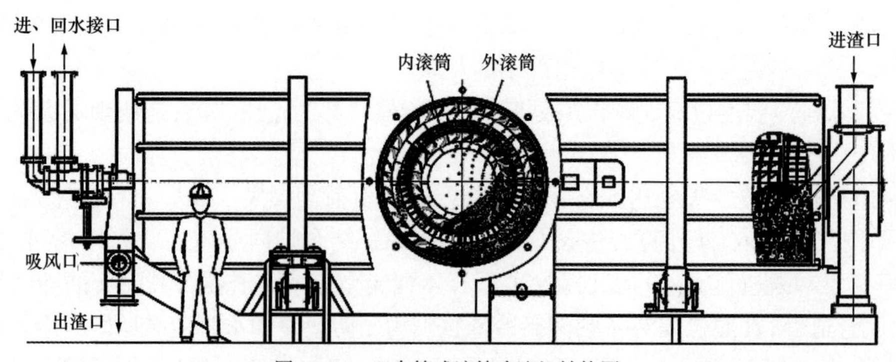

图 11–24　双套筒式滚筒冷渣机结构图

根据锅炉设计底渣量和现场空间条件，按照两运两备方式选择安装 4 台冷渣机。在考虑单侧炉膛 1 台冷渣机故障情况下机组满负荷运行需要（排渣温度不高于 150℃），单台冷渣机出力应大于 25t/h。由于现场空间位置受锅炉钢架及汽水系统管道限制，所以冷渣机本体长度尺寸小于 7m，高度尺寸小于 3m，为方便检修维护，驱动电机布置在外侧。

根据其他电厂同类设备改造经验及滚筒冷渣机设计要求，冷却水水源选用凝结水。一方面可以回收灰渣物理显热，另一方面由于凝结水水质好，不会形成水垢，能够保证换热安全可靠。冷却水水源取自汽轮机 6m 层轴封加热器出口凝结水管道，此处凝结水压力约 2.3 MPa，温度约 38.7℃。冷却水回水返回 7 号、8 号低压加热器出口电动门后凝结水管道，此处凝结水压力约为 1.3MPa，温度约为 88.3℃。另外，考虑到机组为供热机组，为防止冬季供热期间因凝结水量不足而影响冷渣机正常运行，将原冷渣器用冷却水源接入 2 台冷渣机冷却水系统作为备用。

滚筒冷渣机在进渣口和出渣口上均设置负压接口，可以将灰渣流动过程中产生的灰尘吸走，防止污染环境。为方便管道布置并尽量减少管道长度，将负压点设置在空气预热器出口烟道上，对应两侧炉膛分别引出 2 根母管与滚筒冷渣机进渣口、出渣口上的负压接口连接。

双套筒式滚筒冷渣机投运后，解决了锅炉排渣温度高的问题，在 4 台冷渣机全部运行的情况下，排渣温度低于 60℃，在两用两备运行方式下，排渣温度不超过 100℃，有效地改善了排渣系统的运行状况。

五、多管式冷渣机改造为膜式壁冷渣机

1. 改造背景

某厂 150MW 循环流化床锅炉配备 4 台采用工业水冷却的多管式滚筒冷渣机，下渣管采用光管式。受高温灰渣及热膨胀的影响，多管式滚筒冷渣机无法形成有效密封，漏灰漏渣污染环境，最高排渣温度超过 200℃，下游输渣机因超温易发生故障，增加了设备维护成本和工作量。此外，冷渣机采用的是工业水，锅炉底渣热量进入工业水系统，增加了工业水冷却器的工作负担，同时大量热量没有被有效回收也造成了浪费。为此将多管式滚筒冷渣机更换为膜式壁滚筒冷渣机，同时将光管式下渣管更换为水冷式。

2. 设计选型

根据实际燃用煤种情况，按照收到基灰分 A_{ar} 为 57%、收到基全硫 $S_{t,ar}$ 为 0.2%、收到基低位发热量 $Q_{net,ar}$ 为 11220kJ/kg 进行设计，锅炉实际燃煤量 B_m 约为 125t/h。计算灰渣量 B_z 可以按照下式估算：

$$B_z=B_mA_{ar}+3.12S_{t,ar}K_{glb}B_{shs} \tag{11-4}$$

式中　B_z——计算灰渣量，t/h；

B_{shs}——石灰石消耗量，t/h；

K_{glb}——钙硫摩尔比，本项目取 2.4。

可以求得计算灰渣量 B_z 为 73.1t/h，底渣分额为 55% 时，冷渣器需要处理的底渣量 B_{dz} 为 40.2t/h，考虑满负荷时三用一备的运行方式并留有一定余量，选择 4 台铭牌出力 20t/h 的膜式壁滚筒冷渣机。

结合式（11-1）的计算结果，对冷渣机回收热量 Q_{lzz} 进行计算：

$$Q_{lzz}=\eta C_z B_{dz}(T_{i,lzz}-T_{o,lzz}) \quad (11-5)$$

式中 η——冷渣机换热效率，考虑散热损失后本项目取 95%；

C_z——底渣平均比热，本项目取 1.004kJ/（kg·℃）；

$T_{i,lzz}$、$T_{o,lzz}$——冷渣机进渣温度、排渣温度，本项目分别取 950℃和 150℃。

根据式（11-2）可以估算出冷渣机回收热量 Q_{lzz} 约为 30.66GJ/h。

由于这部分热量分别被负压抽风 Q_f 和冷却水 Q_s 带走，按照以下公式：

$$Q_{lzz}=Q_f+Q_s \quad (11-6)$$

$$Q_f=C_f Q_f(T_{o,f}-T_{i,f}) \quad (11-7)$$

$$Q_s=C_s Q_s(T_{o,s}-T_{i,s}) \quad (11-8)$$

式中 C_f——空气的平均比热，本项目取 1.296kJ/（kg·℃）；

C_s——冷却水的平均比热，本项目取 4.182kJ/（kg·℃）；

Q_f——负压抽风量，本项目估算为 8000m^3/h；

$T_{i,f}$、$T_{o,f}$——负压抽风进口温度、出口温度，本项目分别取 25℃和 150℃。

计算得到 Q_f 为 1.30GJ/h，Q_s 为 29.36GJ/h，由此可求得冷渣机冷却水量 B_s 约为 117t/h。

$$B_s=Q_s/[C_s(T_{o,s}-T_{i,s})] \quad (11-9)$$

式中 $T_{i,s}$、$T_{o,s}$——冷却水进口温度、出口温度，本项目分别取 35℃和 95℃。

受长度限制（进、出口中心距小于 6m），膜式壁冷渣机筒体直径选择 1.8m，采用三分仓结构设计保证有足够的换热面积。考虑到启动转动力矩要求，驱动电机采用 18.5kW 的变频直连电机，保证冷渣机的满负载启动要求，同时留有足够的检修空间，方便检修维护。

3. 改造效果

改造后冷渣机漏灰漏渣现象消除，改善了现场运行环境（见图 11-25）。由于冷渣机出力提高，可以实现三用一备方式运行，实测冷渣机的排渣温度为 80~120℃，为安全生产和燃用劣质煤创造了有利条件。采用图 11-26 所示的水冷式下渣管后，下渣管得到有效冷却，不但解决了现场环境热污染问题，同时也保证了下渣管的运行安全。有效回收锅炉底渣热量，也提高了电厂热循环效率。

图 11-25 膜式壁滚筒冷渣机改造后现场

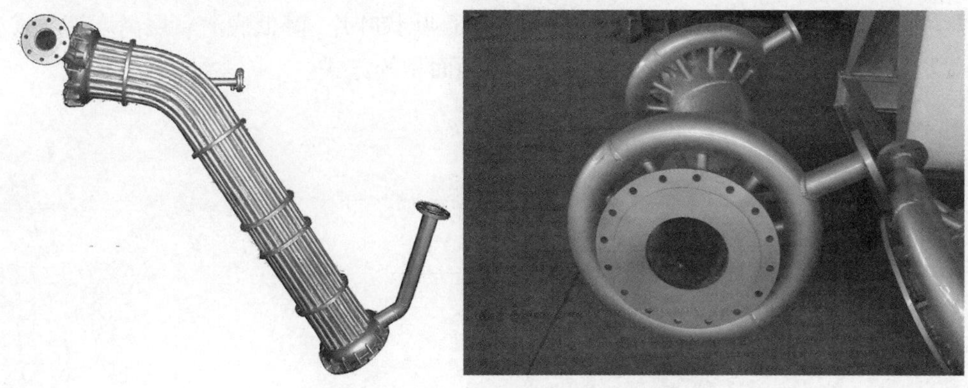

图 11-26　水冷下渣管结构及改造后现场

六、冷渣机增大出力改造

1. 设备概述

某厂配备的 150MW 循环流化床锅炉以煤矸石、煤泥为主要燃料，锅炉除渣系统布置在炉后零米，包括 4 台滚筒冷渣机、两路链斗输渣机和斗提机（正常运行为一用一备）。滚筒冷渣机布置在炉后冷渣机平台上，由于冷却出力低，实际排渣温度超过 250℃，灰渣物理热损失大，并且危及下游设备的运行安全。

2. 出力核算方法

滚筒冷渣机的出力指在设计排渣温度范围内滚筒冷渣机对热渣的冷却处理量，在底渣的热传递过程中，主要有辐射传热和传导传热两种方式，二者的传热计算公式如下：

$$Q=Q_{cd}+Q_{fs} \tag{11-10}$$

$$Q_{cd}=(T_z-T_g)F_z\lambda/\delta=(T_z-T_g)aF\lambda/\delta \tag{11-11}$$

$$Q_{fs}=\varepsilon\delta F_f(T_z-T_g)=\varepsilon\delta\eta_f F(T_z-T_g) \tag{11-12}$$

式中　Q——底渣散热总量，J；

Q_{cd}、Q_{fs}——传导传热量、辐射散热量，J；

F——筒体散热水套总面积，m^2；

F_f、F_z——底渣辐射总表面积、底渣与筒壁接触面积，m^2；

T_z、T_g——底渣进渣温度、筒内壁温度（约等于水温），℃；

λ——底渣导热系数，W/（m·K）；

δ——底渣料层厚度，m；

ε、a——底渣与内筒的角系数、底渣与筒壁接触系数；

η_f——底渣表面积与筒体总换热面积的比，各种结构型号冷渣机 η_f 值不同。

由上述计算公式可知，在相同换热面积的前提下，传导传热量与底渣料层厚度成反比，与底渣与筒壁接触系数成正比，辐射传热系数与底渣的总表面积成正比。因此，滚筒冷渣机提高出力的主要手段有：增大换热面积、增大底渣与筒壁接触系数、增大底渣总表面积。

增大换热面积主要采用增大冷渣机筒体长度和直径、采用曲线结构冷却壁、分仓等方式。增大底渣与筒壁接触系数主要是在筒内密布百叶状叶片，降低底渣料层高度等方式（如图 11–27）。增大底渣总表面积主要采用增大抛洒面积等方式。

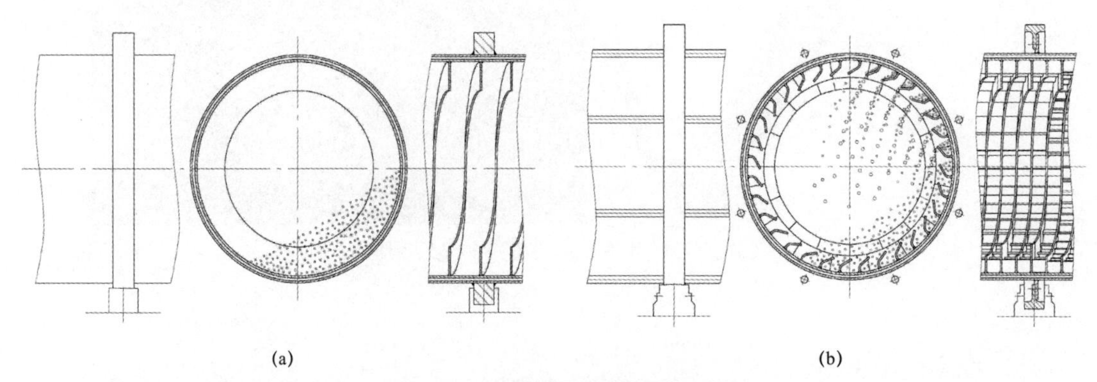

图 11–27　两种结构形式换热面的比较

(a) 简单螺旋式滚筒的换热面少且利用率低、灰渣仅与筒内小范围的叶片接触；(b) 百叶滚筒的换热面多且利用率高、灰渣能与筒内大范围的叶片接触

该厂基本参数如下：进渣温度 T_{Z1}=950℃，进水温度 T_{S1}=35℃，最大渣量 P_{10max}=20t/h，水的比热容 C_S=4.1868kJ/（kg・K），灰渣比热容 C_Z=1.0kJ/（kg・K），参考已知机型预设其综合传热系数 $k_{10}\geqslant 0.115$kW/（m^2・K）。冷却水量 W_{10}=100t/h，出渣量 P_{10}=20t/h，入水温度 T_{S1}=35℃，出水温度 T_{S2}=73.5℃，进渣温度 T_{Z1}=950℃。

由此可以计算出渣温度：

$T_{Z2}=T_{Z1}-3.6QW_{10}/(0.95P_{10}C_Z)=950-(4491.6\times3.6)/(0.95\times20\times1)=98.96$℃

即冷却水量为 100t/h 时，出渣温度为 98.96℃。

根据出水温度，复核滚筒冷渣机所需换热面积：

换热量 $Q=(1-5\%)P_{10}C_Z(T_{Z1}-T_{Z2})/3.6=0.95\times20\times1\times851.04/3.6=4491.6$kW

所需换热面积：$F=1.07Q/(K_{10}\Delta T_m)=(1.07\times4491.6)/(0.115\times310.13)=134.75m^2$

所以，实际换热面积为 134.75m^2 即可满足要求，但实际运行中排渣温度过高，与滚筒冷渣机计算面积没有完全参与换热有关，实际参与反应的仅是约 60° 夹角的换热面积，导致渣温过高（如图 11–28 所示）。

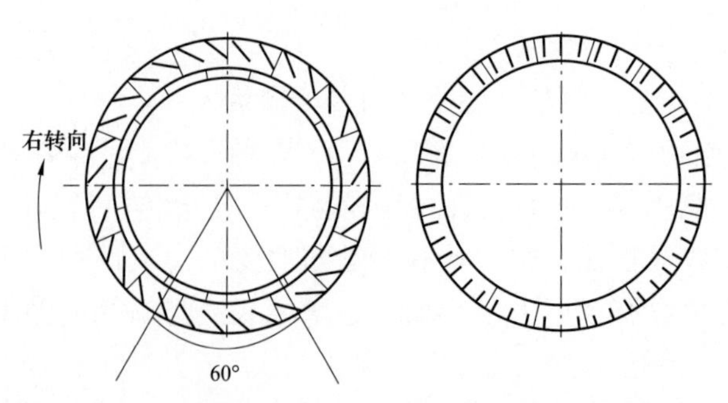

图 11–28　冷渣机内部构造示意图

3. 初步改进措施

切割冷渣机筒体内的所有高螺旋片，在原来每组冷却管排上增加 2 根冷却水管，以解决冷渣机管排整体温度高，出力不足的问题（如图 11–29 所示）。

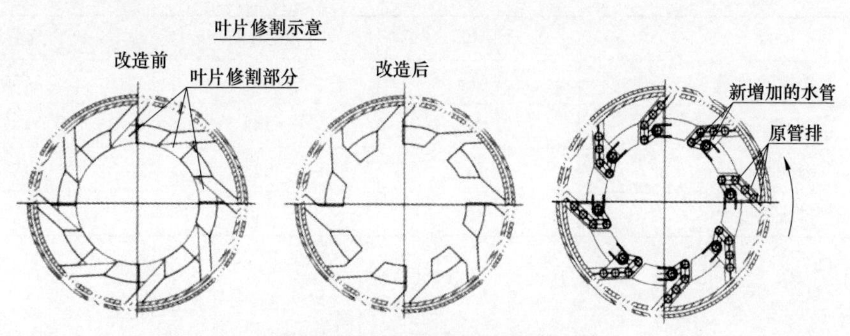

图 11–29　初次改造方案构造示意图

从改造后 4 台冷渣机运行实际情况来看，排渣温度明显降低，减少了排渣物理热损失，提高了机组的经济性。但改造后冷渣机排渣能力降低，只有通过提高转速才能保证锅炉床压正常。改造前、后同样的煤质和负荷时，改造前冷渣机转速平均为最大转速的 30%，而改造后平均为最大转速的 85% 才能勉强维持锅炉正常床压。此外，冷渣机受热面磨损严重，冷却水内漏频繁，检修工作量大大增加。

4. 最终改进措施

针对冷渣机初步改造后存在的问题，又进行了二次优化改造：

（1）在冷渣机内部增加 1 根冷却水管支撑管，与原冷却水管成“Y”形，对集水环连接管根部进行加固，减轻焊缝应力变化的冲击（如图 11–30 所示）。

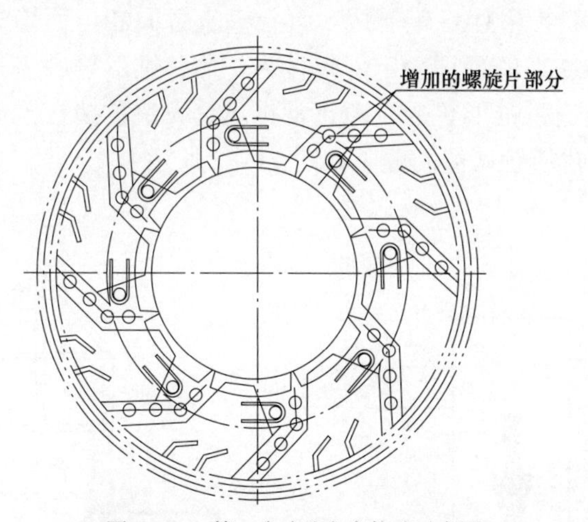

图 11–30　第二次改造方案构造示意图

（2）修改 4 台冷渣机的自动运行逻辑，自动运行起步 10r，每增加 5r 延时 15s。

（3）恢复冷渣机内部割除的螺旋叶片并加高，增高后螺旋片的高度高于管排，螺旋片的输送作用得到增强，冷渣机的出力增加。

冷渣机优化改造后未再发生冷却水管内漏，如表 11–5 所示，在近似负荷下，改造后冷渣机冷却水量小于改造前，排渣温度也低于改造前。

表 11–5　　改造前、后冷渣机运行参数比较

项目	单位	改造前	改造后
入炉煤发热量	kJ/kg	16518	16502
燃煤量	t/h	143	141
冷却水量	t/h	328	287
排渣温度	℃	114	65

第四节　排渣管改造

一、堵塞

由于循环流化床锅炉燃用劣质煤以及大量使用耐磨耐火材料，锅炉易出现大块（煤中的石块、耐磨耐火材料脱落块、燃烧不好形成的焦块等），堵塞排渣口致使不能正常排渣，如果不及时处理，会因床压高造成停炉。运行过程中为解决排渣口堵渣，需要人工疏通，耗时、费力且疏通后会有大量红渣流出容易伤人。

现场发现，大块只要在排渣口聚集，就会导致堵渣。如果使大块不聚集在排渣口，就能减少对锅炉正常排渣的影响。对此可以在锅炉排渣口安装锥形箅防止堵渣，锥形箅的尺寸依据排渣口大小和运行床压而定，一般高度在 500mm 以上，内径与排渣管内径相同（如图 11–31 所示）。锥形箅使用 310S 钢制成，且在垂直方向和锥面均匀分布 4 根方钢，锥形箅通过底座与排渣口新增加的预埋固定件焊接为一体，锥形箅底座和预埋件被耐磨浇注料覆盖。排渣时高温红渣通过锥形箅的空隙正常排出，大块被挡在锥形箅外。只要锥形箅不脱落，锅炉就不会发生排渣管堵渣问题（如图 11–32 所示）。

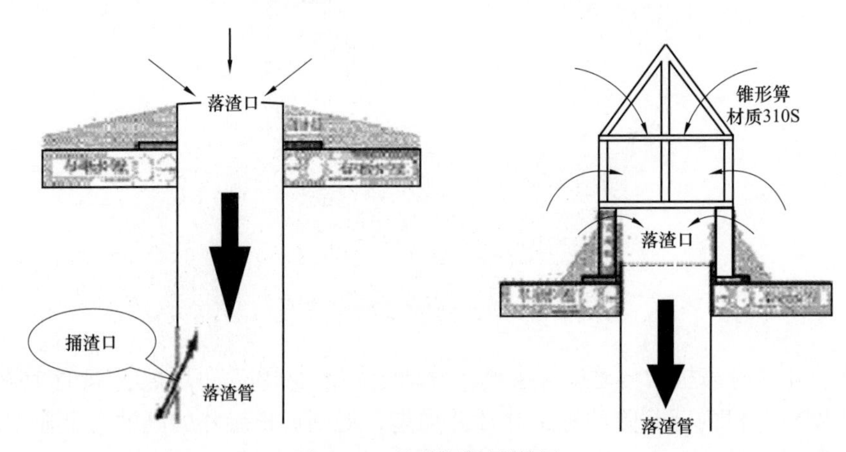

图 11–31　锥形箅设计结构图

图 11-32　锥形箅现场安装示意图

二、排渣管拉裂

某厂 200MW 循环流化床锅炉设计排渣方式为底排渣，5 个排渣口均匀布置于炉膛水冷布风板中间位置,其中正中间 1 个排渣口为事故排渣口,其余 4 个排渣口为正常运行排渣口。每个排渣口下端焊接一根 $\phi273 \times 8$mm 不锈钢管作为排渣管，排渣管下部与金属膨胀节连接至风室外后经插板阀及机械密封接入冷渣机（如图 11-33 所示）。机组运行中排渣管与水冷布风板连接焊缝频繁开裂，排渣口磨损，大量灰渣漏入风室后也带来安全风险。

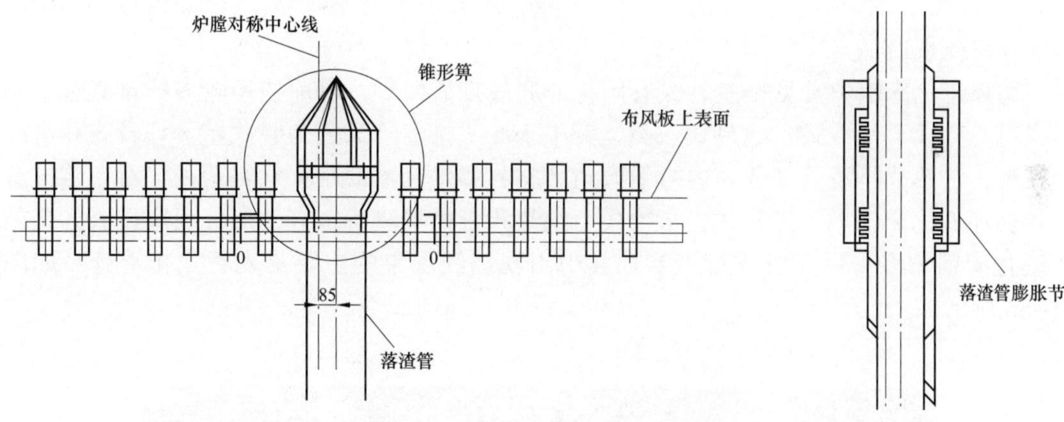

图 11-33　原锅炉排渣口及排渣管结构

改造方案将锅炉原底部的 $\phi273 \times 8$mm 不锈钢排渣管整体更换为 Cr25Ni20 材质的 $\phi245 \times 10$mm 耐高温不锈钢管，同时将排渣管由直接与水冷布风板焊接固定结构改造为双密封盒连接固定结构，进而提高排渣管耐高温及持久强度。锅炉排渣管上部穿过水冷布风板后与排渣口上下密封盒采用焊接方式固定，并通过三角筋板进行十字加固。改造后锅炉排渣管结构如图 11-34 所示。

改造后的排渣口上下密封盒内填充耐火保温材料后焊接固定在水冷布风板上，焊接部位为管道鳍片。排渣管安装时上端应高出上密封盒顶部 50mm，密封盒顶部上焊接固定有锥形箅，密封盒顶部四周布置销钉后敷设一定高度的耐磨耐火材料。排渣管下部与金属膨胀节通过圆弧形不锈钢板焊接固定，金属膨胀节连接管延伸至一次风室墙板并与其焊接固定，

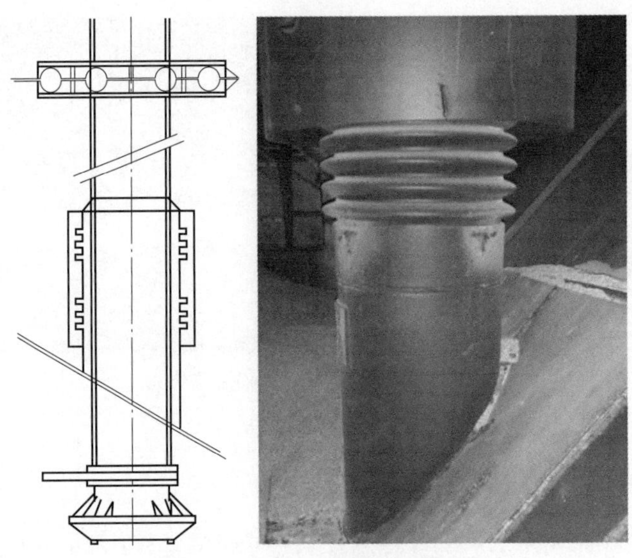

图 11-34　改造后锅炉排渣管结构

排渣管穿过金属膨胀节连接管后经插板阀及机械密封接入冷渣机。排渣管金属膨胀节安装时应充分考虑水冷布风板与一次风室相对热膨胀差及排渣管道的影响。

三、超温

1. 问题成因

循环流化床锅炉常见排渣方式有侧排渣和底排渣两种，目前使用较多的排渣管结构形式有光管式、水冷式、绝热式三类，其中水冷式排渣管又分为膜式壁、埋管式和水冷套三种，绝热式排渣管又分为内衬耐磨耐火材料和外套耐磨耐火材料两种。对于侧排渣方式循环流化床锅炉，光管式、水冷式、绝热式三类排渣管都有使用，而底排渣方式循环流化床锅炉多采用光管式排渣管，其中出现烧红现象的主要是光管式排渣管（如图 11-35 所示）。

图 11-35　排渣管烧红现象

光管式排渣管由耐高温不锈钢管制作而成，炉膛排渣口排出的高温渣进入排渣管后，会使排渣管发热烧红。循环流化床锅炉排渣管一般由上灰渣阀、排渣管、下灰渣阀、膨胀节、锥段五部分组成（见图 11–36），其中出现烧红现象的主要是排渣管和锥段。

2. 解决方案

解决循环流化床锅炉排渣管烧红问题主要应从隔热和冷却两方面着手，同时需要考虑排渣管现场改造施工简单及长期运行可靠，由于排渣方式及排渣管结构的不同，解决方案也有所不同。

（1）膜式壁水冷排渣管。该排渣管由多根膜式水冷管围制焊接而成 [如图 11–37（a）所示]，每根水冷管外壁向排渣管内侧焊接固定有鳍片，鳍片上整体敷设一定厚度的耐磨、耐火材料后形成圆形通道供高温底渣流通。膜式壁水冷排渣管管子材质一般采用 20G，内衬材料为耐磨、耐火浇注料。膜式壁水冷排渣管改造费用较高且易发生漏水，漏水后处理困难。

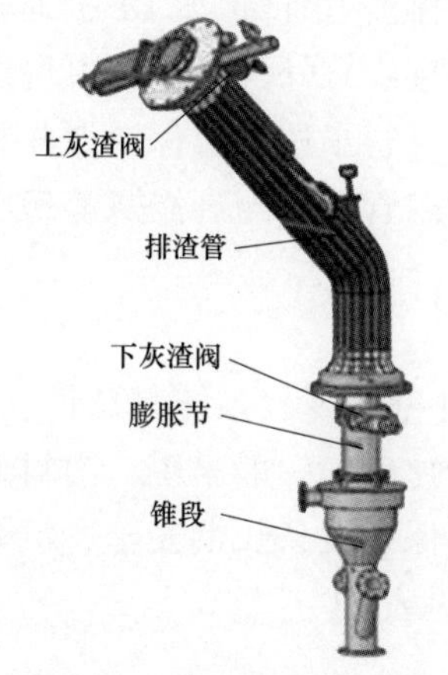

图 11–36　排渣管结构示意图

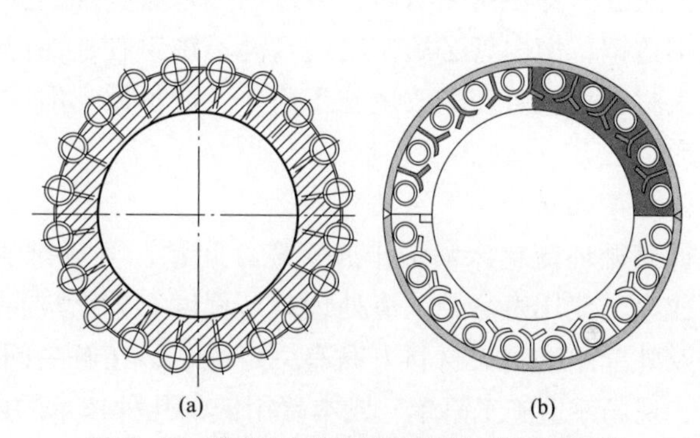

图 11–37　膜式壁水冷排渣管和埋管式水冷排渣管
(a) 膜式壁水冷排渣管；(b) 埋管式水冷排渣管

（2）埋管式水冷排渣管。该排渣管采用管道内敷设耐磨耐火材料及埋入水冷管方式制成 [如图 11–37（b）所示]，多根水冷管以环形垂直方式布置在内侧，上、下端接入水冷集箱，管子之间布置有销钉以固定耐磨耐火材料。埋管式水冷排渣管管子材质多选用 20G，内衬材料为耐磨耐火浇注料。埋管式水冷排渣管设备制造难度较大，工艺复杂，易发生耐磨耐火材料脱落磨损水冷管的问题。

（3）水冷套式排渣管。该排渣管由两根直径不同的圆形钢管内套形成 [如图 11–38（a）所示]，其夹层为环形水流通道，上、下连接有集箱，同时内管内壁敷设有一定厚度的耐磨耐火材料。水冷套式排渣管选用材质为普通碳钢，可解决烧红问题，但加工制造困难，耐磨耐火材料磨损脱落后内侧管易漏水。

（4）内衬耐火材料排渣管。该排渣管一般采用 310S 不锈钢管，其内部敷设有一定厚度耐磨耐火浇注料 [如图 11–38（b）所示]，受耐磨耐火材料施工工艺限制，排渣管需根据实际情况分段制作整体组装，其中应重点做好排渣管接口处耐磨耐火材料膨胀与密封处理。

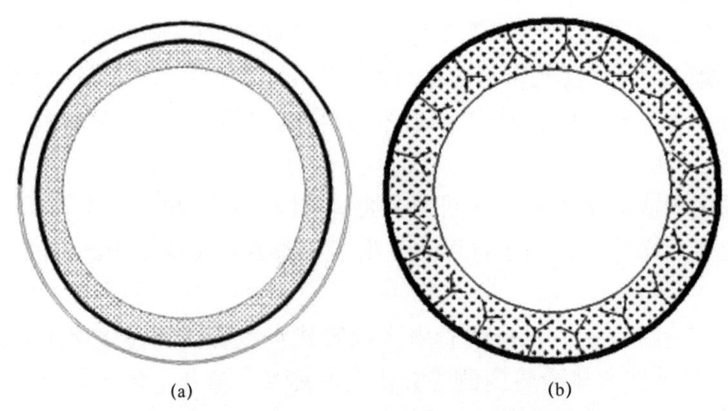

图 11-38　水冷套式排渣管和内衬耐火材料排渣管
(a) 水冷套式排渣管；(b) 内衬耐火材料排渣管

内衬耐磨耐火材料排渣管现场改造施工简单、造价低，但是排渣管堵塞后不能使用敲击方式疏通。

（5）外套耐磨耐火材料排渣管。该排渣管是在光管式排渣管外部增加 1 根外套管，在中间夹层灌入保温耐火材料，通过隔热来解决烧红问题。排渣管外套管材料可选用普通碳钢或不锈钢，但内管必须使用耐高温不锈钢管，保温耐火材料采用轻质保温浇注料。外套管耐火材料排渣管现场改造施工简单、造价低，但排渣管内管长期与高温灰渣接触，易出现变形。

3. 方案比选

针对循环流化床锅炉排渣管烧红问题，可从排渣管外壁温度、系统复杂性、可靠性、费用成本、使用寿命及堵渣处理难易程度等方面进行综合比较。一般来说，内衬耐磨耐火材料及外套耐磨耐火材料方案有一定优势，在解决问题及保证设备长期安全、可靠运行基础上，现场改造施工简单、成本费用低，几种技术的比较见表 11-6。

表 11-6　　循环流化床锅炉排渣管烧红解决方案比选

类型		光管式	膜式壁水冷	埋管式水冷	水冷套式	内衬耐磨耐火材料	外套管耐磨耐火材料
外壁温度		>600℃	<100℃	<100℃	<100℃	<200℃	<200℃
系统复杂性		简单	复杂，需单独设置冷却水管路及安全附件			简单	简单
可靠性		较高	低，存在漏水隐患，现场处理困难，隔离水侧后易损坏设备			高	高
使用寿命		较长	较长	较长	较长	长	长
费用成本		低	高	较高	较高	较低	较低
堵渣处理难易程度		易	难	难	难	较难	较难
综合比较	优点	简单易布置，堵渣易处理	外壁温度低			安全可靠，使用寿命长	安全可靠，使用寿命长
	缺点	存在烧红现象，有安全隐患	系统复杂，成本高，水系统存在泄漏风险，堵渣处理难			堵渣较难处理	内管存在变形，堵渣难处理

4. 改造应用

某厂 150MW 循环流化床锅炉在炉膛后部布置 4 台滚筒冷渣机，炉膛与冷渣机通过排渣管连接，排渣管与炉膛通过焊接方式固定，与冷渣机采用法兰连接。排渣管长度为 1733mm、内径为 219mm，材质为 1Cr18Ni9Ti。

由于设计时没有考虑排渣管的绝热效果，导致排渣管发热烧红，表面温度接近 500℃。长期运行存在如下安全隐患：

（1）排渣管发热变形影响锅炉正常排渣，人工捅渣存在烫伤风险；

（2）排渣管高温加快老化和磨损；

（3）影响排渣电动执行器的使用寿命，增加维护费用；

（4）散热损失增大，影响锅炉效率。

结合现场情况将原设计的金属排渣管改为复合型排渣管（如图 11-39 所示），改造后排渣管由三部分组成，内壁为耐磨材料，中间为绝热材料，外壁为金属管材。其中耐磨层厚度为 40mm，绝热层厚度为 40mm，金属管壁厚为 10mm。改造后排渣管外径由 219mm 变为 377mm，内径保持不变，连接方式不变。排渣时管壁温度由原来的接近 500℃降至 100℃以下，现场工作环境得到改善。

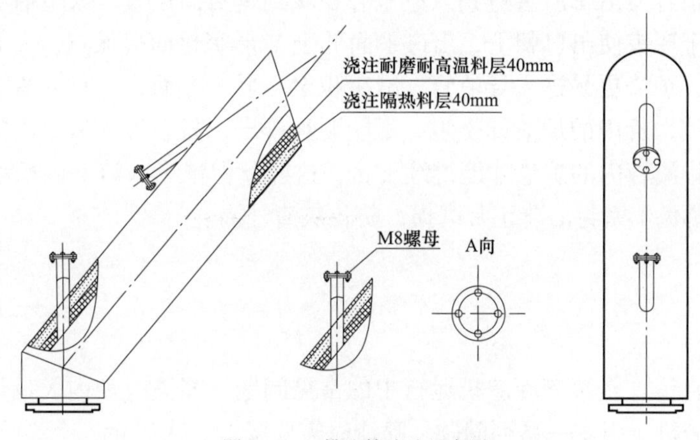

图 11-39　排渣管改造示意图

四、漏灰

某厂 130t/h 循环流化床锅炉配套有两台滚筒冷渣机，滚筒直径为 1360mm，设计出力为 6~8t/h，滚筒转速为 0.8~8r/min，投用后深受漏灰问题的困扰。进渣端密封失效后滚筒和排渣管动静结合处漏灰，且漏灰量逐年增大。

如图 11-40 所示，该冷渣机的 V 形密封组件由静环、动环和端盖组成，静环和端盖通过焊接固定在排渣管上，动环通过垫片、螺栓固定在滚筒上随滚筒一起旋转，动、静环之间通过摩擦配合实现密封。因密封介质为固体灰渣，温度高达 900℃，加上动、静环之间为高温干摩擦，一旦进入入渣室的灰渣没有及时被送入导渣管，积灰高度到达动、静环结合处，细灰就极易侵入密封面，使密封面发生磨损，动、静环之间产生间隙后，更多的细灰又进入间隙加剧磨损，如此反复，恶性循环。

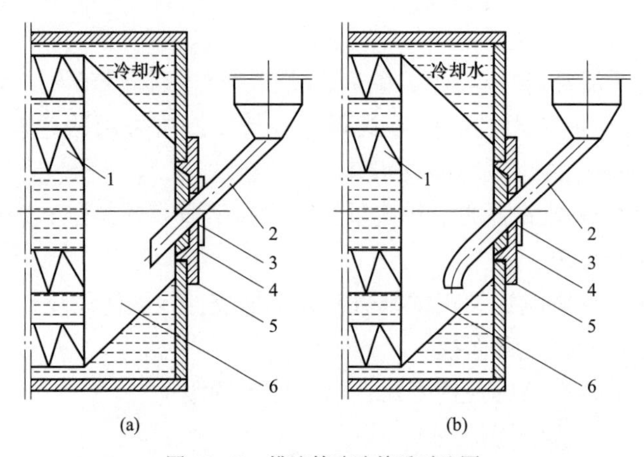

图 11-40　排渣管改造前后对比图
(a) 改造前；(b) 改造后
1—导渣管；2—排渣管；3—端盖；4—静环；5—动环；6—入渣室

分析发现，如果能控制积灰高度一直低于密封面，就能降低密封面磨损速率和漏灰。改造前排渣管为直管、斜出口，出口处离导渣管入口相对较远，且出口上缘高于 V 形密封面最低点，底渣很容易沿排渣管进到入渣室并积聚到密封面位置。改造后将排渣管稍向下加长，并增加一个弯头使出口朝下，出口平面低于 V 形密封面最低点，一方面使排渣管出口离导渣管较近，炉渣更易进入导渣管，减少积聚；另一方面，一旦入渣室内炉渣积到排渣管出口平面高度，管内的炉渣即受阻，不能顺利排出，只有等入渣室内的炉渣进入导渣管释放空间后，排渣管内的炉渣才能继续下排，这样就保证了入渣室内积渣不会达到 V 形密封面最低点，避免了密封面非正常磨损，防止灰渣外漏。

五、喷渣

1. 主要现象

喷渣也称渣自流，是滚筒冷渣机运行中的常见问题，喷渣时炉内大量热渣会在很短时间内涌入滚筒冷渣机，引发一系列问题。喷渣时需要降低一次风量，会影响炉内流化效果，严重时压火处理还可能导致床料结焦。由于从喷渣开始到其造成破坏性影响时间很短，运行人员如未能及时发现，大量热渣喷出滚筒冷渣机进入链斗输渣机链斗，会使链斗高温变形，溢出链斗的热渣还会使链斗机卡塞无法启动，清理工作量大且较为危险。如果热渣从不严密处溢出落至地面上，还可能造成火灾威胁周围设备及工作人员的安全。

2. 原因分析

（1）冷渣机结构。滚筒冷渣机之所以能够实现滚筒不转时不排渣，以及排渣量与转速成正比关系，与其本身构造密切相关。炉膛内部床料通过排渣管进入冷渣机，冷渣机未转动的情况下会在排渣口形成一个料封，由于炉膛内部物料温度高、密度小、进入冷渣机后被冷却使密度增大，所以就能以小于排渣口至炉膛的物料高度使两侧压力平衡，进而使物料不再向下流动。

如图 11-41 所示，冷渣机内部可视为一些螺旋排列的小斗，当冷渣机转动时通过这些小斗把渣输向冷渣机出渣口。冷渣机把渣向出渣口输送的同时料封高度下降打破平衡，炉膛内的物料又开始进入冷渣机以建立新的平衡，所以冷渣机转速越高，排出的渣越多，进入的物料也就越多，从而实现冷渣机不转不进渣，转速越高进渣越多，排渣也越多。当冷渣机转速增加时，料封部分的渣温随之升高，密度减小，为与炉膛内床料达到平衡所需要的料封高度就更高。受冷渣机结构限制，这个料封高度有一定范围，当料封部分的渣温高到不能平衡炉膛内部物料时，渣就一直流动从而造成喷渣，这也是冷渣机在低负荷时不易喷渣，高负荷容易喷渣的原因之一。

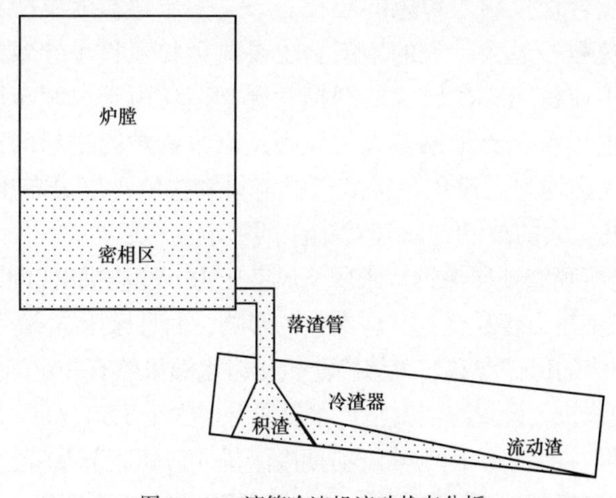

图 11–41　滚筒冷渣机流动状态分析

（2）运行原因。料封的形成与下渣连续性、下渣速度和筒体底部渣存量有关系。如果下渣管内不能形成连续的渣流，从炉膛进入下渣管的风和热渣便会形成短路，从而破坏渣封。如果下渣管中的流动过于流畅，下渣速度过快，前面的细渣流动快，后面的粗渣流动慢，中部就会形成断流，致使下渣管出口出现空缺，这样也无法形成渣封（如图 11–42 所示）。如果筒体底部渣量过少，下渣管出口位置同样易出现空缺，也难形成良好的渣封，进而造成喷渣。

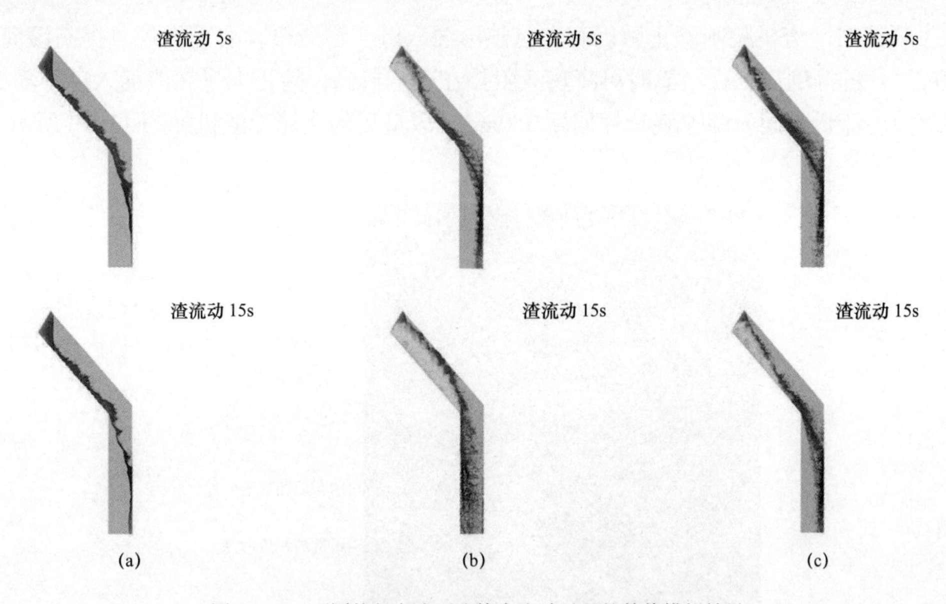

图 11–42　不同粒径底渣下渣管内流动过程的数值模拟结果

(a) 平均粒径 0.15mm；(b) 平均粒径 0.5mm；(c) 平均粒径 1mm

炉膛内，特别是密相区物料的流化性能决定了炉内物料分布。当入炉煤中石块比例偏高时，石块和灰渣在炉膛底部形成流化分层，从而导致冷渣机排渣口的灰渣粒度分布不均。当粗渣多时，流动性差，容易造成下渣管堵渣，当细灰多时，流动性好，容易喷渣。堵渣时，冷渣机内的料封会逐渐被破坏，再次疏通后由于渣管内灰渣充满度较差，又容易导致喷渣。

3. 预防及治理

（1）运行调整。应合理控制入炉煤的粒径分布，使床料粒度集中在滚筒冷渣机有效工作范围内，不仅要避免粒径过大导致的堵渣，也要避免粒径过小导致的喷渣。为改善炉内流化状态，运行过程中应密切关注风帽的磨损状况，避免由于风帽布风不均匀导致的流动恶化。应及时更换磨损严重、流量偏差大的风帽，以改善炉内物料的流动性能，使床料分布平整且横向和纵向混合均匀，避免各排渣口排渣量和排渣粒度分布出现大的偏差。另外，运行中还应避免床压发生大的波动，减轻对排渣的影响。

（2）增设滚筒冷渣机喷渣预警保护。床压、风室压力、冷渣机出口水温等参数可以反映喷渣过程，由于床压及风室压力容易受到其他参数的影响，而且床压本身就不稳定，所以不适合用作防止滚筒冷渣机喷渣的保护参数。滚筒冷渣机出口水温虽然有一定滞后性，但相对较稳定，经过对大量运行数据的分析，设置冷渣机出口水温温升率大于1.5℃/min的联跳保护比较合适。

（3）增加就地视频监视系统。因为喷渣前期冷渣机入口膨胀节及端盖的不严密处会有大量火星喷出，所以可在冷渣机就地安装摄像头，加强对冷渣机运行的监视。当运行人员通过视频画面发现冷渣机入口膨胀节及端盖处有热渣喷出时，可在远方停止冷渣机运行，防止事故扩大。

4. 滚筒冷渣机结构改造

某厂采用无锡锅炉厂生产的480t/h循环流化床锅炉，型号为UG–480/13.7–M，锅炉为前墙给煤，6个给煤口沿宽度方向均匀布置，排渣系统由4台滚筒冷渣机、1台链斗机和1台斗提机组成。炉渣由炉膛后墙下部均匀布置的4个排渣口进入滚筒冷渣机，从滚筒冷渣机出渣口进入链斗机再输送至斗提机。

发生喷渣时冷渣机跳闸停止后仍有大量热渣涌入链斗输渣机。研究发现，提高滚筒冷渣机内螺旋叶片的高度后，在喷渣时可将热渣阻挡在冷渣机内，防止大量热渣涌入链斗输渣机。因此将滚筒冷渣机中间一圈螺旋叶片加高350mm，改造后的滚筒冷渣机如图11–43所示。

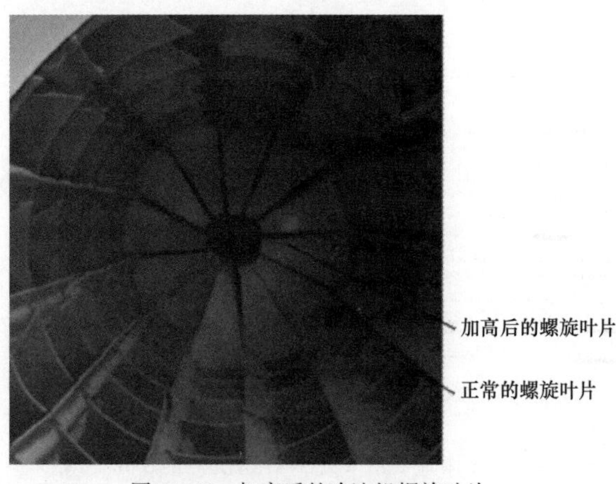

图11–43　加高后的冷渣机螺旋叶片

改造后，通过就地视频监视系统发现喷渣后可及时停止冷渣机运行，加高冷渣机螺旋叶片对喷渣只起到一个阻挡作用，未影响冷渣机的排渣量，冷渣机螺旋叶片加高改造前、后冷渣机冷却水温升未下降，改造未对冷渣机出力产生影响。

5. 冷渣机入口加装箅式组合阀

某厂采用上海锅炉厂生产的SG-690/13.7-M451循环流化床锅炉，锅炉排渣口设置在炉膛布风板中部，每台锅炉设置4个排渣口并通过排渣管分别对应1台滚筒冷渣机，单台冷渣机的设计出力为15t/h，进渣温度为880℃，出渣温度为150℃。锅炉投产后冷渣机频繁出现渣自流，渣自流发生时大量底渣迅速涌入冷渣机，由于锅炉排渣管工作温度高、灰渣量大，插板门无法关断，为避免事故扩大，运行人员被迫压火停炉。后期电厂组织对冷渣机入口门进行了多次结构改进，更换了执行器，改变了传动方式，提高了插板门材质等，但均未取得效果。

由于电厂锅炉底渣的实际中位粒径仅为0.28mm，细颗粒的流动性极好，因此底渣很容易被气流所夹带，如果排渣管料封不严，稍有窜风就会引起底渣流动，破坏落渣锥体平衡。从电厂渣自流情况来看，发生渣自流后即便是滚筒冷渣机停止运行也不能阻止。为此设计了图11-44所示的箅式组合阀代替原先的闸阀，与其他控制手段相比，箅式组合阀调节性能更好、底渣粒度适应性更强，使用和制造成本更低。箅式组合阀采用气动传动装置能够实现阀门全行程范围开关灵活。箅式组合阀阀体材质选择Cr25Ni20，可以长期在950℃床温下稳定运行且动作灵活可靠。

进渣阀作为冷渣机的控制部件，主要发挥了两个作用：①有效实现渣流量的控制；②实现事故状态下渣的隔离。该进渣阀采用气动控制，无需手动控制插杆，可有效减轻劳动强度，采用该技术后渣自流问题彻底解决（见图11-45），对安全生产意义重大。

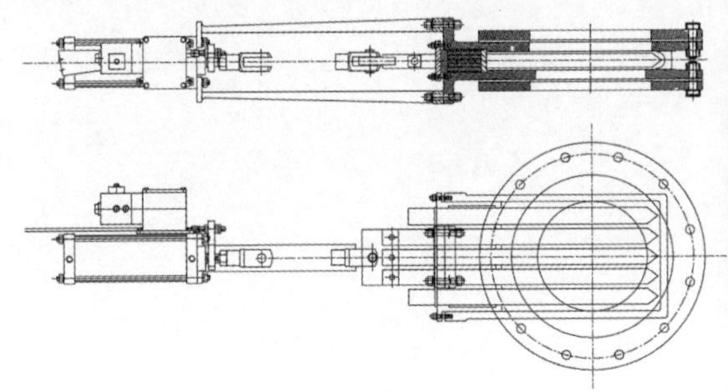

图11-44　箅式组合阀改造方案

图11-45　箅式组合阀现场效果图

六、负压吸尘管应用与改进

为改善现场工作环境，大多数冷渣机进渣、出渣口上安装有负压吸尘管，一般从空气预热器出口引出一根吸风母管至冷渣机上方，再将各冷渣机吸尘管连接至吸风母管，利用引风机产生的负压防止灰尘外冒污染环境。考虑到飞灰磨损问题，可在弯头背弧附近贴耐磨陶瓷防磨。

某厂冷渣机负压吸尘母管引自除尘器后，从冷渣机负压吸尘管吸出的高浓度飞灰直接进入引风机入口风道，加剧了引风机叶片的磨损。在检修时还发现负压吸尘母管堆积大量灰渣，使飞灰无法被携带走。

针对冷渣机负压吸尘系统存在的缺陷，对负压吸尘母管位置进行了改造（如图 11–46 所示）。将吸尘母管引出位置从除尘器后改为空气预热器出口，确保灰渣不会再对引风机叶片产生危害。由于空气预热器出口处负压比除尘器后低，因此负压吸尘管中气体流量和流速有所下降，携带飞灰能力也有所下降。同时在吸尘母管低位增加了手动放灰渣管，每台冷渣机上方的吸尘管手动门只保留较小开度，保证冷渣机不漏灰即可，母管堵塞现象也得到了缓解。

图 11–46　负压吸尘管的设置

第十二章　飞灰再循环及物料添加排放系统应用

第一节　灰平衡与可燃质循环倍率

一、灰平衡的作用

循环流化床锅炉的灰循环系统会对锅炉的燃烧、传热、循环和物料分配产生直接的影响。大量研究表明锅炉正常运行时，其进、出的物料和循环灰将达到动态平衡，锅炉在每一工况点均会有与之对应的进、出物料和循环灰量，某循环流化床锅炉满负荷物料量核算结果见图 12–1。

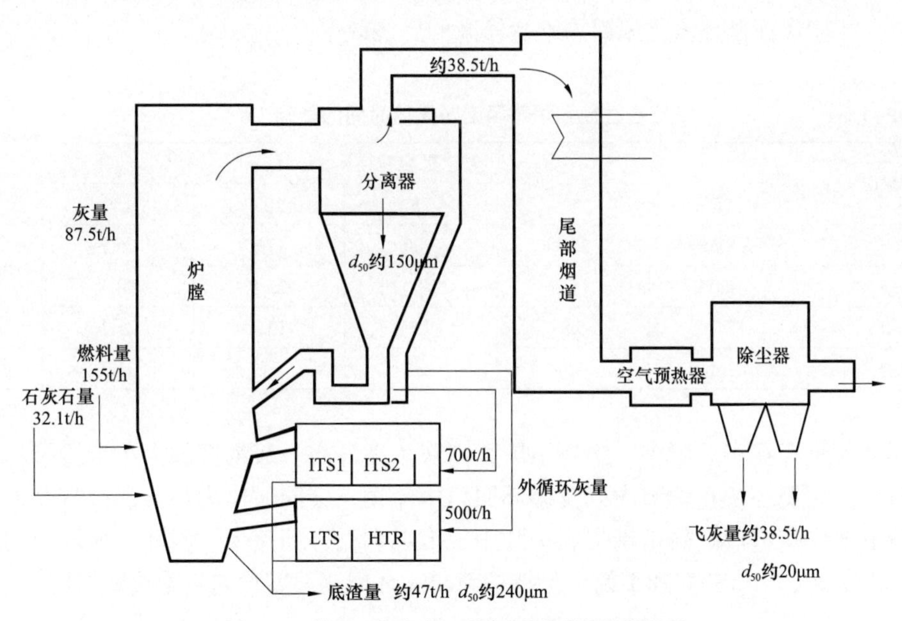

图 12–1　某循环流化床锅炉满负荷物料量核算结果

循环流化床锅炉存在灰渣进、出的总体平衡，灰渣由给煤和石灰石带入炉内，一部分作为底渣排出炉膛，进入旋风分离器的细灰绝大部分由分离器收集并经返料器和物料循环系统送回炉膛循环燃烧，这一部分细灰构成循环流化床锅炉的循环灰。一小部分更细的灰随烟气进入尾部烟道成为飞灰。循环灰的形成和保持对循环流化床锅炉正常运行至关重要，典型的循环流化床锅炉物料平衡系统粒度分布与分离效率如图 12–2 所示。

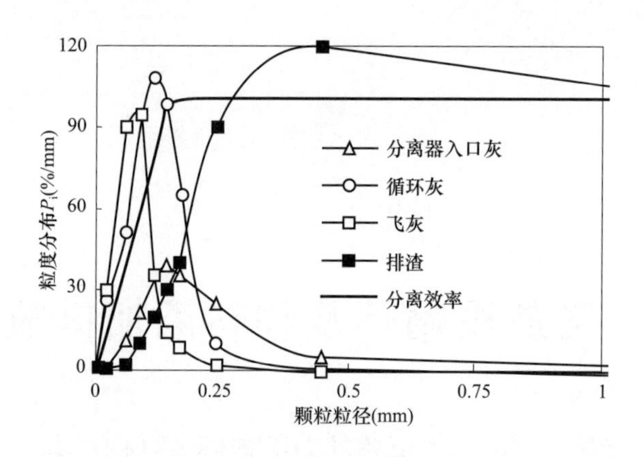

图 12–2　某循环流化床锅炉物料循环系统粒度分布与分离效率

表 12–1 列出了煤颗粒粒径和炉膛温度对燃尽时间的影响，对于粒径较粗的煤颗粒（如大于 1.5mm 的煤颗粒），由于气流不会将其带离炉膛，只要在炉内停留时间足够长，其将会得到充分燃烧；粒径较细的煤颗粒（如小于 20μm），由于颗粒小，所需燃尽时间短，炉膛高度只要保证其停留 5s 以上，亦可基本燃尽；但对于粒径介于粗颗粒与细颗粒之间的煤颗粒，必须多次循环燃烧后才能燃尽。因此，必须配置高效率分离器将这些颗粒分离下来并循环燃烧，才能保证循环流化床锅炉维持较高的燃烧效率。

表 12–1　　煤颗粒粒径和炉膛温度对燃尽时间的影响（s）

温度（℃）	颗粒粒径（μm）					
	25	50	75	100	150	200
800	9.5	21.3	34.0	47.5	76.1	106.2
850	5.0	11.2	18.0	25.1	40.2	56.1
900	2.7	5.9	9.5	13.3	21.2	29.6
950	1.4	3.1	5.0	7.0	11.2	15.7

循环灰大量存在于炉膛中，维持了炉膛内灰浓度分布，灰浓度的大小直接影响受热面传热系数。大量循环灰在炉膛内以及循环回路中流动，会同时作为热量的携带介质，将主要在炉膛下部燃烧释放的热量携带到炉膛中、上部和循环回路中。因此，循环灰的存在对于循环流化床锅炉热量分配和平衡、保持炉膛与循环回路温度均匀起着重要作用。

二、可燃质循环倍率

在流化风速一定的情况下，循环流化床锅炉炉内物料浓度主要由循环物料质量流率 G_c 决定。给煤量一般与锅炉容量成正比，对于同容量的锅炉，给煤量还与其灰分含量有很大关系，灰分越大，需要的入炉煤量越大。因此，同容量锅炉同负荷下，即便炉内物料浓度及燃烧传热特性不发生变化（G_c 不变），随着入炉燃料灰分的变化，循环倍率 R 仍然是一变化值。

例如，对于两台同容量的锅炉而言，若一台燃用高灰分低发热量劣质燃料，一台燃用低灰分高发热量燃料，假设二者的循环倍率相同，由于其入炉煤量差别很大，炉内实际灰浓度水平会有很大差异。因此，若只是简单将两台锅炉的循环倍率作为判断炉内流动情况的特征参数可能会导致错误，这也可以解释为何循环倍率难以作为通用技术指标。锅炉设计中，设计人员更关心炉内实际的灰平衡和灰浓度水平。因此，若希望维持相同的灰浓度以取得近似的燃烧、传热等特性并进行设计计算，则对于高灰分低发热量劣质燃料，所取的循环倍率值应低一些，反之亦然。总之，循环倍率 R 值并没有从根本上反映炉内的流动、燃烧、传热特性，随着入炉燃料灰分的变化，有必要重新定义能更为准确反映炉内灰平衡和灰浓度的特征参数。

为了便于直接比较同容量锅炉入炉燃料灰分变化对循环物料量以及炉内灰浓度的影响，可以使用可燃质循环倍率 R_r 来相对表示锅炉的循环量：

$$R_r=G_c/B_r \tag{12-1}$$

式中　G_c——经分离器分离并送回炉内的循环物料质量流量，kg/s；

B_r——给煤中可燃质的质量流率，kg/s。

忽略燃料水分变化的影响，并将其简化计入可燃质中，则：

$$B_r=B-BA_{ar}/100=B(1-A_{ar}/100) \tag{12-2}$$

式中　B——给煤的质量流率，kg/s；

A_{ar}——燃料收到基灰分，%。

对于一定容量的循环流化床锅炉，可以简化认为在相同负荷下，消耗的可燃质量（即 B_r）是一定的（忽略可燃质不同成分对发热量的影响）。这样，按照上述定义，对同容量、同负荷的锅炉，可燃质循环倍率 R_r 将不受入炉煤灰分含量变化的影响，直接反映炉内物料浓度（用 G_c 表征）。若进一步忽略机组容量、负荷、煤质变化对锅炉效率的影响，则可燃质量与机组容量、负荷成线性关系，能够用于对不同容量、负荷之间炉内流动状况、灰浓度水平的比较。

假设分离器的分离效率为 η_{fl}，则有：

$$\eta_{fl}=G_c/G_e\times100\% \tag{12-3}$$

式中　G_e——单位时间逸出炉膛进入分离器的物料量，kg/s。

$$G_e=\alpha_{fh}BA_{ar}\times1/(1-C_{fh})+G_c \tag{12-4}$$

式中　α_{fh}——飞灰份额，%；

A_{ar}——入炉燃料的灰分（如加入石灰石炉内脱硫，则应使用折算灰分含量），%；

C_{fh}——飞灰中可燃物含量，%。

$$\eta_{fl}=\frac{G_c}{G_e}\times100\%=\frac{G_c}{\alpha_{fh}BA_{ar}\dfrac{1}{1-C_{fh}}}\times100\%=\frac{B_rR_r}{\alpha_{fh}BA_{ar}\dfrac{1}{1-C_{fh}}+B_rR_r}\times100\% \tag{12-5}$$

由式（12-2）解出 B_r 代入式（12-5），可以得出可燃质循环倍率 R_r 与分离器分离效率 η_{fl}、入炉燃料灰分 A_{ar}、底渣和飞灰比例（飞灰份额）α_{fh} 以及飞灰中可燃物含量 C_{fh} 等之间存在如下关系：

$$\eta_{fl}=\frac{R_r}{R_r+\alpha_{fh}\dfrac{A_{ar}}{1-A_{ar}/100}\times\dfrac{1}{1-C_{fh}/100}}\times100\% \tag{12-6}$$

参考习惯定义的循环倍率 R 经验取值，为满足循环流化床流动与燃烧、脱硫特性需要，可燃质循环倍率 R_r 值选取 28~35 比较适合。

式（12–6）揭示了循环流化床锅炉中分离器分离效率 η_{fl}、入炉燃料灰分 A_{ar}、底渣和飞灰比例（飞灰份额）α_{fh} 等特性参数与可燃质循环倍率 R_r 的关系（即物料循环量和炉内灰浓度之间的定量关系）。根据上述关系式能够对可燃质循环倍率与分离器分离效率、入炉燃料灰分、底渣和飞灰比例（飞灰份额）关系作定量计算。

分离器效率对于可燃质循环倍率有着非常大的影响，如图 12–3 所示，为了达到 30 左右的可燃质循环倍率，对于灰分 A_{ar} 为 45% 的高灰分燃料，分离器效率需要达到 98.5%，而对于灰分 A_{ar} 为 15% 的低灰分燃料，则需要分离效率达到 99.2%。因此，若分离效率过低，燃用低灰分煤种会导致炉内物料循环量和浓度不足，影响锅炉带负荷。

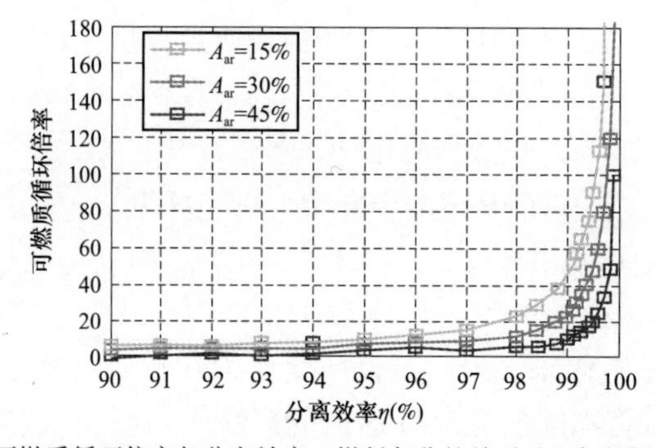

图 12–3　可燃质循环倍率与分离效率、燃料灰分的关系（飞灰份额 α_{fh} 为 50%）

如图 12–4 所示，当燃料灰分很低（如 A_{ar} 为 10%），采用高效率分离器仍可以达到 10 左右的可燃质循环倍率。这是在飞灰份额 α_{fh} 为 50% 情况下的结果，实际上对于低灰分燃料少排底渣甚至不排底渣，其可燃质循环倍率可以达到更高（对于 A_{ar} 为 10% 的低灰分燃料，不排底渣且分离效率达到 99.4% 时，可燃质循环倍率可以达到 20 左右）。因此，对于普通低灰分燃料，选用高效分离器可以避免添加补充床料。

对于高灰分劣质燃料，虽然低效率分离器仍可维持床内适当的可燃质循环倍率，但过低的分离效率将导致飞灰可燃物升高，加上燃料灰分含量高，会使锅炉效率大幅度下降，且尾部烟道灰浓度增加后加剧受热面的磨损，对锅炉负面影响极大。

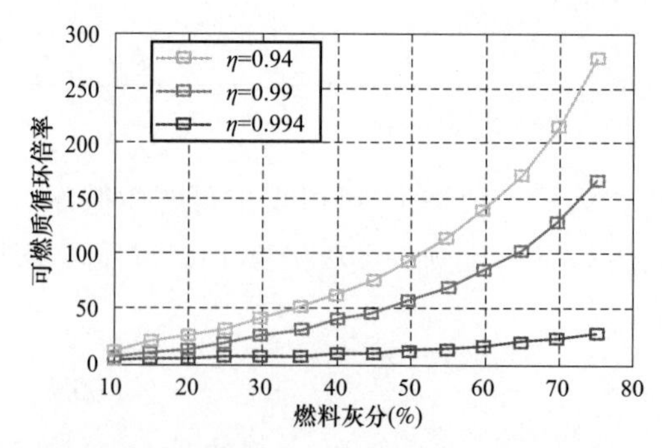

图 12–4　可燃质循环倍率与燃料灰分、分离效率的关系（飞灰份额 α_{fh} 为 50%）

高效率分离器对于循环流化床锅炉设计有益，燃料灰分很高时可以通过调整底渣、飞灰比例来保证适当的可燃质循环倍率。如图 12-5 所示，对于燃料灰分 A_{ar} 为 45% 的燃料，当分离效率达到 99.4% 时，即使飞灰份额降低到 0.2 时，仍可保证可燃质循环倍率在 30 左右。

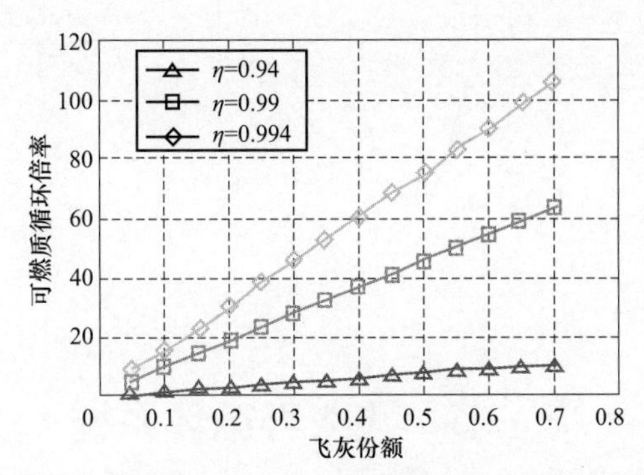

图 12-5　可燃质循环倍率与飞灰份额、分离效率的关系（燃料灰分 A_{ar} 为 45%）

常规锅炉设计不会根据燃料灰分对分离器进行特殊设计，换而言之，就是并没有改变分离效率来控制物料循环和物料浓度，这会导致锅炉实际运行中可燃质循环倍率因燃料灰分和成灰特性不同而偏离设计值。考虑到日常燃料的波动，无法对可燃质循环倍率和物料浓度进行相应的调整，在燃料灰分升高时，炉内物料浓度过高，可能影响锅炉正常运行。运行中如果可燃质循环倍率和物料浓度过大，会导致炉内燃烧温度降低，飞灰和底渣可燃物含量升高，加剧磨损、增大锅炉风机电耗。因此，有必要建立能够有效调节飞灰、底渣份额，同时又对锅炉燃烧不产生负面影响的方法。

三、改变床料粒径分配的方法

改变床料粒径分配主要有以下方法：

（1）调整入炉煤；

（2）调整炉内脱硫用石灰石；

（3）采取不同的排渣方式（连续或间断）；

（4）加注床料；

（5）返料系统排灰；

（6）进行飞灰再循环。

如图 12-6 所示，炉膛上部压差和总压差能够反映物料外循环和炉膛总物料量，现实中，大多数电厂可以通过运行中调节锅炉床压，风量和一、二次风配比，入炉燃料粒度分布等方法来调整飞灰、底渣份额，但是上述调节方法对于高灰分及粒径较细的煤种效果有限。因此，对于高灰分煤种可增设循环灰排放系统，对于低挥发分煤种可以增加飞灰再循环系统。上述两种方法能够调节锅炉的可燃质循环倍率（炉内灰浓度），进而优化炉内的燃烧过程。

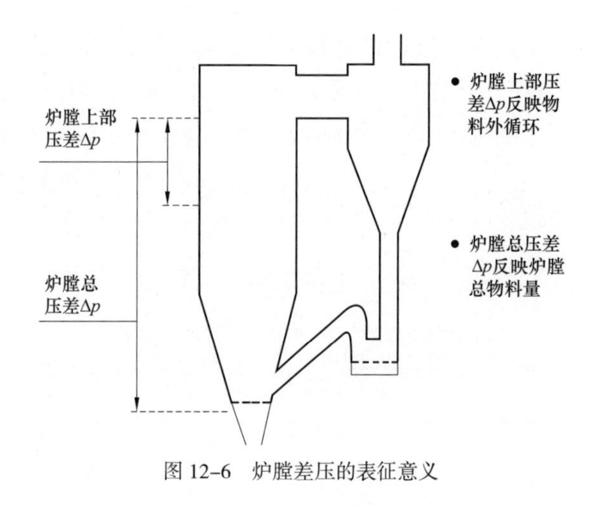

图 12-6　炉膛差压的表征意义

第二节　飞灰再循环系统

一、50MW 锅炉设计应用

某厂 YG240/9.8-M8 型循环流化床锅炉配套电除尘器采用单室五电场，电厂设计煤种和校核煤种均为无烟煤，该无烟煤挥发分低、着火温度高（在 700℃以上），属于难燃无烟煤（如表 12-2 所示）。

表 12-2　　锅炉煤质参数

项目	符号	单位	设计煤种	校核煤种
收到基全水分	M_t	%	4.25	3.84
空气干燥基水分	M_{ad}	%	1.21	1.21
收到基灰分	A_{ar}	%	48.92	57.61
空气干燥基挥发分	V_{ad}	%	4.43	4.55
收到基低位发热量	$Q_{net,ar}$	kJ/kg	15050	12220

锅炉投运以来飞灰可燃物含量一直维持在 25% 左右，虽然从总风量，一、二次风配比，料层差压等方面进行了多次调整试验，始终未取得良好效果，锅炉热效率仅为 80%，远低于设计值。从设计角度出发，锅炉炉膛净高度只有 31m，布风板面积只有 26m^2，炉膛计算烟气流速为 6m/s，而同等级锅炉炉膛净高度多为 33m，布风板面积为 31m^2，烟气流速为 5m/s，颗粒在炉膛内的停留时间短，燃用低挥发分煤种时飞灰可燃物含量会受到相应影响。通过加装飞灰再循环系统可以延长细颗粒在炉内的停留时间，增加物料浓度。

根据设计电除尘器一电场的除灰量为 80% 左右，可以将一电场除下的灰送回炉内再燃烧。在电除尘器一电场旁建造中间灰仓，利用一电场下的仓泵将灰直接送往中间灰仓。灰仓顶部设有布袋除尘器、压力真空释放阀，在中间灰仓下布置罗茨风机与旋转给料机，旋转给料机后接管道架空并接入锅炉后墙上二次风口，将灰送入锅炉密相区上部。运行方式为间断运行，系统每投运 2h，电除尘器一电场灰输向中间灰仓，然后系统停运 2h，电除尘器一电场灰输向灰库。

由于日常燃用煤种发热量约为 3000kcal/kg（12552kJ/kg）、灰分为 55%，满负荷运行时燃煤量为 55t/h，实际灰渣总量为 30t/h，飞灰底渣比为 40：60。按照电除尘器一电场除灰量为 80%，灰的堆积密度为 700kg/m^3 计算，则收集灰的体积约为 17m^3/h，按 80% 的充满系数设计可储灰 1h 的中间灰仓并考虑 120% 的余量系数，对应容积为 25m^3。

如电除尘器一电场 12t/h 灰全部送回炉膛燃烧，并考虑给料机选型 120% 的余量系数，设计输送能力为 15t/h，风机风量≤ 35m^3/min，匹配电机功率为 2.2kW 的旋转给料机。参考罗茨风机选型表，考虑 1.5 倍的余量系数选用最大流量为 54.3m^3/min，最大工作压力 78.4kPa 的风机，对应匹配电机功率为 78kW。飞灰再循环系统图见图 12–7，系统投运后，锅炉炉膛差压由 0.9kPa 上升到 1.5kPa，相比改造前锅炉带负荷能力得到改善。为减轻磨损，运行中将炉膛差压控制在 1.2kPa 左右，此工况下飞灰可燃物含量降至 20%，按经验公式 1kg 灰中 5% 碳的发热量约为 5%×7800kcal/kg（32635kJ/kg）=390kcal/kg（1632kJ/kg），则 12t/h 灰可再利用的发热量为 12000kg×404kcal/kg（1690kJ/kg）=4848000kcal（20284032kJ），相当于节约原煤 1.56t/h。

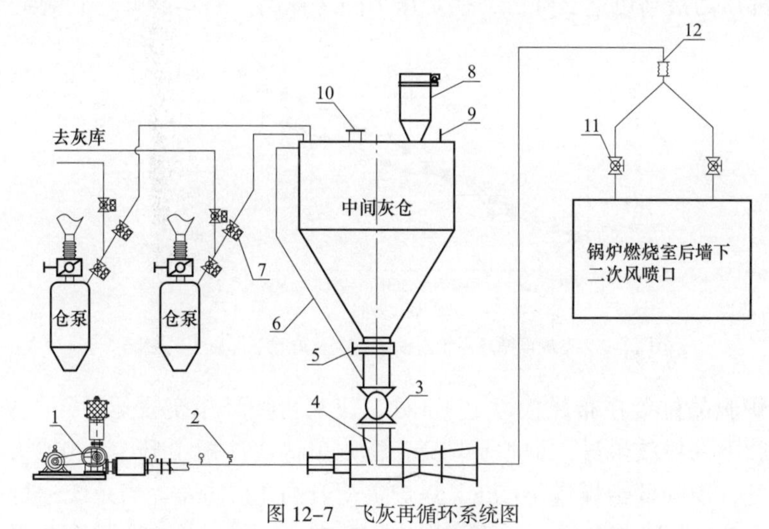

图 12–7　飞灰再循环系统图

1—罗茨风机；2—压力变送器；3—电动锁气器；4—连续输送泵；5—手动插板阀；6—气平衡管；7—气动切换阀；8—布袋除尘器；9—料位计；10—压力释放阀；11—手动闸阀；12—膨胀节

二、135MW 锅炉设计应用

某厂使用 DG410/9.81–9 型循环流化床锅炉，如图 12–8 所示，飞灰再循环系统采用两级气力输送方式。第一级输送由电除尘器一电场下 A、B 仓泵在程序控制下将灰输送至中间灰仓，第二级输送由文丘里喷射泵系统将灰从中间灰仓输送至炉膛。每台锅炉设置 1 套飞灰再循环系统，出力为 6~12t/h。仓泵输送使用检修压缩空气，压力约为 0.7MPa，用气量约为 10m^3/min。

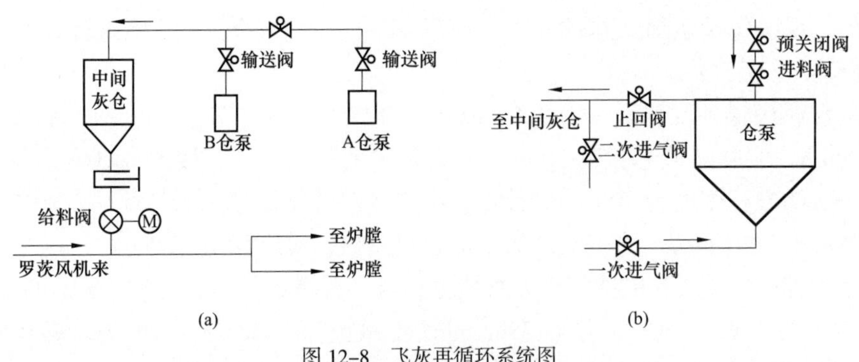

图 12-8　飞灰再循环系统图

(a) 灰仓系统图；(b) 仓泵系统图

使用飞灰再循环系统设计的主要目的是降低飞灰可燃物含量，系统未投运时飞灰可燃物含量平均值约为 15%，系统投运后飞灰可燃物含量下降到 10% 以下。飞灰再循环系统还可以调整炉内物料粒度分布。由于电厂旋风分离器效率不高，返料器返料较少，炉内物料粒径偏粗，稀相区物料浓度较小，直接影响到锅炉出力。从图 12-9 可以看出，在未投入飞灰再循环系统时，炉膛下部压力只有 1kPa 左右，负荷只能维持 300t/h，仅为额定出力的 75%。飞灰再循环系统投运后，电除尘器一电场捕捉到的物料可以被送至炉膛稀相区参与传热，炉膛下部压力最高可达 2.8kPa，锅炉出力随之提高，基本能够达到额定出力。

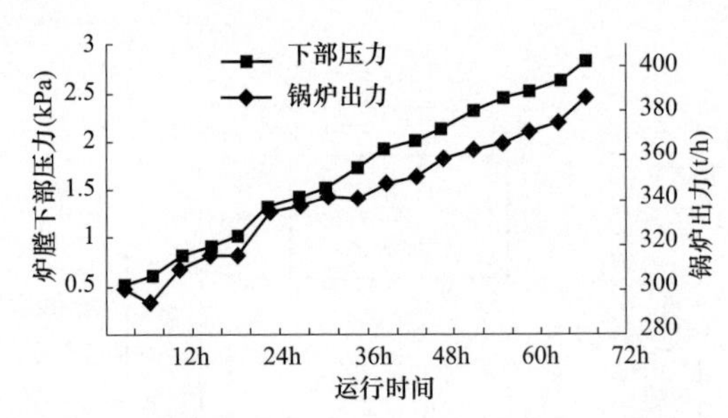

图 12-9　飞灰再循环系统对锅炉出力及炉膛下部压力的影响

飞灰进入炉膛的位置在布风板以上 1m 处，飞灰再循环系统投运后，飞灰进入炉膛迅速燃烧并在炉膛下部释放热量，炉膛平均床温随之升高（一般上升 10~20℃），如果保持炉膛平均床温不变，需降低给煤量 1~2t/h，锅炉负荷升高 10~15t/h。当系统运行一段时间后，系统循环物料含碳量下降，其进入炉内的燃烧强度有所下降，再加上循环物料增加的影响，床温将有所下降，即飞灰再循环系统投用后床温先升后降。

三、300MW 锅炉设计应用

1. 系统简介

某厂采用 DG1025/17.4- Ⅱ 18 型循环流化床锅炉，旋风分离器分离出来的细灰经尾部烟道进入电袋除尘器，除尘器下灰通过气力输送存储至灰库。锅炉投产后飞灰可燃物含量在 10% 以上，为降低飞灰可燃物含量，提高锅炉运行经济性，增加了飞灰再循环系统。

飞灰再循环系统投运后对飞灰及底渣可燃物含量有显著影响，从图 12-10 可以看出飞灰再循环系统投运前的一周内，平均飞灰可燃物含量为 17.3%、平均底渣可燃物含量为

2.25%。系统投运后的一周内，锅炉平均飞灰可燃物含量为 10.5%、平均底渣可燃物含量为 1.91%，分别降低了 6.8% 和 0.34%。从图 12-11 中可以看出飞灰再循环系统投运对锅炉排烟温度和钙硫摩尔比也有影响，系统投用后锅炉排烟温度增加 17.6℃，钙硫摩尔比下降 0.77。

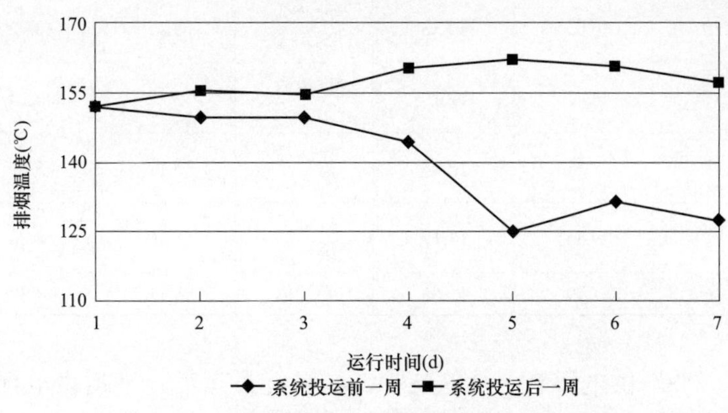

图 12-10　飞灰再循环系统投入对锅炉排烟温度的影响

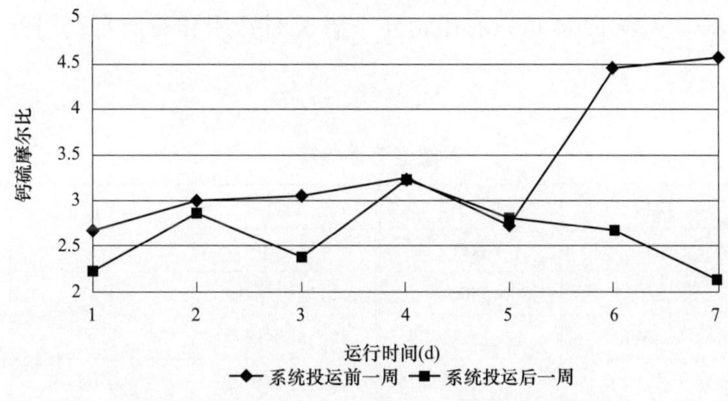

图 12-11　飞灰再循环系统投入对钙硫摩尔比的影响

表 12-3 列出了根据《电站锅炉性能试验规程》（GB/T 10184）和《循环流化床锅炉性能试验规程》（DL/T 964）标准计算得到的飞灰再循环对锅炉效率的影响，主要受影响的热效率损失包括排烟热损失 q_2 和固体未完全燃烧热损失 q_4。系统投运前，排烟热损失 q_2 和固体未完全燃烧热损失 q_4 的平均值分别为 4.16% 和 7.49%。系统投运后，排烟热损失 q_2 平均值上升到 5.11%，固体未完全燃烧热损失 q_4 平均值下降到 4.39%。两项热损失之和由原来的 11.65% 下降到 9.5%，即锅炉效率提高了 2.15%。

表 12-3　　锅炉热效率损失的变化

日期	q_2（%）	q_4（%）	q_2+q_4（%）	日期	q_2（%）	q_4（%）	q_2+q_4（%）
投运前第 1 天	4.62	6.53	11.15	投运后第 1 天	5.02	5.23	10.25
投运前第 2 天	4.47	6.81	11.28	投运后第 2 天	5.07	3.91	8.98

续表

日期	q_2（%）	q_4（%）	q_2+q_4（%）	日期	q_2（%）	q_4（%）	q_2+q_4（%）
投运前第3天	4.50	6.89	11.39	投运后第3天	5.05	4.24	9.29
投运前第4天	4.30	6.03	10.33	投运后第4天	5.22	3.72	8.94
投运前第5天	3.77	8.42	12.19	投运后第5天	5.12	4.14	9.26
投运前第6天	3.74	8.31	12.05	投运后第6天	5.19	5.29	10.48
投运前第7天	3.71	9.46	13.17	投运后第7天	5.10	4.20	9.30
平均值	4.16	7.49	11.65	平均值	5.11	4.39	9.50

系统投运前，平均供电煤耗为336.6g/kWh，系统投运后，平均供电标煤耗为326.3g/kWh，平均供电煤耗降低了10.3g/kWh。以2台机组年运行5500h为例，燃煤收到基低位发热量为20MJ/kg，收到基含硫量为0.6%，燃煤价格为650元/t，石灰石价格为120元/t，利用飞灰再循环技术，从表12-4可以看出每年节省燃料费用和石灰石费用分别达到2047万元和378万元。

表12-4　系统经济性核算

项目	单位	数值	项目	单位	数值
发电功率	MW	600	厂用电	%	10
运行小时数	h/a	5500	供电标煤耗	g/kWh	336.6
年发电量	亿kWh	29.7	年消耗标煤量	万t	99.96
年消耗原煤量	万t	146.45	煤中总含硫量	万t/a	0.88
钙硫摩尔比降低	—	0.77	节省石灰石量	万t/a	2.35
锅炉效率提高	%	2.15	节省原煤量用	万t/a	3.15
节省石灰石费用	万元/a	378	节省燃料费	万元/a	2047

2. 其他影响

（1）飞灰再循环系统投运后，炉膛及烟气灰浓度增加，会造成受热面积灰、磨损，同时增加除尘设备的运行负荷，容易造成灰斗料位高、电极极板短路及输灰管路堵塞，威胁电除尘设备的安全运行。

（2）由于灰在不断循环，灰粒径也在不断变细，因此灰的黏度增加，同时烟气中的灰浓度增加，烟气携带的热量也有所增加，灰沉积速度加快，导致尾部烟道受热面积灰严重，减少了受热面的吸热量，平均排烟温度增加，需要增加吹灰频率。

（3）由于锅炉宽度超过28m，中部床温较高、两侧床温较低，飞灰再循环系统投入后，回送灰的温度仅有100℃左右，中部床温下降，改善了床温均匀性。

（4）回送灰含有大量的CaO，在适宜温度下参与脱硫反应，减少了石灰石耗量，降低了脱硫成本。长期运行结果显示，石灰石用量减少了近 30%。

（5）飞灰再循环系统使灰在炉内积蓄，床压随之上升，需增大排渣量。由于灰及细颗粒床料基本在床层上部，粗颗料床料在床层下部，排渣量增加后，炉内粗颗粒被不断排出，床料基本由细颗粒组成，在锅炉发生断煤等特殊工况下容易造成床温急剧下降。

3. 技术改进措施

（1）飞灰再循环系统投运后烟气中的灰浓度增加，由于磨损与颗粒介质流速的 3 次方成正比，烟气流速越高，颗粒流速越高。而烟气流速与锅炉负荷成正比，锅炉负荷越高，烟气流速越大。为了减缓磨损，90% 负荷以下方可投运飞灰再循环系统，负荷大于 90% 时系统停运。

（2）系统长期投入运行后使锅炉水平烟道和尾部受热面积灰严重。为了改善吹灰效果，将过热器受热面吹灰装置由激波吹灰改为蒸汽吹灰，同时增加吹灰次数。为减少水平烟道的积灰，在空气预热器出口下部增设输灰装置，在炉膛出口及空气预热器出口水平烟道增设压缩空气吹扫装置，保持烟气流道顺畅，防止大量积灰造成荷载过重发生垮塌，保证锅炉运行安全。

（3）飞灰再循环系统投运后造成除尘器和除灰系统运行负荷增大，在运行中应加强输灰管路输送压力监视，发现灰斗料位高或输送压力高报警时及时停用飞灰再循环系统。

（4）锅炉排烟温度上升后，应加强除尘器入口烟温监视，根据排烟温度上升情况及时停用飞灰再循环系统，避免造成除尘器布袋损坏。

四、燃用石油焦锅炉设计应用

石油焦又称生焦或延迟焦，是以重油为原料经延迟焦化装置在高温下裂解产生轻质油品时的副产物。石油焦的产率约为原料油的 25%~30%，其低位发热量约为煤的 1.5~2 倍，灰分含量不大于 0.5%，挥发分约为 10%，品质接近于无烟煤。石油焦的形态随制作过程、操作条件及进料性质的不同而有所差异，其外观为黑色或暗灰色的蜂窝状结构，焦块具有多孔隙结构，气孔多呈椭圆形且互相贯通，外形不规则，大小不一，有金属光泽。石油焦主要的元素组成包括碳（90%~97%）、氢（1.5%~8%），还含有氮、氯、硫及重金属。

我国石油焦的产量在 1000 万 t/a 以上，同时还有相当大的进口量。石油焦属于劣质燃料，在煤粉炉中掺烧石油焦很难达到理想效果（掺烧比例低、易结焦）。循环流化床燃烧技术在燃用石油焦等劣质燃料方面具有较强的技术和经济优势，硫含量小于 2% 的石油焦通常用于生产电极，硫含量在 2%~5% 之间的石油焦通常被认为是循环流化床锅炉的绝佳燃料。由于石油焦的灰分极低，对分离器的分离效率要求较高，为控制密相区床温，大多数燃用石油焦的循环流化床锅炉配备飞灰再循环系统。某 320t/h 循环流化床锅炉飞灰再循环后，燃烧效率可以提升 0.8%~1.2%，不仅使炉内物料的粒度分布变细，还使飞灰可燃物含量显著下降。

飞灰再循环系统还可以减少燃用石油焦时的石灰石使用量，以某厂 410t/h 循环流化床锅炉为例，锅炉主要设计参数和煤质参数分别见表 12–5、表 12–6，采用八边形水冷紧凑式旋风分离器，燃料分四路由前墙加入，石灰石分四路由前、后墙送入，空气预热器下灰斗和电除尘器一电场的飞灰采用气力输送方式由前墙送回炉内（如图 12–12 所示）。锅炉设计燃用烟煤、70% 烟煤＋ 30% 石油焦，以及 70% 烟煤＋ 30% 油页岩等多种燃料。

表 12-5　　锅炉设计参数

项目	单位	ECR	BMCR
过热蒸汽流量	t/h	410	460
过热蒸汽压力	MPa	12.5~13	12.5~13
过热蒸汽温度	℃	520~535	520~535
给水温度	℃	215	215
排烟温度	℃	143	148
保证锅炉热效率	%	91.3	—
NO_x 排放值	mg/m³	200	—
CO 排放值	mg/m³	200	—
SO_2 脱除效率	%	90	—

表 12-6　　设计煤质参数

项目	符号	单位	烟煤	无烟煤	石油焦
收到基碳	C_{ar}	%	52.90	66.56	83.96
收到基氢	H_{ar}	%	3.14	3.07	3.35
收到基氧	O_{ar}	%	3.57	0.25	0.13
收到基氮	N_{ar}	%	0.66	0.38	1.00
收到基全硫	$S_{t,ar}$	%	4.51	2.55	5.09
收到基低位发热量	$Q_{net,ar}$	MJ/kg	20.09	22.70	31.88
全水分	M_t	%	5.90	9.30	5.91
收到基灰分	A_{ar}	%	29.32	23.58	1.57
收到基挥发分	V_{ar}	%	21.37	9.82	8.36
收到基固定碳	FC_{ar}	%	43.41	57.30	84.16

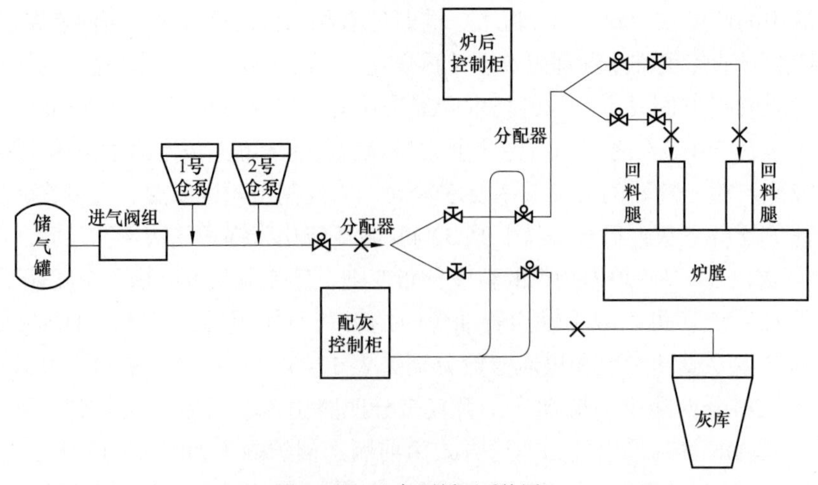

图 12-12　飞灰再循环系统图

从表 12–7 中可以看出底渣中 CaO 含量非常低，未完全反应的 CaO 主要集中在飞灰和循环灰中，电除尘器一电场可收集烟气中 80% 左右的灰，如果将它们全部送回炉内，从飞灰中直接排出的未反应 CaO 量会大幅下降，使炉内保持同样 CaO 的情况下，直接加入的石灰石量大大减少，即钙硫摩尔比降低。

表 12–7　　脱硫试验灰渣数据

项目	飞灰	循环灰	底渣
未脱硫 CaO 含量（%）	6.6	3.4	5.9
脱硫后 CaO 含量（%）	17.4	18.6	6.0

第三节　床料添加及补充系统

一、床料的作用

为了使锅炉的床压稳定，一般需在锅炉点火启动前或者在锅炉启动过程中补充床料，使床压保持在正常工作范围内。启动床料系统是循环流化床锅炉的特有系统，能够实时建立和维持物料平衡，并在以下几方面发挥作用：①锅炉点火前在炉膛及返料器布风板填充启动床料，方便形成最初的物料循环；②在燃料灰分很低的情况下，由启动床料系统加入适当的床料弥补灰分不足引起的床压降低，稳定机组运行；③启动床料系统还能辅助调节床温，可通过加入合适的床料或者适当排渣进行控制优化。

启动床料一般采用底渣、河沙、石灰石颗粒等介质。对于新建机组，初次调试时最好采用底渣或河砂。比较而言，其他循环流化床锅炉排出的底渣硬度适中且价格较低，因此近年来机组多采用底渣作为启动床料。河砂的缺点是硬度大，在运行过程中对受热面磨损大。若只能使用河砂作为启动床料，则应尽量控制其粒度分布及其 Na_2O 和 K_2O 的含量，一般要求 Na_2O 含量小于 2%、K_2O 含量小于 3%。

二、典型床料添加系统

循环流化床锅炉冷态启动前需要向炉膛内填充床料，对于大型循环流化床锅炉而言，所需启动床料量大、填加耗时长。目前常用的启动床料填加方式有人工填加、机械输送、气力输送三种：

（1）人工填加。采用人工方式将启动床料运输至运转层，通过锅炉加料口或人孔门向炉膛底部添加启动床料。这种添加方式简单，不存在设备投资成本，运行成本也比较低，但缺点是劳动强度大，上料时间较长，运行期间不能进行补料。在容量较小的机组和自备电厂中该方式比较常见，大型循环流化床锅炉基本不采用。

（2）机械输送。对于不同的循环流化床锅炉，机械输送系统工艺流程及布置方式也有所不同。第一是利用给煤机添加。对于给煤口在后墙的循环流化床锅炉，一般设置单独的启动料仓。在料仓上部设置起吊葫芦或设置斗式提升机，在料仓下部设置阀门，通过管道连接至给煤机的加料口。启动床料经起吊葫芦或斗式提升机落入启动料仓内，依靠重力作用进入给煤机，然后送至炉膛。对于给煤口在前墙的循环流化床锅炉，一般设置斗式提升机和刮板输送机。启动床料经斗式提升机和两级刮板输送机进入给煤机，然后通过给煤机输送至炉膛内。通过给煤机上料的系统相对较简单且布置方便，被较多的用于大型循环流化床锅炉中。第二是利用床料自重自流添加。设置独立的启动料仓，利用斗式提升机将床料送至料仓内，然后通过管道连接，靠床料自身的重力流入锅炉床料接口，同时在自流管道上辅以压缩空气推动床料更好地流动。该系统设置方式相对独立，不受外界条件影响。但由于要满足床料自流的需要，启动料仓要布置在足够高的位置，另外，自流管道占用的布置空间较大。第三是利用输煤系统添加。通过煤场取料机械将床料送至输煤皮带，经皮带输送机卸至锅炉原煤仓内，卸入原煤仓内的床料再经给煤机、落料管排入炉膛。该方案利用电厂已有的输煤和给煤系统，不需额外增加设备初投资，且操作简单。但如果发生事故停炉，再次启炉时需重新填加床料，由于原煤仓已充满原煤，该系统不能投入运行，将影响锅炉的启动时间。

（3）气力输送。采用该系统的设计方案比较多，常规方案是利用气力输送设备将启动床料通过耐磨管道，由压缩空气正压输送至锅炉炉膛内。该方案可在锅炉房零米设置启动料仓或利用气力罐车直接进行输送（如图 12–13 所示）。系统较为复杂，运行维护水平要求较高且投资较大，但使用方便，适用于频繁启动或需要定期补充床料的机组。

三、床料添加系统比较与应用

以某 300MW 等级前墙给煤的循环流化床锅炉为例，进行机械输送和气力输送两种方案的技术比较，锅炉启动床料量为 110t，要求系统在 5.5h 完成锅炉床料填加。

1. 机械输送方案

在渣库下部单独设置 1 个接口连接振动筛，筛分后满足粒径要求的底渣自流至斗式提升机，由斗式提升机提升至布置在锅炉给煤机层的刮板输送机，经两级刮板输送机送至给煤机后进入炉膛。在锅炉首次启动或渣库中底渣不能满足床料粒径要求时，也可人工向斗式提升机中填加床料。

每台炉设 1 台振动筛，出力为 20t/h；设 1 台斗式提升机，出力为 25t/h，提升高度为 35m；设两级刮板输送机，出力为 20t/h。振动筛布置在渣库运转层，振动筛出口接斗式提升机、两级刮板输送机均布置在锅炉给煤机层。

2. 气力输送方案

渣库单独设 1 个接口接振动筛，筛分后满足粒径要求的底渣自流至斗式提升机，由斗式提升机提升至启动床料仓，料仓下设气力输送设备，将床料送至锅炉床料添加口。气力输送所需压缩空气由除灰压缩空气系统提供。在锅炉首次启动或渣库中底渣不能满足床料粒径要求时，也可人工向斗式提升机中填加床料。

每台炉设 1 台振动筛，出力为 20t/h；设 1 台斗式提升机，出力为 25t/h；设 1 座启动床料仓，有效容积为 20m^3；设 1 套气力输送系统，出力为 20t/h。振动筛布置在渣库运转层，振动筛出口连接斗式提升机。启动床料仓及气力输送设备布置在锅炉框架内 23m 层。

3. 技术经济比较

两种方案的启动床料均使用底渣，为减少劳动强度直接从渣库取料，经斗式提升机送

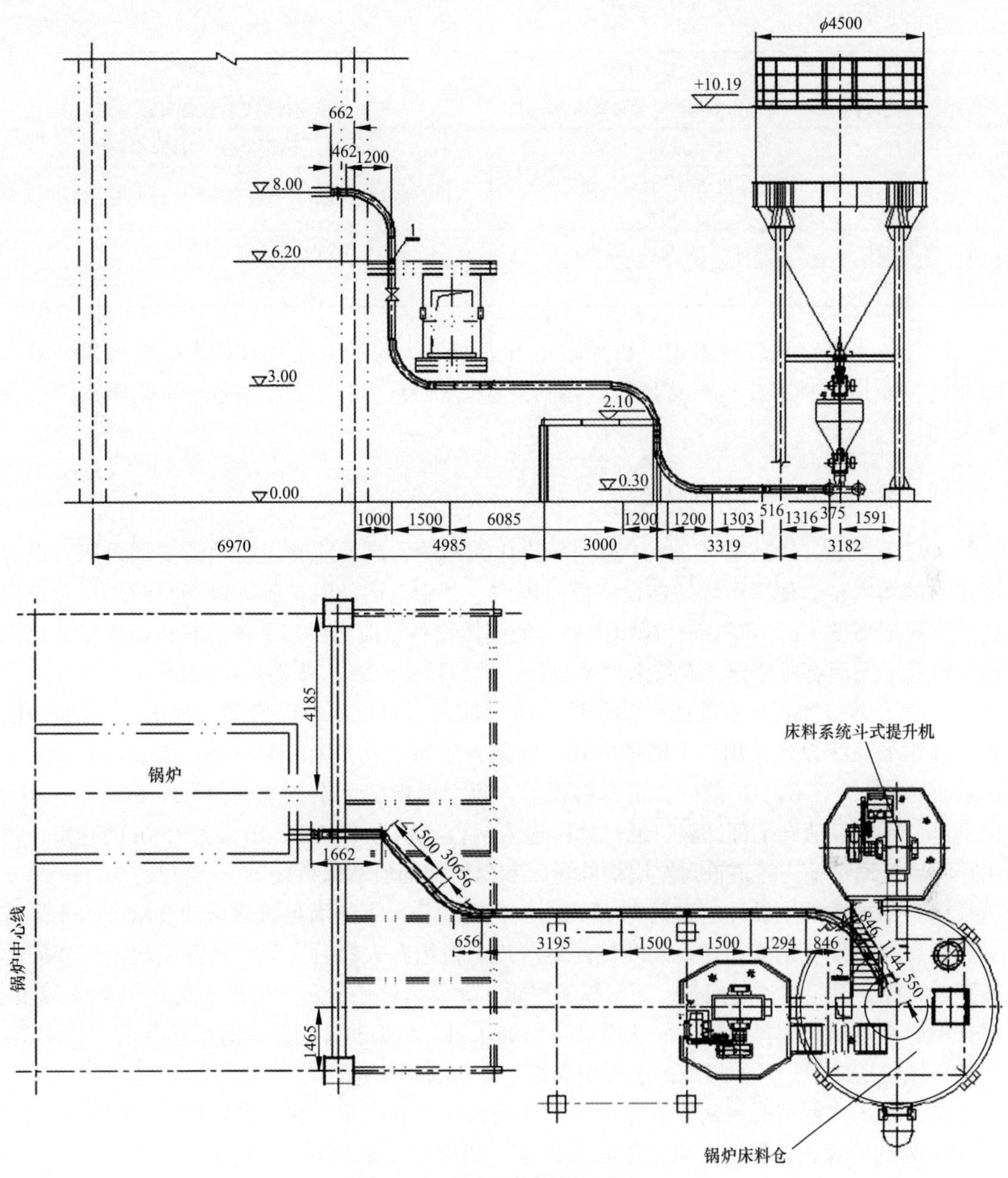

图 12-13 气力输送系统典型设计

至床料填加层，因此只对斗式提升机之后的输送设备进行经济对比。机械输送方案及气力输送方案技术比较见表 12-8。

表 12-8 两种方案技术比较

方案项目	机械输送方案	气力输送方案
床料粒径要求	无要求	细料会随压缩空气进入除尘器，造成一定的浪费，粗料会沉积在管道底部

续表

方案项目	机械输送方案	气力输送方案
安装布置影响	不影响锅炉其他设备布置	不影响锅炉其他设备布置
可靠性	技术成熟、可靠	技术成熟，但实际应用中故障率较高
对环境影响	刮板输送机密封不良时可能造成环境污染	出现管道磨损时，会造成泄漏，影响现场工作环境
系统初投资	较低（40 万元 ~60 万元）	略高（80 万元 ~100 万元）
运行费用	低	较高

通过技术经济比较可看出，机械输送方案较气力输送方案具有技术成熟可靠、对床料粒度分布适应性好、运行费用低、运行安全等优点，可以在大型循环流化床锅炉中优先采用。

四、床料添加系统增容改造

某厂采用 SG-1025/17.4-M801 型循环流化床锅炉，启动前和运行中需要加入床料以保证正常的物料量，使床压维持在设定值范围内。其中，启动时炉膛固体物料的加入总量应超过布风板高度 1m，且两条裤衩腿内加入的固体物料量应当保持平衡。具体需求量根据床料的粒径不同而有所差异，大致为炉膛 200t、返料器 4 × 20t、外置床 4 × 20t。

在投入燃料和石灰石前的启动阶段，通过加入床料可以补偿启动过程中床料的损耗，该床料添加系统设计采用气力输送方式，气源为压缩空气，床料取自锅炉渣仓，共设 8 个床料加入点，4 个位于炉前的 2 个返料腿上，每个返料腿上设 2 个点，另外 4 个位于外置床上部。床料经渣仓下部卸料口通过滤网进入两台容积为 $1.25m^3$、出力为 15t/h 的仓泵，再由压缩空气通过输送管道输送至锅炉外置床和返料腿的启动床料接口。

床料添加系统原设计出力只有 15t/h，加料时间长，不能满足机组启动要求，由于系统管路长，极易发生堵塞，需要间断性停运清理。机组在大修后启动等特殊工况下需要安排较多的试验，机组启动时间长、床料损失严重，尤其是燃用低灰分褐煤（灰分在 15% 以下）时，不能有效补充床料损失。如从原煤斗添加床料，机组非计划停运时原煤斗清空较困难。此外，床料从皮带进入原煤斗的过程中会影响现场文明生产。

结合现场实际情况，从原渣仓出料电动门处将床料引出，在零米处用斗式提升机提升至 36m 处的给煤机运转层，采用 30m 处的输送机输至 4 条刮板给煤机中的 2 条，再由刮板给煤机将床料输送到主床内。斗式提升机提升高度为 36m，输送量为 $35m^3/h$，输送距离为 30m。改造后，在机组正常停运检修、消缺或非停后启动时，均可快速、平稳、连续添加床料，因某些特殊原因致使床料损失较大时，也可通过该系统快速补充床料。

五、气力输送系统应用

1. 技术特点

当燃用灰分较低或磨损性很强的燃料时，宜选用固定机械式床料添加系统。当燃用灰分较高的燃料时，可设置 1 套非连续运行的床料气力输送系统。气力输送系统初投资和运行费用较高，但技术优势也比较明显：

（1）床料加注快速，准备时间短；

（2）方便随时补充床料；

（3）出现流化不良、有小焦块时，加注床料增加床压后可加大排渣量，及时对床料进行置换；

（4）锅炉启动和运行过程中，通过床料的添加可以快速建立循环。

2. 设计原则

系统设计时应注意以下问题：

（1）床料的粒径、粒度分布等应满足锅炉厂的相关要求；

（2）床料系统的设计应考虑炉膛压力，在炉膛接口处应考虑高温的影响；

（3）系统如利用渣仓作为储存库，输送设备宜设置在渣仓零米层，并设置床料专用排出口；

（4）床料输送用压缩空气需经过净化处理，输送气源可与厂内输灰气源统一考虑。

（5）床料输送管道应适应多口加料的要求，并满足不同输送距离的要求。

（6）管道应考虑防磨措施或选择耐磨弯头。

3. 典型应用

某厂采用东锅 DG1100/17.4- Ⅱ 2 型循环流化床锅炉，启动床料添加系统采用正压浓相气力输送方式，表 12–9 为系统设计参数。

表 12–9　　系统设计参数

项目名称	单位	参数	项目名称	单位	参数
系统出力	t/h	25	输送管径	mm	$\phi168 \times 8$
计算输送风量	m^3/min	21	仪用风量	m^3/min	0.5
缓冲仓容积	m^3	5.0	输送气固比	kg/kg	25
最远输送距离	m	约 130	仪用风压	MPa	0.4~0.6

考虑到提升机适用范围及寿命要求，使用抗拉撕型钢丝绳皮带提升机。为保护环境，机壳及连接部分严格密封。斗提机滚筒采用自动对中装置，为了保险起见，滚筒头部设置防跑偏装置，在跑偏时自动制动，设置失速报警制动，以保护皮带的安全运行。振动筛整体结构保持良好的密封，筛子本身采取减振措施，设置旁路以保障物料供应。筛子整体可拆卸，方便检修。

提升高度方面，准确计算物料提升高度和抛洒高度，由于两者中间存在一个自流动区域，该区域设计应能满足自流需要，预设 $\phi325 \times 8$mm 不锈钢钢管，水平输送距离为 10m，考虑现场安装条件，在炉膛入口处取管段倾角为 73°，高度差约 14m。

接口设计与内部防护优化方面，提升机出口至炉膛入口采用局部弯曲设计，方便拆装。弯曲接口处设置法兰连接的金属膨胀节、插板阀或截止阀，以隔离系统接触高温，入炉接口与水冷壁穿插处采用让管形式，内部敷设浇注料防磨并设置绝热层。提升机入口管道与渣仓接口设置手动插板，根据需要设计平台，方便操作和隔离。

设备选型方面，提升机输送介质温度≤ 50℃，提升高度为 36m，提升能力为 120t/h，提升机皮带选取抗撕裂型钢丝绳输送带，并配以专用的胶带接头和料斗固定件，外罩板采用 6mm 厚板。提升机做全面密封处理，选用离心式卸料，收取式进料，确保进、出物料的连续性。

由于振动筛出口至提升机入口空间不足，选用输送机过渡，考虑到输送距离不长，输送机设计为可移动式，以便于各使用方调整。振动筛出力为 120t/h，入料粒径≤ 30mm，筛下粒径为 6mm。在筛入口设置活动调节挡板，将粗颗粒挡入旁路渣管。振动筛入料口、排料口、筛下排料斗均带密封装置，减少运行时的粉尘外溢。

机组投产后对该床料添加系统进行了多次试验。斗提机皮带运行正常，无跑偏现象，进入振动筛的斜段管道下渣正常，入炉管道下渣顺畅，无阻塞现象。启动系统后间隔 2h 开启风机平整床料 1 次，加渣 4h 后床料厚度为 550mm，运行 6h 后床料厚度为 800mm，能够满足机组启动的需要。

六、入炉煤粒径调整

某厂 300MW 循环流化床锅炉采用 Alstom 公司引进技术设计制造，锅炉燃用褐煤，上煤系统的带式输送机带宽为 1200mm，带速为 2m/s，设计出力为 800t/h。破碎系统采用二级破碎，一、二级破碎机独立布置。一级破碎机室无筛分设备，破碎机采用 HCSC8 环锤式破碎机，入料粒径≤ 300mm，出料粒径≤ 50mm，额定出力为 800t/h。二级筛碎机室设分煤斗，每个分煤斗下口各设 1 台振动给煤机和 2 台出力为 400t/h 的细碎机。电厂实际运行中掺烧部分弥勒煤，实际煤耗量约为 12000t/d。炉内脱硫用石灰石也由输煤皮带输送，日输送量约为 1500~2000t。

锅炉试运期间，床压为 8~9kPa 且波动较大（设计床压为 12kPa），需要增加床料来维持运行稳定。试运结束后，二级破碎机锤头损坏，暂停二级破碎，入炉煤粒径为 50mm，此阶段锅炉床压可稳定维持在 12~13kPa，运行中不需要添加床料，仅底渣可燃物含量略高。据此，电厂取消了二级破碎设备，并在其后的改造中拆除了二级破碎机。

从表 12-10 和表 12-11 可以看出，该厂实际入炉煤的灰分、水分均比设计煤种高，实际发热量比设计煤种低。从其运行表现来看，一级破碎系统状况良好。由于燃用的褐煤水分大、挥发分高，雨季时会有堵煤现象出现，取消二级破碎机后也减少了系统的一个堵点。

表 12-10　　日常燃用煤质参数

煤种	收到基低位发热量 $Q_{net,ar}$（MJ/kg）	收到基灰分 A_{ar}（%）	空气干燥基灰分 A_{ad}（%）	全水分 M_t（%）
弥勒煤	8.4	5	12	58
小龙潭煤	12	14	22	37
实际入炉煤	9.8	17	27	38

表 12-11　　同地区近似煤种电厂的比较

项目	A电厂	B电厂	C电厂
实际入炉煤粒径	≤ 50mm（偏大）	7~12mm	≤ 7mm（偏小）

续表

项目	A电厂	B电厂	C电厂
底渣可燃物含量	1.1%~2.7%	约 0.3%	0.3%~0.4%
飞灰可燃物含量	0.4%~0.6%	约 0.5%	约 0.6%

注　三电厂的设计煤种均为小龙潭褐煤，锅炉制造厂入炉煤粒度曲线要求一致。

增加入炉煤粒径后锅炉运行中未出现结焦，但因磨损出现过多次爆管停炉事故，特别是过渡区磨损较为严重（后通过加装多阶防磨梁消除了此区域磨损）。此外，输煤系统中掺混的石灰石设计粒径为 1mm 左右，实际则为 3mm 左右，导致钙硫摩尔比由设计的 1.7 增大到 2.6，底渣和飞灰总量增加。除尘器方面，细碎取消前粉尘排放浓度为 50mg/m^3，但细碎取消后，除尘器效率下降，实际粉尘排放浓度为 200~300mg/m^3。

由于启动床料系统在渣仓出口易堵，造成下料不畅，实际出力无法达到设计值。为此，启动床料直接从输煤皮带添加，运行时不需添加床料。由于燃用褐煤水分高（全水分超过 35%），二级给煤机在实际运行中容易出现堵塞、漂链、断链等故障。煤粒径变化导致底渣量增加，为满足运行需要将风水联合冷渣器更换为滚筒冷渣机。

第四节　循环灰冷却排放系统

一、循环灰量对锅炉运行的影响

为了直观地表现出炉膛内循环灰浓度情况，可以使用前文提出的可燃质循环倍率 R_r 这一概念。当燃用劣质煤时，煤的灰分含量高，炉内灰浓度高，可燃质循环倍率 R_r 也高，由此产生以下问题：

（1）循环灰量大，增加了排渣和返料负担，致使冷渣机长时间大出力运行，分离器及返料器工作不稳定；

（2）大循环灰量引起锅炉床温下降，导致锅炉主蒸汽及再热蒸汽温度偏低、飞灰及底渣可燃物含量高；

（3）炉膛物料浓度增大后，加剧了受热面磨损。

二、循环灰冷却排放系统设计

循环灰量过大时，一般采用控制床压（调节排渣），调节一、二次风量，控制入炉煤粒径等方法调节。通过控制床压和增加排渣量可以排出炉内多余的循环灰，但当负荷较高时，排渣设备本身的负担已经较重，继续增加设备出力可能导致排渣温度过高，严重时会造成结焦堵塞。减少总风量能够起到降低炉内灰浓度的作用，但锅炉床温偏低，炉内燃烧已不完全，如果再降低一、二次风量，会对燃烧产生更大的影响。

在不影响炉内燃烧和排渣的前提下，增加独立的循环灰冷却排放系统是解决炉膛过高灰浓度这一问题的有效途径。分离器分离出的循环灰大部分通过返料器返回炉膛，一小部分由循环灰排放系统冷却后直接排出。该技术措施能够有效地控制锅炉可燃质循环倍率 R_r，对改善燃烧发挥积极作用。同时，由于循环灰可燃物含量低，锅炉燃烧效率也可以得到提高，排放出的循环灰综合利用价值也比较高。

循环灰冷却排放系统示意图如图 12-14 所示，系统由冷却器本体和刮板机输送系统两部分组成，热循环灰从本体上部落灰管进入，经过膨胀节进入本体上锥体，然后进入冷却器中部竖直灰管。灰管采用水冷却，将热灰冷却至 150℃以下。被冷却的循环灰经过本体下的锥体管道进入刮板机，由刮板机运送至冷渣机链斗机，最后进入渣仓。冷却水来自冷渣机冷却水母管，在冷灰器内与竖直灰管换热后由出水管排出，最后进入冷渣机回水母管。冷却水进水管上装有电动阀，用来控制进水流量。

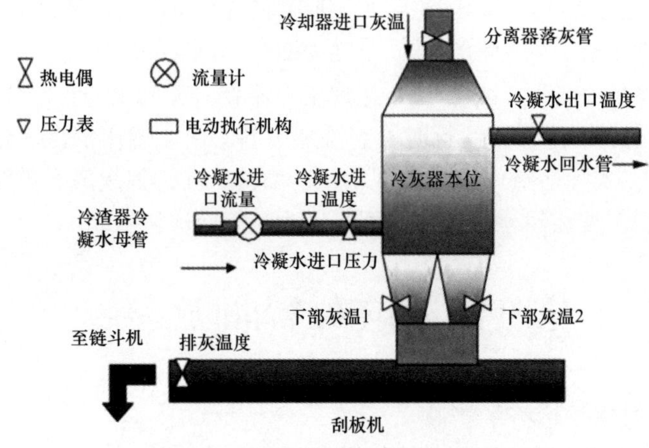

图 12-14　循环灰冷却排放系统示意图

三、典型应用

某厂 200MW 循环流化床锅炉设计燃煤发热量约为 3600kcal/kg（15062kJ/kg），锅炉热效率为 90.5%。投产后出现如下现象：当燃煤发热量降低至 3000~3300kcal/kg（12552~13807kJ/kg）时，锅炉运行床温偏低，从表 12-12 可以看出，在 80% 负荷时密相区床温仅为 810℃，而床压为 10.5kPa，再热蒸汽温度仅为 519℃，低于设计值 21℃。飞灰及底渣可燃物含量高、石灰石利用率低，严重影响锅炉运行的经济性与安全性。除此之外，锅炉的 3 个返料器在运行中压力不稳定，伴有间歇性振动。通过现场勘查和分析，发现燃用偏离设计值的劣质煤及分离器分离效率过高，导致炉内灰浓度过大是产生上述问题的主要原因。

表 12-12　　锅炉设计运行参数

名称	单位	数值	名称	单位	数值
锅炉负荷	MW	160	燃煤量	t/h	124
入炉煤发热量	kcal/kg	3300	密相区平均床温	℃	810
过渡区平均床温	℃	780	炉膛出口平均床温	℃	760
再热汽温	℃	519	床压	kPa	10.5

根据锅炉参数、燃煤成分和现场空间情况，在 1 号和 3 号分离器下方各安装 1 套循环灰冷却排放系统，相关设计参数如表 12–13 所示。

表 12–13　　　　循环灰冷却排放系统运行参数

名称	单位	数值	名称	单位	数值
冷却系统最大出力	t/h	5	冷却器进灰温度	℃	850
冷却器排灰温度	℃	<150	冷却水量	t/h	<40
冷却器进水温度	℃	55	刮板机进水温度	℃	20
刮板机出水温度	℃	50	刮板机冷却水量	t/h	3

由于循环灰冷却排放系统把炉内多余的循环灰冷却排出，灰浓度下降后分离器的循环灰量减少，床压和返料器压力下降。炉膛内总物料量减少，使得床温和再热汽温提高，从图 12–15 和表 12–14 可以看出，在三种典型负荷下床温分别升高 11℃、25℃和 64℃，特别在 170MW 和 200MW 时床温达到 854℃和 905℃，再热汽温也分别提高 3℃、5℃和 14℃，得益于底渣和飞灰可燃物含量降低，三种负荷下锅炉热效率分别提高 1.27%、0.63% 和 1.16%。系统使用期间锅炉运行平稳，对运行参数改善效果显著，保障了机组安全高效运行，锅炉发电煤耗平均降低 4.3g/kWh，按照年发电量 20 亿 kWh 计算，每年可节约标煤 8600t。

表 12–14　　　　系统投运前、后锅炉热效率对比（%）

工况条件		固体未完全燃烧热损失	排烟热损失	散热损失	灰渣物理热损失	锅炉热效率
140MW	投运前	6.61	3.98	0.42	0.15	88.84
	投运后	5.06	4.24	0.42	0.17	90.11
170MW	投运前	6.18	4.57	0.35	0.23	88.68
	投运后	5.28	4.81	0.35	0.26	89.31
200MW	投运前	5.46	4.56	0.30	0.36	89.32
	投运后	4.93	4.05	0.30	0.24	90.48

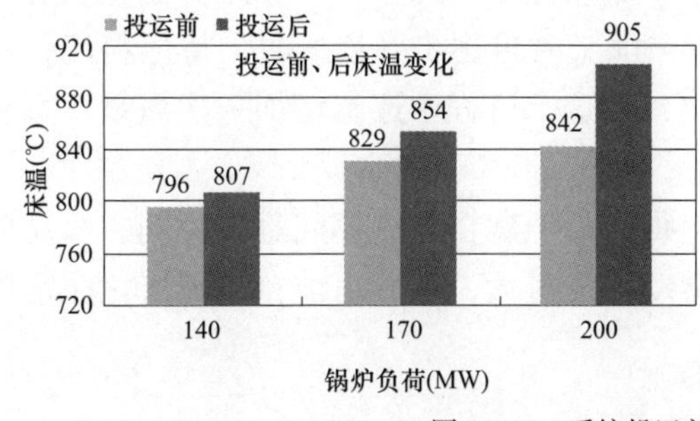

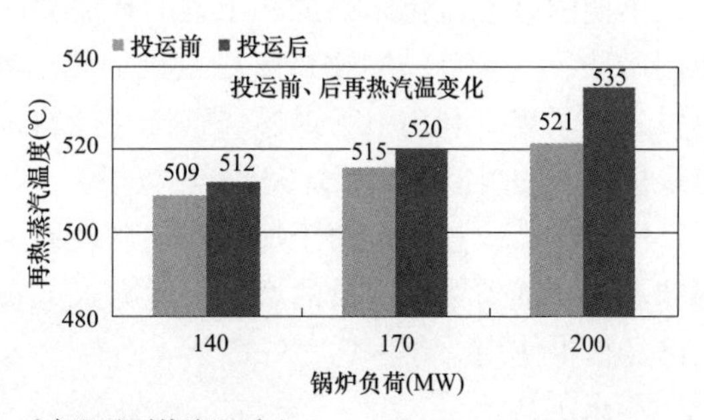

图 12–15　系统投运前、后床温及再热汽温对比

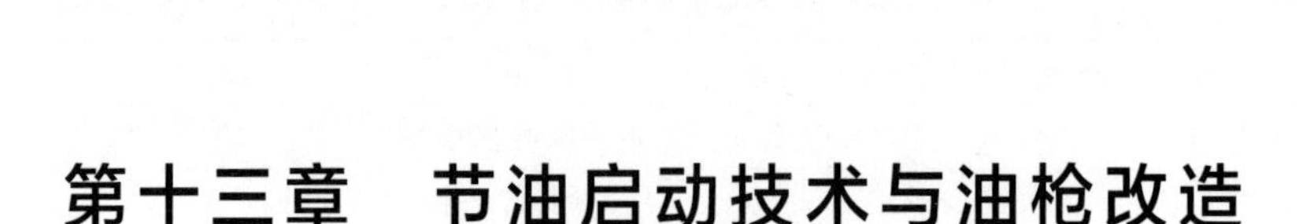

第十三章　节油启动技术与油枪改造

第一节　概　述

循环流化床锅炉启动是指锅炉由静止状态转入运行状态的过程，可分为冷态启动、温态启动和热态启动三种。循环流化床锅炉启动时需要使用外来热源均匀加热炉膛内的物料，为了保证锅炉金属材料和耐磨耐火材料的使用寿命，加热时需要遵循一定的升温速率。循环流化床锅炉启动床料在几吨到几十吨之间，因此只有先将这部分床料加热到投煤温度才能投煤燃烧。煤种特性、投煤方式、循环物料建立过程、燃烧器效率共同决定着启动油耗量。

与煤粉锅炉不同，循环流化床锅炉的点火过程既要将炉膛内的床料加热到一定温度，又要始终保持床料的充分流化，避免出现结焦、灭火等事故，唯有如此才能保证入炉燃料的稳定燃烧。循环流化床锅炉点火启动的主要任务是将床层温度提高并保持在煤燃烧所需的最低温度以上，以便投煤后稳定燃烧。启动过程属于非稳定运行阶段，涉及锅炉本体点火，升温、升压及带负荷运行，还涉及一系列辅机及辅助系统的投用，由于启动过程操作繁多，也是事故的易发阶段。如何实现安全、经济、快速启动一直是循环流化床锅炉的一项重要运行技术。

一、典型点火方式

1. 固定床点火

早期的鼓泡流化床锅炉和小型循环流化床锅炉采用固定床点火，即在床面静止状态下使用木柴、木炭等易燃物将床料点火加热至400~500℃时再逐步开启风机，待床料流化后再投入引子煤，利用引子煤燃烧继续对床料加热，在这个过程中逐渐增加一次风量，直至给煤机送入的煤能着火燃烧完成点火过程。

固定床点火过程中由于加热均匀性较差，使得床层温度在点火期间难以控制，容易局部超温。且随着锅炉容量的增加，此方式人员劳动强度过大，因此目前在循环流化床锅炉上已经很少使用。

2. 床上点火

床上点火采用床上启动燃烧器加热床料（如图13-1所示），床上启动燃烧器由床上油枪、伸缩机构、火焰检测器、燃烧配风装置组成。床上启动燃烧器一般布置于炉膛水冷壁上距布风板2~3m处向下倾斜，典型下倾角为25°~30°。床上启动燃烧器通常采用0号轻柴

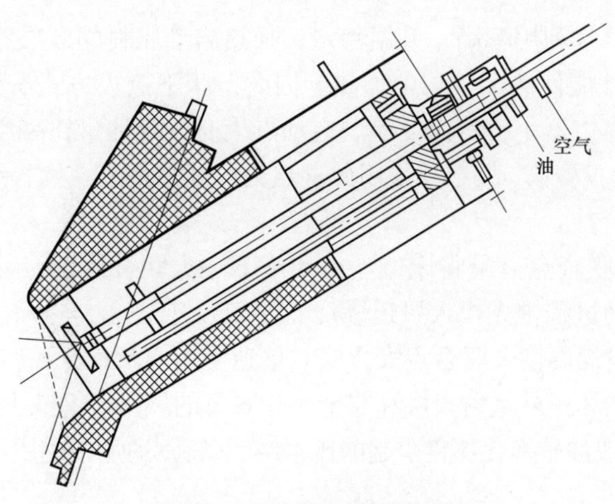

图 13-1　床上启动燃烧器结构图

油作为燃料。床上油枪一般采用蒸汽雾化油枪或机械雾化油枪，也有部分锅炉只配有床枪，床枪是容量较小的床上油枪，不带配风器，一般布置在布风板上 lm 处。

床上点火方式的主要优点是系统简单、设备和初投资少。但由于其位置距布风板有一定距离，加之炉内气流上升，相当一部分的热量被烟气带出炉膛，没有能够有效加热下部床料，因此热烟气的利用率不高，特别是油枪雾化不好时易造成床料结焦。大型循环流化床锅炉为了保证加热效果需要布置较多数量的床上启动燃烧器，因此该方式较适合褐煤及烟煤点火，用于贫煤、无烟煤点火时启动油耗明显偏高。

3. 床下点火

床下点火采用风道燃烧器生成的热烟气加热床料，风道燃烧器将燃油燃烧后产生的高温烟气与一定量的空气在风道内混合形成 700~900℃的热烟气，经风室穿过布风板，与启动床料混合并加热启动床料，使启动床料达到投煤温度。风道燃烧器位于一次风道至床下水冷风室之间，主要由油枪、高能点火器、火焰检测器、燃烧配风装置、预燃室和混合室等组成（如图 13-2 所示）。点火时风道燃烧器内空气被分成两股，一股与燃油在预燃室内燃烧形成点火风，另一股进入混合室与燃烧产生的热烟气混合作为混合风调节烟气温度。

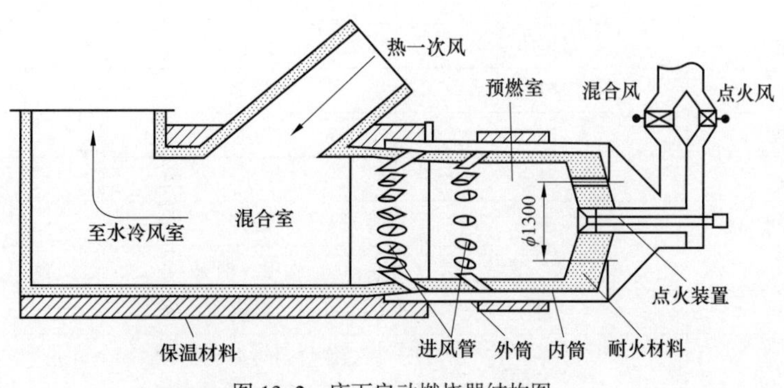

图 13-2　床下启动燃烧器结构图

床下点火方式热烟气利用率高、升温稳定，加热启动床料的效果好，加热速度也更快，布风板自有的阻力特性能使热烟气均匀加热。因此，床下点火方式所要求的风道燃烧器热负荷可以比床上启动燃烧器小，从而使锅炉启动点火时的耗油量比采用床上点火方式时低。但缺点是设备庞大、初投资高，故单独采用此种点火方式多用于点燃褐煤、烟煤等易燃煤种。

4. 联合点火

如图 13–3 所示，联合点火是将床上点火和床下点火联合使用，发挥它们各自的优点，弥补相互的不足。启动过程中先投入风道燃烧器使床温升至 400~500℃，再使用床上启动燃烧器将床温均匀升至投煤温度。联合点火方式与单独使用前两种方式相比，既降低了风道燃烧器热功率，以减少烧坏预燃室耐火层和非金属膨胀节的风险，又减少了床上启动燃烧器的数量，避免了加热不均或油枪雾化不良引起的床料结焦，特别适用于燃用贫煤及无烟煤的锅炉。

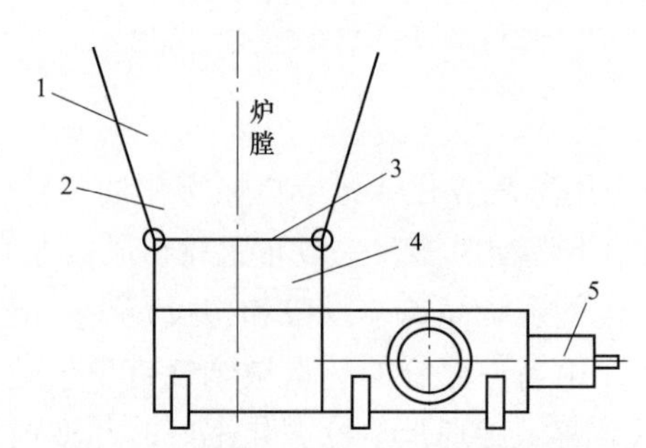

图 13–3　联合点火启动燃烧器布置示意图

1—床上启动燃烧器；2—床枪；3—布风板；4—水冷风室；5—风道燃烧器

5. 点火方式比较

除固定床点火外，床上点火、床下点火和联合点火均可用于大型循环流化床锅炉，表 13–1 列出了典型点火方式的比较。除了燃用褐煤、烟煤外，推荐采用联合点火，即以床下点火为主、以床上点火为辅。这种操作方式点火耗油量少，运行安全可靠，不易爆燃、结焦，对于各类煤种均有良好的适应性。燃用褐煤、烟煤的锅炉单独采用床下点火方式则有着明显的技术优势。

表 13–1　典型点火方式比较

点火方式	床上点火	床下点火	联合点火
初投资	低	较高	高
占地面积	小	大	大
加热均匀性	不均匀	较均匀	均匀
维护工作量	少	较多	多
运行操作难度	易	复杂	复杂
启动油耗量	大	小	小
锅炉启动时间	长	较短	短
适用煤种	褐煤、烟煤	褐煤、烟煤	烟煤、贫煤、无烟煤
安全性	高	较高	高
常见问题	爆燃、结焦	风道燃烧器烧损、非金属膨胀节损坏	风道燃烧器烧损、非金属膨胀节损坏

二、影响启动油耗的因素

1. 临界流化风量（速度）

循环流化床锅炉启动过程中应在保证物料流化状态的基础上减少过量的风进入风室，因为这部分风会将烟气的热量带走，保证物料处于临界流化状态下点火对节约燃油十分必要。流化良好的循环流化床锅炉点火启动期间的控制流化风量宜等于或小于临界流化风量，临界流化风量可通过启动前的冷态试验测得。

临界流化风量还可以表现为临界流化速度，临界流化速度是指使床层颗粒由静止转变为流化态时的最低气流速度，它是描述流化床的最基本参数之一。临界流化速度可以通过理论计算得到，在实际运行中应保证处于临界流化速度以上，防止床层流化不良引起结焦。对于宽筛分的物料，可以采用下式计算临界流化速度 u_{mf}：

$$u_{mf} = 0.294 \times \frac{d_p^{\ 0.584}}{\gamma_g^{\ 0.056}} \left(\frac{\rho_p - \rho_g}{\rho_g} \right)^{0.528} \tag{13-1}$$

式中　d_p——颗粒平均粒径，m；

γ_g——气体运动黏度，m^2/s；

ρ_p——固体颗粒的表观密度，kg/m^3；

ρ_g——气体的密度，kg/m^3。

由于循环流化床锅炉入炉煤为宽筛分，一些大颗粒不易流化，为了防止颗粒沉积，实际流化风量应大于临界流化风量，大多数情况下将实际流化速度控制在临界流化速度的 2~3 倍。

2. 床料粒度分布及料层厚度

床料是循环流化床锅炉主要的蓄热体和热载体，通常床料的粒径在 8mm 以下，且粒度分布应合理，床料颗粒过细或过粗均不利于启动。大颗粒过多，所需的流化风量大；小颗粒过多，启动初期可能会被大量带走，启动中后期由于物料损失较快，床层减薄会影响煤的正常燃烧。

表 13-2 计算了 900℃温度条件下某电厂不同床料粒径对临界流化速度的影响，从表 13-2 中可以看出在其他参数不变的情况下，粒径增加会引起对应的临界流化速度显著增加。当床料平均粒径从 0.2mm 增加到 2.0mm 时，临界流化速度从 0.36m/s 增加到 1.40m/s。

以图 13-4 和表 13-3 的某 135MW 循环流化床锅炉实测结果为例，以两种粗细不同底渣作为床料进行冷态流化试验时，大颗粒床料的临界流化风量约是小颗粒床料的 1.4 倍。

表 13-2　床料平均粒径对临界流化速度的影响

平均粒径（mm）	0.2	0.5	1.0	2.0
临界流化速度（m/s）	0.36	0.62	0.93	1.40

表 13-3　床料粒径对床料流化状态的影响

不同粒径床料的占比（mm）	0.5~1	1~5	5~8	8~10	>10
大颗粒床料 A（%）	4.3	37.4	27.8	10.2	20.3
小颗粒床料 B（%）	32.8	60.1	6.9	0.2	0

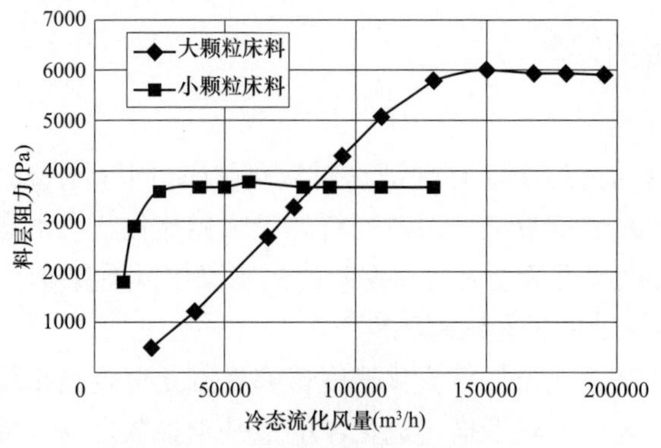

图 13-4 临界流化风量与粒径的关系

从图 13-5 可以看出料层厚度不影响临界流化风量但会影响启动时间，习惯上启动前的床料厚度高于实际运行值，以期同启动中消耗的床料相抵。但是床料过多后吸热量大，油枪加热床料时床温上升缓慢，投煤时煤量也相应增大，这会浪费部分燃料并延长启动时间；另外床料过少又会影响锅炉循环回路的运行，造成启动后期升负荷时间延长，部分极端情况下由于启动时间过长，床料大量逃逸后料层严重减薄，床温较难控制，容易出现床温突升和局部结焦。

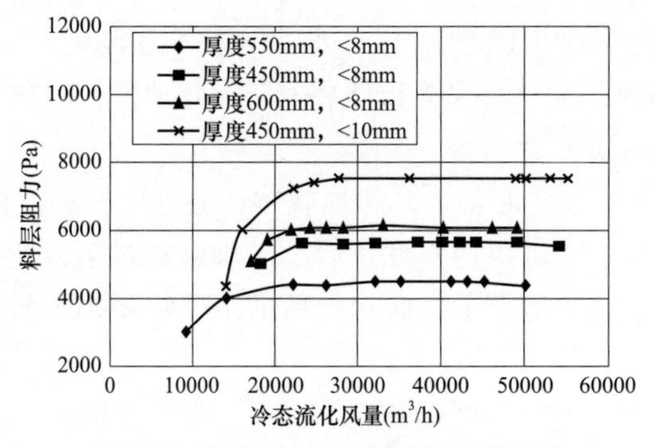

图 13-5 临界流化风量与料层厚度的关系

3. 投煤温度及稳燃温度

循环流化床锅炉冷态点火过程中燃煤投入时的床温与燃料特性密切相关。煤粒的着火温度主要与干燥无灰基挥发分有关，但也会受煤的灰分、粒度分布、炉膛结构等其他因素影响。投煤过早，加入的煤不但不能燃烧，还要冷却料层温度，炉膛内燃料积累过多，一旦达到着火温度将引起爆燃，温度难以控制甚至结焦；而投煤过晚，将增加点火时间和点火用油量。

应根据实际燃煤情况确定允许投煤床温。允许投煤床温一般可参考制造厂家要求，如果燃煤成分与制造厂家要求差异较大，应根据给煤的实际情况调整。当燃煤挥发分偏高时，可适当降低允许投煤温度；燃煤挥发分偏低时，可适当提高允许投煤温度。床温低于允许投煤温度时不应向炉内投煤，也可根据着火温度判别公式计算结果估算投煤温度 T_d。

$$T_d=654-1.9V_{daf}+0.43A_{ad}-4.5M_{ad} \quad (13-2)$$

式中　V_{daf}——入炉煤的干燥无灰基挥发分，%；

A_{ad}、M_{ad}——入炉煤的空干基灰分、水分，%。

图 13-6 给出了锅炉投煤温度随燃煤挥发分的变化曲线。图中上部曲线是国外引进技术的推荐值，下部为国内某锅炉厂对几台已投运循环流化床锅炉的实测值。可以看出，两条曲线趋势一致，但具体数值有一定差距。国外将投煤温度定得较高，以确保有足够的点火能量支持，投入给煤机后就能连续给煤运行，这样的操作简单、安全，但点火油耗较大。国内将投煤温度定得较低，通过数次间断给煤不断升高床温，然后再转入连续给煤，这种点火方式不仅可减少点火设备的容量，而且还可减少点火用油，经济性好；缺点是运行操作难度较高，控制不好容易出现爆燃和结焦。从表 13-4 所示 300MW 机组启动油耗来看，脉动给煤的节油效果非常明显。

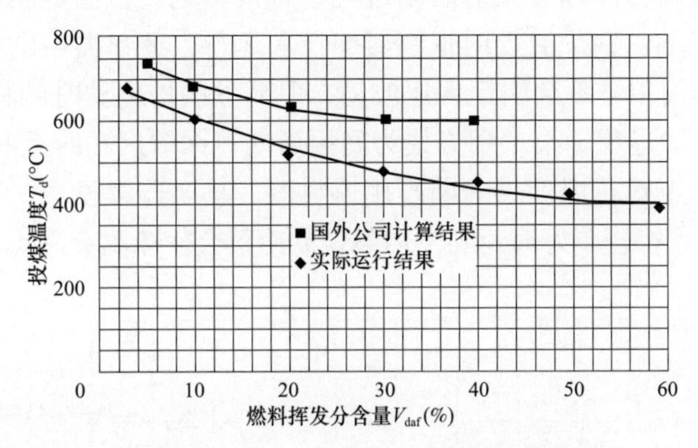

图 13-6　循环流化床锅炉的投煤温度比较

表 13-4　　300MW 机组投煤温度及投煤方式对点火油耗的影响

电厂	投煤方式	投煤温度（℃）	点火用油（t）
A 电厂	恒定给煤	490	46.5
B 电厂	恒定给煤	420	31.1
C 电厂	高温脉动给煤	407	18.3
	低温脉动给煤	385	16.0

图 13-7 给出了华能清能院热功率 1MW 循环流化床燃烧试验台的试验结果，可以用来判断点火投煤床温与燃料干燥无灰基挥发分的关系，由于该数据是基于国内 20 个煤种的试烧测试值，能够较为准确地反映实际情况，具有较好的指导作用。

稳燃温度对于何时撤除油枪有重要意义。一般运行条件下，当床温达到燃煤稳定着火温度后，可适当延长间断给煤时间。当达到循环物料中碳的燃烧温度后，应减小燃油量，加大风量，根据实际的氧量变化增减煤量。冷态点火时，通常锅炉负荷稳定后才能完全撤除油枪，对于热态点火，在燃煤达到最低稳燃温度后就可考虑撤除油枪。

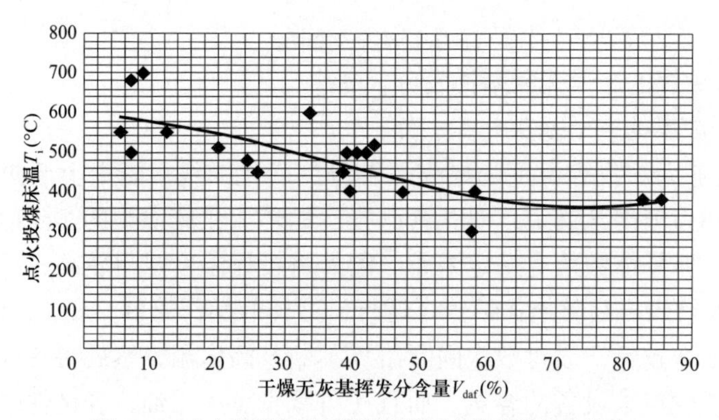

图 13-7　点火投煤床温与燃煤干燥无灰基挥发分的关系

4. 返料器投用方式

返料器投入运行的时间和方式对启动过程有直接影响。目前返料器有两种投用方式。第一种方式为直接启动：锅炉启动时返料器即投入运行，返料器内的物料处于流化状态。其特点是返料器操作简单，不会引起床压波动，但部分锅炉启动时床料损失大，需要补充大量的床料，影响启动进程。第二种方式为间接启动：锅炉启动时返料器不投入运行；当燃煤投入后，床温升至运行温度再间断投用返料器，直至连续投用。特点是升温速率高，但对操作控制要求高，操作不好时返料器内累积的冷料会使床温突降（如图 13-8 所示）。

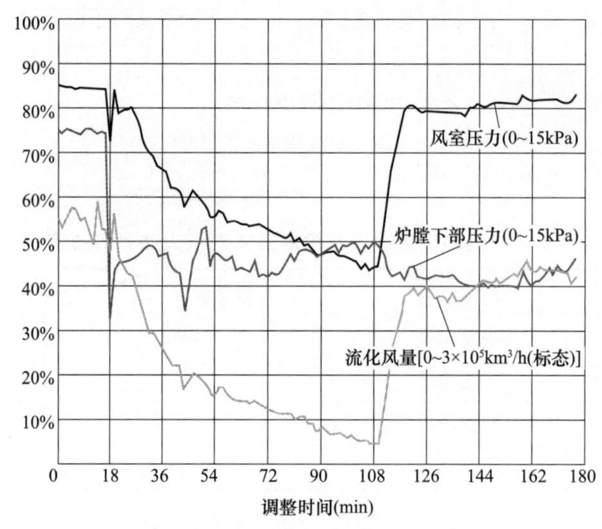

图 13-8　返料器物料的积蓄与释放

每次启动前应对返料器进行检查，保证返料器内无异物，耐磨、耐火材料无脱落和垮塌，风帽小孔畅通，风室密封良好。返料器在正常情况下可以自动调节返料量，返料均匀平稳。但如果返料器物料过多，会造成返料系统堵塞或大量物料短时间返回炉膛，床料突然增加将使料层流化变差，造成床温、床压剧烈波动引起锅炉塌床甚至结焦停炉。

推荐点火初期采用间接启动方式，在锅炉投煤之前的床温提升阶段再启动返料系统，使其中积蓄的床料返回炉膛，随床温一起提升。这样在燃煤投入时，炉膛内既保持了合适的床料高度，避免因床料不足增加点火时间，又可以避免因返料系统启动晚，冷料返送影响床温，实现机组的平稳启动。

5. 油枪燃烧特性

油枪燃烧特性，特别是燃烧效率对启动油耗也有影响。采用蒸汽雾化油枪或机械雾化油枪通常燃烧效率较低，启动过程中影响投用除尘器，烟囱也会有可见的黑烟。此外传统油枪为了提高风道燃烧器的安全性，对风道燃烧器出力、最低雾化压力和燃油配风有严格要求，运行期间必须遵守。此外燃油压力应严格控制在油枪最低雾化压力之上，防止积碳烧损燃烧器。

6. 耐磨耐火材料特性

循环流化床锅炉炉内物料浓度高，正常运行时新加入燃料所占比例很低，煤进入炉膛后被高温物料加热至着火燃烧，短时间的给煤中断不会影响炉膛升温，也不会造成灭火等事故，燃烧稳定性和安全性较高。炉膛、分离器、返料器等多个部位使用的耐磨耐火材料导热率较小，抗拉强度、抗振性、抗热应力能力低，膨胀系数与金属受热面存在较大差异，升温速度过快更易使其开裂、脱落，最后整体损坏，因此必须控制升温速度。

7. 金属壁温

除超临界机组外，大多数循环流化床锅炉是自然循环锅筒炉，锅筒壁上、下金属温差和升温速度是影响锅炉启动的重要因素。在启动过程中如果采用较快的升压速度，会使金属承压部件壁面材料承受的机械应力发生很大变化；同时在较快的升温过程中，使部件内、外壁面产生较大的温度差异，导致金属材料产生明显的热应力。频繁的交变机械应力和热应力将使金属材料产生疲劳损伤，严重时将导致裂纹或断裂破坏，缩短锅炉金属承压部件使用寿命。

《电力工业锅炉压力容器监察规程》（DL / T 612）要求控制锅筒上、下壁温差不超过40℃。《135MW 级循环流化床锅炉运行导则》（DL / T 1034）要求控制锅炉锅筒上、下壁温差不超过制造厂家的规定值，且锅筒内饱和温度上升速度不应超过 1.5℃ /min。《300MW 循环流化床运行导则》（DL / T 1326）要求上水温度与锅筒下壁温差应符合制造厂家规定，典型值应不大于 40℃。

三、启动过程分析

1. 设备概况

以某电厂 440t/h 循环流化床锅炉为例对启动过程进行分析，该锅炉燃用贫煤，采用床下启动燃烧器和床上启动燃烧器联合点火，4 台床下启动燃烧器油枪出力为 1500kg/h，4 台床上启动燃烧器布置于中层二次风口，油枪出力为 950kg/h，均为回油式机械雾化油枪。

进油主管路布置三个压力开关（压力高、低报警，压力低跳闸）、快速启动阀、蓄能器和调节阀。压力高、低报警值分别为大于 3.6MPa，小于 2.4MPa，低跳闸值为 2.1MPa，调节阀主要用于调节油压，使油压稳定在 3.0MPa，蓄能器是为了缓冲油压波动对燃烧的影响。回油管路中布置快速启动阀和调节阀，调节阀主要用于调节回油量，床上 4 支油枪共用一条回油调节回路，床下 4 支共用一条。油枪的总热负荷约占锅炉总热负荷的三分之一，床上 4 支油枪热负荷占 20%，床下 4 支占 12%。

床下启动燃烧器的配风分为二股：第一股为燃烧风（也称“点火风”），经点火风口和稳燃器进入风道，用来满足油燃烧需要；第二股为混合风，经预燃室内、外筒之间进入风道，将油燃烧产生的高温烟气降低到启动所需温度，同时这股风对燃烧器筒壁起冷却作用，这两股风均为一次风机出口的冷风。锅炉正常运行时的主一次风取自空气预热器出口热风，在油枪投运时挡板处于关闭状态。

2. 床下启动燃烧器点火

首次启动床下燃烧器时，油枪的雾化片选用 300kg/h，通过调整点火枪与油枪相对位置确保点火成功。启动时一次风量在不低于临界流化风量的情况下，油枪以最低的燃烧功率投用。

点火时启动燃烧器的配风为主一次风全关、混合风全开，总一次风量为临界流化风量。若点火时通过稳燃器的风量过大,油枪不易点燃,应控制瞬时燃烧风(点火风)量。典型值中，单支出力为 600kg/h 的油枪，瞬时燃烧风（点火风）风量控制值为 1500~2000N/m^3；800kg/h 油枪点火时，瞬时燃烧风（点火风）风量控制值为 2500~3000m^3/h（标态）；950kg/h 油枪点火时，瞬时燃烧风（点火风）风量建议值为 3500~4500m^3/h（标态）。

油枪点燃后，可迅速增大燃烧风的风量，使燃烧风风量与燃油量相匹配（α=1.2），此时应全开混合风门。约 30min 后，以同样的方法点燃另一支启动油枪，按升温、升压曲线提高床下启动燃烧器的燃烧功率。当床温温升不足时，油枪更换为 600kg/h 出力的雾化片，以油枪最小的燃烧功率投用，控制温升速率维持入炉的总一次风量不变。当床温温升再次不足时，以同样的方法更换 950kg/h 雾化片。控制点火风道温度在 800~850℃之间。应注意的是，任何情况下床下点火风道温度均应不大于 900℃。只要其中一个测点温度大于 900℃，应立即增加风量或适当降低油枪出力，若温度仍然不下降，应停枪检查消除故障。

3. 床上启动燃烧器点火

床下启动燃烧器已达到满出力床温上升仍较缓慢时，可投入床上启动燃烧器。以最小的燃烧功率投入 1 支床上启动燃烧器，点火时燃烧器瞬时风量建议 3000~4000m^3/h（标态），着火后应增加风量，使风量与燃油量相匹配（α=1.1）。以同样的方法，按升温速率的要求，以对角的方式投入剩余 3 支床上启动燃烧器，以保证床面温度均匀。同时提高 4 支床上启动燃烧器的燃烧功率，使床温达到允许投煤温度。

4. 投煤

当床温达到投煤温度后，手动启动第一台给煤机，以 15% 的给煤量“脉动”给煤，即给煤 90s 后停止给煤，约 3min 后观察床温变化，如床温有所增加同时氧量有所减小，说明煤已开始燃烧。再以“90s 给煤，停 90s”的脉动形式给煤 3 次，如床温继续以 4~6℃ /min 的速率增加，氧量持续减小，则可以连续给煤。依据升温升压曲线，以较小的给煤量再投入 1 台给煤机，最后投入另外两台给煤机，以使燃料在床面均匀播散。增加给煤量，当床温达到 650℃以上且持续升高时，可切除油燃烧器。

5. 启动燃烧器停用

停用油枪的过程中应维持一次风总量不变，逐渐减小床下 4 支油枪的出力，使其达到最小的燃烧功率。在减小油枪出力的同时，逐渐增加给煤量，此时的床温应逐渐提高。若燃用设计煤种，停用床下油枪后，增加给煤量 3~4t/h。风道燃烧器停运过程要保证床内物料流化，油枪出力连续平缓下降，风道燃烧器内温度变化率还应满足耐磨耐火材料温度变化要求。

床下油枪切除后，逐渐打开热一次风挡板，关小混合风和燃烧风。由于燃烧器内仍存在较大的蓄热量，所以混合风和燃烧风仍需投运一段时间。床下油枪切除后，床温平稳上升，此时逐渐减小床上4支油枪的出力，直到最小燃烧功率，然后逐一切除，燃煤量应逐渐增加。以先加风、后加煤的原则控制床温在850℃左右提升负荷。通过冷渣机的运行或添加床料的手段维持床压，监视床温、主汽温度、主汽压力、再热汽温度和再热汽压力。

6. 其他注意事项

煤的着火燃烧过程主要在密相区进行，密相区下部温度既是决定这一过程能否进行的重要因素，也是过程进行到何种程度的真实反映。点火油枪之上或附近的温度测点由于受油枪热量的影响往往具有较大的“欺骗性”。床下启动油枪在额定燃烧功率运行时，水冷风室温度为700~800℃，若停用床下油枪，由于风温的降低，布风板阻力减小，总的一次风量会增加，若一次风量控制不当会影响床温，使炉内燃烧不稳。

图13-9给出了135MW循环流化床锅炉典型启动曲线，锅炉升温过程中应对升温速率进行限制，限制升温速率的目的是保证耐磨、耐火材料的热冲击在可承受的范围内。启动过程中应密切注意锅筒压力的变化，当压力达到0.1~0.2MPa时，关闭锅筒连接管排汽阀和过热器排汽阀，打开旁路阀。升温、升压过程中，要注意检查各部件的膨胀情况。当主汽压力、主汽温度达到汽轮机冲转参数时，保持汽温、汽压稳定，准备汽轮机冲转。

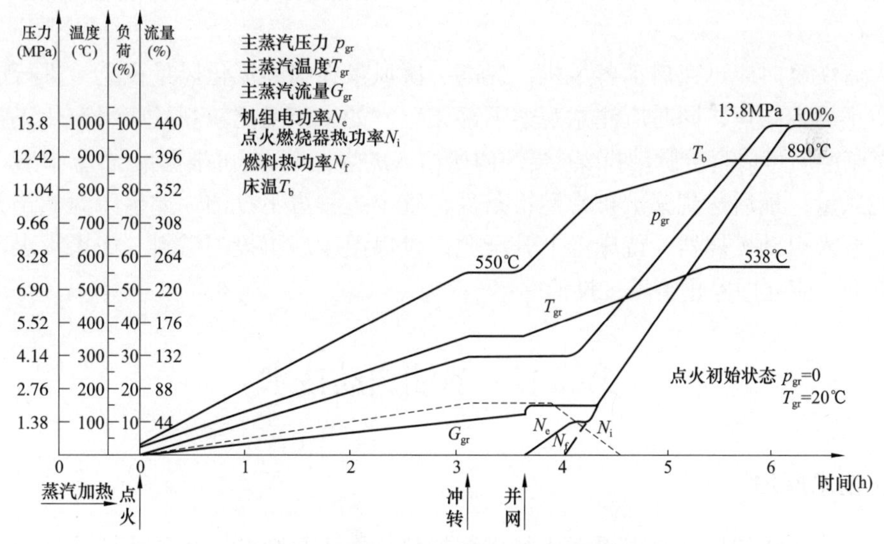

图13-9　135MW循环流化床锅炉典型启动曲线

四、压火操作

压火是循环流化床锅炉因电网调峰需要或生产上处理缺陷而采取的一种特殊操作方式。压火时锅炉完全中断给煤，待挥发分和残炭燃尽后迅速停运各风机并关闭各风门挡板，依靠锅炉床料的蓄热量来维持参数，汽轮发电机则可根据实际情况或解列或继续运行。压火分为短期和长期两种，短期压火时间为4~6h，床温可以维持在700℃以上，由于床料蓄热量大，无需投入启动燃烧器便可直接投煤点火，升温、升压启动；长期压火时间在6h以上，床温一般为600~700℃，启动时床温较低，部分煤种需投入启动燃烧器助燃升温。

压火前应保持高床温和高床压运行，这对于热态启动能否成功至关重要。循环流化床锅炉热量积蓄源是床料，炉内床料越多床温越高，蓄热量越大，则压火时间越长，对锅炉启动越有利。压火时床压一般应维持在8~10kPa，下部床温在800℃以上。在不影响机组安全的前提下，压火前减负荷要迅速，尽可能减少炉内热量损失。根据负荷下降情况，适当减少给煤量、二次风量和一次风量，当负荷降至40%~50%时再停用二次风机。

当床温降至850℃左右，一次风量减至稍高于临界流化风量时，停止给煤机运行。停止给煤后应严密监视炉膛出口氧量变化，一旦氧量开始迅速上升至规定数值后（该值通过试验确定），说明床料内可燃物的挥发分和可燃碳已经燃烧干净，此时应迅速停止各风机。如果等待氧量表涨至最大才进行压火操作，虽然安全可靠，但会浪费炉内热量。

停炉后应保持正常锅筒水位，并对锅炉本体进行全面检查，确认所有风门、挡板、看火孔、放渣门等关闭严密，减少锅炉热量散失。压火后应严防向炉膛内漏风，避免空气进入炉膛造成炉温下降或残碳继续燃烧而结焦，增加再次启动时间。

如果是机组临时消缺，锅炉压火后发电机可以不与系统解列，只需要将机组负荷减至2MW甚至更低，依靠炉内床料的极大蓄热量来维持汽轮发电机继续运行，此时应注意监视机组汽温、汽压等参数，保持蒸汽满足规程要求的过热度。消缺时间可根据机组参数决定，一般控制在2~4h。

压火后恢复时应迅速启动各风机，提高一次风量在临界流化风量以上，进行床料强制流化，防止炉内结焦，同时应注意观察下部床温。如果床温比较高且床料流化正常，达到允许投煤床温后可以直接脉动投煤。当炉内所给入的煤已着火，可根据情况适当增加给煤量，保证燃烧风量，最后达到锅炉正常运行条件，整个过程可不投油。如果床温低于允许投煤床温，应投入启动燃烧器，待床温上升至允许投煤温度后再投用燃料。如果投煤不着且床温快速下降，应立即停止给煤，投油助燃。

第二节　节油启动技术

一、技术原理

循环流化床锅炉启动时需要对床料进行加热，由于物料在一次风作用下已经流化，只要把床料加热到煤的着火温度，投煤后便可持续稳定燃烧。虽然从冷态到满负荷运行的时间较长，但实际需要投油的时间只是从冷态到投煤的这一段，即便处于压火状态，只要床温高于煤的着火温度无需投油即可点火。因此，降低启动用油的关键是从冷态到投煤的时间段内减少燃油消耗。

控制流化风量是启动节油的关键因素，每次启动前应通过冷态试验确定临界流化风量，该风量所对应的点就是临界流化点。根据流态化理论，临界流化点可由床层压降和气体表观速度之间的关系曲线求得（如图 13–10 所示），该曲线表明了床层压降随气体表观速度的变化趋势，其中，u_{bf} 为起始流态化速度；u_{mf} 为临界流化速度；u_{tf} 为完全流化速度。正常运行时流化风速必须要大于最低允许流化风速 u_{m}，根据冷态试验结果，$u_{m} \approx$（1.5~2.0）u_{mf}。

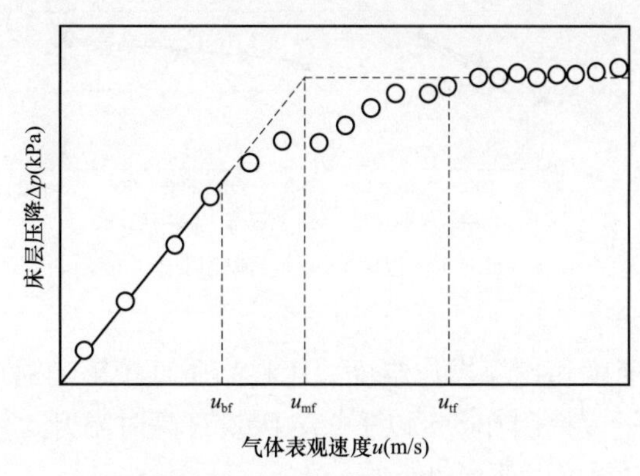

图 13–10　风量与床层压降的关系

点火启动的最佳流化风量应使流化风刚好能够穿透料层并实现料层“微流化”状态。“微流化”状态时的风量如果折算至标态，小于标态下的临界流化风量，这是由于烟气温度升高后体积膨胀，实际烟气量高于标态烟气量所致。

二、控制方式

1. 流化风量

“微流化”点火过程可以使整个料层快速均匀加热。过小的流化风速若不能使床层达到所需的流化状态则无法点火。当然，流化风速过大对点火也不利。首先，在“微流化”点火过程中，流化空气带走的热量占油枪总热功率的相当部分，高的流化风速无疑将会造成较大的热量损失；另外，投煤后过高的流化风速也不利于较易着火的细粒燃料蓄积于料层中，抑制了料层温度的提高，延长了点火时间。所以点火风速的选择原则应是：床层的流化程度满足均匀加热料层所需，纵向和横向混合良好，否则局部温度过高会引起低温结焦，在此前提下风速越小越好。一般点火风速为临界流化风速的 0.8~1.5 倍，对于流化良好的循环流化床锅炉可以取下限。

点火启动时，由于烟气温度升高后体积膨胀，“微流化”状态的风量高于标态风量。以某 135MW 循环流化床锅炉为例，锅炉布风板面积为 48.5m^2，床料平均粒径为 1.1mm，冷态下实测临界流化风量为 98000m^3/h（标态）。如图 13–11 所示，烟气温度在 400℃时，实际烟气量为 242000m^3/h（标态），实际流化风速是计算值的 1.7 倍；烟气温度在 800℃时，实际烟气量为 385000m^3/h（标态），实际流化风速是计算值的 2.2 倍。流化风温度对临界流化风速有影响，温度的增加会引起临界流化风速的增长，但实际流化风量的增加量更大，扣除温度升高造成的临界流化风速变化，实际风量仍能保证床层没有结焦的危险。

2. 床料与料层厚度

床料量的多少在一定程度上决定了循环流化床锅炉的热惯性，在点火启动过程中也会

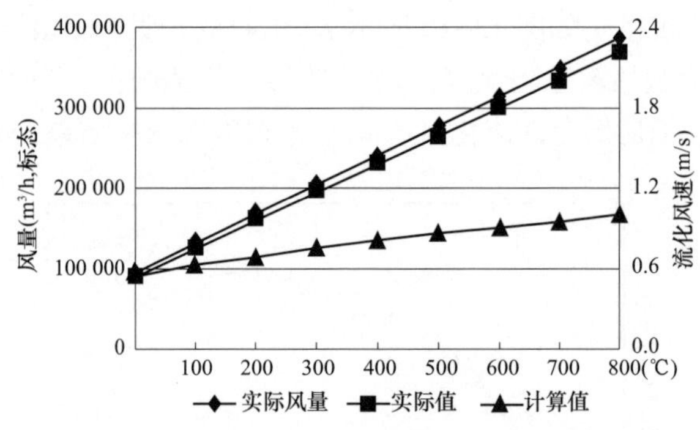

图 13-11　不同温度下风量与流化风速的关系

直接影响到床层的升温速度和投煤操作难度。床料品质直接影响锅炉点火的成功率和燃烧稳定性。床料中的含碳量应控制在 5% 以下，含碳量过高时温升过快，难以控制，引起爆燃结焦。如果床料粒径过粗可以适当进行筛分。

大多数循环流化床锅炉静止料层厚度控制在 600~800mm 最佳，这样既可避免出现上述问题，又可防止床料因启动时间延长而被吹空，还可以保证机组运行正常后锅炉能通过床料的置换和蓄养在较短的时间内带满负荷。

3. 投煤温度

燃煤的着火温度主要与干燥无灰基挥发分大小有关，根据煤种特性及试烧试验结果可以得到准确的投煤温度，有条件的可以采用一些挥发分高的引燃煤。循环流化床锅炉煤种适应性强，主要指设计阶段几乎对所有煤种都能设计出与之相适应的锅炉，但锅炉一旦成型，它对煤种还是具备一定的选择性。启动阶段如果煤质太差，不仅影响煤的着火，还会加重冷渣机的负担。粒径方面也应尽可能满足要求，循环流化床锅炉点火启动优化建立在合格入炉煤品质基础上，如果入炉煤中大块过多，一方面可能造成冷渣机堵塞，另一方面容易造成渐进性结焦。为了使燃料在床面播散均匀,建议优先投用中间部分的给煤机。此外，给煤机的开度应遵循从小到大的原则，并注意可能出现的由于燃料大量燃烧而导致的床温飞升。

初期投煤后应密切注意观察床温、氧量变化情况，缓慢增加给煤量，及时调整一、二次风量及二次风门开度,防止燃烧不稳引起床温、烟温、汽温急剧变化,同时监视返料器压力、温度，防止受热面超温，床面结焦，返料不畅，耐磨耐火材料脱落等异常情况。投煤过程中如果发现个别床温点偏低，说明该床温点附近可能存在流化不良，此时要立即停止给煤，将流化风量瞬间加大，使床料再流化，以消除低温结焦的危险。投煤过程中要根据床压适当增加排渣次数，改善床层流化质量。

4. 油枪出力

大多数循环流化床锅炉床下燃烧器使用的油枪出力偏大，实际点火过程中，出于对点火风道耐火材料和布风板、风帽安全的考虑，要求水冷风室内温度小于 900℃，点火风道烟温小于 950℃，如果采用大出力的油枪，存在点火风道冷却风量不足、增加一次风压后非金属膨胀节损坏的风险，需要降低床下油枪的出力。部分循环流化床锅炉将床下油枪出力降为 400~800kg/h，此时点火风道烟温基本能够维持在 900~950℃，可以满足安全需要。

5. 温度监控

启动过程中所有的调节操作都依赖对炉内温度的准确判断，特别是给煤时机与给煤量的控制、油枪停用等。因此，反映煤着火环境真实情况的床温测点数据对于运行人员操作判断至关重要。使用床上油枪点火的循环流化床锅炉，由于受到油枪火焰中心的影响，炉膛四周各处测点温度偏差较大，而位于流化料层且远离火焰中心的测点最能真实反映料层的温度状况。使用床下油枪点火的循环流化床锅炉，一般采用中、下层温度测量值的平均值或有代表性的床温点测量值来判断是否达到允许投煤温度。

6. 返料器使用

返料器投入时机不宜过迟，宜在锅炉投煤之前投入，这样可避免大量冷料堆积造成返料系统堵塞以及大量冷料突然入炉造成床温剧烈波动。返料器投入后应能迅速正常工作，尽量避免返料器空床运行或减少空床运行时间，否则返料器气流短路会降低分离器效率，也可能造成锅炉启动过程中床料吹空。

如果床料细颗粒成分较多或返料器中已有一部分循环物料储备，能快速建立正常返料循环，返料器可以空床启动或随主要风机一并启动。但大多数情况下，可在完成炉膛吹扫后关掉返料系统流化风，等到进入锅炉投煤之前的床温提升阶段再启动返料系统，使其中积蓄的床料返回炉膛，随床温一同升高。

三、135MW 锅炉节油启动分析

1. 设备概况

某厂使用 DG460/13.73- Ⅱ 3 型循环流化床锅炉，设计煤种和校核煤种见表 13-5，锅炉主要由炉膛、汽冷旋风分离器、自平衡返料器和尾部对流烟道组成，炉膛受热面采用膜式水冷壁，布风采用水冷布风板。启动用油为 0 号柴油，采用床下点火，没有配备床上点火设备，配有两支点火枪和高能点火器，两台机械雾化式油枪，每支出力为 5.5t/h。床下点火风道布置在左、右两侧，在主风道上部开有 4 个风口通向风室，然后通过 2743 个 7 形风帽将一次风送入炉膛。从点火启动到投煤停油需要 8h 左右，故每次冷态启动油耗高达 30t。

表 13-5　　煤质设计和校核参数

名称	符号	单位	设计煤种	校核煤种
收到基碳	C_{ar}	%	54.46	49.41
收到基氢	H_{ar}	%	3.32	2.99
吸到基氧	O_{ar}	%	6.25	7.83
收到基氮	N_{ar}	%	1.05	0.63
收到基全硫	$S_{t,ar}$	%	0.8	0.94
收到基全水分	M_t	%	6.02	6.01
空气干燥基水分	M_{ad}	%	0.95	0.97
干燥无灰基挥发分	V_{daf}	%	24.63	14.3
收到基灰分	A_{ar}	%	28.1	32.2
收到基低位发热量	$Q_{net,ar}$	kJ/kg	21136	18926

注　入炉煤最大粒径 d_{max}=13mm，中位粒径 d_{50}=1.8mm。

锅炉燃烧系统一次风分两路进入炉膛，第一路经空气预热器加热后的热风通过床下点火风道进入炉膛底部水冷风室，再通过布置在布风板上的风帽进入炉膛使床料流化并提供煤燃烧所需的氧量；第二路经两台播煤增压风机提供炉前气力播煤系统用风。二次风分两路，第一路经空气预热器加热后的二次风直接进入锅炉上部的二次风箱，然后在前、后墙分上、下两层进入炉膛实现分段燃烧；第二路未经预热的冷风作为给煤机的密封风。冷渣器风机为单独系统，向风水联合冷渣器提供流化风，返料器采用高压流化风机两运一备方式配备。

2. 节油潜力分析

该厂原设计油枪出力过大，导致锅炉启动初期耗油量高，升降床温速度难以控制。由于点火风道内温度测点设计不合理，不能真正反映油着火时的最高温度，点火风道超温时最高温度一度达到 1200℃，火焰从耐火浇注料膨胀缝中窜入保温浇注料内，使保温浇注料烧损、销钉碳化，严重时烧坏点火风道需停炉抢修。

此外，原油枪伸入点火风道内的角度不佳，点火风道没有设计看火孔，无法观察油枪雾化及燃烧情况。油压控制不稳定造成油枪雾化不良，燃烧时风油配比不当，油燃烧不完全。运行方面，启动参数控制也不合理，流化风量大、床料过厚，床温升速慢，大量细床料被风带走后炉内物料粒度分布失调，后期需持续补充床料，造成床温下降。

3. 设备改造措施

针对原油枪角度问题进行了改造，以保证油枪雾化角度在点火风道的正中心，防止造成雾化及燃烧不良，在每次点火前均进行油枪雾化及点火枪试验，合格后再进行点火启动。

在油枪处增加了看火孔，点火初期用来观察油嘴雾化及油燃烧情况，在点火风道火焰中心处每个风道的两侧增加测温点，以防点火风道超温或火焰偏斜，发生异常时及早处理。调节油枪出力，由原来的 5.5t/h 改为 1.0t/h 和 1.2t/h。此外，将一次风道与点火风道处的非金属膨胀节更换为金属膨胀节，防止风道超温可能引起的损坏。

4. 运行管理措施

加强对运行人员的培训，明确锅炉启动的操作方法以及各种技术要求，做好相应的事故预想。每次停炉时做好布风板阻力试验、临界流化风量试验和流化特性试验，确认最小流化风量供点火启动时使用。原煤斗内存入挥发分及发热量较高的煤种 50~100t 供启动使用。启停炉时按照规定升降温度，防止耐磨耐火材料开裂和脱落。对于更换过的耐磨耐火材料，必须严格按照工艺要求进行施工，确保性能达到设计要求。

5. 其他技术要求

加强启动前的各项准备工作，使筛选后的床料粒度分布为 0~7mm，其中 1mm 以下占 50% 以上，底渣可燃物含量不大于 5%，床层厚度为 700mm。启动前先将除氧器水温加热到 70~90℃，加强锅炉换水，然后再用邻炉加热系统进行加热，使炉内水温升高，炉膛温度也相应的升高，从而达到缩短启动时间的目的。

启动前向返料器加入停炉时排出的循环物料，使锅炉返料系统能够尽快建立循环，及时监视返料情况，如返料不正常，应查明原因处理完毕后再继续升温。在冷态启动时，点火增压风机的入口风门开度为 20%，一次风与点火风道处的风门可先不开启，避免风量过大，点火不着。当投入的两支油枪都着火后，逐渐开启点火风机入口挡板门，根据油燃烧情况进行调节。启动中还要监视点火风道的温度，不允许其超过 1200℃。点火初期保持床面轻微鼓泡状态，床温300℃以内时由于炉内温度不高，在锅筒壁温差允许时升温速度可控制在3~5℃ /min；当床温升至300℃时，降低升温速度为1~1.5℃ /min；当床温升至500℃时进行脉动给煤，随着给煤量的增加，一次风量增加的速度要大于给煤量，防止炉内结焦。

6. 实施效果

针对锅炉冷态启动耗油偏高的问题，进行了分析、总结，通过摸索研究和技术改造，后期冷态启动用油量可以控制在8t左右。

四、200MW锅炉节油启动研究

1. 设备概况

某厂SG-690/13.6-M451循环流化床锅炉使用床上启动点火方式，共安装油枪6支，炉右墙布置A、B油枪，炉左墙布置C、D油枪，炉后墙布置E、F油枪，通过更换旋流雾化片可调节每支油枪出力为1~3t/h，合计最大出力为18t/h。锅炉点火用油为0号轻柴油，采用中心回油，炉前燃油压力为2.0MPa，燃油系统以压缩空气作为吹扫介质，吹扫压力为0.6~0.7MPa，燃油系统图如图13-12所示。运行表明，该锅炉冷态启动用油一般为45t左右，高于同容量机组平均水平。

2. 油枪投用方式优化

循环流化床锅炉点火后所产生高温烟气全部经过床料进入炉膛，使床料达到临界流化状态，因此通过计算可以得到燃烧装置的出力数据，相关设计计算如表13-6和表13-7所示。

表13-6　　煤质设计参数

名称	符号	单位	数据
收到基碳	C_{ar}	%	85.71
收到基氢	H_{ar}	%	12.28
收到基氧	O_{ar}	%	0.84
收到基氮	N_{ar}	%	0.50
收到基硫	S_{ar}	%	0.20
收到基灰分	A_{ar}	%	0.03
收到基水分	M_{ar}	%	0.44
干燥无灰基挥发分	V_{daf}	%	41.08
收到基低位发热量	$Q_{net,ar}$	kJ/kg	39776

根据之前的计算可以看出，点火启动阶段最低要求的燃烧用油量为7.147t/h，考虑工程上需要留有一定余量，床上油枪总出力可以选择8t/h。需要注意的是，在总出力确定的前提下，还应根据实际情况选择雾化片规格，此外，不同位置油枪出力可以互有差异。该厂循环流化床锅炉床面宽度大，如果6支床上油枪出力一致，床温变化率较难控制，耐火材料温升太快容易导致损坏。如果总油量为8t/h，可以将侧墙4支油枪出力改为1t/h，后墙2支油枪出力改为1.5t/h，如果投入油枪时温升较高，可以通过增大一次风量来实现温升率不大于3℃ / min的要求，油枪出力可以通过雾化片控制，通过油枪雾化试验可以验证雾化片在不同压

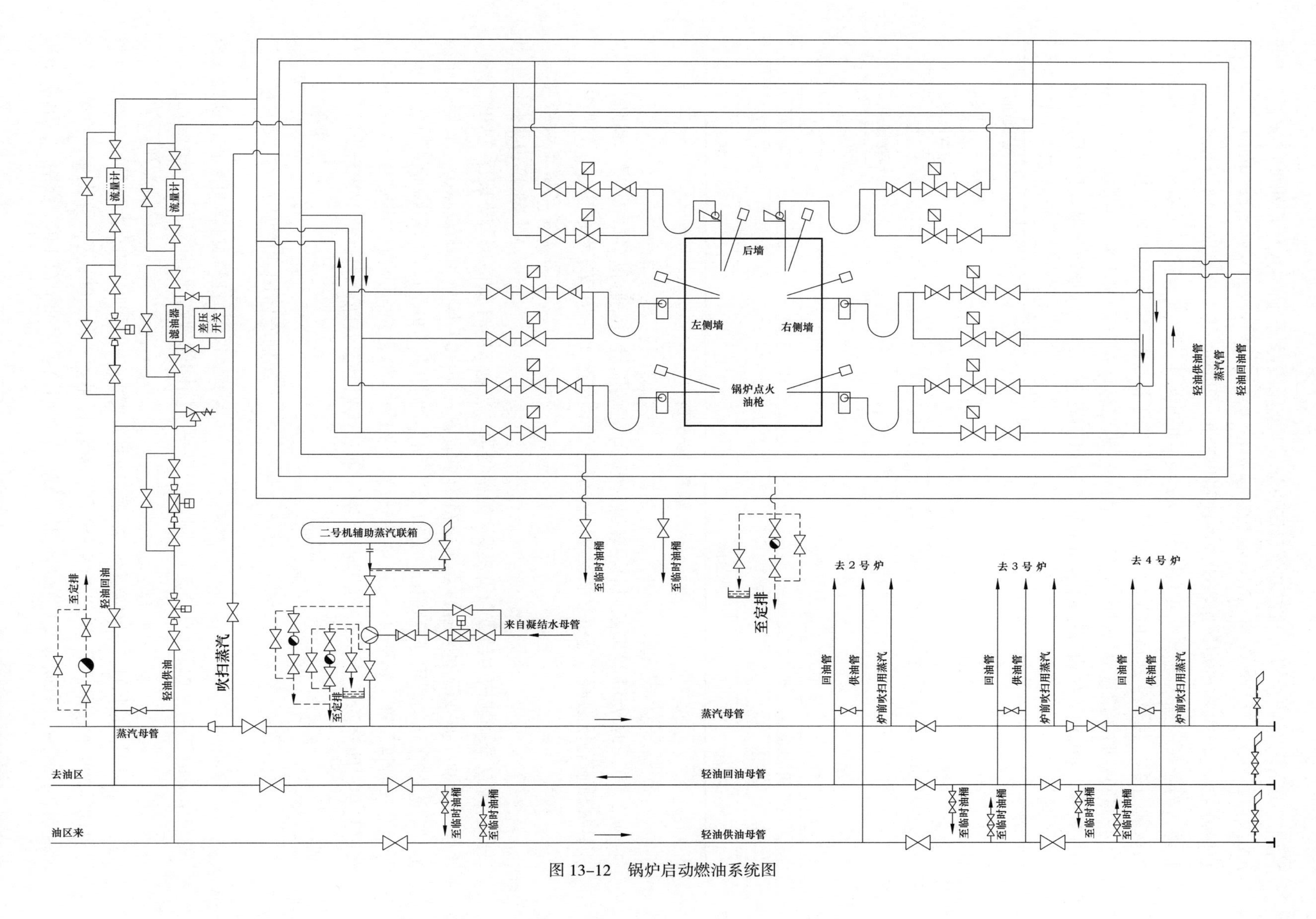

图 13-12 锅炉启动燃油系统图

表 13–7　　启动燃油量的设计计算

名称	符号	单位	计算方法	计算结果
20℃空气焓	I_{lk}	kJ/kg	查焓温表	290
绝热燃烧后烟气焓	I_s	kJ/kg	$Q_{net,ar}+I_{lk}$	40066
绝热燃烧后烟气温度	$T_y^{'}$	℃	查焓温表	2081
混合后的烟气温度	T_y	℃	查焓温表	1100
烟气焓	I_y	kJ/kg	查焓温表	20356
空气焓	I_k	kg/m^3（标态）	查焓温表	1564
冷却风量	V_{lq}	m^3/kg（标态）	$(I_s-I_y)/(I_k-I_{lk})$	12.82
理论空气量	V^0	m^3/kg（标态）	煤质计算	10.97
过量空气系数	α	—	选取	1.1
燃烧所需风量	V_{rs}	m^3/kg（标态）	αV^0	12.07
实际给入风量	V	m^3/kg（标态）	$V_{lq}+V_{rs}$	24.89
理论烟气量	V_y^0	m^3/kg（标态）	煤质计算	11.85
烟气运动黏性系数	γ_g	Pa·s	根据烟气温度查表	1.97×10^{-4}
热烟气密度	ρ_g	kg/m^3	根据烟气温度查表	0.257
床料真密度	ρ_p	kg/m^3	选定	2400
料层颗粒当量直径	D_{dl}	m	选定	0.001
阿基米德准则数	A_r	—	$gD_{dl}^3(\rho_p-\rho_g)/\rho_p\gamma_g^{-2}$	2358
运行临界流化速度	W_{lj}	m/s	$0.0882A_r^{0.528}(\gamma_g/D^{dl})$	1.05
标态运行临界流化速度	$W_{lj}^{'}$	m/s（标态）	$273W_{lj}(273+T_y)$	0.33
布风板面积	S	m^2	选定	80.3
混合后烟气量	G_y	m^3/h（标态）	$3600VS$	94848
理论燃油量	B_l	kg/h	G_y/V_y	3811
不完全燃烧系数	q	—	选定	0.8
油量调节系数	K	—	选定	1.5
实际燃油量	B_s	kg/h	KB_l/q	7147

力下的出力及雾化效果，油枪投入方式建议如表 13–8 所示。

表 13–8　　油枪投用方式及控制参数建议

下层床温（℃）	投入油枪数量
0~150	A、D
150~300	A、D、E

续表

下层床温（℃）	投入油枪数量
300~400	A、C、E、F
400~650	A、C、（D、B）、E、F
650~700	A、D、E
>700	无

3. 给煤方式调整

给煤方式应当根据床温的变化适当调整，锅炉共有1~6号顺列布置的6台给煤机。由于煤质较好，床温到达420℃以上时，首先投入中间的给煤机（3号或4号），以5t/h的给煤量运行90s后停运，观察炉膛氧量的变化情况。如果氧量下降，炉温先下降后上升，通过看火孔查看到有煤燃烧时产生的大量火星可以判断煤已经着火，然后再以同样的方式投入两侧给煤机（2号或5号）5min后停运，在这过程中密切注意床温单点的变化情况以保证炉膛床温的均匀，防止发生低温结焦，同时保证床温上升速率不大于3℃/min。以上述方式交替进行投煤，床温在500℃以上时投入3号、4号给煤机连续小流量运行（共约8t/h）。下层床温上升至600℃开始撤掉单支油枪，同时陆续投入给煤机运行，下层床温650℃即可全部撤掉油枪，具体的给煤方式及控制参数建议见表13–9。

表13–9　给煤方式及控制参数建议

下层床温（℃）	给煤量（t/h）	投入给煤机台数
0~200	0	无
200~400	0	无
400~500	5	3号或4号
500~650	8	3、4、5号或2、3、4号
650~700	15~20	2、3、4、5号
>700	>25	1~6号

点火过程中监视炉膛出口氧量，氧量比床温更能及时、准确地反映点火过程中床内燃烧的实际情况。在增加给煤量的同时应适当减少油燃烧器的功率，以防床温上升过快。

4. 实施效果

调整前机组启动油耗偏高，最多时启动油耗超过50t，此工况床料厚度为1000mm，一次风量约为130000m^3/h（标态），二次风量约为170000m^3/h（标态），投煤温度为550℃，相关数据记录如表13–10所示。

由图13–13的主要参数可以看出，优化前启动时间10h，床压随着启动时间的延长呈下降趋势，由于床料较多，加热时间延长，床温升温缓慢，加之点火温度定为550℃，直至点火后8h才开始投煤，油耗较大。

表 13-10　　优化前典型启动过程参数汇总

启动时间	风室压力（kPa）	床温（℃）	一次风量（m^3/h，标态）	二次风量（m^3/h，标态）	主汽温（℃）	主汽压（MPa）	再热汽温（℃）	再热汽压（MPa）
0：00	13.2	20	130800	172500	0	0.00	10	0.00
0：30	13.0	80	128300	179600	0	0.00	10	0.00
1：00	12.9	155	128300	174300	0	0.00	10	0.00
1：30	12.9	201	128300	167600	0	0.00	10	0.00
2：00	12.6	307	128300	169700	96	0.03	11	0.02
2：30	12.4	365	128300	176900	102	0.03	11	0.02
3：00	12.2	380	128300	182900	132	0.23	13	0.02
3：30	12.0	446	128300	183500	150	0.23	20	0.02
5：00	11.9	439	128300	182700	174	0.43	14	0.03
5：30	11.9	458	128300	189600	216	0.83	29	0.04
6：00	11.9	478	128500	192700	252	1.33	159	0.09
6：30	11.9	499	128300	177200	313	1.86	212	0.17
7：00	11.9	536	130300	179000	355	2.50	332	0.29
7：30	11.8	537	128500	174000	379	2.50	342	0.21
8：00	11.8	538	130300	181000	379	2.50	359	0.33
8：30	11.5	548	130300	162800	385	2.50	366	0.37
9：00	11.6	589	130300	168000	378	2.70	370	0.21
9：30	11.9	602	130300	173200	373	2.70	375	0.09
10：00	11.9	607	130300	171800	391	2.90	379	0.05

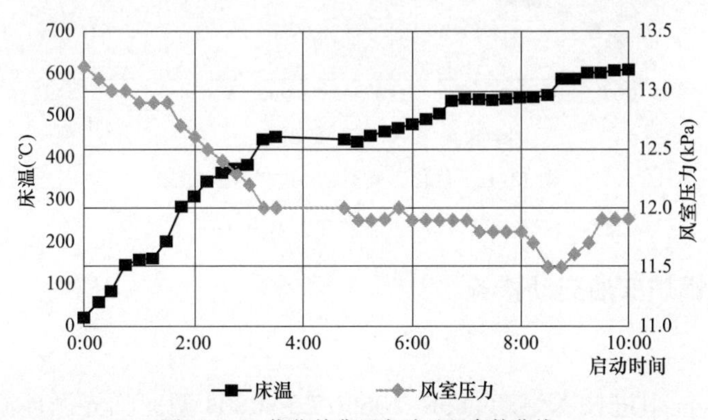

图 13-13　优化前典型启动过程参数曲线

通过采取前文相关措施，机组启动油耗偏高的现象得到了缓解，冷态启动时油耗降至 27t，此工况床料厚度为 800mm，一次风量约为 140000m^3/h（标态），二次风量约为 80000m^3/h（标态），投煤温度为 420℃，相关数据记录如表 13-11 所示。

表 13-11　　优化后典型启动过程参数汇总

启动时间	风室压力（kPa）	床温（℃）	一次风量（m^3/h，标态）	二次风量（m^3/h，标态）	主汽温（℃）	主汽压（MPa）	再热汽温（℃）	再热汽压（MPa）
0：00	12.6	84	152000	103000	72	0.03	42	0.03
0：30	12.2	144	141000	96000	72	0.03	42	0.03
1：00	12.2	172	143000	79000	115	0.03	46	0.03
1：30	12.1	252	145000	76000	133	0.03	43	0.03
2：00	11.9	305	142000	86000	163	0.03	93	0.00
2：30	11.7	418	141000	87000	266	1.03	209	0.09
3：00	11.7	412	145000	76000	338	1.03	301	0.21
3：30	11.9	438	141000	87000	387	2.03	387	0.37
4：00	12.1	478	139000	86000	423	3.03	423	0.12

选取主要参数见图 13-14，可以看出，优化后启动时间控制在 5h 以内，床料量虽然减少，但是由于启动时间缩短，逃逸量也有所降低，床温升温较快，加之点火温度设定为 420℃，点火后 3h 后即可投煤，由于投油时间大幅度缩短，因此锅炉启动油耗降低至 30t 以内。

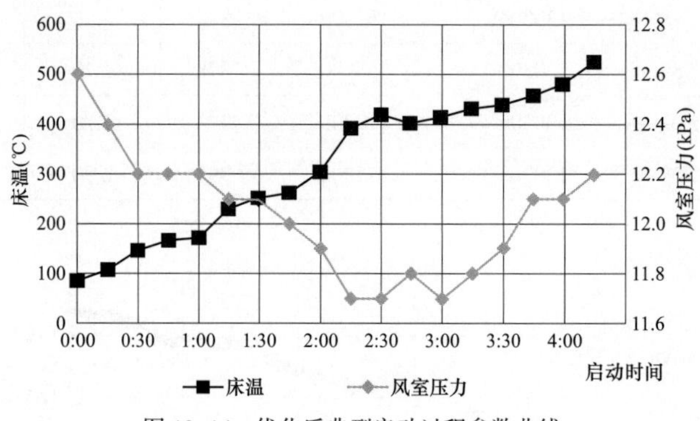

图 13-14　优化后典型启动过程参数曲线

五、300MW 锅炉节油启动措施

1. 设备概况

某厂采用 Alstom 引进技术生产的 SG-1065/17.5-M804 型亚临界循环流化床锅炉，炉膛为双水冷布风板结构、对称布置 4 个直径为 8m 的高温绝热旋风分离器及返料器、4 台外置换热器、6 台冷渣机。燃料通过 4 个原煤仓从 4 台刮板给煤机送至布置在返料腿上的 8 支给煤口和布置在左右炉膛中部的 4 个炉膛给煤口。锅炉点火系统共有 12 支油枪，其中 4 支布置在床下风道燃烧器内，8 支为床上油枪，燃用 0 号轻柴油。炉膛每侧支腿分别按不同标高装有 9 个密相区（上、中、下三层）、2 个稀相区共计 22 个床温测点，以及 14 个炉膛差压、床压、密相区和稀相区差压测点。

2. 启动前准备

（1）更换启动用煤。锅炉设计燃用烟煤，平均粒径为 1.8mm，最大粒径不超过 13mm。启动时调整输煤系统，将高挥发分褐煤与高灰分、高热值烟煤按照 1∶2 均匀混配成热值为 3200kcal/kg（13389kJ/kg）、水分小于 3%、挥发分大于 40% 的引燃煤，其粒度分布控制在 0~8mm，1mm 以下份额占到 50% 以上。每次停炉尽量烧空两侧各 1 个原煤仓，启炉投煤前向煤仓添加适量（各约 100t）的引燃煤，另外两个未烧空煤仓继续留存正常用煤。启动煤中不掺入煤矸石、石灰石等其他不易燃烧的煤。较细的高挥发分、高热值、低水分煤种可在较低的床温下脉动给煤，引燃性能好，可以有效缩短油煤混燃时间，具有明显的节油效果。

（2）筛选床料。床料筛选使用正常停炉前含碳量低于 1% 的排渣，启动床料颗粒度分布在 1~13mm 之间，考虑冷态流化试验及点火过程中床料消耗量 300mm，启动厚度保持在 1200mm 左右，待投煤时炉膛床压可维持在 7~8kPa。

（3）启动前试验。启动前进行流化试验，确定临界流化风量，便于低流化风量点火，通过流化特性试验检查各处风帽的流化效果，床料厚度为 1100mm 时典型的鼓泡风量为 45000m^3/h（标态）、临界流化风量为 75000m^3/h（标态）。

（4）油枪控制。由于床上油枪水平插入炉膛，床温上升慢，所以启动过程不用床上油枪。通过试验将两侧风道燃烧器内上部左、右 2 支油枪雾化片更换为 1t/h 出力，下部左、右 2 支油枪保持 2t/h 出力。为保证顺利点火，每次启动前均对床下油枪进行试验，发现堵塞及时清洗或更换喷嘴，确保投油着火良好，出力调节灵敏。

（5）添加循环灰。启炉前先向 4 个返料器和外置换热器添加细循环灰，预先在回路建立密封，实现返料自平衡，防止点火过程中热烟气短路，引起热量损失。在升温过程中微鼓泡保证分离器、返料器的浇注料均匀升温，防止耐磨耐火材料，外部钢材焊缝的开裂、脱落，引起局部烧红。

3. 启动控制及效果

（1）合理投油。点火初期对称启动两支 1t/h 出力的油枪，保持两侧温度均衡，调节油压和雾化蒸汽压力改变油枪出力，按照升温升压曲线控制包括风道燃烧器在内的所有烟气侧温度变化率小于 100℃ /h，锅筒上、下壁温差小于 40℃。当油枪达到额定出力时切换至两支 2t/h 出力的油枪，控制风道燃烧器出口温度与床料温差在 20℃以内，这样既能有效地控制床温上升速率符合要求，又能避免油压过低影响油枪雾化质量。

（2）低流化风量点火。点火初期床温在 300℃以下时控制一次流化风量为 45000m^3/h（标态），采用鼓泡状态点火；床温在 300~380℃时采用微流化风量点火，控制一次流化风量为 65000m^3/h（标态）；床温升至 380℃投煤时，保持一次风量为 80000m^3/h（标态），略高于临界流化风量。在各阶段低风量运行过程中，密切监视床温、床压的变化，不定期地适当加大流化风量，加强流化后再将风量降低，避免长期的流化死区，控制各处床温测点温差在 20℃以内，确保燃油、燃煤所产生的热量对床料加热均匀。由于流化风量偏少，细颗粒床料损耗少，烟气带走的热量少，可用少量的燃油把床料加热到投煤温度。

（3）及时投煤。锅炉有 4 条给煤线，由于落煤口为全宽度开口，给煤较少时使落煤口的给煤分配严重不均匀。因此，将中部给煤口关闭不用。启动时先人为关小刮板给煤机前落煤口至 1/3 位置，采用前、后返料腿两个给煤口给煤，保证投煤初期主床前、后给煤均匀，易于控制温升。由于引燃煤着火点在 370~420℃之间，当两侧床温升至 380℃时，以最低转速对称投入两条给煤线间断投煤，约 3min 后观察床温的变化，如床温有所增加，同时氧量有所减小，证明煤已开始燃烧。保证床温以 2~3℃ /min 继续升高、氧量持续减小后，可以少量连续给煤。随着引燃煤稳定着火、床温上升，及时投运另外两条给煤线。当床温升到 550℃时可解列油枪，同时加大一次流化风量，确保各落煤口均匀给煤，最终将 4 条给煤线的给煤量搭配调平，保持燃烧稳定。

（4）推迟建立外循环。由于启动采用分阶段低风量流化，投煤开始保持一次风量稍高于临界流化风量，在投油过程中可以只启动单侧二次风机，防止物料进入二次风管道堵塞风口，尽量减少二次风的投入量。在投煤前再缓慢增加二次风量，初始投煤的二次总风量控制在 100000m^3/h（标态）即可。点火初期只启动 1 台高压流化风机运行，维持流化风母管压力在 40~45kPa 之间，4 个外置床锥形阀在关闭位置，每个外置床 3 个风室底部的 16 个流化风阀门处于全关位置，避免外置换热器内的冷料返回炉膛。保持较小流化风量，使返料器内预加循环灰呈鼓泡状态，既可防止过多的冷灰返回炉膛，又能保持返料器的良好密封，减少炉内多余的风量带走热烟气，减少油耗。

（5）其他措施。为减少炉膛水冷风室对一次流化热风的吸热量，锅筒上水时，在锅筒壁温差允许的情况下尽量提高除氧器给水温度，缩短锅筒升压时间。由于锅炉一、二次风机入口均配有暖风器，启动风机后应及时投入暖风器，提升风道燃烧器入口风温。

上述措施综合采用后，节油效果显著，将投油时间缩短至 4h，典型启动耗油仅为 9t，锅炉启动过程主要数据记录见图 13–15。

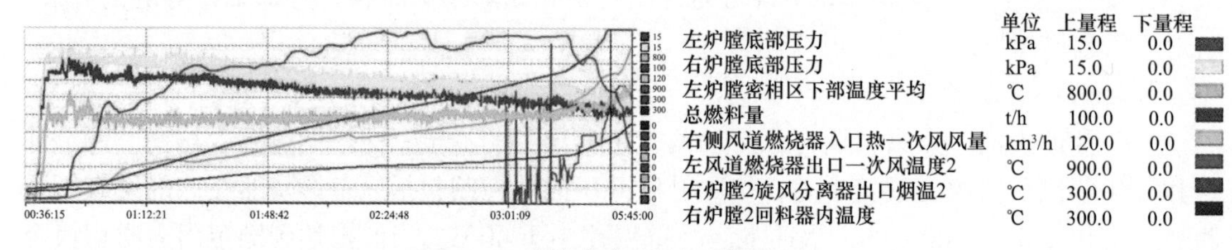

图 13–15　锅炉启动过程主要数据记录

第三节　油枪改造技术

一、油枪设计及使用要求

油枪燃烧过程是油燃料与氧气化合释放热量的过程，在设计和使用油枪时必须着重考虑以下问题：

（1）空气经过燃烧器后形成的空气动力场、气流速度、回流区的大小、火焰长度和火焰扩散角的变化等因素应与油雾完全燃烧的要求相适应；

（2）提供的风量必须和油燃烧所需空气量相适应，尽可能使油滴都能获得完全燃烧所需要的氧气；

（3）稳焰罩和油枪喷嘴的相对距离应保持最佳值，确保有足够的热烟气回流区，防止气流直接吹击火焰根部，造成脱火；

（4）油枪应具有良好的油滴雾化质量，操作维护方便，油枪的出力调节比大，能满足点火能量的需要；

（5）油滴微粒与风的混合要充分均匀，在最小的风量和最低的风压下能使油完全燃烧。

图 13–16　常用油枪雾化片形式

目前大多数循环流化床锅炉使用的油枪采用机械雾化或蒸汽雾化，常用油枪雾化片形式见图 13–16。机械雾化油枪的雾化机理主要是利用高油压在旋流雾化片中进行撞击、旋转至出口处与空气的剪切来雾化，需要克服的是燃油的黏性力。其结构简单，使用操作方便，但雾化效果较差（雾化颗粒径一般为 120μm 且分布不均匀），油压较低时雾化效果显著下降，再加上其出口孔径较小（一般直径为 3.5mm 左右），容易出现堵塞。

二、气泡雾化油枪改造

1. 技术原理

液体燃料雾化要克服液体的黏性力和表面张力，传统的压力雾化、机械雾化以及气动雾化靠液柱或液膜与周围介质（如空气、蒸汽、压缩空气等）的剧烈撞击、剪切、旋转来雾化，其实质是靠克服液体的黏性力来雾化。气泡雾化技术将高压雾化介质（蒸汽或压缩空气）注入低压油，在混合腔内混合形成气泡流，利用气泡的产生、运动、变形，直至在枪头出口处形成气泡内、外压力差，通过其压差使气泡涨裂来雾化。由于破坏的是燃油的表面张力，所以其能耗小，雾化颗粒径细（一般小于 50μm）且尺寸分布均匀，燃烧充分，不易出现堵塞、点火冒黑烟等现象。

根据油滴燃烧直径平方 – 直线定律：

$$\delta^2=\delta_0^2-kt \tag{13-3}$$

式中　δ_0——油滴的初始直径，mm；

δ——燃烧时间 t 后的油滴直径，mm；

t——燃烧时间，s；

k——燃烧速度常数，由实验确定，mm^2/s。

当 $\delta=0$ 时，即油滴烧完，此时可得到直径为 δ_0 的油滴燃烧所需的时间为

$$t=\delta_0^2/k \tag{13-4}$$

由式（13–4）可知，油滴初始直径平方与燃尽时间成正比。因此，等量的燃油，油滴雾化直径越小，燃尽时间越短，燃烧效率越高。因为气泡雾化的颗粒直径比机械压力雾化的颗粒直径小，所以等量燃料燃烧释放全部能量的时间短，从而使气泡雾化燃烧温度比压力雾化高。机械雾化油枪与气泡雾化油枪的性能对比见表 13–12。

表 13-12　　机械雾化油枪与气泡雾化油枪的性能对比

比较内容	机械雾化油枪	气泡雾化油枪
雾化方式	利用高油压对油流进行剪切、撞击、旋转来雾化	使油形成液膜，通过液膜的爆破使油雾化
雾化介质参数	无需雾化介质	利用压缩空气作为雾化介质
雾化效果	差，雾化颗粒粒径约 120μm	好，雾化颗粒粒径小于 50μm
燃烧性能	燃烧不充分，冒黑烟现象严重，火焰刚性较差，容易结焦堵塞	燃烧充分，火焰刚性强，火焰形状容易控制，不易出现堵塞现象
燃烧强度	火焰中心温度约为 1200℃	火焰中心温度约为 1600℃
燃油压力	3.0MPa 左右	0.6~1.5Pa 之间

2. 主要设备

典型气泡雾化油枪出力为 800kg/h，正常调节范围为 500~1200kg/h（见图 13-17 和表 13-13），油燃烧器枪头外径为 45mm，气泡雾化油枪雾化介质采用压缩空气，由于气泡雾化油枪所需油压和气压较低，枪前油压正常运行时为 0.6~1.5MPa，也可在燃油支管增加气动调节阀及压力变送器，将油压调整到气泡雾化油枪所需油压范围内。

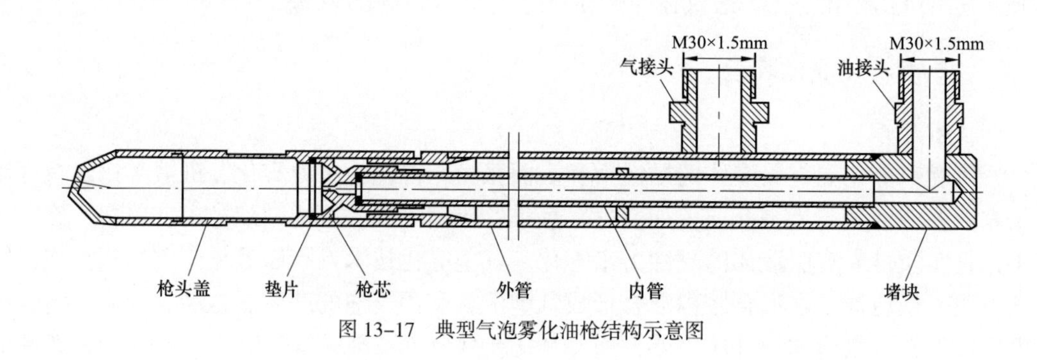

图 13-17　典型气泡雾化油枪结构示意图

表 13-13　　典型气泡雾化油枪主要技术指标

技术指标	单位	性能参数	技术指标	单位	性能参数
额定出力	kg/h	800	调节范围	kg/h	500~1200
燃油压力范围	MPa	0.6~1.5	雾化介质	—	压缩空气
火焰长度	m	2~3	火焰直径	mm	≥ 1000

3. 应用效果

某厂锅炉风道燃烧器采用机械方式雾化，由于油燃烧不完全、油耗大、燃烧效率低，点火时烟囱冒黑烟，严重污染环境。利用气泡雾化油枪进行了技术改造，气泡雾化油枪额定出力为 1t/h。改造后燃烧火焰温度和燃烧效率提高，从而使锅炉升温时间缩短。燃用干燥无灰基挥发分 V_{daf} 为 5%~8%、收到基低位发热量 $Q_{net,ar}$ 为 21~23MJ/kg 的无烟煤时，启动油耗由改造前的 38t 降至 25t。

点火前两种油枪的点火初期温升接近，但改造前在400℃以后机械雾化油枪的温升明显较慢，不论是采用加大油压还是减小一次风等措施都不能使床温快速上升，不得不长时间使用油枪加热床料。运行人员甚至被迫在未达到投煤温度时开始间断加煤以提升床温上升速度，由于新煤进入炉内很难着火燃烧，仅能靠其挥发分燃烧放热，使床温温升缓慢，加入过量燃煤后易出现爆燃，局部结焦造成启动初期排渣困难。

如图13–18所示，使用气泡雾化油枪后整个点火过程床温上升均匀。改造项目的油枪安装连接示意图见图13–19，由于油枪的调节性能好，无需更换雾化片，调节油压即可控制点火风道风温，无爆燃现象且油燃烧充分，燃烧效率高，烟气中无未燃尽的小油滴，可同步投用除尘器，整个点火过程无黑烟，显著改善了启动环保性。

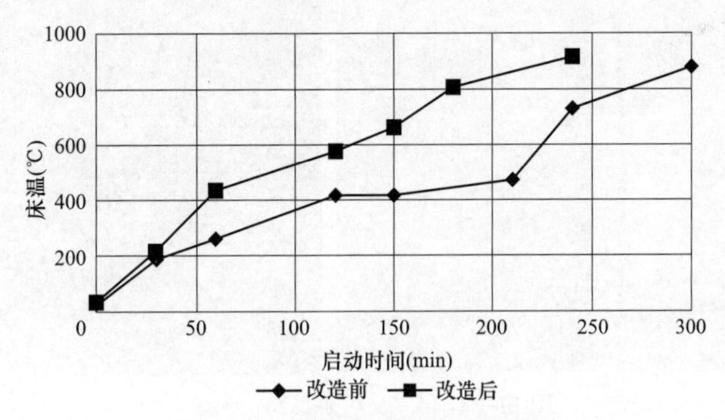

图13–18　改造前、后温升速度比较

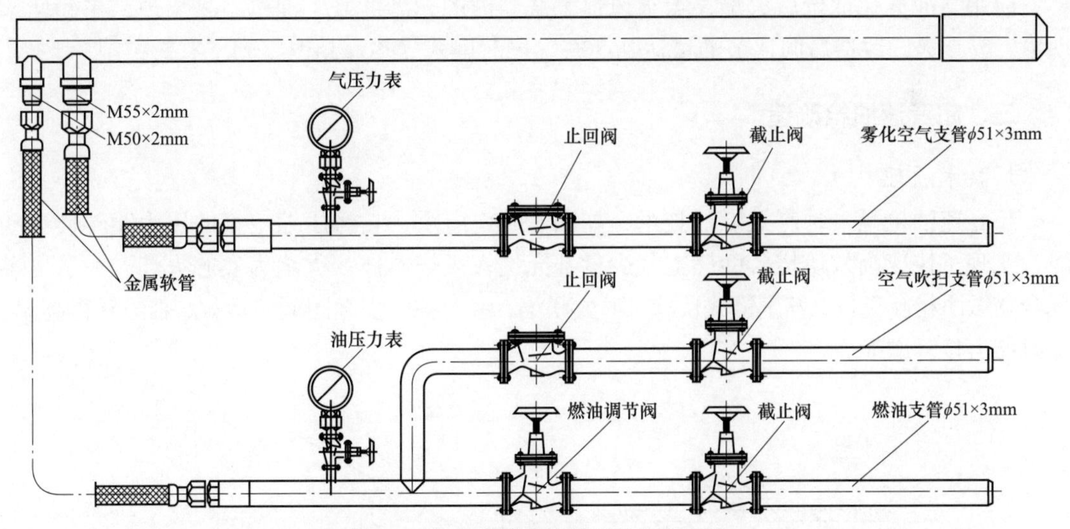

图13–19　改造项目油枪安装连接示意图

某厂锅炉为DG1100/17.4–Ⅱ1型循环流化床锅炉，设置有2台床下风道燃烧器及8支床上助燃油枪，床下风道燃烧器出力约为11%BMCR负荷的输入热量，床上助燃油枪出力约为22%BMCR负荷的输入热量。风道燃烧器布置在两侧一次风道，每台风道燃烧器内配2支油枪，共设置4支油枪，床上助燃油枪布置在炉膛密相区水冷壁前、后墙。单支油枪额定出力为 2.0t/h，油枪工作压力为 3.0 MPa，油枪采用中心回油式机械雾化。

原一次热风道点火燃烧器单支油枪出力大且调节性能差，启动用油量达到 40~50t/h。油枪雾化效果差，致使燃烧不充分，延长了锅炉启动时间，同时威胁布袋除尘器的运行安全。由于火焰刚性差，点火风道局部壁温高，曾在锅炉启动过程中烧损测温元件和点火风道出口膨胀节。启动过程需较大的一次风量，造成启动油耗及风机电耗居高不下，还使得炉内屏式受热面金属壁温长期超过允许温度运行，发生变形弯曲（见图 13-20）。此外，现场维护工作量较大，雾化片经常出现结焦堵塞现象，需要在运行中清洗更换。

图 13-20　屏式受热面变形示意图

应用气泡雾化油枪后火焰在点火风道燃烧器内的充满度好，油枪不易出现结焦和堵塞现象、易点火，改造后同比节油量达到 30%，同时屏式受热面超温得到了有效控制。

三、超音速油枪改造

1. 技术原理

超音速油枪是一种高效燃油技术，如图 13-21 所示，它将压缩空气的压力能转换为动能，实现了快速高效燃烧，助燃空气少量补充进入火焰本体。火焰为实芯火焰，大量可燃混合物微团相互裹挟，发生链式反应，形成联焰，由于各燃烧微团同步性好，容易获得高温，辐射能力显著增强。

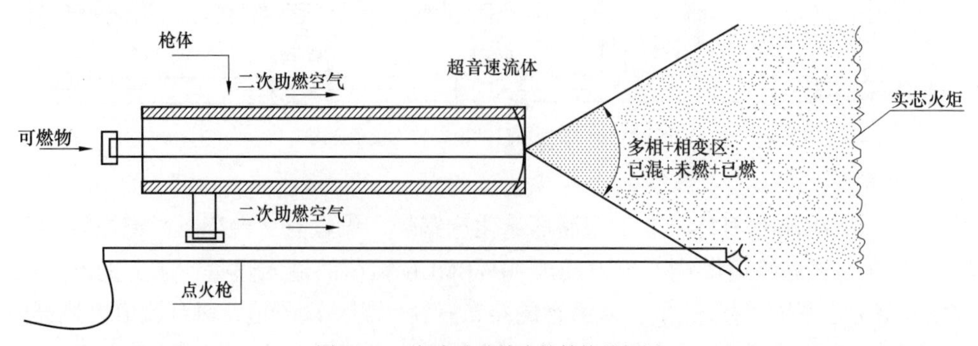

图 13-21　超音速油枪火焰结构分析图

而传统油枪火焰为多层结构，分别由焰心、内焰、外焰组成。火焰温度分布不均，外焰温度最高，内焰温度较低，而焰心温度最低，由于烟气密度低，气流上升速度快，温度下降迅速（如图 13–22 所示）。为保证雾化质量，传统油枪油路系统供油压力通常较高，造成雾化油膜刚性和韧性强，而油枪根部风压又相对较低，助燃空气无法穿透油膜，形成明显的油气分界线，造成供氧困难及滞后，燃烧效率和热辐射强度低，燃油利用率低。

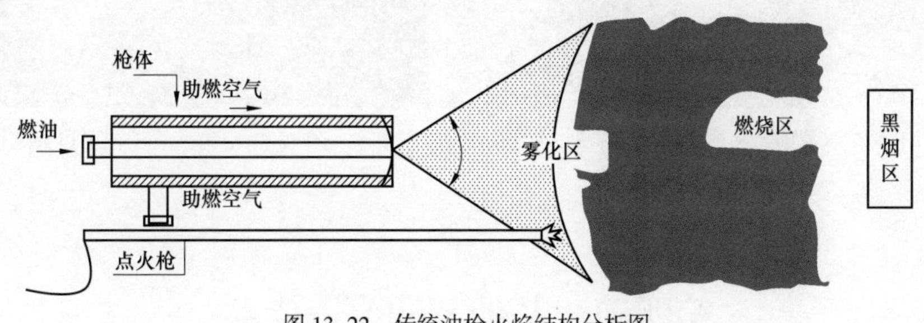

图 13–22　传统油枪火焰结构分析图

2. 技术优点

超音速油枪技术具有如下优点：

（1）雾化介质以 2 倍以上马赫数的速度冲击燃油，燃油被破碎后又与空气一同加速进入燃烧室；

（2）燃烧温压增大后火焰辐射势能显著增强；

（3）背压式火焰使得火焰穿透力强；

（4）火焰气流动力场强，可搅动整个燃烧室烟气进行高效对流换热，温度场均匀，升温速度快。

3. 应用效果

某厂安装有 8 台济南锅炉厂生产的 240t/h 循环流化床锅炉，床下风道燃烧器所用油枪为老式机械雾化油枪，油枪额定出力为 1.5t/h，燃烧效率低，床温升温速度慢，锅炉启动时间约 8h，启动油耗较高，影响机组经济性。此外，燃油燃烧不完全，启动时烟囱排黑烟、不环保（如图 13–23 所示）。

改造措施是将油枪更换为超音速油枪，新油枪设计出力为 600kg/h，压缩空气压力为 0.6MPa，耗气量为 $3m^3/min$。超音速油枪设有进油、回油功能，仍然使用原油枪进油及回油管路，同时，继续使用油路控制阀、点火装置等，为满足自动点火系统的技术要求，配置专用压缩空气电动控制管路，同时，配备气路旁路手动阀和空气压力指示表。改造后的真实火焰特征如图 13–24 所示所示，可以看出火焰非常明亮，启动时烟囱无黑烟冒出。

某厂 520t/h 循环流化床锅炉采用超音速油枪进行启动，锅炉单只床下油枪出力为 600kg/h，4 支油枪合计 2.4t/h，燃料为烟煤，点火初期只点燃 1 对油枪，时间约为 30min，耗油约为 0.6t，随后四支油枪一起燃烧，床温升温至 200℃进行脉动给煤仅用 2h，耗油约为 4.8t，投煤后再继续投油 1h 后切除油枪，耗油约为 2.4t。油枪投入时间前后约 3h，总油耗不超过 8t。而原用油枪一次点火用油在 12t 左右。该电厂地处市区，改造前由于排放黑烟不能在白天点火，油枪改造后可全天候启动，经济效益和环境效益显著。

图 13–23　改造前启动期间的烟囱黑烟

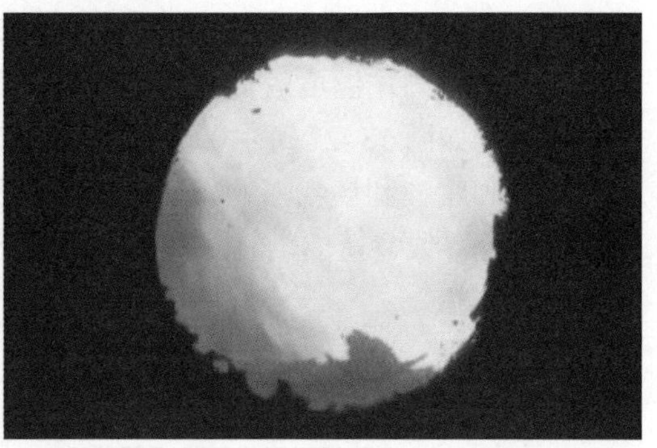

图 13–24　改造后油枪出口火焰色温

第四节　其他节油改造技术

一、天然气点火启动改造

循环流化床锅炉油枪所用的常规燃料是轻柴油，部分化工自备厂或有条件的企业也可采用天然气作为启动燃料，由于成本低，其具有一定的经济性。天然气燃烧火焰特性主要有：

（1）火焰具有较高刚性，利于调整，能够减少对耐火材料的侵蚀。

（2）火焰温度高，火焰中心处于缺氧状态，利于天然气中甲烷的裂解并产生更多的碳微粒。

（3）火焰具有较大的覆盖面积和较好的调节性。

如图 13–25 和图 13–26 所示，一般床上天然气燃烧器仅有四周配风，无中心供风，在保证床料流化情况下，适当减小床下燃烧器中心配风，增大四周配风，可使燃烧火焰既不出现脱火也不出现回火，火焰呈淡蓝色。天然气点火系统按功能可划分为供气母管、床上天然气供气支路、床上燃烧器、床下天然气供气支路以及床下燃烧器 5 部分。

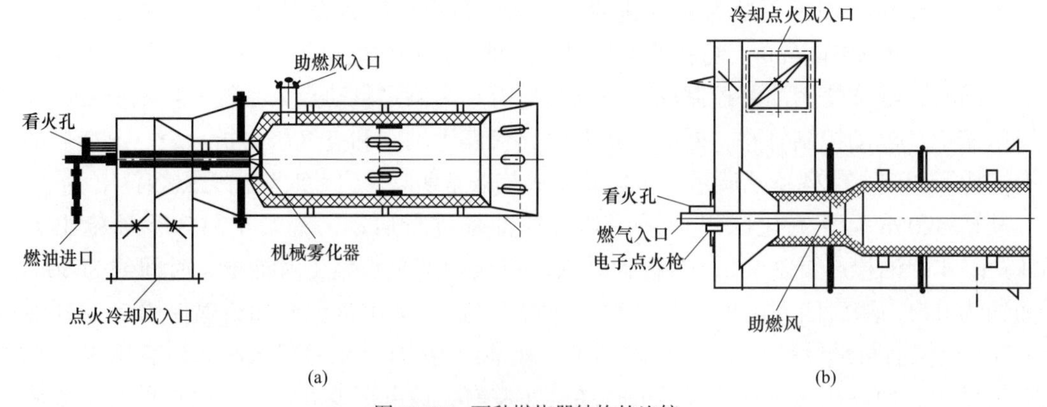

图 13–25　两种燃烧器结构的比较

(a) 机械雾化燃烧器（燃用轻柴油）；(b) 天然气燃烧器

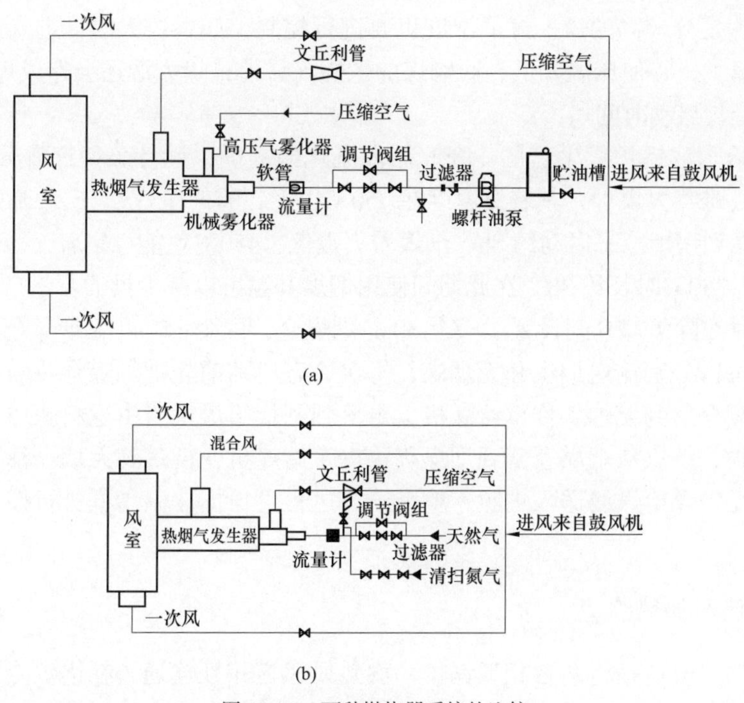

图 13-26　两种燃烧器系统的比较

(a) 机械雾化燃烧器（燃用轻柴油）；(b) 天然气燃烧器

以 1 台 480t/h 循环流化床锅炉为例，锅炉点火采用床上、床下天然气燃烧器联合点火方式。锅炉配有 5 支总出力为 16%BMCR 输入热量的床上天然气点火燃烧器和 2 支总出力为 14%BMCR 输入热量的床下天然气燃烧器，天然气高位热值为 37.0MJ/kg，密度为 0.673kg/m^3，天然气中甲烷含量超过 99.4%。

每个天然气床下点火燃烧器配有 1 个天然气点火燃烧器、火焰检测器及看火孔，其中天然气点火燃烧器配有高能点火器。每个燃烧器有 2 个进风口，其中 1 个为燃烧器配风用，另 1 个为一次风道入口，可提供床下点火风道冷却风，其入口处均设有风门挡板并配有电动执行器。燃烧配风及冷却风风量由风门挡板调节。点火时，先由高能点火器点燃天然气点火气枪，再由点火气枪点燃床下天然气燃烧器。每个床上燃烧器配有 1 个高能点火器和火焰检测器，进风口处同样设有风门挡板并配有电动执行器。该燃烧器在需要投入时，先由高能点火器点燃天然气点火气枪，再由点火气枪点燃床上燃烧器。

二、启动煤种变更改造

为节约燃油，有些循环流化床锅炉采用启动期间投入高挥发分易燃煤的方案来改善煤的着火能力。此类改造有两种实施途径：一是在设计中就设置易燃煤仓，作为启动煤仓；二是在启动初期根据需要将部分易燃煤送入原煤仓，着火稳定后再投入日常用煤。具体实施时，一般采购足量且品质适合的优质易燃煤（点火煤），严格控制煤的粒径和湿度。燃煤粒径过大，着火点高，不易点燃，粒径过小，大量细颗粒被风吹起，在密相区燃烧份额减少，不利于稳定床温，循环物料累积时间过长。煤的挥发分直接影响煤的着火温度，启动时尽量使用热值和挥发分较高的煤。煤的湿度也要进行控制，如果煤太湿，进入炉膛后迅速吸收热量产生水蒸气，将使床温降低，影响煤的燃烧。另外，煤太湿还会造成煤仓、给煤机、落煤管堵塞，延长启动时间。

某厂采用哈尔滨锅炉厂生产的440t/h循环流化床锅炉，设计煤种挥发分 V_{daf} 为3.8%，属超低挥发分极难着火煤种，其着火温度在750℃以上，有时来煤灰分 A_{ar} 高达45%，着火温度更高。考虑到锅炉冷态启动约8h，烟煤着火点低，450℃就能稳定着火，而锅炉冷态点火从450℃升至750℃时长约3h，在此期间使用烟煤升温可以减少投油。

工程设计时在除氧煤仓间设置了一个 $30m^3$ 烟煤仓，两个 $350m^3$ 无烟煤仓，输煤皮带在不同的时间里可以分别输送烟煤和无烟煤，每次冷态启动前先把烟煤仓装满。正常运行时无烟煤从无烟煤仓落到无烟煤称重给煤机，再落到刮板给煤机后由返料腿送入炉膛。烟煤为三级给煤方式，烟煤从烟煤仓落到烟煤称重皮带给煤机，再落到无烟煤称重给煤机之后利用其中1条无烟煤给煤线送入炉膛，整个给煤过程可根据床温高低进行控制，采用间断或连续给煤。

三、邻炉热风加热改造

邻炉热风加热改造是将两台相邻锅炉一次热风风道相互连通，在锅炉冷态启动时利用邻炉一次热风加热床料，以煤代油达到锅炉冷态启动节油的目的（如图13-27所示）。两台锅炉的一次风连通后可以互为备用，当1台锅炉因一次风机故障、空气预热器漏风等原因导致一次风量不足时，可以通过邻炉一次风进行补充。在锅炉停运期间也可利用邻炉一次热风对锅炉进行烘干保养，延长锅炉寿命。在冬季停炉期间，使用邻炉一次热风加热锅炉本体，还可起到防冻保护的效果。系统改造后在锅炉冷态启动时，本炉建立风烟系统后，邻炉适当提高运行锅炉一次风量、风压及氧量，本炉一次风通过空气预热器后与一次热风连通管送来的邻炉热风混合，提高本炉一次热风温度。

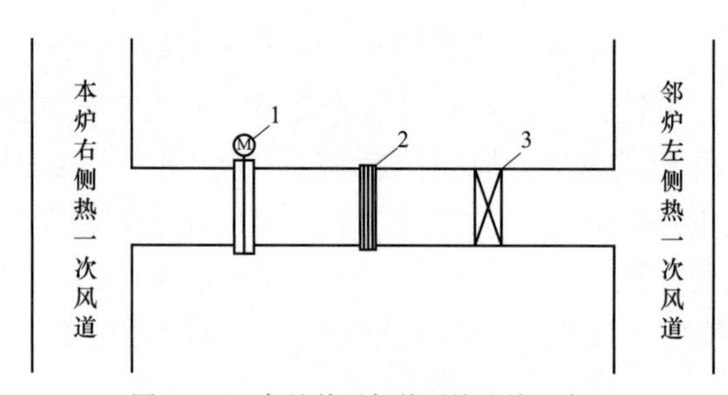

图13-27　邻炉热风加热系统连接示意图

1—热风连通管本炉侧电动隔绝门；2—热风连通管膨胀节；3—热风连通管邻炉侧手动调整门

某厂安装有2台UG-480/13.7-M型循环流化床锅炉，锅炉一次风机、二次风机、引风机、高压流化风机各设2台，配备4台床下启动燃烧器和4台床上启动燃烧器。2台锅炉一次热风连通后，利用邻炉一次热风进行冷态启动，并实施降低启动一次风量、减少启动床料量、控制启动床料粒度分布等多项技术措施（如图13-28所示）。锅炉冷态启动点火前2h利用邻炉一次热风与本炉一次风混合加热床料，使床料在投油前就能加热至120℃左右，并且

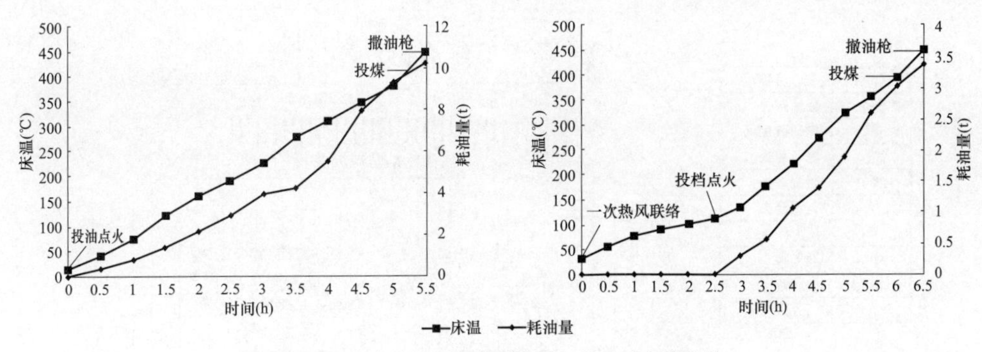

图 13-28　邻炉热风加热系统运行前、后参数比较

整个投油期间均使用邻炉一次热风提高本炉一次风温度，以煤代油降低启动耗油量，优化后可使投油时间缩短 1.5h 左右，使得锅炉单次启动耗油量小于 4t。

四、邻炉蒸汽加热改造

锅炉启动过程中，床上、床下油枪产生的热烟气不仅用于加热物料，还要通过烟气对流和物料循环加热整个炉膛，其中以水冷壁吸热量最大。将炉内部的水加热成一定压力的蒸汽需要吸收大量热量，为了节省锅炉冷态启动时的点火用油，设置邻炉蒸汽加热系统也是较为有效的节油方法。邻炉加热系统也称炉底蒸汽加热系统，主要是在水冷壁下集箱安装炉底蒸汽加热引入管，引入邻炉汽轮机抽汽来加热炉水，使之升温升压到一定程度后再进行锅炉点火。

邻炉加热系统将具有一定压力、较高温度的蒸汽加入水冷壁下集箱炉水，使高温蒸汽与低温炉水混合传递热量，传热效果好，被加热的炉水温度可达到加热蒸汽压力下的饱和温度。邻炉加热系统不仅能够省油，还可以减小锅筒壁上、下的温差，减小热应力，有助于延长设备的使用寿命。一般可以将邻炉加热系统的进口端设在省煤器再循环管道上，其开孔位置在锅筒和省煤器再循环阀之间，出口端设在定期排污小集箱上，然后通过定期排污管进入水冷壁和水冷屏式受热面的下集箱。

典型的邻炉加热系统如图 13-29 所示，加热回路中布置低压头水泵、蒸汽加热器、阀门、管路和支吊架，锅炉点火启动前先运行给水泵向锅炉上水，当锅筒达到正常水位后关闭给水泵，然后投运邻炉加热系统，启动低压头水泵，使炉水从省煤器再循环管进入水冷壁下降管的方向进行循环。打开邻炉加热蒸汽阀门，蒸汽进入蒸汽加热器后直接与炉水混合进行加热。通过一段时间的循环流动，被加热的炉水进入下降管和水冷壁，使炉水最终到达所要求的温度。

邻炉加热系统方案已在煤粉锅炉中广泛采用，循环流化床锅炉使用这一技术能够降低锅炉点火启动用油，改造工作量小。测算显示，1 台 440t/h 锅炉炉水每升高 1℃所吸收的热量相当于 0 号柴油 10kg 完全燃烧放出的热量。每次点火前投入锅炉底部加热装置，可以在点火时将炉水温度加热至 100℃左右，这对提升床温极为有利。

五、微油点火改造

微油点火方案包括微油气化点火技术、等离子点火技术等几种，结合循环流化床锅炉

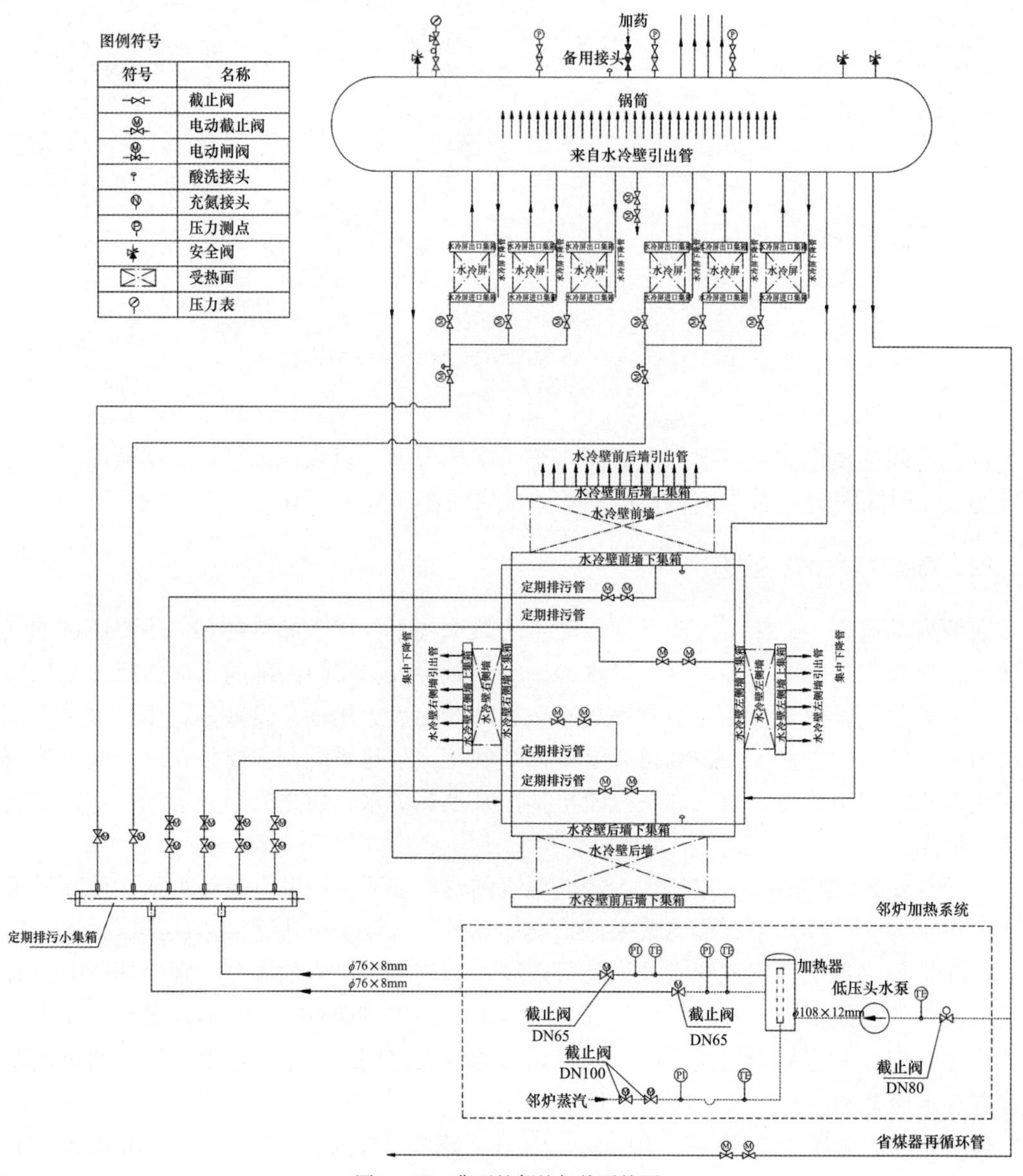

图 13-29　典型的邻炉加热系统图

实际情况，等离子点火技术具有一定的可行性，等离子发生器工作原理如图 13-30 所示。等离子发生器由电源、线圈、阳极、阴极组成。由电源送来 200~600A 电流至发火端，用 25kV 高频线圈将两电极之间的间隙击穿，空气电离成等离子体并形成高温电弧，然后用等离子高温电弧直接点燃一次风煤粉气流。

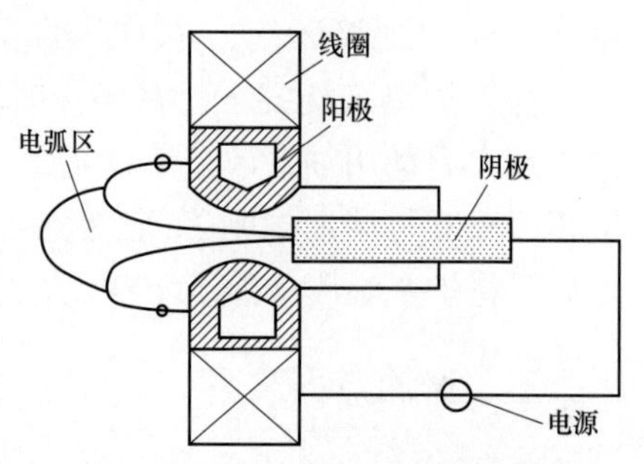

图 13-30　等离子发生器工作原理图

循环流化床锅炉由于没有制粉系统，使用高温等离子体点火必须考虑煤粉来源问题，短期时可采取外购煤粉、罐车输运的方式，锅炉启动前先利用密相输送系统将煤粉送入粉仓，一次风来自排粉风机，通过煤粉混合器和粉仓给粉机的煤粉混合后送入等离子体燃烧器中。为调节一次风速达到等离子体点火的要求，在排粉风机和煤粉混合器之间安装电动调节风门和一次风速测量装置，输送系统方案图如图13-31 所示。

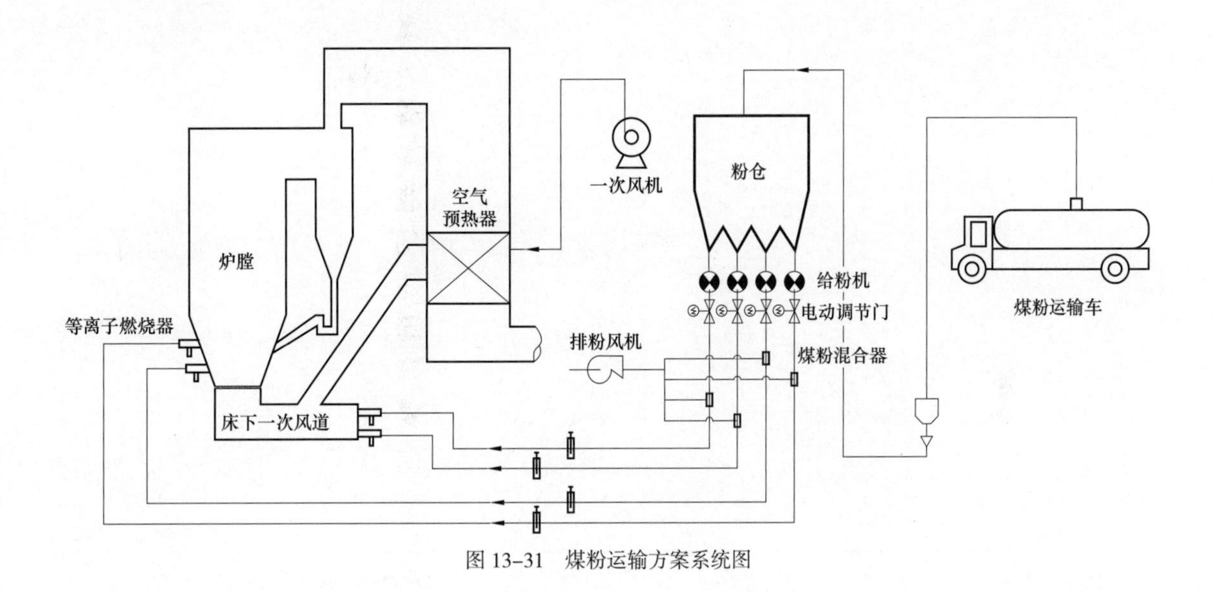

图 13-31　煤粉运输方案系统图

高温等离子体点火的优点是燃油消耗较少，初期可以投用电除尘器。缺点是点火能量小，只能点燃优质煤种，电极寿命短，厂用电消耗量大，系统复杂，初期投资及使用费用均较高。该技术目前在循环流化床锅炉机组尚无应用。

以某 150MW 循环流化床锅炉改造设计为例（如图 13-32 所示），根据其油燃烧器情况，可将原来的 2 台床上油枪拆除，改为等离子体燃烧器，将床下 4 支油枪的 2 支改为 2 台等离子体燃烧器；床上单台等离子体燃烧器的出力和床上油枪的出力相同；床下单台等离子体燃烧器的出力和床下 2 支油枪的出力相同。等离子体燃烧器的输入功率完全可以满足锅炉点火的需要。由于等离子体燃烧器的煤粉出力是通过给粉机控制的，可以通过降低给粉机的转速来减小出力。

等离子煤粉点火燃烧器是等离子体点火装置的重要组成部分，其性能必须满足通过等离子电弧直接点燃煤粉的需要，同时又受到机组原设计的限制，需要统筹考虑等离子体燃烧器的布置位置、点火和稳燃能力、出力大小以及作为燃烧器使用时的性能要求等。设计等离子体燃烧器的原则是：在保证燃烧器可靠点燃、高效燃烧、不发生结渣的前提下，最大限度保持原有系统的特性，避免对锅炉床层及布风产生大的影响。为避免床上等离子体燃烧器的火炬影响床层流化状态，可将原来床上油枪的 25° 下倾角减少或改为水平。床上等离子煤粉燃烧器的最大出力可以定为 4~5t/h，床下等离子体燃烧器的最大出力可以定为 3t/h，这样最大出力下的燃烧器煤粉燃烧功率和原床上、床下油枪的出力相同。

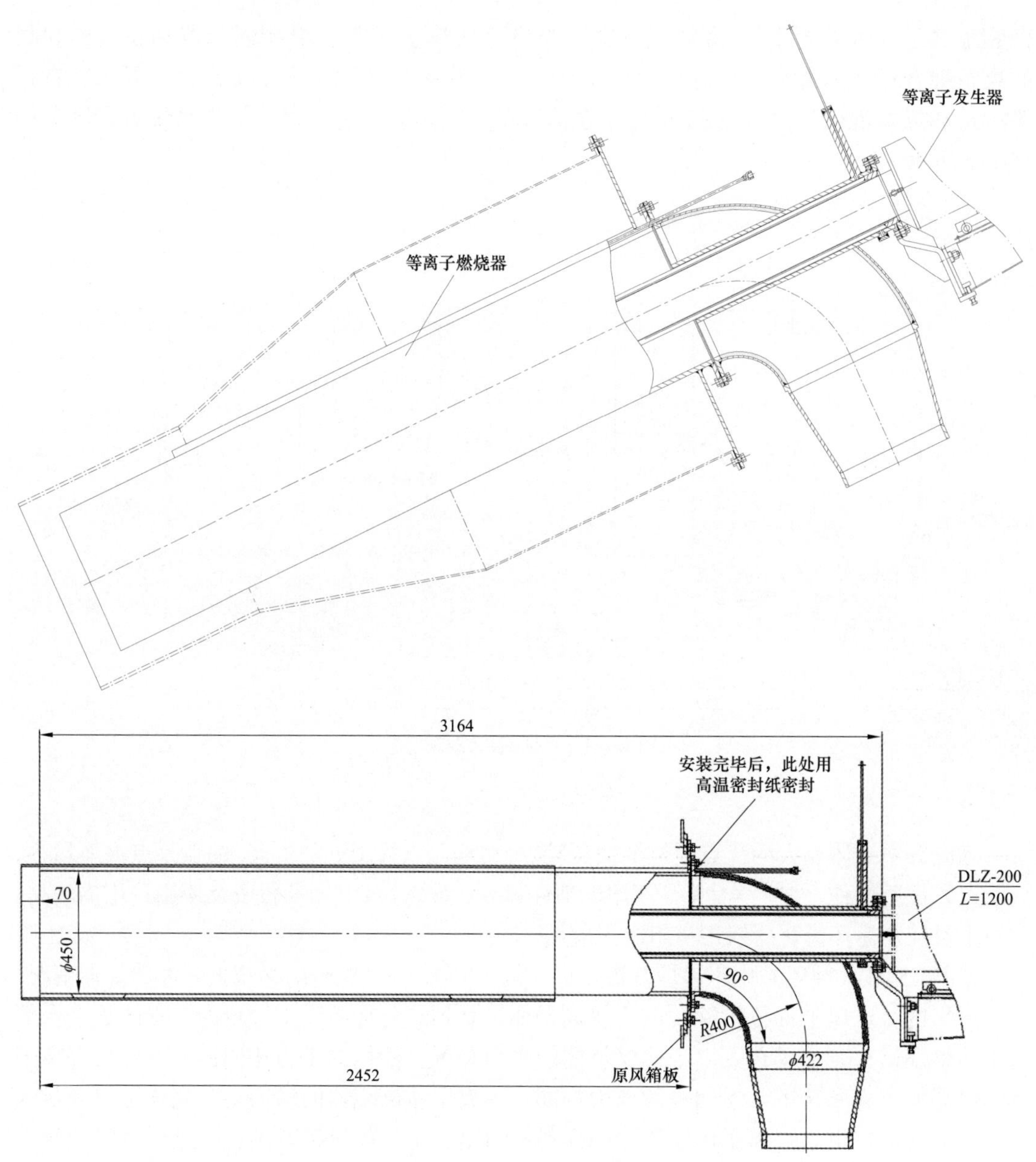

图 13-32　床上及床下等离子体燃烧器结构及安装示意图

第五节　启动事故防范与处理

一、风道燃烧器烧损

床下启动燃烧器燃烧产生的热烟气理论温度为 1700~1900℃，其内部工作环境恶劣，如果设计或使用不当极易发生烧损、变形。因此，要求合理设计预燃室结构，在风箱或风道内应该设置足够的温度和压力测点，以监控运行安全。此外，由于床下点火采用高温烟气的缘故，风道和预燃室内砌筑了一定厚度的耐火和保温材料，因此，在风道燃烧器投入使用前，应该按规程对其中的耐火和保温材料进行热养护，以消除水分，消除局部应力，防止燃烧器投运时这些材料脱落，烧坏预燃室和风道。此外，在使用中还应注意以下几点：

（1）在点火前应进行油枪雾化试验，若发现油枪雾化不良、出力偏大或火焰偏斜，及时处理。油枪雾化不良，点火时会使局部产生高温，烧损点火风道内的销钉，造成浇注料脱落。

（2）床下风道燃烧器点火前，在保证一次风管及膨胀节安全的前提下，应将热一次风挡板尽量关小，待油枪点燃后，再迅速开大配风挡板、混合风挡板。要严格监视风道燃烧器内壁温度，控制烟温不超过 900℃。

（3）在循环流化床锅炉点火结束后，“倒风”操作应平稳，不要影响锅炉床料流化。

（4）在启动过程中，严格控制床温升温速度。若需切换雾化片，应按照先小出力雾化片、后大出力雾化片的原则进行，使燃烧器内浇注料温度缓慢上升。风道燃烧器雾化片切换时。动作应迅速，以缩短停运油枪时间，防止燃烧器内温度变化过大。

应注意改进风道内销钉布置方式及材质，在耐火层与保温层之间增加防止火焰窜入的耐磨隔热材料，防止火焰烧损销钉及保温浇注料。同时严格施工，加强监督，保证施工质量。

二、风道堵塞

一些电厂启动期间出现过风帽漏渣严重造成点火风道堵塞的问题，点火风道内由于风帽漏渣积蓄大量可燃物料（特别是热态压火时），当启动风机投油操作不当时，会引起点火风道内大量可燃物瞬间爆燃，烧损风道及设备。因此当点火风道内有大量积渣时，应采用大风量吹扫，有条件的可以点火风道下部加装排渣装置，定期进行排渣，然后再点火启动，防止风道内存留的可燃物气体在投油后发生爆燃。

三、油枪雾化片选用不当

点火和混合风量、油压、回油压力、燃油管的清洁度以及火检性能都会影响油枪的正常运行。某 240t/h 循环流化床锅炉采用机械雾化方式燃烧轻柴油，系统设计油压为 3.0MPa，油枪设计燃油量为 600kg/h，由于运行期间油压仅能维持 2.2MPa，频繁灭火。

一般机械雾化不带回油油枪的燃油量由油压来调节。在同一喷孔直径时，燃油量 a 与油压 p 的平方根成正比关系：

$$\alpha \propto \sqrt{p} \tag{13-5}$$

式中　α——燃油量，kg/h；

p——油压，MPa。

根据上式当油压 p=3.0MPa 时，燃油量 α=600kg/h；当油压为 2.2MPa 时，则 $\alpha=600\times(2.2/3.0)^2$=323kg/h，油压再降低将使雾化进一步恶化（如图 13-33 所示）。因此如果要求更小油枪出力应更换雾化片。

油枪的点火风量和冷却风量是点火成功的关键。油燃烧风过量空气系数在 1.1 左右。

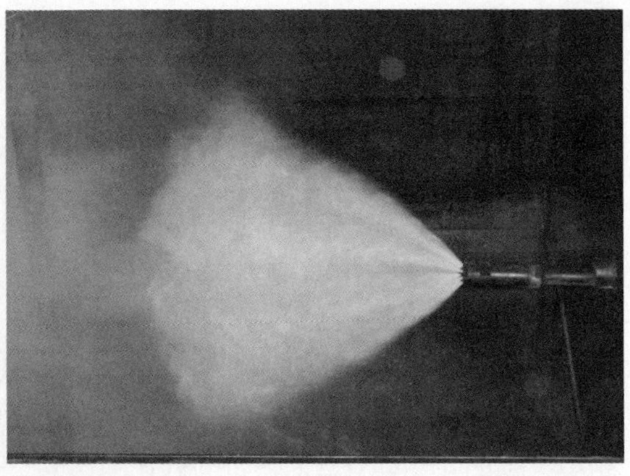

图 13-33　油枪雾化效果比较

通过现场观察火焰颜色和形状，能判断出点火是否存在问题。如果点火风太小，则油枪火焰暗黄，冒黑烟，火检难以检火，容易灭火；若点火风量大，虽然能着火，但是火焰明显被吹离油枪，在高能点火枪退出后，火焰不稳，波动较大，很容易被吹离油枪而灭火；雾化效果差或油枪堵塞，只能看到蓝色的高压点火火花，而不见黄色的燃油火焰。

某 260t/h 循环流化床锅炉配有两支床下点火油枪，单支油枪出力为 700kg/h，机械雾化，喷油孔径为 4mm。机械雾化器的调节比较小，保证正常、安全燃烧的工作油压范围更小。随着油压的降低，虽然雾化角变化不明显，但是油枪雾化效果变差。当油压由 2.25MPa 降低至 1.6MPa，油量由 655kg/h 降低至 600kg/h，油滴开始变粗；当油压再降低时，油枪喷口开始出现滴油现象，雾化效果不能满足燃烧要求，需要更换为喷油孔径 2 mm 的雾化喷嘴。

四、投煤不燃

造成投煤不燃是启动初期的常见问题，其具体原因包括：

（1）炉膛温度低，未达到煤着火条件而提前投煤；

（2）投煤量大，风量过小，炉内氧量不足，满足不了着火条件；

（3）一次风量过大使床面局部被吹空，投煤后煤被吹向周围，不能同床料很好的混合，因而达不到着火的条件；

（4）一次风量过小造成料层流化效果变差，投煤积聚在料层上部，不能很好的与热物料和氧气接触，造成投煤后不能顺利着火，还要吸收床料热量引起床温下降，如果此时为局部投煤，有时还会引起床面温度偏差增大；

（5）布风板流化不均，局部吹空，投煤不能均匀撒播至整个床面，而是积聚到局部，使床面温度严重不均，局部超温和温度过低同时存在。

投煤不燃的预防措施包括：

（1）根据煤的着火特性，判断给煤实际着火情况，如果投煤不着应立即停止给煤，提高床温后再进行试投，间断投煤时各给煤机应互相间断投煤以保证炉内给煤均匀；

（2）控制一次风量在最佳范围内，防止风量过大后将炉内细粉吹走，保证床压在规定范围内，防止偏床和床面不平衡影响煤的燃烧；

（3）监视返料系统是否正常返料，如不正常应调整正常后再投煤，防止局部因给煤量过大而产生燃烧缺氧现象；

（4）如果投煤后出现局部床温变化过快时，应立即停止给煤，查明原因，如果是一次风量过小，应加大一次风量，如果一次风量过大应减小一次风量；

（5）如果床内流化不良，床压高时可采用加大排渣的方式进行床料置换。

五、爆燃

在循环流化床锅炉启动过程中，把握好点火及投煤时机极为重要，否则极易造成锅炉爆燃及结焦，引发事故。爆燃是由于炉膛内可燃物质的浓度在爆燃极限范围内，遇到明火或温度达到了燃点后发生的剧烈燃烧，燃烧产物会在瞬间向周围空间快速而强烈的突破。

某厂240t/h循环流化床开始点火时，油压为1.2~1.6MPa，点火10min后发现床温开始下降。因锅炉未配备火检待运行人员检查时发现两支油枪已熄灭多时，再次点火后发生了炉膛及燃烧系统爆燃事故。事后检查发现，锅炉保温材料部分振脱，密封与膨胀缝部分发生泄漏，需停炉处理。事实上点火过程中因为油中杂质、点火风调配、油压扰动等因素常会发生油枪灭火。灭火后，如果没及时发现并关闭油阀，被雾化的燃油会继续喷进炉膛内，这样从炉膛到尾部烟道都可能充满油雾。这时如果再次点火或遇到其他明火，就会产生爆燃。因此点火过程中，如果油枪喷嘴堵塞或油枪雾化不良导致床温上升困难，达不到投煤温度时应停止点火，对油枪喷嘴进行清洗或更换后才能再次点火。

某135MW循环流化床锅炉进行压火操作时燃料停用不及时，使压火后床料内可燃物含量过多，这时燃料中的碳在缺氧状况下不充分燃烧产生大量的CO，同时燃料在炉内高温干馏挥发出可燃性气体。由于压火后床料表面温度降低，可燃性气体在炉膛内积聚。扬火时随着风机的启动，床料开始流化，内部高温床料与可燃性气体接触发生爆燃。

锅炉压火时一定要先停止给煤。当床温趋向稳定或有下降趋势时再停用一次风机，防止压火后床料内积煤过多，大量产生可燃性气体。压火后扬火前应尽量避免燃料进入炉内，不可在扬火时先给燃料后启风机。扬火时一定要先启动引风机通风后再启动一次风机，以保证炉内积聚的可燃性气体排出，防止遇到明火。

六、烟道再燃烧

在循环流化床锅炉启动过程中，有时还可能发生烟道再燃烧事故，这时会出现以下现象：排烟温度急剧增加，一、二次风出口温度也随之升高，烟道及炉膛内的负压急剧变化甚至变为正压，烟囱冒黑烟，引风机壳体不严处向外冒烟或向外喷火星等。

出现这种问题的原因主要有：

（1）燃烧调整不当，配风不合理，导致可燃物进入烟道；

（2）炉膛负压过大，将未燃尽的可燃物抽入烟道；

（3）返料装置堵灰使分离器效率下降，致使未燃尽颗粒进入烟道。

如发现烟温不正常升高，应加强燃烧调整，使风煤比回归至合适的范围内。若是由于返料装置堵灰造成，应立即将返料装置内的堵灰放净，若烟道内可燃物再燃烧使排烟温度超过 300℃以上，应立即压火处理，严密关闭各人孔门和挡板，禁止通风，然后在烟道内投入灭火装置或用蒸汽进行灭火，当排烟温度恢复正常时可再稳定一段时间，然后再打开人孔检查、确认烟道内无火源并经引风机通风约 15min 后方可启动锅炉。

七、耐磨耐火材料大面积脱落

某厂循环流化床锅炉床上油枪稳燃罩附近（二次风口）耐磨耐火材料出现大面积脱落，造成水冷壁管严重磨损。经过现场测量和分析，床上油枪下倾角度小于二次风口下倾角度，二次风口外缘上部在柴油雾化角内，导致高温火焰直接烧烤二次风口，床上油枪点火后的急剧升温使二次风口耐磨耐火材料脱落。因床上油枪安装位置附近二次风管的限制，重新安装调整油枪角度难度非常大，因此把油枪点火位置向炉膛内移动 20mm，改造后耐磨耐火材料大面积脱落现象消除，解决了爆管隐患。

参 考 文 献

[1] 孙献斌，黄中 . 大型循环流化床锅炉技术与工程应用 . 北京：中国电力出版社，2009.

[2] 孙献斌，黄中 . 大型循环流化床锅炉技术与工程应用 .2 版 . 北京：中国电力出版社，2013.

[3] 冯俊凯，岳光溪，吕俊复 . 循环流化床燃烧锅炉 . 北京：中国电力出版社，2003.

[4] 吕俊复，岳光溪，张建胜，等 . 循环流化床锅炉运行与检修 .2 版 . 北京：中国水利水电出版社，2005.

[5] 岑可法，倪明江，骆仲泱，等 . 循环流化床锅炉理论设计与运行 . 北京：中国电力出版社，1998.

[6] 哈尔滨普华煤燃烧技术开发中心 . 循环流化床锅炉燃烧设备性能设计方法 . 哈尔滨：电站系统工程编辑部，2007.

[7] 全国电力行业 CFB 机组技术交流服务协作网 . 循环流化床锅炉技术 1000 问 . 北京：中国电力出版社，2016.

[8] 全国电力行业 CFB 机组技术交流服务协作网 . 循环流化床锅炉技术 600 问 . 北京：中国电力出版社，2006.

[9] P. 巴苏，S.A. 弗雷泽 . 循环流化床锅炉的设计与运行 . 北京：科学出版社，1994.

[10] Prabir Basu.Circulating Fluidized Bed Boilers：Design，Operation and Maintenanc. Springer International Publishing Switzerland，2015.

[11] CARL BOZZUTO.Clean Combustion Technologies：A Reference Book on Steam Generation and Emissions Control.5th Edition.Alstom，2009.

[12] G.L. Tomei.Steam： its generation and use.42nd Edition.The Babcock & Wilcox Company，2015.

[13] 中国电力企业联合会 . 中国电力行业年度发展报告 2018. 北京：中国市场出版社，2018.

[14] 中华人民共和国生态环境部 .2017 中国生态环境状况公报，2018.

[15] 朱国桢，徐洋 . 循环流化床锅炉设计与计算 . 北京：清华大学出版社，2004.

[16] 胡昌华，卢啸风 .600MW 超临界循环流化床锅炉设备与运行 . 北京：中国电力出版社，2012.

[17] 徐旭常，吕俊复，张海 . 燃烧理论与燃烧设备 . 北京：科学出版社，2012.

[18] 金涌，祝京旭，汪展文，等 . 流态化工程原理 . 北京：清华大学出版社，2001.

[19] 卢啸风 . 大型循环流化床锅炉设备与运行 . 北京：中国电力出版社，2006.

[20] 党黎军 . 循环流化床锅炉的启动调试与安全运行 . 北京：中国电力出版社，2003.

[21] 刘德昌，陈汉平，张世红，等 . 循环流化床锅炉运行及事故处理 . 北京：中国电力出版社，2004.

[22] 路春美，程示庆，王永征，等 . 循环流化床锅炉设备与运行 . 北京：中国电力出版社，2003.

[23] 蒋敏华，肖平 . 大型循环流化床锅炉技术 . 北京：中国电力出版社，2009.

[24] 车得福，庄正宁，李军，等 . 锅炉 .2 版 . 西安：西安交通大学出版社，2008.

[25] 冯俊凯，沈幼庭 . 锅炉原理及计算 .3 版 . 北京：科学出版社，2003.

[26] 宋畅，吕俊复，杨海瑞，等 . 超临界及超超临界循环流化床锅炉技术研究与应用 . 中国电机工程学报，2018，38（02）：338–347+663.

[27] 蔡润夏，吕俊复，凌文，等 . 超（超）临界循环流化床锅炉技术的发展 . 中国电力，2016，49（12）：1–7.

[28] 岳光溪，吕俊复，徐鹏，等 . 循环流化床燃烧发展现状及前景分析 . 中国电力，2016，49（01）：1–13.

[29] 程乐鸣，许霖杰，夏云飞，等 .600MW 超临界循环流化床锅炉关键问题研究 . 中国电机工程学报，2015，35（21）：5520–5532.

[30] 岳光溪 . 我国大型循环流化床技术的创新与发展 . 科技日报，2010–01–22（005）.

[31] 毛健雄 . 超（超）临界循环流化床直流锅炉技术的发展 . 电力建设，2010，31（01）：1–6.

[32] 毛健雄 . 大容量循环流化床技术的发展方向及最新进展 . 电力建设，2009，30（11）：1–7.

[33] 李斌，李建锋，吕俊复，等 . 我国大型循环流化床锅炉机组运行现状 . 锅炉技术，2012，43（1）：22–28.

[34] 黄中，潘贵涛，张品高，等 .300MW 大型循环流化床锅炉运行分析与发展建议 . 锅炉技术，2014，45（06）：35–41.

[35] 杨海瑞，吕俊复，岳光溪 . 循环流化床锅炉设计理论与设计数据的确定 . 动力工程，2006，26（1）：42–48.

[36] 黄中，高洪培，孙献斌，等 . 最新环保标准下对循环流化床锅炉环保特性的再认识 . 电站系统工程，2012，28（06）：13–16.

[37] 孙献斌，时正海，金森旺 . 循环流化床锅炉超低排放技术研究 . 中国电力，2014，47（1）：142–145.

[38] 李竞岌，杨海瑞，吕俊复，等 . 循环流化床锅炉超低氮氧化物排放的理论与实践 . 中国动力工程学会锅炉专业委员会 2015 年学术交流会论文集，2015.

[39] 高明明，岳光溪，雷秀坚，等 .600MW 超临界循环流化床锅炉控制系统研究 . 中国电机工程学报，2014，34（35）：6319–6328.

[40] 杨石，杨海瑞，吕俊复，等 . 基于流态重构的低能耗循环流化床锅炉技术 . 电力技术，2010，19（02）：9-16.

[41] 黄中，肖平，江建忠，等 . 循环流化床锅炉燃料的优选 . 洁净煤技术，2011，17（06）：43-46+80.

[42] 周星龙 . 大型循环流化床锅炉的发展现状与研究进展 . 中国电机工程学会 2013 年会论文集，2013：7.

[43] 张克廷 . 大型循环流化床锅炉受热面磨损的原因及防止措施探究 . 科技创新与应用，2017（05）：137.

[44] 李少英，王勇，刘涛 . 浅析循环流化床锅炉水冷壁磨损及预防措施 . 东北电力技术，2005（05）：37- 39.

[45] 古钦培 . 循环流化床锅炉耐火耐磨可塑料磨损原因分析及处理措施 . 内蒙古电力技术，2017，35（02）：86-89.

[46] 王新伟 . 循环流化床锅炉耐火材料辅助作用探析 . 中国循环流化床发电生产运营管理，2013：6.

[47] 黄中，时正海，李志伟，等 . 国产 150MW CFB 锅炉试验研究与运行优化调整 . 电站系统工程，2008（02）：27-29+33.

[48] 丁佩华 . 循环流化床锅炉屏式受热面防磨问题的研讨 . 中国循环流化床发电生产运营管理，2013：4.

[49] 田啟运，周星龙，陈宁武，等 .330MW 循环流化床锅炉水冷壁磨损分析 . 神华科技，2016，14（02）：56-59.

[50] 钱宇，张敏，李力全 . 循环流化床锅炉防磨技术 . 热力发电，2007（06）：72-74.

[51] 薛文祥 .300MW CFB 锅炉下二次风口磨损分析及解决对策 . 中国电力，2013，46（09）：21-23+28.

[52] 吴剑恒 . 二次风改造和调整对燃用福建无烟煤循环流化床锅炉运行经济性的影响 . 锅炉技术，2012（1）：55-60.

[53] 张帅 . 循环流化床锅炉二次风管改造 . 煤，2016，25（04）：42-43.

[54] 杨建华，杨海瑞，岳光溪 . 循环流化床二次风射流穿透规律的试验研究 . 动力工程，2008，28（4）：509-513.

[55] 胡志宏，丁立新，李士江 .465t/h 流化床锅炉屏式过热器爆管原因分析 . 华北电力技术，2005（04）：48-50+54.

[56] 王志强 . 大型循环流化床锅炉屏过管屏改造方案研究 . 技术与市场，2012，19（11）：27+29.

[57] 卢友艳 . 循环流化床锅炉屏式过热器设计问题探讨 . 锅炉技术，2004（05）：29-32.

[58] 杨永柏，段可宁，江建忠，等 .480t/h 循环流化床锅炉屏式再热器改造 . 热力发电，2010，39（10）：73- 76.

[59] 郑兴胜，郭强，周棋，等 . 国内首台自主型 300MWe CFB 锅炉受热面吸热特性及安全性测试 . 全国电力行业 CFB 机组技术交流服务协作网第八届年会论文集，26-33.

[60] 田忠玉，许利利 . 循环流化床锅炉再热汽温低治理 . 全国电力行业 CFB 机组技术交

流服务协作网第九届年会暨第二届中国循环流化床燃烧理论与技术学术会议论文集，2010，287–291.

[61] 李勇红，程鸿，段宏波，等 . 循环流化床锅炉过热器超温原因探讨及改造 . 江西电力职业技术学院学报，2009，(2)：49–51

[62] 薛文祥 .300MW 机组流化床锅炉降床温受热面改造 . 中国循环流化床发电生产运营管理，2013：8.

[63] 黄中，张述国 . 循环流化床锅炉大直径钟罩式风帽优化 . 电力建设，2014，35 (05)：84–87.

[64] 黄中 .CFB 锅炉钟罩式风帽磨损及漏渣原因分析 . 热力发电，2014，43 (04)：102–105+109.

[65] 赵利敏，夏凡宁，赵森林 .150MW 循环流化床锅炉布风板阻力的试验研究 . 电站系统工程，2013，29 (06)：75–76.

[66] 梁权志 .300MW CFB 锅炉风帽数值模拟及冷态试验研究 . 电站系统工程，2014，30 (04)：47–48.

[67] 樊旭，刘文献，常建刚，等 . 循环流化床锅炉布风板风帽改造 . 热力发电，2009，38 (01)：49–50+53.

[68] 王虎，刘文正，居玉雷，等 . 循环流化床锅炉布风板风帽磨损研究 . 锅炉技术，2009，40 (03)：33–35.

[69] 阎维平，边疆，安国银，等 . 循环流化床锅炉布风板漏渣与稳定性 . 动力工程，2004 (01)：1–4.

[70] 苗俊明，彭顺刚，谢昂均，等 .1069t/h 大型循环流化床床温偏差原因分析与改造 . 电力科学与工程，2015，31 (05)：46–52.

[71] 穆楠，饶甦，高军，等 .300MW 机组双床循环流化床锅炉翻床原因分析及对策 . 内蒙古电力技术，2012，30 (04)：62–65.

[72] 黄中，郭钛星，梁进林，等 .300MW CFB 锅炉床温偏差大原因分析与改造 . 热力发电，2016，45 (11)：68–74.

[73] 廖鹏，张鸿，刘磊，等 .300MW CFB 锅炉旋风分离器中心筒脱落原因分析及预防措施 . 热力发电，2010，39 (04)：49–51.

[74] 张临锋 .200MW 循环流化床锅炉中心筒改造 . 锅炉制造，2017 (03)：31–34.

[75] 齐国滨，刘冠杰，黄中 .220t/h 循环流化床锅炉分离器优化改造研究 . 电站系统工程，2017，33 (06)：23–25+28.

[76] 卓钢 .690t/h CFB 锅炉分离器改造及分析 . 发电设备，2014，28 (02)：135–137+140.

[77] 王智微，李晓峰 . 分宜 100MW 循环流化床锅炉旋风分离器分离效率的计算 . 锅炉制造，2006 (01)：1–3.

[78] 冉生晓 . 生物质循环流化床锅炉旋风分离器加装防堵喷吹装置研究 . 低碳世界，2016 (27)：29–30.

[79] 黄中，陈罡，孙献斌，等 . 循环流化床锅炉排烟 SO_3 浓度测量及酸露点计算公式修

正．中国电机工程学报，2016，36（S1）：121-123.

[80] 黄中．CFB 锅炉烟气 SO_2 浓度及脱硫效率的简便计算．热力发电，2014，43（02）：58-60+69.

[81] 黄中，孙献斌，江建忠，等．CFB 锅炉温度场及氧量场测试与数值模拟．中国电力，2013，46（09）：6- 11.

[82] 黄中，肖平，江建忠，等．旋风分离器中心筒筒体裂隙对分离效率的影响研究．电站系统工程，2012，28（01）：16-18.

[83] 黄中，孙献斌．计算循环流化床锅炉旋风分离器分级效率的数值模拟方法．锅炉制造，2008（05）：1-4.

[84] 黄中，孙献斌，时正海，等．循环流化床锅炉旋风分离器数值模拟及改造．热力发电，2008（06）：38- 41.

[85] 尚玉琴，贾翠萍．HG-440t/h CFB 锅炉回料系统故障分析．锅炉技术，2009，40（02）：32-35.

[86] 程文峰，孙健．某 670t/h 循环流化床锅炉回料阀堵塞问题分析及处理．华电技术，2016，38（03）：54-57+79.

[87] 刘云龙．310t/h 循环流化床锅炉回料系统堵塞原因分析及处理措施．石化技术，2016，23（12）：27+32.

[88] 郑合飞．循环流化床锅炉回料阀改造．同煤科技，2009（01）：32-33+36.

[89] 杨建华，屈卫东，杨义波．HG-440t/h 循环流化床锅炉回料阀运行特性分析．锅炉技术，2004（04）：27-31.

[90] 王福庆，孙志春．南票电厂锅炉反料器大量反料分析．全国电力行业 CFB 机组技术交流服务协作网技术交流论文集（1-4）合集，2004，663-667.

[91] 王晓东，张军，谭伟．130t/h 循环流化床锅炉返料器异常的分析与处理．山东化工，2012，41（07）：55-57.

[92] 郑秀平，练纯青．循环流化床锅炉回料器超温烧红在线处理技术的研究与应用．全国电力行业 CFB 机组技术交流服务协作网第十三届年会暨第四届中国循环流化床燃烧理论与技术学术会议论文集，2014，267-273.

[93] 李斌红，杨仁还，全烧石油焦 CFB 锅炉 J 阀床料粘结探讨．全国电力行业 CFB 机组技术交流服务协作网第三届年会论文集，2004，317-327.

[94] 包绍麟，吕清刚，那永洁，等．循环流化床锅炉的积灰与应对措施．全国电力行业 CFB 机组技术交流服务协作网第六届年会暨第一届中国循环流化床燃烧理论与技术学术会议论文集，2007，357-362.

[95] 杨磊，解雪涛，李战国．330MW 循环流化床锅炉燃烧初调整试验参数分析．电站系统工程，2012，28（06）：25-28.

[96] 袁登友．300MW 机组循环流化床锅炉节能改造．中国电力，2013，46（01）：96-98.

[97] 李元龙．浅谈 135MW 机组循环流化床锅炉节能措施．中国循环流化床发电生产运营管理，2013：7.

[98] 何映光．降低循环流化床锅炉排烟温度的方法．电力安全技术，2011，13（09）：8-10.

[99] 王福才，程荣新，司红代，等 .300MW CFB 锅炉尾部受热面吹灰系统改造 . 东北电力技术，2016，37（03）：16–19.

[100] 刘鹤忠，连正权 . 低温省煤器在火力发电厂中的运用探讨 . 电力勘测设计，2010（04）：32–38.

[101] 黄新元，孙奉仲，史月涛 . 低压省煤器系统节能理论及其在火电厂的应用 . 山东电力技术，2008（02）：3–6.

[102] 李玉忠,柯秀芳 . 循环流化床锅炉烟气余热的利用 . 机电工程技术,2009,38（08）：138–139+211.

[103] 黄新元，孙奉仲，史月涛 . 火电厂热系统增设低压省煤器的节能效果 . 热力发电，2008（03）：56–58.

[104] 刘军 . 关于降低 CFB 锅炉排烟温度的技改效果及运行调整 . 节能技术，2010，28（02）：182–186.

[105] 夏兴龙，冯包永 .440t/h 循环流化床锅炉相变换热器设计与应用 . 机械工程师，2013（05）：176– 177.

[106] 翟强 . 三维内外肋管换热元件在管箱式空预器上的应用 . 中国科学技术协会、贵州省人民政府 . 第十五届中国科协年会第 9 分会场：火电厂烟气净化与节能技术研讨会论文集，2013：4.

[107] 王可琛,郭晓铃 .CFB 锅炉节能降耗改造及其应用效果 . 应用能源技术,2012（07）：31–35.

[108] 牛树赟，孙奉仲 . 利用低压省煤器实施 300MW CFB 锅炉排烟余热利用改造 . 电站系统工程，2013，29（01）：24–26.

[109] 邵元芳，赵建坡 . 浅析非金属膨胀节在 CFB 锅炉的安装要点 . 安装，2014（09）：41–42.

[110] 王家万,黄伟,张鸿,等 .300MW CFB 锅炉非金属膨胀节破裂的原因分析 . 热力发电，2010，39（02）：104–105.

[111] 牛树赟，李胜，江建忠 .300MW 循环流化床锅炉回料腿非金属膨胀节改造 . 热力发电，2010，39（11）：49–50+52.

[112] 熊斌，卢啸风，刘汉周 . 大型循环流化床锅炉支承结构与膨胀系统的探讨 . 电站系统工程，2005（06）：5–8.

[113] 薛红星 . 大型循环流化床锅炉支吊架检修调整及运行期间的膨胀问题探讨 . 中国循环流化床发电生产运营管理，2013：10.

[114] 杨建华，屈卫东，杨义波，等 . 国产首台 135MW 循环流化床锅炉若干设计和安装问题分析 . 全国电力行业 CFB 机组技术交流服务协作网技术交流论文集（1–4）合集，2004，193–196.

[115] 蔡祯跃 .410t/h CFB 锅炉重要部位的膨胀问题研究及改进 . 全国电力行业 CFB 机组技术交流服务协作网技术交流论文集（1–4）合集，2004，430–432.

[116] 万相龙 . 浅谈 CFB 锅炉下二次风管开裂的原因与改造 . 全国电力行业 CFB 机组技术交流服务协作网第十届年会 .2011，488–494.

[117] 陈金标，林柯荣 . 浅谈 300MW 循环流化床锅炉机组调试和运行过程中出现的问题及处理办法 . 全国电力行业 CFB 机组技术交流服务协作网第七届年会论文集，2008，337-341.

[118] 董兵天，王新伟 . 循环流化床锅炉顶棚水冷壁管磨损爆管浅析 . 科技创新导报，2013（25）：36-37，40.

[119] 牟福祥 .300MW 锅炉二次风量测量装置的改进与应用 . 工业控制计算机，2012，25（06）：119-120.

[120] 孟建刚，徐晓东，王晓霞，等 . 插入式多喉径流量测量装置在大型 CFB 上的应用 . 内蒙古电力技术，2006，24（S2）：51-53.

[121] 崔玉民 . 电厂锅炉常用风量测量装置的比较与应用 . 山东电力技术，2011（01）：73-76.

[122] 何平 . 风量测量节流装置在 300MW 流化床锅炉的应用 . 云南电力技术，2013，41（04）：81-83.

[123] 刘恩 . 循环流化床锅炉风速测量研究 . 仪器仪表用户，2017，24（08）：18-20.

[124] 俞利锋 . 循环流化床锅炉燃烧室出口烟压取样管防堵研究 . 山东电力技术，2017，44（06）：66-69.

[125] 丁佩华 . 循环流化床锅炉床温热电偶磨损原因分析及改造 . 中国循环流化床发电生产运营管理，2013：3.

[126] 戴新贤 .150t/h 循环流化床锅炉给煤系统的改进 . 中华纸业，2013，34（04）：52-57.

[127] 黄敦烈 .410t/h 循环流化床锅炉原煤仓堵煤问题改造探讨 . 机电工程技术，2007（12）：101-102.

[128] 张瑾 .CFB 锅炉给煤机密封风系统技术改造 . 电力安全技术，2009，11（01）：41.

[129] 霍续林 .CFB 锅炉给煤装置改进方法的探讨 . 现代工业经济和信息化，2013（22）：43-44.

[130] 李军民，刘翔宇，李世岭 .CFB 锅炉原煤仓防治堵煤办法研究 . 煤炭与化工，2013，36（12）：70-72.

[131] 郭万才 . 大型循环流化床锅炉机组输煤系统探讨 . 中小企业管理与科技，2010（09）：141-142.

[132] 邵文蓬，王克宏 . 大型循环流化床锅炉煤仓中心给料机改造研究 . 能源技术与管理，2013，38（06）：131-132.

[133] 于欣波 . 流化床锅炉落煤管清塞机的研制与应用 . 工业锅炉，2012（04）：40-42.

[134] 王慧，高丽红，王士文 . 煤仓堵煤的力学分析与煤仓改进 . 工业锅炉，2013（04）：49-51.

[135] 王军，卢福平 . 循环流化床锅炉给煤系统落煤管改造 . 内蒙古电力技术，2014，32（06）：85-87.

[136] 张志实 . 筛分布料一体破碎机技术特点及其用于循环流化床锅炉碎煤的应用前景 . 石油和化工设备，2016，19（09）：56-59.

[137] 成军，李广正 .135MW 循环流化床锅炉破碎系统优化 . 中国科技信息，2014（02）：121-123.

[138] 舒倩 . 细粒弛张筛在循环流化床锅炉筛碎系统中的应用 . 能源与节能，2012（12）：16-17+22.

[139] 彭雷，李军，王国鸿 . 非机械式气力播煤装置在循环流化床锅炉中的应用 . 锅炉技术，2004（01）：21-24.

[140] 宋连华，于海 . 循环流化床锅炉给煤系统的设计改进 . 工业锅炉，2012（05）：32-33+36.

[141] 赵建波 . 循环流化床锅炉输煤破碎系统改造 . 河南电力，2007（03）：56-58.

[142] 张付玉 . 循环流化床锅炉给煤机密封风设计及运行 . 全国电力行业 CFB 机组技术交流服务协作网第十届年会论文集 .2011，485-487.

[143] 刘建国 .37t/h 大型风水冷渣器运行问题分析及技改优化 . 科技创新与应用，2015（27）：119.

[144] 张卫志，孙后军，张涛 .300MW CFB 锅炉冷渣器结焦问题的处理及改进效果 . 能源技术经济，2010，22（11）：49-52.

[145] 骆丁玲 .300MW CFB 锅炉配套 37t/h 风水冷渣器及 25t/h 滚筒冷渣器联合排渣技术 . 中国循环流化床发电生产运营管理，2013：9.

[146] 韩东太，卫荣章 . 大屯矸石热电厂循环流化床锅炉冷渣器故障分析及对策 . 热力发电，2005（05）：27-29+33.

[147] 刘坤 .300MW CFB 锅炉滚筒冷渣器传热模型分析及计算 . 热力发电，2010，39（01）：18-20+38.

[148] 王曙光，苏铁熊，张培华，等 .300MW 机组 CFB 锅炉滚筒冷渣器存在问题及处理 . 热力发电，2015，44（03）：129-132

[149] 刘云龙 .310t/h 循环流化床锅炉冷渣器改造 . 中国高新技术企业，2017（02）：43-44.

[150] 刘和，刘永强 .CFB 滚筒冷渣器常见问题及改进措施 . 安装，2010（11）：48-50.

[151] 张志强，吕海生，郭涛 . 大型 CFB 锅炉冷渣器应用现状及其选型 . 电站系统工程，2010，26（05）：1-3.

[152] 龚鹏，向俊，刘万军 . 东锅 300MW 循环流化床锅炉冷渣器系统改造 . 电站系统工程，2010，26（06）：41-42.

[153] 何建氢，汪涛 . 一例循环流化床锅炉冷渣器的改造 . 江西电力职业技术学院学报，2011，24（01）：29-30.

[154] 王平 . 循环流化床锅炉冷渣器故障分析及改造 . 黑龙江电力，2009，31（02）：106-108.

[155] 丁佩华 . 循环流化床锅炉滚筒冷渣机改造 . 中国循环流化床发电生产运营管理，2013：6.

[156] 孙立新，段春雷 . 冷渣器进渣管密封装置的设计与应用 . 电站系统工程，2013，29（06）：43-44.

[157] 马军辉 .20t/h 大型灵式滚筒冷渣器在 DG440/13.7- Ⅱ 2CFB 锅炉上的应用 . 科技传

播，2010（16）：164.

[158] 苏超，孙奉仲，宫婷婷 . 循环流化床锅炉冷渣器的性能比较与分析 . 电站系统工程，2011，27（05）：13–15.

[159] 王迪，冷杰 . 循环流化床锅炉冷渣机的选型及设计原则 . 东北电力技术，2011，32（07）：9–11.

[160] 杨琛刚，吴海赞 . 循环流化床锅炉落渣管结构改进研究 . 锅炉技术，2015，46（06）：38–40+45.

[161] 杜佳军 . 循环流化床锅炉排渣管烧红解决方案比较 . 东北电力技术，2016，37（10）：27–29+37.

[162] 黄中 . 循环流化床锅炉冷渣器渣自流成因分析与设备改造 . 电站系统工程，2014，30（01）：33–35.

[163] 覃朝阳，覃泽纯，叶大强 . 广西百色银海发电有限公司 150MW CFB 锅炉冷渣机及水冷式下渣管技术改造 . 全国电力行业 CFB 机组技术交流服务协作网第十届年会论文集，2011，361–367.

[164] 王振平 .520t/h 循环流化床锅炉排渣管改造 . 全国电力行业 CFB 机组技术交流服务协作网第十届年会论文集，2011，193–193.

[165] 黄伟，陈树斌 . 双套滚筒冷渣机在 1025t/h 循环流化床锅炉上的应用 . 全国电力行业 CFB 机组技术交流服务协作网第六届年会暨第一届中国循环流化床燃烧理论与技术学术会议论文集，2007，741–746.

[166] 刘晓东，董风亮，于孝宏 . 大型 CFB 锅炉在电力运行中磨损、排渣等问题的探索 . 全国电力行业 CFB 机组技术交流服务协作网第三届年会论文集，2004，404–412.

[167] 孙晓阳 . 一种新型 CFB 锅炉循环灰冷却排放技术 . 应用能源技术，2017（01）：22–25.

[168] 王智微，孙献斌，吕怀安，等 . 循环流化床锅炉飞灰再循环与燃烧效率关系的分析 . 电站系统工程，2001（06）：337–339.

[169] 巩少龙，杨怀刚，邢斌，等 . 飞灰再循环系统在 CFB 锅炉运行中的应用 . 河北电力技术，2006（01）：41–43.

[170] 柴滨林，蒋联群 . 飞灰再循环燃烧系统在燃用无烟煤循环流化床锅炉的应用 . 应用能源技术，2011（08）：28–30.

[171] 刘升 . 大型 CFB 锅炉中飞灰再循环系统对石灰石利用率的影响 . 河北电力技术，2001（04）：13– 14.

[172] 刘进波，刘瑜，杜征宇 . 循环流化床锅炉启动床料系统的探讨 . 华中电力，2006（01）：55–58.

[173] 金维勤 . 大型 CFB 锅炉填加启动床料方式的分析探讨 . 内蒙古电力技术，2010，28（06）：24–27.

[174] 齐玄，齐继玄 . 大型 CFB 锅炉启动床料添加系统的选择分析 . 能源与节能，2016（03）：182–184.

[175] 孙云官，窦忠俊，赵宝林 .300MW 循环流化床锅炉床料添加系统改造 . 全国电

力行业 CFB 机组技术交流服务协作网技术交流论文集（十三）：300MW 循环流化床专集，2011，193–193.

[176] 栾世健，赵伟娟．循环流化床锅炉启动燃烧器简述及应用．节能技术，2002（05）：24–26.

[177] 张圣伟，顾凯棣．循环流化床的点火燃烧器设计．发电设备，2000（06）：10–16.

[178] 王宇翔，黄宏奎，张艳新．循环流化床锅炉点火系统的改造．设备管理与维修，2008（03）：31–33.

[179] 张世鑫，郑祖翰，罗英强，等．天然气点火系统在循环流化床锅炉启动中的应用．热力发电，2013，42（11）：142–144.

[180] 牛建斌．大型循环流化床锅炉点火装置设计探讨．科学之友，2006（10）：23–24.

[181] 王瑶，王忠会，张锋，等．UG–480/13.7–M 型循环流化床锅炉点火启动优化．中国电力，2009，42（06）：6–10.

[182] 杨成达．循环流化床锅炉燃用超低挥发份无烟煤启动点火设计技术．能源与环境，2008（04）：33–34.

[183] 刘继禄．大型循环流化床锅炉起动点火节油技术研究与应用．热力发电，2010，39（07）：50–52.